Patrick Horster (Hrsg.)

Kommunikationssicherheit im Zeichen des Internet

DuD-Fachbeiträge

herausgegeben von Andreas Pfitzmann, Helmut Reimer, Karl Rihaczek und Alexander Roßnagel

Die Buchreihe DuD-Fachbeiträge ergänzt die Zeitschrift DuD – Datenschutz und Datensicherheit in einem aktuellen und zukunftsträchtigen Gebiet, das für Wirtschaft, öffentliche Verwaltung und Hochschulen gleichermaßen wichtig ist. Die Thematik verbindet Informatik, Rechts-, Kommunikations- und Wirtschaftswissenschaften.
Den Lesern werden nicht nur fachlich ausgewiesene Beiträge der eigenen Disziplin geboten, sondern auch immer wieder Gelegenheit, Blicke über den fachlichen Zaun zu werfen. So steht die Buchreihe im Dienst eines interdisziplinären Dialogs, der die Kompetenz hinsichtlich eines sicheren und verantwortungsvollen Umgangs mit der Informationstechnik fördern möge.

Unter anderem sind erschienen:

Hans-Jürgen Seelos
Informationssysteme und Datenschutz im Krankenhaus

Heinrich Rust
Zuverlässigkeit und Verantwortung

Joachim Rieß
Regulierung und Datenschutz im europäischen Telekommunikationsrecht

Ulrich Seidel
Das Recht des elektronischen Geschäftsverkehrs

Günter Müller, Kai Rannenberg, Manfred Reitenspieß, Helmut Stiegler
Verläßliche IT-Systeme

Kai Rannenberg
Zertifizierung mehrseitiger IT-Sicherheit

Hannes Federrath
Sicherheit mobiler Kommunikation

Volker Hammer
Die 2. Dimension der IT-Sicherheit

Michael Sobirey
Datenschutzorientiertes Intrusion Detection

Dogan Kesdogan
Privacy im Internet

Kai Martius
Sicherheitsmanagement in TCP/IP-Netzen

Alexander Roßnagel
Datenschutzaudit

Patrick Horster (Hrsg.)
Systemsicherheit

Gunter Lepschies
E-Commerce und Hackerschutz

Andreas Pfitzmann, Alexander Schill Andreas Westfeld, Gritta Wolf
Mehrseitige Sicherheit in offenen Netzen

Helmut Bäumler (Hrsg.)
E-Privacy

Patrick Horster (Hrsg.)
Kommunikationssicherheit im Zeichen des Internet

Patrick Horster (Hrsg.)

Kommunikationssicherheit im Zeichen des Internet

Grundlagen, Strategien, Realisierungen, Anwendungen

Die Deutsche Bibliothek – CIP-Einheitsaufnahme
Ein Titeldatensatz für diese Publikation ist bei
Der Deutschen Bibliothek erhältlich.

1. Auflage März 2001

www.vieweg.de

Höchste inhaltliche und technische Qualität unserer Produkte ist unser Ziel. Bei der Produktion und Verbreitung unserer Bücher wollen wir die Umwelt schonen. Dieses Buch ist deshalb auf säurefreiem und chlorfrei gebleichtem Papier gedruckt. Die Einschweißfolie besteht aus Polyäthylen und damit aus organischen Grundstoffen, die weder bei der Herstellung noch bei Verbrennung Schadstoffe freisetzen.

Konzeption und Layout des Umschlags: Ulrike Weigel, www.CorporateDesignGroup.de

Gedruckt auf säurefreiem Papier

ISBN-13: 978-3-322-89558-5 e-ISBN-13: 978-3-322-89557-8
DOI: 10.1007/978-3-322-89557-8

Vorwort

Als gemeinsame Veranstaltung der GI-Fachgruppe 2.5.3 Verlässliche IT-Systeme, des ITG-Fachausschusses 6.2 System- und Anwendungssoftware, der Österreichischen Computer Gesellschaft und TeleTrusT Deutschland ist die Arbeitskonferenz Kommunikationssicherheit nach den Veranstaltungen Trust Center, Digitale Signaturen, Chipkarten, Sicherheitsinfrastrukturen und Systemsicherheit die sechste einer Reihe, die sich einem speziellen Thema im Kontext der IT-Sicherheit widmet.

Die zunehmende Kommunikation mit Hilfe technischer Systeme kann heute nicht mehr ohne geeignete Sicherheitsmaßnahmen erfolgen. Ein bedeutendes, globales System der Informations- und Kommunikationstechnik ist das Internet – mit all seinen Chancen und Risiken. Hier existieren zahlreiche Anwendungen, deren Nutzen und Akzeptanz maßgeblich von der Sicherheit der vernetzten Systeme und der kryptographischen Mechanismen abhängen. Ziel in diesem Buch ist es, einen Einblick in die aktuelle Forschung und Entwicklung zu geben, administrative und organisatorische Probleme aufzuzeigen sowie existierende Lösungen und innovative Anwendungen zu präsentieren. Die Schwerpunkte der behandelten Themen stellen sich folgendermaßen dar:

In einer Einführung werden Aspekte der Kommunikationssicherheit im Überblick betrachtet. Ausgehend von Sicherheitsdiensten in einem Rechnerverbund werden Probleme und Lösungen im Kontext der Frage nach Anonymität im Internet behandelt. Dabei werden auch Möglichkeiten und Grenzen von Firewalls aufgezeigt.

Der vertrauensbasierten Sicherheit mobiler Objekte und der Sicherheit durch Java kommt eine besondere Rolle zu. Im Kontext der Kryptoarchitektur von Java wird erörtert, welchen Einfluss die gelockerte US-Exportbeschränkung hat und welche neuen Möglichkeiten sich durch eine resultierende Interoperabilität ergeben.

Der Sicherheit im Internet – dem Netz der Netze – wird besondere Aufmerksamkeit gewidmet, wobei die Security Services hier von entscheidender Bedeutung sind. Modifizierte Internet-Protokolle verlangen zudem nach neuen Mechanismen, etwa bei der Vereinbarung von Schlüsseln. Außerdem gewinnt im Kontext aktueller Internet-Anwendungen die mobile Sicherheit zunehmend an Relevanz.

Public-Key-Infrastrukturen werden in verschiedenen Bereichen zur Realisierung der Kommunikationssicherheit eingesetzt. Ohne geeignete Public-Key-Infrastrukturen können komplexe IT-Systeme in der Regel nicht realisiert, geschweige denn verwaltet werden. Obwohl in unterschiedlichen Bereichen durchaus ähnliche Strukturen zur Anwendung kommen, müssen sie im Detail oft an eine spezielle Umgebung angepasst werden. Damit eine Public-Key-Infrastruktur erfolgreich arbeiten kann, müssen bestimmte Kriterien erfüllt werden, zudem müssen Fail-Safe-Konzepte bereitgestellt werden, insbesondere dann, wenn flexible Strukturen gefordert sind. Die resultierenden Anforderungen sind nicht zuletzt abhängig von den gewünschten Dienstleistungen. Mechanismen zur Gültigkeitsprüfung und zum Sperren von Zertifikaten sind dabei von existentieller Bedeutung.

Bei der Umsetzung von Sicherheitsstrategien kommt dem Sicherheitsmanagement ein hoher Stellenwert zu. Besonderes deutlich wird dies bei der Implementierung der EU-Richtlinie für elektronische Unterschriften. Aspekte der Modellierung können beim Sicherheitsmanagement eine wertvolle Unterstützung liefern. Deutlich wird dies beispielsweise bei elektronischen Zahlungssystemen. Kommen Zertifikate zur Anwendung, so kann eine Cross-Zertifizierung zu erheblichen Vereinfachungen des Sicherheitsmanagements führen, wobei die relevanten Sicherheitsaspekte aber nicht vernachlässigt werden dürfen.

Mobile Computing ist eine moderne Fassette der innovativen Kommunikationstechnologie, die neue Bedrohungen mit sich bringt. In einer Bestandsaufnahme wird zunächst Stellung zur Sicherheit mobiler Endgeräte genommen. Bei Palmtops als Bedrohung für Firewalls liegt der Vergleich mit David gegen Goliath nahe, wobei hier Goliath der Sieger sein sollte. Auch mobile Agentensysteme müssen besonderen Sicherheitsanforderungen gerecht werden.

Kommunikationssicherheit kann durchaus mittels versteckter Information erreicht werden. So erlauben etwa Chaumsche Mixe einen praktischen Schutz vor Flooding-Angriffen. Völlig andere Wege des Versteckens werden beim Einsatz digitaler Wasserzeichen im E-Commerce beschritten. Von zunehmend praktischer Bedeutung sind auch Techniken zum unsichtbaren Markieren von elektronischem Geld.

E-Commerce und E-Business benötigen sichere elektronische Geschäftsprozesse, die Bestandteil einer Sicherheitsarchitektur für die jeweilige Anwendung sein müssen. Zudem sind Verfahren erforderlich, die eine sichere Vertragsabwicklung über vernetzte Systeme, insbesondere über das Internet, ermöglichen. Blindes Vertrauen ist weder hier noch in anderen Bereichen der Kommunikationssicherheit angebracht. Besonders deutlich wird dies bei Instanzen im B2B-Commerce, wo eine elektronische Vertrauensbasis zu schaffen ist.

Bei den angeführten Themen werden unterschiedliche Sicherheitsaspekte betrachtet. Die Integration von Public-Key-Infrastrukturen in verschiedene Systeme ist dabei ebenso von Interesse wie die Analyse von Verfügbarkeitsaspekten. Im Kontext verbindlicher Kommunikation sind insbesondere elektronische Signaturen nach dem Signaturgesetz gefragt. Bei der Umsetzung kryptographischer Verfahren sind dabei nicht nur Realisierungsfragen zu behandeln, vielmehr müssen auch neue Erkenntnisse der Kryptoanalyse Berücksichtigung finden. Innovative Funknetze erfordern zudem eine detaillierte Sicherheitsanalyse bevor ein übereilter Einsatz zu einem unkalkulierbaren Risiko wird. Kommunikationssicherheit als Bestandteil der Systemsicherheit ist also ein wesentlicher Aspekt moderner IT-Systeme. An Hand eines Internet-Telefonsystems wird exemplarisch die Komplexität eines Gesamtsystems verdeutlicht.

Die vorliegenden Beiträge spiegeln die Kompetenz der Autoren auf eindrucksvolle Weise wider. Mein Dank gilt daher zunächst den Autoren, ohne die dieser Band nicht hätte entstehen können. Bei Dagmar Cechak, Peter Schartner, Mario Taschwer und Petra Wohlmacher bedanke ich mich für die Unterstützung bei der technischen Aufbereitung des Tagungsbandes und für die umfangreichen Vorarbeiten. Mein Dank gilt weiter denen, die bei der Vorbereitung und bei der Ausrichtung der Tagung geholfen und zum Erfolg beigetragen haben, den Mitgliedern des Programmkomitees: R. Baumgart J. Buchmann, C. Eckert, B. Esslinger, H. Federrath, F.-P. Heider, A. Heuser, M. Hortmann, F. Kaderali, K. Keus, P. Kraaibeek, W. Kühnhauser, S. Paulus, G. Pernul, R. Posch, H. Reimer, C. Ruland, R. Steinmetz, J. Swoboda, S. Teiwes, G. Weck, P. Wohlmacher und K.-D. Wolfenstetter, sowie den Mitgliedern des Organisationskomitees: S. Paulus, P. Kraaibeek und P. Wohlmacher, wobei Sachar Paulus die verantwortungsvolle Aufgabe der lokalen Organisation auf sich genommen hat.

Ich hoffe, dass die Arbeitskonferenz Kommunikationssicherheit zu einem Forum regen Ideenaustausches wird.

Patrick Horster
patrick.horster@uni-klu.ac.at

Inhaltsverzeichnis

Sicherheitsdienste in einem Rechnerverbund

Thomas Droste

Ruhr-Universität Bochum
Lehrstuhl für Datenverarbeitung
droste@etdv.ruhr-uni-bochum.de

Zusammenfassung

Die Ausnutzung unbenutzter Ressourcen zur Erhöhung der Sicherheit kann durch die Kopplung mehrerer Rechner in einem Rechnerverbund geschehen, indem mehrere Dienste zusammen agieren. Diese Sicherheitsdienste müssen bestimmten Anforderungen entsprechen, welche in diesem Artikel näher betrachtet werden. Auf die üblichen Sicherheitskomponenten, wie z.B. Firewall-, ID- und IR-Systeme wird dabei nur kurz eingegangen. Durch die Kopplung wird auch die Sicherheit bezüglich der Kommunikation im Internet selbst erhöht, da Restriktionen immer automatisch auf den gesamten Rechnerverbund angewendet werden, unabhängig von der Konfigurationen von Firewall- und ID-Systemen. Ziel des Artikels ist es, die einzelnen Komponenten detailliert zu betrachten und die Voraussetzungen sowie Problemstellen zu erörtern und Lösungsansätze aufzuzeigen.

1 Einleitung

Existierende Sicherheitsmechanismen agieren immer an Knoten-/Kopplungspunkten, wodurch das Datenvolumen ansteigen kann und ein System mit hoher Performance notwendig ist. Alleine die notwendige Hardware stellt somit einen Kostenfaktor dar, da diese – wie bei Firewall-Lösungen allgemein – extra für diesen Zweck angeschafft werden muss. ID- und IR-Systeme benötigen ebenfalls eine Hardware, sei es weil sie autark im Netzwerk als „Black-Box" transparent in die Netzinfrastruktur eingesetzt oder als Software auf Systeme aufgesetzt werden. Eine weitere Erhöhung der Sicherheit darf somit nicht noch mehr zu Lasten weiterer Hardwareanschaffung fallen. Alternativ können bestehende Ressourcen genutzt und ein verteiltes Sicherheitsmanagement additiv bzw. redundant zum bestehenden Sicherheitskonzept eingerichtet werden, d.h. indem eine Integration existierende Rechner stattfindet.

Ein verteiltes Sicherheitsmanagement aus einzelnen verteilten Komponenten bedarf einer genauen Betrachtung, da jede Komponente dieses Sicherheitsmanagements die Sicherheit des gesamten Netzwerks nicht gefährden darf. Die einzelnen hier vorgestellten Komponenten müssen dabei diese Forderung erfüllen. Zudem muss der Rechenaufwand für einen teilnehmenden Rechner im Verbund kontrollierbar sein und somit auch dessen Ressourcen frei für einen lokal arbeitenden Benutzer verfügbar bleiben.

Diese Komponenten werden als Sicherheitsdienste auf den einzelnen Rechnern gestartet und erfüllen somit im Hintergrund ihre Funktion.

1.1 Strukturierung

Ein modularer Aufbau gestattet es mehreren unterschiedlichen Komponenten unabhängig voneinander zu agieren. Die in das verteilte Sicherheitsmanagement eingebundenen Rechner können mehrere anpassbare Komponenten besitzen, welche dann verschiedene Funktionen entkoppelt von anderen Komponenten übernehmen. Für jeden Rechner kann somit eine flexible Dienststruktur erstellt werden, wobei die Anpassung, z.B. in Bezug auf die Rechenleistung und Ressourcen, optimiert werden kann. Nach außen hin stellen die gekoppelten Rechner eine transparente Funktion dar, d.h. die Funktionalität der einzelnen identischen Komponenten auf verschiedenen Rechnern wird zu einer Gesamtfunktionalität zusammengefasst.

Die fünf Komponenten, als Sicherheitsdienste realisiert, sind eingeteilt in:

- Erkennung
- Datenakquisition
- Datenanalyse
- Kommunikation
- Reaktion

Die Einordnung erfolgt in das vereinfachte TCP/IP-Schichtenmodell, wobei jeder Dienst auf einer Ebene ausgeführt wird und hauptsächlich Eigenschaften dieser Ebene nutzt (vgl. Abbildung 1). Die Balken zu den anderen Schichten deuten dabei an, dass auch Funktionen anderer Ebenen genutzt werden.

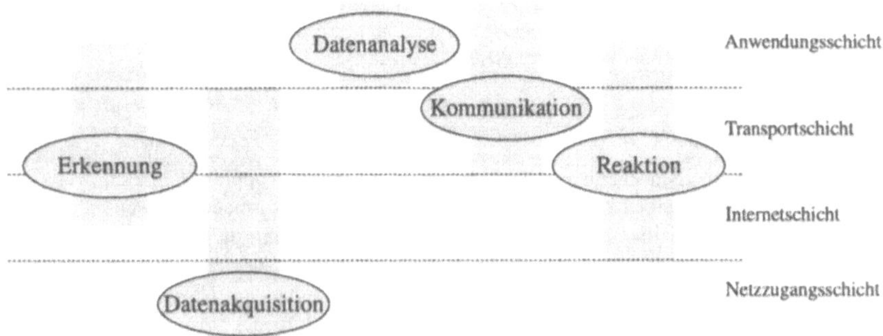

Abb. 1: Dienststruktur

Neben der Ebene, in der die Ausführung stattfindet, stehen evtl. Detailkenntnisse, welche für den inneren Ablauf der Komponente selbst wichtig sind. Diese sind in Kapitel 2 näher erläutert.

1.2 Dienste

Ein Sicherheitsdienst als Prozess im Hintergrund bietet den Vorteil, dass dieser Dienst für den normalen lokalen Benutzer nicht sichtbar ist. Sämtliche Kontroll- und Datenflüsse zwischen dem Betriebssystem, anderen Rechnern bzw. anderen Diensten erfolgen autark. Die einzelnen Sicherheitsdienste arbeiten dabei transparent und unabhängig vom aktuellen Benutzer.

Alle Dienste unter Microsoft Windows NT/2000, Unix-Derivaten oder Linux arbeiten quasi gleich. Parallel zu Benutzerprozessen werden diese Prozesse immer ausgeführt. Die Funktionalität ist dabei vergleichbar mit normalen Programmen, wobei ein Dienst keine GUI besitzt und fest definierte Abläufe und Regeln ereignisgesteuert durchläuft. Der Einsatz von Diensten zur Sicherung ist immer dann sinnvoll, wenn ein Rechner weitere Aufgaben erfüllen soll bzw. mehrere Dienste parallel arbeiten. Weiterhin ist bei der Administration von Sicherheitskomponenten ein laufender Dienst notwendig, damit das zu schützende Netz weiterhin verfügbar ist. Ein Dienst ist immer die einzige effektive Lösung für ein parallel zu administrierendes System mit mehreren laufenden Sicherheitsdiensten.

Nachteile ergeben sich bei langsamen Rechnern in Verbindung mit intensivem Rechenaufwand von Diensten. Ein Filter zur Datenflussanalyse kann unter Umständen z.B. dann die Daten nicht schnell genug aufnehmen, analysieren und weitergeben. Es kommt zu Verzögerungen bei der Übertragung und Auslastung des Rechners. Ist der Focus auf eine schnelle Dienstabarbeitung gesetzt so muss die Hardware entsprechend angeglichen werden.

Die Interaktion mehrerer Dienste auf mehreren Betriebssystemen ist durch ein gemeinsames Protokoll möglich, wobei betriebssystemspezifische Aufrufe über einen Dienst bei Bedarf portiert und auf das jeweilige System abgebildet werden müssen. Unter Microsoft Windows NT/2000 z.B. besitzt ein Dienst Systemprivilegien und kann damit auch auf die Registrierungsdatenbank zugreifen. Für Rechte auf andere Systeme entfernt zuzugreifen benötigt er jedoch die entsprechende Zugangskennung inkl. Kennwort welche zum Startzeitpunkt des Dienstes dem System mitgeteilt wird. Es ist jedoch nicht möglich, direkt einem Dienst mehrere Zugangskennungen zur Kommunikation mitzuteilen, dies ist Aufgabe der Benutzerverwaltung.

Die Reihenfolge der zu startenden Dienste kann in allen Betriebssystemen angegeben werden. Ein Dienst kann z.B. als Voraussetzung bereits geladene Komponenten benötigen oder auf andere bereits geladene Dienste zugreifen. Der Benutzer wird bei Microsoft Windows NT/2000 nicht darüber informiert, welcher Dienst gerade gestartet wird, lediglich über einen fehlgeschlagenen Dienststart. Im Gegensatz dazu zeigt z.B. Linux bei der Startsequenz den momentanen Abarbeitungszustand und damit den aktuell gestarteten Dienst an. In beiden Betriebssystemen lässt sich die Reihenfolge der Systemstarts durch tiefergehende Konfiguration ändern, wobei betriebssystemfremde Dienste immer zuletzt gestartet werden müssen, um die Systemintegrität nicht zu verletzen.

Der Start der Sicherheitsdienste und somit der Aufbau der verteilten Sicherheitsinfrastruktur erfolgt hingegen möglichst frühzeitig, nachdem alle notwendigen Systemprozesse gestartet worden sind. Ein lokaler Benutzer meldet sich folglich erst nach dem Start aller Sicherheitsdienste an.

Für aufeinander aufbauende Dienste, d.h. ein Dienst benötigt die Funktionalität eines anderen, gilt eine Abfolge. Der Kommunikationsdienst muss z.B. gestartet sein, damit Daten zwischen mehreren Rechnern transferiert werden können. Ansonsten können der Erkennungs-, Datenakquisitions-, Datenanalyse- und Reaktionsdienst auch selbständig arbeiten, jedoch ohne Interaktion im Rechnerverbund. Generell sollte mindestens der Erkennungsdienst gestartet werden, da dieser auch ohne den Kommunikationsdienst arbeitet und Kontaktpunkt für die im Rechnerverbund verteilten Erkennungsdienste auf anderen Rechnern ist.

Ist kein Benutzer lokal angemeldet, so können einzelne Dienste die Ressourcen des Rechners stärker auslasten [Lawt00]. Beispielsweise können mehr Prozesse im Datenanalysedienst verarbeitet werden, da keine Beeinträchtigung des lokalen Benutzers stattfindet. Im Moment der Anmeldung eines lokalen Benutzers an das System wird dann dieser Dienst in seinem Auslastungsbedarf gesenkt, um dem Benutzer die benötigten Ressourcen für seine Anwendungen und den damit verbundenen Prozessen zur Verfügung zu stellen.

2 Wissensbasis

Die in das TCP/IP-Schichtenmodell eingeordneten Sicherheitsdienste (vgl. Abb. 1) müssen z.T. ebenenübergreifend arbeiten. Das notwendige Detailwissen eines Dienstes über die Ebenen setzt sich dabei unterschiedlich bewertet zusammen, d.h. das Hauptaugenmerkmal liegt in einer Schicht, die Kenntnis der übrigen abgedeckten Schichten ist nur teilweise notwendig bzw. wird nur teilweise genutzt.

In Tabelle 1 ist der Zusammenhang zwischen den Komponenten und dem Bezug zu einzelnen Ebenen im TCP/IP-Schichtenmodell und der damit verbundenen Wissensbasis, welche die einzelnen Dienste besitzen müssen, verdeutlicht.

Tab. 1: Erforderliche Detailkenntnisse der Dienste

Schicht	Dienst				
	Erkennung	Daten akquisition	Daten-analyse	Kommunika-tion	Reaktion
Anwendung	b	–	b	–	d
Transport	b	d	d	b	d
Internet	b	d	d	b	d
Netzzugang	–	d	d	–	d

Die Gliederung erfolgt dabei in drei Kategorien: keine (–), basis (b) und umfassende (d) Detailkenntnisse erforderlich. Die Detailkenntnisse spiegeln nicht die Dienststruktur wieder, da hier das Wissen zum Ablauf der Komponenten betrachtet wird.

In den anschließenden Unterkapiteln werden die notwendigen Detailkenntnisse für die einzelnen Komponenten genauer erläutert. Dabei wird die Dienststruktur der Reihe nach von der obersten zur untersten Ebene betrachtet.

2.1 Datenanalyse

Die Datenanalyse, welche als Komponente auf der obersten Ebene im TCP/IP-Schichtenmodell angeordnet ist, nutzt Detailkenntnisse aller Ebenen. Mittels der Datenanalyse müssen alle Eigenschaften sämtlicher Ebenen abgedeckt werden. Daher geht das Wissen bis auf die Netzzugangsschicht. Als passive Komponente zur Analyse muss sie alle vorhandenen Protokolle kennen, ebenso korrektes Kommunikationsverhalten durch Paketflüsse und Verbindungen.

2.2 Kommunikation

Die Notwendigkeit des Detailwissens ist bei dieser Komponente auf ein Minimum begrenzt. Durch Festsetzen des Kommunikationsports in der Implementierung (z.B. laut Konfiguration ein TCP-Port) und dem Aufbau eines Netzwerk-Socket ist bereits die Kommunikation möglich. Die Übertragung der Daten wird durch die Implementierung der Netzwerkfunktionen im Betriebssystem erledigt, wodurch kein zusätzlicher Aufwand bzgl. Fehlerkontrolle und -korrektur entsteht.

Wird die Kommunikation und der damit verbundene Datenaustausch verschlüsselt oder signiert, kommt ein erhöhter Aufwand dazu. Dieser nutzt aber nicht die Protokolleigenschaften. Wird die Verschlüsselung durch Multiplexen einer Verbindung auf mehreren Ports durchgeführt, ist an dieser Stelle ebenfalls keine tiefer in die Schichten gehende Kenntnis notwendig.

2.3 Reaktion

Detailkenntnisse aller vier Schichten sind für die Reaktionskomponenten besonders wichtig, da dieser Dienst Aktionen auf allen Ebenen durchführen muss:

- **Anwendungsschicht:**
  Für eine Reaktion, ausgelöst durch z.B. eine erkannte Sicherheitsverletzung des Analysedienstes, kann die Notwendigkeit bestehen, eine Applikation bzw. einen Prozess zu beenden oder dessen Priorität zu ändern. Es können spezielle Prozesse gestartet werden, wie z.B. Virenscanner, Backup-Programme oder spezielle Sicherheitszusatzsoftware und Konfigurationssequenzen. Das Abmelden eines Benutzers durch einen Befehl ist ebenfalls eine mögliche Reaktion, ebenso die Generierung von Nachrichten (Messaging: Email, Telefon, Pop-Up-Fenster) oder die Aktualisierung und Änderung von Systemparametern sowie die Sperrung von Ressourcen oder die Deaktivierung bzw. das Stoppen von Diensten.
- **Transportschicht:**
  Zur Trennung einer Verbindung ist die Kenntnis des Ablaufs einer Kommunikationsverbindung für den Reaktionsdienst notwendig. Die Blockierung von z.B. Ports bedarf ebenfalls genauer Kenntnis der Transportschicht. Als Reaktion muss auf der Transportschicht ein Trennen von Verbindungen, ein geregelter Abbau und die Möglichkeit der Umleitung einer Verbindung ermöglicht werden.
- **Internetschicht:**
  Eine Filterung oder Blockierung von IP-Adressen erfordert auf dieser Schicht für den Reaktionsdienst eine genaue Kenntnis des Aufbaus eines Paketes. Zugleich muss er die Komponente mit dem Übergang zur Netzzugangsschicht den Netzwerkkartentreiber und dessen Funktionalität kontrollieren können.
- **Netzzugangsschicht:**
  Diese Schicht wird indirekt ausgegliedert, da die Übertragung (physikalisch) nicht mit in die Reaktion einbezogen werden soll. Trotzdem sind Detailkenntnisse erforderlich, um Aufgaben an Firewall, Router oder Knotenrechner weiterzugeben.

2.4 Erkennung

Zur Erkennung wird fast nur Basiswissen benötigt, da hauptsächlich Systemparameter abgefragt werden. Die Erkennung eines konnektierbaren Rechners und die Abfrage, ob der Erkennungsdienst auf dem entfernen System läuft, geht dabei etwas tiefer in das Detailwissen der jeweiligen Schichten (Internet- bzw. Transportschicht) ein.

Als erster Kontaktpunkt eines Rechners zu anderen im Rechnerverbund kann bei der Erkennung eine mögliche Abweichung zu früher ermittelten Parametern ermittelt werden. Hierbei werden die ermittelten Parameter verglichen und eine evtl. Reaktion eingeleitet.

2.5 Datenakquisition

Das notwendige Detailwissen für die Datenakquisition erstreckt sich über die unteren drei Schichten. Primäres Ziel ist es, interessierende Daten aufzunehmen. Dazu gehört die Kenntnis der Struktur und der Mechanismen zur Aufnahme (Netzwerkkartentreiber, Abfrage systeminterner Prozesse):

- **Transportschicht:**
  Bestehende Verbindungen des lokalen Rechners, so z.B. die aktuellen Verbindungen über das TCP/UDP, müssen erkannt und die Daten entsprechend aufgenommen werden. Die Anfragen an das System erfordern dazu Detailkenntnisse, da keine Standardroutinen existieren.
- **Internetschicht:**
  Protokolle müssen erkannt und entsprechend aufgenommen werden. Die aufzunehmenden Pakete umfassen dabei die Protokollköpfe sowie die Nutzdaten.
- **Netzzugangsschicht:**
  Der Zugriff auf die Netzwerkkarte durch einen Treiber ist zentraler Punkt der Datenaufnahme. Die Daten jeder übergeordneten Schicht werden mitaufgenommen, da diese Quellpakete gekapselt alle Informationen enthalten. Weiterhin können sämtliche physikalisch an der Netzwerkkarte ankommende Pakete aus der selben „Collision-Domain" mitgeschnitten werden.

2.6 Zusammenfassung

Die Komplexität der einzelnen Dienste erfordert ein enormes Detailwissen, dessen Umsetzung Rechenzeit beansprucht. Liegt bei der Datenanalyse eine Verzögerung zwischen Datenentgegennahme, -analyse und Ergebnis der Analyse vor, so ist bei der Datenakquisition eine parallele Abarbeitung notwendig. Dadurch ist es notwendig, die Umsetzung der einzelnen Dienste möglichst optimiert auf die Aufgaben vorzunehmen.

Im folgenden Kapitel wird genauer auf die einzelnen Komponenten eingegangen und das Funktionsprinzip beschrieben.

3 Aufbau

Der Aufbau bezieht sich auf das Vorgehen der einzelnen Komponenten, d.h. nicht nur der Ablauf selbst, sondern ebenso Abschätzungen, Probleme und Vergleiche zu anderen Verfahren.

3.1 Ermittlung der Netzinfrastruktur

Der Erkennungsdienst, welcher die derzeit konnektierbaren und am Sicherheitsmanagement teilnehmenden Rechner erfasst, identifiziert die einzelnen Systeme und ihre Parameter.

Der Ablauf der Erkennung lässt sich in drei wesentliche Schritte unterteilen:

- **Ermittlung der lokalen Rechnerdaten:**
  Zu unterscheiden sind die statischen und dynamischen Systemdaten. Als statische Systemdaten gelten Prozessortyp, Betriebssystem, verfügbare Ressourcen (Festplatte, Speicher), MAC- und IP-Adresse, Rechnername, Subnetzmaske und Domäne. Unter dynamischen Systemdaten fallen u.a. die aktuelle Prozessorlast sowie freie Ressourcen (Festplatte, physikalischer und virtueller Speicher), der aktuell angemeldete Benutzer und der Bildschirmschonerstatus.
- **Scan über das angeschlossene Subnetz:**
  Auf Basis der ermittelten IP-Adresse und der Subnetzmaske wird das lokale Segment errechnet und gescannt. An jedes Zielsystem wird ein ICMP-Paket (analog zum Befehl „ping") gesendet und somit das System bzgl. der Erreichbarkeit getestet.
- **Aufbau einer Kommunikationsverbindung:**
  Die Verfügbarkeit für das Sicherheitsmanagement wird im Anschluss überprüft. Ist ein System erreichbar, wird versucht eine Verbindung zum entfernten Erkennungsdienst aufzunehmen. Ist dieser aktiv, so werden die lokalen Systemdaten aktualisiert und übermittelt. Empfangen werden die Systemparameter des entfernten Rechners. Die Verbindungsbandbreite zwischen beiden Systemen wird im gleichen Schritt ermittelt und zusammen mit dem letzten Lebenszeichen (die aktuelle Zeit dieser Kommunikation) in der lokalen Datenbasis gesichert.

Die Schritte zwei und drei werden jeweils für jede IP-Adresse hintereinander ausgeführt, jedoch parallel in mehreren Prozessen. Es handelt sich um ein zweistufiges Verfahren, welches zunächst die Erreichbarkeit sicherstellt. Nur wenn diese gegeben ist, wird der zweite Schritt, der Kommunikationsaufbau und somit auch die Feststellung des laufenden Dienstes, auf dem entferntem System ausgeführt. Wird der zweite Schritt als Abhandlung beider Schritte alleinig durchgeführt, tritt eine Zeitüberschreitung bei einem nicht erreichbarem System auf, wodurch der Erkennungsprozess blockiert wird. Ist hingegen der Rechner erreichbar und der Erkennungsdienst inaktiv, wird die Verbindung sofort vom Zielsystem zurückgewiesen.

Die Aktualisierung der dynamischen Systemparameter erfolgt in festen Abständen als Prozess im Hintergrund. Sie können aber auch bei Bedarf jederzeit unabhängig vom vorgegebenem Zeitintervall angefordert werden.

3.1.1 Dienstmerkmale

Am Beispiel des Erkennungsdienstes sollen die generellen Vorteile der Benutzung von Diensten sowie Probleme und Randaspekte genauer vorgestellt werden.

Der Erkennungsdienst ist bereit, sobald die Netzwerkverbindung zur Verfügung steht. Die lokalen Systemparameter sind zu dieser Zeit, bevor ein Benutzer an das System angemeldet ist, ermittelbar. Damit ist der Rechner schnellstmöglich für das Sicherheitsmanagement verfügbar.

Ein Dienst läuft normalerweise unter einem Systemkonto in einem Container, d.h. es sind Restriktionen für andere Benutzer, inkl. des lokalen Administrators, gesetzt. Sämtliche Kontroll- und Datenflüsse werden autark vom Dienst gesteuert. Durch die Realisierung als Dienst taucht dieser – wie alle Prozesse auch – in der lokalen Prozessliste auf, kann jedoch nur von administrativen Benutzern beeinflusst (starten, stoppen, anhalten) werden.

Vom Blickwinkel des Dienstes aus kann dieser auf den lokalen Benutzer und dessen Umgebung Einfluss nehmen. Die Priorität als Systemprozess erlaubt es somit, was z.B. für den Reaktionsdienst wichtig ist, den Benutzer abzumelden, die Ressourcen zu blockieren oder systemweit die Netzankopplung zu unterbinden. Für den Erkennungsdienst selbst bedeutet dies die positive bzw. negative Signalisierung als Mitglied im Sicherheitsmanagement, wenn ein bestimmter Benutzer (oder Benutzer mit definierten Privilegien bzw. Restriktionen) lokal angemeldet ist. Für z.B. Benutzer auf Entwicklersystemen kann das Sicherheitsmanagement bei Benutzung des Rechners durch den Entwickler deaktiviert werden, bei abgemeldetem Benutzer jedoch weiterhin aktiv am verteilten Sicherheitsmanagement teilnehmen. Eine regel- und benutzerabhängige Steuerung des Sicherheitsmanagements ist die Folge.

Ein Problem besteht in der Feststellung des lokal angemeldeten Benutzers. Da der Dienst als Systemprozess klassifiziert ist, wird durch Abfrage des lokalen Benutzers (Besitzer des Prozesses) mittels der Standardfunktion an das Betriebssystem (*GetUserName()* in Microsoft Visual C++) der Systembenutzer zurückgegeben. Der eigentlich arbeitende Benutzer ist nicht direkt ermittelbar.

Zur Lösung stehen zwei Möglichkeiten zur Verfügung: die Ermittlung des Benutzers aus der Registrierungsdatenbank [Russ00] oder mittels einer zusätzlichen Applikation. Die erste Möglichkeit reicht aus, um den lokal angemeldeten Benutzer zu identifizieren. Ausgenutzt wird dabei die angepasste Kopie des Registrierungsschlüssels, welche beim Anmeldeprozess dem des aktuellen Benutzers entspricht. Der Mechanismus zum Auslesen der entsprechenden Registrierungsschlüssel erfolgt analog zur Ermittlung einiger statischer Systemparameter (Prozessortyp, Betreibsystem, etc.). Die zweite Variante wird durch eine Applikation, welche automatisch beim Anmeldeprozess eines jeden Benutzers ausgeführt wird, realisiert. Eine Tray-Anwendung übernimmt die Ermittlung des lokalen Benutzers durch die Standardabfrage an das Betriebssystem. Da der Prozess jetzt unter den Rechten des Benutzers läuft, wird dieser ebenfalls korrekt ermittelt und an den Erkennungsdienst weitergegeben. Die Tray-Anwendung wird während der Zeit, in der ein Benutzer auf dem System angemeldet ist, ausgeführt. Der Benutzer kann diese Anwendung durch den Task-Manager beenden, jedoch detektiert der Erkennungsdienst dies durch die redundante Ermittlung des Benutzers und leitet entsprechende Gegenmaßnahmen (automatisches Abmelden des Benutzers, Messaging-Funktionen), damit die Integrität des Sicherheitsmanagements durch einen lokalen Benutzer nicht gefährdet wird. Die Tray-Anwendung besitzt noch einen weiteren Vorteil, indem sie z.B. als Konsole für Parametrisierung der verfügbaren Ressourcen dienen kann. Dadurch können Benutzer selbst (soweit durch das Sicherheitsmanagement berechtigt) die Verfügbarkeit für verteilte Analyseprozesse im Verhältnis zur aktuell benötigten Rechenkapazität des Benutzers einstellen.

Eine Alternative zur Tray-Anwendung ist eine Applikation, welche nur beim Anmeldevorgang einmalig abläuft (Autostartfunktionalität). Diese würde ebenfalls den lokalen Benutzer ermitteln, bietet jedoch nicht dessen redundante Ermittlung durch den Dienst und die Anwendung während der angemeldeten Sitzung.

Die beschriebenen Merkmale des Erkennungsdienstes sind in allen weiteren Sicherheitsdiensten in angepasster Form wiederzufinden, damit das verteilte Sicherheitsmanagement zwischen Sicherheitsfunktionen und Anwendungen entkoppelt arbeiten kann. Die Hauptwahl für eine Dienststruktur besteht in der Verfügbarkeit aller Dienste unabhängig vom Benutzer und der Möglichkeit den vollen Zugriff auf das System zu nutzen.

3.2 Datenaufkommen bei der Aufnahme

Die Datenakquisition erfasst sämtliche Verbindungen und den Datenverkehr zwischen Rechnern, wobei zwischen lokalen Verbindungen und Daten auf einem an den Rechner angekoppelten Netzstrang unterschieden werden muss:

- **Lokale Verbindungen:**
  Sobald eine Verbindung vom bzw. zum lokalen System aktiv ist, wird diese Verbindung im System registriert. Der Status aller aktiven Verbindungen kann abgefragt werden (Befehl „netstat" in der Kommandozeile), wobei Protokoll, lokale und entfernte Adresse inkl. Verbindungsport sowie der aktuelle Zustand (etabliert, wartend) angegeben sind. Der Datenakquisitionsdienst kennt somit alle real aufgebauten Verbindungen, auch wenn zeitweise keine Kommunikation über diese stattfindet.
- **Übergreifende Datenaufnahme:**
  Wie bereits in Kapitel 2.5 beschrieben, werden alle an der Netzwerkkarte ankommenden Pakete aufgenommen. Eine Bewertung findet jedoch nicht statt, da die Aufnahme der Daten selbst parallel zum eigentlichen Netzwerkverkehr stattfindet und somit zeitkritisch bzgl. der Verarbeitung und gleichzeitigen weiteren Aufnahme ist.

Beide obigen Aufgaben erfüllt der Dienst parallel, wobei die Verarbeitungsgeschwindigkeit bei der zweiten Aufgabe erheblich höher angesetzt ist. Alleinig durch die übergreifende Datenaufnahme können durch den Dienst theoretisch die lokalen Verbindungen zu anderen Rechnern ebenfalls nachgebildet werden, da sämtlicher Datenverkehr und damit auch alle Verbindungen aufgenommen werden. Dies ist jedoch nicht Aufgabe des Dienstes.

3.2.1 Datenvolumen

Das aufzunehmende Datenvolumen steigt mit der Rechneranzahl drastisch an, da sämtlicher Datenverkehr aufgenommen wird. Jeder am verteilten Sicherheitsmanagement teilnehmende Rechner R_{SM} nimmt den Datenverkehr aller Rechner D_{ges} in derselben „Collision-Domain" auf. Dabei wird der Datenverkehr an einem Rechner D jeweils an allen Rechnern R_{SM} parallel aufgenommen. Unter dieser Voraussetzung ist an einem Rechner $R_{SM,i}$ ein Datenvolumen von $D_i = D_{ges}$ zu erwarten. Enthalten ist dabei der eigene Datenverkehr des Rechners $R_{SM,i}$, welcher zusätzlich für die eigentliche Verbindung nochmals auftritt und D_i entsprechend erhöht.

Das unmittelbare Problem stellt sich in der Sicherung des aufgenommenen Datenvolumens D_i und der damit verbundenen Geschwindigkeit, um diese auf den Datenträger zu speichern. Zunächst werden die aufzunehmenden Pakete in einen temporären Ringspeicher gesichert. Anschließend erfolgt die Sicherung auf einen physikalischen Speicher (lokale Festplatte). Ist das derzeitige aufzunehmende Datenvolumen kleiner als der temporäre Speicher, kann die physikalische Sicherung parallel erfolgen. Steigt das aufgenommene Datenvolumen jedoch schneller an, als die Sicherung des Datenmitschnitts erfolgen kann, kommt es zu Datenverlusten. Der Zwischenspeicher kann zudem nicht beliebig vergrößert werden, da ansonsten das System die Ressourcen (Speicher) zunehmend auslastet und somit die Ressourcen für einen lokalen Benutzer reduziert. Zudem steigt bei Sicherung aller Pakete das lokale Datenvolumen auf dem Datenträger mit an, wenn z.B. mehrere MByte Daten über das Netz übertragen werden.

Obige Probleme sind hardwareabhängig, da zum einen die Netzankopplung (z.B 10 MBit/s oder 100 MBit/s) mit eingeht, aber auch die Prozessorgeschwindigkeit und die Art der Festplatte (EIDE/SCSI-Schnittstelle, Typ). Im „worst-case" kann ein Rechner nicht alle Pakete aufnehmen. Für einen Rechner mit 100 MBit/s Netzwerkankopplung und ideal ausgenutzter und zur Verfügung stehender Bandbreite (übertragenes Datenvolumen = 100 MBit/s) müssen 12,5 MByte/s gesichert werden. Diese gilt es parallel zu anderen Prozessen zu sichern ohne den Benutzer in seiner Arbeit stark einzuschränken. Mittlerweile leisten Festplatten eine mittlere Schreibgeschwindigkeit die zwei bis dreimal so hoch ist [Böge00] und eine Auslastung der Netzwerkverbindung zu 100% wird praktisch nicht erreicht aber für langsame Systeme stellt dies ein Flaschenhals dar.

Die Aufnahme der Daten durch einen kompletten Mitschnitt ist darüber hinaus nicht notwendig. Agieren mehrer Rechner $R_{SM,i}$, so können die Datenlücken rekonstruiert werden. Zudem kann zur Datenreduktion der Nutzdatenanteil bei der weiteren Verarbeitung ggf. wegfallen.

Wenn der Datenverkehr parallel aufgenommen wird, so ergibt sich automatisch ein Unterschied zu anderen Mechanismen zur Sicherung (z.B. PC-Firewall) in denen der Datenfluss umgeleitet, analysiert und erst danach zu den höheren Protokollschichten weitergeleitet wird. Die Aufnahme erfolgt immer mit dem Ereignis eines Paketes an der Netzwerkkarte, unabhängig ob das System bereit ist dieses zu verarbeiten. Wenn ein Rechner eine normale Kommunikation aufbaut, so befinden sich die Pakete in der lokalen Warteschlange und werden zwischengespeichert. Das höherliegende Protokoll bzw. die Anwendung interagiert erst danach, wodurch kein „Datenstau" entsteht. Die parallele Aufnahme besitzt diesen Mechanismus nicht, da andere Systeme unabhängig arbeiten und auch mehrere gleichzeitig (bzw. kurz hintereinander) auf das Medium zugreifen können.

Neben den übertragenen Nutzdaten werden zusätzlich Kontrolldaten versendet, welche auch aufzunehmen sind. Dazu gehören z.B. DNS-Anfragen, Windows Netzwerk Kommunikationen oder Router Kommunikationen oder SNMP Anfragen. Auch diese Einzelpakete müssen aufgenommen werden und dürfen nicht im Datenfluss untergehen. Das Problem liegt darin, die Pakete vollständig aufnehmen zu können.

3.3 Aufgabentrennung

Die Rotation lässt sich durch zwei Merkmale beschrieben: Reduzierung der aufzunehmenden Datenflüsse durch Rechnerselektion und Rotierung der Aufgabenstellung von Rechnern bzgl. Datenakquisition und Dienststruktur. Rechnerselektion bedeutet hierbei, dass für jeden Rechner $R_{SM,i}$ eine Liste mit Rechnern definiert ist. Sie beinhaltet die Rechner von denen der Datenverkehr D_i mitgeschnitten werden soll. Nach Aufnahme am Rechner $R_{SM,i}$ und nach Sicherung der Daten werden diese gefiltert, indem die Rechnerliste abgearbeitet und Pakete anderer Rechner verworfen werden. Das aufzunehmende Gesamtdatenvolumen für einen Rechner reduziert sich folglich auf das Datenvolumen der Rechner welche in der Liste aufgeführt sind. Ein zweiter Schritt besteht darin den Nutzdatenanteil für die weitere Verarbeitung im Netz getrennt zu sichern und zunächst nur mit den Protokollköpfen zu arbeiten. Alle aufgenommenen Pakete an verschiedenen Rechnern $R_{SM,i}$ können jetzt zusammengefügt werden, wodurch wiederum das Gesamtdatenvolumen D_{ges} – reduziert auf die Protokollköpfe – vorhanden ist. Während der Analyse kann bei Bedarf das gesamte Paket von einem Rechner $R_{SM,i}$ nachgefordert werden, um den Nutzdatenanteil zu untersuchen. Der Kommunikationsaufwand steigt für die Nachforderung von Paketen an, das transferierte Datenvolumen zur Auswertung sinkt durch Reduktion auf die Paketköpfe.

3.4 Zentraler Server

Ein zentraler Server agiert als Koppelelement. Im Prinzip kann das verteilte Sicherheitsmanagement auch ohne zentralen Server auskommen. Es ist jedoch sinnvoll eine zentralen Rechner mit einzubeziehen, welcher zunächst die Datenflüsse D_i aller Rechner $R_{SM,i}$ entgegennimmt und weiter verteilt. Damit ist eine Entkopplung von den Rechnern $R_{SM,i}$ möglich. Der zentrale Rechner übernimmt dabei eine neutrale Position, d.h. er steht jedem Rechner $R_{SM,i}$ zur Verfügung. Zudem besitzt er keine direkte Verbindung zum externen Netz, ist intern jedoch physikalisch schnell an den Rechnerverbund angekoppelt. Durch die anfallenden Daten D_{ges} ist eine hohe Performance (Prozessor, Festplatte, Speicherausbau) notwendig. Ebenso sind weitere Forderungen einzuhalten: kein Arbeitsplatzrechner, keine allgemeinen Dienste (interner Web-, DB-, Applikations-Server – minimalistisches System) und führt selbst keine Datenakquisition und –analyse durch (steuert/koordiniert alle R_{SM}).

Das Kommunikationsvolumen des Servers entsteht durch Übertragung der aufgenommenen Datenflüsse D_i der Rechner $R_{SM,i}$ und durch entsprechende Verteilung von Analyseprozessen an die Rechner $R_{SM,i}$ im Sicherheitsverbund. Analog zu ID-Systemen agieren die Rechner $R_{SM,i}$ zunächst als Sensor und nehmen Daten auf. Im zweiten Schritt werden die Analyseprozesse wieder an die Rechner $R_{SM,i}$ verteilt, wodurch sie vom Sensor zum Analysator migrieren. Die Initiative für die Verteilung ergreift der zentrale Server wobei wiederum eine Rotation der auswertenden Rechner durchgeführt wird, um die Rechenlast zu verteilen.

4 Ausblick

Durch Sicherheitsdienste allein kann keine Lösung für ein sicheres Netz erzielt werden. Vielmehr unterstützen sie bestehende Mechanismen. Probleme liegen in der Datenmenge und Komplexität der Interaktion, welche zu verarbeiten und zu managen sind und die damit hohen Anforderungen an ein verteiltes System.

Für die Gewährleistung der Sicherheit im Internet generell ist das verteilte Sicherheitsmanagement in so weit geeignet, dass es auf der Kommunikationsstrecke zum externen Kommunikationspartner die Verbindung überwacht und somit das interne Netz für Angriffe aus dieser Verbindung sichern kann. Eine Verletzung der Netzintegrität bzw. Einbruch in das System gefährdet die Sicherheit und das Vertrauen in die Teilnehmer und muss durch die Sicherheitsdienste erkannt werden.

Literatur

[Baum99] H. Baumann: Entwicklung eines Softwaretools zur Protokollierung und Analyse des Datenstroms in Netzwerken, Diplomarbeit D344, Lehrstuhl für Datenverarbeitung, Ruhr-Universität Bochum, Bochum, 1999.

[Böge00] H. Bögeholz: Platten-Karussell, Zusammenfassung: 331 Festplatten im Vergleich, c't magazin für computer technik, Verlag Heinz Heise, Heft 16, 2000, S. 82-91.

[ChZw95] B.D. Chapman, E. Zwicky: Building Internet Firewalls. O'Reilly & Associates Inc., Sebastopol, 1995.

[Comb00] G. Combs: Ethereal, 2000. http://ethereal.zing.org

[Dros99] T. Droste: Rechnerorientierte Datenaufnahme und dessen Verteilung zur Analyse, Facta Universitatis, Series: Electronic and Energetics vol.12, No.3 (1999), University of Niš, Niš, 1999, S. 47-55.

[Dros00] T. Droste: Aspekte eines verteilten Sicherheitsmanagements, in: P. Horster (Hrsg.): Systemsicherheit, Vieweg & Sohn, 2000, S. 343-356.

[DrWe98] T. Droste, W. Weber: Modern Firewalls – Security Management in Local Networks, International Conference on Informational Networks and Systems, ICINAS-98, LONIIS, St. Petersburg, 1998, S. 40-45.

[Hunt94] C. Hunt: TCP/IP Network Administration. O'Reilly & Associates Inc., Sebastopol, 1994.

[Lawt00] G. Lawton: Distributed Net Applications Create Virtual Supercomputers, IEEE Computer, IEEE Computer Society, 2000, S. 16-20.

[Micr00] Microsoft: MSDN Library July 2000, Microsoft Corperation, 2000.

[Mill98] K. Miller: Professional NT Services, Wrox Press Ltd., 1998.

[Pawe99] A. Paweletz: Analyse verschiedener Verschlüsselungsverfahren geeigneter Umsetzung in einer Client-/Server-Applikation zum automatisierten Datentausch, Diplomarbeit D339, Lehrstuhl für Datenverarbeitung, Ruhr-Universität Bochum, Bochum, 1999.

[Russ00] M. Russinovich: LoggedOn for Windows NT, 2000. http://www.sysinternals.com

[Schü99] V. Schüppel: Entwicklung einer Client-/Server-Applikation zum Informationsaustausch von Systemdaten zwischen entfernten Systemen, Diplomarbeit D341, Lehrstuhl für Datenverarbeitung, Ruhr-Universität Bochum, Bochum 1999.

[Stev94] R.W. Stevens: TCP/IP Illustrated, the protocols, Addison-Wesley Publishing Company, Reading, 1994.

[QuSh96] B. Quinn, D. Shute: Windows Sockets Network Programming, Addison-Wesley Publishing Company, Reading, 1996.

Anonym im Internet Probleme und Lösungen

Claudia Eckert[1] · Alexander Pircher

[1]Universität Bremen
FB3 Mathematik/Informatik
eckert@informatik.uni-bremen.de

Zusammenfassung

Die Nutzung gängiger Internet-Dienste wie das World-Wide-Web oder elektronische Post gehört heutzutage bereits zum normalen Alltag. Da bei jeder Dienstnutzung eine Vielzahl von personenbezogenen bzw. nutzer-charakterisierenden Daten anfällt, stellt dies eine erhebliche Bedrohung der Privatsphäre der Benutzer dar. Abhilfe schaffen hier Anonymisierungsverfahren. Solche Verfahren sind insbesondere für den E-Mail- und News-Bereich bereits seit längerer Zeit im Einsatz. Jedoch weisen die verfügbaren Anonymisierer eine Reihe von Unzulänglichkeiten auf, wodurch die Nutzer-Anonymität nicht in dem erforderlichen Umfang gewährleistet wird. Eine Hauptursache für die vorhandenen Sicherheitslücken liegt sicherlich darin, dass die entsprechenden Anonymisierdienste im wesentlichen ad hoc und unsystematisch entwickelt wurden. Das Ziel des **Anonymous**-Projekts war es deshalb, durch eine methodische Vorgehensweise die Schwächen bestehender Anonymisierdienste aufzuzeigen und zu beseitigen. Der vorliegende Beitrag fasst die Ergebnisse des **Anonymous**-Projekts zusammen, in dem basierend auf den systematischen Analysen gezielt stärkere und auch flexiblere Anonymisierungsverfahren realisiert wurden. Der Beitrag erläutert die Probleme und Grenzen heutiger Anonymisierungstechniken und stellt die erarbeiteten Lösungen vor.

1 Einführung

Die Nutzung des Internets insbesondere zur Informations-Beschaffung und zum Datenaustausch u.a. via E-Mails gehört heutzutage bereits zum Alltag. Bei jedem Netzzugriff fallen jedoch eine Vielzahl von Daten über persönliche und sachliche Verhältnisse des Nutzers an, obwohl diese häufig für die Abwicklung der Dienstprotokolle nicht erforderlich sind. Beispiele dafür sind die IP-Adresse des Nutzers, seine Herkunftsadresse, die URL der zuvor geladenen Web-Seite, oder auch Datum und Uhrzeit des Zugriffs. Diese Daten können sowohl von Angreifern (Dritten), die die Datenleitungen abhören, als auch von Dienst-Anbietern dazu verwendet werden, unautorisiert Profile über Nutzer zu erstellen. Derartige Profilerstellungen führen zu einer Bedrohung der Privatsphäre des Internet-Nutzers.

Problematisch ist, dass der Nutzer i.d.R. keinen Einfluss darauf hat, ob und in welchem Umfang derartige sensible Daten erhoben und gespeichert werden. So ist es beispielsweise beim Versenden einer E-Mail ja durchaus wünschenswert, die eigene E-Mail-Adresse anzugeben, während man aber dem Empfänger oder unbeteiligten Dritten keine weitere Informationen, wie z.B. die URL der zuvor genutzten WWW-Seite zukommen lassen möchte. Das Recht auf die erforderliche informationelle Selbstbestimmung wurde bereits 1983 vom Bundesverfassungsgericht im Volkszählungsurteil verankert, das damit auch den Anspruch auf Anonymisierung anerkannt hat (BVerfGE 65, 1, 49).

Bereits heute existiert eine Vielzahl von Anonymisierungsdiensten im Internet, die Kombinationen aus Datenvermeidungs- und -verschleierungstechniken verwenden. Datenvermeidung wird durch das Unterdrücken der entsprechenden Daten erzielt. Zur Datenverschleierung gegenüber Dritten setzt man Verschlüsselungstechniken ein, während zur Verschleierung der Daten gegenüber dem Kommunikationspartner häufig die sensiblen Daten durch Standardmuster ersetzt werden. Problematisch ist jedoch, dass die existierenden Verfahren nur einen Teil der relevanten Daten unterdrücken bzw. anonymisieren, so dass eine Nutzer-Anonymität weder gegenüber Dritten noch gegenüber dem Kommunikationspartner in dem erforderlichen Umfang gewährleistet wird. Auch die Ersetzung von Daten durch Standardmuster ist problematisch, da dadurch Nachrichten einheitlich anonymisiert werden und ohne zu berücksichtigen, dass die Standardwerte Fehler beim Protokollablauf verursachen können. Die Mängel sind auf das Fehlen systematischer Analysen zurückzuführen, die untersuchen, welche der laut Spezifikation geforderten Daten personenbezogene Informationen beinhalten können und welche dieser Daten zur Protokollabwicklung tatsächlich benötigt werden. Neben der fehlenden Systematik beim Einsatz von Anonymisierungstechniken weisen die existierenden Dienste auch architekturelle Mängel auf, die dazu führen, dass der mit ihnen erreichte Grad an Anonymität hinter den konzeptuell erzielbaren und wünschenswerten Möglichkeiten zurückbleibt.

Das `Anonymous`-Projekt [5] hatte zum Ziel, die angesprochenen methodischen Defizite zu beheben und auf der Grundlage der mit systematischen Analysen gewonnenen Erkenntnisse flexiblere und auch stärkerer Anonymisierungsverfahren zu entwickeln. Dazu wurde in einem ersten Schritt systematisch untersucht, welche sensiblen Daten bei der Nutzung gängiger Internet-Dienste anfallen. In einem zweiten Schritt haben wir dann analysiert, welche dieser Daten tatsächlich zur Abwicklung der Protokolle und Dienste benötigt werden und inwieweit deren Anonymisierung dennoch möglich ist, ohne die Funktionalität zu beeinträchtigen. Der Beitrag präsentiert in Abschnitt 2.1 die wichtigsten Resultate dieser Analyse. Zur Charakterisierung der Anonymitätsgrade, die mit unterschiedlichen Techniken erreichbar sind, legen wir in Abschnitt 2.3 eine Skala solcher Grade fest. Davon ausgehend erfolgte eine Analyse und Bewertung existierender Anonymisierungsverfahren. Die wichtigsten Ergebnisse dieser Analyse fassen wir in Abschnitt 2.4 zusammen. Die Defizite der untersuchten Verfahren bilden den Ausgangspunkt für die von uns entwickelten Anonymisierer. Der vorliegende Beitrag gibt in Abschnitt 3 einen Einblick in die Funktionsweise dieser Komponenten.

2 Anonymität im Internet

Wir erklären zunächst, welche in unserem Sinne sensitiven Daten bei der Nutzung gängiger Internet-Dienste anfallen und welche Möglichkeiten zu deren Anonymisierung bestehen. Anschliessend führen wir die mit unterschiedlichen Anonymisierungsansätzen erreichbaren Anonymitätsgrade ein und analysieren und bewerten schließlich die bekannten im Einsatz befindlichen Anonymisierungsdienste.

2.1 Analyse gängiger Internet-Dienste

Alle wichtigen Dienste, wie HTTP, FTP, SMTP oder NNTP, setzen als Client-Server-Anwendungen auf dem Internet-Protokoll (IP) auf. IP fügt jedem zu übertragenden Datenpaket einen IP-Header hinzu, der u.a. die Absender- und Empfänger-IP-Adressen enthält. Zur Anonymisierung müssten also zumindest die Absender-Adressen verschleiert werden Diese einfache Anonymisierungsmaßnahme kann jedoch nur dann sinnvoll eingesetzt werden, wenn keine bidirektionale Kommunikation mit dem Server erforderlich ist, und wenn darüber hinaus auch keine Rückmeldungen, z.B. über Fehler, benötigt werden. Zu beachten ist ferner, dass die IP-Adresse des Absenders nicht erst auf der IP-Ebene, sondern u.U. auch bereits durch Protokolle der Anwendungsebene in einem Header dem Datenpaket hinzugefügt wird. Diese Adressdaten sind somit zusätzlich auch noch einmal protokollspezifisch zu filtern und zu verschleiern, falls diese Information nicht für die Protokollabwicklung (z.B. für den Aufbau von Verbindungen) benötigt wird. Für alle Dienste gilt, dass eine Anonymisierung gegenüber Dritten durch die Verwendung von Verschlüsselungsverfahren erzielt werden kann, so dass dies im Folgenden nicht mehr explizit aufgegriffen wird.

2.1.1 HTTP (Hypertext Transfer Protocol)

Das HTTP-Protokoll [3] ist ein Anfrage/Antwort-Protokoll, das eine bidirektionale Verbindung zwischen Client und Server aufbaut, über die der Client dann Anfragen versenden kann. Eine Anfrage-Nachricht eines Clients besteht aus mehreren Headern und dem eigentlichen Nachrichtenkörper. Zu den Header-Feldern mit kritischen Informationen gehört der *Referer*-Eintrag. Dabei handelt es sich um die URL derjenigen Seite, aus der der Aufruf des Servers erfolgt ist. Das *Referer*-Feld liefert somit dem Server Kontextinformationen über seinen Client. Ein Beispiel dafür ist die Information, dass der Aufruf über eine Suchmaschine erfolgt ist. In diesem Fall enthält der *Referer*-Eintrag die ganze Trefferliste (mit u.U. interessanten Hinweisen auf Konkurrenzangebote) sowie auch die Suchbegriffe, woraus sich Rückschlüsse auf die Wünsche des Nutzers ziehen lassen. Über die verschiedenen *Accept*-Felder werden die bevorzugten Zeichensätze, die Sprache, Kodierungsverfahren etc. des Absenders festgelegt. Aus diesen Daten lässt sich bereits eine recht genaue Charakterisierung des Nutzers ableiten. Informationen über die IP-Adresse des Clients werden häufig in den Feldern *Client-IP*, *X-Forwarded* und *Cache Control* übertragen. Das *User-Agent*-Feld identifiziert den anfragenden User-Agenten und der *From*-Eintrag enthält, falls verwendet, die E-Mail-Adresse des Benutzers, der dem User-Agenten assoziiert ist. Authentifizierungsinformationen werden in den Feldern *Authorization* und *Proxy-Authorization* übertragen und enthalten den Benutzernamen sowie das Passwort, das i.d.R. nur Base64-kodiert ist. Neben den im Standard festgelegten Headern können im HTTP auch vom Nutzer definierte Header übertragen werden.

Im Gegensatz zu den genannten Feldern, deren Informationen vom Client-System generiert und an den Server übertragen werden, wird die Information des *Cookie*-Feldes vom Server erzeugt und beim Client abgespeichert, der diese Daten beim erneuten Zugriff auf den Server im *Cookie*-Feld überträgt. Über die Cookie-Kennziffer kann ein Server sich ein genaues Bild von seinen Nutzern machen. Der Benutzer kann jedoch nicht ohne weiteres prüfen, welche Informationen in dem Cookie kodiert sind. Hat ein Benutzer vorab dem Server personenbezogene Daten (z.B. durch das Ausfüllen eines Formulars) mitgeteilt, so kann der Server diese zum Wiedererkennen eines Nutzers verwenden.

HTTP-Anonymisierung Die von uns durchgeführte Analyse von 7648 Web-Anfragen hat u.a. gezeigt, dass, obwohl in über 99% aller Anfragen die *Accept*-Felder mit Daten belegt waren, diese Informationen von den Anbietern gar nicht verwendet wurden. Demgegenüber werden die Informationen des Feldes *User-Agent*, die in über 98% aller Anfragen auftraten, häufig verwendet, um dem Nutzer die angeforderte Seite zugeschnitten auf dessen Browser-Fähigkeiten zu präsentieren. Eine Anonymisierung dieser Daten sollte deshalb dynamisch konfigurierbar sein, damit Nutzern, die diese Aufbereitung wünschen, die Funktionalität auch bei einer Anonymisierung noch angeboten werden kann. *Referer*-Informationen wurden in über 95% der Anfragen übermittelt, obwohl diese Information für die Funktionalität des HTTP-Protokolls irrelevant ist. Da daraus aber viele Rückschlüsse auf den Nutzer möglich sind, sollten die *Referer*-Daten unterdrückt werden. Die *From*-Daten werden weder für die Abwicklung des Protokolls noch von den Anbietern für ihre Dienste benötigt. Da sie sehr sensible Informationen beinhalten können, sollten sie von einem Anonymisierer unterdrückt werden. Immerhin knapp 30% aller Anfragen enthielten Cookie-Daten, obwohl die entsprechenden Server-Dienste häufig auch ohne diese Daten korrekt arbeiten. Um zu vermeiden, dass die IP-Adresse des Nutzers in Headern übertragen wird, sollten die Header *Client-IP*, *X-Forwarded-for* und *Cache Control* anonymisiert werden, da sie für die Protokollabwicklung nicht benötigt werden. Die Header-Information *Proxy-Authorization* wird nur zur Authentifizierung des Browsers gegenüber dem Proxy-Server benötigt und sollte danach vom Proxy anonymisiert werden. Ein Anonymisierer sollte Cookie-Daten standardmäßig unterdrücken, aber dennoch so konfigurierbar sein, dass diese Unterdrückung auch deaktivierbar ist, falls eine Servernutzung Cookies unbedingt erfordert. Ein HTTP-Anonymisierer sollte so flexibler zu konfigurieren sein, dass alle unbekannten Header standardmässig anonymisiert und nur nach Bedarf individuell nicht-anonym übertragen werden.

2.1.2 FTP (File Transfer Protocol)

Das FTP-Protokoll [7] dient in erster Linie zum effizienten Datenaustausch. FTP arbeitet sitzungsorientiert und unterscheidet zwischen Kontrollnachrichten sowie den eigentlichen Daten. Zur Übermittlung der Kontrollnachrichten stellt FTP eine eigene Kontrollverbindung her, die über die gesamte Sitzung bestehen bleibt, während für jede Sende- und Empfangsaktion eine neue Datenverbindung aufgebaut wird. Sowohl bei der Kontrollverbindung als auch bei jedem Aufbau einer Datenverbindung wird die IP-Adresse des Clients übertragen. Daneben werden beim Aufruf von FTP-Kommandos weitere kritische Daten als Parameter gesendet. Dazu gehört das *User*-Kommando, das den Aufrufer über die Angaben eines ASCII-Strings identifiziert, das *Pass*-Kommando, das das Nutzer-Passwort als Parameter enthält sowie das *Acct*-Kommando, dessen Parameter die Nutzer-Kennung identifiziert. Beim anonymen FTP übertragen heutige Browser meist ein Passwort, das den jeweiligen Browser kennzeichnet (z.B. mozilla@ beim Netscape Communicator), daneben besteht aber i.d.R. auch noch die Möglichkeit, die in den Voreinstellungen des Browsers eingetragene E-Mail-Adresse des Nutzers zu übertragen.

FTP-Anonymisierung Da der Benutzername, das Passwort und die Kennung bei einem nicht-anonymen FTP notwendig sind, um den Nutzer gegenüber dem FTP-Server zu authentifizieren, ist deren Anonymisierung gegenüber dem Kommunikationspartner nicht möglich. Auch die IP-Adresse wird benötigt, um die Datenverbindung zum Client aufzubauen. Mit einer Verschlüsselung der Header-Daten des FTPs ist jedoch eine wirksame Anonymisierung gegenüber Dritten erreichbar Bei einem anonymen FTP kann die als Passwort verwendete E-Mail Adresse anonymisiert und z.B. durch eine fiktive Email-Adresse ersetzt werden, um Rückschlüsse auf den Nutzer zu verschleiern.

2.2 SMTP (Simple Mail Transfer Protocol)

Da man über den Sinn und Zweck anonymer E-Mails und anonymer News sicherlich streiten kann, beschränken wir uns im Folgenden nur auf die Sichtweise, dass sich ein Nutzer sehr wohl gegenüber seinem Kommunikationspartner identifizieren möchte, aber ansonsten so wenig wie möglich weitere Informationen über seine Arbeitsumgebung (z.B. welches Betriebssystem, welche Hardware) oder über den Sende-Kontext (z.B. auf welche Nachricht wird Bezug genommen) preisgeben möchte (informationelle Selbstbestimmung).

Das SMTP [6] dient der Übermittlung elektronischer Post, wobei eine bidirektionale Verbindung zwischen Client und Server aufgebaut wird, über die dann verschiedene Mails übertragen werden können. Analog zum FTP werden auch beim SMTP neben der beim Verbindungsaufbau zu übermittelnden IP-Adresse beim Aufruf von Mailing-Kommandos weitere kritische Daten übertragen.

Das *Mail*-Kommando spezifiziert ein Argument, das den Pfad enthält, über den im Fehlerfall eine Nachricht zurückzusenden ist. Mit dem *Data*-Kommando werden die eigentlichen Mail-Daten übertragen, die ihrerseits aus einem Header-Teil und den Nutzdaten bestehen. Zu den hier relevanten Header-Feldern gehört der *Return-path*, der die Adresse des Absenders und die Route dorthin enthält, um im Fehlerfall dem Absender die Nachricht wieder zuzustellen. Jeder Server, der an der Zustellung der Nachricht beteiligt ist, fügt seine Informationen zusammen mit Datum und Uhrzeit dem Return-Pfad hinzu, so dass daran die genaue Route abzulesen ist.

Zur Identifikation des Absenders dienen ferner auch die Felder *from* mit der Identität des absendenden Agenten (u.a. Maschine, Person), *sender*, das die Identität des Senders enthält, falls der Nachrichtenautor mit dem Sender nicht übereinstimmt, und *reply-to*, in dem die Mailbox(en) für Antworten angegeben werden können. Die Felder *In-Reply-To* und *References* enthalten sensible Kontextinformationen, nämlich die Identifikation der Nachricht, auf die geantwortet wird, und die Identifikation von Nachrichten, auf die verwiesen wird. Neben den im Standard festgelegten Feldern kann eine Mail auch benutzerdefinierte sowie erweiterte Felder (beginnend mit X-) enthalten.

SMTP-Anonymisierung Da die meisten der in den Headern der Maildaten enthaltenen Informationen zur Abwicklung des SMTP nicht wirklich benötigt werden, können diese Informationen anonymisiert werden, so dass weder gegenüber Dritten noch gegenüber dem Kommunikationspartner Informationen preisgegeben werden (z.B. *In-Reply-To*, *Return-path* oder *References*), die über die direkte Identifikation des Absenders hinausgehen. Diese Anonymisierung sollte jedoch auch individuell konfigurierbar sein, so dass z.B. ein Absender, der an dem Erhalt von Fehlermeldungen interessiert ist, durch die nicht anonymisierte Angabe des *Return-path* dazu auch in der Lage ist. Erweiterte Header können zum einen den Absender charakterisieren und zum anderen beliebige Daten enthalten. Ein Anonymisierer sollte deshalb nicht-standardisierten, aber dennoch allgemein übliche Header unterdrücken oder zumindest verschleiern, da sie zur Protokollabwicklung nicht benötigt werden. Unbekannte Header sollten gänzlich unterdrückt werden.

2.2.1 NNTP (Network News Transfer Protocol)

Analog zum Versenden elektronischer Post liegt auch beim Posten unser Augenmerk auf der Anonymisierung solcher sensibler Daten, die beim Posten automatisch der Nachricht hinzugefügt werden, ohne dass der Benutzer hierauf einen Einfluss hat. Das NNTP [4] bietet Dienste zum Abfragen, Posten und Verteilen von News-Artikeln. Der Client baut eine bidirektionale Verbindung zum Server auf, die dann für mehrere Aktionen (Artikel lesen, posten) genutzt werden kann. Neben der IP-Adresse des Clients werden in den Headern von News-Artikeln kritische Daten übermittelt, die im Wesentlichen denjenigen entsprechen, die auch im SMTP verwendet werden. Ergänzend zu diesen Daten kann ein News-Header auch das Feld *Organization* enthalten, das die Organisation beschreibt, der der Sender angehört und diesen charakterisieren kann. Das NNTP erlaubt explizit die Verwendung weiterer, in der Spezifikation nicht beschriebener Header, so dass über solche, vom Nutzer definierten Header, ein News-Nutzer ebenfalls identifizierbar sein kann.

NNTP-Anonymisierung Wie bereits schon beim SMTP sollte auch bei der NNTP-Anonymisierung die automatisch generierten Header anonymisiert und nur bei Bedarf seitens des Nutzers nicht anonymisiert übertragen werden. Da die Daten der nicht-vordefinierten Header für die Funktionalität des NNTP nicht benötigt werden, kann ein Anonymisierer diese Daten unterdrücken oder verschleiern. Diese Daten werden jedoch teilweise vom Dienstanbieter benötigt, so dass ein Anonymisierer so individuell konfigurierbar sein sollte, dass die Anonymisierung selektiv aktivierbar bzw deaktivierbar ist.

2.3 Anonymisierungsgrade

In diesen Abschnitt präzisieren wir den Anonymitätsbegriff, indem wir verschiedene Anonymitätsgrade definieren. Laut Bundesdatenschutzgesetz (BDSG) ist die *Anonymisierung* „das Verändern personenbezogener Daten derart, dass die Einzelangaben über persönliche oder sachliche Verhältnisse nicht mehr oder nur mit einem unverhältnismäßig großen Aufwand an Zeit, Kosten und Arbeitskraft einer bestimmten oder bestimmbaren natürlichen Person zugeordnet werden können.“ (BDSG §3 Abs.7)

Eine schwächere Form der Anonymisierung stellt die *Pseudoanonymisierung* dar. Dabei handelt es sich um das Verändern personenbezogener Daten durch eine Zuordnungsvorschrift (z.B. die Verwendung von Pseudonymen) derart, dass die Einzelangaben über persönliche oder sachliche Verhältnisse ohne Kenntnis oder Nutzung der Zuordnungsvorschrift nicht mehr einer natürlichen Person zugeordnet werden können.

Die im Folgenden eingeführten Anonymitätsgrade treffen eine Abstufung im Hinblick darauf, gegenüber wem (Anonymisierungsziel) die Anonymität bzw. Pseudoanonymität eines Nutzers gewährleistet wird. Als Anonymisierungsziele kommen bei einer Internet-basierten Kommunikation drei Instanzen in Frage: (1) der Kommunikationspartner, (2) Dritte, die an der Kommunikation nur mittelbar oder als unautorisierte Angreifer beteiligt sind, und (3) der Anonymisierer selber. Die stärkste Form der Anonymsierung ist sicherlich dann erreicht, wenn der Nutzer gegenüber allen drei Instanzen anonym bleibt. Die im Folgenden angegebenen Grade einer Anonymitäts-Skala berücksichtigen, in welchem Umfang die drei Instanzen Kenntnisse über sensible Nutzerdaten besitzen können.

- **Grad 1**
  Pseudoanonymisierung beim Kommunikationspartner: Der Kommunikationspartner ist nicht in der Lage, einzelne Daten einer natürlichen Person zuzuordnen. Alle Maßnahmen der Anonymisierung werden erst beim Kommunikationspartner durchgeführt, so dass die Anonymisierung vom Nutzer weder beeinflussbar noch überprüfbar ist. Dafür wird der Nutzer von Anonymisierungsaktionen vollständig entlastet. Eine Anonymisierung gegenüber Dritten findet nicht statt.
- **Grad 2**
  Pseudoanonymisierung beim Pseudoanonymisier-Dienst: Im Gegensatz zum Grad 1 werden sensible Daten nur zu diesem Dienst und nicht mehr bis zum Kommunikationspartner übertragen, so dass ein höherer Anonymisierungsgrad besteht. Der Kommunikationspartner kennt nur ein Pseudonym des Nutzers. Allerdings muss hier der Nutzer den Anonymisierungsdienst explizit ansprechen. Eine Anonymisierung gegenüber Dritten findet nicht statt.
- **Grad 3**
  Anonymisierung beim Kommunikationspartner: analog zum Grad 1 gilt, dass erst der Kommunikationspartner eine Anonymisierung durchführt, die vom Nutzer jedoch nicht kontrollierbar ist. Eine Anonymisierung gegenüber Dritten findet nicht statt.
- **Grad 4**
  Anonymisierung beim Anonymisierungs-Dienst: Analog zum Grad 2 werden die Nutzer-identifizierenden Daten bereits durch eine zwischengeschaltete dritte Instanz anonymisiert und erst anschließend an den Kommunikationspartner weitergeleitet. Eine Anonymisierung gegenüber Dritten findet nicht statt.
- **Grad 5**
  Anonymität auch gegenüber Dritten: Der Nutzer ist sowohl gegenüber seinem Kommunikationspartner als auch gegenüber Dritten anonym.
- **Grad 6**
  Anonymität auch gegenüber dem Anonymisierer: Bis einschließlich Grad 5 besitzt der Anonymisierungs-Dienst Kenntnisse sowohl über den Nutzer als auch über dessen Kommunikationspartner. In der Stufe 6 wird gefordert, dass der Anonymisierer keine Verbindung zwischen Nutzern und deren Kommunikationszielen herstellen kann und auch eine Anonymisierung gegenüber Dritten stattfindet.

2.4 Anonymisierer – State-of-the-Art

Die meisten Aktivitäten im Hinblick auf die Entwicklung von Anonymisierungsdiensten konzentrieren sich auf den E-Mail- und News-Bereich, während im WWW- und FTP-Bereich kaum aktuelle Entwicklungen zu verzeichnen sind. Da wir an der Anonymisierung von Nutzer- (Client-) Daten interessiert sind, betrachten wir keine Ansätze zur Server-Anonymisierung, wie z.B. das JANUS-Projekt [2].

2.4.1 WWW und FTP

Die einfachsten Anonymisierungsverfahren beschränken sich auf die Anonymisierung der **Server-Log-Datei**[1], in der die Zugriffe protokolliert werden. Wird der Anonymisierdienst in den Web-Server integriert, so können die Daten bereits anonymisiert in die Log-Datei eingetragen werden. Abhängig davon, ob eine Anonymisierung oder eine Pseudoanonymisierung durchgeführt wird, ist nur der Grad 3 bzw. sogar nur der Grad 1 erreichbar und der Nutzer besitzt keine Kontrollmöglichkeiten. Dies ist um so gravierender, da die Anonymisierung in den existierenden Verfahren nur sehr lückenhaft erfolgt. Diese beschränken sich darauf, den Rechnernamen, die IP-Adresse und den Benutzernamen zu verschleiern. Wichtige Datenfelder mit kritischen Informationen, wie das *Referer*-Feld, die Zeitangaben oder auch das Feld *User-Agent* werden dagegen unverschleiert in der Log-Datei des Servers protokolliert.

Integriert man den Anonymisier-Dienst in einen **Proxy-Server**, wie z.B. den *Junkbuster*[2], so können kritische Daten aus den Headern vor deren Weiterleitung zum Kommunikationspartner modifiziert bzw. bereinigt werden. So unterdrückt beispielsweise der Junkbuster die Weiterleitung von Cookies, der *From*-Daten sowie das *Referer*-Feld und ersetzt die Angaben des User-Agents einheitlich durch *Mozilla/3.01 Gold.* Alle anderen Felder mit kritischen Daten, wie die *Accept*-Daten, werden allerdings unverändert zum Ziel übertragen. Die Anonymisierung durch den Junkbuster ist somit unzureichend. Darüber hinaus erfolgt eine Datenverschleierung auf einheitliche Weise. Problematisch ist auch, dass unbekannte Header-Formate nicht unterdrückt sondern unmodifiziert weitergeleitet werden. Da die zwischen Browser und Proxy-Server übertragenen Daten nicht verschlüsselt werden, erzielt man mit dieser Vorgehensweise auch nur eine (Pseudo)-Anonymisierung bis zum Grad 2 bzw. 4.

Eine ähnliche Arbeitsweise wie Proxy-Server weisen die **Web-Anonymisierer**, wie z.B. der *Anonymizer*[3], auf. Sie führen die Anonymisierung auf der Seite des Web-Servers durch. Durch diese Architektur ist es möglich, einen solchen Anonymisierer auch hinter einer Firewall zu verwenden und die Daten verschlüsselt zu übertragen. Im Unterschied zum anonymisierenden Proxy-Server sind beim Web-Anonymisierer jedoch noch weitere Maßnahmen erforderlich, falls sich in der vom Client angeforderten Seite bzw. Datei weitere Referenzen befinden. Da bei deren direkten Aufruf keine Anonymisierung des Aufrufers stattfinden würde, müssen alle diese Referenzen so umgeändert werden, dass sie nur über den Anonymisierer angefordert werden können. Dadurch wird der Anonymisierungsdienst erheblich langsamer als eine Proxy-Lösung und seine Realisierung ist deutlich schwieriger und damit auch fehleranfälliger.

Eine in [5] durchgeführte Analyse des *Anonymizers* hat gezeigt, dass dieser zwar einige kritische Daten, wie das *From*-Feld, die *Referer*-Daten und das *Cookie*-Feld unterdrückt, dass er aber auch viele kritische Daten weiterleitet. Dazu zählen unter anderem die Felder *Client-IP* und *Cache Control.* Die Unterdrückung der Cookie-Daten lässt sich darüber hinaus auch nicht individuell deaktivieren, so dass beim Zugriff auf einen Server, der Cookies erfordert, der *Anonymizers* nicht verwendbar ist. Eine verschlüsselte Übertragung der Da-

[1] u.a. http://www.media.mit.edu/~daniels/software/scramble.html

[2] http:/www.junkbuster.com

[3] http://www.Anonymizer.com

ten zwischen Client und dem *Anonymizers* ist nicht vorgesehen. Die fehlende Anonymität gegenüber Dritten ergibt sich jedoch nicht aufgrund von architekturellen Beschränkungen, so dass Web-Anonymisierer durchaus auch die Stufe 5 erreichen könnten. Da derartige Anonymisierer auch hinter einer Firewall nutzbar sind, könnten Web-Anonymisierer kaskadiert konfiguriert werden, so dass sogar der Anonymitätsgrad 6 erzielbar wäre.

Ein gänzlich anderer Ansatz zur Verschleierung wird in dem **Crowds-Projekt** [8] verfolgt. Das Ziel ist es, Anfragen in einer Gruppe von Nutzern zu verbergen, indem eine Anfrage zunächst an ein zufällig ausgewähltes Gruppenmitglied gesendet wird. Dieses bestimmt wiederum ein neues Mitglied als Adressaten oder leitet die Nachricht zum eigentlichen Ziel weiter. Ausgangspunkt ist ein lokaler Crowd-Proxy Server beim Client, der Anfragen entgegennimmt, sie verschlüsselt und an ein Gruppenmitglied weiterleitet. Handelt es sich nur um eine kleine Crowd mit wenigen Mitgliedern, so kann natürlich die Anfrage auf diese Teilnehmermenge eingegrenzt werden; eine Anonymisierung ist damit nicht zuzusichern. Crowds unterdrückt wesentliche Informationsfelder, wie *From*, *Cache Control*, *Cookie*, *X-Forwarded* sowie *Referer*, und anonymisiert die *Accept*-Daten und den *User-Agent*, indem die ursprünglichen Werte durch Standardwerte ersetzt werden. Bei Servern, die diese Angaben auswerten, kann es jedoch aufgrund der geänderten und z.T. falschen Werte zu Fehlern kommen. So ist der eingesetzte Wert *zip* im Feld *Accept-Encoding* in der HTTP-Spezifikation nicht definiert. Durch die Verwendung fester Header-Einträge werden alle Crowds-Anfragen vereinheitlicht und sind direkt als solche erkennbar. Nachteilig ist ferner, dass Crowds nicht im Zusammenspiel mit einer Firewall auf der Client-Seite verwendbar ist, da der Client-Proxy keine Verbindung zu anderen Gruppenmitgliedern aufbauen kann. Problematisch ist auch, dass die beteiligten Crowds-Proxies unbekannte Header unverändert übertragen, wodurch kritische Informationen weitergeleitet werden können.

Positiv ist jedoch, dass durch die verschlüsselte Übertragung der Nachrichten sowie das kaskadierende Weiterleiten von Anfragen mit dem Crowds-Verfahren der Anonymitätsgrad 6 erreichbar ist. Zu beachten ist dabei aber, dass durch die Kaskaden eine hohe Latenzzeit für die Anfragen entstehen kann. Der Absender einer WWW-Anfrage hat keinen Einfluss auf den Weg, den sein Aufruf nimmt, so dass ggf. Crowds-Mitglieder gewählt werden, die unzuverlässig arbeiten, nicht ständig online sind oder nur über langsame Modem-Verbindungen etc. verfügen. Wünschenswert wäre hier also, dass aufgrund von Statistiken über die aktuelle Verfügbarkeit und Belastung von Mitgliedern die Latenzzeit minimiert bzw. der Absender die Wegewahl in codierter Form seiner Anfrage assoziieren könnte.

2.4.2 E-Mail und News

Da es sich bei E-Mail und News um asynchrone Dienste handelt, ist es nicht notwendig, dass die Nachrichten sofort beim Empfänger ankommen. Diese Eigenschaft machen sich die Remailer zunutze, die sich im Bereich der Anonymisierung von E-Mails und News durchgesetzt haben. Die ursprüngliche Konzeption von umkodierenden Mailern geht auf D. Chaum und seine umkodierende Mixe [1] zurück. Ein Nutzer eines Remailer-Dienstes muss seine Daten explizit zu einem Remailer senden. Dieser entfernt die Header-Informationen und leitet danach die Nachrichten weiter. Zum Schutz vor Verkehrsflussanalysen verzögern die Remailer die Nachrichtenweiterleitung und streuen zusätzlich noch

Dummy-Nachrichten in den Datenstrom ein. Neben diesen Eigenschaften, die die Typ 1 Remailer[4] oder Cypherpunk-Remailer charakterisieren, gibt es noch die Typ 2 Remailer[5], die sogenannten Mixmaster. Deren Nutzung erfordert jedoch einen spezifischen EMail Client, der die Nachrichten verschlüsselt und auf eine einheitliche Länge von 30kB normiert. Remailer können auch kaskadierend eingesetzt werden. Dies setzt voraus, dass die zu versendende Mail eine Kette von verschlüsselten Remailer-Adressen spezifiziert. Jeder Remailer entfernt den Eintrag, der mit seinem öffentlichen Schlüssel verschlüsselt wurde, und sendet die Nachricht an die Adresse, die in dem von ihm entschlüsselbaren Eintrag spezifiziert ist. Bei einer Remailer-Kaskade kennt nur der erste Remailer der Kette den Nutzer und der letzte kennt die Adresse des Ziels. Üblicherweise verwendet man jedoch nur einen Remailer. Dies hat zur Folge, dass dem Remailer alle kritische Daten der Absender zugänglich sind, da nur der Nachrichteninhalt verschlüsselt wird. Übliche Remailer bieten also nur einen Anonymitätsgrad 5. Demgegenüber ließe sich durch eine Kaskadierung ein Grad 6 erzielen.

3 Anonymous-Dienste

Die vorangehenden Kapitel haben verdeutlicht, dass existierende Anonymisierer nur eine lückenhafte und kaum an individuelle Benutzeranforderungen anpassbare Anonymisierung durchführen und darüber hinaus auch häufig einen geringeren Anonymisierungsgrad erreichen, als er bei gleicher Architektur erzielbar wäre. Durch die unzureichende Anonymisierung werden insbesondere IP-Adressen übermittelt sowie eine Vielzahl von Angaben über das Client-System (*Accept-Felder*) und dessen genutzte Hard- und Software weitergeleitet. Im **Anonymous**-Projekt [5] wurden deshalb Anonymisierer konzipiert und implementiert, die die aufgezeigten Mängel beseitigen.

3.1 Logfile Anonymisierer

Der Logfile Anonymisierer wurde für den Apache Web-Server entwickelt. Ausgangspunkt sind nicht-anonymisierte Protokoll-Einträge, die folgende Informationen enthalten: *Hostname, Identd-Name, Benutzername, Zeit, Anfragezeile, Status, Gesendete Bytes, Referer, User-Agent*. Der Apache Server wurde so konfiguriert, dass er diese Protokolldaten zum Logfile-Anonymisiererprogramm umlenkt, der diese Protokollinformationen wie folgt anonymisiert:

Daten	**Anonymisierung**
Hostname	.< top-level-domain> (z.B. de)
Identd-Name	-
Benutzername	-
Zeit	[< Tag> / < Monat> / < Jahr>: < Stunden> : 00:00 < Zone >]
Anfrage	wird übernommen
HTTP-Version	HTTP/1.0
Referer	-
User-Agent	Anonymisierung von Browser, Betriebssystem und Sprache

[4]Eine Liste verfügbarer Remailer findet man u.a. unter http://anon.efga.org/Remailers/TypeIList
[5]http://anon.efga.org/Remailers/TypeIIList/type2.list

Beispiel:

Der Protokolleintrag:	wird anonymisiert zu:
`sunsystem.in.tum.de`	`.de`
`[18/Apr/2000:13:13:27+02000]`	`[18/Apr/2000:13:00:00+02000]`
`"GET /images/logo.gif HTTP/1.1"`	`"GET /images/logo.gif HTTP/1.0"`
`"http://www.intum.de/"`	`-`
`"Mozilla/4.5[en](Win98;I)"`	`"Netscape(Windows)"`

Das auf diese Weise erzeugte Logfile ist ein Kompromiss, um zum einen eine gewünschte Anonymität für Benutzer (Grad 3) anzubieten und zum anderen Betreibern eines Internet-Angebots genügend Informationen zu belassen, um aussagekräftige Zugriffsstatistiken zu generieren. Im Gegensatz zu den bekannten Implementierungen werden durch unseren Logfile-Anonymisierer alle kritischen Daten eines Logfiles verschleiert. Uns ist aber bewusst, dass z.B. die Ersetzung des Hostnamens durch den Top-Level-Domain-Namen dann problematisch ist, wenn auf der Serverseite differenziertere Analysen durchgeführt werden sollen, z.B. um Zugriffe von Robots zu erkennen. Hierfür (und auch für weitere Einträge) haben wir deshalb eine Differenzierungsmöglichkeit vorgesehen. Insgesamt sollte aber klar sein, dass ein Logfile-Anonymisierer aufgrund der mangelnden Einflussmöglichkeiten durch den Nutzer nur sehr eingeschränkt zur Anonymisierung geeignet ist.

3.2 Anonymisierender Proxy-Server

Der anonymisierende Proxy leitet Anfragen verschleiert an einen Proxy-Server weiter. Die Anonymisierung findet also auf der Seite des Nutzers statt. Die Cache-Verwaltung erledigt der Proxy-Server, der auch die Nachricht an das eigentliche Ziel weiterleitet. Antworten werden ohne weitere Bearbeitung an den Client durchgereicht. Der anonymisierende Proxy wird als Proxy-Server in den Browser-Einstellungen eingetragen, wobei bei der erstmaligen Benutzung über eine Setup-Seite individuell einstellbar ist, welche Header-Felder mit welchen Daten belegt und übertragen werden sollen So ist es dem Nutzer möglich, selbst gewählte Angabe festzulegen, die für die Felder *Accept, From, User-Agent* sowie für diejenigen Felder verwendet werden sollen, die Auskunft über das zugrundeliegende Betriebssystem und die Hardware geben. Die anonymisierten Anfragen der Clients haben somit kein einheitliches Format und sind flexibel konfigurierbar. Desweiteren kann bestimmt werden, welche Werte der verwendete Proxy-Server den Feldern *Cache-Info, Client-IP, X-Forwarded, Via, Forwarded* hinzufügen soll. Da einige Server Header wie *Host, Referer, Cookie, Cache-Control, Content-Type* auswerten bzw. für ihre Funktionalität voraussetzen, ermöglicht es der anonymisierende Proxy, die Verschleierung dieser Werte individuell zu aktivieren bzw. zu deaktivieren. Darüber hinaus werden alle unbekannten Header-Formate automatisch unterdrückt. Der Proxy-Dienst bietet einen Anonymisierungsgrad 4.

3.3 Web-Anonymisierer

Der Web-Anonymisierer ist ein Dienst, an den die zu anonymisierende Datei unter Angabe einer URL zu übergeben ist. Der Dienst anonymisiert Anfragen und leitet diese an das Ziel weiter. Eine Client-Anfrage wird zunächst vom Web-Server bearbeitet, der die übergebene URL lokal speichert und anschließend den Web-Anonymisierer aufruft, der nach der Anonymisierung die Anfrage weiterleitet. Es werden nur die notwendigen Header weitergeleitet, wie bei der GET-Methode der *Host*-Header und bei der POST-Methode der *Host*-, *Content-Length*- und *Content-Type*-Header. Die Antworten des Servers werden vor der Weiterleitung an den Client ebenfalls anonymisiert und weitere Zugriffe des Clients auf Links, die in der Antwort-Seite enthalten sind (z.B. eingebundene Graphiken), werden automatisch über den Web-Anonymisierer durchgeführt. Neben der HTML-Referenzen werden auch Referenzen in JavaScript-Programmen verschleiert. Anders als der *Anonymizer* werden zusätzlich auch noch FTP-Referenzen anonymisiert und bei E-Mails und News-Referenzen erfolgt automatisch eine Weiterleitung an die Programme zum anonymen Senden und Posten (s.u.). Unser Anonymisierer unterdrückt alle unbekannten Header und verschleiert alle im Abschnitt 2.1 diskutierten kritischen Daten. Die Daten können vom Absender verschlüsselt übertragen werden, jedoch haben wir bislang noch keine Kaskadierung des Web-Anonymisierers realisiert, so dass anstelle von Grad 6 z.Z. erst der Anonymisierungsgrad 5 erzielt wird.

3.4 E-Mail und News-Gateways

Unser E-Mail- und News-Anonymisierer ist ein Dienst, der darauf abzielt, die Erzeugung kritischer Daten zu vermeiden. Dazu sind die Nachricht und der Empfänger in einem HTML-Formular an den Anonymisierer zu übergeben, der sie an einen Remailer weiterleitet. Weiterhin sendet der Dienst eine Bestätigung über die erfolgreiche Bearbeitung an die Clients. Von der Originalnachricht bleiben nur der Empfänger, die Betreff-Zeile sowie der Mail-Inhalt unverändert. Der jeweilige Remailer wird dynamisch aus einer Remailer-Liste ausgewählt. Auswahlkriterien sind zum einen eine hohe Verfügbarkeit und zum anderen die vom Remailer angebotenen Funktionen. Bei der Auswahl wird berücksichtigt, dass der Remailer die vom Sender geforderten Dienste wie das Nachrichten-Format oder eine News-Anbindung unterstützen muss. Die Remailer-Verfügbarkeit wird mit einer stündlich aktualisierten Remailer-Statistik bewertet. Mit einer SSL-gesicherten Verbindung zum Anonymisierungsdienst können die Verkehrsdaten gegenüber Dritten verschlüsselt übertragen werden, während demgegenüber bei der Verwendung herkömmlicher Remailer via Email durch Verschlüsselungsdienste wie PGP nur der Nachrichteninhalt nicht aber die Verkehrsinformation verschleiert wird. Da eine Kaskadierung bislang noch nicht implementiert wurde, bietet unser Dienst z.Z. den Anonymisierungsgrad 5.

Unter der URL `http://anonymouse.home.pages.de/` stehen die anonymisierenden WWW-, E-Mail- und News-Dienste zur allgemeinen Nutzung zur Verfügung.

4 Zusammenfassung

Angesicht der vielfältigen Nutzung des Internets rückt die Frage nach der Sicherung der Privatsphäre der Nutzer immer mehr in den Vordergrund. Gängige standardisierte Internet-Dienste und -Protokolle übertragen eine Vielzahl kritischer Daten, so dass durch deren gezielte Analyse detaillierte Benutzerprofile erstellbar sind. Abhilfe schaffen hier Anonymisierungsdienste, die durch Techniken zur Datenunterdrückung und -verschleierung versuchen, eine derartige Profilerstellung zu verhindern. Eine schnelle und einfache Anonymisierung bieten Logfile-Anonymisierer, die transparent für den Nutzer arbeiten, wodurch sie sich aber auch einer Kontrolle durch den Nutzer entziehen. Browser-unterstützte Proxy-Server bieten ebenfalls eine schnelle und einfache Anonymisierung. Sie sind auf der

Seite des Clients angesiedelt, wodurch sie den Vorteil besitzen, durch den Nutzer kontrollierbar zu sein. Jedoch sind sie nicht hinter einer Firewall nutzbar und ermöglichen auch keine verschlüsselte Datenübertragung. Fortschritte bieten hier die Web-Anonymisierer, die jedoch vom Nutzer explizit aufgerufen werden müssen. Sie sind hinter einer Firewall einsetzbar und ermöglichen auch eine verschlüsselte Datenübertragung, so dass konzeptionell ein hoher Anonymitätsgrad erzielbar ist. Nachteilig ist jedoch deren langsame und aufwendige Anonymisierung. Für den E-Mail- und News-Bereich verwendet man Remailer, die ebenfalls hinter einer Firewall betreibbar sind und Daten verschlüsselt übertragen können. Problematisch ist jedoch, dass Informationen über den Sender zum Remailer gelangen und dass ggf. bei der Nachrichtenzustellung lange Verzögerungen auftreten können, falls der gewählte Remailer nicht verfügbar oder überlastet ist.

Die im Einsatz befindlichen Anonymisierer weisen eine Reihe von Unzulänglichkeiten und Lücken auf. Ausgangspunkt für deren Aufdeckung ist die in dem **Anonymous**-Projekt durchgeführte systematische Analyse der tatsächlichen Gegebenheiten gängiger Internet-Dienste. Mit dem im Projekt entwickelten und zur Nutzung zur Verfügung gestellten Anonymisierern wurden diese Lücken geschlossen.

Literatur

[1] D.L. Chaum: Untraceable Electronic Mail, Return Addresses and Digital Pseudonyms, Communications of the ACM, 24(2):84, 1981.

[2] T. Demuth, A. Rieke: Securing the anonymity of content providers in the world wide web, in: Security and Watermarking of Multimedia Contents, Vol. 3657, S. 494–502, San Jose, California, U.S.A., 25–27 Januar 1999.

[3] R. Fielding, J. Gettys, J. Mogul, H. Frystyk, T. Berners-Lee: RFC 2068: Hypertext Transfer Protocol — HTTP/1.1, Januar 1997.

[4] B. Kantor, P. Lapsley: RFC 977: Network news transfer protocol: A proposed standard for the stream-based transmission of news, Februar 1986.

[5] A. Pircher: Anonymität im Internet, Technischer Bericht, TU-München, Diplomarbeit, August 2000.

[6] J. Postel: RFC 821: Simple mail transfer protocol, August 1982.

[7] J. Postel, J. K. Reynolds: RFC 959: File transfer protocol, Oktober 1985.

[8] M. K. Reiter, A. D. Rubin: Crowds: Anonymity for web transactions, ACM Transactions on Information and System Security, 1(1):66–92, 1998.

Möglichkeiten und Grenzen von Firewall-Systemen

Norbert Pohlmann

Utimaco Safeware AG
norbert.pohlmann@utimaco.de

Zusammenfassung

Um dem internationalen Wettbewerb standzuhalten und die enormen Chancen zu nutzen, müssen sich Organisationen an öffentliche Kommunikationssysteme wie das Internet ankoppeln. Die Organisationen haben dabei meist einen hohen bis sehr hohen Bedarf, ihre Rechnersysteme und Informationen gegen den Verlust von Vertraulichkeit, Integrität, Verfügbarkeit, Verbindlichkeit und Authentizität zu schützen. Sie benötigen deshalb Sicherheitssysteme, um sich gegen Angriffe aus dem Internet zu schützen, zum Beispiel umfassende Firewall-Systeme. Firewall-Systeme sind ein komplexes Thema mit sehr vielen Teilaspekten. In dieser Arbeit wurde der Versuch unternommen, viele dieser Aspekte, bezogen auf die Wirkung von definierten Angriffen auf zu schützende Systeme, möglichst umfassend zu betrachten. So wurden Methoden entwickelt, mit denen die Auswahl passender Firewall-Konzepte erleichtert wird, und zusätzliche ergänzende Sicherheitsmechanismen empfohlen, um eine hohe Sicherheit mit Hilfe von umfassenden Firewall-System zu gewährleisten. Damit wird die Verwundbarkeit vermindert und die Chancen einer risikoärmeren Internet-Ankopplung erhöht.

1 Allgemeine Beschreibung

Firewall-Systeme haben sich in den letzten Jahren als „elektronische Pförtner" zur Sicherung und Kontrolle für den Übergang von einem zu schützenden Netz zu einem unsicheren Netz etabliert. Es gibt eine Vielzahl von Komponenten, um Firewall-Systeme aufzubauen: Packet Filter, Stateful Inspection, Application Gateways, Proxies, Adaptive Proxies und andere Sicherheitskomponenten.

Die letzten Jahre haben dabei gezeigt, daß viele Organisationen Firewall-Komponenten nutzen, aber nicht in der Lage sind, Aussagen über die Sicherheit und Vertrauenswürdigkeit ihrer jeweiligen Firewall-Lösung zu treffen. Über die Wirksamkeit gegen Angriffe werden von den Herstellern keine vergleichbaren Aussagen gemacht.

Da aber gerade dieser kritische Übergang vom zu schützenden Netz in das Internet ein großes Risiko darstellt, ist eine Aussage über die Möglichkeiten und Grenzen im Sinne der Sicherheit und Vertrauenswürdigkeit von Firewall-Systemen für die Verantwortlichen der Organisationen von fundamentaler Bedeutung, um eine Einschätzung über das Risiko der Anbindung an das Internet zu erhalten.

Eine hundertprozentige Sicherheit ist in der Praxis nicht realisierbar – auch nicht mit aufwendigen, bestens geplanten und optimal betriebenen Firewall-Systemen – da eine absolute Sicherheit von Sicherheitssystemen nicht nachgewiesen werden kann. Deshalb ist es zweckmäßig, die Betrachtung auf die Unsicherheit des Internet-Anschlusses über ein Firewall-System zu lenken. Ziel muß es sein, diese Unsicherheit umfassend zu kennen und zu minimieren, denn durch ein sinkendes Maß an Unsicherheit steigt die Sicherheit über die Einschätzung des Risikos der Anbindung an das Internet.

Zur Erhöhung der Sicherheit von Firewall-Systemen werden in dieser Arbeit mit theoretischen Erkenntnissen und praktischen Erfahrungen mögliche Ursachen, Zusammenhänge, Pfade und Szenarien für „Unsicherheit" umfassend erfaßt und beleuchtet. Davon ausgehend werden – im Sinne von technischem, technologischem und organisatorischem Wissen – Aussagen über die Möglichkeiten und Grenzen der Wirkung von Firewall-Systemen gegen definierte Angriffe getroffen.

Es wird gezeigt, daß dieses fundierte Wissen über funktionale Abhängigkeiten und strukturelle Zusammenhänge über Ursache-Wirkung- und Zweck-Mittel-Beziehungen unter definierten Randbedingungen die unverzichtbare Grundlage für die sichere Gestaltung und Nutzung von Firewall-Systemen ist.

Durch dieses methodische Vorgehen wird ein Wissenszuwachs im Sicherheitsbereich erreicht und Unsicherheit zurückgedrängt. Damit geschieht eine wirksame Eingrenzung sowohl des Unerwünschten als auch des Unvorhersehbaren. Mehr Wissen erweitert hier die Handlungsfähigkeit und Legitimität technischen Handelns, indem es zusätzliche Optionen zur Minimierung von Unsicherheiten entdeckt, die Sicherheit der Mittelwahl erhöht und Nebenwirkungen kalkulierbar macht. Allerdings – und das ist die Kehrseite – kann dies auch einen gegenteiligen Effekt mit sich bringen, da zusätzliche Interdependenzen sichtbar werden. Die dadurch entstehenden Randbedingungen, denen eine vertretbare Entscheidung über den Einsatz von sicheren und vertrauenswürdigen Firewall-Systemen genügen muß, und die Einschränkungen, die dabei berücksichtigt werden müssen, werden dargestellt.

Um ein einschätzbares Risiko der Verwundbarkeit zu erhalten, werden Methoden angewandt, mit denen die Möglichkeiten und Grenzen in Hinblick auf die Wirkung von Sicherheit und Vertrauenswürdigkeit von Firewall-Systemen dargestellt, klassifiziert und bewertet werden können.

Es werden die strukturellen Zusammenhänge über definierte Angriffe und die Wirkung der verschiedenen Einflußfaktoren wie Sicherheitsdienste, -mechanismen und -funktionen erarbeitet und in Form von Tabellen zusammenfassend dargestellt.

1.1 Stand der Technik von Firewall-Systemen

Um dem internationalen Wettbewerb standzuhalten und die enormen Chancen zu nutzen, müssen sich Organisationen an öffentliche Kommunikationssysteme wie das Internet ankoppeln. Die Organisationen haben dabei meist einen hohen bis sehr hohen Bedarf dafür, ihre Rechnersysteme und Informationen gegen den Verlust von Vertraulichkeit, Integrität, Verfügbarkeit, Verbindlichkeit und Authentizität zu schützen. Sie benötigen deshalb Sicherheitssysteme, um sich gegen Angriffe aus dem Internet zu schützen, zum Beispiel umfassende Firewall-Systeme.

1.2 Zielsetzung eines Firewall-Systems

Ein Firewall-System wird als Schranke zwischen das zu schützende Netz und das unsichere Netz geschaltet, so daß der ganze Datenverkehr zwischen den beiden Netzen nur über das Firewall-System möglich ist. Auf dem Firewall-System werden Sicherheitsmechanismen implementiert, die diesen Übergang sicher und beherrschbar machen. Dazu analysiert das Firewall-System die Kommunikationsdaten, kontrolliert die Kommunikationsbeziehungen und Kommunikationspartner, reglementiert die Kommunikation nach einer Sicherheitspolitik, protokolliert sicherheitsrelevante Ereignisse und alarmiert bei erheblichen Verstößen den Security-Administrator.

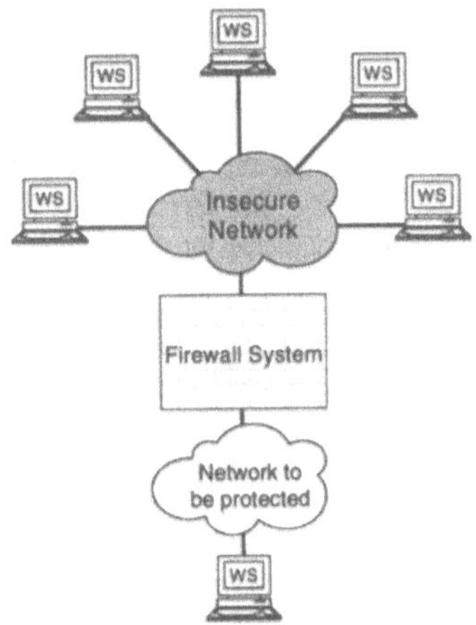

Abb. 1: Firewall als Common Point of Trust

Ein Firewall-System stellt den „Common Point of Trust" für den Übergang zwischen unterschiedlichen Netzen dar, d.h., der einzige Weg ins interne Netz führt kontrolliert über das Firewall-System.

Firewall-Systeme werden eingesetzt, um sich an unsichere Netze wie z.B. das Internet sicher ankoppeln zu können. Firewall-Systeme werden aber auch eingesetzt, um das eigene Netz zu strukturieren und hier Sicherheitsdomänen mit unterschiedlichem Schutzbedarf zu schaffen.

Ein Firewall-System kann aus den folgenden Grundelementen bestehen:

- Packet Filter
- Stateful Inspection
- Application Gateway
- Proxies
- Adaptive Proxies

Die Grenzen der verschiedenen Firewall-Elemente sind das Hauptproblem von Firewall-Systemen: es gibt keine 100%ige Sicherheit von Firewall-Elementen. Außerdem werden über die Wirksamkeit gegen Angriffe in der Praxis keine qualitativen und vergleichbaren Aussagen gemacht. Aus diesem Grund ist es zweckmäßig, die Betrachtung auf die Unsicherheit von Firewall-Elementen zu lenken. Ziel ist es, diese Unsicherheit umfassend zu kennen, zu benennen und zu minimieren, denn durch ein sinkendes Maß an Unsicherheit steigt die Sicherheit über die Einschätzung des Risikos.

1.3 Sicherheitsziele eines Firewall-Systems

Bei der Umsetzung von Firewall-Systemen können folgende Sicherheitsziele definiert werden:

- alle Unsicherheiten mit großer Wahrscheinlichkeit vollständig zu eliminieren,
- möglichst vielen Unsicherheiten mit passenden Sicherheitsmechanismen entgegenzuwirken und damit die Wahrscheinlichkeit eines Schadens durch einen erfolgreichen Angriff auf eine praktisch nicht vorkommende Größe zu minimieren,
- Unsicherheiten, die nicht verhindert werden können, zu erkennen, um im Angriffsfall im Nachhinein angemessen reagieren zu können, mit dem Ziel der Schadensminimierung.
- Angriffe im Vorfeld zu erkennen, damit erst gar kein Schaden auftreten kann.

Damit Firewall-Systeme in ihrer Gesamtheit zur Reduzierung der Verwundbarkeit eingesetzt werden können, ist das Ziel dieser Arbeit, nachvollziehbare Aussagen über Einflußfaktoren, Möglichkeiten und Grenzen und die Wirkung von Firewall-Systemen gegen Angriffe zu erarbeiten. Außerdem werden Randbedingungen und Einschränkungen aufgezeigt, die einem vertretbaren Einsatz von sicheren und vertrauenswürdigen Firewall-Systemen genügen müssen.

2 Modell

In der Arbeit wird ein eingeschränktes theoretisches Modell entwickelt, mit dessen Hilfe einheitliche Kriterien über die Möglichkeiten und Grenzen von Firewall-Systemen im Sinne von Sicherheit und Vertrauenswürdigkeit abgeleitet und klassifiziert werden können.

Es wurde eine Methode entwickelt, wie in Abhängigkeit des Einsatzfalles und des Schutzbedarfs ein angemessenes Firewall-Konzept ausgewählt werden kann.

Mit diesen Ergebnissen wurden die strukturellen Zusammenhänge über definierte Angriffe und die Wirkung der verschiedenen Einflußfaktoren auf ein Firewall-System analysiert, beschrieben und in Form einer Tabelle umfassend dargestellt.

In den folgenden Unterkapiteln werden die Grundlagen des eingeschränkten theoretischen Modells dargestellt.

2.1 Definition eines Firewall-Elements

Ein Firewall-System besteht aus Firewall-Elementen, die aktiv in die Kommunikation zwischen dem zu schützenden und dem unsicheren Netz eingreifen sowie einem Security Management, das für die Verwaltung des aktiven Firewall-Elements verantwortlich ist.

2.1.1 Grundsätzliches

Ein Firewall-System ist ein separates Kommunikationssicherheitssystem. Es besteht in der Regel keine direkte Verbindung mit den Sicherheitsfunktionen der Betriebssysteme und der Rechnersysteme (Receiver, Transmitter). Ein Firewall-System hat keinen Einfluß (Erweiterung, Veränderung) auf die verwendeten Kommunikationsprotokolle und -dienste. Ein Firewall-System wird von der Organisation verwaltet, die es betreibt, und ist im Prinzip unabhängig von allen anderen Organisationen in dieser Verwaltung.

Im folgenden wird der prinzipielle Aufbau der aktiven Firewall-Elemente, die in die Kommunikationsschnittstelle zwischen dem unsicheren Netz und dem zu schützenden Netz eingefügt werden, definiert und beschrieben. Ein so umrissenes Firewall-Element kann Packet Filter, Stateful Inspection, Application Gateway, Proxies und Adaptive Proxies repräsentieren [Pohl00a].

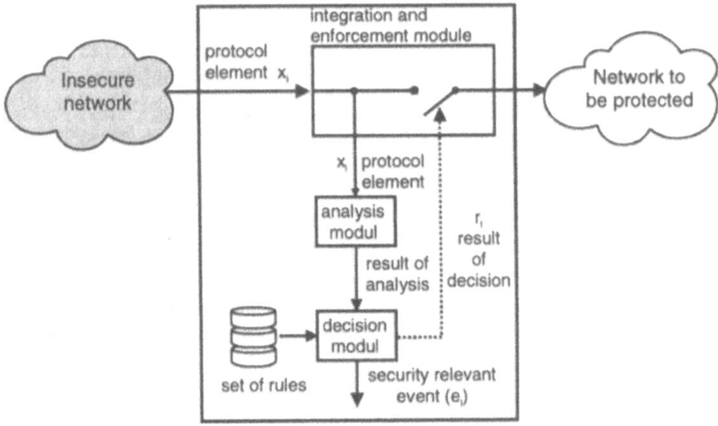

Abb. 2: Firewall-Element

Einbindungs- und Durchsetzungsmodul:

Das Einbindungs- und Durchsetzungsmodul realisiert die Einbindung des aktiven Firewall-Elements in das Kommunikationssystem sowie die Durchsetzung der im Regelwerk festgehaltenen Sicherheitspolitik.

Die Einbindung in das Kommunikationssystem muß so realisiert werden, daß die Kommunikationsdaten nicht am Einbindungsmodul vorbeifließen können, ohne einer Analyse und einer Entscheidung unterzogen worden zu sein. Aus diesem Grund ist die Einbindung besonders sicherheitskritisch. In Abhängigkeit des verwendeten Protokollelements wird das Einbindungsmodul an unterschiedlichen Stellen der Protokollarchitektur eingebunden.

Analysemodul – analysis (x_i):

Im Analysemodul werden die Kommunikationsdaten des Protokollelements (x_i) den Möglichkeiten des aktiven Firewall-Elements entsprechend analysiert. Die Ergebnisse der Analyse werden an das Entscheidungsmodul weitergeleitet. Im Analysemodul können mit Hilfe von Zustandsautomaten und Statusinformationen (z.B. Verbindungsaufbau, Transferzustand oder Verbindungsabbau) relevante Daten der Kommunikation festgehalten werden.

Entscheidungsmodul:

Im Entscheidungsmodul werden die Analyseergebnisse ausgewertet und mit den im Regelwerk festgelegten Definitionen der Sicherheitspolitik verglichen. Hier wird anhand von Access-Listen überprüft, ob das ankommende Protokollelement (x_i) passieren darf oder nicht (r_i = result of the decision). Falls ja, wird das Einbindungsmodul zum Durchlaß aktiviert. Falls nein, wird das Protokollelement (x_i) nicht durchgelassen; das Ereignis (e_i) wird als sicherheitsrelevant eingestuft und entsprechend weiterverarbeitet.

Regelwerk – security-management (rules):

Das Regelwerk ist die technische Umsetzung der Sicherheitspolitik und wird mit Hilfe eines Security Managements erstellt.

Im Regelwerk stehen alle Informationen (rules: Schlüssel, Access-Listen, Attribute usw.) über Benutzer, Authentikationsverfahren, Kommunikationsverbindungen, Kommunikationsprotokolle und -dienste, wann er über das Firewall-System kommunizieren darf, etc., die notwendig sind, um eine Entscheidung für oder gegen eine Übertragung des Protokollelements (x_i) über das aktive Firewall-Element fällen zu können, und wie mit sicherheitsrelevanten Ereignissen (e_i) verfahren werden soll.

2.2 Kommunikationsmodell mit Firewall-System

Im folgenden wird das Kommunikationsmodells mit integriertem Firewall-System definiert und beschrieben. Das Firewall-System soll den Receiver $\{r_1, \ldots, r_m\}$ vor Angriffen auf seine Werte aus dem unsicheren Netz schützen.

Es wird davon ausgegangen, daß mit Hilfe eines Security-Managements die Rechte in das Firewall-System, in Übereinstimmung mit der vorher festgelegten Sicherheitspolitik, eingetragen worden sind, die es ermöglichen sollen, die erlaubten Protokollelemente $\{x_1, \ldots, x_t\}$ über das Firewall-System übertragen zu können. Bei einer fehlerfreien Implementierung des Firewall-Systems und der Kommunikationsprotokolle und -dienste auf der Empfängerseite, werden auch nur erlaubte Aktionen $\{a_1, \ldots, a_t\}$ beim Receiver $\{r_1, \ldots, r_h\}$ zu den erlaubten Zeiten ausgeführt. Bei dem Kommunikationsmodell mit integriertem Firewall-System müssen beliebig viele Transmitter und Receiver berücksichtigt werden.

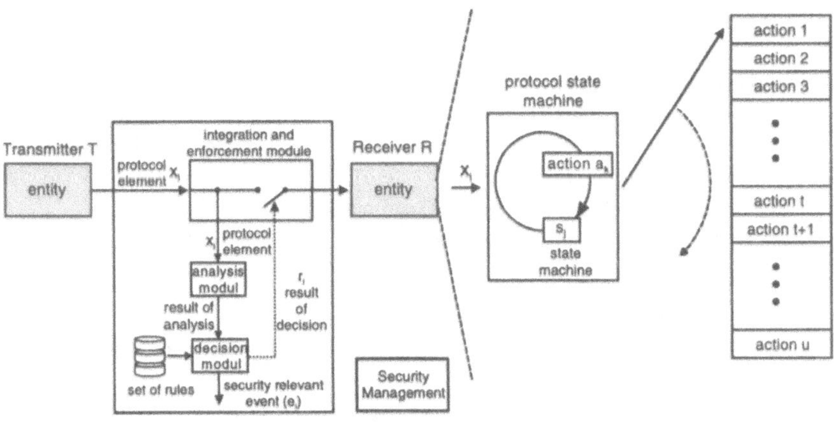

Abb. 3: Kommunikationsmodell mit integriertem Firewall-System

Mit Hilfe der Betrachtung der möglichen Einflußfaktoren auf die Auswahl und Durchführung der Aktionen beim Receiver sollen Kriterien abgeleitet werden, mit deren Hilfe eine Aussage über die Möglichkeiten und Grenzen im Sinne der Sicherheit und Vertrauenswürdigkeit des Kommunikationsmodells mit integriertem Firewall-Systemen gemacht werden kann.

Definition: Funktionen für die Auswahl der Aktion auf der Empfängerseite für r_n

a_k = *action-select*(*protocol-state-machine*(x_i, s_j),

authenticity(x_i, t_l),

result-of-decision(*analysis*(x_i), *security-management*(rules)),

functionality-of-the-firewall-system())

Action-select ist eine Funktion, die in Abhängigkeit von der Echtheit des empfangenen Protokollelements x_i und des Transmitters t_l sowie von der Überprüfung der Rechte und der vorhandenen und vertrauenswürdigen Sicherheitsdienste im Firewall-System und des Protokollautomaten auf der Empfängerseite die Auswahl der Aktion beschreibt.

a_k Teil-Aktion in einer Schicht, die in Abhängigkeit vom empfangenen Protokollelement x_i und vom aktuellen Zustand s_j ausgeführt wird

x_i Protokollelement, welches auf der Empfangsseite ankommt

s_j aktueller Zustand (actual state)

t_l Transmitter, der das Protokollelement x_i sendet

rules Regelwerk der technische Umsetzung einer Sicherheitspolitik (etwa Access-Listen)

Hinweis: Neben r_n sind in der Regel weitere Empfänger $\{r_1, \ldots, r_g\}$ zu berücksichtigen.

Definition: protocol-state-machine

a_i = *protocol-state-machine*(x_i, s_j)

protocol-state-machine ist ein endlicherAutomat, der auf ein Ereignis (Protokollelement x_i, Timerabläufe, Statusmeldungen, . . .) im Zustand s_j eine Aktion a_i auf der Empfängerseite durchführt.

Definition: authenticity

y_i = *authenticity*(x_i, t_l)

authenticity ist eine Funktion, die die Echtheit des Protokollelementes x_i und des Transmitters t_l im Firewall-System verifiziert.

y_i = true: Das Protokollelement x_i und der Transmitter t_l sind echt.

y_i = false: Das Protokollelement x_i und/oder der Transmitter t_l sind nicht echt.

Definition: result-of-decision

r_i = *result-of-decision*(*analysis*(x_i), *security-management*(rules))

result-of-decision ist eine Funktion, die entscheidet, ob das analysierte Protokollelement x_i mit den definierten Regeln im Firewall-System übereinstimmt.

r_i = true: Das Protokollelement x_i wird weitergeleitet, evtl. als Beweissicherung der Aktion in einem Logbuch festgehalten.

r_i = false: Das Protokollelement x_i wird nicht weitergeleitet und es wird ein sicherheitsrelevantes Ereignis e_i erzeugt.

Definition: analysis

e^* = *analysis*(x_i)

Analysis ist eine Funktion, die das Protokollelement x_i analysiert. Die Funktion liefert in Abhängigkeit von vorherigen Analysen und sonstigen Zuständen des Firewall-Systems ein definiertes Ereignis e*.

Definition: security-management

$e^{**} = \textit{security-management}(\text{rules})$

Security-management ist eine Funktion, die in Abhängigkeit des Kommunikationspartners überprüft, welche Protokollelemente x_i oder Folgen von Protokollelementen zu welchen Zeiten durch das Firewall-System übertragen werden dürfen.

Definition: functionality-of-the-firewall-system

$z_i = \textit{functionality-of-the-firewall-system}()$

In der Funktion *functionality-of-the-firewall-system* sind alle Standard-Sicherheitsdienste realisiert.

z_i = true: Alle definierten Funktionalitäten sind vorhanden und vertrauenswürdig

z_i = false: Nicht alle definierten Funktionalitäten sind vorhanden bzw. vertrauenswürdig.

3 Umfassendes Firewall-System

Firewall-Systeme sind ein komplexes Thema mit sehr vielen Teilaspekten. In dieser Arbeit wurde der Versuch unternommen, viele dieser Aspekte bezogen auf die Wirkung von definierten Angriffen auf zu schützende Systeme, möglichst umfassend zu betrachten.

Ergebnis der Arbeit ist, daß ein Firewall-System, wie es heute definiert ist, nicht ausreichende Sicherheit gegen alle definierten Angriffe bietet.

So wurden Methoden entwickelt, mit denen die Auswahl passender Firewall-Konzepte erleichtert wird und zusätzliche ergänzende Sicherheitsmechanismen empfohlen, um eine hohe Sicherheit mit Hilfe von umfassenden Firewall-System zu gewährleisten.

Damit wird die Verwundbarkeit vermindert und die Chancen einer risikoärmeren Internet-Ankopplung erhöht.

In den folgenden Unterkapiteln werden die Teilergebnissen und das Resultat aller gewonnenen Ergebnisse dargestellt.

3.1 Konzeptionelle Möglichkeiten und Grenzen

Die konzeptionellen Möglichkeiten und Grenzen von Firewall-Systemen werden in diesem Kapitel als Teilergebnisse zusammenfassend beschrieben [Pohl00a].

3.1.1 Konzeptionelle Möglichkeiten von Firewall-Systemen

In diesem Abschnitt werden die konzeptionellen Möglichkeiten, die die Einbindung eines Firewall-Systems erbringt, dargestellt.

Common Point of Trust-Konzept

Ein Firewall-System stellt den „Common Point of Trust" für den Übergang zwischen verschiedenen Netzen dar. Mit anderen Worten: Der einzige Weg ins interne Netz führt kontrolliert über das Firewall-System, das als Pförtner fungiert. Die Vorteile dieses „Common Point of Trust"-Konzepts sind:

- **Kosten:**
  Die Realisierung von Sicherheitsmechanismen in einem zentralen Firewall-System ist wesentlich effizienter als die Realisierung von Sicherheitsmechanismen auf jedem einzelnen Rechnersystem, das sich im zu schützenden Netz befindet.
- **Umsetzung der Sicherheitspolitik:**
  Mit Hilfe eines zentralen Firewall-Systems kann die Sicherheitspolitik einer Organisation auf einfache Weise zentral durchgesetzt werden. Zum Beispiel werden die Dienste und Protokolle, die über ein Firewall-System möglich sein sollen, an einer zentralen Stelle für alle Benutzer definiert und überprüft.
- **Sicherheitsinfrastruktur:**
  Eine kryptographische (starke) Authentikation von Benutzern über das Netz ist nur auf einem Firewall-System zu realisieren und nicht auf jedem einzelnen Rechnersystem im zu schützenden Netz, damit die Benutzer sicher identifiziert und authentisiert werden können. Für heterogene Rechnerlandschaften gibt es zur Zeit keine Konzepte und Realisierungen, wie kryptographische Authentikation auf den unterschiedlichen Rechnerbetriebssystemen (etwa VMS, Unix, Windows, OS/2) praktisch realisiert werden kann.
- **Sicherheit durch Abschottung:**
  Durch die reduzierte Funktionalität, die ein Firewall-System anbietet, existieren weniger Angriffspunkte für Angreifer aus dem unsicheren Netz. Der Aufwand für Sicherheitsmechanismen konzentriert sich auf das Firewall-System. Dadurch wird erreicht, daß die Rechnersysteme des zu schützenden Netzes nicht mehr von einem Rechnersystem aus dem unsicheren Netz (zum Beispiel Internet) angegriffen werden können, sondern Rechnersysteme von außerhalb durch das Firewall-System abgeblockt werden. Rechnersysteme können nicht mehr zum Ziel von Angreifern aus dem unsicheren Netz werden, wenn sie falsch installiert oder konfiguriert sind. Alle Sicherheitsmechanismen sind in dem Firewall-System konzentriert realisiert.
- **Überprüfbarkeit:**
  Durch den klaren Übergang (Common Point of Trust) zwischen zwei Netzen ist eine einfache und vollständige Protokolliermöglichkeit vorhanden, da die gesamte Kommunikation über das Firewall-System läuft.

Reduzierung des Risikos eines Schadens

Durch die Reglementierung der Kommunikationsmöglichkeiten auf das wirklich Notwendige kann mit Hilfe eines Firewall-Systems das Risiko eines Schadens und damit die Reduzierung der Verwundbarkeit einfach ermöglicht werden.

3.1.2 Konzeptionelle Grenzen von Firewall-Systemen

Die Firewall-Systeme, die die Sicherheitsdienste für die Kommunikation im Internet und Intranet bereitstellen, sind sehr komplexe technische Sicherheitsmaßnahmen. Dennoch können auch aufwendige Firewall-Systeme keine hundertprozentige Sicherheit gewährleisten.

Im folgenden werden einige Aspekte aufgezeigt, die beim Einsatz von Firewall-Systemen zu beachten sind:

Hintertüren:

Ein Firewall-System schützt genau die Kommunikationsverbindungen, die darüber erfolgen. Gibt es Kommunikationsübergänge am Firewall-System vorbei (backdoors), hat das System keine Sicherheitswirkung mehr. Deshalb ist es absolut wichtig, daß keine weitere Verbindung zwischen dem unsicheren Netz und dem zu schützenden Netz besteht, damit das „Common Point of Trust" - Konzept realisiert werden kann. Dafür sind entsprechende personelle und organisatorische Sicherheitsmaßnahmen nötig.

Interne Angriffe:

Ein Firewall-System bietet Sicherheitsdienste zur Abschottung gegen das unsichere Netz oder zur Kontrolle der Kommunikation zwischen dem unsicheren Netz und dem zu schützenden Netz. Das Firewall-System selbst bietet nur einen sehr geringen Schutz vor internen Angriffen. Um internen Angriffen entgegenzuwirken, müssen weitere, ergänzende Sicherheitsmechanismen (zum Beispiel Personal Firewall und/oder Intrusion Detection Systeme) eingeführt werden.

Angriffe auf Datenebene:

Ein Firewall-System ist ursprünglich nicht in der Lage, im Bereich der erlaubten Kommunikation Angriffe auf der Datenebene zu erkennen. Dazu gehören: Angriffe durch das Senden von Malware wie e-Mail-Attachments, Downloads aus dem Web, Java Applets und Active-X-Controls.

Wissen und Hypothese:

Mit einem Firewall-System können durch theoretisches Wissen und praktische Erfahrungen Fehlerursachen verhindert werden. Gerade bei innovativen Anwendungen und Technologien wie dem Internet wird mit einer Vielzahl von Hypothesen gearbeitet. Daher gibt es einen Bereich des Neuen, Unbekannten und auch Unerwünschten und Unvorhersehbaren, das wir mit Hilfe eines Firewall-Systems nicht beherrschen können, weil dieses nur auf Ereignisse reagieren kann, die wir bereits eindeutig kennen. Hier liegt eine Grenze von Firewall-Systemen. Dem können wir nur mit weiteren, modular ergänzten Sicherheitsmechanismen entgegenwirken. Zum Beispiel vermag Intrusion Detection auch neuartige Angriffsversuche zu erkennen.

Richtige Sicherheitspolitik und richtige Umsetzung der Sicherheitspolitik:

Ein Firewall-System kann nur die Sicherheitsdienste erbringen, die eingerichtet sind. Deshalb ist es von besonderer Bedeutung, daß eine Sicherheitspolitik erarbeitet wird, die darstellt, welche Ressourcen (Rechnersysteme, Kommunikationseinrichtungen, Daten usw.) im zu schützenden Netz einen hohen Schutzbedarf haben und wie sie geschützt werden sollen. Außerdem muß definiert werden, auf welche Weise die Sicherheitsmechanismen für die Aufrechterhaltung des sicheren Betriebs eines Firewall-Systems periodisch überprüft werden.

Security versus Connectivity – Risiko versus Chance:

Je kleiner die Menge erlaubter Aktionen ist, um so geringer ist das Risiko, daß ein Schaden auftreten kann. Jeder Teilnehmer und jeder Rechner, der über ein Firewall-System kommunizieren darf, stellt ein zusätzliches Risiko dar. So stellen zum Beispiel auch die erlaubten Kommunikationspartner ein Risiko dar, falls sie unberechtigte Kommunikationsverbindungen nutzen. Aus diesem Grund ist zu beachten: So wenig wie möglich/nötig über das Firewall-System zulassen, damit ein Höchstmaß an Sicherheit erreicht werden kann.

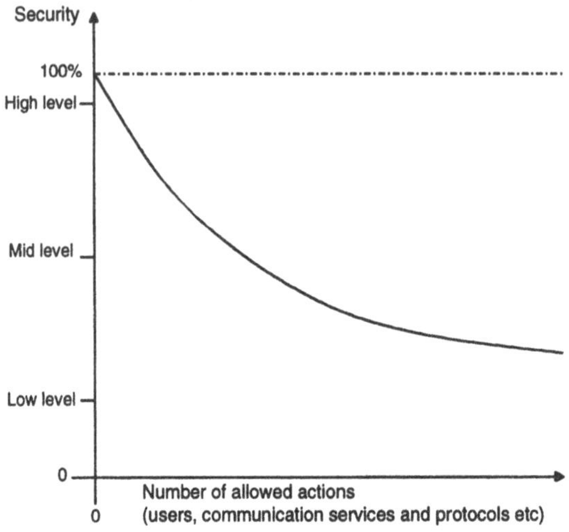

Abb. 4: Security versus Connectivity

Je mehr erlaubt ist, um so größer ist das Risiko der Verwundbarkeit. Wenn nichts erlaubt ist, kann über das Netz auch kein Schaden auftreten. Hier wird das Spannungsfeld zwischen „security" und „connectivity" deutlich. Mit Hilfe eines Firewall-Systems sollen die Vorteile der Kommunikation nach außen genutzt werden, aber der mögliche Schaden durch diese Handlungen begrenzt werden.

Die Teilnehmer, die zur Erfüllung ihrer Aufgabenstellung kommunizieren müssen, sollen dies mit den Kommunikationsprotokollen und -diensten, die sie für ihre speziellen Aufgaben benötigen, zu den entsprechenden Zeiten tun dürfen – aber nur so weit, wie es dafür nötig ist.

Vertrauenswürdigkeit des Kommunikationspartners und der empfangenen Daten:

Für die Entscheidungen, die ein Firewall-System durchführt, ist die Vertrauenswürdigkeit des Kommunikationspartners und der empfangenen Daten notwendig. Da diese Eigenschaften nicht durch Sicherheitsmechanismen des Firewall-Systems vollständig erbracht werden können, müssen hier weitere, ergänzende Sicherheitsmechanismen wie zum Beispiel Verschlüsselung (VPN) oder Digitale Signatur eingesetzt werden.

Zusammenfassung:

Als Teilergebnis wurden die prinzipiellen Möglichkeiten und Grenzen von Firewall-Systemen zusammenfassend beschrieben.

Daraus folgt, daß bei einer praktischen Realisierung von Firewall-Systemen die sicherheitsrelevanten Einflußfaktoren berücksichtigt und weitere ergänzende Sicherheitsmechanismen hinzugefügt werden müssen, damit die Verwundbarkeit minimiert wird und die Chancen der Ankopplung an das Internet risikoärmer genutzt werden können.

3.2 Auswahl eines angemessenen Firewall-Konzepts

Um eine einschätzbare Aussage über Firewall-Systeme treffen zu können, wird die folgende Methode zur Auswahl eines Firewall-Konzepts vorgeschlagen.

Dabei werden Einsatzfälle definiert, die nach den Kriterien „Vertrauenswürdigkeit des Netzes“, „Vertrauenswürdigkeit des Kommunikationspartners“ und „Angriffspotential“ in Abhängigkeit vom Einsatzfall betrachtet werden. Dabei ist zu unterscheiden,

- ob das unsichere Netz innerhalb der eigenen Organisation liegt oder
- ob das unsichere Netz außerhalb der eigenen Organisation liegt.

Die wichtigste Motivation für den Einsatz eines Firewall-Systems ist die Reduzierung des Risikos der Verwundbarkeit, wenn ein Schutzbedarf der eigenen Werte besteht. Wenn ein Netz keinen Schutzbedarf der eigenen Werte hat, muß auch kein Firewall-System eingesetzt werden. Wenn aber ein Schutzbedarf vorliegt, dann muß der Einsatzfall entsprechend berücksichtigt werden und ein angemessenes Firewall-Konzept ist auszuwählen.

Im folgenden wird eine Methode erläutert, wie dies mit den gewonnenen Erkenntnissen in der Praxis geschehen kann. Dazu werden zwei Einsatzfälle von Firewall-Systemen betrachtet, bei denen sich das unsichere Netz innerhalb bzw. außerhalb der eigenen Organisation befindet.

Tab. 1: Einsatzfälle von Firewall-Systemen

Kriterien	Das unsichere Netz befindet sich innerhalb der eigenen Organisation.	Das unsichere Netz befindet sich außerhalb der eigenen Organisation.
Vertrauenswürdigkeit des Netzes	sehr hoch in Eigenverantwortung wird regelmäßig überprüft	von speziellen, schwer meßbaren Faktoren abhängig nicht in Eigenverantwortung es muß mit allen Risiken gerechnet werden
Vertrauenswürdigkeit des Kommunikationspartners	sehr hoch Kommunikationsteilnehmer gehören zur gleichen Organisation und arbeiten unter der gleichen Sicherheitspolitik	es wird hier angenommen, daß diese sehr gering ist
Angriffspotential	sehr gering Kommunikationsteilnehmer gehören zur gleichen Organisation und arbeiten unter der gleichen Sicherheitspolitik	sehr hoch Teilnehmer des Netzes haben unterschiedlichen Schutzbedarf (etwa im Internet gegen Hacker und professionelle Angreifer)

Die nächste Tabelle zeigt, wie in Abhängigkeit vom Schutzbedarf und vom Einsatzfall welches aktive Firewall-Element oder welche Kombination aktiver Firewall-Elemente verwendet werden soll. Die Definition des Schutzbedarfs ist an das Grundschutzhandbuch des BSI [BSI99] angelehnt.

Tab. 2: Entscheidungsmatrix für das Firewall-Konzept

Schutzbedarf	Risiken	Einsatzfall	Firewall-Konzept
niedrig	geringfügiger Verstoß gegen Gesetze beschränkte negative Außenwirkung finanzieller Schaden < 25.000 DM	innerhalb der Organisation	Packet Filter
		außerhalb der Organisation	Dual homed Application Gateway
hoch	erheblicher Verstoß gegen Gesetze breite negative Außenwirkung finanzieller Schaden < 5 Millionen DM	innerhalb der Organisation	Packet Filter + Single-homed Application Gateway oder Stateful Inspection oder Adaptive Proxy
		außerhalb der Organisation	Packet Filter + dual homed Application Gateway
sehr hoch	fundamentaler Verstoß gegen Gesetze existenzgefährdend negative Außenwirkung finanzieller Schaden > 5 Millionen DM	innerhalb der Organisation	Screened Subnet mit Packet Filter + Single-homed Application Gateway
		außerhalb der Organisation	Screened Subnet mit Packet Filter + dual homed Application Gateway High-Level Firewall-System

Falls überhaupt ein Schutzbedarf besteht, ist für die Kommunikation mit einem unsicheren Netz außerhalb des eigenen Verantwortungsbereiches immer ein dual-homed Application Gateway im Firewall-Konzept notwendig.

Dem Schutzbedarf entsprechend, kann dann entweder nur ein dual-homed Application Gateway oder eine Kombination mit einem Packet Filter beziehungsweise einem Screened Subnet zum Einsatz kommen.

Falls das unsichere Netz innerhalb des eigenen Verantwortungsbereiches liegt, wie zum Beispiel das Intranet, genügt es, abhängig vom Schutzbedarf, nur Packet Filter oder Kombinationen mit single-homed Application Gateways zu verwenden. Eine Alternative in diesem Anwendungsbereich sind Stateful Inspection- oder Adaptive Proxy- Lösungen, die auch auf der Anwendungsebene Sicherheitsfunktionen zur Verfügung stellen.

Durch die Kombination eines dual-homed Application Gateway mit Packet Filter oder Screened Subnet ist eine sehr hohe Sicherheit zu erreichen.

Stets muß der Leitsatz lauten: „Das passende Firewall-Konzept für den jeweiligen speziellen Anwendungsfall".

3.3 Wirkung von umfassenden Firewall-Systemen

Das Resultat der gewonnenen Ergebnisse wird in Tabelle 3 (Teil 1 und Teil 2) dargestellt. In den folgenden Zusammenfassungen werden die Wirkung eines umfassenden Firewall-Systems gegen definierte Angriffe in ihrer Gesamtheit aufgeführt.

Tab. 3: Resultat der gewonnenen Ergebnisse (Teil 1)

Angriffsart	Sicherheitsaspekte eines umfassenden Firewall-Systems	High-level Security Firewall-System	Verschlüsselung	Anti-Malware-System	Intrusion Detection Systeme	Personal Firewall	nichttechnische Sicherheitsmaßnahmen	Vertrauenswürdigkeit	Audits	Sicherheitspolitik	sicherer Betrieb
Angriffe durch einen Dritten	Wiederholen / Verzögern von Protokollelementen	◕	◕	○	○	◔	○	◆	◆	◆	◆
	Einfügen / Löschen in Protokollelementen	◕	●	○	○	◔	○	◆	◆	◆	◆
	Modifikation der Daten in den Protokollelementen	◕	●	○	○	○	○	◆	◆	◆	◆
	Boykott des Receivers	◕	○	○	◑	◔	◕	◆	◆	◆	◆
	Trittbrettfahrer	◑	●	○	○	◔	○	◆	◆	◆	◆
	Senden von Malware (Viren, . . . , Trojaner)	◕	○	◕	○	●	◕	◆	◆	◆	◆
Angriffe durch den Transmitter	Aufbau und Nutzung von Kommunikationsverbindungen	●	○	○	◑	◔	○	◆	◆	◆	◆
	Nutzung von Kommunikationsprotokollen und Diensten	●	○	○	◑	◔	○	◆	◆	◆	◆
	Vortäuschen einer falschen Identität (Maskerade-Angriff)	●	○	○	◑	◔	○	◆	◆	◆	◆

Tab. 3: Resultat der gewonnenen Ergebnisse (Teil 2)

Angriffsart	Sicherheitsaspekte eines umfassenden Firewall-Systems	High-level Security Firewall-System	Verschlüsselung	Anti-Malware-System	Intrusion Detection Systeme	Personal Firewall	nichttechnische Sicherheitsmaßnahmen	Vertrauenswürdigkeit	Audits	Sicherheitspolitik	sicherer Betrieb
Angriffe durch den Transmitter	Java-, ActiveX-Angriffe	◕	○	○	◑	●	◕	◆	◆	◆	◆
	falsche Konfiguration, Implementierungsfehler	●	○	○	○	◔	○	◆	◆	◆	◆
	Leugnen der Kommunikationsbeziehung	◑	○	○	○	○	◕	◆	◆	◆	◆
Angriffe vorbereiten	Social Engineering	○	○	○	○	○	●	○	◆	◆	◆
	Analyse mit Hilfe von Scannerprogrammen	●	○	○	◑	○	○	◆	◆	◆	◆
Angriffe auf das Firewall-System	Manipulation des Firewall-Systems	●	○	○	◑	○	◕	◆	●	◆	◆
	Einbau einer Trap-Door	○	○	○	◔	○	○	●	○	○	○
	Nutzung einer falschen Konfiguration des Firewall-Systems	●	○	○	◑	○	◕	○	●	◆	◆
	Nutzung von Implementierungsfehlern des Firewall-Systems	●	○	○	◑	○	◕	◆	●	◆	◆
	interne Angriffe	○	○	○	◕	●	◕	○	◔	◆	◆

● sehr große Wirkung ◕ große Wirkung ◑ Wirkung
◔ geringe Wirkung ○ keine Wirkung ◆ Grundlage für die Wirkung

3.3.1 Sicherheitsmechanismen und deren Wirkung

Hier werden die Sicherheitsmechanismen zusammenfassend betrachtet und skizziert, wie sie qualitativ gegen die definierten Angriffe wirken.

High-level Security Firewall-System:

Die Wirkung von High-level Security Firewall-Systemen ist auf die meisten Angriffe groß bis sehr groß. Falls andere Firewall-Konzepte verwendet werden, fallen dann entsprechend die Wirkungen einzelner Sicherheitsfunktionen weg. Ein besonderer Aspekt von zentralen

Firewall-Systemen ist der, daß alle „dahinter" liegenden Rechnersysteme geschützt werden, das heißt, alle Clients (etwa Microsoft Windows 95/98/2000/NT/ME, . . ., Mac, LINUX), alle Server (Lotus Notes, Novell, UNIX, . . .), alle Host-Systeme und sonstige IT-Komponenten (etwa Drucker und MTAs).

Verschlüsselung:

Die Verschlüsselung erhöht die Schutzwirkung bei Angriffen durch Dritte deutlich. Zusätzlich zu den definierten Angriffen erbringt die Verschlüsselung den Sicherheitsdienst Vertraulichkeit. Besonders wichtig ist die sehr hohe Wirkung gegen Trittbrettfahrer [Pohl99].

Anti-Malware-Systeme:

Die Anti-Malware-Systeme sind notwendig, um mit einer großen Wirkung gegen Viren, Würmer und Trojanische Pferde einen entsprechenden Schaden verhindern zu können. Besonders die Installation eines zentralen Anti-Malware-Systems ist sehr wichtig, damit alle Rechnersysteme, vom Host über UNIX-Systeme bis zum Windows-PC geschützt werden können.

Intrusion Detection-Systeme:

Intrusion Detection-Systeme haben eine große Wirkung gegen interne Angriffe. Sie lassen Unregelmäßigkeiten erkennen, um dann rechtzeitig und gezielt reagieren zu können. Hier spielen die Aspekte der frühzeitigen Erkennung im Sinne der Schadensverhinderung (zum Beispiel das Erkennen von DDoS Angriffen) und der richtigen Nachbearbeitung im Sinne der Schadensminimierung nach einem Schadensfall eine besondere Rolle. Mit Hilfe der Ergebnisse von Intrusion Detection-Systemen können umfassende Firewall-Systeme optimal konfiguriert und das reale Angriffspotential analysiert werden [Pohl98].

Personal Firewall:

Schützenswerte Systemressourcen und Dateien können gegen unerwünschte Zugriffe durch lokale Applikationen oder Malware, die in das System eindringen, dezentral abgeschirmt werden. Hierdurch wird eine sehr große Wirkung gegen das Empfangen von Malware sowie gegen Angriffe mit aktiven Inhalten (Java, ActiveX, Viren, . . .) erzielt. Außerdem kann auch eine sehr große Wirkung gegen interne Angriffe erreicht werden. Die Personal Firewall kann gegenwärtig aus Produktverfügbarkeitsgründen nicht auf allen Rechnersystemen, zum Beispiel Host-Systemen, Unix-Systemen, Mac-Systemen usw., verwendet werden. Neben den zuvor erwähnten Wirkungen bietet eine Personal Firewall bei Tele- und Mobil-Arbeitsplätzen auch die reine Firewall-Funktionalität. Die Güte der Firewall-Funktionalität hängt von der Qualität der Realisierung, der Einbindung in das Betriebssystem und der Konfiguration des Betriebssystems ab. In dieser Betrachtung ist die Firewall-Funktionalität mit einer mindestens geringen Wirkung bewertet worden [Pohl00b].

Nichttechnische Sicherheitsmaßnahmen:

Nichttechnische Sicherheitsmaßnahmen haben eine große Wirkung gegen einige Angriffe und sind besonders wichtig, um „Social Engineering" etwas entgegenzusetzen.

Vertrauenswürdigkeit, Audits, Sicherheitspolitik und sicherer Betrieb:

Die Vertrauenswürdigkeit durch Evaluierung und Zertifizierung, die Durchführung von Audits, die Erarbeitung einer richtigen Sicherheitspolitik und der sichere Betrieb eines umfassenden Firewall-Systems stellen Randbedingungen der Sicherheit bei der Nutzung eines Firewall-Systems dar und sind somit Grundlage für die Wirkung gegen die entsprechenden Angriffsarten.

Die Vertrauenswürdigkeit ist der einzige Sicherheitsaspekt, der eine angemessene Wirkung gegen eine eingebaute Trapdoor hat.

Angriffe und Wirkung von Sicherheitsmechanismen:

Hier werden zusammenfassend die definierten Angriffe betrachtet und aufgezeigt, welche Sicherheitsmechanismen wie qualitativ wirken.

Generell:

Vertrauenswürdigkeit, Audits, Sicherheitspolitik und sicherer Betrieb sind die Basis, damit die Wirkung der einzelnen Sicherheitsmechanismen gegen die definierten Angriffe zur Entfaltung kommen.

Wiederholen oder Verzögern von Protokollelementen:

Die Nutzung der Rechteverwaltung in High-level Security Firewall-Systemen und Verschlüsselung helfen hier eine große Wirkung zu erzielen.

Die Personal Firewall bietet hier einen Grundschutz für die Rechnersysteme.

Vertrauenswürdigkeit, Audits, Sicherheitspolitik und sicherer Betrieb sind die Basis.

Einfügen oder Löschen von Daten in den Protokollelementen:

Die Nutzung der Rechteverwaltung in High-level Security Firewall-Systemen hat eine große Wirkung auf diesen Angriff.

Die Verschlüsselung hat eine sehr große Wirkung auf diesen Angriff.

Die Personal Firewall bietet einen Grundschutz für die Rechnersysteme.

Vertrauenswürdigkeit, Audits, Sicherheitspolitik und sicherer Betrieb sind die Basis.

Modifikation der Daten in den Protokollelementen:

Die Nutzung der Rechteverwaltung in High-level Security Firewall-Systemen hat eine große Wirkung auf diesen Angriff.

Die Verschlüsselung hat eine sehr große Wirkung auf diesen Angriff.

Vertrauenswürdigkeit, Audits, Sicherheitspolitik und sicherer Betrieb sind die Basis.

Boykott des Receivers:

Der Mechanismus „dual-homed Application Gateway“ im High-level Security Firewall-System hat ein große Wirkung.

Durch die Verwendung von Intrusion Detection Systemen kann ein solcher Angriff schnell erkannt werden und damit eine schnelle Reaktion auch mit Hilfe weiterer Organisationen (CERT, Behörden, ...) eingeleitet werden.

Die Personal Firewall bietet hier einen Grundschutz für die Rechnersysteme.

Die Diskussion über DDoS-Angriffe hat gezeigt, daß hier eine weltweite Zusammenarbeit sinnvoll und erfolgreich ist. Dies ist aus Sicht des Betreibers eine organisatorische Sicherheitsmaßnahme, die zum Beispiel durch Organisationen wie CERT unterstützt werden kann.

Notfall-Sicherheitsmaßnahmen, wie zum Beispiel „Schaffen von Backup-Möglickeiten und infrastrukturelle Sicherheitsmaßnahmen, wie zum Beispiel „unterbrechungsfreie Stromversorgung“ erzielen eine große Wirkung.

Vertrauenswürdigkeit, Audits, Sicherheitspolitik und sicherer Betrieb sind die Basis.

Trittbrettfahrer:

Dieser Angriff muß in Zusammenhang mit dem Angriff "Vortäuschen einer falschen Identität (Maskerade-Angriff)" betrachtet werden, wo die starke Authentikation eine wichtige Rolle spielt (high-level Security Firewall).

Hier hilft der Sicherheitsmechanismus Verschlüsselung besonders gut.

Die Personal Firewall bietet hier einen Grundschutz für die Rechnersysteme.

Vertrauenswürdigkeit, Audits, Sicherheitspolitik und sicherer Betrieb sind die Basis.

Senden von Malware (etwa Viren, Würmer, Trojanische Pferde):

Gegen diese Angriffe empfiehlt sich ein zentraler Virenscanner, der separat in das umfassende Firewall-System oder in das Firewall-System selbst integriert ist. Damit kann zentral für alle Rechnersysteme eine große Wirkung erreicht werden.

Durch die Verwendung von Personal Firewalls kann dezentral ein möglicher Schaden verhindert werden, was eine sehr große Wirkung gegen diesen Angriff darstellt.

Die personellen Sicherheitsmaßnahmen Sensibilisierung, Aufklärung und Schulung haben eine große Wirkung.

Vertrauenswürdigkeit, Audits, Sicherheitspolitik und sicherer Betrieb sind die Basis.

Aufbau u. Nutzung von Kommunikationsverbindungen:

Bei diesem Angriff hat die Nutzung der Rechteverwaltung mit starker Reglementierung der Kommunikationsmöglichkeit in einem High-level Security Firewall-Systemen eine sehr große Wirkung.

Das Intrusion Detection System kann Unregelmäßigkeiten erkennen und somit möglicherweise im Vorfeld Schäden reduzieren.

Die Personal Firewall bietet hier einen Grundschutz für die Rechnersysteme.

Vertrauenswürdigkeit, Audits, Sicherheitspolitik und sicherer Betrieb sind die Basis.

Nutzung von Kommunikationsprotokollen und Kommunikationsdiensten:

Bei diesem Angriff hat die Nutzung der Rechteverwaltung in einem High-level Security Firewall-System eine sehr große Wirkung.

Das Intrusion Detection System kann Unregelmäßigkeiten erkennen und somit möglicherweise im Vorfeld Schäden reduzieren.

Die Personal Firewall bietet hier einen Grundschutz für die Rechnersysteme.

Vertrauenswürdigkeit, Audits, Sicherheitspolitik und sicherer Betrieb sind die Basis.

Vortäuschen einer falschen Identität (Maskerade-Angriff):

Der starke Authentikationsmechanismus in einem High-level Security Firewall-System hat eine sehr große Wirkung. Dieser Angriff muß in Zusammenhang mit dem Angriff „Trittbrettfahrer“ betrachtet werden, wogegen die Verschlüsselung eine wichtige Rolle spielt.

Das Intrusion Detection System kann Unregelmäßigkeiten erkennen und somit möglicherweise im Vorfeld Schäden reduzieren.

Die Personal Firewall bietet hier einen Grundschutz für die Rechnersysteme.

Vertrauenswürdigkeit, Audits, Sicherheitspolitik und sicherer Betrieb sind die Basis.

Java-, ActiveX-Angriffe:

Bei diesem Angriff kann mit Hilfe entsprechender Sicherheitsmechanismen, zum Beispiel Applet-Filter oder Java Proxy, in einem High-level Security Firewall-System eine große Wirkung zentral erzielt werden.

Das Intrusion Detection System kann Unregelmäßigkeiten erkennen und somit möglicherweise im Vorfeld Schäden reduzieren.

Durch die Verwendung von Personal Firewalls kann auf den Rechnersystemen dezentral ein möglicher Schaden verhindert werden, was eine sehr große Wirkung gegen diesen Angriff erzielt.

Die personellen Sicherheitsmaßnahmen Sensibilisierung, Aufklärung und Schulung haben eine große Wirkung.

Vertrauenswürdigkeit, Audits, Sicherheitspolitik und sicherer Betrieb sind die Basis.

Falsche Konfiguration/Implementierungsfehler:

Durch die Nutzung eines High-level Security Firewall-Systems, insbesondere die Einbindung mehrere unterschiedlicher Firewall-Elemente wie Packet Filter und dual-homed Application Gateways, kann eine sehr große Wirkung erzielt werden.

Die Personal Firewall bietet hier einen Grundschutz für die Rechnersysteme.

Vertrauenswürdigkeit, Audits, Sicherheitspolitik und sicherer Betrieb sind die Basis.

Leugnen der Kommunikationsbeziehung:

Hier spielt die Protokollierung eine wichtige Rolle. Für die Kommunikation mit bekannten Kommunikationspartnern kann hier eine Wirkung erzielt werden.

Im Bereich externer Services kann die Beweissicherung durch Protokollierung sogar als organisatorische Sicherheitsmaßnahme in den Servicevertrag aufgenommen werden.

Vertrauenswürdigkeit, Audits, Sicherheitspolitik und sicherer Betrieb sind die Basis.

Social Engineering:

Bei diesem Angriff haben die nichttechnischen Sicherheitsmechanismen wie Aufklärung und Schulung eine sehr hohe Wirkung.

Die personellen Sicherheitsmaßnahmen Sensibilisierung, Aufklärung und Schulung haben eine große Wirkung.

Audits, Sicherheitspolitik und sicherer Betrieb sind die Basis.

Analyse mit Hilfe von Scannerprogrammen:

Dieser Angriff kann durch die Nutzung des dual-homed Application Gateways in einem High-level Security Firewall-Systems mit sehr große Wirkung verhindert werden.

Durch die Verwendung von Intrusion Detection Systemen kann dieser Angriff erkannt und entsprechende Gegenmaßnahmen eingeleitet werden.

Vertrauenswürdigkeit, Audits, Sicherheitspolitik und sicherer Betrieb sind die Basis.

Manipulation des Firewall-Systems:

Dieser Angriff kann durch die Nutzung eines sicheren Designkonzepts, eigenen Schutzmechanismen, einem separaten und zentralen Security Management und verschiedenen Firewall-Elementen in einem High-level Security Firewall-System mit sehr große Wirkung verhindert werden.

Durch Verwendung von Intrusion Detection Systemen kann dieser Angriff erkannt werden.

Durch infrastrukturelle Sicherheitsmaßnahmen, wie zum Beispiel „zugangsgesicherter Raum“ und organisatorische Sicherheitsmaßnahmen, wie zum Beispiel „Festlegung der Zugriffsrechte für das Security Management“, ist eine große Wirkung zu erzielen

Durch regelmäßige Audits kann ein Schaden verhindert werden.

Einbau einer Trapdoor:

Durch die Verwendung von Intrusion Detection Systeme kann dieser Angriff möglicherweise entdeckt werden.

Diesem Angriff kann nur mit Hilfe einer ausreichenden Evaluierung und Zertifizierung sicher entgegengewirkt werden.

Nutzung einer falschen Konfiguration des Firewall-Systems:

Dieser Angriff kann durch die Nutzung eines sicheren Designkonzepts, eigenen Schutzmechanismen, einem separaten und zentralen Security Management und verschiedenen Firewall-Elementen in einem High-level Security Firewall-System mit sehr große Wirkung verhindert werden.

Durch die Verwendung von Intrusion Detection Systemen kann dieser Angriff möglicherweise entdeckt werden.

Durch organisatorische Sicherheitsmaßnahmen, wie zum Beispiel „Klar geregelte Verantwortung“ kann hier eine große Wirkung erzielt werden

Durch regelmäßige Audits kann dieser Angriff verhindert werden.

Nutzung von Implementierungsfehlern des Firewall-Systems:

Dieser Angriff kann durch die Nutzung eines sicheren Designkonzepts, eigenen Schutzmechanismen, einem separaten und zentralen Security Management und verschiedenen Firewall-Elementen in einem High-level Security Firewall-System mit sehr große Wirkung verhindert werden.

Durch die Verwendung von Intrusion Detection Systeme kann dieser Angriff möglicherweise entdeckt werden.

Durch organisatorische Sicherheitsmaßnahmen, wie zum Beispiel „eine klar geregelte Verantwortung“ kann hier eine große Wirkung erzielt werden.

Durch regelmäßige Audits kann dieser Angriff verhindert werden.

Interne Angriffe:

Mit Hilfe von Intrusion Detection Systemen kann eine große Wirkung durch die Erkennung solcher Angriffe auch im voraus, bevor ein Schaden aufgetreten ist, erzielt werden.

Diesem Angriff kann mit einer sehr großen Wirkung mit Hilfe von Personal Firewalls entgegengewirkt werden, da sie in das System (zum Beispiel in Microsoft Windows Betriebssysteme) integriert werden können.

Die personellen Sicherheitsmaßnahmen Sensibilisierung, Aufklärung und Schulung haben eine große Wirkung.

Durch Audits können interne Angriffe erkannt bzw. nachgewiesen werden.

Literatur

[BSI 99] Bundesamt für Sicherheit in der Informationstechnik – BSI: IT-Grundschutzhandbuch, 1999.

[Pohl98] N. Pohlmann: Organisationshandbuch Netzwerksicherheit, Interest-Verlag, Augsburg, 1998.

[Pohl99] N. Pohlmann: Virtual Private Networks (VPN), IT-Sicherheit – Praxis der Daten- und Netzsicherheit, Datakontext-Fachverlag, Köln, 1999.

[Pohl00a] N. Pohlmann: Firewall-Systeme – Sicherheit für Internet und Intranet, E-Mail-Security, Virtual Private Network, Intrusion Detection-System, 3. Auflage, MITP-Verlag, Bonn, 2000.

[Pohl00b] N. Pohlmann: Dezentrale Firewalls schließen Lücken, KES – Kommunikations- und EDV-Sicherheit, SecuMedia Verlag, Ingelheim, 2000.

Vertrauensbasierte Sicherheit für mobile Objekte

Gregor Gärtner · Winfried E. Kühnhauser

Technische Universität Ilmenau
Mail@GGaertner.de
winfried.kuehnhauser@prakinf.tu-ilmenau.de

Zusammenfassung

Der Beitrag diskutiert die Tragfähigkeit vertrauensbasierter Sicherheitspolitiken für mobile Objekte und ihre Gastgebersysteme, zeigt die zur Bildung von Vertrauen geeigneten Objekt- und Systemeigenschaften auf und stellt eine einfache, über dem Vertrauensbegriff definierte Algebra zur Beschreibung vertrauensbasierter Sicherheitspolitiken vor. Am Beispiel der aktuellen Java Sicherheitsarchitektur (JDK 1.2) wird die Abbildung vertrauensbasierter Sicherheitspolitiken auf die elementaren Mechanismen einer konkreten Sicherheitsarchitektur demonstriert.

1 Einleitung

Eine Vielzahl heutiger Strukturierungsparadigmen verteilter Systeme beruht auf einem dualen Client/Server-Rollenmodell, in welchem Systemkomponenten in der Rolle von Klienten Dienstleistungen anderer Systemkomponenten in Anspruch nehmen, die in einer Rolle als Server agieren. Dieses Modell stammt noch aus einer Zeit, in der behutsam die bekannten Kommunikationstechniken nicht verteilter Systeme an die Gegebenheiten verteilter Systeme adaptiert wurden und aus einfachen Prozedur- und Methodenaufrufen die Prozedur- und Methodenfernaufrufe wurden. Implizit wurde dabei auch gleich das Prinzip übernommen, das *Wissen* zur Erbringung einer Dienstleistung (den Algorithmus) in enge örtliche Beziehung zu den hierzu notwendigen *Ressourcen* (Prozessoren, Speicher, Kommunikationswege) zu setzen.

Inzwischen werden die Grenzen des Wachstums dieses Ansatzes deutlich. Der wachsende Funktionsumfang von Anwendungssystemen und die wachsende Zahl ihrer Dienste führt zu immer größeren Anzahlen an Servern und immer umfangreicherer Serverfunktionalität. Die klassischen Skalierungsprobleme der softwaretechnischen und administrativen Beherrschung großer verteilter Systeme treten hier deutlich zutage.

Als ein erfolgversprechender Weg zu besser skalierenden Ansätzen wird derzeit die Aufhebung der traditionellen Verschmelzung von Wissen und Ressourcen gesehen, indem beide Größen – Wissen und Ressourcen – als orthogonal zueinander betrachtet werden. Wird eine Dienstleistung benötigt, so ist es zunächst notwendig, das hierzu notwendige Wissen und die notwendigen Ressourcen zusammenzuführen, und dies erfordert nun – da Ressourcen im Allgemeinen weniger mobil sind als Wissen – die Kommunikation von Wissen. Wissenskommunikation treffen wir heute beispielsweise in Form mobiler Objekte oder mobiler Codes an.

Als Ausführungsplattformen für mobile Objekte sind in der heutigen IT-Landschaft virtuelle Java-Maschinen durch ihre Verbreitung im Kontext von Web-Browsern wohletabliert. Sie bilden die Grundlage einer Vielzahl jüngerer Internet-basierter E-Commerce- und E-Banking-Systeme, welche die Mobilität von Java-Klassen dazu nutzen, Wissen in Form von Algorithmen (bspw. Authentisierungsprotokolle oder Verschlüsselungsalgorithmen) auf Klientenmaschinen zu transportieren.

Bedingt durch diese Form industrieller Nutzung enthielt bereits die erste Generation virtueller Java-Maschinen Sicherheitskonzepte in Form von Separationsmechanismen (die „*sandbox*"), welche die Risiken der Ausführung fremder Java-Klassen für den Hostrechner begrenzen sollten. Die Starrheit dieser Mechanismen, ihre anschließende Flexibilisierung sowie ein steter Strom der Erkennung und Beseitigung von Sicherheitslücken bedingen derzeit einen evolutionären Prozess, der in der nunmehr dritten Generation der Java-Sicherheitsarchitektur [GMPS97] zu einer Fülle von Sicherheitsmechanismen geführt hat, die während des Ladens einer Java-Klasse (Abstammungsprüfung, Integritätsprüfung, Bytecode-Prüfung, Beweis der Konformität mit einer Sicherheitspolitik) oder während ihrer Ausführung (Sicherheitspolitiken, Sicherheitsdomänen, Zugriffsberechtigungen, Zugriffsobjekte, Zugriffs- und Ressourcenkonsumüberwachung) zur Anwendung kommen [Gon98].

Inzwischen werden jedoch auch die Grenzen dieser Entwicklung offensichtlich. Die Vielzahl der sichtbaren und nutzbaren Sicherheitskonzepte und -mechanismen konterkariert eines der elementarsten Prinzipien sicherer IT-Systeme: die Klarheit, Einfachheit und intellektuelle Beherrschbarkeit von Sicherheitspolitik, -mechanismen und -architektur. Die Vielzahl der Elemente der heutigen Java-Sicherheitsarchitektur und die Komplexität ihres Zusammenwirkens machen es sehr problematisch, zeitaufwendig und kostenintensiv, präzise Aussagen über die Einhaltung konkreter Sicherheitsanforderungen in einer auf mobilen Java-Klassen basierenden verteilten Applikation zu machen, geschweige denn ist es praktikabel, solche Aussagen einem formalen Beweisverfahren zu unterziehen. Den Verfassern ist kein einziger gelungener Versuch bekannt, beispielsweise durch eine erfolgreiche *Covert-Channel*-Analyse für ein konkretes verteiltes Anwendungssystem die Einhaltung eines Zugriffssteuerungsmodells in einer Java-Umgebung nachzuweisen. Für die Hersteller und Betreiber Internet-basierter E-Commerce- und E-Banking-Systeme hat dies zur Folge, dass trotz erheblicher Investitionen in Design, Analyse und Implementierung der IT-Sicherheitseigenschaften ein unkalkulierbarer Unsicherheitsfaktor verbleibt.

Auf der anderen Seite sind die Elemente der heutigen Java-Sicherheitsarchitektur wohlbegründet: Jedes Element ist rückführbar auf eine konkrete reale Bedrohung. Während also einerseits die Vielzahl der Elemente und ihr komplexes Zusammenwirken die Grenzen des Wachstums sichtbar werden lässt, ist andererseits ihre jeweilige Aufgabe unverzichtbar.

Dieser Beitrag setzt sich mit diesem Konflikt auseinander und geht dabei den Weg, Sicherheitspolitiken auf sehr hoher und anwendungsnaher Abstraktionsebene zu formulieren. Der Schlüsselbegriff hierbei ist *Vertrauen*; hierunter wird die Annahme verstanden, dass eine bestimmte Einheit (beispielsweise ein mobiles Objekt oder ein Gastgebersystem) sich in einer erwarteten, wohl definierten Form verhält. Auf Vertrauen basierende Sicherheitskonzepte stellen ein orthogonales Konzept zu jenen dar, die über aktive Maßnahmen Sicherheit für potentiell nicht vertrauenswürdige Einheiten bieten. Wir untersuchen, welche

Möglichkeiten und Perspektiven auf Vertrauen basierende Sicherheitskonzepte für mobilen Code oder mobile Objekte besitzen; Techniken also, die bereits heute im E-Commerce-Bereich eingesetzt werden, um kunden- und applikationsspezifisches Wissen in Form von Algorithmen zu transportieren. Dabei erachtet unser Ansatz neben der Sicherheit des Gastgebersystems die Sicherheit des mobilen Objektes als gleichwertig; hierdurch wird der Transport sensitiver Informationen innerhalb mobiler Objekte (Bilanzen, Transaktionsdaten, Kreditkarteninformationen) vertrauenswürdig und erschließt damit ein weites Feld neuer Anwendungen. Wir schließen unseren Beitrag mit einem Beispiel, welches die Realisierung einer vertrauensbasierten Sicherheitspolitik in der Java-Sicherheitsarchitektur demonstriert.

2 Vertrauensbegründende Eigenschaften

Dieser Abschnitt setzt sich mit den Eigenschaften von mobilen Objekten und Gastsystemen auseinander, die zum Aufbau von Vertrauensbeziehungen nötig sind. Dabei stellen wir zwei Fragen in den Vordergrund: *Welche Eigenschaften* eines mobilen Objekts/Gastsystems sind signifikant um Vertrauen aufzubauen? *Wer* stellt diese Eigenschaften sicher?

Die Signifikanz der Eigenschaften lassen sich in zwei Klassen einteilen: Die Eigenschaften der ersten Ordnung sind im Regelfall für jedes mobile Objekt oder Gastsystem von Bedeutung, während die Eigenschaften der zweiten Ordnung nur in bestimmten Anwendungsfällen zu berücksichtigen sind. Die Aussage, welche Eigenschaften bei einem Objekt oder einem Gastsystem vorhanden sind, wird mit Hilfe von Etiketten getroffen, die einem mobilen Objekt oder Gastsystem mittels kryptographischer Verfahren in verbindlicher Weise angeheftet werden.

2.1 Beispiel

Zunächst sollen die Eigenschaften an einem konkreten Beispiel veranschaulicht werden. Das Szenario besteht aus einem Großunternehmen, dessen Mitarbeiter eine Java Entwicklungsumgebung (IDE) gemeinsam mit einer Schulung für die neue Programmiersprache erwerben möchte. Während der Mitarbeiter kleinere Beträge unmittelbar aus der Abteilungskasse zur Verfügung hat, muss für größere Summen ein Beschaffungsantrag beim Einkauf eingereicht werden. Möchte ein Mitarbeiter an einer Schulung teilnehmen, muss er dies bei der zuständigen Personalabteilung beantragen. Um das Beispiel zu vereinfachen, soll davon ausgegangen werden, dass der Mitarbeiter die IDE bereits ausgewählt hat und diese nun möglichst günstig erwerben möchte. Die Vorgänge sollen durch ein mobiles Objekt mit der typischen Funktionalität eines mobilen Agenten erledigt werden. Folgende Schritte sind in Abbildung 1 zu sehen:

1. Das mobile Objekt (MO) wird am PC erstellt. Es enthält Informationen, welches Produkt erworben werden soll sowie die Kriterien für die Auswahl einer geeigneten Schulung. Da die Kosten für die IDE unterhalb eines gewissen Betrags liegen, wird das mobile Objekt mit elektronischem Geld aus der Abteilungskasse ausgestattet.
2. Um in dem vom Mitarbeiter vorgesehenen Zeitraum geeignete Termine für die Schulung zu belegen, bewegt sich das mobile Objekt in den Personal Digital Assistent

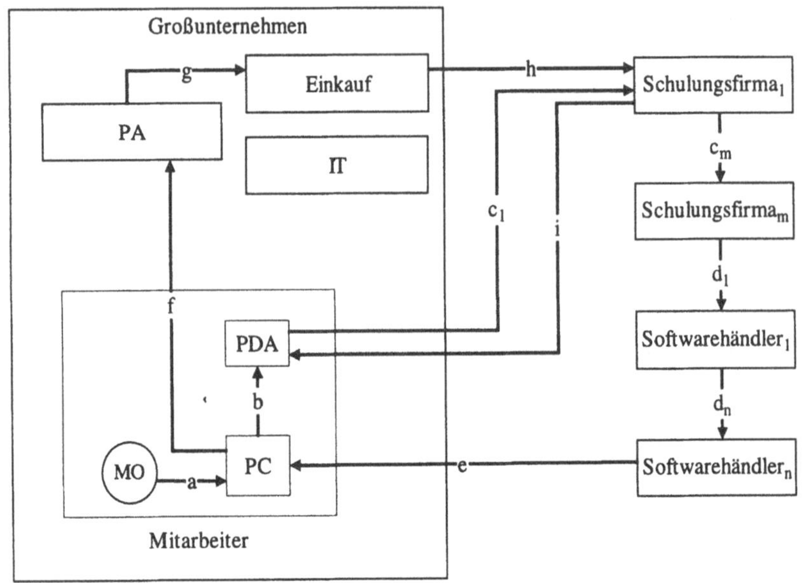

Abb. 1: Erwerb einer IDE und Schulung

(PDA) des Mitarbeiters. Dort nimmt es die Termininformation des in Frage kommenden Zeitraums auf.

3. Das mobile Objekt wandert nun über das Intra- in das Internet und sucht eine geeignete Schulung für die aufgestellten Kriterien. Dabei wird ein möglicher Termin mit Hilfe der bereits enthaltenen Kalenderinformationen abgestimmt. Die Preise und Leistungen jeder einzelnen Firma inklusive mobiler, multimedialer Objekte zu Werbe- und Informationszwecken werden übernommen.
4. Das mobile Objekt sucht nach dem günstigsten Anbieter der Entwicklungsumgebung. Der Kauf wird mit elektronischem Geld durchgeführt und die Entwicklungsumgebung inklusive eines Quittungsobjekts aufgenommen.
5. Das mobile Objekt bringt die IDE zum Mitarbeiter und schlägt mögliche Schulungsangebote vor. Der Mitarbeiter entscheidet nun, welche Schulung er besuchen möchte.
6. Die Schulungsteilnahme wird der Personalabteilung (PA) gemeldet.
7. Weil die Summe für die Schulung über einem gewissen Betrag liegt, wird die Kostenübernahme der Schulung beim Einkauf beantragt. Nach dessen Zustimmung nimmt das mobile Objekt Daten für die Erstellung der Rechnung auf, die das Schulungsunternehmen später dem Einkauf zustellt.
8. Das mobile Objekt bestätigt bei der Schulungsfirma den vorläufig reservierten Termin und übermittelt die Daten für die Rechnungserstellung.
9. Mit einer Bestätigung und den Schulungsunterlagen ausgestattet kehrt das mobile Objekt zum Mitarbeiter zurück.

2.2 Eigenschaften zur Etablierung von Vertrauen in Gastsysteme

Folgende Eigenschaften sind geeignet, eine Vertrauensbeziehung von einem mobilen Objekt zu einem Gastsystem aufzubauen:

- **Integrität und Vertraulichkeit in der Ablaufumgebung:**
  - *Keine Manipulation von Daten, Code und Ausführung* (1. Ordnung). Diese Garantien sind essentiell, damit das Objekt in der Intention des Besitzers agieren und die gestellten Aufgaben korrekt lösen kann. So könnte in einem Gastrechner einer Schulungsfirma ein Virus in das Objekt eingeschleust werden, welches später in sensible Bereiche des Unternehmens vordringt (e, f, g, i)[1]. Daher wurde in der Sicherheitspolitik des Großunternehmens festgelegt, dass mobile Objekte, die in das Firmennetzwerk zurückkehren, nur solche Netzknoten besuchen dürfen, die über die oben genannte Zusicherung verfügen. Diese kann beispielsweise von dem Hersteller einer Ablaufumgebung oder einer spezialisierten Firma gegeben werden ($\bar{e}$, $\bar{f}$)[2].
  - *Systemaufrufe verhalten sich exakt nach ihrer Spezifikation* (1. Ordnung). Wenn ein mobiles Objekt erstellt wird, muss der Programmierer darauf vertrauen können, dass die Spezifikation der Ablaufumgebung genau eingehalten wird. In unserem Szenario wäre es denkbar, dass Vergleichsoperationen der Ablaufumgebung auf einem Gastsystem so geändert sind, dass das eigene Angebot des Gastsystembetreibers immer als das günstigste zurückgegeben wird (c, d). Der Hersteller der Ablaufumgebung oder eine Firma, die Ablaufumgebung und Spezifikation unabhängig vergleicht, können eine solche Eigenschaft bescheinigen ($\bar{k}$).
  - *Besitzer und Internetadresse des Gastsystems* (1. Ordnung). Das Gastsystem und damit auch sein Besitzer haben physischen Zugang zu hospitierenden mobilen Objekten. Daher hängt die Sicherheit in hohem Maße davon ab, ob einem solchen Gastsystem getraut werden kann (c, d). Dazu ist eine einwandfreie Identifizierung im Zusammenhang mit der Netzadresse erforderlich, die von einer staatlichen Zertifikationsautorität durchgeführt werden sollte ($\bar{h}$). Die Reputation eines Anbieters baut sich durch die Erfahrungen der Netzgemeinde auf.
  - *Kein Ausspähen von Code, Daten und Kommunikation mobiler Objekte* (2. Ordnung). Im elektronischen Handel ist es häufig erforderlich, mobilen Objekten vertrauliche Informationen mitzugeben, die zum Erfüllen einer Aufgabe benötigt werden. So enthält das mobile Objekt in unserem Beispiel elektronisches Geld zum Einkaufen der Software und Teile des Terminkalenders des Mitarbeiters. Ein anderes Problem besteht im zweitbesten Angebot: Wenn ein Softwarehändler die Preise seiner Konkurrenten auslesen kann, kann er seinen Preis soweit erhöhen, dass er gerade noch den Zuschlag erhält, obwohl er vorher günstiger war (c, d). Da es in vielen anderen Fällen vorstellbar ist, dass die Vertraulichkeit eines Objektes nicht bedeutend ist (z.B. bei wissenschaftlicher Literaturrecherche), wird diese Eigenschaft nur die Ordnung 2 eingruppiert, auch wenn sie in einigen Bereichen von

[1]Die Buchstaben in der Klammer verweisen auf die Orte des Beispielszenarios in Abbildung 1, wo nach Ausführung der korrespondierenden Transition ein Bedrohungspotential vorliegt.

[2]Die überstrichenen Buchstaben in der Klammer verweisen auf die korrespondierenden Zertifikationsbeziehungen in Abbildung 2.

großer Bedeutung ist. Wenn Vertraulichkeit gegeben sein soll, kann sich dazu der Betreiber eines Gastsystems rechtlich verpflichten oder eine Zertifikationsautorität mit Kontrollmöglichkeiten dieses bescheinigen ($\bar{d}$).

- **Ressourcenanforderung mobiler Objekte:**
  - *Garantien* (2. Ordnung). Mobile Objekte können Anforderungen besitzen, welche Ressourcen sie in welchem Umfang für die gestellte Aufgabe benötigen. Dies hilft dem Schutz vor Verfügbarkeitsangriffen ebenso wie der Garantie von Dienstequalitäten. So könnte in unserem Beispiel ein Softwarehändler, der um einen zeitlich limitierten Sonderpreis der Konkurrenz weiß, das mobile Objekt so lange aufhalten, bis das Angebot ausgelaufen ist, um dann selbst den Zuschlag zu bekommen (c, d). Folgende Ressourcen sollten berücksichtigt werden: Prozessorleistung, Speicherbedarf, Netzwerkbandbreite, Eingabe- und Ausgabeeinheiten, Massenspeicherbedarf, Systemaufrufe von Bibliotheken und Prozessmanagement. Die Garantie, welche Ressourcen für welche Zeiträume den Objekten zur Verfügung stehen, kann nur der Betreiber des Gastsystems geben ($\bar{j}$).
- **Juristische Zusicherungen:**
  - *Verbindlichkeit von Informationen und Transaktionen* (2. Ordnung). Es ist selbstverständlich, dass sowohl Transaktionen wie auch Informationen eines Gastsystems verbindlich sein müssen. Wenn ein mobiles Objekt den günstigsten Anbieter für die zu beschaffende IDE auswerten möchte, muss gewährleistet sein, dass die herausgegebenen Informationen verbindlich sind und damit das richtige Ergebnis ermittelt werden kann (c, d). Rechtliche Grundlagen dieser Art sind daher von einer staatlichen Zertifikationsbehörde zu bescheinigen ($\bar{l}$).
  - *Kopierrechtsnachweis* (2. Ordnung). Ein mobiles Objekt kann kopiergeschützte Informationen erwerben. Damit die Kopierrechte gewahrt bleiben, muss das Gastsystem nachweisen, dass es ein Recht hat, diese Informationen weiterzugeben. In unserem Falle muß der Softwarehersteller nachweisen, daß er die Software des IDE Herstellers vertreiben darf, bevor das Objekt die Software aufnimmt.

2.3 Eigenschaften zur Etablierung von Vertrauen in mobile Objekte

Folgende Eigenschaften sind geeignet, eine Vertrauensbeziehung von einem Gastsystem zu einem mobilen Objekt aufzubauen:

- **Integrität und Vertraulichkeit für Daten und Code des Gastsystems:**
  - *Keine Funktionalität zum Ausspionieren von Daten und Code* (1. Ordnung). Unabhängig von der Nutzung eines Gastsystems ist dessen Vertraulichkeit und Integrität eine zentrale Forderung. Im angeführten Beispiel könnten beispielsweise vertrauliche Daten des Großunternehmens (e, f, g, i) oder die Kundendaten eines Handelsunternehmens (c, d) ausgespäht werden. Diese Eigenschaften können vom Hersteller eines mobilen Objektes bestätigt werden, der auch eine Liste von Systemaufrufen mitliefern sollte, damit das Gastsystem eine potentielle Bedrohung besser einschätzen kann ($\bar{a}$). Ferner kann eine spezialisierte Zertifikationsautorität nach Durchsicht des Quellcodes diese Eigenschaft bescheinigen.
  - *Ausschließlich spezifizierte Änderungen an Daten und Code* (1. Ordnung). In manchen Fällen sind Änderungen an Dateien (z.B. Registry unter Windows) für

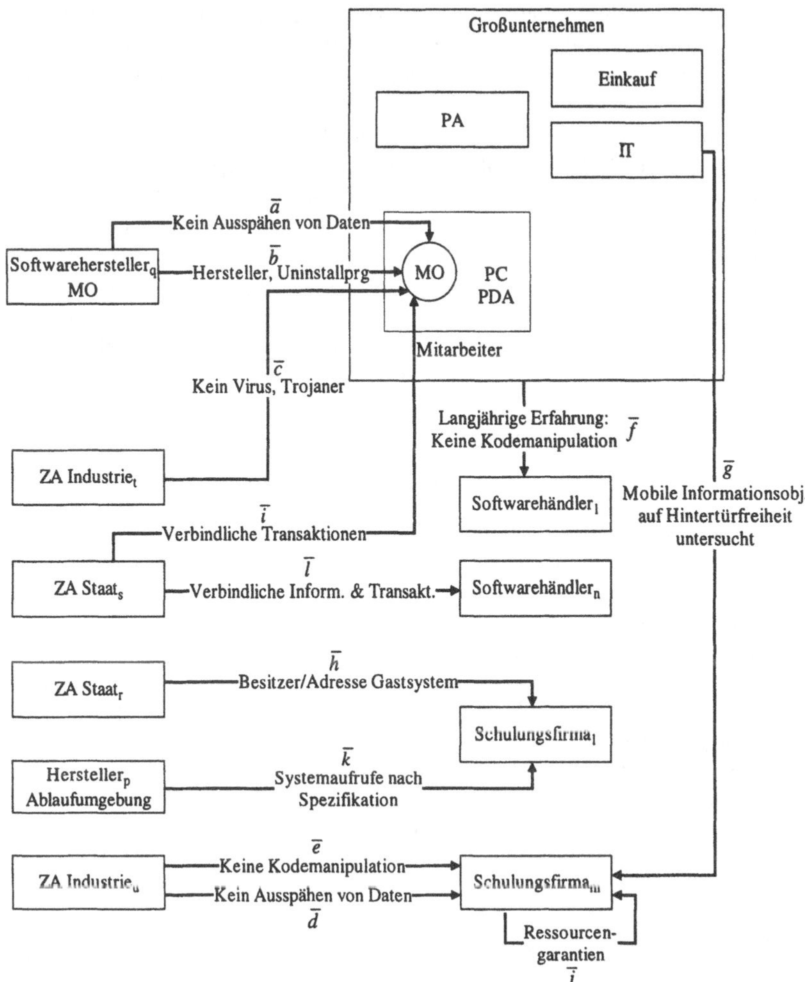

Abb. 2: Zertifikationsbeziehungen im Szenario

die Funktionsweise eines mobilen Objektes notwendig. Damit ein Gastsystem abschätzen kann, ob dies in Konflikt mit der vorhandenen Konfiguration steht, sollte eine Liste von zu verändernden Daten mitgeliefert werden. Diese Liste liefert der Hersteller des mobilen Objektes.

- *Keine Viren, Trojanische Pferde oder Hintertüren vorhanden* (1. Ordnung). Diese Eigenschaften sind grundlegend für die Sicherheit eines Gastsystems. So wäre eine Vireninfektion in einem Handelsunternehmen (c, d) fatal, weil durch einen regen Austausch mobiler Objekte eine hohe Verbreitung mit potentiellen Geschäftspartnern (e, i) erfolgen würde. Diese Eigenschaft sollte von einer Autorität der Wirtschaft ($\bar{c}$) oder dem Hersteller eines mobilen Objektes erfolgen. Die IT Abteilung eines Unternehmens könnte aber auch eine Prüfung der mobilen Objekte bei solchen Partnern, mit denen intensive Geschäftsbeziehungen bestehen, vornehmen. Dies wäre im Szenario bei der Schulungsfirma$_{\text{m}}$ gegeben ($\bar{\text{g}}$), deren Informationsobjekte[3] über Schulungskurse in Schritt c aufgenommen wurden.

- *Hersteller und Besitzer eines mobilen Objekts* (1. Ordnung). Der Softwarehersteller eines mobilen Objekts sowie dessen Besitzer, der das Objekt für den Einsatz angepasst hat, sind ein wichtiger Faktor in der Entscheidung, wie vertrauenswürdig ein solches Objekt ist. Ein Hersteller sollte diese Daten zu einem mobilen Objekt anbieten ($\bar{\text{b}}$).
- *Deinstallierungsoption* (2. Ordnung). Falls ein mobiles Objekt mit längerer Lebensdauer (wie z.B. die erworbene IDE) eine große Anzahl von Systemänderungen macht, sollte dem Gastsystem garantiert sein, dass alle Änderungen rückgängig gemacht werden können (e). Der Hersteller eines mobilen Objektes kann eine solche Garantie geben ($\bar{\text{b}}$).

- **Ressourcennutzung mobiler Objekte:**

  Garantien (2. Ordnung). Zur Unterbindung von Verfügbarkeitsangriffen und Abgabe von Qualitätsgarantien über Dienste kann vom mobilen Objekt eine Liste eingefordert werden, welche Ressourcen (Prozessorleistung, Speicher, Netzwerkbandbreite, Massenspeicher, Prozessmanagement) in welchem Umfang benötigt werden. Dies kann durch den Hersteller oder Besitzer des mobilen Objekts bescheinigt werden.

- **Juristische Zusicherungen:**

  Verbindlichkeit von Informationen und Transaktionen (2. Ordnung). Für ein Gastsystem ist es oftmals von Bedeutung, dass Personen im juristischen Sinne die Verantwortung für Informationsaussagen und Transaktionen ihrer mobilen Objekte übernehmen. So muss sich ein Schulungsunternehmen darauf verlassen können, dass sein Kunde auch die jeweiligen Kosten übernimmt (h). Eine solche Eigenschaft sollte von einer staatlichen Zertifikationsautorität bescheinigt werden ($\bar{\text{i}}$) oder beispielsweise auch von einem Kreditkartenunternehmen, über welches eine Transaktion abgerechnet wird.

3 Spezifikation vertrauensbasierter Sicherheitspolitiken

Dieses Kapitel beschreibt einen Ansatz zur Spezifikation von Vertrauensbeziehungen zwischen mobilen Objekten und ihren Gastsystemen. Auf der Grundlage der Szenariendiskussion im vorangehenden Kapitel werden die zwei Grundelemente einer vertrauensbasierten Sicherheitspolitik identifiziert und ihre Semantik wird mittels einfacher Prädikatenlogik beschrieben. Anschließend stellen wir auf der Grundlage der prädikatenlogischen Beschreibung einen Spezifikationskalkül vor, der eine Ableitung ausführbarer Sicherheitspolitiken erlaubt. Zur Illustration greifen wir in einem Beispiel einen Ausschnitt des obigen Szenarios auf und zeigen dessen Formulierung im Spezifikationskalkül. Schließlich demonstrieren wir den Praxisbezug durch Integration der Beispielspezifikation als domänenspezifische Sicherheitspolitik in die JDK1.2 Sicherheitsarchitektur.

[3]In Abbildung 1 wurden diese mobilen Informations- und Werbeobjekte zwecks Übersichtlichkeit nicht dargestellt.

3.1 Grundelemente einer Spezifikation

Die Grundelemente unserer Vertrauenslogik sind Principals, Etiketten (oder *Labels*) und Aussagen über ihre Vertrauenswürdigkeit. In der Bedeutung dieser Begriffe lehnen wir uns eng an Burrows, Abadis und Needhams *Logic of Belief* [BAN89] und die Terminologie in [BL76] an; tatsächlich kann der im Folgenden verwendete Labelbegriff als Verallgemeinerung der Bell/LaPadula-Labels zur Beschreibung der Vertraulichkeitsklassen von Dokumenten und der Vertrauenswürdigkeit von Principals angesehen werden. Hier wie dort dienen Labels zum Ausdruck zugesicherter (zertifizierter) und zur Schaffung von Vertrauen geeigneter Eigenschaften.

Tabelle 1 zeigt den grundsätzlichen Aufbau eines Labels. Die hier gezeigten Komponenten sind als exemplarisch zu verstehen und ergeben sich in konkreten Sicherheitsinfrastrukturen aus dem konkreten Lebenszyklusmodell von Zertifikaten. Eine ausführliche Auflistung findet sich in [Gär00].

Mit solchen Labeln lassen sich nun Grundelemente zur Formulierung von Vertrauen wie folgt formulieren.

Tab. 1: Aufbau eines Labels

Name des Labels	Eineindeutige Identifizierung des Labels (z.B. zu Rückrufzwecken)
Name des Signierers	Eineindeutige Identifizierung des signierenden Principals (Person oder Organisation)
Name der assoziierten Entität	Eineindeutige Identifizierung der Entität, über die das Label eine Aussage trifft (z.B. Gastrechner, mobiles Objekt)
Datum der Signierung, Gültigkeitsdauer, etc.	Informationen zur Implementierung eines Lebenszyklusmodells
Prüfungsverfügungen	durch den Aussteller vorgeschriebene Validitätsprüfungen (z.B. bei jeder Benutzung)
Zugesicherte Eigenschaft	

- **TRUST** *ca* [**WITH RESPECT TO** *label*]
  TRUST *label* [**WHEN** *condition*]

  Vertrauen kann einerseits gegenüber einem Principal in der Rolle einer Zertifikationsautorität deklariert werden, andererseits gegenüber einem bestimmten Label; beide Erklärungen können durch optionale Einschränkungen verfeinert werden. So wird auf einem Gastsystem der Bescheinigung der Zertifikationsautorität$_t$ (Abb. 2) des mobilen Objekts vertraut, dass sich kein Virus im mobilen Objekt befindet (`TRUST za`$_t$ `WITH RESPECT TO KeinVirus-Label`). Dies wird durch die Bedingung eingeschränkt, dass das Zertifikat bei jeder Ausführung des mobilen Objekts auf Widerruf überprüft wird (`TRUST KeinVirus-Label WHEN LabelPrüfung = JedeAusführung`). Eine solche Festlegung der Überprüfungshäufigkeit kann auch in den Metadaten eines Labels festgelegt werden, wo eine Zertifikationsautorität festlegen kann, wie häufig das ausgestellte Label auf Widerspruchsfreiheit geprüft werden soll, damit die Aussage dieser Autorität als frisch angesehen werden kann.

- *label* **ALLOWS** *action* [**LIMITED BY** *resource-constraint*] [**WHEN** *condition*]

  Diese Deklaration bestimmt, welche Aktionen bei welchem Label erfolgen dürfen, optional eingeschränkt von der Anzahl der zu vergebenden Ressourcen und einer Bedingung. So darf ein mobiles Objekt, welches auf einem Gastsystem hospitiert, ein Schreibzugriff in das „*tmp*"-Verzeichnis bis zu einer Größe von 10MB vornehmen, wenn Virenfreiheit bescheinigt wurde und noch mindestens 100MB auf der lokalen Festplatte an Speicherplatz verfügbar ist:

```
KeinVirus-Label ALLOWS write LIMITED BY
(OS_API.fname=,,tmp'', OS_API.fsize=10MB)
WHEN OS_API.diskfree >= 100MB.
```

Zur Beschreibung der Semantik dieser Grundelemente verwenden wir im Folgenden eine einfache Prädikatenlogik. Dabei reichen die folgenden vier Prädikate gemeinsam mit den genannten Schlußregeln aus.

3.1.1 Prädikate

trusted(ca) Prädikat einer Zertifikationsautorität, welches ihre Vertrauenswürdigkeit ausdrückt; dieses umfassende Prädikat kann feingranularer durch das zweistellige Prädikat

trusted(ca,l) ausgedrückt werden, welches die Vertrauenswürdigkeit der Zertifikationsautorität *ca* nur in Bezug auf das Label *l* ausdrückt.

fresh(l) Prädikat eines Labels, welches eine spezifizierbare Frischebedingung erfüllt, z.B. dessen Gültigkeit innerhalb eines bestimmten Zeitintervalls überprüft wurde.

trusted(l) Prädikat eines Labels, dem vertraut wird.

enables(l,a) Zweistelliges Prädikat, welches ausdrückt, dass Label *l* die Aktion *a* erlaubt.

allowed(a) Prädikat einer Aktion, die auf Grund hergestellten Vertrauens zulässig ist; stellt das Ziel der Anwendung der folgenden Schlussregeln dar.

3.1.2 Schlussregeln

Die Schlussregeln legen fest, auf welche Weise - ausgehend von Vertrauensspezifikationen - die Erlaubnis zum Ausführen einer Operation durch eine mobiles Objekt abgeleitet wird.

(1) Wenn wir einer Zertifikationsautorität trauen, dann trauen wir ihr auch bezüglich bestimmter von ihr ausgegebener Label:

$$\forall ca, l : trusted(ca) \Rightarrow trusted(ca, l)$$

(2) Wenn wir einer Zertifikationsautorität hinsichtlich eines von ihr ausgegebenen Labels trauen und dieses Label frisch ist, dann trauen wir auch dem Label selbst:

$$\forall ca, l : trusted(ca, l) \wedge fresh(l) \Rightarrow trusted(l)$$

(3) Wenn wir einem Label trauen und dieses Label eine Aktion ermöglicht, dann erlauben wir diese Aktion.

$$\forall l, a : trusted(l) \wedge enables(l, a) \Rightarrow allowed(a)$$

3.1.3 Semantik der Spezifikationselemente

Die Semantik der Spezifikationselemente wird durch eine gebräuchliche semigraphische Notation angegeben, die die Anwendung von Schlussregeln recht übersichtlich macht; sie ist zu lesen in der Form „Falls die Formeln oberhalb der Linie gelten, so gilt anschließend das Prädikat unterhalb der Linie".

$$\frac{\textbf{TRUST } ca}{trusted(ca)}$$

$$\frac{\textbf{TRUST } ca \textbf{ WITH RESPECT TO } l}{trusted(ca, l)}$$

$$\frac{\textbf{TRUST } l \textbf{ WHEN } \text{condition} \ \wedge \ true(condition)}{fresh(l)}$$

$$\frac{l \textbf{ ALLOWS } a}{enables(l, a)}$$

$$\frac{l \textbf{ ALLOWS } a \textbf{ LIMITED BY } \text{resource-constraint} \wedge true(resource\text{-}constraint)}{enables(l, a)}$$

$$\frac{l \textbf{ ALLOWS } a \textbf{ WHEN } \text{condition} \ \wedge \ true(condition)}{enables(l, a)}$$

$$\frac{l \textbf{ ALLOWS } a \textbf{ WHEN } \text{condition } \textbf{LIMITED } \text{BY resource-constraint} \quad \wedge \ true(condition) \ \wedge \ true(resource - constraint)}{enables(l, a)}$$

3.2 Spezifikationssprache

Zur Spezifikation einer vertrauensbasierten Sicherheitspolitik benötigen wir nun noch eine konkrete Spezifikationssprache. Wir geben diese auszugsweise in einer Backus-Naur Form an; ≺Ident≻ ist dabei ein wohlgeformter Identifier in der Politik, welcher Principals und Label identifiziert und dessen konkrete Syntax hier nicht weiter spezifiziert werden muss; das leere Produktionssymbol ist „ε".

Politik – Deklaration:

≺POL≻ ::= „Policy" ≺Ident≻ „=" ≺pol_decl≻ „End" ≺Ident≻ „ . " ;

≺pol_decl≻ ::= „Certification Authority Set:" ≺ca-declaration≻
„Label Set:" ≺label-declaration≻
„Action Set:" ≺action-declaration≻
„Trust Specification:" ≺trust-specification≻
„Right Specification:" ≺right-specification≻ ;

Deklaration der Zertifikationsautoritäten:

≺ca-declaration≻ ::= ≺ca-list≻ — ε „ ; " ;
≺ca-list≻ ::= ≺Ident≻ „ ; " — ≺Ident≻ „ ; " ≺ca-list≻ ;

Deklaration der Label:

≺label-declaration≻ ::= ≺label-list≻ — ε „ ; " ;
≺label-list≻ ::= ≺Ident≻ „ ; " — ≺Ident≻ „ ; " ≺label-list≻ ;

Deklaration der Aktionen:

≺action-declaration≻ ::= ≺action-list≻ — ε „ ; " ;
≺action-list≻ ::= ≺Ident≻ „ ; " — ≺Ident≻ „ ; " ≺action-list≻ ;

Spezifikation von Vertrauen:

≺trust-specification≻ ::= ≺trust-list≻ — ε „ ; " ;
≺trust-list≻ ::= ≺trust-statement≻ „ ; " — ≺trust-statement≻ „ ; " ≺trust-list≻ ;
≺trust-statement≻ ::= „TRUST" ≺ca≻ [„WITH RESPECT TO" ≺label≻] —
„TRUST" ≺label≻ [„WHEN" ≺condition≻] ;
≺ca≻ ::= ≺Ident≻ ;
≺label≻ ::= ≺Ident≻ ;
≺condition≻ ::= ≺B-Exp≻ ;

Deklaration der durch Label erschlossenen Operationsrechte:

≺right-specification≻ ::= ≺right-list≻ — ε „ ; " ;
≺right-list≻ ::= ≺right≻ „ ; " — ≺right≻ „ ; " ≺right-list≻ ;
≺right≻ ::= ≺label≻ „ALLOWS" ≺action≻ [„LIMITED BY" ≺resource-constraint≻]
[„WHEN" ≺condition≻] ;
≺action≻ ::= ≺Ident≻ ;
≺resource-constraint≻ ::= ≺B-expre≻ ;

Bemerkungen:

Das Nichtterminalsymbol ≺B_Exp≻ steht für einen wohlgeformten boole'schen Ausdruck im Prädikatenkalkül erster Ordnung, in dem ausschließlich Variablen der Sicherheitspolitik mittels $\forall, \exists, \wedge, \vee, \Rightarrow$ etc. verknüpft sind. Die Schreibweise wohlgeformter Ausdrucke erfolgt in Anlehnung an [Man74], wobei ebenfalls die dortige verkürzte Form („$\forall x$" statt „$(\forall x)$", „$x \neq y$" statt „$\neg(x = y)$" etc. immer dann verwendet wird, wenn dies zu keinen Missverständnissen führen kann.

Die Deklaration der Aktionen dient der Verständigung zwischen mobilem Objekt und Gastrechner; sie erfolgt in Form einer *Interface Definition Language* (IDL), wie sie unter anderem in Middlewaresystemen zu diesem Zwecke eingesetzt wird (z.B. [Obj99]).

3.3 Eine Beispielspezifikation

Die folgende Spezifikation skizziert das Beispiel aus Abschnitt 3.1. Die Formulierung in der Spezifikationssprache ist unabhängig von einer spezifischen Plattform eines Gastrechners; dies äußert sich in der Formulierung der Aktionsnamen und Ressourcenbeschränkungen. Die Transformation in eine plattformspezifische Notation kann einerseits manuell erfolgen; andererseits greifen für eine automatische Transformation die bereits oben erwähnten IDL-Techniken.

Policy Example =
  Certification Authority Set:
    za_t;
  Label Set:
    Kein Virus-Label;
  Action Set:
    write;
  Trust Specification:
    TRUST za_t **WITH RESPECT TO** *Kein Virus-Label*;
    TRUST *Kein Virus-Label* **WHEN** (LabelCheck=EachUse);
  Right Specification:
    KeinVirus-Label **ALLOWS** *write*
      LIMITED BY (OS_API.fname = „tmp", OS_API.fsize=10MB)
      WHEN (OS_API.diskfree >= 100MB);
End Example.

Aus dieser Spezifikation lässt sich nun durch sukzessive Anwendung der Schlussregeln das Prädikat *allowed*(*write*) für ein mobiles Objekt ableiten, welches mit einem *Kein Virus-Label* versehen ist, ausgestellt von der Zertifikationsautorität za_t und validiert vor der Benutzung, und dies unter der Randbedingung der Einhaltung der angegeben Limitationen geschieht.

3.4 Das Beispiel als Java-Domänenpolitik

Die Java-Sicherheitsarchitektur in der derzeitigen Version 1.2 besitzt grundsätzlich zwei Möglichkeiten zur Formulierung individueller Sicherheitspolitiken. Zum einen kann die zu jeder Java-Installation gehörende Standard-Sicherheitspolitik (implementiert durch die Java-Klasse `Policy`) durch eine Konfigurationsdatei individuell angepasst werden; üblicherweise geschieht dies mit Hilfe des `policytool`-Werkzeugs. Diese Variante ist sehr bequem, jedoch hinsichtlich der erreichbaren Ausdruckskraft recht beschränkt: möglich sind hiermit lediglich Regeln der allgemeinen Form „*falls Objekt von Ort X stammt und Zertifikationsautorität Y den Code unterschrieben hat, dann erlaube Operation Z*". Ausgedrückt in der Notation der Konfigurationsdatei liest sich eine solche Regel in der Form:

```
keystore "my.keystore";
grant
  signedBy "za_t",
  codeBase "http://tu-ilmenau.de/~kuehnhau/java/mobileObjects/*"
  { permission java.io.FilePermission "tmp", "write"; };
```

`codeBase` gibt hierbei die Herkunft des mobilen Objekts an, `signedBy` fordert, dass der Code des mobilen Objekts aus einem JAR-File stammt, welches mit demjenigen privaten Schlüssel signiert wurde, der zu dem in der Schlüsseldatenbank `my.keystore` unter dem Namen `za_t` hinterlegten öffentlichen Schlüssel passt.

Dies reicht offensichtlich nicht aus, um auf natürliche Weise vertrauensbasierte Sicherheitspolitiken ausdrücken zu können. Wir betrachten daher eine zweite Alternative zur Formulierung individueller Sicherheitspolitiken in der Java-Sicherheitsarchitektur. Diese Spezifikationsform beruht prinzipiell auf dem Ersetzen der Standard-Klasse `Policy` durch eine eigene Implementierung. im Folgenden Beispiel wollen wir uns auf das zentrale Element dieser Klasse konzentrieren, die Methode getPermissions. Diese Methode erhält als Parameter Informationen über ein mobiles Objekt und berechnet hieraus eine Sammlung von dem Objekt zugebilligten Rechten. Diese Informationen sind in einem CodeSource-Objekt zusammengefasst, welches unter anderem die Herkunft des mobilen Objektes (in Form einer URL) sowie die an das Objekt angehefteten Label kapselt. Aus Platzgründen verwenden wir im Beispiel eine Java-ähnliche verkürzende Schreibweise; anzumerken ist schließlich, dass diese Implementierung automatisch aus der Spezifikation generierbar ist.

```
abstract PermissionCollection getPermissions(CodeSource codesource)
{ CASetType CASet = getCANames("my.keystore");
  LabelSetType LabelSet = lookup(KeinVirus-Label,codesource.Labels);

  // compute trust
  if (includes(CASet, za_t)) then
    if (signed(za_t, KeinVirus-Label)) then
      marktrusted(za_t, KeinVirus-Label);
  if (trusted(za_t, KeinVirus-Label)) then
    if (checklabelvalidity(za_t, KeinVirus-Label)) then
      markfresh(KeinVirus-Label);
  if (trusted(za_t, KeinVirus-Label) && fresh(KeinVirus-Label)) then
    marktrusted(KeinVirus-Label);

  // compute permissions
  if (trusted(KeinVirus-Label)) then
  { p = composePermissions("java.io.FilePermission","tmp","write");
    // following resource limitation and test strongly depend on
    // resource management facilities of implementation platform
    r = composeRestrictions
          ("java.io.FileSizeRestriction","tmp", 10485760);
    if (OS_API.diskfree >= 104857600) then return(p,r);
  }
  return(nil,nil);
}
```

Das erste Statement ist generiert aus der ersten ≺trust-specification≻ der Spezifikation und leitet das Prädikat *trusted(za_t, KeinVirus-Label)* her. Das zweite Statement ist generiert aus der zweiten ≺trust-specification≻ und leitet das Prädikat *fresh(KeinVirus-Label)* her. Das dritte Statement ist generiert aus der Schlussregel (2) und leitet das Prädikat *trusted(KeinVirus-Label)* her. Das vierte Statement schließlich ist generiert aus der ≺right-specification≻ der Spezifikation und leitet das Prädikat *allowed(write)* her.

4 Zusammenfassung

Die Verwendung von Vertrauen als Grundlage zur Formulierung von Sicherheitspolitiken wurde an einem Beispiel aus dem elektronischen Handel motiviert. Vertrauensbasierte Sicherheitspolitiken ermöglichen es, Vertrauen gegenüber zugesicherten Objekt- und Systemeigenschaften zu formulieren und hieraus Rechte abzuleiten, welche die Interaktionen zwischen mobilen Objekten und ihren Gastgebersystemen bestimmen. Eine Vertrauensalgebra mit einer zugehörigen Spezifikationssprache unterstützt durch ihren hohen Abstraktionsgrad und geringen semantischen Abstand zwischen Realität und Formulierungsprache das elementare Prinzip der Einfachheit sicherer Systeme, ohne dass die Ausdrucksmächtigkeit leidet. Eine exemplarische Umsetzung einer Sicherheitspolitikspezifikation auf die Java-Sicherheitsarchitektur zeigte schließlich die praktische Relevanz des vorgestellten Konzepts.

Literatur

[BAN89] M. Burrows, M. Abadi, R. Needham: A Logic of Authentication, in: Operating Systems Principles, S. 1–13. ACM, Dezember 1989.

[BL76] D.E. Bell, L.J. LaPadula: Secure Computer System: Unified Exposition and Multics Interpretation, Technical Report AD-A023 588, MITRE, März 1976.

[Gär00] G. Gärtner: Foundations of Trustworthy Mobile Objects, Technical report, Verteilte Systeme, Universität Ilmenau, Fakultät für Informatik und Automatisierung, April 2000.

[GMPS97] L. Gong, M. Mueller, H. Prafullchandra, R. Schemers: Going Beyond the Sandbox: An Overview of the New Security Architecture in the Java Development Kit 1.2, in: USENIX Symposium on Internet Technologies and Systems, S. 103–112, Monterey, CA, Dezember 1997.

[Gon98] L. Gong: Secure Java Class Loading, IEEE Internet Computing, 2(6):56–61, November 1998.

[Man74] Z. Manna: Mathematical Theory of Computation, McGraw-Hill Book Company, 1974.

[Obj99] Object Management Group: The Common Object Request Broker: Architecture and Specification, Version 2.3.1, Oktober 1999.

JAVAs neue Krypto-Architektur: restriktiver durch gelockerte US-Exportbeschränkungen

Luigi Lo Iacono · Niko Schweitzer

Universität-Gesamthochschule Siegen
lo_iacono@gmx.de
schweitzer@nue.et-inf.uni-siegen.de

Zusammenfassung

Der *Java Cryptography Architecture* (JCA) gilt das Hauptaugenmerk dieses Artikels. Sie ist ein Rahmen zur Benutzung und Entwicklung kryptographischer Algorithmen in Java. Durch die amerikanischen Exportbeschränkungen für starke Kryptographie, kommt sie zweigeteilt daher. Die *Java Cryptography Extension* (JCE) ist der Teil der JCA, der den genannten Exportbeschränkungen unterliegt. Beim Design der JCA wurde auf diesen besonderen Umstand Rücksicht benommen. So ist es Java-Entwicklern außerhalb der USA möglich, eigene Implementierungen *starker* Kryptographie in Form von *Cryptography Service Provider* (CSP) in die JCA zu integrieren. Dieses Angebot wurde rege angenommen, was zu einer Vielzahl von CSPs führte. Die in jüngster Vergangenheit gelockerten Exportbeschränkungen der USA haben SUN Microsystems veranlasst, die Architektur zu ändern. Der Export ihrer neuen JCE-Implementierung ist nach den neuen Bedingungen nur möglich, wenn das Framework geeignete Mechanismen vorsieht, die es nur bestimmten CSPs erlaubt, sich an ihr anzumelden. So ist vorgesehen, dass nur noch digital signierte und somit authentisierbare "Krypto-Provider" mit der JCA verwendet werden können. Aber nicht nur der Export ihrer JCE-Implementierung lag Sun am Herzen. Auch die Idee, die JCA und speziell die JCE in jedes Land dieser Erde importieren zu dürfen, bescherte dem Framework Änderungen. Durch die sogenannten *Jurisdiction Policy Files* wird die kryptographische Stärke von Algorithmen, an lokal gegebene Bestimmungen angepasst. Erlaubt bspw. ein Land für symmetrische Verfahren Schlüssellängen bis einschließlich 64 Bit, ist es Java-Anwendungen, die die JCE 1.2.1 benutzen, nicht möglich, symmetrische Algorithmen mit größeren Schlüssellängen zu instanziieren. Die Ausnahmen bilden – ähnlich wie bei den CSPs – autorisierte Applikationen, die zuvor zertifiziert wurden. Dieser Artikel beschreibt die JCA und die damit verbundenen Konzepte wie *Engine Class* und *Cryptography Service Provider*. An Beispielen wird die Anwendung dieser Konzepte und die Benutzung der kryptographischen Verfahren verdeutlicht. Anschließend wird auf die durch die gelockerten Exportbestimmungen geänderte Architektur eingegangen und Vor- und Nachteile diskutiert. Abgeschlossen wird der Artikel mit einer Auflistung verfügbarer JCA-Implementierungen, die einander gegenübergestellt werden. Der Vergleich beinhaltet unter anderem die Menge der unterstützten Algorithmen. Weiterhin wird die Performance einiger wichtiger Algorithmen der einzelnen Provider verglichen. Eine solche Gegenüberstellung verschiedener JCE-Implementierungen ist den Autoren nicht bekannt. Vor allem die Performance-Messungen haben zu unerwarteten Ergebnissen geführt. Die Vermutung, dass die in Java implementierten Algorithmen sich nicht all zu sehr in der Laufzeit unterscheiden, ist naheliegend. Es wird jedoch aufgezeigt, dass sich die *Provider* in Bezug auf Ausführungszeit teilweise erheblich unterscheiden. Eine solche Gegenüberstellung kann bei der Auswahl eines geeigneten *Krypto-Providers* äußerst hilfreich sein.

1 Einleitung

Java ist als plattformunanbhängige, objektorientierte Programmiersprache kein unbeschriebenes Blatt mehr. Im Gegenteil, sie erfreut sich einer immer größer werdenden Beliebtheit und ist zur Zeit in aller Munde.

Da Java speziell für den Einsatz im Internet konzipiert wurde, verfügt sie von Haus aus über sehr mächtige Konstrukte zur Kommunikation über ein Netzwerk. In der Tat ist die Realisierung einer einfachen Client/Server-Anwendung in Java in wenigen Zeilen getan [Haro97].

Die Kommunikation über Netzwerke ist beispielsweise im Falle des Internets als zu Grunde liegendes Transportmedium äußerst unsicher. Um auch in dieser Beziehung Programmierern komfortable Mittel an die Hand zu geben, die Kommunikation bspw. mittels Verschlüsselung vertraulich zu gestalten, wurden bereits in Java 1.1 Sicherheitsdienste mit den Klassen `java.security.*` und `javax.crypto.*` in das `Java Development Kit (kurz: JDK)` integriert.

Beim Wechsel von der Version `JDK 1.1` zur *Java 2 Plattform* hat sich einiges an der Architektur der Sicherheitsdienste geändert. Die folgenden Kapitel stellen kurz diese Änderungen dar, konzentrieren sich aber im wesentlichen auf die Architektur, wie sie derzeit mit der *Java 2 Plattform* ausgeliefert wird. Anschließend folgt ein Einblick auf die jüngsten Änderungen der Architektur, bedingt durch die Anfang des Jahres gelockerten Exportbeschränkungen für Kryptographie der Vereinigten Staaten. Der Artikel schließt mit einem Überblick über verschiedene Implementierungen von `CSPs`.

Im `java.security`-Paket und allen Unterpaketen finden sich zusätzlich Funktionen zur Steuerung von Befugnisse für Applets oder Applikationen. All diese *Sandbox*-bezogenen Sicherheitsaspekte werden in diesem Artikel nicht betrachtet, da sie den eigentlichen kryptographischen Algorithmen übergeordnet sind.

2 JCA der Java 2 Plattform

2.1 Allgemeine Einordnung

Durch die *Java Cryptography Architecture* (im Folgenden kurz `JCA` genannt) steht Java-Entwicklern eine `API` zur Verfügung, mit der Sicherheitsdienste auf Anwendungsebene leicht implementieren werden können. Eingeführt wurde die `JCA` mit dem `JDK 1.1` als ein Rahmen für die Benutzung und Entwicklung kryptographischer Verfahren. Sie enthielt in der damaligen Version beispielsweise `APIs` für digitale Signaturen oder Hash-Funktionen. Die Folge-Version erweiterte die ursprüngliche Fassung erheblich. So stellt die `JCA` der *Java 2 Plattform* beispielsweise zusätzliche Dienste zum Schlüsselmanagement zur Verfügung oder kann mit X.509v3 Zertifikaten umgehen.

Bedingt durch die amerikanischen Exportbeschränkungen für *starke* Kryptographie, wurden die APIs für Ver- und Entschlüsselung, Schlüsselaustausch und MACs in eine separate Klassensammlung zusammengestellt. Diese ist bekannt als *Java Cryptography Extension* (im folgenden kurz JCE genannt). Wie alle Erweiterungen des Java Kerns, sind diese unterhalb des `javax.*` Pakets eingegliedert; in diesem Fall also `javax.crypto.*`. Abbildung 1 zeigt die Aufteilung der JCA und stellt den Zusammenhang der einzelnen Teile mit den enthaltenen kryptographischen Verfahren graphisch dar.

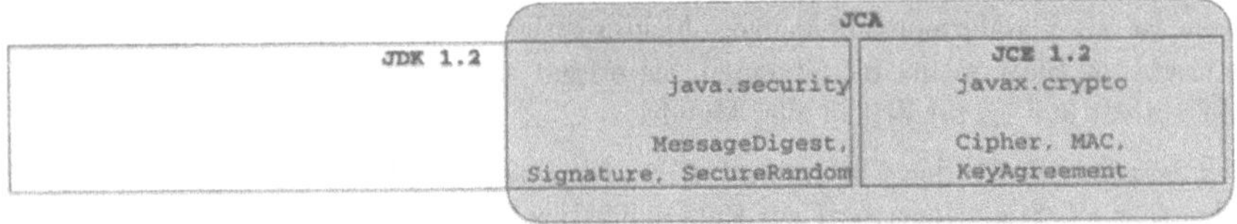

Abb. 1: Zusammensetzung der JCA

Die durch die Exportbeschränkungen gegebenen Umstände haben zu speziellen Design-Anforderungen geführt, die gewährleisten sollten, dass auch Java-Benutzer außerhalb der Grenzen der USA, ihre eigene *starke* Kryptographie in die Architektur integrieren können. Aus diesen Anforderungen heraus sind Konzepte wie *Engine Class* und *Cryptography Service Provider* hervorgegangen.

2.2 Design-Anforderungen

Zu den Anforderungen, die das Design der JCA nachhaltig geprägt haben, zählen unter anderem [Sun98b]:

- Unterstützung verschiedener von einander unabhängiger Implementierungen.
- Iteroperabilität der verschiedenen Implementierungen muß gewährleistet sein.
- "Algorithm agility": Unabhängigkeit von spezifischen Algorithmen.
- Erweiterbarkeit der API.

Die beiden ersten Punkte lassen sich mit "Provider agility" zusammenfassen. Die Unabhängigkeit von einer bestimmten Implementierung war eine Konsequenz aus den Exportbeschränkungen der Vereinigten Staaten. Somit ist es möglich, dass Entwickler außerhalb der USA, Implementierungen anfertigen und diese in die Architektur bzw. das Framework integrieren können. Wichtig in dieser Beziehung ist die Interoperabilität der unterschiedlichen Implementierungen. Auch hier sorgt das Framework dafür, dass an den entscheidenden Stellen strikte Vorgaben in Form von vorgegebenen Schnittstellen dies gewährleisten. Integriert werden die Implementierungen als sogenannte *Cryptography Service Provider* (kurz CSP oder *Provider* genannt).

Die Unabhängigkeit von Algorithmen wird durch *Engine Classes* erreicht. Diese Klassen können Sicherheitsdienste anbieten, unabhängig davon, welcher kryptographische Algorithmus im Innern diesen realisiert. So kann bspw. mit digitalen Signaturen gearbeitet werden, losgelöst vom Algorithmus (RSA, DSA, etc.) der diese tatsächlich berechnet. Hieraus folgt wiederum, dass der Algorithmus zur Berechnung der Signatur jederzeit, ohne Änderungen am Code vornehmen zu müssen, gewechselt werden kann.

Wie im Einzelnen die *Engine Classes* und die CSP aus Sicht des Programmieres zu benutzen sind, wird in den folgenden zwei Kapiteln näher erläutert.

2.3 Engine Class

Eine *Engine Class*[1] beschreibt ein kryptographisches Verfahren in einer abstrakter Art und Weise (Tabelle 1 zeigt die *Engine Classes* der JCA).

Tab. 1: *Engine Classes* der JCA

KLASSE	BESCHREIBUNG
MessageDigest	Berechnung von Hash-Werten
Signature	Erzeugung und Verifikation digitaler Signaturen
KeyPairGenerator	Generierung von Schlüsselpaaren für einen speziellen Signatur-Algorithmus
KeyFactory	Format-Konvertierungen
CertificateFactory	Format-Konvertierungen
KeyStore	Verwaltung einer Schlüsseldatenbank
AlgorithmParameters	Parameter für spezielle Algorithmen
AlgorithmParameterGenerator	Generierung von Parametern für spezielle Algorithmen
SecureRandom	Erzeugung pseudo-zufälliger Zahlen
Cipher	Ver- und Entschlüsselung
KeyAgreement	Schlüsselaustausch
KeyGenerator	Generierung eines geheimen Schlüssels
Mac	MAC-Berechnung
SecretKeyFactory	Format-Konvertierungen

Verdeutlichen kann man dies am geeignetsten durch ein Beispiel. Schaut man sich die MessageDigest-Klasse an, sieht man, dass in dieser nur solche Methoden definiert sind, die in sehr allgemeiner Form das Verhalten einer Einweg-Hashfunktion beschreiben:

```
...
while(thereIsStillSomeDataToHash)
     md.update(dataToHash);
byte[] digest = md.digest();
...
```

Das oben angegebene Beispiel berechnet einen Hash-Wert, unabhängig davon, ob nun der MD5 oder SHA-1 diesen erzeugt. Es wird also nicht mit einem Objekt einer Klasse gearbeitet, die den MD5 Algorithmus implementiert, sondern mit einem Objekt der MessageDigest-Klasse. Dieses Objekt implementiert keinen speziellen Algorithmus, sondern beschreibt vielmehr den Umgang mit einem MessageDigest-Objekt. Die MessageDigest-Klasse überlässt anderen Klassen die Arbeit des Implementierens. Ein MessageDigest-Objekt delegiert dann die Aufrufe an die Implementierungen. Stellvertretend für

[1] In [Knud98] wird der Ausdruck *Concept Class* verwendet.

die eigentlichen Implementierungen, wird also mit den *Engine Classes* gearbeitet und man hat so ein einheitliches Vorgehen bei der Benutzung von Hash-Funktionen (Proxy-Entwurfsmuster, sh. [G+96]).

Bevor man allerdings nach dem Beispiel verfahren kann, muß ein `MessageDigest`-Objekt erzeugt werden (hier `md`). Dafür stehen in der Klasse `MessageDigest` die zwei folgenden statischen Methoden zur Verfügung:

```
public static MessageDigest getInstance(String algorithm);
public static MessageDigest getInstance(String algorithm,
                                        String provider);
```

Diese Methoden können aufgerufen werden, auch wenn kein Objekt der Klasse existiert, liefern aber ein solches zurück. Sie tun aber noch mehr als das. Unter der Decke liefern diese Methoden eine `MessageDigest`-Objekt zurück, das einen konkreten Algorithmus zur Erzeugung von Hash-Werten beinhaltet bzw. an einen solchen delegiert. So müsste man dem Beispiel folgendes voranstellen, damit die anschließende Benutzung des `MessageDigest`-Objekts funktioniert:

```
...
MessageDigest md = MessageDigest.getInstance("MD5");
while(thereIsStillSomeDataToHash)
...
```

Bevorzugt man den `SHA-1` Algorithmus gegenüber den `MD5`, so wäre im Code nur der entsprechende String zu ändern, mehr nicht.

Bei der hier von den Entwicklern der `JCA` angewandten Technik handelt es sich um das Fabrikmethoden-Entwurfsmuster [G+96]. Dieses findet sich – wie auch das Proxy-Muster – durchweg in allen *Engine Classes* wieder. Auf diese Art und Weise lassen sich Objekte zur Ver- und Entschlüsselung, zur Signatur Erzeugung und Verifizierung und dergleichen mehr erzeugen.

Woher kommen nun diese konkreten Implementierungen und wie findet die *getInstance()*-Methode eine passende? Hier kommen die `CSPs` zum tragen. Diese stellen konkrete Implementierungen zur Verfügung und melden diese bei der `java.security.Security`-Klasse an. Wird nun eine *getInstance()*-Methode aufgerufen, wendet sich diese an die `Security`-Klasse und lässt sie nachschauen, ob der gewünschte Algorithmus existiert. Ist der Algorithmus im System bekannt, wird das gewünschte Objekt zurückgegeben, anderenfalls tritt eine *NoSuchAlgorithmException* ein. Dieses Zusammenspiel wird in Abbildung 2 nochmals graphisch verdeutlicht.

Wie nun ein `CSP` angemeldet wird und damit seine Implementierungen zum Gebrauch zur Verfügung stehen, wird im folgenden dargestellt.

2.4 Cryptography Service Provider

Die Unabhängigkeit von einer spezifischen Implementierung wird durch die `CSPs` geboten. Ein `CSP` erweitert die *Engine Classes* um eine oder mehrere konkrete Implementierungen.

Der `CSP`, der von Sun mit dem `JDK 1.2` mitgeliefert wird, enthält folgende Pakete:

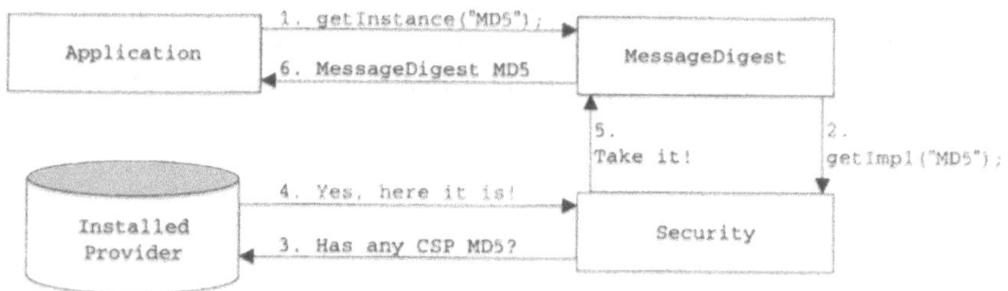

Abb. 2: Ablauf zum Erhalt einer MD5 Implementierung

- Eine Implementierung des `DSA` mit einem Schlüsselpaar-Generator, einem *AlgorithmParameterGenerator*, einem *AlgorithmParameterManager* und einer *KeyFactory*.
- `MD5` nach der `RFC 1321`.
- `SHA-1` nach `NIST FIPS 180-1`.
- Eine proprietäre Implementierung des `SHA1PRNG` Pseudo-Zufallszahlengenerators.
- `JKS`, eine proprietäre Implementierung einer Schlüsseldatenbank (*keystore*).

Wie man sieht, umfassen die vom *Provider* namens *SUN* angebotenen Implementierungen nur solche Verfahren bzw. Algorithmen, die nicht unter die Exportbeschränkungen fallen. Somit kann dieser ein Bestandteil des `JDK 1.2` sein und ist es auch (vgl. Abbildung 1).

Das Einfügen eines *Providers* kann auf zwei Arten geschehen: statisch oder dynamisch. Um ihn statisch hinzuzufügen, muß die Datei `<JDK-Dir>\lib\security` editiert werden. Jeder installierte *Provider* wird in dieser Datei in einer eigenen Zeile angegeben. Das Format jeder Zeile ist

```
security.provider.n=providerclassname
```

Die Nummer `n` besagt dabei, in welcher Reihenfolge die *Provider* nach Implementierungen abgefragt werden sollen. Wird die *getInstance()*-Methode aufgerufen, ohne einen speziellen *Provider* anzugeben, dann kommt die Reihenfolge zum tragen und die *Provider* werden dieser Reihe nach abgefragt. Die Angabe eines speziellen *Providers* als Argument der *getInstance()*-Methode bewirkt, dass nur dieser nach dem angegebenen Algorithmus gefragt wird, sonst keiner der anderen.

Die ursprüngliche Datei sollte folgende Zeile bezüglich *Provider* enthalten (`JDK 1.2.2`):

```
security.provider.1=sun.security.provider.Sun
```

Dies stellt den von Sun Microsystems Inc. mitgelieferten *Provider SUN* dar.

Das dynamische Hinzufügen geschieht mit Hilfe der `Security`-Klasse. Sie bietet einige statische Methoden zum Umgang mit `CSP`s. Darunter auch:

```
public static int addProvider(Provider provider);
public static int insertProviderAt(Provider provider,
                                   int position);
```

Die *addProvider()*-Methode fügt den übergebenen CSP am Ende der Liste an. Mit der *insertProviderAt()*-Methode kann die Position in der Liste, die der im Argument angegebene *Provider* einnehmen soll bestimmt werden. Die Methoden können wie folgt benutzt werden:

```
Security.addProvider(new TheProviderToAdd());
```

oder

```
Security.insertProviderAt(new TheProviderToAdd(), 1);
```

Die Entwicklung von *Providern* soll an dieser Stelle nicht behandelt werden. Ausführlich wird dieser Aspekt bei [Knud98], [Sun98a] und [Sun00a] beschrieben.

2.5 JCE 1.2.1: Das Aus für die JCA?

Das bis dato beschriebene Rahmenwerk zur Benutzung und Entwicklung kryptographischer Verfahren in Java hat durch die gewählte Architektur und besonders durch das flexible Hinzufügen und Entfernen von Algorithmen und sogar von verschiedenen Implementierungen, einen breiten Anklang gefunden. Dies wird vor allem im folgenden Kapitel deutlich, in dem eine Übersicht über verfügbare *Provider* und deren Fähigkeiten dargestellt wird. Unter den Anbietern finden sich namenhafte Firmen wie RSA Security, aber auch Universitäten und Forschungseinrichtungen, sowie weniger bekannte Firmen.

Die jüngsten Entwicklungen der JCA und besonders der JCE werfen allerdings Zweifel auf, ob die Beliebtheit und die Vertrauenswürdigkeit des Rahmenwerks weiterhin erhalten bleibt. Durch die Lockerung der Exportbeschränkungen der Vereinigten Staaten, hat Sun Microsystems Inc. einige Änderungen an der JCE 1.2 vorgenommen, um diese exportieren zu können[2]. Die gemilderten Beschränkungen besagen, dass es nunmehr erlaubt ist, Rahmenwerke die Ver- und Entschlüsselung enthalten zu exportieren. Allerdings nur unter der Prämisse, dass im Rahmenwerk spezielle Mechanismen enthalten sind, die sicherstellen, dass es nur bestimmten *Providern* gestattet ist, sich dem Rahmenwerk eingliedern zu lassen. Mit "bestimmten *Providern*" ist gemeint, dass sie von einer *trusted entity* signiert sein müssen [Sun00a]. Wer diese vertrauenswürdige Instanz ist, wurde nicht spezifiziert. So ist es zur Zeit noch nicht möglich, den *Provider* von Cryptix, der in der Version 3.2.0 JCE 1.2.1 konform ist, über diesen Rahmen zu benutzen. Versucht man einen symmetrischen Algorithmus zu instanziieren, verweigert dies das Framework mit der folgenden Ausnahme:

```
java.security.NoSuchProviderException:
    JCE cannot authenticate the provider Cryptix
java.util.jar.JarException:
    file:/D:/Programme/java/jce/cryptix-3.2.0/cryptix32.jar
    has unsigned class files.
```

Der Versuch der Benutzung via des JCE 1.2 Frameworks wird mit einer ClassCastException quittiert. Selbiges gilt für den IAIK *Provider* in der Version 2.6. Da beide aber eine eigene Implementierung des gesamten Frameworks enthalten, können sie ohne die JCE

[2]Weitere Informationen diesbezüglich finden sich im Internet unter der Adresse:
http://www-eelm.eu.sun.com/export/sw_matrix.html und
http://www.bxa.doc.gov/Encryption/Default.html

`1.2.1` Implementierung von Sun Microsystems Inc. auskommen. Die Benutzung ist also unabhängig von der JCE `1.2.1` von Sun möglich. Nun ist aber abzusehen, dass die JCE `1.2.1` in der kommenden JDK Version 1.4 ein Bestandteil der Java Plattform werden wird. Vorteilhaft ist dann die Tatsache, dass die CSP-Anbieter sich somit ganz auf die kryptographischen Algorithmen konzentrieren können, ohne ein Teil des Frameworks zusätzlich implementieren zu müssen. Voraussetzung ist dann natürlich ein signierter Provider.

Aber nicht nur die Möglichkeit des uneingeschränkten Exports haben der JCE Änderungen beschert. Auch die Idee, die JCE in jedes Land der Erde importieren zu dürfen zog Modifikationen mit sich. So kontrolliert das Framework auch die kryptographische Stärke eines Algorithmus' in Form von Schlüssellängen. Durch einen ortsgebundenen Kontext (*jurisdiction policy files*) ist es in der Lage, bestimmte Schlüssellängen zu verbieten [Sun00a]. Abbildung 3 stellt an einem Beispiel das Szenario dar, dass sich ereignet, wenn man über die JCE `1.2.1` versucht, eine Implementation des RC6 zu bekommen. Ist hingegen die Anwendung mit einem Zertifikat versehen und damit für den Gebrauch *starker* Kryptographie autorisiert, so fallen die Schritte sechs und sieben der Darstellung weg und es kann die durch den Algorithmus bestimmte maximale Schlüssellänge genutzt werden.

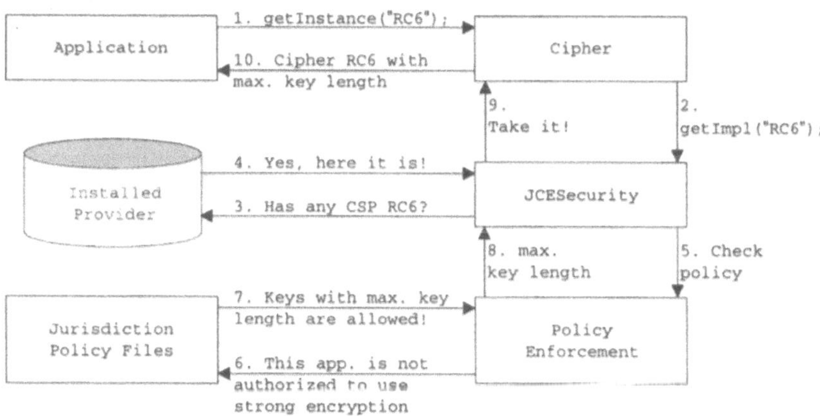

Abb. 3: Schlüssellängen-Ristriktion bei JCE `1.2.1` für nicht autorisierte Anwendungen [LL00]

Der Artikel [Haro00] diskutiert etwaige Folgen dieser Änderungen. Der Autor geht sogar soweit, dass er Nutzern der JCE rät, auf den Einsatz der Version `1.2.1` zu verzichten und weiterhin den Vorgänger einzusetzen.

3 CSP anderer Anbieter

Dieses Kapitel ist den verschiedenen *Providern* gewidmet. Es soll einen Überblick über die momentan erhältlichen CSPs geben. Desweiteren werden Vergleiche angestellt, die den Umfang und die Performance der implementierten Algorithmen beleuchten.

Diese Zusammenstellung an Informationen kann dabei nicht den Anspruch haben, vollständig zu sein. Dazu ändern sich in viel zu kurzer Zeit, viele hier betrachtete Merkmale der *Provider*. Zum Zeitpunkt des Erscheinens dieses Artikels, sind womöglich neue CSPs entwickelt worden, oder die hier beschriebenen sind Revisionen unterlegen. Aus diesem Grund wurde eine Web-Site eingerichtet, deren Ziel es ist, aktuellere Informationen bzgl. verfügbarer CSPs und deren Eigenschaften bereitzustellen. Abgerufen werden kann sie unter: `http://www.nue.et-inf.uni-siegen.de/SignStreams/`

3.1 Übersicht verfügbarer CSPs

Tabelle 2 zeigt alle uns bekannten *Provider*, deren Entwickler und die Internet-Adresse, unter der weitere Informationen geladen werden können.

Tab. 2: Verfügbare *Cryptography Service Provider*

CSP	ENTWICKELT VON	URL http://
Avalanche	Freestyle Software Inc.	freestylesoft.com/products/crypto/avalanche.html
BeeCrypt	Virtual Unlimited BV	www.virtualunlimited.com/products/beejce/
BC	Legion of the Bouncy Castle	www.bouncycastle.org/
Cryptix	Systemics Ltd.	www.nl.cryptix.org/products/jce/index.html
Crypto-J	RSA Security	www.rsasecurity.com/products/bsafe/cryptoj.html
Entrust	Entrust Technologies Inc.	developer.entrust.com/java/
Forge	The Forge Group	www.forge.com.au/
IAIK	Technische Universität Graz	jcewww.iaik.tu-graz.ac.at/jce/jce.htm
J/Crypto	Baltimore Technologies plc	www.baltimore.com/products/jcrypto/index.html
JCSI	DSTC Pty. Ltd.	security.dstc.edu.au/projects/java/
Jprov	Eracom Pty. Ltd.	www.eracom.com.au/products/jprov.html
OpenJCE	eSec Ltd.	www.openjce.org/
Phaos	Phaos Technology Corp.	www.phaos.com/e_security/prod_crypt.html
SUN	Sun Microsystems Inc.	Im JDK 1.2 enthalten
SunJCE	Sun Microsystems Inc.	www.javasoft.com/products/jce/index.html

3.2 Unterstützte Algorithmen

Nun folgt ein Vergleich der *Provider* anhand der von ihnen unterstützten bzw. implementierten Algorithmen. Hierbei wurden die Algorithmen in die Klassen der symmentrischen und der asymmetrischen Verfahren und der Einweg-Hashfunktionen unterteilt (sh. Tabellen 3-5). Die Darstellungen beschränken sich auf einige ausgewählte Algorithmen.

Der CSP von Entrust bleibt bei den folgenden Betrachtungen außen vor, da er die relevanten Algorithmen vom IAIK-CSP lizensiert hat und darauf aufbauend Sicherheitsprotokolle wie SSL anbietet.

Tab. 3: Ausgewählte symmetrische Verfahren

CSP	DES	DESede	IDEA	RC6	Blowfish	Rijndael	Mars	Twofish
Avalanche	⊕	⊕	–	–	⊕	–	–	–
BeeCrypt	–	–	–	–	⊕	–	–	–
BC	⊕	⊕	⊕	⊕	⊕	⊕	–	⊕
Cryptix	⊕	⊕	⊕	–	⊕	⊕	–	–
Crypto-J	⊕	⊕	–	⊕	–	–	–	–
Forge	–	–	–	–	–	–	–	–
IAIK	⊕	⊕	⊕	⊕	⊕	⊕	⊕	–
J/Crypto	⊕	⊕	⊕	–	–	–	–	–
JCSI	⊕	⊕	⊕	–	⊕	–	–	–
Jprov	⊕	⊕	⊕	–	–	–	–	–
OpenJCE	⊕	⊕	⊕	–	⊕	–	–	⊕
Phaos	⊕	⊕	–	–	⊕	–	–	–
SUN	–	–	–	–	–	–	–	–
SunJCE	⊕	⊕	–	–	⊕	–	–	–

Tab. 4: Ausgewählte asymmetrische Verfahren

CSP	DSA	ElGamal	RSA
Avalanche	–	–	–
BeeCrypt	–	⊕	–
BC	–	–	⊕
Cryptix	⊕	⊕	⊕
Crypto-J	⊕	–	⊕
Forge	–	–	⊕
IAIK	⊕	–	⊕
J/Crypto	⊕	–	⊕
JCSI	⊕	–	⊕
Jprov	⊕	–	⊕
OpenJCE	–	–	⊕
Phaos	–	⊕	–
SUN	⊕	–	–
SunJCE	–	–	–

Tab. 5: Ausgewählte Hash-Funktionen

CSP	MD5	SHA-1
Avalanche	⊕	⊕
BeeCrypt	–	⊕
BC	⊕	⊕
Cryptix	⊕	⊕
Crypto-J	⊕	⊕
Forge	–	–
IAIK	⊕	⊕
J/Crypto	⊕	⊕
JCSI	⊕	⊕
Jprov	⊕	⊕
OpenJCE	⊕	⊕
Phaos	⊕	⊕
SUN	⊕	⊕
SunJCE	–	–

3.3 Performance Messungen

Die Zeitmessungen beschränken sich auf die symmetrischen Verschlüsselungs-Verfahren `DES`, `IDEA` und `Blowfish`, auf die Signatur-Verfahren `MD5/RSA` und `DSA` (Schlüssellänge: 1024 Bit) und auf die Einweg-Hashfunktionen `MD5` und `SHA-1`. Gemacht wurden die Messungen auf einem Intel Pentium II Celeron mit 64 MB RAM und dem Windows 98 SE Betriebssystem. Jede Messung wurde 15 Mal wiederholt und aus den 15 Werten das arithmetische Mittel berechnet. Die Ergebnisse sind in den Abbildungen 4 – 11 am Ende des Artikels zu sehen.

Ziel dieser Messungen war es, aufzuzeigen, dass ein Vergleich bzgl. des Durchsatzes der Implementierungen der verschiedenen *Provider* lohnt und unbedingt als Auswahlkriterium in die Entscheidungsfindung mit aufgenommen werden sollte.

Anmerkung: Bei den Messungen der symmetrischen Verfahren, ist der Cryptix CSP nicht mit aufgeführt. Der Grund hierfür liegt in der Tatsache begründet, dass sich der *Provider* nicht an die Paket-Konventionen der JCE 1.2 hält. Abweichend von der Spezifikation, befindet sich die Cipher-Klasse und alle weiteren von ihr benötigten Klassen nicht im javax.crypto-Paket, sondern im java.security-Paket. Das macht es nötig, ein eigenes Test-Programm für den Cryptix *Provider* zu implementieren. Dies wird sicherlich noch getan und auf der bereits erwähnten Web-Site zu gegebenem Zeitpunkt veröffentlicht.

Sollte in einem der Diagramme ein *Provider* fehlen, obwohl dieser den gemessenen Algorithmus unterstützt, stand uns dieser entweder nicht zur Verfügung oder die Implementierung des Algorithmus' hat sich als nicht funktionsfähig erwiesen.

4 Schlussbemerkungen

Die JCA stellt sich als ein sehr gelungenes Rahmenwerk zur Benutzung und Entwicklung kryptographischer Verfahren in Java dar. Ihre Flexibilität beim Einsatz verschiedener Algorithmen und sogar verschiedener Implementierungen der Algorithmen, zeichnet sie aus. Dabei wurde beim Design auf erfolgreiche, objektorientierte Entwürfe in Form von Entwurfsmustern zurückgegriffen.

Die Zweigeteiltheit aufgrund der US-Amerikanischen Exportbeschränkungen trübt die Eigenschaften und die Benutzbarkeit in keinerlei Hinsicht. So waren eben diese Exportbeschränkungen mit ein Anlass für die gewählte und umgesetzte Architektur. Die Vielzahl der erhältlichen CSPs ist eine Bestätigung für den regen Anklang, den die JCA und der wohl bekanntere Bestandteil, die JCE, erlangt haben.

Durch die Anfang des Jahres von der Regierung der Vereinigten Staaten gelockerten Beschränkungen, hätte man keine bis höchstens verbessernde Auswirkungen für die JCA vermutet. Diesen Erwartungen steht nun die JCE 1.2.1 gegenüber, die den Eindruck vermittelt, dass die in ihr enthaltenen Änderungen in Bezug auf Vertrauenswürdigkeit und Einsetzbarkeit einen gewaltigen Schritt rückwärts bedeuten.

Möchte eine Java-Anwendung Gebrauch von starker Verschlüsselung machen und dafür auf die JCE 1.2.1 zurückgreifen, muss der CSP signiert sein, um die seinigen Implementierungen benutzen zu können. Aber auch der Anwendung selber muss es erlaubt sein, die gewünschten Schlüssellängen zu nutzen. Hierfür bedarf es wiederum eines digitalen Zertifikats, das die Anwendung dafür autorisiert. Zusätzlich sind auch Mechanismen vorgesehen, die Krypto-Provider nur mit einer solchen Implementation der JCE zusammenarbeiten lassen, die ebenfalls entsprechend digital signiert wurde. Damit soll sichergestellt werden, dass eventuell nicht der JCE-Spezifikation entsprechende Implementierungen die entsprechenden Sicherheitsmechanismen aushebeln können. Wer schließlich als vertrauenswürdige Instanz die Zertifikate für CSPs, Anwendungen und JCEs ausstellt, ist noch ungewiss. Eines scheint allerdings jetzt schon sicher; es wird dafür eine Gebühr anfallen. Wie hoch diese ausfällt ist zwar noch unbekannt, so könnte sie aber für Open Source Projekte und universitäre Anstrengungen das Aus bedeuten. Die Landschaft der verschiedenen JCE-Implementierungen würde als Folge stark degenerieren.

Die Vertrauenswürdigkeit in die tatsächlich gegebene Sicherheit durch Algorithmen einer JCE 1.2.1 Implementierung stünde ebenso in Frage. Man stelle sich nur einmal vor, dass die vertrauenswürdige Instanz als Bedingung zum Erlangen eines Zertifikats bspw.

Hintertüren einzubauen verlangt. Eine Unternehmung, deren wirtschaftliche Existenz vom selbst entwickelten CSP abhängt, wird sich gezwungen sehen, dem Folge zu leisten und die Hintertür integrieren, um einen Bankrott aus dem Wege zu gehen.

Stimmen von Experten raten Anwendern und Entwicklern gleichermaßen vom Einsatz der `JCE 1.2.1` ab. So sind zwar die CSPs *Cryptix* (ab der Version 3.2) und *IAIK* (ab Version 2.6) `JCE 1.2.1` konform. Benutzt werden können sie mit der `JCE 1.2.1` von Sun allerdings noch nicht, da sie nicht dazu autorisiert sind. Hieran lassen sich bereits die ersten Folgen festmachen.

Bei den Performance-Messungen der zur Verfügung gestandenen *Providern*, kam es nicht auf Vollständigkeit an. Nicht alle Algorithmen aller *Provider* sollten gemessen und verglichen werden. Es sollte vielmehr gezeigt werden, dass es Unterschiede beim Durchsatz der Algorithmen zwischen verschiedenen *Providern* gibt, und dass sich auch in dieser Hinsicht der Vergleich lohnt. Um auch zukünftig den Vergleich zu erleichtern, ist geplant, ständig aktualisierte Informationen im Internet zur Verfügung zu stellen. Für Hinweise auf weitere Implementierungen wären wir daher dankbar.

Literatur

[G+96] E. Gamma et al.: Entwurfsmuster, Addison-Wesley, First, 1996.

[Haro97] E.R. Harold: Java Network Programming. O'Reilly & Associates, Februar 1997.

[Haro00] E.R. Harold: Who Trusts the Trustees? Trusted Security Providers in the Java Cryptography Extension 1.2.1, 2000.

[Knud98] J. Knudsen: Java Cryptography, O'Reilly & Associates, Mai 1998.

[L+00] P. Lipp et al.: Sicherheit und Kryptographie in Java – Einführung, Anwendung und Lösungen, Addison-Wesley, 2000.

[LL00] S. Liu, J. Luehe: How We Made the Java Cryptography Extension Exportable, Sun Microsystems, Inc., 2000, Slides from 'The RSA 2000 Conference'.

[Sun98a] Sun Microsystems, Inc.: How to Implement a Provider for the Java Cryptography Architecture, September 1998.

[Sun98b] Sun Microsystems, Inc.: Java Cryptography Architecture, API Specification & Reference, October 1998.

[Sun00a] Sun Microsystems, Inc.: How to Implement a Provider for the Java Cryptography Extension 1.2.1, August 2000.

[Sun00b] Sun Microsystems, Inc.: Java Cryptography Extension 1.2.1, API Specification & Reference, April 2000.

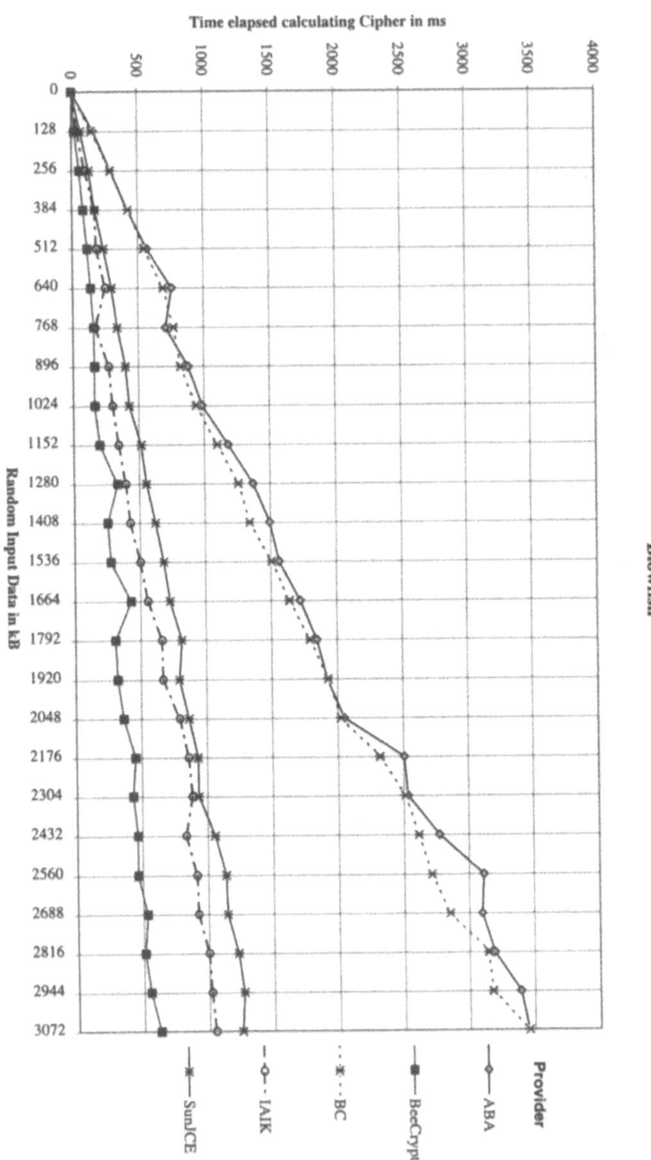

Abb. 4: Durchsatz von Blowfish

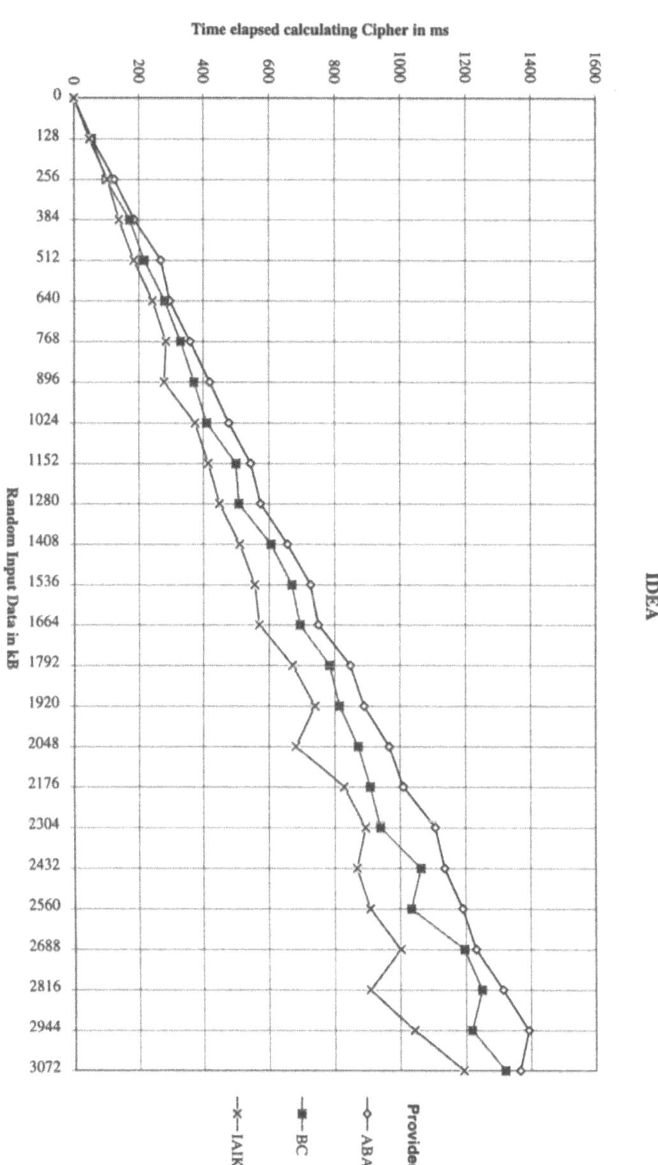

Abb. 5: Durchsatz von IDEA

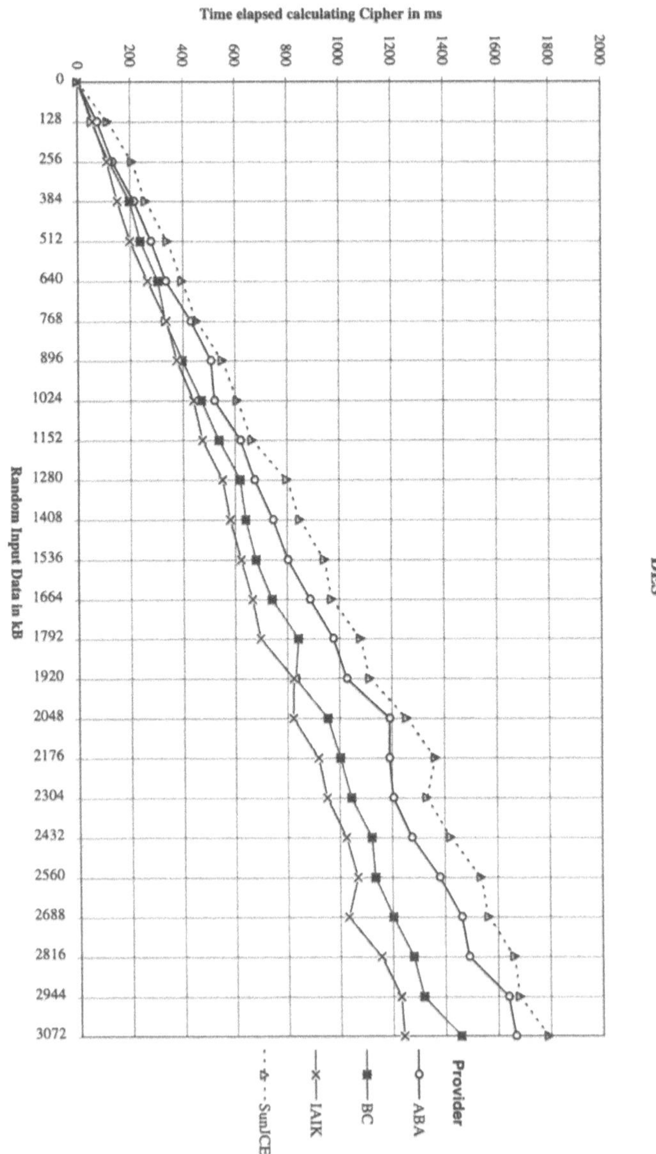

Abb. 6: Durchsatz von DES

Time elapsed calculating Signature in ms
Random Input Data in kB
DSA
Provider
DSTC
IAIK
SUN

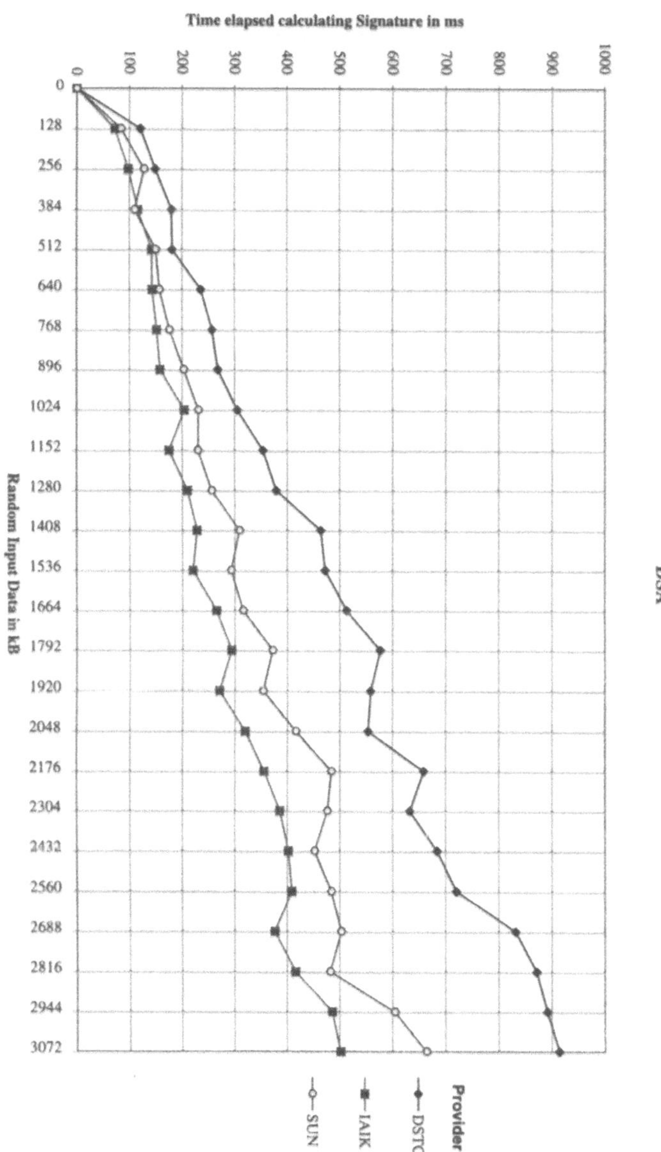

Abb. 7: DSA

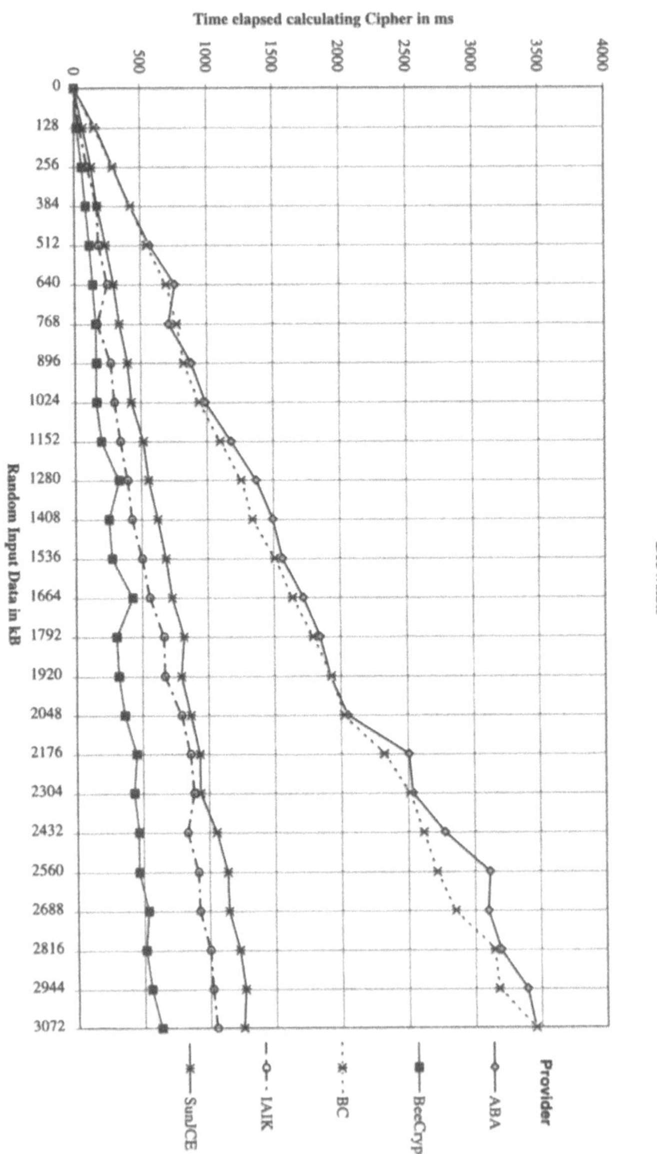

Abb. 8: RSA mit SHA-1

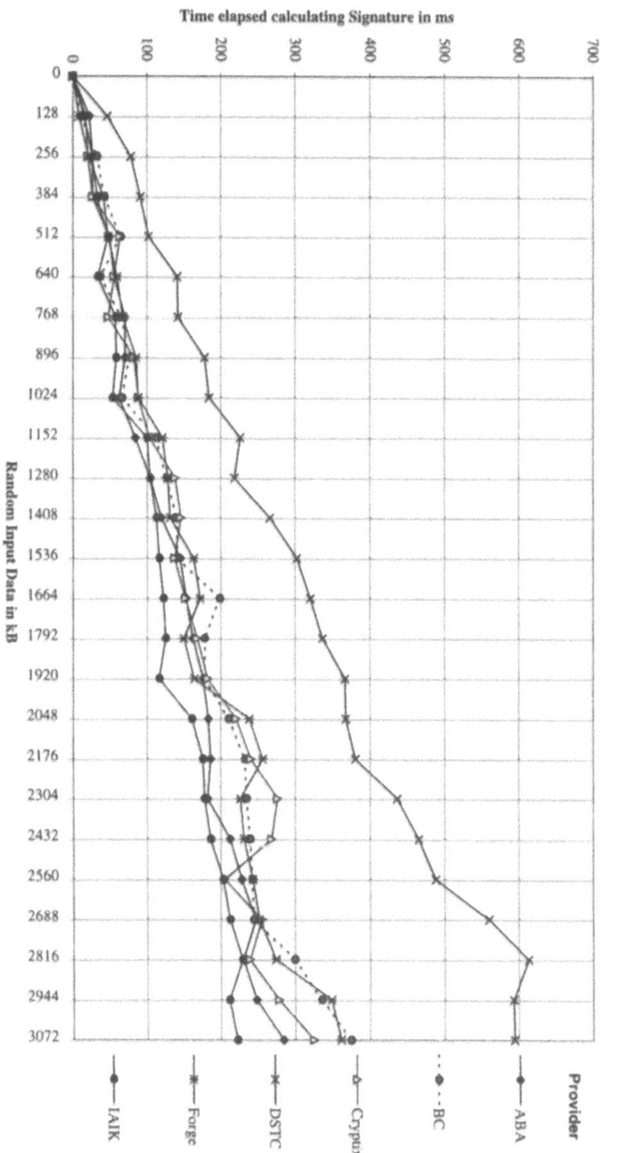

Abb. 9: RSA mit MD5

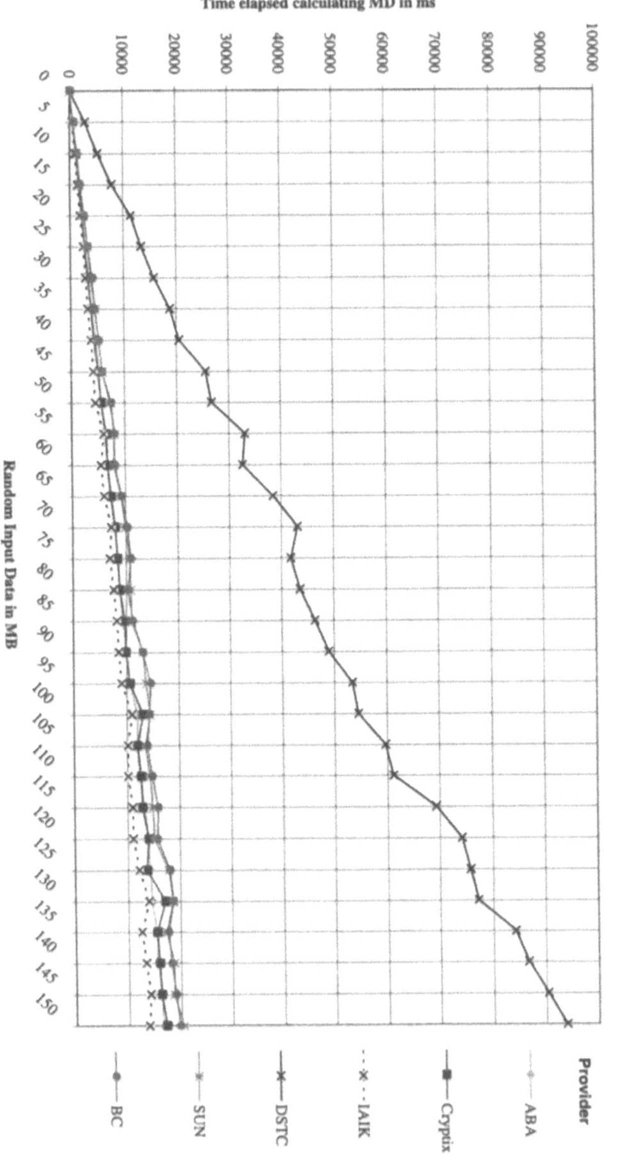

SHA-1
Time elapsed calculating MD in ms
0
10000
20000
30000
40000
50000
60000
70000
80000
90000
100000
Random Input Data in MB
0
5
10
15
20
25
30
35
40
45
50
55
60
65
70
75
80
85
90
95
100
105
110
115
120
125
130
135
140
145
150
Provider
ABA
Cryptix
IAIK
DSTC
SUN
BC

Abb. 10: SHA-1

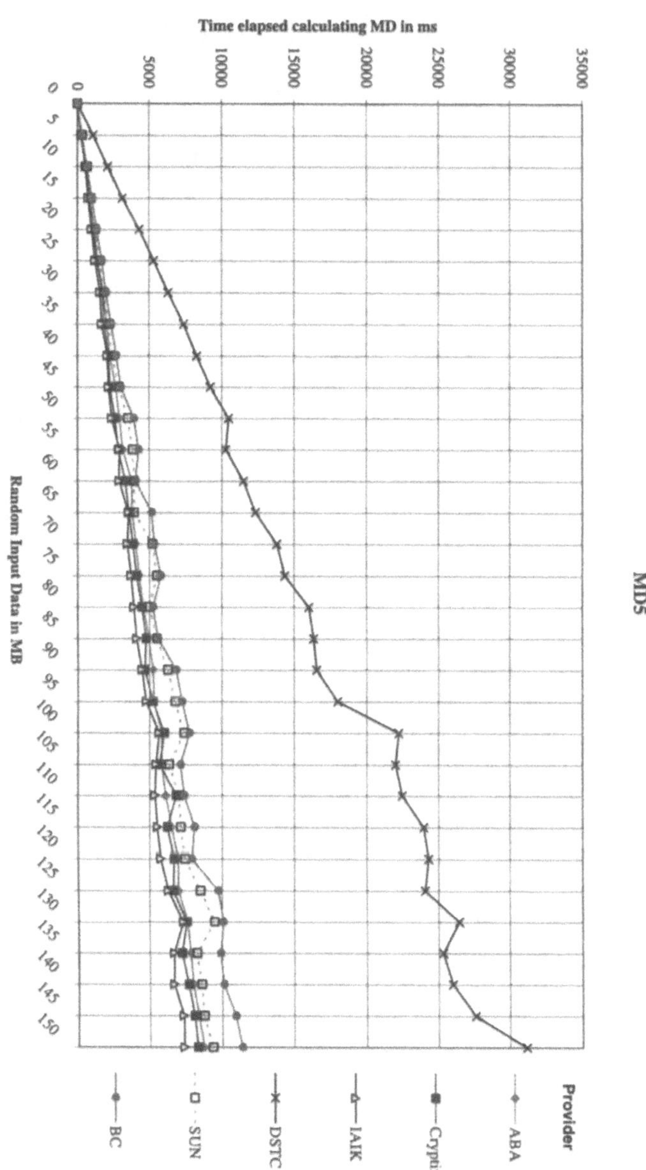

MD5
Time elapsed calculating MD in ms
0
5000
10000
15000
20000
25000
30000
35000
Random Input Data in MB
0
5
10
15
20
25
30
35
40
45
50
55
60
65
70
75
80
85
90
95
100
105
110
115
120
125
130
135
140
145
150
Provider
ABA
Cryptix
IAIK
DSTC
SUN
BC

Abb. 11: MD5

Java-basierte Kryptographie wird interoperabel

Vlad Coroama[2] · Markus Ruppert[1]
Michael Seipel[1] · Markus Tak[1]

[1] Technische Universität Darmstadt
{mruppert, seipel, tak}@cdc.informatik.tu-darmstadt.de

[2] ETH Zürich
coroama@inf.ethz.ch

Zusammenfassung

Im März 2000 wurde auf der Konferenz Systemsicherheit gezeigt, daß die Notwendigkeit für einen Paradigmenwechsel bei der Entwicklung von Sicherheitsmechanismen für Public-Key-Infrastrukturen notwendig ist (vgl. [BuMa00] und [BuRT00]). Kryptographie muß auf einfache, transparente Weise modular und austauschbar werden, um Rückfallmechanismen bereitzustellen. Sowohl das Signaturgesetz [BaBN99], als auch moderne Sicherheitsprotokolle wie WTLS [WTLS00] empfehlen bzw. spezifizieren die Verwendung alternativer Verfahren wie ECDSA oder ECDH. Bei unserem in der Forschungsgruppe von Prof. J. Buchmann an der TU Darmstadt gewählten Ansatz, ist Java und die JCA (Java Cryptographic Architecture) der zentrale Mechanismus für die Flexibilisierung der Basismechanismen. Die in diesem Artikel dargelegten Entwicklungsergebnisse, *JCA-Provider für PKCS#11* und *GSS-API und JAVA*, zeigen exemplarisch, daß unter Verwendung der JCA als Schnittstelle für kryptographische Funktionen objektorientierte Ansätze auf Standardschnittstellen übertragbar werden, die deren Verwendung zum einen erheblich vereinfachen und zugleich ihre Fähigkeiten erweitern. Die Integrationsfähigkeit von Java und der JCA bietet eine gute Basis für die Realisierung flexibler Public-Key-Infrastrukturen, die sich konform zu den bestehenden Strukturen und Standards verhält.

1 Kryptographie in Standard-Software

Viele Anwendungen unterstützen Kryptographie über diverse Schnittstellen. Einen Überblick über die gängigsten Schnittstellen im kryptographischen Umfeld bietet [BaJö00]. Standard-Software ist in der Regel modular aufgebaut und nutzt für kryptographische Funktionen Schnittstellen, an die beliebige Produkte von Drittherstellern angebunden werden können. Über diese Schnittstellen werden sowohl Funktionen wie *Verschlüsselung* und *Digitale Signatur* angeboten als auch einfache Funktionen zur Verwaltung der kryptographischen Schlüssel und Zertifikate. Die verbreitetesten Schnittstellen dieser Art sind PKCS#11, Microsoft Crypto API und GSS-API. Sie kommen u.a. in folgenden Standardprodukten zum Einsatz:

- **Netscape Communicator:**
  Der verbreitete Internet-Browser nutzt die PKCS#11-Schnittstelle zur Signatur und Verschlüsselung von E-Mails, zur Authentifikation über SSL sowie für das Zertifikats- und Schlüsselmanagement.

- **SAP R/3:**

  Das in der Wirtschaft weit verbreitete R/3-System kann kryptographische Funktionen über die GSS-API ansprechen. Diese wird zur gegenseitigen Authentifikation und zur Verschlüsselung von Netzwerkverbindungen genutzt.

- **Microsoft Internet Explorer / Outlook:**

  Der Internet-Browser greift über die von Microsoft definierte Crypto-API auf Kryptofunktionen zu. Es werden die gleichen Funktionen wie beim Netscape Communicator bereitgestellt.

Ein wesentlicher Nachteil dieser Schnittstellen liegt darin, daß Zertifikats- und Schlüsselmanagement, wenn überhaupt, nur auf Basis der vorhandenen Kryptomodule gewährleistet werden. Ein abgesicherter Austausch von Zertifikaten, Schlüsseln oder gar Algorithmen im Sinne von [BuRT99] ist nicht vorgesehen. Um dennoch vorhandene Standard-Software mit wirklich flexibler Kryptographie ausstatten zu können, müssen Brücken zu den jeweiligen Standards geschlagen werden.

2 Java und der Rest der Welt

Die Vorteile der Java Cryptographic Architecture (JCA) gegenüber anderen Krypto-Schnittstellen sind in [BuRT99] geschildert. Über die JCA haben zunächst alle Java-basierten Anwendungen Zugriff auf eine einheitliche Schnittstelle für kryptographische Funktionalitäten wie digitale Signaturen, Verschlüsselung (symmetrisch und asymmetrisch), Message Digests und Schlüsselaustausch. Um auch Standard-Software wie die in Abschnitt 1 genannten Produkte mit der JCA zusammenzubringen, müssen zwei Wege betrachtet werden:

1. **Java greift auf vorhandene Kryptoschnittstellen zu:**

   Hier wird von Java aus parallel zu Standard-Software auf vorhandene Kryptoschnittstellen zugegriffen. Über diesen Weg kann Standard-Software in Verbindung mit vorhandenen Kryptomodulen von der zusätzlichen Funktionalität von FlexiPKI profitieren. Außerdem können Java-Anwendungen, die bereits die JCA nutzen, nun zusätzlich eine Vielzahl von vorhandenen Produkten im Kryptobereich nutzen.

2. **Standard-Schnittstellen werden direkt von Java bedient:**

   In diesem Fall sieht die Standard-Software weiterhin ihre gewohnte Schnittstelle. Hinter dieser Schnittstelle verbirgt sich jedoch eine Brücke in die Java-Welt. Kryptographische Mechanismen, die von der Schnittstelle implementiert werden müssen, werden auf die JCA-Konzepte abgebildet. Dadurch sind die Funktionen von FlexiPKI inhärent für Standard-Software zugreifbar, ohne auf die gewohnten Schittstellen verzichten zu müssen.

Beide Wege sollen anhand von Projekten skizziert werden, die am Lehrstuhl Buchmann realisiert wurden. Im ersten Fall wird ein JCA-Provider für die PKCS#11 Schnittstelle beschrieben [Coro00]. Dadurch kann Java auf jedes verfügbare PKCS#11-Modul zugreifen. Als Beispiel für den zweiten Weg soll eine Implementierung der GSS-API durch die JCA beschrieben werden [Seip00]. Dadurch kann Standard-Software, die auf die GSS-API aufsetzt, transparent auf jeden beliebigen JCA-Provider zugreifen.

2.1 Ein JCA-Provider für PKCS#11

Für viele JCA-Anwendungen – z.B. für eine *Public-Key-Infrastruktur* – ist die höhere Sicherheit von Hardware-basierter Kryptographie wünschenswert. Hierfür sind die vergleichsweise unsicheren Software-Implementierungen unzureichend. Alle uns bislang bekannten JCA-Provider liefern jedoch reine Software-Implementierungen der in der JCA spezifizierten Dienste und sind somit für solche Anwendungen ungeeignet.

Um diese Lücke zu füllen, entstand der PKCS#11-Provider [Coro00]. PKCS#11 ist eine C-Schnittstelle, über die eine Anwendung Hardware-Module mit kryptographischer Funktionalität ansprechen kann [PKCS11]. Meist kommen Smartcards in Verbindung mit einem Chipkartenterminal zum Einsatz, es kann sich aber auch um SmartDisks, PCMCIA-Karten oder Hardware-Sicherheitsmodule (HSM) handeln.

Der PKCS#11-Provider implementiert selbst keine Algorithmen, bringt aber zwei Welten zusammen – die Welt der Hardware-basierten Kryptographie (d.h. vor allem Smartcards) und die JCA-Welt. Damit können JCA-Anwendungen von dem vergleichsweise höheren Sicherheitsniveau profitieren, das Hardware inhärent bietet: Nichtpreisgabe des privaten Schlüssels, Blockieren nach mehrmaliger falscher PIN-Eingabe, usw.

Abbildung 1 zeigt die Architektur des PKCS#11-Providers und die Einordnung in die JCA. Als Nebenprodukt der Entwicklung entstand ein Java-Layer für PKCS#11, der die Funktionalität von PKCS#11-Bibliotheken auf Java-Ebene bereitstellt (JavaPKCS#11-Layer). Da dieser Layer unabhängig von dem darüberliegenden Provider ist, wird hierüber beliebigen Java-Anwendungen die PKCS#11-Funktionalität zur Verfügung gestellt, nicht nur der JCA.

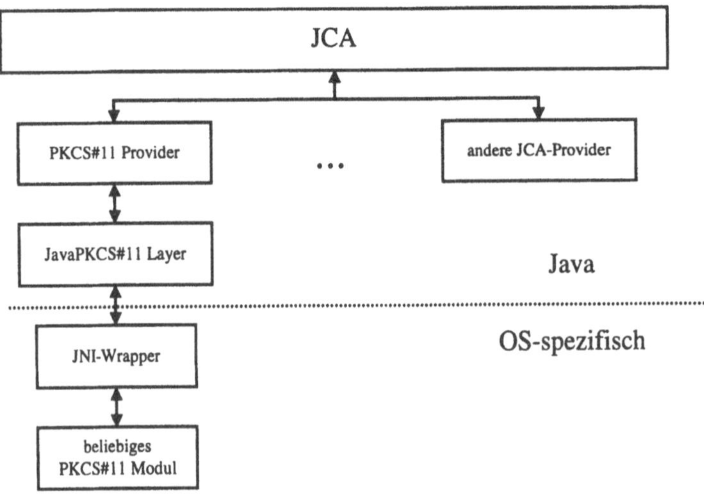

Abb. 1: PKCS#11-Anbindung

2.1.1 Der JavaPKCS#11-Layer

JavaPKCS#11 wurde so konzipiert, daß sich sowohl erfahrene PKCS#11-Entwickler als auch PKCS#11-Einsteiger aus der Java-Welt mit dem Modul schnell anfreunden können. Die Semantik von PKCS#11 wurde beibehalten, damit erfahrene PKCS#11-Programmierer die vertraute Umgebung wiederfinden.

Es werden jedoch alle Vorteile von Java ausgenutzt. Alle C-spezifischen Besonderheiten werden im JNI-Wrapper gekapselt, der durch eine betriebssystemabhängige, dynamisch ladbare Bibliothek implementiert ist und die Aufrufkonventionen von Java und der in C formulierten PKCS#11-Schnittstelle aneinander anpaßt. Dadurch bietet der JavaPKCS#11-Layer den darüberliegenden Applikationen – auch dem PKCS#11-Provider – eine saubere objektorientierte Schnittstelle an. Durch die konsequente Benutzung von Design Patterns ist das System einfach zu verstehen, zu pflegen und zu erweitern.

Wenn das JavaPKCS#11-Modul um neue kryptographische Mechanismen erweitern werden soll – beispielsweise weil auf eine neue PKCS#11-Version umgestiegen wird –, müssen dabei keinerlei Anpassungen am JNI-Wrapper vorgenommen werden.

Zu erwähnen ist noch die Möglichkeit, über PKCS#11 – und damit auch über JavaPKCS#11 – Smartcards zu personalisieren. Mit dieser für eine PKI wichtige Funktionalität können Java-Anwendungen nicht nur aus Client-Sicht, sondern auch aus Administrator-Sicht die sichere Umgebung von Smartcards benutzen. Diese Eigenschaft wird beispielsweise von FlexiTRUST, dem Java-basierten Trustcenter der FlexiPKI, genutzt, um beliebige Kryptomodule mit PKCS#11 Schnittstelle zu personalisieren.

2.1.2 Der PKCS#11-Provider

Der PKCS#11-Provider baut auf JavaPKCS#11 auf. Er kapselt die PKCS#11-Schnittstelle und die darunter befindlichen Schlüssel, Zertifikate und kryptographischen Mechanismen und präsentiert sie in der JCA.

Die Schlüssel und Zertifikate werden über einen JCA-KeyStore gekapselt, wobei ein PKCS#11-Modul in der Regel natürlich keine geheimen Schlüssel preisgibt. Die JCA erwartet aber ein PrivateKey-Objekt, mit dem Signatur- und Entschlüsselungsoperationen initialisiert werden müssen. Daher mußte ein JCA-konformes PrivateKey-Objekt entworfen werden, in dem keine Schlüsselinformationen abgespeichert sind. Stattdessen sind darin Informationen über den aktuellen Zustand des PKCS#11-Moduls abgelegt.

Die Mechanismen des PKCS#11-Moduls werden durch ihre Pendants in der JCA abgebildet. Der PKCS#11-Provider bietet zunächst folgende kryptographische Algorithmen: Message Digests (MD2, MD5 und SHA) und RSA-Signaturen mit jeder dieser drei Digest-Algorithmen kombiniert. Die Menge der angebotenen Algorithmen kann jedoch mit geringem Aufwand jederzeit erweitert werden. Als Herausforderung in der Entwicklung des PKCS#11-Providers haben sich die zum Teil sehr unterschiedlichen Paradigmen von JCA und PKCS#11 herausgestellt. Die starke Ausrichtung der JCA auf Software-Kryptographie wird besonders deutlich, wenn man die Registrierung der kryptographischen Funktionalitäten betrachtet. In der JCA erfolgt die Anmeldung statisch bei der Initialisierung des Providers, während in PKCS#11 die Dienste erst zur Laufzeit bekannt sind. Dies liegt vor allem daran, daß ein Token jederzeit gegen ein anderes ausgetauscht werden kann, welches dann u.U. andere Mechanismen unterstützt. Hier mußte ein Kompromiß gefunden werden, bei dem der PKCS#11-

Provider zunächst alle unterstützten Mechanismen anmeldet und zur Laufzeit ggf. eine Exception wirft, falls der gewünschte Mechanismus nicht verfügbar ist.

Eine andere Herausforderung war die Interoperabilität des PKCS#11-Providers mit anderen (Software-)Providern. In der JCA-Philosophie ist es von großer Bedeutung, daß die Benutzung der verschiedenen Provider transparent für die Anwendung verläuft und diese untereinander kombinierbar sind. Der PKCS#11-Provider darf dabei keine Ausnahme bilden. Dabei mußte geklärt werden, wie sich der PKCS#11-Provider zu verhalten hat, wenn eine Anwendung Schlüssel eines anderen Providers mit Algorithmen des PKCS#11-Providers benutzen will oder umgekehrt. Immerhin bietet die JCA mit dem Konzept der *KeySpecs* implementierungsunabhängige Darstellungen für gängige Schlüsseltypen an, z.B. für RSA- und DSA-Schlüssel, jedoch nicht für ECDSA-Schlüssel (Elliptische Kurven Kryptographie). Das Problem ist nicht trivial gewesen, da zumindest die geheimen Schlüssel des PKCS#11-Providers leere Hüllen sind, die lediglich einen Verweis auf ein im PKCS#11-Modul gespeichertes Objekt enthalten.

2.2 GSS-API und Java

Die *Generic Security Services API* (GSS-API) stellt wie PKCS#11 eine Programmierschnittstelle bereit, über die eine Anwendung auf Krypto-Module zugreifen kann ([GSS]). Im Gegensatz zu PKCS#11 arbeitet die GSS-API sitzungsorientiert. Bevor kryptographische Dienste in Anspruch genommen werden können, müssen sich die Kommunikationspartner gegenseitig "kennenlernen".

Ein weiterer Unterschied zu PKCS#11 liegt darin, daß von den zugrundeliegenden kryptographischen Algorithmen und Primitiven abstrahiert wird. Es handelt sich um allgemeine Dienste zur gegenseitigen Authentifikation, zur Absicherung der Nachrichtenintegrität und zur Vertraulichkeit. Die Ausprägung dieser Dienste ist der Implementierung der GSS-API überlassen. Beide Kommunikationspartner müssen jedoch den gleichen Mechanismus unterstützen, in der Regel sind zwei verschiedene Implementierungen der GSS-API zueinander inkompatibel.

2.2.1 Architektur von GSS2Java

Auch bei der GSS-API handelt es sich um eine in C formulierte Schittstelle. Genau wie beim PKCS#11-Provider mußte eine Brücke zwischen der Java-Welt und der nativen Welt des jeweiligen Betriebssystems geschlagen werden. Dazu wurde in beiden Fällen das *Java Native Interface* (JNI) genutzt, jedoch in unterschiedlichenn Richtungen. Während beim PKCS#11-Provider aus Java heraus Aufrufe in die native Betriebssystem-Welt getätigt wurden, muß GSS2Java aus der Betriebssystem-Welt heraus Java aufrufen.

Eine Anwendung wie SAP R/3, welche auf die GSS-API aufsetzt, erwartet eine betriebssystem-spezifische dynamisch ladbare Bibliothek[1]. Für GSS2Java wurde solch eine Bibliothek geschrieben, die im wesentlichen Java aufruft und die in der GSS-API definierten Parameter zwischen C und den objektorientierten Java-Datentypen wandelt. Daher wurde auch in diesem Fall die anzusprechende Schnittstelle zunächst in der Java-Welt abgebildet. Die Architektur von GSS2JCA ist in Abbildung 2 zu sehen.

[1] im Falle von Windows sind dies bspw. DLL´s

2.2.2 Abbildung der GSS-API auf die JCA

Eine direkte Abbildung der GSS-API auf die JCA ist nicht durchgängig möglich, da die JCA z.B. keinen Dienst zur Authentifikation anbietet. Solch ein Dienst muß durch Kombination von kryptographischen Primitiven in der JCA wie z.B. Signaturen, Verschlüsselung und Message Authentication Codes (MAC) abgebildet werden. Es wurde eine Authentifikationsschnittstelle entworfen, unter die beliebige Authentifkationsmechanismen eingeklinkt werden können, die ihrerseits die JCA benutzen. Als eine mögliche Implementierung wurde eine Drei-Wege-Authentifikation erstellt.

Die Verschlüsselung auf der GSS-API Ebene kann hingegen direkt auf das JCA-Konzept abgebildet werden, da dort eine Verschlüsselungsprimitive bereitgestellt wird.

Schwieriger wird es wieder bei der Abbildung der Nachrichtenintegrität. Zwar könnte man auf den ersten Blick jede zu übertragende Nachricht mit einer digitalen Signatur gegen unbefugte Veränderungen schützen. Man darf dabei jedoch nicht vergessen, daß der Anwendung die Blockbildung überlassen bleibt, so daß im worst case digitale Signaturen über einzelne Bytes geleistet werden, die leicht reproduzierbar und damit wertlos sind. Also wurde auch hier wie bei der Authentifikation eine Schnittstelle geschaffen, über die z.B. agreggierende Message Authentication Codes eingebunden werden können.

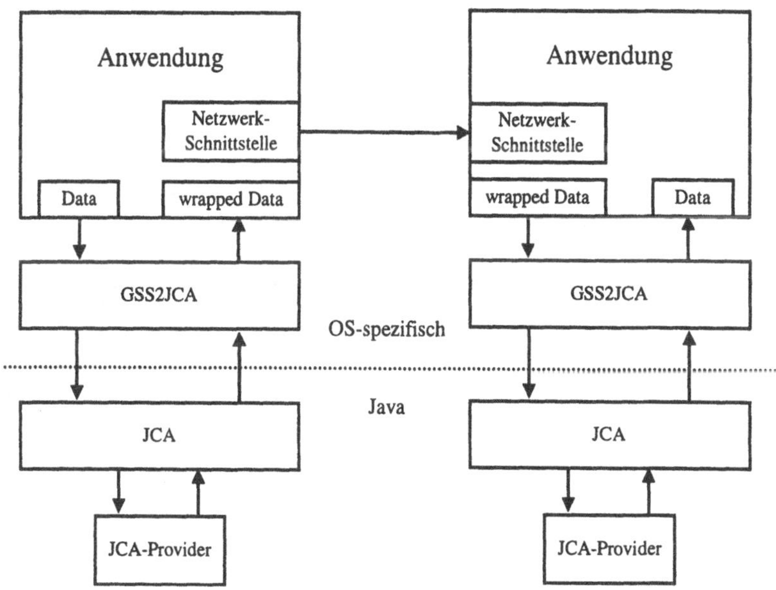

Abb. 2: Die GSS-API Anbindung

3 Zusammenfassung und Ausblick

Die Java Cryptographic Architecture wurde in zwei Richtungen mit der "Außenwelt" von kryptographischen Standard-Schnittstellen verbunden. Zum einen kann die JCA nun auf beliebige externe Kryptomodule zugreifen und diese mit Zertifikats- und Schlüsselmanagement-Funktionen von FlexiPKI bereichern. Zum anderen kann die JCA selbst als Implementierung von Standard-Krypto-Schnittstellen genutzt werden. Damit wurden wichtige Brücken der Interoperabilität geschlagen. Die Beispiele können als *proof of concept* verstanden werden und als Ausgangspunkt für weitere Brücken zu anderen Standards dienen.

Die Vorgehensweise ist insofern generisch, als daß andere Schnittstellen zunächst mit den objektorientierten Möglichkeiten von Java abgebildet und danach an die JCA angebunden werden.

Für das FlexiPKI-Projekt eröffnet sich damit die Welt der kommerziellen Standard-Software. Damit können vorhandene Lösungen ohne großen Aufwand um die zusätzlichen Möglichkeiten und Sicherheitsmechanismen von FlexiPKI erweitert werden.

Literatur

[BaBN99] F. Bauspieß, J. Biester, N. Neundorf: Spezifikation zur Entwicklung interoperabler Verfahren und Komponenten nach SigG/SigV Signatur-Interoperabilitätsspezifikation SigI Abschnitt A2 Signatur, 1999.

[BaJö00] M. Bartosch, J. Schneider: Nutzen und Grenzen von Kryptographie-Standards und ihrer APIs, Konferenz Systemsicherheit, DuD Fachbeiträge 2000.

[BuMa00] J. Buchmann, M. Maurer: Wie sicher ist die Public-Key Kryptographie? Tagungsband der Konferenz Systemsicherheit: Grundlagen, Konzepte, Realisierungen, Anwendungen, Vieweg Verlag, ISBN 3-528-05745-9, 2000.

[BuRT00] J. Buchmann, M. Ruppert, M. Tak: FlexiPKI – Realisierung einer flexiblen Public-Key-Infrastruktur, Tagungsband der Konferenz Systemsicherheit: Grundlagen, Konzepte, Realisierungen, Anwendungen, Vieweg Verlag, ISBN 3-528-05745-9, 2000.

[Coro00] V. Coroama: Flexible Anbindung von Smartcards an eine Java-Sicherheitsinfrastruktur (JCA), Diplomarbeit am Lehrstuhl Buchmann TUD, August 2000.

[FlexiPKI2] Homepage des FlexiPKI-Projektes am Lehrstuhl Buchmann TUD. http://www.informatik.tu-darmstadt.de/TI/Forschung/FlexiPKI/Welcome.html

[GSS] RFC 2743 und RFC 2744, J. Linn und J. Wray, 2000.

[JCA100] Java Online-Dokumentation: How to implement a JCA provider. java.sun.com/products/jdk/1.2/docs/guide/security/HowToImplAProvider.html

[JCA200] Java Online-Dokumentation: The JCA specification. java.sun.com/products/jdk/1.2/docs/guide/security/ CryptoSpec.html

[PKCS11] PKCS#11 Cryptographic Token Interface Standard, RSA-Laboratories, 1997. http://www.rsa.com/rsalabs/pkcs

[Seip00] M. Seipel: Eine Abbildung zwischen der GSS-API und der JCA, Diplomarbeit am Lehrstuhl Buchmann TUD, September 2000.

[WTLS00] WAP-199-WTLS Wireless Application Protocol Wireless Transport Layer Security Specification Version 18-Feb-2000, Wireless Application Forum, Ltd. 2000.

Policy-Oriented Layered Security Service Provider

Herbert Leitold · Reinhard Posch · Markus Pscheidt

Institut für Angewandte Informationsverarbeitung und Kommunikationstechnologie (IAIK)
Technische Universität Graz
Herbert.Leitold@iaik.at

Zusammenfassung

Durch die breite Akzeptanz des Internet hat sich computerbasierende Telekommunikation aus dem Umfeld der Universitäten und Forschungszentren zum integralen Bestandteil alltäglicher Geschäfts- und Arbeitsprozesse entwickelt. Im sich dergestalt verändernden Kommunikationsumfeld bildet die Informationssicherheit ein unverzichtbares Element. Es haben sich unterschiedliche Lösungen entwickelt, um das Internet zu einer sicheren Kommunikationsinfrastruktur zu wandeln. Diese reichen von der Integration von Sicherheit in die Applikation, wie Secure Multi-Purpose Internet Mail Extension (S/MIME) über Secure Socket Layer (SSL) zur Sicherung der Transportschicht bis hin zu Sicherheitsmechanismen der Netzwerkschicht über Internet Protocol Security (IPSec). Wenngleich sich daraus eine Basis sicherer Netzinfrastruktur entwickeln lässt, stellt die Entwicklung und vor allem die Durchsetzung von Security Policies (Sicherheitspolitiken) über die Gesamtheit der Kommunikationsumgebung einer Organisation weiterhin eine Herausforderung dar, zumal eine derartige Umgebung meist aus einer Vielzahl von unterschiedlichen Protokollen, Diensten und Applikationen besteht. In diesem Papier wird ein policy-orientierter Ansatz zu anwendungsunabhängigen Sicherheitsdiensten vorgestellt. Es werden dazu über SSL-Tunnel, die ein dienstorientiertes Virtual Private Network (VPN) erlauben, Vorteile und Mängel herausgearbeitet. Darüber wird das zugrundeliegende Konzept der sogenannten Layered Service Provider (LSP) vorgestellt, das Layered Security Service Provider (LSSP) ermöglicht. Es wird diskutiert, wie damit eine für die Anwendung transparente, dedizierte Sicherheitsschicht in den Protokollstack des Betriebssystems einzubetten ist. Über die Diskussion einiger Fallstudien wird das darauf aufbauende Konzept von transparenten und dienstorientierten VPNs untermauert.

1 Einleitung

Sicherheit ist insbesondere im Bereich der Heimanwendung oder im Umfeld allgemein gebräuchlicher Standardapplikationen ein Zusatz, der sich für kommerzielle Anwendungen oder auch zur Wahrung der Privatsphäre der Benutzer zunehmend als unverzichtbare Anforderung herausstellt. Es lassen sich die zur Zeit von der Softwareindustrie häufig unterstützten Ansätze und Lösungen grob skizzieren, wie folgt:

- Digitale Zertifikate wie X.509 [ITUT89] werden verwendet, um Identität oder Attribute nachzuweisen.
- Secure Multi-Purpose Mail Extension (S/MIME) [DHR+98] ist das bevorzugte Werkzeug für zeitlich versetzte Emailkommunikation.

- Secure Socket Layer (SSL) [FrKK96] respektive dessen Nachfolger Transport Layer Security (TLS) [DieA99] werden für Onlinekommunikation eingesetzt.
- Ansätze wie Virtual Private Network (VPN) [Sala99] oder Internet Protocol Security (IPSec) [KenA98a] versprechen Lösungen zur Sicherung der Netzinfrastruktur darzustellen.

Über die eingangs als im kommerziellen Umfeld als unverzichtbar bezeichnete Unterstützung von Sicherheitsfunktionalität hinausgehend, ist diese jedoch oftmals vorzugsweise an bestehende Strukturen anzupassen. In diesem Papier werden vor allem Aspekte diskutiert, in denen das Aufbringen von Sicherheitsfunktionalität an bestehende Strukturen beleuchtet wird. Um das der Diskussion zugrundliegende Problem zu erläutern, soll ein einfaches Beispiel als Ausgangspunkt dienen: Das Hypertext Transfer Protokoll über SSL (HTTPS) formt die Kommunikation dort, wo Authentifikation, Datenintegrität oder Vertraulichkeit im Datenaustausch mit Webservern gefordert ist. Heutzutage unterstützen nahezu alle Webserver und Webbrowser diesen Zusatz, was in gegebenem Beispiel jenes nachträgliche Aufbringen von Sicherheitsmechanismen demonstriert, das durch den mit der steigenden Nutzung des Basisdienstes erwachsenen Sicherheitsbedarf notwendig wurde.

Führt man die Diskussion dieses einfachen Beispiels weiter, resultiert aus der Integration von Sicherheit in allgemeinen Applikationen wie Webbrowsern eine für den Anwender komfortable Lösung, zumal damit Konfigurations- oder Präsentationselemente in der für den Benutzer gewohnten Anwendungsumgebung gegeben sind. Trotzdem lässt sich eine Reihe von Fragen aufwerfen:

- Ist es in allen Fällen ratsam, Sicherheit in die Anwendung zu integrieren? Ein Virus oder anderes aktive Element kann zu einer, für den Anwender nicht wahrnehmbaren Kompromittierung der Sicherheitsfunktionalität führen.
- Wie können Präsentationsfehler der Applikation behandelt werden, insbesondere wenn der Fehler Präsentationselemente, die den Status „sichere Kommunikation" darstellen, betrifft? Wie können derartige Situationen behandelt werden, ohne in bestehende Security Policies einzugreifen?
- Wird der Anwender die Sicherheitsfunktion auch annehmen und unterstützen? Soll es dem Anwender möglich sein, Sicherheitsfunktionen auszuschließen oder auszuschalten?

Generell betrachtet erfordert die Integration von Sicherheit in eine Anwendung, dieser in ihrem gesamtem Umfang zu vertrauen. Dies umfasst nicht nur die vordergründig sicherheitsspezifischen Elemente der Anwendung, sondern auch die Präsentation und die Bearbeitung der Inhalte. Im Falle einer Fehlfunktion, sei es durch einen Angreifer bewusst herbeigeführt oder durch einen Fehler der Anwendung selbst, hat der Benutzer kaum Möglichkeiten, die korrekte Präsentation der Inhalte zu erhalten. Austauschbarkeit von Präsentationselementen bis hin zum möglichen Austausch der gesamten Anwendungsumgebung stellt ein grundlegend vertrauensbildendes Element dar.

Ein praktischer Aspekt der Integration von Sicherheitselementen in die Anwendung ist, dass diese durch solche mit integrierten Sicherheitsfunktionen zu ersetzen sind. Mit der Vielzahl an Applikationen, die die informationsverarbeitende Umgebung einer Organisation bilden, kann sich die Durchsetzung einer Security Policy als heikel erweisen: Zum einen muss die Organisation der Gesamtheit an Applikationen und ihren Sicherheitserweiterungen vertrauen. Darüber hinaus mögen integrierte Sicherheitsfunktionen einiger Anwendungen zwar den gewählten Sicherheitsrichtlinien einer Organisation entsprechen, jedoch kann dies für andere, für den operativen Betrieb einer Organisation wesentliche Applikationen nicht der Fall sein. Dies kann aus pragmatischen Gründen dazu führen, dass sich die Security Policy unzureichend gesicherten Anwendungen anpasst, wohingegen eine Ausrichtung nach dem Sicherheitsbedarf der Organisation offensichtlich vorzuziehen ist. Aus diesen Gründen erscheint ein Ansatz sinnvoll, in dem eine dedizierte und für die Anwendung transparente Sicherheitsschicht die Umsetzung der Sicherheitspolitik übernimmt. Dies führt zur vorteilhaften Situation, dass sich das erforderliche Vertrauen auf ein einziges, wohldefiniertes Element reduziert, wie auch bestehende Applikationen weiterverwendet werden können.

In diesem Papier wird der Ansatz einer dedizierten Sicherheitsschicht diskutiert. Dazu ist das Papier wie folgt strukturiert: In Abschnitt 2 wird die Integration von Netzwerkunterstützung in Betriebssystemen skizziert. Abschnitt 3 diskutiert einen als SSL-Tunnel bezeichneten Ansatz zur Sicherung von Kommunikation im Sinne eines dienstorientierten VPNs. Dieser Ansatz wird in Abschnitt 4 zu einem Sicherheitssystem ausgebaut, das dadurch für die Applikation transparent wird, dass dieser ein konventioneller, ungesicherter Zugang zu den Netzressourcen vorgetäuscht wird. In Abschnitt 5 werden einige Fallstudien gegeben, die die Lösung anhand aktueller Problemstellungen demonstrieren. Abschließend wird eine Zusammenfassung gegeben.

2 Integration von TCP/IP in Betriebssysteme

Netzwerke werden von modernen Betriebssystemen als integraler Bestandteil unterstützt. Vor allem die Integration des Internet über die Protokollfamilie Transmission Control Protocol, Internet Protocol (TCP/IP) sowohl in das Betriebssystem, als auch in die Vielzahl an Anwendungen stellt für den Benutzer nahezu eine Selbstverständlichkeit dar. Hinsichtlich der Fähigkeit zur Vernetzung können deshalb der Betriebssystemkern und der Applikationsraum nicht länger als klassisch getrennte Dimensionen betrachtet werden, vielmehr erfordert die Anwendungsintegration des Internet eine gesamtheitliche Betrachtung beider Umgebungen.

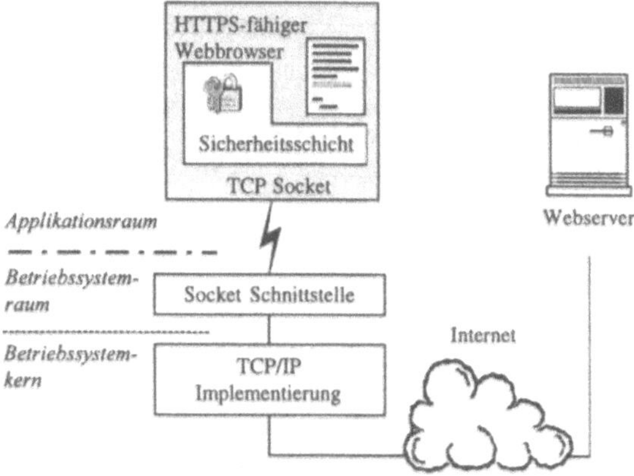

Abb. 1: Integration von Sicherheitsmechanismen in die Applikation

Um die endgeräteseitige Umgebung zu beschreiben, beschränken sich die weiteren Betrachtungen der Einfachheit halber auf die Microsoft Windows™ Betriebsysteme, wenngleich die grundlegenden Überlegungen auf weitere Umgebungen anwendbar sind. Anwendungen greifen auf die TCP/IP Implementierung des Betriebssystemkerns über die vom Betriebssystem angebotene Socket-Schnittstelle zu, die im Falle der Windows Betriebssysteme als WinSock Dynamic Link Library (DLL) ausgeführt ist. Es verdeckt also die Anwendungsschnittstelle die tatsächliche Ausführung der TCP/IP Netzwerk- und Transportschichten. In Abbildung 1 wird dies anhand des eingangs in Abschnitt 1 verwendeten Beispiels skizziert, wobei linker Hand die Anwenderumgebung als ein Webbrower mit HTTPS Unterstützung dargestellt ist, welche über das Internet auf den in Abbildung 1 rechts dargestellten Webserver zugreift.

Man möge aus dem im Abbildung 1 dargestellten Beispiel annehmen, dass abgesehen von den eingangs gestellten Fragen zu anwendungsintegrierter Sicherheit die Durchsetzung von Security Policies kein Problem darstellt: Firewalls sind etablierte Technologien und damit beispielsweise die Kommunikation zwischen dem Webbrowser und dem Webserver auf sichere Verfahren wie HTTPS einzuschränken ist einfach zu gewährleisten. Wechselt man jedoch im Beispielszenario zu einem anderen Extrem, indem man in Abbildung 1 die Bezeichnung „Webbrowser" durch „H.323 Videokonferenz Terminal" [ITUT98a] tauscht und „HTTPS" durch „H.235 [ITUT98b]", ändert sich die Umgebung signifikant: Multimediakommunikation, insbesondere unter H.323, involviert eine Menge an Protokollen wie das H.245 Kontrollprotokoll [ITUT98c] und eine Menge an Hosts wie Voice over IP (VoIP) Gateways oder Gatekeeper. In einer Multimedia-Sitzung zwischen zwei Anwendern können acht bis zehn User Datagram Protocol (UDP) und TCP Kommunikationsbeziehungen aktiv sein.

Die Durchsetzung von Sicherheitspolitiken ausschließlich über Firewalls und Anwendungsintegration entwickelt sich schnell zu nicht praktikablen Dimensionen, vor allem wenn unterstützende Applikations-Gateways durch anwendungsintegrierte Inhaltverschlüsselung nicht möglich sind. Hier verspricht IPSec [KenA98a] Verbesserungen über die Möglichkeit, Sicherheitsassoziationen (SAs) entweder über den Authentication Header (AH) [KenA98b] oder die Encapsulated Security Payload (ESP) [KenA98c] zu definieren. In IPSec-Terminologie wird als SA eine Simplex-Verbindung zwischen Endsystemen, expliziten Sicherheitsgateways wie Firewalls, oder zwischen Endsystem und Sicherheitsgateway bezeichnet, über die Authentifikation, Datenintegrität, oder Inhaltsverschlüsselung definierbar ist. Ein Beispiel ist in Abbildung 2 gegeben, wo zwei Endsysteme, Host A und Host B, über zwei IPSec-fähige Sicherheitsgateways I und II und das Internet verbunden sind. In gegebenem Beispiel sind zwei SAs definiert, SA I zwischen den Sicherheitsgateways und SA II zwischen den Endgeräten.

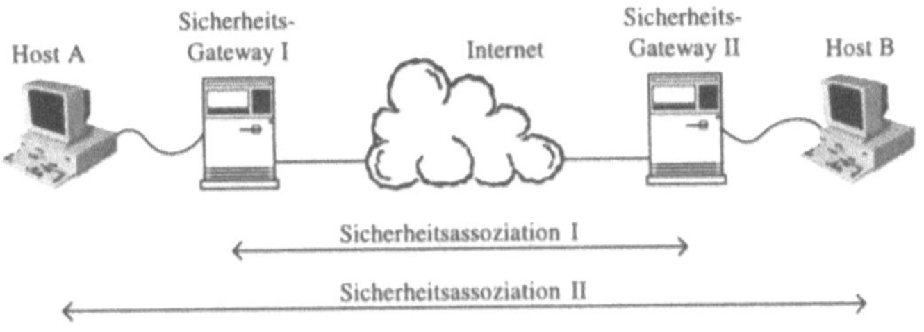

Abb. 2: IPSec Sicherheitsassoziationen

Über IPSec können zwar Sicherheitsanforderungen von der Anwendung entkoppelt werden, da es sich dabei um Sicherung in der Netzwerkschicht handelt und IPSec somit am Endgerät typischerweise in den Betriebssystemkern integriert ist, doch wird hier das Paradigma von über Host-zu-Host Beziehungen definierten VPNs verfolgt. Es ist in vielen Situationen jedoch vorteilhaft, die Security Policy im kryptographisch gesicherten VPN über die Dienstbeziehung zu konstruieren. Ein Beispiel ist der Fernzugriff zu Intranetressourcen von Telearbeitern oder Außendienstmitarbeitern. Dabei kann es legitime Anforderung sein, dass zwar innerhalb des geschützten Bereichs, des Intranets, sämtliche von einem Server angebotenen Dienste wie Web, Email, oder Dateiserver möglich sind, über Fernzugriff jedoch nur einige der vorgenannten Dienste zugänglich sein sollen. Dies ungeachtet dessen, ob der Zugriff über Zertifikate stark authentifiziert und über Verschlüsselung gesichert ist. Im folgenden Abschnitt werden als Grundlage eines derartig dienstorientierten Sicherheitsansatzes sogenannte SSL-Tunnel beschrieben.

3 SSL Tunnel

Die Basis dienstorientierter Durchsetzung von Sicherheitspolitiken einer Organisation wird in diesem Abschnitt behandelt. Dazu werden sogenannte SSL Mapper diskutiert, die als Elemente der Transportschicht die Kommunikation in klassischen Client-Server Beziehungen von der Applikation unabhängig sichern. Das Konzept basiert darauf, dass herkömmliche, also nicht notwendigerweise über integrierte Sicherheitsmechanismen verfügende Anwendungen anstatt an den eigentlichen Server an eine am lokalen System zur Verfügung gestellte Instanz binden. Diese Instanz, der SSL Mapper, setzt die klartextlich kommunizierenden Anwendungssockets auf SSL Verbindungen, sogenannte SSL-Tunnel, zu komplementären, serverseitigen SSL Mappern um, die die Klartextkommunikation mit dem Server herstellen. Ein einfaches Beispiel für die Email und Webkommunikation ist in Abbildung 3 gegeben.

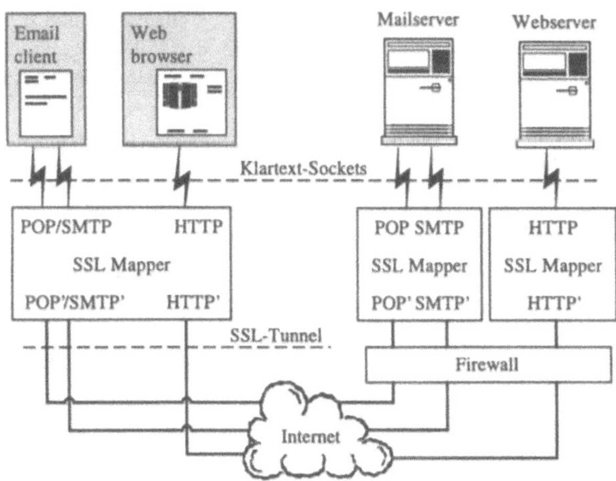

Abb. 3: Dienstorientiertes VPN basierend auf SSL-Tunneln

In Abbildung 3 sind die anwenderseitigen Instanzen linker Hand dargestellt: Der clientseitige SSL Mapper nimmt TCP Verbindungen der vom Emailclient verwendeten Protokolle Simple Mail Transfer Protocol (SMTP) [Post82] und Post Office Protocol (POP) [MyeM96] beziehungsweise des vom Webbrowser verwendeten Ports HTTP an. Die Kommunikation an den Ports POP, SMTP und HTTP wird durch den SSL Mapper auf die verschlüsselten SSL Tunnel POP', SMTP' und HTTP' umgesetzt und an die in Abbildung 3 rechts dargestellten Server „Mailserver" und „Webserver" umgeleitet. Die Durchsetzung einer Security Policy die beispielsweise für jedweden Email- und Webverkehr verschlüsselte Kommunikation fordert, definiert sich in diesem Beispiel an der Firewall über die SSL-Verbindungen POP', SMTP' und HTTP', die Verschlüsselung an den Endsystemen über die SSL-Tunnel.

Der SSL Mapper stellt für die Applikation somit einen Stellvertreter (engl. Proxy) der Transportschicht dar, der die Kommunikation über SSL tunnelt, weshalb dieser Ansatz auch als „ProxyTunnel" bezeichnet wurde [LeLS00]. ProxyTunnel wurde aus Gründen der Plattformunabhängigkeit gänzlich in JAVA implementiert. Im Vergleich zur Diskussion von IPSec im vorigen Abschnitt ergibt sich aus dem SSL-basierenden Ansatz der Vorteil, dass sich SAs über die Host-zu-Host Beziehung hinausgehend an den Diensten orientiert definieren lassen. Es lassen sich jedoch unmittelbare, konzeptionelle Schwächen erkennen:

- Die in Abbildung 3 noch übersichtliche Situation von zwei Servern und drei Protokollen wird in real anzutreffenden Szenarien schnell impraktikabel, da für jedes zu unterstützende Protokoll zumindest ein SSL-Tunnel erforderlich ist, wie auch die Verteilung auf mehrere Server die Komplexität erhöht.
- Protokolle mit dynamischer Portbindung, wie zum Beispiel das File Transfer Protocol (FTP) oder H.323 lassen sich in diesem Ansatz nur über den Umweg des Monitoring und der Analyse der Anwendungsprotokolle unterstützen, ähnlich den von Firewalls verwendeten Stateful Inspection Techniken.
- Anwendungstransparenz ist in beschriebenen Proxytunnel-Ansatz nur insofern gegeben, als man außer Acht lässt, dass sich die Kommunikation clientseitig und serverseitig der Anwendung als Verbindungen mit den SSL Mappern darstellt. Einige Protokolle erfordern jedoch, dass die tatsächlichen Endsystemadressen im Sinne der IP-Adressen oder der Domänennamen transparent sind.
- Die Durchsetzung einer Security Policy ist nicht zwingend, so ist dies in dem in Abbildung 3 gezeichneten Szenario zwar serverseitig indirekt über die Firewall gegeben, clientseitig ist Umgehung der Kommunikation des im Anwendungsraum laufenden SSL Mappers jedoch leicht möglich.

In folgendem Abschnitt wird das Konzept der SSL-Tunnel erweitert. Dazu wird über den Ansatz des Layered Service Provider (LSP) das Konzept des Layered Security Service Provider (LSSP) entwickelt, das zu tatsächlicher Transparenz gegenüber der Applikation führt. Dabei ist das Ziel, Vorteile von dienstorientierten und anwendungsunabhängigen VPNs zu erhalten.

4 Layered Security Service Provider

Aus den in vorigem Abschnitt skizzierten Schwächen des SSL Tunnel-Ansatzes lässt sich eine Liste an Anforderungen erstellen, die zu einer allgemeiner verwendbaren Lösung führt. Diese Anforderungen werden folgend skizziert:

- Multiplexen mehrerer Kommunikationsbeziehungen über einen SSL Tunnel erlaubt die Reduktion der Komplexität.
- Die Unterstützung von Protokollen mit dynamischen Portbindungen erweitert die Menge verwendbarer Anwendungen.
- Die Transparenz der Transportschicht wie im ProxyTunnel Ansatz soll um Transparenz hinsichtlich der Netzwerkschicht, insbesondere der Endsystemadressen, erweitert sein.
- Insbesondere Multimediaanwendungen erfordern neben TCP auch die Unterstützung von UDP, das durch SSL selbst nicht unterstützt wird.
- Einbettung der Sicherheitsschicht in das Betriebssystem soll die einfache Umgehung selbiger durch den Anwender verhindern.

Um obig skizzierten Anforderungen zu begegnen, wurde unter Fokus auf die Microsoft Betriebssystemfamilie Windows™ das Konzept der LSP genutzt. Zur Verdeutlichung dieses Konzeptes ist in Abbildung 4 die Struktur der Windows Netzwerkimplementierung dargestellt. Dabei kommuniziert die Anwendung mit der WinSock Schnittstelle (vgl. Abbildung 1 in Abschnitt 2), die entweder als WinSock Version 2, oder als die ältere Version 1.1 in 16 Bit oder 32 Bit Implementierung ausgeführt ist. Die WinSock 2 DLL kommuniziert mit der eigentlichen Ausführung des Protokollstacks, sogenannten Base Providern. Beispiele für Base Provider sind das Novell™ Internet Packet Exchange (IPX) Protokoll, Name Service Provider zur Namensauflösung, oder schlussendlich TCP/IP Base Provider zur Nutzung der Internet Protokollfamilie. Am Übergang zum Base Provider stellt das Betriebssystem eine sogenannte Service Provider Schnittstelle (Service Provider Interface SPI) zur Verfügung. An dieser Schnittstelle lassen sich Module speicherresistent einbetten, über die nach Anmeldung des Moduls die gesamte Kommunikation zwischen WinSock DLL und Base Provider geleitet wird. Derartige Module kontrollieren somit die Kommunikation, wodurch sie im Sinne der Netzwerkankopplung als Dienstanbieter (engl. Service Provider) anzusehen sind.

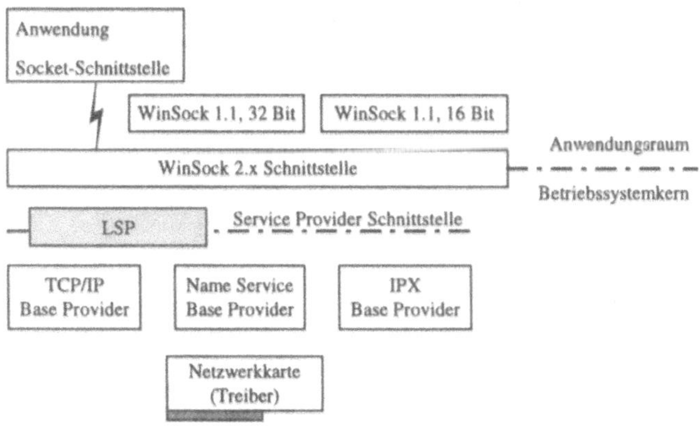

Abb. 4: Layered Service Provider (LSP), Service Provider Interface (SPI)

Der Layered Security Service Provider (LSSP) kombiniert das in Abschnitt 3 diskutierte Konzept der SSL Mapper beziehungsweise SSL Tunnel mit dem vorgenannten LSP. Dazu besteht der LSSP im wesentlichen aus fünf Modulen, die in Abbildung 5 dargestellt sind:

1. Die Kommunikationsaktivitäten der Anwendung werden von einem *Socket Interceptor* abgefangen.
2. Der Interceptor konsultiert ein Security Policy Modul, über das geprüft wird, ob eine Kommunikationsaktivität zulässig ist. Aktivitäten, die offensichtlich die Konsultation des Security Policy Moduls erfordern, sind der Aufbau und die Annahme einer TCP Verbindung oder die Übermittlung oder der Empfang von UDP Datagrammen.
3. Nach erfolgter Freigabe durch das Security Policy Modul wird die entsprechende Aktivität an einen Socket Multiplexer weitergereicht. Ähnlich dem SOCKS-Ansatz [LGLK96] werden verschiedene TCP Verbindungen auf eine einzige zusammengefasst. Zusätzlich werden UDP Datagramme auf eine TCP Verbindung gemapped, um sie in weiterer Folge über SSL sichern zu können.
4. Die vom Socket Multiplexer zusammengefasste Kommunikation wird an den SSL Mapper übermittelt. Dieser entspricht dem im Abschnitt 3 diskutierten ProxyTunnel, jedoch ist durch das Multiplexing pro komplementärem SSL Client-Server Paar unabhängig von der Anzahl aktiver Applikationen nur ein einziger SSL Tunnel erforderlich.
5. Ein optionaler Monitor erlaubt die Überwachung sowie die Aufzeichnung der Kommunikationsaktivitäten des LSSP.

In Abbildung 5 ist der die kryptographischen Funktionen ausführende SSL Mapper als Teil des Anwendungsraums dargestellt. Der Grund ist, dass es damit zur Leistungssteigerung möglich wird, diese Funktionen innerhalb eines geschützten Bereichs (eines Intranet) auf ein dediziertes System mit hardwareunterstütztem Kryptomodul auszulagern.

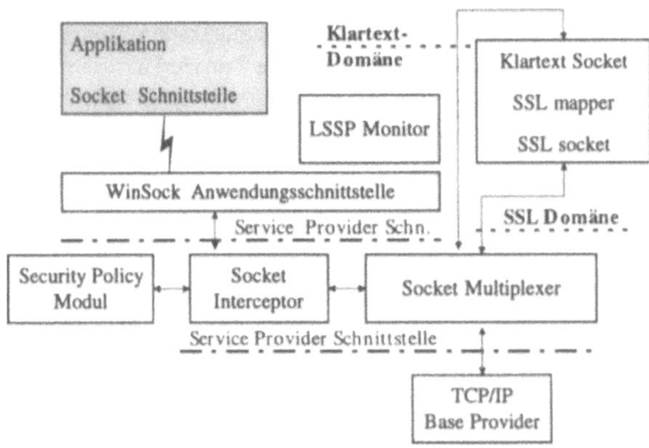

Abb. 5: Layered Security Service Provider (LSSP)

Wie in Abbildung 5 dargestellt, kommuniziert die Anwendung im LSSP Ansatz wie herkömmlich mit der WinSock Anwendungsschnittstelle. Das heißt, dass die Sicherheitslösung damit für die Anwendung transparent wird. In folgendem Abschnitt 5 werden einige Fallstudien gegeben, die damit mögliche Einsatzgebiete demonstrieren.

5 Fallstudien

Mit den in diesem Abschnitt gegebenen Fallstudien soll die Flexibilität des LSSP demonstriert werden. Dazu werden anhand einiger praktischer Beispiele Security Policies entwickelt. Diese Security Policies werden dann exemplarisch mittels LSSP umgesetzt.

Als erste Fallstudie wird das Szenario des Fernzugriffs durch Telearbeiter oder Außendienstmitarbeiter diskutiert. Analog zu dem in Abschnitt 3 zu Abbildung 3 diskutierten Beispiel ist das Ziel, dass Emailverkehr und Kommunikation mit einem Webserver des Intranets der Organisation nur verschlüsselt erfolgen. Das entsprechende Szenario ist in Abbildung 6 dargestellt: Die linke Seite in Abbildung 6 stellt die clientseitige Konfiguration des LSSP (in Abbildung 6 als LSSP-1 bezeichnet) dar. Die Security Policy von LSSP-1 definiert, dass SMTP Kommunikation (Port 25) mit dem Mailhost zum serverseitigen LSSP (LSSP-2) umzuleiten ist (Als *mailhost:25 => LSSP-2* in LSSP-1 skizziert). Selbiges gilt für POP Kommunikation (Port 110) und HTTP Kommunikation (Port 80).

Äquivalent definiert LSSP-2 für die Annahme von Verbindungen, dass SMTP, POP und HTTP Kommunikation zu den Servern zulässig, weitere Kommunikation jedoch zu sperren ist (Zeile *.*:deny* in LSSP-2). Zu beachten ist, dass die in Abbildung 6 dargestellte Firewall für die im Beispiel skizzierte Security Policy nur den SSL Tunnel zu dem Rechner durchlässt, an dem der LSSP installiert ist. Für die Verteilung der Kommunikation im lokalen Netzwerk verwendet der serverseitige LSSP eine der Network Address Translation (NAT) vergleichbare Strategie.

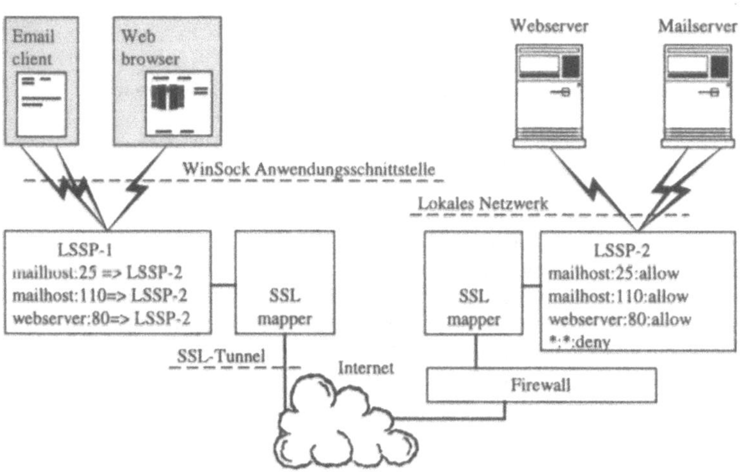

Abb. 6: Fernzugriff über LSSP

Die obig diskutierte Security Policy ist strikt in dem Sinn, dass clientseitig einzig das kryptographische Tunneln von Email- und Webkommunikation in den Intranetbereich zulässig ist. Im zweiten Fallbeispiel wird dieses Szenario dahingehend erweitert, dass clientseitig auch allgemeine Webzugriffe ins Intranet erlaubt sein sollen, diese jedoch über einen HTTP-Proxy zu führen sind, um zum Beispiel aktive Elemente zu filtern. Das entsprechende Szenario ist in Abbildung 7 erläutert: Serverseitig (LLSP-2) entspricht die Konfiguration der in Abbildung 6 dargestellten, wobei der Einfachheit halber auf die Darstellung mehrerer Server verzichtet wurde. Clientseitig (LSSP-1) teilt sich die Security Policy in zwei Bereiche: Die zu verschlüsselnde Kommunikation mit der Zentrale wird über die Beziehung zwischen Client und Sicherheitsgateway des Netzwerkes „Zentrale" dargestellt (Zeile *Zentrale.net => sec_gw* in Abbildung 7). Für Webkommunikation ist die klartextliche Umleitung zum Webproxy definiert.

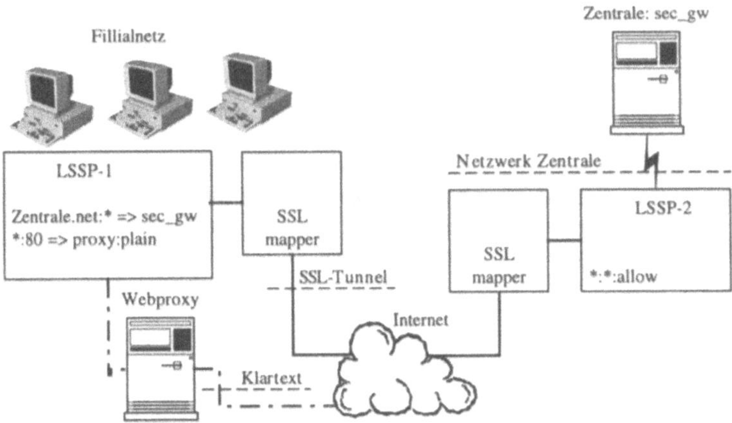

Abb. 7: Kombination verschlüsselter und klartextlicher Kommunikation

6 Zusammenfassung

In diesem Papier wurde ein dienstorientierter Ansatz zu kryptographisch gesicherten VPNs beschrieben. Ausgehend von der Diskussion einiger Nachteile der Integration von Sicherheitsfunktonalität in die Anwendung selbst argumentiert das Papier Vorteile dedizierter Sicherheitsschichten. Der verfolgte Ansatz basiert auf der Kombination zweier Elemente: Einerseits unterstützen sogenannte SSL Mapper die Funktionen zur Überführung von klartextlicher TCP Kommunikation in kryptographisch gesicherte SSL-Tunnel. Das zweite Grundelement besteht aus der für die Anwendung transparenten Integration einer dedizierten Sicherheitsschicht als sogenannter Layered Security Service Provider in die Implementierung des TCP/IP Protokollstacks des Betriebssystems.

Es ist mit der diskutierten Lösung möglich, die Umsetzung von Security Policies zur Netzwerkkommunikation in die Netzwerkfunktionalität des Betriebssystems zu integrieren. Das Papier hat als einen wesentlichen Vorteil zu alternativen Ansätzen wie IPSec den dienstorientierten Ansatz hervorgehoben und anhand von Fallbeispielen demonstriert. Dabei können Sicherheitsassoziationen flexibel über Host-zu-Host Beziehungen hinausgehend, also auch die auf den Endsystemen zulässigen Dienste kontrollierend, definiert werden.

Literatur

[DHR+98] S. Dusse, P. Hoffman, B. Ramsdell, L. Lundblade, L. Repka: S/MIME Version 2 Message Specification, RFC 2311, März 1998.

[FrKK96] A.O. Freier, P. Karlton, P.C. Kocher: SSL Protocol, Version 3.0, Netscape Communications Corp., November 1996.

[ITUT89] ITU-T: The directory authentication framework, International Telecommunication Union, Telecommunication Standardization Sector, Recommendation X.509, 1989.

[ITUT98a] ITU–T: Packet-based multimedia communications systems, International Telecommunication Union, Telecommunication Standardization Sector, Recommendation H.323, 1998.

[ITUT98b] ITU–T: Security and encryption for H-Series multimedia terminals, International Telecommunication Union, Telecommunication Standardization Sector, Recommendation H.235, 1998.

[ITUT98c] ITU–T: Control protocol for multimedia communication, International Telecommunication Union, Telecommunication Standardization Sector, Recommendation H.245, 1998.

[KenA98a] S. Kent, R. Atkinson: Security Architecture for the Internet Protocol, RFC 2401, November 1998.

[KenA98b] S. Kent, R. Atkinson: IP Authentication Header, RFC 2402, November 1998.

[KenA98c] S. Kent, R. Atkinson: IP Encapsulating Security Payload (ESP), RFC 2406, November 1998.

[LeLS00] H. Leitold, P. Lipp, A. Sterbenz: Independent policy oriented layering of security services, in: Proceedings of IFIP SEC'2000, August 2000.

[LGLK96] M. Leech, M. Ganis, Y. Lee, R. Kuris: SOCKS Protocol Version 5, RFC 1928, April 1996.

[MyeM96] J. Myers, M. Rose: Post Office Protocol, Version 3, RFC 1933, Mai 1996.

[Post82] J. Postel: Simple Mail Transfer Protocol, RFC 821, August 1982.

[Sala99] S. Salamone: VPN's Defining Moment: What exactly is it?, CPN Media, Internet Week, Issue 749, Jänner 1999.

Schlüsselvereinbarung für IP Multicast mit modifiziertem SSL/TLS

Tobias Martin · Jörg Schwenk

T-Nova Deutsche Telekom Innovationsgesellschaft mbH
Technologiezentrum
{Tobias.Martin, Joerg.Schwenk}@telekom.de

Zusammenfassung

Das Secure Socket Layer-Protokoll (SSL) dient zur Absicherung jeweils einer Client-Server-Verbindung im Internet. Durch die Art und Weise der Ableitung der Sitzungsschlüssel ist SSL nicht für andere Verbindungstopologien (z.B. Punkt-zu-Multipunkt) geeignet. Die IP Multicast Technologie stellt (für bestimmte Anwendungen hocheffiziente) Punkt-zu-Multipunkt-Übertragungswege bereit. Wir stellen ein modifiziertes SSL/TLS-Handshake-Protokoll vor, mit dem Sitzungsschlüssel für solche Verbindungen vereinbart werden können.

1 Einführung

Das SSL-Protokoll wurde 1994 von der Firma Netscape parallel zum ersten Browser entwickelt. Ziel war es, ein flexibles und leicht handhabbares kryptographisches Protokoll zur Absicherung von Client-Server-Verbindungen bereitzustellen. Diese weitblickende Strategie hat sich bezahlt gemacht: SSL ist das heute wohl am häufigsten verwendete Sicherheitsprotokoll im Internet. Wir stellen SSL mit den zum Verständnis dieses Artikels nötigen Details in Abschnitt 2 vor.

IP Multicast bietet eine effiziente Möglichkeit, die gleichen Daten an viele Empfänger zu verteilen. Dazu wird jedem Empfänger eine weitere IP-Adresse, die sogenannte Multicast-Adresse, zugeordnet. Die Router des Netzwerks müssen nun gegebenenfalls IP-Pakete, die an diese Adresse gerichtet sind, vervielfältigen und in verschiedene Richtungen weiterleiten. Angewendet werden kann IP Multicast für Applikationen, bei denen große Datenmengen (z.B. Videoströme) an viele Empfänger verteilt werden müssen, also z.B. Audio/Video-Streaming, Video-on-Demand oder Videokonferenzen. Auf IP Multicast kommen wir in Abschnitt 3 zurück.

Als Rahmen für die Verschlüsselung von IP Multicast stehen seit einiger Zeit die IPSec-Standards bereit (IETF RFCs 1828, 1829, 2085, 2104, 2401-2412, 2451, 2857). Die große Herausforderung stellen hier allerdings die Schlüsselvereinbarungsprotokolle dar, wie RFC 2401 klarstellt: "At the time this specification was published (November 1998), automated protocols for multicast key distribution were not considered adequately mature for standardization." An dieser Herausforderung arbeitet zur Zeit unter anderem die Secure Multicast Group" (www.irtf.org/charters/secure-multicast.html).

Unser Vorschlag zur Lösung dieses Problems ist ein modifiziertes SSL-Handshake-Protokoll auf IP/UDP-Ebene im IPSec/ISAKMP-Rahmen einzusetzen, um zumindest für erste einfache Dienste wie Video-on-Demand, bei denen Teilnehmer nicht aktiv aus der Gruppe entfernt werden müssen, einen Sicherheitsrahmen zu schaffen. Ähnliche Ansätze, bei denen ein Controller über einen sicheren Punkt-zu-Punkt-Tunnel einen Gruppenschlüssel an einen Teilnehmer sendet, wurden bereits in den RFCs 2094 und 2627 beschrieben. Unser Ansatz ist effizienter und genauer beschrieben: Der Public Key des Clients wird dazu benutzt, den Gruppenschlüssel zu übertragen.

Ein weiterer Grund für die Wahl des SSL-Handshake ist die weite Verbreitung dieses Protokolls, wodurch sich erstens viele Programmierer und Systemadministratoren bereits mit SSL auskennen, und zweitens Sourcecode bereit steht, der nur modifiziert und nicht komplett neu entwickelt werden muss. Die notwendigen Modifikationen beschreiben wir in den Abschnitten 4 und 5. Nicht unterschätzen sollte man auch den Aufwand, der mit dem Aufbau der benötigten Public-Key-Infrastruktur (PKI) verbunden ist. Für SSL existieren schon entsprechende CAs und ein spezielles SSL-Zertifikatsformat. Die Zertifikate müssen für den Multicast-Einsatz zwar leicht modifiziert werden (man kann also keine bereits ausgestellten SSL-Zertifikate benutzen), am grundlegenden Aufbau der Zertifikate ändert sich jedoch wenig. Also können bestehende CAs, die SSL-Zertifikate ausstellen können, für Multicast-Anwendungen verwendet werden.

Um einen kurzen Überblick über andere Ansätze zur Schlüsselvereinbarung für IP Multicast zu geben, ist es sinnvoll, zwischen Punkt-zu-Multipunkt- und Multipunkt-zu-Multipunkt-Kommunikation zu unterscheiden.

In einem Punkt-zu-Multipunkt-Szenario gibt es eine ausgezeichnete Instanz, nämlich die Quelle der Daten (der Server), die auch die Rolle einer Trusted Party für die Festlegung des Gruppenschlüssels übernehmen kann. Damit ist das folgende einfache Schlüsselaustauschprotokoll denkbar:

- Die Clients handeln jeweils bilateral mit dem Server über IKE eine SA aus.
- Diese SA verwendet der Server dann, um den Clients über ISAKMP gesichert einen Gruppenschlüssel zuzuweisen.

Bei diesem direkten Ansatz lassen sich leicht neue Clients integrieren, aber der Ausschluss eines Clients stellt ein Problem dar: Der Server muss in diesem Fall allen anderen Clients individuell einen neuen Schlüssel zuweisen. Abhilfe können hier Ansätze schaffen, die auf der Verwendung von Bäumen beruhen. Solche Schlüsselmanagement-Strukturen sind im Bereich von Pay-TV unter dem Namen Conditional Access schon lange im Einsatz [Sch96]. So darf es auch nicht verwundern, wenn etablierte Conditional Access-Anbieter die ersten sind, die marktfähige Produkte zur Sicherung von IP Multicast anbieten [Ird00, NDS98]. Hauptnachteil dieser Lösung sind die benötigten Chipkarten, da die dazu gehörigen Leser nur im Business-Bereich vorhanden sind, nicht im Massenmarkt.

Software-basierte Ansätze zur Verwendung von Baumstrukturen, die eine Schlüsselverteilzentrale umfassen, werden in [CWSP98, MS98] beschrieben. Das strukturierte Schlüsselmanagement mit Hilfe einer Baumstruktur verringert den Aufwand zum Ausschluss eines von n Clients von $n-1$ auf $log_2 n$.

Bei einer Multipunkt-zu-Multipunkt-Verbindung gibt es keine ausgezeichnete Zentrale mehr. Schlüsselvereinbarungsprotokolle für dieses Szenario sollten daher ohne eine solche Zentrale auskommen. Hier bietet sich die Verwendung von erweiterten Diffie-Hellman-Protokollen an.

Der erste Vorschlag für ein solches Protokoll stammt von Ingemarsson et al. aus dem Jahr 1982 [ITW82]. Um einen gemeinsamen Schlüssel der Form $g^{ab...z} \mod p$ zu erzeugen, werden für n Teilnehmer $2n$ Nachrichten und $n-1$ Runden benötigt.

Eine wesentliche Verbesserung der Performance stellte der Vorschlag von Burmester und Desmedt [BD94] dar. Bei ihrem Protokoll müssen die Teilnehmer in einem logischen Ring angeordnet sein, und mit Hilfe von Multicast-Nachrichten kommt das Protokoll mit nur drei Runden aus. Nachteil dieser Lösung ist, dass zur Entfernung eines Teilnehmers mindestens $1{,}5 \cdot n$ Nachrichten gesendet werden müssen [SMS00].

In Arbeiten von Steiner et al. [STW96, STW98, AST98] werden neue Protokolle vorgestellt, in denen ein Teilnehmer dynamisch eine besondere Rolle zugewiesen bekommt. Die Teilnehmer sind linear angeordnet.

2 Das SSL/TLS Protokoll

Das SSL Protokoll besteht, wie sein IETF-Pendant Transport Layer Security (TLS, RFC 2246), aus mehreren Teilen (vgl. Abbildung 1).

2.1 Bestandteile von SSL

Das Handshake-Protokoll stellt den kryptographischen Kern von SSL dar. Es wurde in den vergangenen Jahren sehr gut analysiert und wird im nächsten Unterabschnitt im Detail vorgestellt. Als Ergänzung zum Handshake werden Alert-Nachrichten und ein spezieller Befehl zum Umschalten auf einen anderen kryptographischen Kontext, der ChangeCipherSpec-Befehl, benötigt. Das Record Layer ist für die Formatierung und Verschlüsselung der Daten zuständig, die dann an das TCP-Protokoll übergeben werden.

Von diesen Bestandteilen wird für IP Multicast nur das modifizierte Handshake-Protokoll für den Einsatz im ISAKMP-Rahmen benötigt. Alle anderen Aufgaben werden durch IPSec schon abgedeckt.

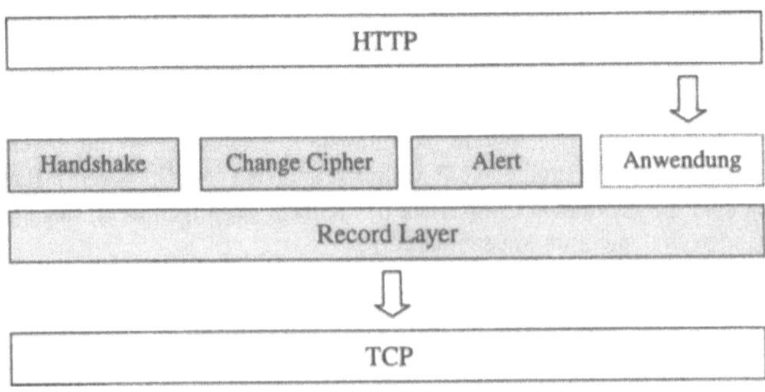

Abb. 1: Die Bestandteile des SSL-Protokolls

2.2 SSL Handshake

Das SSL/TLS Handshake-Protokoll läuft wie folgt ab [T00]:

Client		Server
ClientHello-Nachricht mit vorgeschlagenen SSL-Optionen	→	
	←	*ServerHello*-Nachricht mit den ausgewählten SSL-Optionen
	←	*Certificate*-Nachricht (auch: *ServerKeyExchange*-Nachricht) mit dem X.509-Zertifikat des Servers (incl. Public Key des Servers)
	←	(Wird die optionale CertificateRequest-Nachricht gesendet, so ist der Client aufgefordert, sich zu authentisieren)
	←	*ServerHelloDone* beendet den Nachrichtenblock
(Mit der *Certificate*-Nachricht antwortet der Client auf die optionale *CertificateRequest*-Nachricht und sendet sein X.509-Zertifikat)	→	
In der *ClientKeyExchange*-Nachricht sendet der Client das verschlüsselte PreMasterSecret. Aus diesem und zwei Zufallswerten werden die beiden Sitzungsschlüssel abgeleitet .	→	
(*CertificateVerify* schließt die Client Authentisierung ab. Sie enthält den signierten Hashwert aller vorangegangenen Nachrichten)	→	
ChangeCipherSpec schaltet auf den neu ausgehandelten kryptographischen Kontext um	→	
Finished	→	
	←	*ChangeCipherSpec*
	←	*Finished*

Die Nachrichten *ClientHello* und *ServerHello* enthalten jeweils eine 32 Byte lange Zufallszahl, die zusammen mit dem verschlüsselt übertragenen *PreMasterSecret* aus der *ClientKeyExchange*-Nachricht in die Ableitung der beiden Sitzungsschlüssel (für jede Richtung Client-Server und Server-Client einer) einfließen. Diese Vorgehensweise schließt aus, dass ein gemeinsamer Sitzungsschlüssel zwischen drei oder mehr Hosts ausgehandelt werden kann.

Bei SSL werden sog. *Ciphersuites* ausgehandelt, bei denen Hash-, Verschlüsselungs-, Signatur-, Public-Key- und MAC-Algorithmen zu einer Einheit verbunden sind. Dieses Konzept ist für IPSec nicht vorgesehen und muss daher durch die Aushandlung der einzelnen Algorithmen ersetzt werden. Ggf. könnte man für IPSec ähnliche Ciphersuites definieren.

3 IP Multicast

IP Multicast ist ein wichtiger Ansatz zur Verringerung der zu übertragenden Datenmenge für Anwendungen mit hoher Datenrate wie z.B. Videostreaming. Normalerweise wird für Streaming-Anwendungen für jeden Client eine eigene UDP/IP-Verbindung zum Server geöffnet. Der Server muss somit den gleichen Inhalt gleichzeitig ausspielen und dafür jeweils eine feste Datenrate reservieren. Die verfügbare Bandbreite sinkt dabei proportional mit der Anzahl der Kunden. Auch auf weiten Strecken des IP-Backbones wird so der absolut gleiche Inhalt übertragen.

Bei IP Multicast wird der Inhalt nur einmal ausgespielt und über einen aufspannenden Baum („Spanning tree") im IP-Backbone-Netz zu den Clients geroutet. Es ist Aufgabe der Router, diesen Baum vom Server zu den Clients aufzubauen und den IP-Verkehr in den Routern, die Knoten dieses Baumes sind, zu splitten. Den Clients, die die Streaming-Anwendung empfangen möchten, wird eine zweite IP-Adresse, die sogenannte Gruppenadresse, zugewiesen. Diese Adresse muss dem nächsten Router mitgeteilt werden, und der muss eine Anbindung an weitere Router im Baum herstellen.

Nicht alle IP-Netze sind Multicast-fähig, aber das MBONE-Netz (http://www.mbone.de) wächst ständig weiter. Durch die zunehmende Beliebtheit von Streaming-Anwendungen ist hier ein zügiger Ausbau zu erwarten. IP Multicast ist nicht auf das oben beschriebene Point-to-Multipoint-Szenario beschränkt, sondern kann auch mit Gewinn in Multipoint-to-Multipoint-Szenarien wie z.B. Videokonferenzen eingesetzt werden.

4 Modifiziertes SSL/TLS für IP Multicast

Um die SSL-Schlüsselvereinbarung für IP Multicast zu modifizieren, sind folgende Änderungen kryptographisch notwendig, da der vereinbarte Schlüssel für alle Clients gleich sein muss:

1. Die Festlegung des *PreMasterSecret* muss durch den Server erfolgen.
2. Die beiden 32-Byte Zufallswerte, die Client und Server in den *Hello*-Nachrichten senden, dürfen in die Ableitung der Sitzungsschlüssel aus dem *PreMasterSecret* nicht mehr einfließen.

Darüber hinaus schlagen wir folgende Änderungen vor, um das modifizierte SSL zum jetzigen Standard kompatibel zu machen (das hätte den Vorteil, dass auch der heutige TLS-Standard als Alternative zu IKE im ISAKMP-Rahmen benutzt werden könne):

- Der Client muss ein spezielles X.509-Zertifikat beantragen, das eine Erweiterung enthält, die angibt, dass der Secret Key für IP Multicast (zur Entschlüsselung des *PreMasterSecret* und zum Signieren) eingesetzt werden kann. Dies kann z.B. im ExtendedKeyUsage-Feld geschehen.
- In der *CertificateRequest*-Nachricht des Servers wird für das Feld *ClientCertificateType* ein neuer Wert für den Zertifikatstyp „IP Multicast" eingeführt. Mit dieser Nachricht wird der Client also informiert, ob es sich um einen „normalen" SSL-Handshake oder um einen IP Multicast-Handshake handelt. Der weitere Ablauf des Handshakes verzweigt an dieser Stelle.
- Wird vom Server ein „IP Multicast"-Zertifikat verlangt, so sendet der Client (sofern er dieses modifizierte SSL-Handshake unterstützt) dieses Zertifikat in der *Certificate*-

Nachricht, unterdrückt aber die *ClientKeyExchange*-Nachricht. (Diese Nachricht wird durch die *ServerMasterKeyExchange*-Nachricht ersetzt.) Nach dem *CertificateVerify* kann der Client noch keine Verschlüsselung aktivieren. Die *ChangeCipherSpec*-Nachricht wird also nicht gesendet.

- Der Server sendet daraufhin eine neue Nachricht *ServerMasterKeyExchange*, die das mit dem öffentlichen Schlüssel des Clients verschlüsselte *PreMasterSecret* enthält. Auf diese folgt eine *WriteSA*-Nachricht, die alle weiteren Parameter (SPI, IP Multicast-Adresse) der ausgehandelten Security Association (vgl. Abschnitt 5.1) enthält.
- Der Client leitet den Sitzungsschlüssel ab, trägt diesen zusammen mit den anderen Parametern in seine SA-Datenbank ein, und signalisiert dem Server mit einer *WroteSA*-Nachricht, dass die SA nun aktiv ist.

Das modifizierte SSL-Protokoll sieht also wie folgt aus:

Client		**Server**
ClientHello	→	
	←	*ServerHello*
	←	*Certificate*
	←	*CertificateRequest:* *ClientCertificateType:* *IP Multicast (z.B. 30)* *DistinguishedName:* <...>
	←	*ServerHelloDone*
Certificate	→	
~~*ClientKeyExchange*~~	→	
CertificateVerify	→	
	←	*ServerMasterKeyExchange*
	←	*WriteSA*
	←	*Finished*
WroteSA	→	
Finished	→	

Eine weitere Änderung muss im Standard vorgenommen werden: Da alle Clients nicht nur den gleichen Schlüssel, sondern auch die gleichen Algorithmen verwenden müssen, müssen eine oder mehrere Default-Ciphersuites für IP Multicast definiert werden, die der Client in seiner ClientHello-Nachricht immer vorschlägt. Diese Ciphersuites werden dann in ihre Bestandteile zerlegt, um daraus SAs formen zu können.

5 Praktische Implementierung

Das oben vorgestellte modifizierte SSL-Handshake-Protokoll soll dazu dienen, kryptographische Schlüssel und andere Parameter für IPSec auszuhandeln. Um diese Einbindung beschreiben zu können, ist es zunächst erforderlich, die Bestandteile von IPSec kurz zu betrachten.

5.1 IPSec

Die IPSec Protokollsuite (RFCs 1828-1829, 2085, 2104, 2401-2412) beschreibt ein vollständiges System zur Verschlüsselung und Authentisierung von Kommunikation auf IP-Ebene (OSI Layer 3). Sie besteht aus mehreren Blöcken:

- dem Internet Security Association and Key Management Protocol (ISAKMP) als Rahmen für den Schlüsselaustausch und aus dem
- Internet Key Exchange (IKE), einem Diffie-Hellman-basierten Schlüsselvereinbarungs- und Authentisierungsprotokoll.

Datenformate AH und ESP

Die Datenformate Authentication Header (AH) und Encapsulation Security Payload (ESP) beschreiben das Format, in dem man authentisierte und/oder verschlüsselte IP-Pakete mittels IPSec versenden kann. Das Format AH bietet dabei nur eine Authentikation (dafür aber auch von Teilen des IP-Headers), ESP bietet beides. Da der Schwerpunkt dieses Artikels auf Verschlüsselung liegt, soll hier nur auf ESP näher eingegangen werden.

Ein ESP-Paket ist wie folgt aufgebaut: Die Nutzlast (Payload) wird durch Anfügen zweier Felder und durch Padding auf eine Anzahl von Bytes gebracht, die durch 4 bzw. die Blockgröße eines Verschlüsselungsalgorithmus (z.B. 8 Byte bei DES und Tripel-DES) teilbar sein muss. Zur Identifizierung der verwendeten Verschlüsselungsparameter wird der Security Parameters Index, ein auf Empfangsseite eindeutiger 32-Bit-Wert, eingebracht. Replay-Angriffe werden durch eine Sequenznummer verhindert, und ein Message Authentication Code am Ende des Pakets garantiert die Authentizität.

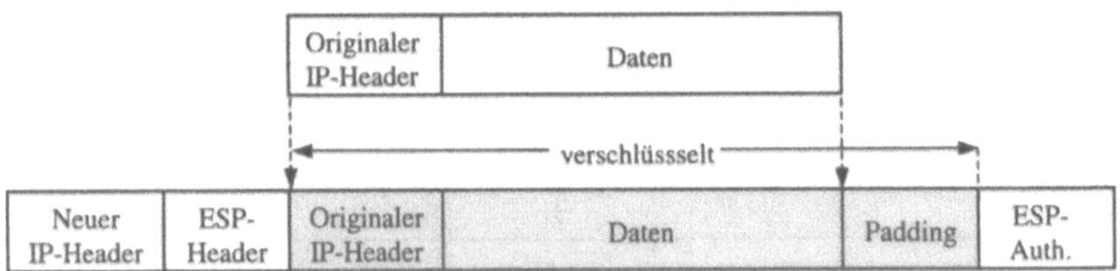

Abb. 2: Anwendung von ESP im Tunnel-Modus auf ein TCP/IP-Paket

Die verschlüsselte Nutzlast eines ESP-Pakets kann entweder die Nutzlast des ursprünglichen IP-Pakets sein (d.h. alle Daten nach dem IP-Header, einschließlich TCP- bzw. UDP-Headern), oder sie ist das komplette ursprüngliche IP-Paket (einschließlich des originalen IP-Headers). Im ersten Fall spricht man von Transport Mode; er ist nur zwischen zwei Hosts möglich. Im zweiten Fall handelt es sich um den Tunnel Mode, der immer dann zum Einsatz kommt, wenn ein IPSec-Gateway die Verschlüsselung und Authentikation übernimmt. Die Transformation eines IP-Pakets mit ESP im Tunnel Mode ist in Abbildung 3 wiedergegeben.

Sicherheitsdatenbanken SAD und SPD

Ein Host kommuniziert mit einer großen Zahl anderer Hosts. In IPSec hat man daher sehr früh erkannt, dass die Verwaltung der kryptographischen Schlüssel für die einzelnen IP-Adressen ein großes Problem darstellt. Dies führte zur Entwicklung des Konzepts der Security Association (SA).

Eine SA ist dabei ein Eintrag in eine Schlüsseldatenbank, die Security Association Database (SAD), die alle notwendigen kryptographischen Informationen zur Verschlüsselung des IP-Verkehrs von IP-Adresse IP_A zu IP-Adresse IP_B (unidirektional) enthält. (Zwei Hosts kommunizieren also miteinander über zwei verschiedene SAs, für jede Richtung eine.) Auf Sendeseite ist eine SA eindeutig bestimmt durch die IP-Zieladresse und den Security Parameters Index (SPI), auf Empfangsseite eindeutig durch die vom Empfänger gewählte SPI.

Die Verarbeitung von empfangenen IPSec-Paketen ist relativ einfach: Folgt auf den IP-Header ein AH- oder ESP-Feld, so wird das Paket an den IPSec-Prozess weitergeleitet (statt wie sonst an den TCP- oder UDP-Prozess). Anhand der SPI können in der SAD die notwendigen Parameter zur Entschlüsselung und Überprüfung der Authentizität abgerufen werden.

Auf Sendeseite benötigt man eine weitere Komponente: Die Security Policy Database (SPD). In ihr werden Regeln definiert, wie mit IP-Paketen an bestimmte Adressaten, an einzelne Domains oder auch Subnetze zu verfahren ist. Die SPD kann IP-Pakete unverändert passieren lassen, sie an den IPSec-Prozess weiterleiten, oder sie auch verwerfen. Der IP-Verkehr an eine Zieladresse kann mit Hilfe der verschiedenen SPIs nochmals differenziert behandelt werden.

Rahmen für UDP-basierten Schlüsselaustausch: ISAKMP

Das Internet Security Association and Key Management Protocol (ISAKMP) stellt einen Rahmen zu Aushandlung von Security Associations bereit. Es basiert auf UDP.

Schlüsselvereinbarung: IKE

Das Internet Key Exchange-Protokoll (IKE) basiert auf dem klassischen Public-Key-Protokoll schlechthin, der Diffie-Hellman Schlüsselvereinbarung [DH76]. Unser Vorschlag ist als zweites Protokoll neben IKE zu sehen.

5.2 Einbindung in den IPSec-Rahmen

AH und ESP

Diese Datenformate werden ohne Einschränkung genutzt.

SAD und SPD

Es müssen offene Schnittstellen zum Schreiben, Bearbeiten und Löschen von Security Associations in der SAD spezifiziert werden, damit IKE und das modifizierte SSL-Protokoll gleichzeitig (für disjunkte IP-Adressbereiche) auf die Datenbank zugreifen können.

Bei IKE wird jeweils eine andere SA für jede Richtung ausgehandelt. Der Empfänger wählt dabei jeweils den SPI-Parameter, der ihm das eindeutige Auffinden einer SA in seiner SAD ermöglicht.

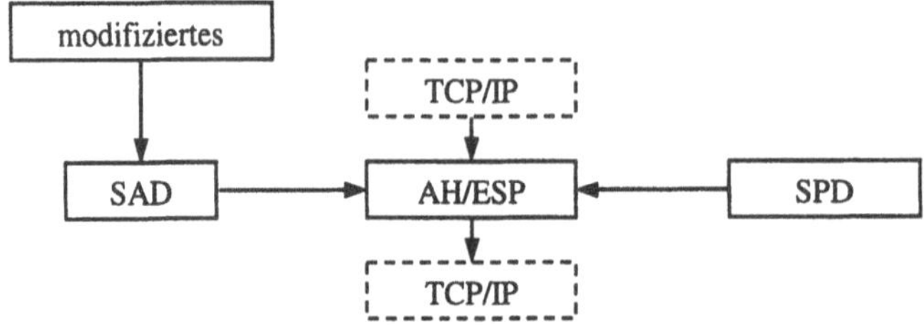

Abb. 3: Einbindung des modifizierten SSL-Protokolls in eine IPSec-Implementierung

Diese Vorgehensweise ist bei IP Multicast nicht möglich. Zum Einen müssen die SAs für Senden und Empfangen gleich sein, da hier Multipunkt-zu-Multipunkt-Verbindungen möglich sind. Zum anderen steht der Parameter SPI im Header der AH- bzw. ESP-Pakete, und diese sind bei IP Multicast an viele Empfänger adressiert. Der Sender muss daher den SPI festlegen. Die Wahl dieses SPIs muss (wie in RFC2401 angedeutet) zwischen allen Teilnehmern der Multicast-Gruppe und zwischen verschiedenen Multicast-Gruppen koordiniert werden.

ISAKMP

Das oben vorgestellte modifizierte SSL-Protokoll kann, wie IKE, als Rahmen ISAKMP mit UDP nutzen, oder den Record-Layer von SSL zusammen mit TCP. Im zweiten Fall wird ISAKMP nicht mehr benötigt, da das modifizierte SSL-Protokoll als separate Applikation über TCP/IP betrachtet werden kann.

6 Zusammenfassung

Durch geringe Modifikationen am weit verbreiteten und anerkannten und als TLS standardisiertem SSL-Protokoll kann man eine Variante ableiten, die für Schlüsselvereinbarungen für IP-Multicast geeignet ist. Als Verschlüsselungsstandard für IP ist die IPSec-Protokollfamilie vorgesehen. Diese bietet einen Rahmen für verschiedene Schlüsselaustauschprotokolle, in dem sich das modifizierte SSL/TLS-Multicast-Protokoll unter den folgenden Voraussetzungen an die Implementierung einpassen lässt:

- es sind entsprechende Schnittstellen in der Security Association Database vorgesehen
- es ist möglich eine Security Association (SA) zum Senden und Empfangen zu benutzen
- es ist möglich die Wahl des Security Parameter Index (SPI) zwischen allen Teilnehmern der Multicast-Gruppe zu koordinieren (wie in RFC2401 angedeutet).

Diese Voraussetzungen zeigen, dass es möglich ist, einen Standard-IPSec-Kernel zu verwenden und dass lediglich die Verwaltung der Security Associations abgeändert werden muss.

Literatur

[AST98] G. Ateniese, M. Steiner, G. Tsudik: Authenticated group key agreement and friends, 5th ACM Conference on Computer and Communication Security, November 1998.

[BD94] M. Burmester, Y. Desmedt: A secure and efficient conference key distribution system, Eurocrypt'94, Springer LNCS, S. 275-288.

[CWSP98] G. Caronni, M. Waldvogel, D. Sun, B. Plattner: Efficient Security for Large and Dynamic Multicast Groups, Proceedings of the Seventh Workshop on Enabling Technologies, (WET ICE '98), IEEE Computer Society Press, 1998. http://www.skip-vpn.org/wetice98/HacknSlash.html

[DH76] W. Diffie, M. Hellman: New Directions in Cryptography, IEEE Transactions on Information Theory, IT-22(6):644-654, November 1976.

[Ird00] http://www.mindport.com/irdetoaccess/ IAProductCyphercast.htm

[ITW82] I. Ingemarsson, D. Tang, C. Wong: A conference key distribution system, IEEE Transactions on Information Theory, September 1982.

[MS98] D. A. McGrew, A. T. Sherman: Key establishment in large dynamic groups using one-way function trees, Submitted to IEEE Transactions on Software Engineering May , 1998. http://www.cs.umbc.edu/~sherman/Rtopics/Crypto/oft.html

[NDS98] A. Kleinmann: Scenarios and Requirements for Business-Oriented Multicast Security. http://www.ipmulticast.com/ community/smug/

[Sch96] J. Schwenk: Establishing a Key Hierarchy for Conditional Access without Encryption, Proceedings of the IFIP Communications and Multimedia Security, Chapman & Hall, 1996.

[SMS00] J. Schwenk, T. Martin, R. Schaffelhofer: Tree based Key agreement for Multicast, Submitted.

[STW96] M. Steiner, G. Tsudik, M. Waidner: Diffie-Hellman key distribution extended to groups, ACM Conference on Computer and Communication Security, S. 31-37, März 1996.

[STW98] M. Steiner, G. Tsudik, M. Waidner: CLIQUES: A new approach to group key agreement, Proceedings of the IEEE International Conference on Distributed Computing Systems, Mai 1998.

[T00] S. Thomas: SSL & TLS Essentials, John Wiley & Sons, 2000.

[X509] ITU-T Recommendation X.509 (08/97) – Information technology – Open Systems Interconnection – The Directory: Authentication framework.

Mobile Security for Internet Applications*

Roger Kehr[1] · Joachim Posegga[2]
Roland Schmitz[1] · Peter Windirsch[1]

[1]T-Nova GmbH
Deutsche Telekom AG
{Roger.Kehr, Roland.Schmitz, Peter.Windirsch}@Telekom.de

[2]SAP AG
Corporate Research
Joachim.Posegga@SAP.com

Abstract

The WebSIM is a technology for interfacing GSM SIMs with the Internet, by implementing a Web server inside a SIM. This paper discusses how this technology can be used for securing services over the Internet and describes several concrete application scenarios.

1 Introduction

The notion of convergence of IT and telecommunications has been around for some 10 years, but very little had happened on the technical side in the last decade. Eventually, there is now a clearly observable trend towards the merging of the Internet and mobile networks like GSM or UMTS: in particular the Japanese i-mode system [2] and subsequently the Wireless Application Protocol (WAP) [4] are major milestones towards making Internet services accessible from mobile telephone networks.

The goals underlying these developments are focused around delivering Internet services over wireless networks to mobile devices. The notion of mobile commerce arose from this as a primary application: analogously to "standard" e-commerce over the "classical" Internet, wireless devices are used for electronic transactions in mobile commerce. Overall, the underlying philosophy is to provide services of the Internet to mobile customers. Notably, this follows a one-way road: rather than merging the two worlds of the Internet and mobile networks, the Internet is "simply" expanded to mobile devices.

This paper describes an approach that investigates the opposite direction: we demonstrate how to deliver services of GSM (and its successor, UMTS)[1] networks towards the Internet:

*The research described in this paper was partly funded by EURESCOM GmbH, Project P1005. All opinions expressed in this paper are solely those of the authors and do not necessarily reflect the views of their respective employers or EURESCOM GmbH.

[1]In the sequel of this paper we will not explicitly refer to UMTS; however, our approach can easily be

GSM networks have one advantage that is still missing in the Internet: there is a usable and well-established security infrastructure. Each GSM subscriber holds a so-called SIM [6], which is a smart card (security module) used for authenticating a subscriber against the network. These SIMs hold ciphering keys and they can perform cryptographic computations; today mostly symmetric cryptography is used, but public key solutions are now becoming available as well.

Today there are roughly 350 Mio. of these GSM SIMs used in mobile phones. Being able to integrate this security infrastructure into Internet applications is a major step towards practically securing the transactions carried out over Internet and can be summarised as "Mobile Security for Internet Applications". We demonstrated with the WebSIM [5] one way to achieve this: by implementing a stripped-down Web server in a GSM SIM and connecting it to the Internet, an HTTP interface to services on a SIM is provided to the Internet. These services can be smart card based authentication, secure interaction with the card holder, etc.

Put in another way the idea underlying the WebSIM is: *350 Mio GSM subscribers carry powerful smart cards around in wireless card readers (i.e., mobile phones); why not use these cards to secure Internet transactions?*

The rest of this paper is organised as follows: Section 2 briefly reviews the technical approach of the WebSIM and forms the basis to understand the applications that are discussed in the paper: Section 3 discusses the application of the WebSIM for authentication in the Internet. In Section 4 we demonstrate an approach that allows to involve the GSM SIM application toolkit into Internet applications, providing a secure communication channel to a card holder; a set of services centered around location information is sketched in Section 5, followed by a brief discussion of end-to-end security issues in Section 6. Finally, we draw conclusions from our research and provide an outlook to future work in Section 8.

2 A Brief Review of the WebSIM

The WebSIM (see [5] for a detailed description) is, put simply, a GSM SIM that contains a stripped down Web server that is accessible from the Internet. HTTP is used as an "application launching protocol" for accessing services provided by the SIM from the Internet. In a similar way, CGI scripting technology is used in the Web for running programs on Web servers.

The WebSIM is based upon the following technological building blocks:

- A GSM phone works as a wireless smart card reader that holds a smart card (SIM).
- SIM toolkit technology [7, 10, 11] allows to run applications (applets) inside the SIM, which can communicate peer-to-peer over various GSM protocols like SMS.
- A SIM toolkit applet running inside a SIM can, in principle, implement any protocol we wish to use for talking to the SIM.

Thus, we can implement a SIM toolkit applet that works as a Web server, which means:

forwarded from GSM to UMTS since the relevant technological underpinnings remain, essentially, the same.

the applet interprets a subset of the HTTP protocol and provides services that can be accessed over HTTP.

What remains is to connect the SIM to the Internet; there are several possibilities here, one is to modify a GPRS phone which has an IP address to tunnel HTTP requests sent to it over ISO 7816 to the SIM. We choose a more "conventional" solution that has the advantage of being compatible with the majority of mobile phones on the market.

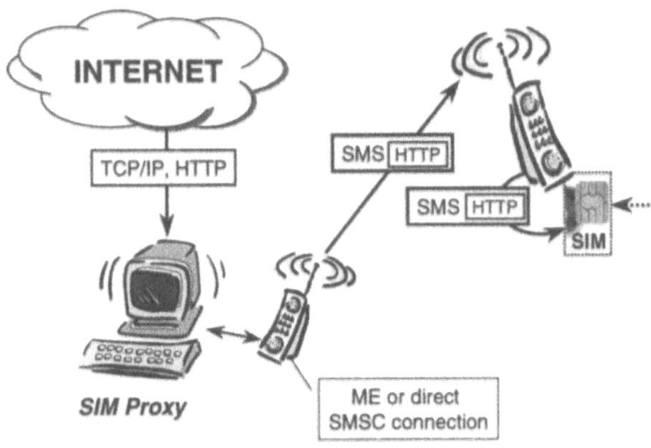

Fig. 1: WebSIM Network Architecture

Figure 1 illustrates the principle: a proxy host for the SIM is hooked up to the Internet, which can send and receive SMS. HTTP requests arriving at the proxy for the SIM are tunneled over SMS to the SIM: GSM 03.40 allows to send short messages directly to an application in the SIM (using SMS PP data download, see [8]), in our case the applications implementing the Web server. Thus, the function of the proxy is, essentially, to bridge the gap between the Internet and GSM.

The Web server application in the SIM will then parse the HTTP request that was received, perform the requested actions, like running a cryptographic algorithm and / or communicating with the user over the GSM 11.14 protocol. The result of the request is returned as an HTTP response over SMS to the proxy, which in turn sends it back to the originating address in the Internet.

HTTP is a comparably simple protocol, but since the interface to services of a smart card is also comparably simple, it is a well-suited candidate: it is easy to use, easily integrated in Internet applications, and widely known. Note, that a Web server in a SIM is not expected to host large amounts of information or HTML documents, but to provide a convenient interface to services of the SIM: These services can then be accessed via the standard protocol of the Web, HTTP. We use a stripped-down version of the HTTP protocols, which just covers the absolutely necessary part and only allow for one connection at a time.

In summary, the SIM becomes a Web server on the Internet, where the proxy handles the TCP/IP layers, and the SIM sees HTTP over SMS. As a result, the SIM is transparently accessible from Internet hosts and services of SIMs (authentication, micro payments, or whatever can be done with a smart card) can be accessed over HTTP/CGI scripts from Internet hosts.

The WebSIM was implemented in early 2000 within the EURESCOM Project P1005 [1]. The implementation is based on a Schlumberger Simera SIM [3], the application inside the SIM requires less than 10 KByte of the 32K EEPROM. On the proxy-side we use a Linux laptop running Apache, HTTP tunneling is implemented by a couple of Perl scripts.

A small number of WebSIMs are currently used in a small field trial within the EURESCOM project; the experience so far is very promising, the system is reasonably reliable, and the execution of a HTTP request over SMS takes usually less than 10 seconds.

Figure 2 is a screen shot from the WebSIM proxy home page, which lists the currently available interfaces to SIM services.

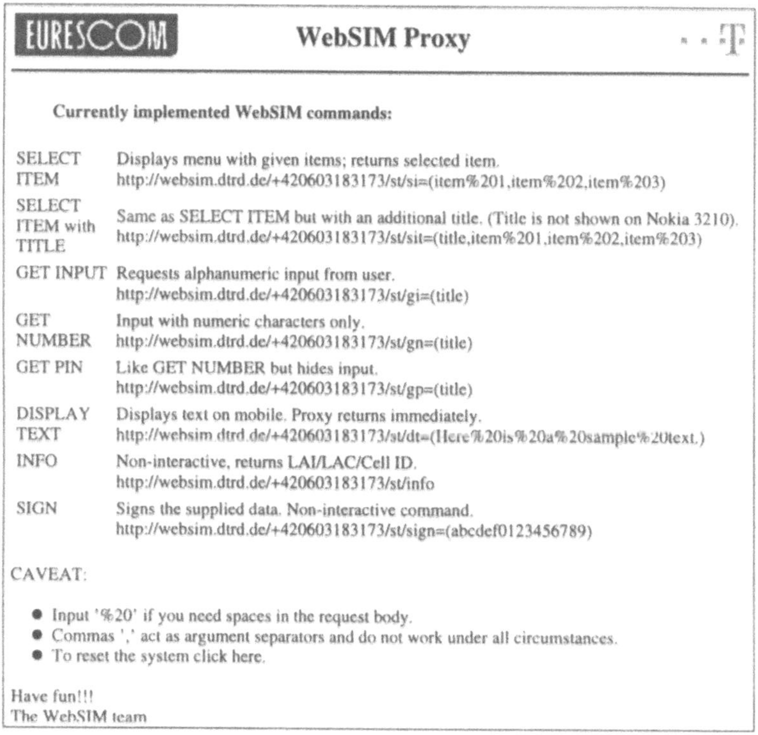

Fig. 2: WebSIM Proxy Home page

3 WebSIM-based Authentication in the Internet

Internet service or application providers such as online book stores, Web shops, or banks need secure identification of customers. Online orders are usually placed via Web forms or call centers and authentication takes place in various forms, e.g. using password-based authentication schemes.

3.1 GSM-based Authentication

Involving the WebSIM into authenticating Internet users allows for more elegant solutions that can take advantage of secure cryptographic keys (like the subscriber's individual key Ki as illustrated in Figure 3):

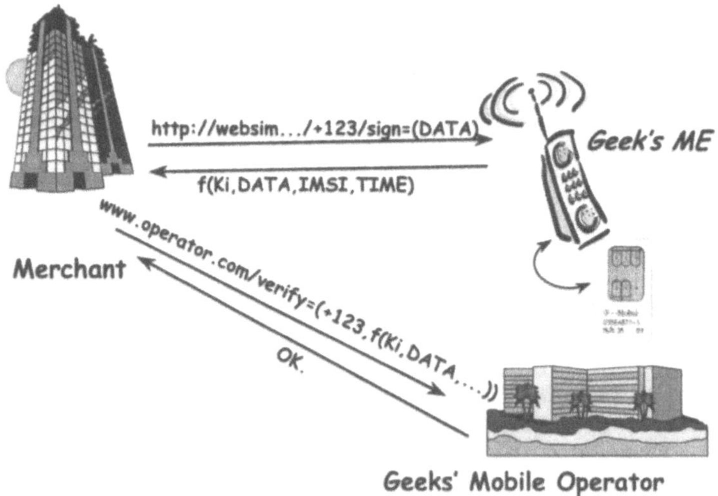

Fig. 3: WebSIM Authentication

1. A server-side application within the WebSIM is launched through the proxy and a random challenge is passed to it as an argument.
2. The WebSIM server-side application asks the subscriber over the SIM AT protocol [7] to authorise the computation of a response f(Ki, RAND), which is returned to the originator of the request.
3. The ISP passes RAND and f(Ki, RAND) to the card issuer (resp. the party that knows Ki and f) who can verify the result.

This is a classical challenge/response authentication which can be applied to many other scenarios (home banking, access control, etc.) analogously, or can be easily adapted to provide, for instance, a session key for other purposes. For security reasons, the scenario can also be based upon other cryptographic algorithms (like 3DES or RSA) and keys other than Ki, which may be derived from Ki.

The scenario can also be easily extended to sign transactions (like online payments): note, in particular, that the incoming SMS that carries the HTTP-request contains a (reasonably) trustworthy time stamp originating from the Short Message Center that was involved. Furthermore, subscriber-individual IDs like the IMSI (International Mobile Subscriber Identity) are available in the SIM.

3.2 Provision of One-Time Passwords

One-time passwords for login procedures or TANs for bank transactions can be easily queried over WebSIM requests; we consider online shopping as an example:

- A user subscribes to a service on the Internet and tells her mobile phone number.
- The user compiles a shopping list in Internet shop and orders by submitting the shopping list.
- The Internet shop's Web server displays a one-time password to the customer. Simultaneously, the Web server issues a WebSIM request to the customer's SIM asking to enter the one time password on the mobile phone.
- The WebSIM issues an appropriate GSM 11.14 command to the mobile phone, prompting the user for the one-time password. The user enters the one-time password, which is sent back to the Web server, possibly over an encrypted communication channel.
- The Web server of the shop checks whether the entered one-time password is correct, and if so, it acknowledges the purchase.

The advantage is that an authentic channel (GSM) is used to verify the identity of the customer. Another, reversed variant of this might be as follows:

- After submitting the shopping list, the Web server generates an input form where the user has to enter a one-time password; the server sends the one-time password to the WebSIM, which is displayed on the mobile phone.
- The user enters the one-time password which is displayed by the WebSIM dialog on her mobile into the Web form. The Web server checks the one-time password and accepts submission.

Note, that similar one-time password schemes can be implemented by sending a password over a text SMS to a mobile phone user; the difference to a WebSIM-based approach one has control over the concrete form of interaction with the user, whilst a text SMS is just a (non-interactive) messaging service.

4 Using WebSIMs as I/O Channels

Interesting applications are possible if the WebSIM implements CGI scripts that provide an interface to SIM application toolkit (AT); briefly, SIM AT is a standardised protocol [7] between the mobile phone and the SIM that allows applications inside the SIM to control the behaviour of the phone: the SIM can directly interact with the user by displaying text, querying for input, setting up menus, etc. The HTTP interface to GSM 11.14 we provide allows for the following scenarios.

4.1 Secure User Interaction

A person holding a mobile phone with a WebSIM is standing in front of an ATM, and calls a telephone number displayed on the ATM. The ATM system knows the Web address of the WebSIM (from CLIP signaling [9]) it can run several subsequent CGI Scripts in the WebSIM to authenticate the transaction, choose the amount of cash to be issued, etc. Essentially the GSM phone has become the human interface to the ATM and one can imagine ATMs that do not have complex and expensive human interface hardware but are just a telephone number sign and a cash-dispensing slot.

Analogously, one can implement online payments, access control, ticket vending, etc. See Figure 4 for example screen shots of mobile phone displays, where the SIM toolkit command "Setup Menu" is used to select from choices. Note that cryptographic means to secure the result of the user interaction (the input, or the user's choice) are easily available inside the SIM.

4.2 Internet Auction Client

In contrast to WAP which is currently a pull-based technology for Internet content there are various applications urging for a more "push"-based style of communication. As an example consider on-line Internet auctions in which a WAP user would participate by regularly checking for newly placed bids for an object of interest. This would not only be annoying for potential users but also slow and expensive.

Using the WebSIM one can implement a push-based client that behaves as follows:

- After registration for a certain item in an auction, a user delegates auction interaction to the WebSIM by providing the mobile phone number to the auction company.
- Each time a higher bid is placed – other invocation schemes can be thought of – the auction sends a request to the WebSIM that informs the mobile user about the currently active highest bid and asks for entering a new, higher bid.
- The user can then decide to decline or to increase and enter the new bid which is then sent back to the auction house that places the bid.

Fig. 4: WebSIM Screen Shots

This turns the WebSIM into a full-fledged, mobile, push-based communication module allowing for user interaction which is not supported by, e.g. the Wireless Application Protocol (WAP).

5 Where are you? Obtaining Location Information

A mobile user's location is a sensitive piece of information. An attacker must not be able to track a user's location, even if he does not (yet) know which specific user he is tracing. On the other hand, the mobile network constantly needs location information about a mobile user, in order to route incoming calls to her. Location information is provided to the network by means of "Location Updates" regularly performed by the mobile using a pseudonym, the so-called TMSI (Temporary Mobile Subscriber Identity) in order to preserve the user's privacy.

But not only network operators can make use of the user's location information: Location-based services are a hot topic in todays mobile commerce scenarios. The general assumption is that for a significant amount of mobile services location can aid in better service provisioning. Some examples:

- **Mobile tourist guide.** Get information about the mobile user's current location, its history, and other valuable information for tourists.
- **Near-by services.** Check out near-by restaurants, shops, restrooms, ATMs, public transportation facilities, etc.
- **Where am I? I'm lost!** Check for maps showing the mobile user's current location and other useful information for localisation.

Usually, these services are associated with the upcoming high-bandwidth mobile phone standard UMTS, where it is anticipated that the information is sent directly to the mobile and displayed on it. But even within GSM, the WebSIM provides a way for location-based service providers to securely get the sensitive location data directly from their customers in form of an HTTP-response packed into an SMS (cf. Section 2), without having to go via the mobile operator (actually, unless the mobile operator is not providing the service itself, the operator does not need to know which location-based services are used by its customers). To this end, we have implemented a WebSIM script that uses the SIM AT command PROVIDE LOCAL INFORMATION to query the phone for its current position within an operator's network, e.g. mobile country code, network code, local area information, and cell ID. This information may be translated by the service provider into more conventional formats such as longitude / latitude coordinates, or even into hyperlinks under which maps can downloaded indicating the position in different degrees of precision.

Currently, we are running a prototype called the *Mobile Homepage* of a mobile user [12]. This homepage can be accessed after successful Web-based authentication to restrict access to localisation information to an authorised group of people only. Furthermore this mobile homepage can show context-dependent information of a mobile user, e.g. whether she is currently in a meeting. This kind of information can be configured by a SIM AT application in the WebSIM. It allows people that have been granted access to the mobile homepage, e.g. to infer that "I'm currently in a meeting and I'm likely to be reachable in about two hours later."

6 WebSIM-based End-to-End Security

At the moment we are experimenting with putting additional security applications based on symmetric encryption, e.g. 3DES on the WebSIM. Since the WebSIM proxy can route encrypted application data transparently through to the Internet service provider, this yields a secure channel from the WebSIM to the Internet service provider, with whom the WebSIM shares a symmetric key.

This is clearly an advantage over, e.g. WAP Wireless Transport Layer Security (WTLS) [4], where the WAP gateway, lying in between the mobile terminal and an Internet service provider has to decrypt the WTLS traffic first, before it passes the data on to the Internet service provider. As a result of this drawback, many companies wanting to communicate with their mobile employees over WTLS have to put their own WAP gateways inside their company's Intranet.

However, even with the WebSIM being equipped with additional security applications, there is no real end-to-end security yet, because the network service provider still has control over the keys it is putting on the SIMs. As long as the current trust model in mobile communications, where the user has to trust the network service provider issuing the user's SIM card, is not changed, it seems doubtful that one can achieve real end-to-end security without having to introduce additional trusted third parties.

7 Related Work

We are aware of two approaches that provide a related underlying base technology that our work suggests: Jim Rees and Peter Honeyman [13] were the first to describe a Java-based smart card that handles IP packets and provides an interface through a Web server built into the card. Furthermore, Pascal Urien [14] recently proposed another approach, where the Internet connectivity as well as the Web server functionality of a smart card is handled by the card terminal. Both approaches differ from our work in that they address "classical" smart cards, whereas we primarily aim at GSM SIMs.

8 Conclusion

We described several applications based on the WebSIM technology, where services offered by a GSM-SIM are interfaced with the Internet by implementing a Web server inside the SIM. The main contribution here is to interface the GSM security infrastructure with the Internet, such that Internet applications that require security can take advantage of GSM smart cards. For this approach, we have coined the term "mobile security". Technically speaking, we provide an HTTP-interface of the SIM to the Internet, the TCP/IP part of the Internet protocol suite is handled by a proxy host in the Internet.

The main advantages of our approach is that

- it allows to reuse the existing smart cards (SIMs) in GSM mobile phones for providing security to Internet applications,
- it is easy to be integrated into Internet applications, since it just requires to embed HTTP-requests,

- it avoids the usual trouble with low-level smartcard-based protocols (T=0, etc.) or the integration of card readers into applications,
- it is completely based on standards and does not involve any proprietary protocols.

References

[1] EURESCOM P1005. http://www.eurescom.de/~public-webspace/P1000-series/P1005/

[2] i-Mode. http://www.nttdocomo.com/imode/

[3] Schlumberger, Inc.: Cyberflex Simera™, Technical Information. http://www.cyberflex.com/Products/MobileCom/simera/simera.html

[4] WAP Forum: Wireless Application Protocol, Technical Specifications. http://www.wapforum.org/what/technical.htm, 2000.

[5] S. Guthery, R. Kehr, J. Posegga: How to Turn a GSM SIM into a Web Server, in: J. Domigo-Ferrer, D. Chan, A. Watson (Hrsg.): Proc. of 4th Smart Card Research and Advanced Application Conference - CARDIS'2000, S. 209–222, Kluwer, 2000.

[6] European Telecommunications Standards Institute: Digital cellular telecommunications system (Phase 2+): Specification of the Subscriber Identity Module - Mobile Equipment (SIM-ME) interface, 1998.

[7] European Telecommunications Standards Institute: Digital cellular telecommunications system (Phase 2+): Specification of the SIM application toolkit for the Subscriber Identity Module-Mobile Equipment (SIM-ME) interface, 1998.

[8] European Telecommunications Standards Institute: Digital cellular telecommunications system (Phase 2+): Technical Realisation of the Short Message Service - Point-to-Point (PP), Service description, Stage 2, 1998.

[9] European Telecommunications Standards Institute: Integrated Services Digital Network (ISDN) - Calling Line Identification Presentation (CLIP) supplementary service, Service description, 1998.

[10] European Telecommunications Standards Institute: Digital cellular telecommunications system (Phase 2+, Release 98): Subscriber Identity Module Application Programming Interface (SIM API), Service description, Stage 2, 2000.

[11] European Telecommunications Standards Institute: Digital cellular telecommunications system (Phase 2+): Subscriber Identity Module Application Programming Interface (SIM API), SIM API for Java Card, Stage 2, 2000.

[12] R. Kehr, A. Zeidler: Look Ma', My Homepage is Mobile! Journal of Personal Technologies, Springer-Verlag, London, 4(4):217–220, 2000.

[13] J. Rees, P. Honeyman: Webcard: A Java Card web server, in Proceedings of CARDIS 2000, Bristol, UK, September 2000.

[14] P. Urien: Internet card, a smart card as a true Internet node, Computer Communications, Elsevier Science, 23(17):1655–1666, 2000.

Kriterien für eine erfolgreiche PKI

Thomas Obert · Sachar Paulus

SAP AG
{thomas.obert, sachar.paulus}@sap.com

Zusammenfassung

Dieses Papier ist ein Essay über die Erfolgskriterien von Public Key Infrastrukturen. Wir geben einen Überblick über die Ziele und Motivationen, die dazu führen, eine PKI einzusetzen. Basierend auf den Erfahrungen der SAP mit der unternehmensinternen PKI geben wir einen Überblick über die Kriterien, die unserer Meinung nach für den erfolgreichen Einsatz einer Public Key Infrastruktur verantwortlich sind. Schließlich beschreiben wir den mySAP.com Trust Center Service, der aufgrund dieser Kriterien entworfen wurde.

1 Einleitung

Trust Center spielen eine zentrale Rolle in der e-Business Landschaft von morgen. Sie zertifizieren digitale Identitäten und legen damit den Grundstein für eine vertrauenswürdige Kommunikation im Internet. Ohne entsprechende Sicherheit werden die meisten Unternehmen ihre Prozesse nicht auf das Internet verlagern, um Kosten zu sparen oder neue Geschäftsmodelle zu implementieren. Somit bilden Trust Center einer der Grundbausteine für eine erfolgreiche e-Business-Entwicklung.

Es gibt weltweit schon einige Trust Center, bei denen man sowohl als Unternehmen als auch als Privatperson digitale Zertifikate bestellen kann. In Deutschland, wo als erstes ein Gesetz zur digitalen Signatur beschlossen wurde, gibt es ein Reihe von Trust Centern, die ihren Kunden ein höchstes Maß an Sicherheit garantieren; Banken implementieren sichere Transaktionen auf der Basis von Zertifikatstechnologie [Identrus] und vertrauen dabei auch auf ein deutsches Trust Center [TC].

Doch woran liegt es, dass die Trust Center im Gegensatz zu den Prognosen durch Analysten bis heute nicht die erwartete Menge an Kunden haben? Ist Sicherheit doch nicht so wichtig? Oder können sich die Trust Center nicht richtig am Markt positionieren? In diesem Artikel werden wir Kriterien für ein erfolgreiches Trust Center, für einen erfolgreichen Einsatz einer Public Key Infrastruktur, ausarbeiten. Es stellt sich heraus, dass der mangelnde Erfolg auf zu hohe technische und organisatorische Hürden sowie auf die mangelnde Integration in bestehende Prozesse zurückzuführen ist; die Total Cost of Ownership einer Trust Center Dienstleistung ist mit den jährlichen Gebühren für ein Zertifikat noch lange nicht abgegolten.

Der Artikel gliedert sich wie folgt: im zweiten Abschnitt werden wir die Ziele, die für den Einsatz einer Public Key Infrastruktur sprechen, genauer analysieren. Dabei unterscheiden wir nicht zwischen externen und internen Trust Centern, da ja auch die internen Trust Center als Dienstleister (eben nur für eine Organisation) auftreten. Danach werden wir über die Erfahrungen mit dem Aufbau und Betrieb der SAP-internen Public Key Infrastruktur berichten. Im vierten Abschnitt stellen wir die aus unserer Sicht wesentlichen Kriterien für einen erfolgreichen Trust Center Betrieb zusammen. Schließlich stellen wir das Trust Center der SAP vor, welches aufgrund der Erfahrungen mit dem internen Trust Center genau die Erfolgskriterien erfüllt.

2 Warum eine PKI einführen?

Bei der Einführung einer Public Key Infrastruktur steht meist „Sicherheit" als pauschales Argument im Mittelpunkt. Genauer betrachtet ist aber diese Argumentation viel zu pauschal. Worin soll der nicht näher spezifizierte Nutzen liegen, jedem Mitarbeiter in seiner Firma eine zertifizierte digitale Identität zur Verfügung zu stellen? Ohne Anwendung, die die digitale Identität verwendet, ist der Nutzen einer Public Key Infrastruktur gleich null.

Aus betriebswirtschaftlicher Sicht ist Sicherheit kein quantifizierbarer Wert. Maßnahmen zur Gewährleistung von Sicherheit stellen bedingte Kosten dar, die entstehen, wenn ein neuer Dienst, ein neuer Prozess aufgesetzt werden soll, der Mehrwert bringt. Im Zentrum der Überlegung sollte also nicht die Technik stehen, sondern der mehrwertbringende Prozess, der Sicherheit erforderlich macht.

Neue Prozesse, die Mehrwert bringen, und die unter Verwendung einer Public Key Infrastruktur sicher und kostengünstig realisiert werden können, sind die folgenden. Sie sind nach aufsteigenden Kosten geordnet.

- Authentifikation und Single Sign-On,
- Digitale Signatur in Business-Transaktionen und
- Sicherer und verlässlicher E-Mail-Verkehr

Mit zertifizierten digitalen Identitäten kann man ohne großen Aufwand sichere Anmelde-Prozesse über das Intra- oder Internet realisieren [SSL]. Die Ausprägung des privaten Schlüsselmediums kann dabei verschieden sein: von nicht passwortgeschützter Registry-Ablage (wenn der Arbeitsplatz geschützt ist) bis hin zu Smartcards. Da die privaten Schlüssel für eine Online-Authentifikation verwendet werden und später weder privater noch öffentlicher Schlüssel benötigt wird, wird der Rückzug von Zertifikaten nur als Sperre für die weitere Benutzung eines gestohlenen Schlüssels verwendet. Weiterhin können die Authentifikations- und Single Sign-On-Mechanismen unabhängig von existierenden Applikationen und Prozessen zusätzlich implementiert werden bzw. bestehende Anmelde-Prozesse komplett ersetzen. Der Mehrwert der Verwendung von digitalen Identitäten und Zertifikaten für die Authentifikation ist im Vergleich zu den entstehenden Kosten recht hoch.

Digitale Signaturen in Business-Transaktionen erlauben, Transaktionen über das Internet durch einen Partner im eigenen System verbindlich durchführen zu lassen. Über die Authentifikation und Vertraulichkeit hinaus [SSL] ist dabei die Gewährleistung der Verbindlichkeit das wesentliche notwendige Sicherheitsmerkmal. Dies kann mit der Technologie der digitalen Signatur realisiert werden. Zur Überprüfung von digitalen Signaturen ist der öffentliche Schlüssel des Signierenden notwendig - dieser ist aber meist bei der nach Standards erstellten Signatur schon dabei [PKCS#7] oder darauf wird online verwiesen [SXML] – sowie die Information, ob das Zertifikat zur Zeit der Signatur gültig war. Gerade dieses stellt nicht vernachlässigbare Anforderungen an die von einem Trust Center gewährten Dienstleistungen [PKIX, OCSP, CVS] sowie an die (technische) Integration der Überprüfung von digitalen

Signaturen in die bereits implementierten Prozesse. Heute wird die Verbindlichkeit meist durch andere Möglichkeiten realisiert (etwa durch ein revisionssicheres System); der Einsatz von digitalen Signaturen bringt nicht in jeder Situation einen Mehrwert und rechtfertigt somit nicht immer den Aufwand, dafür eine Public Key Infrastruktur einzusetzen.

Sicherer und verlässlicher E-Mail-Verkehr als Ersatz von klassischem Schriftverkehr kann die Gesamtdauer von Geschäftsabwicklungen erheblich beschleunigen [SMIME]. Auch wenn heute in bestimmten Bereichen, so etwa im IT-Sektor, die meisten schriftlichen Kommunikationen schon per E-Mail stattfinden, so werden vertrauliche Dokumente nach wie vor per Brief oder Fax verschickt. Umgekehrt gibt es viele Sektoren, die E-Mail als schriftliches Kommunikationsmittel aufgrund der Risiken gar nicht einsetzen (etwa im Automobilvertrieb, um einem Kunden ein Angebot zukommen zu lassen). Die Verbreitung von sicherer E-Mail würde solchen Bereichen erlauben, erhebliche Effizienzsteigerungen zu verzeichnen. Sichere E-Mail erfordert aber die Kenntnis des öffentlichen Schlüssels des Kommunikationspartners *vor* der Kommunikation, um dem Adressaten vertrauliche Information zukommen lassen zu können [LDAP]. Weiterhin benötigt man in einem Firmenumfeld den privaten Schlüssel des Adressaten (z.B. als Kopie), um E-Mail in Abwesenheit des Adressaten auch in Vertretung bearbeiten zu können. Die organisatorischen Hürden für einen business-tauglichen Einsatz von sicherer E-Mail sind recht hoch und der Mehrwert (noch) vergleichbar gering.

Tab. 1: Vergleich der drei Hauptanwendungen von Public Key Infrastrukturen

Prozess	Authentifikation	Digitale Signatur	Sichere E-Mail
Mehrwert	Single Sign-On über Unternehmensgrenzen hinweg	Verbindlichkeit über Unternehmensgrenzen hinweg	Ersatz der schriftlichen Kommunikation
Hauptaufwand	Inbetriebnahme der PKI	Integration in die Prozesse	Schlüssel- und Zertifikatsmanagement
Kosten	Niedrig	Mittel	Hoch
Nutzen	Hoch	Hoch	Mittel bis niedrig

3 Erfahrungen der SAP

Die SAP hat 1998 ein firmeninternes Trust Center aufgesetzt und in Betrieb genommen. Mehr als 20.000 Mitarbeiter sind seitdem mit einem Schlüsselpaar und einem Zertifikat ausgestattet worden. Der Grund, eine PKI einzuführen war die Möglichkeit, damit ein Single Sign-On für alle SAP-Systeme realisieren zu können. Es gibt mehr als 1000 interne SAP-Systeme, welche potenziell alle verschiedene Password Policies haben; durchschnittlich arbeitet jeder SAP-Mitarbeiter mit fünf SAP-Systemen. Eine Synchronisation der Passwörter ist zu aufwendig. Eine weitere Möglichkeit vieler Single Sign-On Lösungen besteht darin, die unterschiedlichen Benutzerkennungen und Passwörter zentral zu verwalten. Aus Sicherheitsgründen ist jedoch meist von solchen Lösungen abzuraten.

Die Schlüsselpaare wurden zentral erzeugt und als Datei zusammen mit dem Zertifikat verteilt. Um eine größtmögliche Mobilität der Mitarbeiter zu erreichen, wurden die Schlüsselpaare nicht per E-Mail oder Diskette verteilt, sondern werden auf einem zentralen Server vorgehalten. Damit ist ein arbeitsplatzunabhängiger, weltweiter Zugriff von jedem Rechner aus gewährleistet. Selbstverständlich ist der private Schlüssel mit entsprechenden NT Berechtigungen und einen Passwort geschützt. Eine Erweiterung der PKI auf die Unterstützung von sicherer E-Mail und die Verwendung von Security-Tokens (Smartcards oder USB-Tokens) sind geplant.

Bei der Konzeptionierung, dem Aufbau und dem Betrieb der SAP-internen PKI hat das Team um Thomas Obert die folgenden Erfahrungen gemacht:

- Smartcards sind heutzutage Showstopper, sofern es eine heterogene Rechnerlandschaft gibt, die nicht zentral administriert werden kann. Zu groß sind die technischen Probleme, vor die ein (unter Umständen technisch nicht versierter) Mitarbeiter gestellt wird, wenn die Hardware nicht so funktioniert wie sie soll; umgekehrt ist die Wahrscheinlichkeit, dass es zu Problemen wegen der Hardware kommt, leider immer noch recht hoch. Als besser administrierbar scheinen sich USB-Krypto-Token abzuzeichnen; hinzu kommt die Assoziation zu einem Schlüssel, was die Awareness der Mitarbeiter steigert.
- Mangelnde Mobilität ist ein Ausschluss-Kriterium bei der PKI-Einführung. Haben sich Mitarbeiter so an die durch die PKI-Technologie ermöglichten Vorteile gewöhnt, wollen sie nicht mehr darauf verzichten, auch und gerade wenn sie „im Haus" unterwegs sind, z.B. bei einer Präsentation.
- Authentifikation, Digitale Signatur und Sichere E-Mail sind getrennte Prozesse; man ist nicht gezwungen, diese neuen Technologien zum gleichen Zeitpunkt einzuführen. Im Gegenteil: wenn man sich auf die einzelnen Prozesse konzentriert und stufenweise Lösungen zusammenstellt, hat man einen schnelleren Nutzen vom Einsatz von PKI-Technologie.
- Die Integration von digitaler Signatur in Transaktionen und Prozesse scheitert nicht an technischer Machbarkeit; das Problem ist die inhaltliche Distanz zwischen den „Security-Entwicklern" und den „Anwendungs-Entwicklern". Sofern Anwendungs-Entwickler von den Vorteilen von digitalen Signaturen überzeugt sind, bauen sie entsprechende, von der Security-Entwicklung vorbereitete Module gerne in ihre Transaktionen ein.
- Sichere E-Mail ist, vielleicht entgegen der spontanen Meinung, in der Einführung und im Betrieb die mit Abstand aufwendigste Anwendung von PKI-Technologie. So einfach sie für PGP-Anwender ist, wo jeder sein eigener Administrator ist, so komplex ist sie im Firmenumfeld, wo auf Vertreterregelungen, Stellenwechsel etc. Rücksicht genommen werden muss.

Insgesamt bestätigen die Erfahrungen, die bei der Einführung der PKI bei SAP gemacht wurden, die Überlegungen im ersten Abschnitt. Nicht die Technologie, die Sicherheit darf im Vordergrund stehen, sondern ein Mehrwert für den Anwender; erst dann ist der Anwender gewillt, die neue Technologie zu akzeptieren.

4 Kriterien für den Erfolg

Aus den Überlegungen in Abschnitt 2 sowie den Erfahrungen im letzten Abschnitt bei der Einführung der PKI bei SAP ergeben sich für uns die folgenden Kriterien für einen erfolgreichen Einsatz einer Public Key Infrastruktur:

- **Leichter/automatischer Roll-Out Prozess:**
  Der Roll-Out Prozess von Zertifikaten oder gar von Schlüsselpaaren incl. Zertifikaten muss sich in bestehende Prozesse einbetten lassen oder so einfach sein, dass wirklich jeder damit klar kommt. Wenn zum Roll-Out eine Software- oder gar Hardwareinstallation durch den Anwender hinzukommt, dann muss diese in nahezu 100% der Fälle reibungslos und selbst für ungeübte Anwender einfach ablaufen. Ist die Installation schmerzhaft, wird die Anwendung dem Benutzer nicht gerade versüßt. Des Weiteren ist die Zeit, die die Anwender für die Installation bzw. den Roll-Out aufbringen müssen, im Firmenumfeld ein nicht zu vernachlässigender Kostenfaktor.
- **Leichter Prozess in der Anwendung:**
  Die Anwendung der neuen Technologie muss extrem einfach sein (z.B. einfach „E-Mail signieren" anklicken) oder sich an bestehende Abläufe halten (z.B. Eingabe eines Passworts zum Öffnen des Schlüsselmediums für das Single Sign-On statt Eingabe eines Passworts zum Zugriff auf die Systeme). Somit ist die Möglichkeit groß, dass der Mitarbeiter in seinem stressigen Arbeitsablauf auch die neuen Möglichkeiten beachtet und benutzt.
- **Integration in bestehende Prozesse:**
  Am wahrscheinlichsten ist es, dass PKI-Technologie verwendet wird, wenn sie in bestehende Prozesse integriert wird. So stellt die Anwendung von PKI-Technologie nur eine leichte Variation von schon Bekanntem dar. Daran kann man auch sehr gut die Akzeptanz der PKI-Technologie messen. Werden neue Prozesse eingeführt und gleich mit PKI-Technologie abgesichert, so könnte auch der neue Prozess (etwa elektronische Krankmeldung mit digitaler Signatur über Internet) keine Akzeptanz finden, unabhängig von der Sicherheitstechnologie.
- **Mehrwert:**
  Durch den Einsatz der neuen Technologie muss Mehrwert für den Anwender entstehen. Entweder er merkt nichts von der neuen Technologie (dann ist es ihm egal) oder er muss damit in Berührung treten; dann wird er dies nur machen, wenn ihm versprochen wird, dass er davon einen persönlichen Vorteil hat (schneller arbeiten, weniger umständlich arbeiten, weniger laufen, . . .), und dieses Versprechen auch eingehalten wird. Gibt es eine Alternative, etwa den althergebrachten Weg, so wird er im Falle von Schwierigkeiten oder keinem absehbaren Nutzen diesen Weg weiterhin verwenden. Single Sign-On bringt einen enormen Mehrwert für die Anwender und für die IT Sicherheit. Es verringert die Anzahl der Benutzerkonten und Passwörter und erhöht gleichzeitig die Systemsicherheit.
- **Mobilität:**
  Im Zuge der immer wichtiger werdenden Mobilität von IT muss auch die Sicherheitstechnologie diese Anforderung erfüllen. Nicht vorhandene Mobilität ist ein Ausschlusskriterium für eine erfolgreiche Verwendung. Beispiel: Passwörter in Systemen werden durch zertifikatsbasiertes Single Sign-On ersetzt. Der Mitarbeiter merkt sich nur noch das Passwort für das Schlüsselmedium und nicht mehr die Passwörter für die Systeme. Kann er das Single Sign-On bei einer Kundendemo nicht verwenden und kann er sich nicht mehr an die Passwörter erinnern, so wird er sich arg blamieren und Single Sign-On in Zukunft nicht mehr verwenden.
- **Vermeiden von technischen Hindernissen:**
  Technische Hindernisse haben den Charakter eines Stopp-Schilds. Selbst wenn der Bene-

fit dem Mitarbeiter klar kommuniziert wurde und dieser eine hohe Motivation hat, den Mehrwert zu nutzen, so kommt es häufig bei technischen Problemen (unerwartete Reaktionen bei Installationsroutinen, Abstürze von Rechnern, etc.) zu Blackout-Situationen, die die Bereitschaft, die neue Technologie zu nutzen, sofort auf Null reduzieren.

Im Grunde geht es sowohl bei der Einführung von neuen Prozessen als auch bei der Einführung von Sicherheitstechnologie um die Reduzierung von Kosten. Demzufolge muss der gesamte Prozess der Einführung von neuer Technologie in Bezug auf die entstehenden Kosten betrachtet werden. Dabei sind die größten Kostentreiber alle die Prozesse, die auf Endanwenderseite zu Aufwand (für Schulung, Einführung und Anwendung) bzw. zur Nicht-Nutzung wegen mangelnden Mehrwerts führen – was wiederum indirekte Kosten verursacht.

Weiterhin sollte man sich nicht scheuen, Teile der technischen Gesamtlösung zugunsten einfacherer Prozesse aufzugeben und eine solcherart „abgespeckte" Lösung im Gesamtkontext zu bewerten. Oft können die schwierigen Prozesse in einem bestimmten Kontext viel leichter durch andere Systemkomponenten ohne viel Aufwand übernommen werden. Werden beispielsweise digitale Identitäten nur für Authentifikation verwendet, so kann die Sperrung des Zugangs auch durch Sperren der User-Accounts in den betroffenen Systemen erfolgen und muss nicht durch Implementation eines Revocation-Prozesses und der entsprechenden Überprüfungen erfolgen.

Nach dieser eingehenden Betrachtung stellt sich die Frage: wer ist der Key Player, der Zertifikatstechnologie flächendeckend zum Einsatz bringen wird? Die Trust Center durch Vergabe der Identitäten und der Technologie? Die Banken und Kreditinstitute durch Vergabe von Zahlungsgarantien und Risikoabdeckungen für die Verwendung von digitalen Identitäten? Oder die Anwendungsentwickler, die unternehmensübergreifende, sichere Prozesse mit Hilfe von digitaler Signatur und zertifikatsbasierter Anmeldung implementieren?

5 Der mySAP.com Trust Center Service

Wir denken, dass die SAP als Software-Lieferant für unternehmensübergreifende Prozesse einen nicht vernachlässigbaren Einfluss auf die Verbreitung von PKI-Technologie hat. Zur Zeit gibt es eine Reihe von Projekten, in denen Unternehmen oder Organisationen auf SAP-Technologie für Portale mit Applikationsanbindung oder für Marktplätze setzen.

Die SAP-Technologiefamilie mySAP.com setzt für Sicherheit vorrangig auf Public Key Technologie; Single Sign-On auf der Basis von zertifizierten digitalen Identitäten und digitale Signaturen werden von der mySAP.com Basislösung bereits unterstützt. Da aber die existierende Trust Center Landschaft in Hinblick auf die o.g. Kriterien für einen flächendeckenden Einsatz zu teuer ist, hat die SAP beschlossen, ein eigenes Trust Center zu betreiben, um die Zertifikatstechnologie zu wenigen oder gar keinen Kosten SAP-Kunden zur Verfügung zu stellen.

Der Schwerpunkt der Positionierung des mySAP.com Trust Center Services ist im Bereich „Business Enabling", also den SAP Kunden aufgrund der von der SAP zur Verfügung gestellten Technologie zu erlauben, mehr und günstiger Geschäft zu machen, schneller neue Partner zu gewinnen und mit diesen sicher zu kommunizieren. Technisch fokussiert die erste, seit Ende September live geschaltete Trust Center Dienstleistung auf der Ausstellung von Zertifikaten für Single Sign-On am organisationseigenen Portal, für Authentifikation an Portalen und Marktplätzen von Partnern sowie digitalen Signaturen von Business-Transaktionen.

Um die Kosten für den Kunden gleich oder nahe Null zu halten, wurde auf einen Prozess für das Sperren von Zertifikaten verzichtet; es wird in dieser ersten Variante der Dienstleistung davon ausgegangen, dass nur SAP-Systeme eingesetzt werden; in diesen kann alternativ der Benutzer gesperrt werden (für Vermeiden einer nicht mehr erlaubten Authentifikation) bzw. gibt es einen ausgefeilten Logging-Mechanismus, der revisionssicher eingerichtet werden kann und so für nachträgliche Beweisführung bei digitalen Signaturen verwendet werden kann.

Die Verteilung der Zertifikate wird von der mySAP.com Portaltechnologie, dem mySAP.com Workplace, vorgenommen und ist völlig transparent; es werden die Standard-Krypto-Funktionalität der gängigen Browser, sowie die dafür vorgesehenen Internet-Standards [PKIX] verwendet. Dadurch können prinzipiell auch andere Trust Center nach einem Zertifikat gefragt werden. Bei der Wahl von Krypto-Tokens (z.B. Smartcards oder USB-Tokens), die sich in die von den Browsern zur Verfügung gestellte Schnittstelle einklinken [CSP, PKCS#11], können auch diese eingesetzt werden. Da die Schlüssel dezentral, also in der Krypto-Einheit des Browsers erzeugt werden, ist bei Verwendung eines Krypto-Tokens die gleiche Sicherheit gewährleistet wie bei Smartcards, die von einem Trust Center vorpersonalisiert ausgegeben werden. Werden hingegen keine Krypto-Tokens eingesetzt, so muss am Rechner des Anwenders keinerlei zusätzliche Software installiert werden.

In der ersten Stufe des mySAP.com Trust Center Services gibt es kein Sperren von Zertifikaten und keine Unterstützung für sichere E-Mail. Somit liefert der mySAP.com Trust Center Service genau die minimal erforderlichen technischen Komponenten, um einige wenige Prozesse mit neuer, einfach zu handhabender Technologie zu unterstützen und dadurch ohne zusätzlichen Aufwand weder für den Anwender noch für den Administrator für Mehrwert zu sorgen. Durch „Zero Client Installation", also der Tatsache, dass für die Nutzung des Dienstes nichts lokal auf dem Rechner des Anwenders installiert werden muss, und durch die automatische Verteilung der Zertifikate ist auch der Roll-Out-Prozess denkbar einfach. Mobilität wird dadurch erreicht, dass jeder Anwender mehrere Zertifikate beantragen kann; ist er in einem Internet-Cafe, kann er seinen mySAP.com Workplace so konfigurieren, dass das gerade beantragte Zertifikat beim Verlassen des Browsers gelöscht wird.

Das Kerngeschäft der SAP ist Modellierung von unternehmensübergreifenden Prozessen. Die SAP Anwendungs-Entwickler haben schnellen Zugriff auf Ressourcen, die ihnen bei der Implementierung von digitalen Signaturen in unternehmensübergreifenden Prozessen helfen können. Somit ist die SAP einer der Key Player, die die Verwendung von digitalen Signaturen in Businessapplikationen vorantreiben kann und wird.

Digitale Signaturen, die mit vom mySAP.com Trust Center Service zertifizierten digitalen Identitäten durchgeführt wurden, sind gültig nach dem amerikanischen Signaturgesetz und nach dem ersten Absatz der EU-Richtlinie zur digitalen Signatur. Somit können (für Europa: mit beschränkter Haftung) rechtsverbindliche elektronische Unterschriften mit mySAP.com Technologie erzeugt werden. Mit der zweiten Version des Trust Center Service wird die SAP einen Rückzugsprozess implementieren und OCSP als Anfrageprotokoll unterstützen, um qualifizierte Zertifikate im Sinne der EU-Richtlinie ausstellen zu können. Aufgrund des internationalen Charakters im elektronischen Geschäftsverkehr ist die Rechtslage generell immer im Einzelfall zu prüfen.

6 Ausblick

Wenn man neue Technologie flächendeckend, gewinnbringend einsetzen möchte, dann darf man nicht in Technologie, sondern man muss in Prozessen denken. Je weiter die neuen Prozesse von den bekannten Prozessen entfernt sind, desto teurer wird die Umstellung und desto schwieriger ist es, für Anwender den Schritt zur neuen Technologie zu vollziehen.

Das ist unserer Meinung nach der Hauptgrund für den „Misserfolg" von Smartcards; Argumente wie „die Zeit ist noch nicht reif" sind völlig aus der Luft gegriffen und dienen nur der Beruhigung derjenigen, die den Einsatz vorantreiben wollen, aber damit nicht erfolgreich sind. Smartcards gibt es seit Anfang des letzten Jahrzehnts. Vergleichen Sie dies mit DVD-Playern oder Handy-SMS-Schreiben. Beides ist viel jünger und hat sich heute schon flächendeckend – mit Erfolg, auch wenn nicht mit einer perfekten Technologie – durchgesetzt. PKI-Technologie ist nur deswegen noch nicht flächendeckend eingesetzt, weil es keine Anwendungen mit Mehrwert dafür gegeben hat; so langsam stellen sich die ersten „Killerapplikationen" ein.

Überhaupt sollte bei der Verwirklichung von Technologie (auch und gerade bei dem Thema Sicherheit) die „80-20-Regel" eingesetzt werden. Man überlege sich immer, mit wie viel Aufwand man 80% der angestrebten idealen Lösung verwirklichen kann (dem Volksmund nach 20% des Gesamtaufwandes) und wie viel Aufwand man für die restlichen 20% benötigt.

Literatur

[CMS] Certificate Management Messages over CMS (RFC 2797). http://www.ietf.org

[CSP] Microsoft Crypto API. http://www.microsoft.com/technet/security/cryptech.asp

[CVS] Certificate Validation Service. http://www.ietf.org

[Identrus] http://www.identrus.com

[LDAP] Internet X.509 Public Key Infrastructure Operational Protocols LDAPv2 (RFC 2559). http://www.ietf.org

[OCSP] X.509 Internet Public Key Infrastructure Online Certificate Status Protocol – OCSP (RFC 2560). http://www.ietf.org

[PKCS#7] Cryptographic Message Syntax Standard. http://www.rsasecurity.com/rsalabs/pkcs

[PKCS#11] Cryptographic Token Interface Standard. http://www.rsasecurity.com/rsalabs/pkcs.

[PKIX] Internet X.509 Public Key Infrastructure Working Group. http://www.ietf.org

[SMIME] S/MIME Mail Security Working Group. http://www.ietf.org

[SSL] http://www.openssl.org

[SXML] XML Signature Requirements. ftp://ftp.isi.edu/in-notes/rfc2807.txt

[TC] http://www.trustcenter.de

Fail-Safe-Konzept für FlexiPKI

Michael Hartmann[1] · Sönke Maseberg[2]

[1]Technische Universität Darmstadt
hartmann@cdc.informatik.tu-darmstadt.de

[2]GMD-SIT Darmstadt
maseberg@darmstadt.gmd.de

Zusammenfassung

Public Key Kryptographie basiert auf mathematischen Problemen, von denen nicht bekannt ist, ob sie wirklich schwierig sind. Aus diesem Grund wird in diesem Artikel eine Public Key Infrastruktur vorgestellt, die im Schadensfall ihre Funktionsfähigkeit behält, die repariert werden kann und in der zuvor erzeugte digitale Signaturen ihre Beweiskraft behalten.

1 Einleitung

Public Key Infrastrukturen (PKIs) stellen die Basis für sichere elektronische Kommunikation dar. Digitale Signaturen und Verschlüsselungen gewährleisten Authentizität, Integrität und Vertraulichkeit übertragener Daten. Digitalen Signaturen kommt eine besondere Bedeutung zu, nämlich in den Zertifikaten. Erst durch Zertifikate und Zertifikatsketten kann Vertrauen in einer PKI realisiert werden [PKIX]. Verschlüsselungen sind erst auf Basis einer PKI möglich und werden hier nicht betrachtet.

Die Sicherheit in einer PKI hängt entscheidend von der Güte der eingesetzten Komponenten ab, d.h. den kryptographischen Komponenten, wie Signatur-Algorithmus und Hashfunktion, und den einsatzspezifischen Komponenten, den Schlüsseln und Parametern. Das Bundesamt für Sicherheit in der Informationstechnik (BSI) stellt nach §17 Abs. 2 Satz 1 SigV [SigV97] eine Übersicht über die Algorithmen und dazugehörigen Parameter, die zur Erzeugung von Signaturschlüsseln, zum Hashen zu signierender Daten oder zur Erzeugung und Prüfung digitaler Signaturen als geeignet anzusehen sind, zusammen, die die Regulierungsbehörde für Telekommunikation und Post (RegTP) im Bundesanzeiger veröffentlicht [BA99, BSI, RegTP]. Zum Beispiel werden

- die Hashfunktionen SHA-1 und RIPEMD-160, sowie
- die Signatur-Algorithmen RSA mit 1024 Bit, DSA mit 1024 Bit und ECDSA mit 160 Bit Schlüssellänge mit weiteren Parametern

als kryptographisch geeignet eingestuft.

Dass eine Komponente kompromittiert wird, kann dennoch nicht vollständig ausgeschlossen werden, denn es gibt keine beweisbar sicheren Signatur-Algorithmen oder Hashfunktionen und es gibt kryptographisch ungeeignete Schlüssel. Tritt nun ein Schaden ein, so ist die Sicherheit der PKI nicht mehr vollständig gegeben, d.h. die elektronische Kommunikation kann unsicher sein. Ein bestehender Mechanismus in einem solchen Fall ist die Revokation – also die Sperrung von Zertifikaten. Wie schnell diese Revokation Wirkung zeigt, hängt von der Sicherheitspolitik (Security Policy) ab, die vorschreibt, ob beim Verifizieren oder auch beim Signieren die zur Signatur gehörenden Zertifikate verifiziert werden, ob dazu Sperrlisten (Certificate Revocation Lists – CRLs) [HFPS00] konsultiert werden, wie oft diese Sperrlisten aktualisiert werden oder ob der Status eines Zertifikats aktuell via Online Certificate Status Protocol (OCSP) [AAM+99] erfragt wird. Zwei Probleme bleiben:

- Durch Sperrung betroffener Zertifikate wird die Funktionsfähigkeit der PKI eingeschränkt. Die Wiederherstellung der PKI kann je nach Schadensfall die Entwicklung, Produktion, Verteilung und Installation neuer Komponenten nach sich ziehen, was Zeit und Geld kosten würde.
- Durch Kompromittierung des Signatur-Algorithmus können auch vor einem Schaden erzeugte digitale Signaturen ihre Beweiskraft verlieren.

Ziel ist deshalb die Entwicklung einer Public Key Infrastruktur, in der trotz Schadensfall der sichere Austausch kompromittierter Komponenten möglich ist und in der digitale Signaturen mit einer zusätzlichen Komponente so erweitert werden, dass sie ihre Beweiskraft nicht verlieren.

Als Grundvoraussetzung müssen technische Komponenten so flexibel in die PKI integriert sein, dass ein Austausch überhaupt möglich ist. Dieser Philosophie folgt die flexible Public Key Infrastruktur, die am Lehrstuhl von Prof. Buchmann [BuRT00] im Projekt 'FlexiPKI' entsteht. Der nächste Schritt ist, die FlexiPKI derartig zu konfigurieren und zu erweitern, dass die genannten Probleme gelöst werden können.

2 Idee

Die Grundidee besteht darin, in eine Public Key Infrastruktur mehrere, voneinander unabhängige kryptographische und einsatzspezifische Komponenten einzubauen, so dass im Falle der Kompromittierung einer Komponente andere Teile der PKI weiterhin sicher funktionieren und dazu beitragen können,

- kompromittierte Komponenten sicher auszutauschen und
- elektronische Dokumente mehrfach zu signieren (Konzept der 'multiplen digitalen Signaturen').

Diese Idee basiert auf der Annahme, dass die Wahrscheinlichkeit für das gleichzeitige Eintreten mehrerer Schadensfälle, sehr gering ist. Da grundsätzlich niemand auftretende Schadensfälle für die Zukunft voraussagen kann, müssen die folgenden Annahmen und Einschränkungen gemacht werden: Es wird angenommen, es sei unmöglich, weder

- sämtliche zugrundeliegenden mathematischen Basisprobleme zu lösen,
- neue effiziente Lösungsverfahren zu entwickeln, noch
- Rechner mit so starker Leistung zu bauen,

dass alle kryptographischen Algorithmen plötzlich und ohne Vorwarnzeit unsicher werden. D.h. es wird angenommen, es besteht keine Möglichkeit mehr zu reagieren, um etwa Daten anderweitig zu sichern oder kryptographische Algorithmen und Parameter anzupassen.

Wenn also ein Fehler auftritt, soll dieser sicher abgefangen werden – ein sogenanntes Fail-Safe Konzept. Der Begriff Fail-Safe wird definiert als eine "programmgesteuerte Beendigung eines Prozesses bei Erkennen eines Hardware- oder Software-Fehlers. Das Verfahren dient dem Schutz des Prozesses, der noch ordnungsgemäß bis zu einem definierten Zustand geführt wird." [Pohl89]

3 Um ein Fail-Safe-Konzept erweiterte FlexiPKI

Zur Lösung der angesprochenen Probleme wird im folgenden eine Public Key Infrastruktur beschrieben, die auf der FlexiPKI basiert und um ein Fail-Safe-Konzept erweitert ist.

Es wird zunächst die Konfiguration der PKI beschrieben, und anschließend die normale und die erweiterte Funktionalität dargestellt. Bei der Realisierung neuer Funktionalitäten wird, auch um eine größtmögliche Interoperabilität mit bestehenden PKI-Systemen zu gewährleisten, auf bestehende Standards aufgesetzt und nur dort neu definiert, wo Änderungen oder Erweiterungen unabdingbar sind.

3.1 Konfiguration

Es wird angenommen, es stehen zwei[1] verschiedene, praktisch einsetzbare Signatur-Algorithmen zur Verfügung. Ein Signatur-Algorithmus bezeichne die Kombination aus Hashfunktion, Formatierungsalgorithmus und den eigentlichen Algorithmen zur Signatur-Erzeugung und -Verifikation [MeOV97]. Die beiden verschiedenen Signatur-Algorithmen sollen untereinander keine identischen Komponenten aufweisen, um das Ausmaß eines Schadens zu begrenzen.

Die hier konfigurierte PKI besteht aus zwei voneinander unabhängigen, parallel zu nutzenden 'Teil-PKIs' PKI^A und PKI^B.

Tab. 1: Komponentenverteilung für CA und CH

	CA		CH	
	PKI^A	PKI^B	PKI^A	PKI^B
Signatur-Algorithmen	$sign^A$	$sign^B$	$sign^A$	$sign^B$
Sicherheitsanker			puK^A_{CA}	puK^B_{CA}
Schlüsselpaare	(puK^A_{CA}, prK^A_{CA})	(puK^B_{CA}, prK^B_{CA})	(puK^A_{CH}, prK^A_{CH})	(puK^B_{CH}, prK^B_{CH})
zugehörige Zertifikate	$cert^A_{CA}$	$cert^B_{CA}$	$cert^A_{CH}$	$cert^B_{CH}$
Verzeichnis	$\{ cert^A_{CA}, cert^B_{CA}, cert^A_{CH}, cert^B_{CH}, CRL \}$			

Es wird eine zweistufige[2] PKI-Hierarchie angenommen, die aus Zertifizierungsinstanz (Certification Authority – CA) und Teilnehmern (Certificate Holder – CH) besteht. Jeder verfügt

[1] Die Idee ist nicht auf zwei Signatur-Algorithmen beschränkt. Sie lässt sich auf m, m ≥ 2, Verfahren erweitern und bietet dadurch eine skalierbare Sicherheit. Aus Praktikabilitätsgründen beschränken wir uns hier allerdings auf zwei Verfahren.

[2] Die Idee lässt sich auf beliebige PKI-Hierarchien verallgemeinern.

jeweils über zwei Signatur-Algorithmen, zwei Schlüsselpaare und zwei zugeordnete Zertifikate. Jeder CH verfügt darüber hinaus über zwei Sicherheitsanker der CA. [ArTu00] Der Verzeichnisdienst hält alle Zertifikate und die Sperrliste CRL bereit. Tabelle 1 zeigt die Komponentenverteilung im Detail. Zu PKI^A gehören alle mit 'A' gekennzeichneten Komponenten: $sign^A$, prK^A_{CA}, puK^A_{CA}, prK^A_{CH}, puK^A_{CH}, $cert^A_{CA}$ und $cert^A_{CH}$. Entsprechendes gilt für PKI^B.

3.2 Normale Funktionalität der FlexiPKI

PKI^A und PKI^B bieten alle Funktionalitäten einer PKI:

- X.509- und Attributszertifikate [ISO96]
- CRL-Zertifikats-Sperrlisten [HFPS00]
- Registrierung, Personalisierung, Initialisierung, Zertifizierung
- Schlüsselmanagement
- Revokation
- Betriebsprotokolle wie Lightweight Directory Access Protocol (LDAP) oder Online Certificate Status Protocol (OCSP) [BoHR99, AAM+99]
- Kryptographische Protokolle wie Cryptographic Message Syntax (CMS), die in PKCS#1, S/MIME oder Secure Sockets Layer (SSL) integriert sind. [CMS, PKCS1, SMIME]

3.3 Multiple digitale Signaturen

Das angesprochene offene Problem, dass eine digitale Signatur im Schadensfall ihre Aussagekraft verlieren könnte, kann nun gelöst werden. Unter den Annahmen aus Kapitel 2 werden nicht beide Teil-PKIs gleichzeitig kompromittiert. Die Idee ist, PKI^A und PKI^B zur Signaturerzeugung zu nutzen und ein Dokument doppelt zu signieren. In Anlehnung an Cryptographic Message Syntax (CMS) hätten diese multiplen digitalen Signaturen folgende Form (Tabelle 2) [CMS]:

Tab. 2: Multipel signiertes Dokument in Anlehnung an CMS

1	Signatur_Info
2	Dokument D
3	optional Zertifikate
4	optional Sperrlisten
5	$sign\_info^A$
6	$Signatur^A$, erzeugt aus $sign^A$, prK^A und D
7	optional $sign\_info^B$
8	optional $Signatur^B$, erzeugt aus $sign^B$, prK^B und D

CMS bietet bereits die Möglichkeit, Dokumente mehrfach zu signieren, so dass keine Erweiterungen oder Änderungen nötig sind.

3.4 Funktionalität im Schadensfall

Angenommen, ein Schaden – die Kompromittierung einer beliebigen Komponente eines Signatur-Algorithmus – tritt ein. Ohne Beschränkung der Allgemeinheit sei PKI^A als unsicher anzusehen. Ausgangspunkt ist das Bekanntwerden, dass eine in der PKI verwendete Komponente kompromittiert wurde. Diese Information muss der zuständigen CA zugänglich gemacht werden. Die CA prüft den Schadensfall und leitet - bei einem realen Schaden - die weiteren Aktionen ein.

Das erste Ziel ist, Zertifikate $cert^A$ kompromittierter Schlüssel nicht mehr anzuerkennen. Dazu existieren bereits Mechanismen: Betroffene Zertifikate werden revoziert und je nach Security Policy werden beim Verifizieren oder Signieren Sperrlisten konsultiert oder OCSP-Anfragen getätigt. Unter den Annahmen aus Kapitel 2 ist PKI^B vom Schaden nicht betroffen und steht vollständig zur Verfügung. Die Funktionalität der PKI gilt es nun in vollem Umfang wiederherzustellen. Die dazu notwendigen Schritte sind aus Tabelle 3 ersichtlich:

Tab. 3: Arbeitsschritte im Kompromittierungsfall

Schritt	Fein	Grob
1	Schadensfall wird dem CA-Administrator bekannt	INFORMIEREN
2	Schadensfall wird bei CA registriert und geprüft	
3	CA: Sperren betroffener Zertifikate	
4	CA: Sperrlisten zusätzlich verbreiten	
5	Kompromittierte Komponenten deaktivieren	REPARIEREN
6	Neue Komponenten laden	
7	Schlüssel-Erzeugung	
8	CA: Zertifizierung	
9	Applikationsdatenpflege	RE-SIGNING

3.4.1 Informieren

Die CA wird über die Kompromittierung einer verwendeten Komponente informiert, sie prüft den Schaden und initiiert – bei einem real existierenden Schaden – die folgenden Aktionen, um Sperrlisten und Verzeichnisse zu aktualisieren. (vgl. Abbildung 1).

Die Sperr-Information zum Aktualisieren der Sperrliste in einem Verzeichnis erfolgt über LDAP- bzw. OCSP-Formate. Um das Bottleneck zu vermeiden, das entsteht, wenn viele CH mit der CA kommunizieren wollen, soll die Verteilung dieser Sperr-Information über weitere Kanäle möglich sein. Eine Möglichkeit ist, die Information über Mails, Mailattachments, Printmedien, Disketten oder das Internet zu verbreiten. Die Information soll eine für den CH

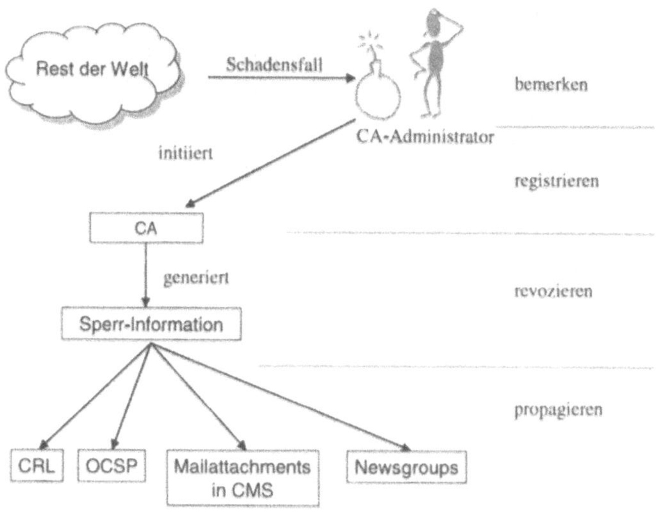

Abb. 1: Informationsfluss beim Auftreten eines Schadensfalles

lesbare Nachricht sein, an die aktualisierte Sperrlisten angehängt sind. Die Information soll alle notwendigen Daten enthalten, aber nicht größer als nötig sein, damit es auch noch in den Personal Security Environments der CH mit geringer Rechenleistung und Speicherkapazität – wie z.B. Chipkarten – abgearbeitet werden kann. CMS stellt ein geeignetes Format zur Verfügung (vgl. Tabelle 4). Die Auswertung in den Clients erfolgt dann entweder automatisch oder halbautomatisch, wenn der Benutzer die Sperrlisten dem Client zur Verfügung stellen muss. Bei der Auswertung prüft der Client die beiden Signaturen und zeigt – nach erfolgreicher Verifikation – den Info_String an, um den Benutzer zu informieren.

Tab. 4: Aufbau des Info_Object Datentyps auf CMS-Basis

1	Signatur_Info	
2	Info_String	Information über Schadensfall im Klartext; für Benutzer lesbar, um ihn über die aktuellen Geschehnisse zu informieren
3	Sperrlisten	
4	sign_info^A	Multiple digitale Signatur, d.h. auch die Signatur, die eine Komponente mit dem kompromittierten OID verwendet! Andernfalls könnte ein Angreifer, der etwa PKI^A erfolgreich attackiert hat, PKI^B sperren!
5	Signatur^A, erzeugt aus sign^A, prK^A und D	
6	sign_info^B	
7	Signatur^B, erzeugt aus sign^B, prK^B und D	

3.4.2 Reagieren

Über die zuvor beschriebenen Verteilungs-Möglichkeiten propagiert die CA ein Objekt des Datentyps Component_Update (siehe Tabelle 5), um kompromittierte Komponenten zu deaktivieren und neue Komponenten zu laden. Der Client muss im Falle einer Chipkarte als PSE, diese über einen Kartenleser ansprechen. Existierende Management-Protokolle wie das Certificate Management Protocol (CMP) müssen dazu erweitert werden [CMP].

Tab. 5: Aufbau des Component_Update Datentyps

<table>
<tr><td>1</td><td>Signatur_Info</td><td></td></tr>
<tr><td>2</td><td>Info_String</td><td>Information über Inhalt des Updates; für Benutzer lesbar</td></tr>
<tr><td>3</td><td>relevantID</td><td>Identifier der Applikation, für die dieses Update gedacht ist (Mailtool, AID der Chipkarten-Applikation, . . .)</td></tr>
<tr><td>4</td><td>Info_Code</td><td>Info_Code mit für den Client interpretierbaren Informationen über Schaden und einzuleitende Aktionen</td></tr>
<tr><td>5</td><td>Neue_OID</td><td>OID der neuen Komponente</td></tr>
<tr><td>6</td><td>BINARY</td><td>Code neuer Komponente</td></tr>
<tr><td>7</td><td>optional Zertifikate</td><td>z.B. CV-Zertifikate, um in Chipkarte Rechte zu setzen</td></tr>
<tr><td>8</td><td>sign_info^A</td><td rowspan="4">Multiple digitale Signatur, d.h. auch die Signatur, die eine Komponente mit dem kompromittierten OID verwendet! Andernfalls könnte ein Angreifer, der etwa PKI^A erfolgreich attackiert hat, PKI^B deaktivieren!</td></tr>
<tr><td>9</td><td>Signatur^A</td></tr>
<tr><td>10</td><td>sign_info^B</td></tr>
<tr><td>11</td><td>Signatur^B</td></tr>
</table>

Der Client vergleicht nun zuerst seinen eigenen Identifier mit dem in Component_Update[3] (Component_Update[x] bezeichnet die Zeile x aus Tabelle Component_Update) aufgeführten, um festzustellen, ob diese neue Komponente überhaupt für ihn gedacht ist. Bei Nicht-Übereinstimmung bricht er den Komponentenaustausch mit einer Fehlermeldung ab. Sonst vergleicht er alle aktiven Verfahren mit den in Component_Update[4] gelisteten und merkt diese bei Übereinstimmung zur Deaktivierung vor. Anschließend werden die beiden Signaturen Signatur^A und Signatur^B verifiziert, und bei positivem Verifikationsergebnis werden die zur Deaktivierung vorgemerkten Verfahren deaktiviert und die entsprechenden Komponenten gelöscht. Danach wird die neue Komponente eingebunden und als aktiv gekennzeichnet (vgl. Abbildung 3).

Nachdem die neue Komponente integriert wurde, müssen eventuell neue Schlüssel generiert und neue Zertifikate ausgestellt werden. Dies ist abhängig von der ausgetauschten Komponente und der angewandten CA-Policy. Bei einer neuen Hashfunktion müssen z.B. keine neuen Schlüssel generiert werden, im Gegensatz zum Austausch eines Signatur-Algorithmus. Die Protokolle zum Einbringen der Schlüssel und der Zertifikatsverteilung in das PSE unterscheiden sich voneinander, wenn die Schlüsselgenerierung im PSE oder in der CA stattfindet. In dem Fall, dass das PSE die neuen Schlüsselpaare generiert, muss sicher gestellt werden, dass der öffentliche Schlüssel authentisch an die CA übermittelt wird, so dass diese dann das ent-

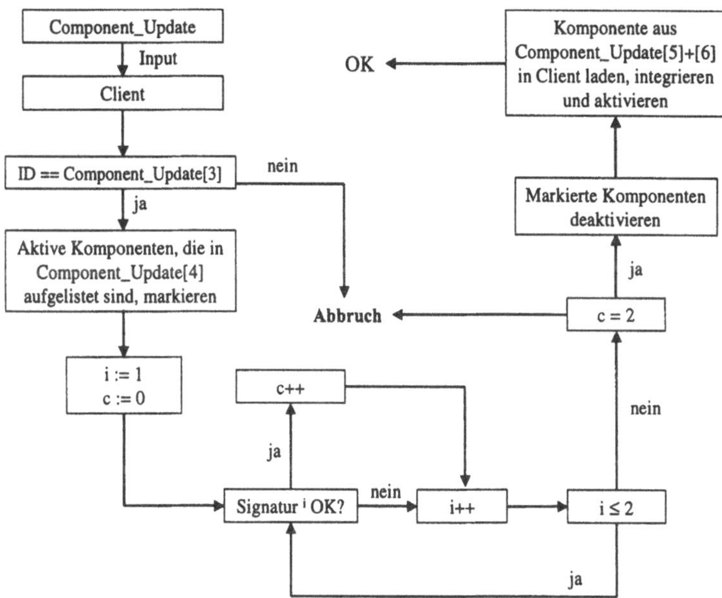

Abb. 2: Austausch einer Komponente im Client

sprechende Zertifikat ausstellen kann. Erzeugt die CA die neuen Schlüsselpaare, dann müssen öffentlicher und privater Schlüssel authentisch und vertraulich an das richtige PSE übertragen werden. Da trotz Schaden eine funktionierende Teil-PKI PKI^B zur Verfügung steht, ist dies zu bewerkstelligen.

3.4.3 re-signing

Nachdem die volle Funktionalität der PKI wieder hergestellt wurde, gilt es nun, die Datenbestände der einzelnen Applikationen zu pflegen. D.h. Dokumente, die zwar multiple digitale Signaturen verwenden, bei denen allerdings eine Komponente kompromittiert wurde, müssen re-signiert werden, um eine kontinuierliche Gültigkeit zu gewährleisten. Die Details sind dabei sehr applikationsspezifisch und je nach zu pflegendem Datenbestand sind unterschiedliche gesetzliche Vorschriften einzuhalten. Wie die Pflege der entsprechenden Datenbestände genau erfolgen muss, kann daher nicht mehr Teil dieses Artikels sein und muss gesondert betrachtet werden.

4 Kosten/Nutzen-Überlegungen

Eine hier konfigurierte FlexiPKI mit Fail-Safe-Konzept und den Teil-PKIs PKI^A und PKI^B benötigt gegenüber einer 'normalen' PKI den folgenden Mehraufwand:

- CA, CH-Client und Verzeichnisse benötigen jeweils doppelt soviel Ressourcen, was aber relativ unkritisch ist, weil diese PKI-Komponenten über beliebig skalierbare Ressourcen verfügen können.

- Ebenso muss die CH-Chipkarte doppelt soviele kryptographische und einsatzspezifische Komponenten enthalten, was wegen der beschränkten Ressourcen kritisch werden kann.
- Zertifikate und Sperrlisten, sowie Registrierung, Initialisierung, Personalisierung, Zertifizierung, Schlüsselmanagement, Revokation, LDAP- und OCSP-Anfragen und SSL werden nicht verändert und sind ohne Mehraufwand in einer FlexiPKI mit Fail-Safe-Konzept zu betreiben.
- Erweiterte Funktionalität: Schutz vor Verlust der Beweiskraft digital signierter Dokumente durch Einsatz von multiplen digitalen Signaturen. Aktivitäten im Signatur- und Verifikationsprozess, die im CH-Client ablaufen, sind unkritisch. Sobald eine Chipkarte involviert wird, verlängern sich die benötigten Zeiten grob, da doppelt soviele Berechnungen durchgeführt werden müssen. Der Transport im Netz ist unkritisch, weil eine Nachricht im CMS-Format durch multiple Signaturen nur unwesentlich wächst. Die Codierung einer Nachricht in CMS mit multiplen Signaturen (RSA mit 1024 Bit und ECDSA mit 160 Bit Schlüssellänge) benötigt im Vergleich zur selben Nachricht, codiert in CMS mit einfacher Signatur (RSA mit 1024 Bit Schlüsseln), lediglich 78 zusätzliche Byte.
- Minderaufwand im Schadensfall: Reparatur-Maßnahmen sind nicht unerheblich, aber wesentlich niedriger einzuschätzen als eine neue Entwicklung, Produktion, Zertifizierung und Roll-Out neuer Komponenten. Effizienzsteigerungen und Optimierungen sind bewusst aus diesem Grund noch nicht berücksichtigt worden.

Der Mehraufwand im normalen Betrieb ist also kalkulierbar. Der Aufwand im Schadensfall hingegen wesentlich geringer.

5 Beispiel

In diesem Beispiel wird eine 'kleine' PKI, bestehend aus Certification Authority und zwei Certificate Holdern Alice und Bob betrachtet. Genutzt wird

- RSA mit 1024 Bit Schlüssellänge und RIPEMD-160 als Hashfunktion, sowie
- ECDSA mit 160 Bit Schlüssellänge und SHA-1 als Hashfunktion

Alice und Bob wollen ihre e-Mails signieren. Beide verfügen über je einen Computer mit einem Internet-Anschluss, einem Mailprogramm und einem Kartenleser für die Kommunikation mit der Signatur-Chipkarte. (vgl. Abbildung 4)

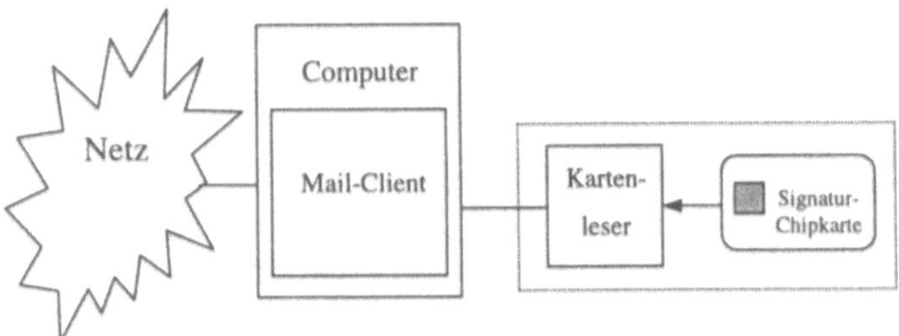

Abb. 3: Alices bzw. Bobs Computer-Ausstattung

Alice und Bob signieren ihre e-Mails multipel. Dazu steuert das Mailprogramm die Chipkarte mit ISO-Kommandos an, um den Hashwert, den der Client berechnet hat, signieren zu lassen:

1. MSE[3] <RSA> und PSO: COMPUTE DS[4] <Hashwert>
2. MSE <ECDSA> und PSO: COMPUTE DS <Hashwert>

Eines Tages gelingt es plötzlich, RSA mit 1024 Bit Schlüssellänge zu kompromittieren. Das BSI teilt mit, dass von nun an 2048 Bit zu benutzen seien. Die CA sperrt daraufhin alle mit RSA zertifizierten Schlüssel, in dem CRL-Sperrlisten und Verzeichnisse durch LDAP- und OCSP-Formate aktualisiert werden. Je nach Gültigkeitsmodell reicht eine Sperrung des CA-Zertifikats ($cert^{A}_{CA}$). Zusätzlich verschickt die CA an Alice und Bob eine e-Mail in CMS mit einer für Alice und Bob lesbaren Information über den Schaden und mitgelieferten aktualisierten Sperrlisten, die vom Mailclient ins System integriert werden. Alice und Bob können aufgrund der funktionierenden PKI^{B} weiterhin miteinander kommunizieren und ihre vorherige Kommunikation als nach wie vor beweiskräftig auffassen.

Zur Reparatur sendet die CA jeweils an Alices und Bobs Client ein Component_Update-Objekt (entsprechend Tabelle 5) mittels Certificate Management Protocol (CMP). Der Mailclient interpretiert die Nachricht und weiß, was zu tun ist:

1. Das mitgelieferte CV-Zertifikat wird an die Chipkarte geliefert, so dass die Rechte für die folgenden Aktionen gesetzt sind.
2. Kompromittierte Komponenten zu $sign^{A}$ werden deaktiviert.
3. Neue Komponenten zu $sign^{A\_neu}$ werden geladen, installiert und aktualisiert.

In diesem Beispiel findet die Schlüsselerzeugung in der Karte statt. Der Mailclient löst die Erzeugung mit GENERATE PUBLIC KEY PAIR aus, liest den soeben generierten öffentlichen Schlüssel $puK^{A\_neu}_{CH}$ - etwa mittels READ BINARY - aus und lässt ihn mit PKI^{B} signieren: MSE <ECDSA> und PSO: COMPUTE DS <$puK^{A\_neu}_{CH}$>. Schlüssel und Signatur schickt der Client zur CA, die diesen öffentlichen Schlüssel auf Basis der Signatur zertifizieren kann.

Wichtig ist, dass jeder CH den neuen Sicherheitsanker der CA ($puK^{A\_neu}_{CA}$) authentisch erhält. Dazu schickt die CA mittels CMP den Schlüssel $puK^{A\_neu}_{CA}$, die Signatur $sign^{B}$ ("$puK^{A\_neu}_{CA}$", prK^{B}_{CA}) und ein CV-Zertifikat, so dass der Mailclient den Sicherheitsanker authentisch in die Chipkarte installieren kann.

Am Ende steht eine reparierte PKI^{A_neu} zur Verfügung.

6 Fazit

Das hier vorgestellte Konzept stellt die Funktionsfähigkeit einer PKI bei einem aufgetretenen Schadensfall sicher, gestattet die Reparatur im laufenden Betrieb und ermöglicht dem Anwender die auf seine Bedürfnisse angepasste Verwendung von multiplen digitalen Signaturen.

[3] MSE steht für MANAGE SECURITY ENVIRONMENT

[4] PSO: COMPUTE DS steht für PERFORM SECURITY OPERATION: COMPUTE DIGITAL SIGNATURE

Literatur

[AAM+99] C. Adams, R. Ankney, A. Malpani, M. Myers, S. Galperin: Internet X.509 Public Key Infrastructure – Online Certificate Status Protocol – OCSP, Request for Comments 2560, 1999.

[ArTu00] A. Arsenault, S. Turner: Internet X.509 Public Key Infrastructure – PKIX Roadmap, Internet Draft, 2000.

[BA99] Bundesanzeiger Nr. 213 – Seite 18.638 vom 11. November 1999. http://www.regtp.de

[BoHR99] S. Boeyen, T. Howes, P. Richard: Internet X.509 Public Key Infrastructure – Operational Protocols – LDAPv2, Request for Comments 2559, 1999.

[BSI] Bundesamt für Sicherheit in der Informationstechnik. http://www.bsi.de

[BuRT00] J. Buchmann, M. Ruppert, M. Tak: FlexiPKI – Realisierung einer flexiblen Public-Key Infrastruktur, in: P. Horster (Hrsg.): Systemsicherheit, Vieweg, 2000, S. 309-314.

[CMP] Network Working Group: Internet X.509 Public Key Infrastructure – Certificate Management Protocols, Request for Comments 2510, März 1999.

[CMS] Network Working Group: Cryptographic Message Syntax, Request for Comments 2630, Juni 1999.

[ISO96] ISO/IEC 9594-8 | ITU-T Recommendation X.509 (1996): Final Text of Draft Amendments DAM 1 to ISO/IEC 9594-8 on Certificate Extensions, JTC 1/SC 21/WG 4 and ITU-T Q15/7, April 1996.

[HFPS00] R. Housley, W. Ford, W. Polk, D. Solo: Internet X.509 Public Key Infrastructure – Certificate and CRL Profile, Internet Draft, 2000.

[MeOV97] A.J. Menezes, P.C. van Ooorschot, S.A. Vanstone: Handbook of applied cryptography, CRC Press, Boca Raton, 1997.

[PKCS1] RSA Laboratories: Public-Key Cryptography Standards #1: RSA Cryptography Standard, Version 2.1, 1999. http://www.rsalabs.com/pkcs/pkcs-1

[PKIX] Internet Engineering Task Force (IETF) Working Group: Public Key Infrastructure (X.509) (pkix). http://www.ietf.org/html.charters/pkix-charter.html

[RegTP] Regulierungsbehörde für Telekommunikation und Post. http://www.regtp.de

[SigV97] Verordnung zur digitalen Signatur (Signaturverordnung – SigV), 1997. http://www.regtp.de

[SMIME] Internet Engineering Task Force (IETF) Working Group: S/MIME Mail Security (smime). http://www.ietf.org/html.charters/smime-charter.html

[Pohl89] H. Pohl: Lexikon Sicherheit der Informationstechnik A-Z, Datakontext-Verlag, Köln, 1998.

mySAP.com Trust Center Service

Maik Müller

SAP AG
Technology Development
maik.mueller@sap.com

Zusammenfassung

Der mySAP.com Trust Center Service trägt speziell dem Problem Rechnung, dass PKI-Lösungen und Trust Communities für E-Business um so interessanter sind, je mehr Teilnehmer sie haben. Es werden exemplarisch zwei technisch vielversprechende Infrastrukturen unter dem Gesichtspunkt der eher enttäuschenden Teilnehmerzahlentwicklung betrachtet. Hierauf basierend wird das Konzept des mySAP.com Trust Center Service vorgestellt und erste Erfahrungen aus dem Betrieb dargelegt.

1 Einleitung

Der praktischen Anwendung von Digitalen Signaturen und asymmetrischer Kryptographie kommt mit der rasanten Ausbreitung des Internets eine entscheidende Bedeutung zu. Das Internet dehnt sich zunehmend in nahezu alle kommerzielle wie auch soziale Bereiche aus. Die Politik hat dies erkannt und trägt dem Rechnung durch beispielsweise freie Internetzugänge für alle Schulen und Büchereien oder Internetschulungen für Arbeitslose.

Die starke Ausrichtung auf das Internet führt aber auch zwangsläufig zu einer zunehmenden Abhängigkeit von den neuen Technologien. Hieraus resultieren einerseits steigende Anforderungen an die Verfügbarkeit andererseits aber auch steigende Anforderungen an die informationstechnische Sicherheit. Dass der Mangel an informationstechnischer Sicherheit im Internet einer der aktuellen Hemmfaktoren für die noch schnellere Expansion von Geschäftstransaktionen via Internet ist, gilt als Gemeinplatz.

Die Anonymität, die das Internet gewährt, erweist sich häufig auch als Handicap. Das Fehlen eines Äquivalents zur eigenhändigen Unterschrift bei Online-Geschäften via Internet hat sich als Problem herauskristallisiert. Die Gesetzgebung hat international – insbesondere im vereinten Europa – erkannt, dass hier Handlungsbedarf besteht. In den letzten Jahren sind daher mehrere Gesetze und Verordnungen zur Regelung Digitaler Signaturen und Elektronischer Unterschriften verabschiedet worden [ds-lawsu]. Die Bandbreite geht von nahezu reinen Haftungsregelungen über die Gleichstellung mit der eigenhändigen Unterschrift bis zu technischen Maßnahmenkatalogen [MaßKat98], die informationstechnische Sicherheit gewährleisten sollen.

Exemplarisch sollen im Folgenden zwei verschiede Ansätze etwas näher vor dem Hintergrund der Verwendbarkeit für E-Business betrachtet werden.

2 Public-Key Infrastrukturen für E-Business

Es gibt mittlerweile eine beträchtliche Anzahl von Public-Key Infrastrukturen: PGP mit seinem *Web of Trust* Ansatz [PGPWoT], firmeninterne PKIs, kommerzielle Zertifizierungsinstanzen für Web-Server wie z. B. Verisign [VeriSign], etc.

Exemplarisch werden die PKI-Ansätze vom deutschen Signaturgesetz [IuKDG 97] und von Identrus [Identrus] betrachtet, die eine klare Fokussierung auf Anwenderzertifikate für E-Business haben. Es werden die Vor- und Nachteile analysiert und diskutiert, warum beide PKIs bis heute keine für E-Business interessanten Teilnehmerzahlen haben.

Hieraus ergibt sich die Frage, was man tun müsste, um eine PKI zu etablieren, die vergleichsweise schnell auf die für E-Business interessanten Teilnehmerzahlen kommt.

SAP setzt mit mySAP.com ganz auf das Internet. Es besteht kein Zweifel, dass dem E-Business via Internet die Zukunft gehört. Wenn man sich aber das Feedback besonders aus den USA anschaut, könnte man oftmals glauben, dass IT-Sicherheit bei den Kunden immer noch als Beiwerk betrachtet wird. SAP bietet seit Jahren Schnittstellen zu Sicherheitsprodukten von Partnern an. Secure Network Communications (SNC) [SNC_97] ermöglicht die Sicherung der Kommunikationsverbindungen in und zwischen SAP System mittels eines GSS API v2.0 [R2743 _00, R2744_00] konformen Sicherheitstoolkits [SAP_SPP]. Die Secure Store and Forward (SSF) API [SNC_97] erlaubt das Erzeugen und Verarbeiten von PKCS#7 [R2315_98] Dokumenten über Partnerprodukte [SAP_SPP].

Obwohl somit schon vielfältige IT-Sicherheitslösungen zur Verfügung stehen, zeigt die Vergangenheit, dass die Kunden das Angebot nur sehr zögerlich annehmen. Aussagen wie: „Im Intranet genügt uns das Sicherheitsniveau von Benutzer-ID und Passwort" sind die Regel. Der Einsatz von Hardware Tokens wie beispielsweise Smartcards wird oftmals nur für spezielle Hochsicherheitssysteme erwogen.

Es stellt sich daher die Frage: Wenn ein Großteil der täglich geschlossenen Verträge beispielsweise über FAX zustande kommt, wäre es nicht besser, hierfür Digitale Signaturen einzusetzen, auch wenn man aus Kostengründen auf Hardware Tokens und höchste Sicherheitsanforderungen verzichtet?

3 Idee des mySAP.com Trust Center Service

Der mySAP.com Trust Center Service richtet sich vor allem an jene Unternehmen, die sich bis jetzt noch nicht für eine PKI entscheiden konnten oder bereits eine PKI haben, die sich aber nicht oder nur schlecht für E-Business eignet.

In dieser Hinsicht ist mySAP.com TCS nicht als Konkurrenz, sondern als Ergänzung zu PKI-Ansätzen wie nach dem deutschen Signatur Gesetz oder Identrus zu verstehen. Der mySAP.com TCS ist vielmehr als Business Enabler zu verstehen. Er verwendet zum SAP System die gleichen offenen Schnittstellen (SSL [SSL3_96, R2246_99], SNC und SSF [SNC_97]), an die auch andere PKIs über Partnerprodukte andocken können.

Der Grundgedanke ist es, mit möglichst geringem Aufwand bzw. Kosten große Benutzergruppen in die mySAP.com Trust Community aufnehmen zu können. Um dieses Ziel zu erreichen, konzentriert sich der mySAP.com Trust Center Service primär auf den Web-Browser als

Client und kommt im Standardfall gänzlich ohne zusätzlich zu installierende Soft- oder Hardware aus.

Der Anwender weist sich im Intranet am zentralen System (z. B. mySAP.com Workplace Server) mit Benutzer-ID und Passwort aus und bekommt nach erfolgreicher Überprüfung seinen mySAP.com Passport. Der mySAP.com Passport ist ein X.509v3 [ITU-T97] Zertifikat, das nun im Web-Browser zur Verfügung steht. Es kann nun beispielsweise für sicheres Single Sign-On im Intranet verwendet werden.

Der besondere Vorteil für E-Business besteht darin, dass die Verwendung des mySAP.com Passport natürlich nicht nur auf das Intranet beschränkt ist. Vielmehr lässt er sich aufgrund seiner Standardkonformität beispielsweise auch von beliebigen SSL-fähigen Webservern zur Client Authentifizierung anfordern.

Der Name des Inhabers selbst ist für den Verifizierer oftmals nichtssagend. Der mySAP.com Passport enthält aber auch den Namen des Unternehmens, für das der Inhaber arbeitet. Dies sagt noch nichts darüber aus, in welchem Rahmen der Inhaber berechtigt ist, im Namen der Firma zu agieren, aber in vielen Fällen genügt heute auch eine nicht überprüfte Unterschrift auf einem Firmenbriefbogen, um kleinere Aufträge zu erteilen.

Nach dieser ersten Vorstellung der Idee, die hinter dem mySAP.com Trust Center Service steht, wird im Folgenden das Konzept detaillierter vorgestellt.

4 Konzept des mySAP.com Trust Center Service

Wesentliches Designmerkmal des mySAP.com Trust Center Services ist, dass die Identifizierung und Registrierung der Teilnehmer in die Unternehmen verlagert wird.

Diese Trennung von Registration Authority (RA) und Certification Authority (CA) ermöglicht es, die CA online im Internet zu betreiben. Die notwendige Sicherheit, um den CA-Service online im Internet zur Verfügung zu stellen, basiert auf dem zweistufigen Konzept der CA und die Verwendung von gegenseitig authentifizierten und verschlüsselten Kommunikationsverbindungen, über die digital signierte Dokumente ausgetauscht werden. Abbildung 1 zeigt die zweistufige Architektur der TCS CA.

In der Middleware-Schicht des mySAP.com TCS werden soweit wie möglich alle Vorprüfungen durchgeführt. Nur diejenigen Zertifikatsrequests, die von einer zugelassenen RA bestätigt sind, werden an die CA weitergeleitet. Die Middleware-Schicht kann in dreifacher Hinsicht skaliert werden:

- Über einen Load-Balancer verdeckt kann die Anzahl der Middleware-Rechner erhöht werden, um einen höheren Durchsatz zu erreichen.
- Es können zusätzlich Zugänge zum TCS beispielsweise über VPNs, Standleitungen, etc. geschaffen werden.
- Bei zu großer Gesamtlast verzögert die Middleware aktiv auch die gültigen Requests oder informiert den Benutzer darüber, dass sein Request zur Zeit nicht bearbeitet werden kann.

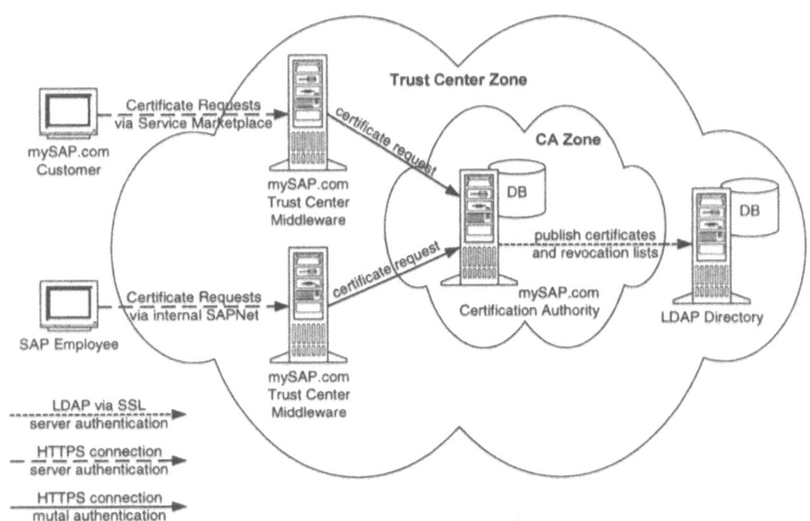

Abb. 1: Certification Authority of the mySAP.com TCS

5 Einsatz des mySAP.com TCS aus Anwendersicht

Ein Unternehmen, das seine Mitarbeiter mit mySAP.com Passports versorgen möchte, benötigt eine vom mySAP.com Trust Center Service unterstützte RA-Komponente die im mySAP.com Workplace [SAPWork] und Marketplace [SAPMark] bereits integriert ist (weitere in Vorbereitung). Auf herkömmliche Art findet die Registrierung des Unternehmens statt. Es wird ein mySAP.com Trust Center Service Vertrag geschlossen, der die Rechte und Pflichten regelt [TCS_SMP]. In diesem Rahmen wird auch das Zertifikat für die RA-Komponente, die später beim Kunden läuft, ausgestellt. Bis zu diesem Punkt unterscheidet sich der Ablauf wenig von dem anderer Trust Center.

Abbildung 2 skizziert den Ablauf, über den sich ein Mitarbeiter eines Unternehmens, welches mySAP.com Trust Center Service Kunde ist, im Self-Service seinen mySAP.com Passport ausstellen lassen kann. Der Mitarbeiter weist sich im Intranet klassisch mit Benutzer-ID und Passwort am zentralen System aus. Der vom Browser generierte Zertifikatsrequest wird in der RA-Komponente auf Korrektheit des Namens und Berechtigung zum Request eines mySAP.com Passports geprüft. Fällt die Prüfung positiv aus, so bestätigt die RA den Request mit ihrer digitalen Signatur und gibt den bestätigten Request an den Web-Browser des Mitarbeiters zurück und leitet ihn https gesichert zum mySAP.com Trust Center Service im Internet weiter. Hier wird der Request sofort online und vollautomatisch bearbeitet. Fallen alle Prüfungen positiv aus, so bekommt der Mitarbeiter seinen mySAP.com Passport in Sekundenschnelle in seinen Web-Browser importiert und kann ihn sofort für Single Sign-On und E-Business benutzen.

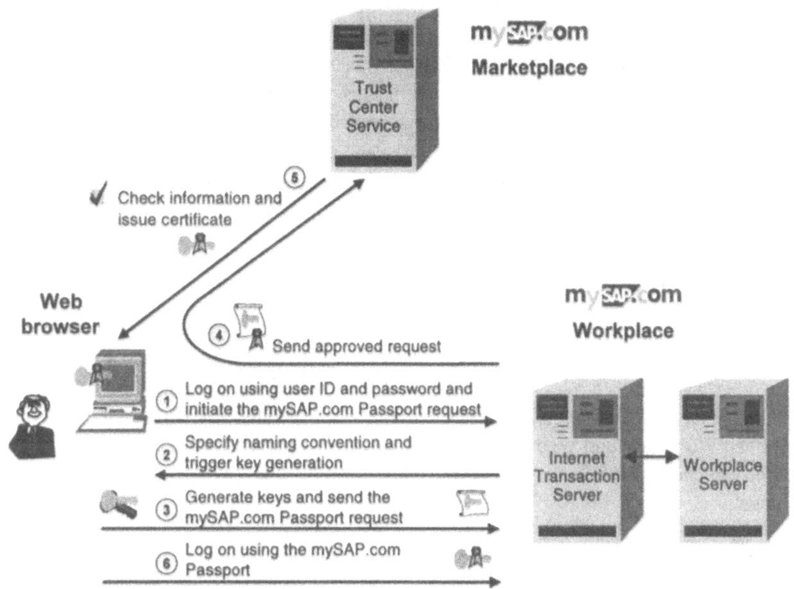

Abb. 2: mySAP.com Passport Enrollment Process

6 Vorteile des mySAP.com Trust Center Service

Aus dem vorgestellten Design ergeben sich eine Reihe von Vorteilen:

- Kein Administrations- oder Installationsaufwand am Client (Enrollment des my-SAP.com Passports im online Self-Service).
- Sehr geringer Aufwand und sehr geringe Kosten im Vergleich zur Implementierung anderer PKI-Lösungen (keine Zusatzkosten für mySAP.com Workplace Kunden).
- Der mySAP.com Passport ist ein X.509v3 [ITU-T97] konformes Benutzerzertifikat, das von Web-Browser / Betriebssystem des Benutzers verwaltet wird.
- Das Schlüsselpaar wird vom Web-Browser des Benutzers generiert und muss zu keinem Zeitpunkt übermittelt werden.
- Ein Benutzer kann mehrere mySAP.com Passports auf seinen Namen ausgestellt bekommen. Somit entfällt die Problematik vom Transport des Schlüsselsystem zwischen verschiedenen Arbeitsplätzen (z. B. Desktop und Notebook).
- Der mySAP.com Passport ist für online Authentifizierung des Benutzers und online geleistete digitale Signaturen konzipiert. Verschlüsselung von Dokumenten liegt nicht im Focus, so dass Key Backup und Recovery keine Rolle spielen.
- Der mySAP.com Passport ist ideal für die Benutzerauthentifizierung über Unternehmensgrenzen hinweg geeignet. Die verifizierende Komponente kann unmittelbar das

Unternehmen erkennen, welchem der Benutzer angehört und beispielsweise darauf basierend den Zugriff auf spezielle Einkaufskonditionen freigeben.

- Der SubjectName im mySAP.com Passport identifiziert eindeutig eine bestimmte Person in einem bestimmten Unternehmen. Es muss aber keineswegs der natürliche Name der Person enthalten sein. Wird nur eine anonyme Kennung verwendet, so ist die Handhabung des mySAP.com Passport in datenschutzrechtlicher Hinsicht unkritisch.
- Der mySAP.com Passport ist für die Benutzerauthentifizierung gegenüber SAP und nicht-SAP Komponenten verwendbar.

7 Fazit

Der mySAP.com Trust Center Service bietet eine Alternative für diejenigen Unternehmen, die keine teure hochsichere PKI aufbauen wollen oder sich nicht in eine hochsichere PKI „einkaufen" wollen. mySAP.com Workplace Kunden können sich ohne zusätzliche Kosten für den mySAP.com Trust Center Service registrieren lassen. Die technischen Voraussetzungen hierfür bringen Workplace und Web-Browser schon mit. SAP verspricht sich von diesem Angebot einen erheblichen Anschub für die Verwendung von PKI und Digitalen Signaturen im E-Business.

Seit September 2000 läuft der mySAP.com Trust Center Service in einer Pilotphase. mySAP.com Kunden können sich in ihrem eigenen System einen Eindruck von der Funktionsweise des mySAP.com Trust Center Service verschaffen und die PKI-Unterstützung der SAP Produkte im eigenen Haus testen, ohne hierfür erst eine eigene PKI aufbauen zu müssen.

Wer dann feststellt, das ihm das Sicherheitsniveau des mySAP.com Trust Center Services in gewissen Bereichen nicht genügt, der kann gezielt dort auf höherwertige Trust Center Angebote (z. B. Smartcards, die dem deutschen Signaturgesetz oder Identrus Standard genügen) zurückgreifen. Die Weiterentwicklung des mySAP.com Trust Center Service wird sich nach den Kundenanforderungen richten. Der Smartcard-Support im Web-Browser befindet sich zur Zeit in der Erprobung. Eine Infrastruktur zur Verteilung von bei SAP personalisierten Smartcards ist jedoch momentan nicht geplant.

Literatur

[ds-lawsu] S. van der Hof: Digital Signature Law Survey. http://rechten.kub.nl/simone/ds-lawsu.htm

[HorSch00] W. Hornberger, J. Schneider: Sicherheit und Datenschutz mit SAP-Systemen, Galileo-Press, Bonn, 2000.

[Identrus] Identrus LLC. http://www.identrus.com

[IuKDG97] Gesetz zur Regelung der Rahmenbedingungen für Informations- und Kommunikationsdienste (Informations- und Kommunikationsdienste-Gesetz – IuKDG) Bundesgesetzblatt, Jahrgang 1997, Teil I vom 28. Juli 1997, Seite 1870 ff.

[ITU-T97] ITU-T X.509: Information Technology – Open Systems Interconnection –The Directory: Authentication Framework, 1997.

[MaßKat98] Maßnahmenkatalog zur digitalen Signatur gem. SigV §12 und §16, 1998. http://www.regtp.de/tech_reg_tele/start/in_06-02-01-00-00_m/index.html

[PGPWoT] PGP Web of Trust Statistics. http://bcn.boulder.co.us/~neal/pgpstat/

[R2240_98] J. Callas, L. Donnerhacke, H. Finney, R. Thayer: OpenPGP Message Format, Internet Engineering Task Force, RFC2440, November 1998.

[R2246_99] T. Dierks, C. Allen: The TLS Protocol, Version 1.0, Internet Engineering Task Force, RFC 2246, January 1999.

[R2315_98] B. Kaliski: PKCS #7: Cryptographic Message Syntax, Version 1.5, Internet Engineering Task Force, RFC 2315, March 1998.

[R2743_00] J. Linn: Generic Security Service Application Program Interface, Version 2, Update 1, Internet Engineering Task Force, RFC 2743. January 2000.

[R2744_00] J. Wray: Generic Security Service API Version 2, C-bindings, Internet Engineering Task Force, RFC 2744, January 2000.

[SAPMark] mySAP Marketplace. http://www.sap.com./solutions/marketplace

[SAP_SPP] SAP Security Partner Products. http://www.sap.com/solutions/technology/

[SAPWork] mySAP Workplace. http//www.sap.com./solutions/workplace

[SNC_97] SAP White Paper: Secure Network Communications and Secure Store & Forward Mechanisms with the SAP R/3 System, 1997. http://www.sap.com/solutions/technology/security.htm

[SSL3_96] A.O. Freier, P. Karlton, P.C. Kocher: The SSL Protocol, Version 3.0, November 1996. http://home.netscape.com/eng/ssl3/draft302.txt

[TCS_SMP] SAP Services Marketplace: TCS Customer Information. http://service.sap.com/TS

[VeriSign] VeriSign, Inc. http://www.verisign.com

Gültigkeitsprüfung von Zertifikaten

Petra Wohlmacher

Universität Klagenfurt
Institute für Informatik – Systemsicherheit
petra.wohlmacher@uni-klu.ac.at

Zusammenfassung

Mit Zertifikaten kann die Zusammengehörigkeit einer Person zu einem öffentlichen Schlüssel oder zu Attributen authentisch bescheinigt werden. Ein Zertifikat ist jedoch nur innerhalb eines festgelegten Zeitraums gültig, wobei sich die Gültigkeitsdauer auch verkürzen kann, wenn ein bestimmtes Ereignis eingetreten ist. In diesem Fall muss das Zertifikat umgehend deaktiviert werden, damit die Nutzer der Sicherheitsinfrastruktur keinem erhöhten Sicherheitsrisiko ausgesetzt sind. Man spricht dann davon, dass das Zertifikat gesperrt wird. Der Beitrag beschreibt die grundlegendsten Verfahren, mit denen die Gültigkeit von Zertifikaten geprüft werden kann. Es werden die Techniken der Sperrlisten (CRL), der Positivlisten (CPL), der Sperrsysteme (CRS), der Sperrbäume (CRT) und der Online-Status-Protokolle (OCSP) vorgestellt.

1 Einführung

Heutzutage werden in den verschiedensten Bereichen Sicherheitsinfrastrukturen aufgebaut und genutzt, um die Sicherheit von IT-Systemen, von Anwendungen und der Kommunikation von Parteien (wie Nutzer, Institutionen, Prozessen oder Geräten) zu erhöhen [PKIX01]. Sicherheit definiert sich über Sicherheitsanforderungen, beispielsweise Vertraulichkeit, Integrität, Authentizität und Nichtabstreitbarkeit, die mit Sicherheitsmaßnahmen erfüllt werden. Die meisten dieser Maßnahmen verwenden kryptographische Mechanismen wie Verschlüsselungsverfahren, digitale Signaturverfahren und Authentifizierungsprotokolle, aber auch Zugriffskontrollen. Die Sicherheit der kryptographischen Maßnahmen hängt dabei entscheidend von der Authentizität bestimmter Daten ab, zu denen öffentliche Schlüssel und Attribute zählen. Sowohl öffentliche Schlüssel als auch Attribute müssen authentisch ihrem Besitzer zugeordnet werden können. Eine solche Zuordnung kann durch Public-Key-Zertifikate und Attribut-Zertifikate vorgenommen werden [ITUT97, ISO00]. Zertifikate sind insbesondere für den Einsatz in offenen Systemen geeignet, in denen eine große Anzahl an Parteien miteinander authentisch kommunizieren wollen. Diese Parteien gehören im Allgemeinen verschiedenen Institutionen an, so dass sie sich untereinander nicht kennen und sich deswegen gegenseitig nicht vertrauen. Zertifikate bilden hier eine Grundlage, auf der Parteien gegenseitiges Vertrauen aufbauen können.

Zertifikate werden von einer vertrauenswürdigen Instanz, der Zertifizierungsinstanz CA, generiert und im Allgemeinen auch von ihr ausgegeben. In der Sicherheitsstrategie einer CA ist der Lebenszyklus von Schlüsselpaaren und Attributen und damit die Gültigkeitsdauer ihrer Zertifikate festgehalten. Innerhalb dieses Zeitraums kann von der CA die

Zuverlässigkeit des Zertifikats gewährleistet werden. Die Gültigkeitsdauer des öffentlichen Schlüssels oder der Attribute wird im Zertifikat angegeben und zusammen mit anderen Daten von der CA signiert. Durch die Signatur der CA zu diesen Daten können Zertifikate nicht unbemerkt gefälscht werden, zudem können sie auf unsicheren Kanälen zu einer anderen Autorität (Verzeichnis oder Directory genannt) übermittelt werden, die Zertifikate verwaltet. Typischerweise liegt die Gültigkeitsdauer eines Zertifikats zwischen einigen Monaten und zwei Jahren. Unter bestimmten Umständen jedoch muss ein Zertifikat gesperrt werden, d.h. seine Gültigkeit muss früher als vorgesehen beendet werden.

Um nun die Gültigkeit eines Zertifikats zu prüfen, muss eine Partei verschiedene Tests durchführen, von denen einige als kritisch angesehen werden können. Einer der kritischsten Tests ist, festzustellen, ob ein bestimmtes Zertifikat gesperrt wurde oder nicht. Zunächst muss das Sperrmanagement von Zertifikaten sowohl für CAs, Verzeichnisse und Nutzer klar definiert sein: CAs müssen beispielsweise einen vertrauenswürdigen Sperrservice anbieten, der in einer entsprechenden Sicherheitstrategie festgeschrieben ist. Ein Nutzer muss wissen, wie und wann eine Sperrung veranlasst wird, aber ebenso muss er in Erfahrung bringen, wie er über Sperrungen informiert werden kann. Eine Sperrung kann durch den Besitzer (subject) eines Zertifikats, durch einen autorisierten Repräsentanten, der im Zertifikat eingetragen ist, oder durch die CA selbst initiiert werden. Gesperrt werden Zertifikate jedoch nur von einer CA. Hierzu muss der Initiator einen entsprechenden Revocation-Request an die CA senden und sich ihr gegenüber authentifizieren.

Der aktuelle Status der Zertifikate wird üblicherweise an ein Verzeichnis übermittelt. Das Verzeichnis beantwortet dann die Nutzeranfragen, die die Gültigkeit der Zertifikate betreffen. Eine Anfrage (request) beinhaltet dabei mindestens die Seriennummer des Zertifikats, die jedes Zertifikat eindeutig kennzeichnet. Die Antwort des Verzeichnisses enthält neben der Seriennummer dann auch die aktuelle Gültigkeit, das Datum und den Sperrgrund. Die empfangende Partei analysiert dann die Antwort und entnimmt ihr den aktuellen Status des Zertifikats.

Eine Sperrmethode für Zertifikate muss bestimmten Anforderungen genügen. Sie muss auf aktuelle Daten zugreifen können, effizient sein und sich insbesondere für einen Einsatz in großen Sicherheitsinfrastrukturen eignen. Dementsprechend ist es notwendig, dass die Datenmenge, die für eine Gültigkeitsprüfung übertragen werden muss, und die Anzahl der zeitintensiven Berechnungen, die durchgeführt werden müssen, auf ein Minimum reduziert werden. Es ist auch wünschenswert, dass ein Zertifikat neben seiner endgültigen Sperrung auch nur vorübergehend suspendiert (placed on hold) werden kann, so dass es bis zum Ablauf seiner Gültigkeit wieder verwendet werden kann.

Im Folgenden wird ein Überblick über die verschiedenen Verfahren gegeben, mit denen die Gültigkeit von Zertifikaten überprüft werden kann. Allen gemeinsam ist, dass der Verifizierschlüssel der (Root-)CA authentisch vorliegen muss. Zunächst wird eine kurze Klassifizierung der Sperrmethoden durchgeführt und die wichtigsten Gründe angegeben, die zur Sperrung eines Zertifikats führen. Üblicherweise werden gesperrte Zertifikate in Sperrlisten (certificate revocation list – CRL) geführt, die in Kapitel 4 beschrieben werden. In Kapitel 5 werden Positivlisten (certificate positive list – CPL) vorgestellt. Kapitel 6 gibt eine Einführung in Sperrsysteme (certificate revocation system – CRS) und in Kapitel 7 wird die Idee der Sperrbäume (certificate revocation tree – CRT) erläutert. Kapitel 8 beinhaltet ein Protokoll, mit dem der Status von Zertifikaten abgefragt werden kann (online certificate revocation protocol – OCSP). Abschließend werden einige Anmerkungen zur Eignung der verschiedenen Verfahren gegeben.

2 Klassifizierung

Sperrmethoden können auf unterschiedliche Arten klassifiziert werden. Diese Arten sind:

- **Art der Überprüfung:**
  Die Überprüfung kann offline oder online erfolgen, häufig werden auch beide Methoden kombiniert miteinander verwendet. In einem Offline-Schema wird die Information über die Gültigkeit durch eine CA im Voraus berechnet und an ein Verzeichnis übermittelt, das die Information an die Anfrager weitergibt. In einem Online-Schema wird die Information online durch das Verzeichnis bereitgestellt. Der Gültigkeitsbeweis wird dabei während jeder Anfrage durchgeführt und liefert aktuelle Informationen.
- **Art der Listen:**
  Negative oder schwarze Listen (black lists) beinhalten gesperrte Zertifikate, währenddem positive oder weiße Listen (white lists) gültige Zertifikate enthalten. Manchmal werden beide Mechanismen auch miteinander kombiniert eingesetzt.
- **Art der Beweisführung:**
  Ein direkter Beweis wird gegeben, wenn ein Zertifikat in einer positiven oder negativen Liste aufgeführt ist. Dann kann definitiv festgestellt werden, dass das Zertifikat nicht gesperrt oder gesperrt ist. Ein indirekter Beweis liegt vor, wenn ein Zertifikat auf keiner Liste gefunden werden kann und aus diesem Grund das jeweilige Gegenteil angenommen werden muss.
- **Art der Informationsverteilung:**
  Informationen können über einen Push- oder Pull-Mechanismus verbreitet werden.

3 Sperrgründe

Basierend auf verschiedenen Bedrohungen gibt es mehrere Gründe, warum ein Zertifikat gesperrt werden muss [ITUT97]:

- **Schlüsselkompromittierung:**
  Der private Schlüssel des Nutzers (subject) oder des Herausgebers (CA) ist kompromittiert oder es besteht der Verdacht, dass er kompromittiert (gebrochen, ausgespäht oder gestohlen) wurde.
- **Änderung von Angaben:**
  Einige Informationen im Zertifikat über den Nutzer oder andere Informationen sind nicht mehr gültig.
- **Ablösung:**
  Das Zertifikat wurde abgelöst – es sind keine weiteren Gründe verfügbar.
- **Einstellung der Nutzung:**
  Das Zertifikat wird nicht länger für seinen zugewiesenen Zweck benötigt.

Neben den genannten Gründen gibt es weitere Argumente, die zur Sperrung eines Zertifikats führen (nach ihrer Dringlichkeit absteigend sortiert):

- **Kompromittierter Algorithmus:**
Der Signaturalgorithmus, der von der CA verwendet wird, ist generell gebrochen, oder der Algorithmus des zertifizierten Schlüssels ist kompromittiert. Dies kann durch neue Entwicklungen in der Algorithmentheorie, der Zahlentheorie oder Rechnerkapazitäten verursacht worden sein.
- **Sperren eines übergeordneten Zertifikats:**
Ein Zertifikat, das Teil der Zertifizierungskette ist, wurde gesperrt.
- **Verlust oder Defekt des Security-Tokens, Passwort- oder PIN-Verlust:**
Der Nutzer (subject) des Zertifikats hat das physikalische Gerät verloren oder das Gerät ist defekt. Üblicherweise wird ein Token durch ein Passwort oder eine PIN vor unautorisiertem Zugriff geschützt, die jedoch vergessen werden können.
- **Änderung der Schlüsselverwendung:**
Der zertifizierte Schlüssel kann nicht länger für seinen ursprünglichen Zweck verwendet werden.
- **Änderung der Sicherheitsstrategie:**
Die CA (oder eine CA längs des Zertifizierungspfades) arbeitet nicht länger unter ihrer definierten Sicherheitsstrategie, beispielsweise stellt sie den Service für Zertifikate ein.

Gewöhnlicherweise enthält die Statusinformation des Zertifikats auch den Sperrgrund.

4 Sperrlisten

Sperrlisten (certificate revocation list - CRL) wurden im Jahr 1988 zusammen mit den X.509-Zertifikaten von der ITU-T (ehemals CCITT) eingeführt. Seit der X.509-Empfehlung aus dem Jahre 1993 basieren die Sperrlisten auf einer verbesserten Version 2, die von ITU-T und ISO/IEC erstellt wurde [ITUT97, HWPS00]. Eine CRL stellt eine negative Liste dar, die einen indirekten Beweis gibt und offline bereitgestellt wird. CRLs werden periodisch herausgegeben, gewöhnlicherweise monatlich.

Eine CRL ist eine Liste, die die Seriennummern der gesperrten Zertifikate zusammen mit dem Zeitpunkt ihrer Sperrung beinhaltet. Zusätzlich sind in einer CRL auch der Zeitpunkt angegeben, an dem sie erzeugt wurde, und der Zeitpunkt, an dem sie zum nächsten Mal ausgegeben wird. Optional kann sie auch weitere Informationen enthalten, beispielsweise eine Sperrlistennummer oder Gründe, die zur Sperrung des Zertifikats führten [ANSI95, ITUT97, HWPS00]. Eine CRL wird von der CA signiert, die diese CRL erstellt hat, und kann aufgrund der Datumsangaben und der digitalen Signatur auf Aktualität und Authentizität geprüft werden. Eine CRL wird in periodischen Abständen an ein Verzeichnis übermittelt. Der prinzipielle Aufbau einer CRL ist Abbildung 1 dargestellt (Z_i bezeichnet ein Zertifikat i).

Eine CRL wird von einem Verzeichnis an den Nutzer übermittelt. Der Nutzer prüft die Aktualität und verifiziert die Signatur der CA. Ist die Liste authentisch, dann untersucht er, ob das designierte Zertifikat in der CRL enthalten ist oder nicht: Wenn er die Seriennummer des Zertifikats nicht in der CRL finden kann, dann kann er davon ausgehen, dass das Zertifikat noch gültig ist.

Da CRLs einfach zu implementieren und auch zu verstehen sind, sind sie weit verbreitet. Da im Allgemeinen Zertifikate eine lange Gültigkeit besitzen und es eine große Anzahl

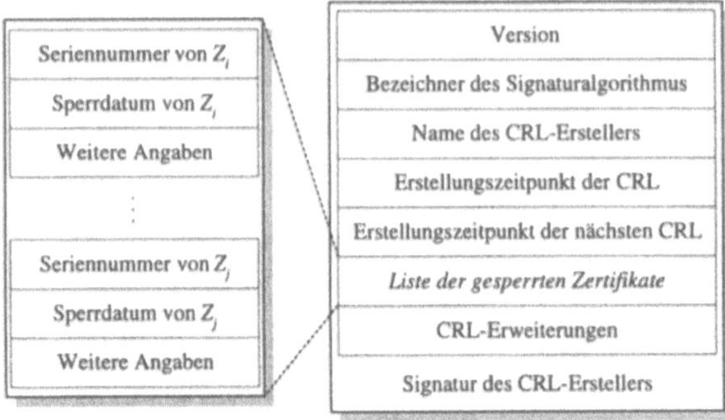

Abb. 1: Prinzipieller Aufbau einer Sperrliste – Certificate Revocation List

an Nutzern gibt, können CRLs extrem groß werden. In diesen Fällen müssen große Datenmengen übertragen werden. Zudem ist eine CRL nur zum exakten Zeitpunkt ihres Erscheinens aktuell. Aus diesen Gründen wurden sogenannte Delta-CRLs definiert. Eine Delta-CRL wird zwischen zwei CRLs ausgegeben und beinhaltet nur solche Veränderungen, die nach der Herausgabe der letzten CRL hinzugekommen sind. Damit kann die Effizienz des Sperrmanagements entschieden erhöht werden. Delta-CRLs besitzen eine Sequenznummer, mit der festgestellt werden kann, ob die CRL-Informationen vollständig sind.

5 Positivlisten

Positivlisten (certificate positive list – CPL) wurden im Rahmen der Interoperabilitätsspezifikation SigI [BGGS99] definiert und liegen in Version 1 vor. Eine CPL ist eine positive Liste und gibt einen direkten Beweis. Sie wird offline bereitgestellt und periodisch ausgegeben.

Die Spezifikation von CPLs wurde in Anlehnung an die Spezifikation von CRLs erstellt, wobei eine CPL im Vergleich zu einer CRL die gegenteilige Information liefert. Auch hier erhält der Nutzer eine komplette Liste, deren Signatur er zunächst verifiziert. Anschließend prüft er, ob das gesuchte Zertifikat in der CPL aufgeführt ist. Ist dies der Fall, dann gilt das Zertifikat als gültig. CPLs können auch als Delta-Listen eingesetzt werden. Dann enthalten sie optional die Zertifikate, die seit dem Update der letzten CPL ausgegeben wurden, aber auch eine negative Liste der Zertifikate, die seit diesem Zeitpunkt gesperrt wurden. Der Aufbau einer CPL kann Abbildung 2 entnommen werden (Z_i bezeichnet ein Zertifikat i).

6 Sperrsysteme

Das Sperrsystem (certificate revocation system – CRS) wurde im Jahre 1996 von Silvio Micali eingeführt [Mica95]. Seine Idee verwendet Online/Offline-Signaturen [Even89]. Er verbesserte seine Idee im Jahre 1986 [Mica96] und benannte CRS in Sperrstatus (certification revocation status) um. 1988 wurde Silvio Micali ein Patent zu "Certificate Revo-

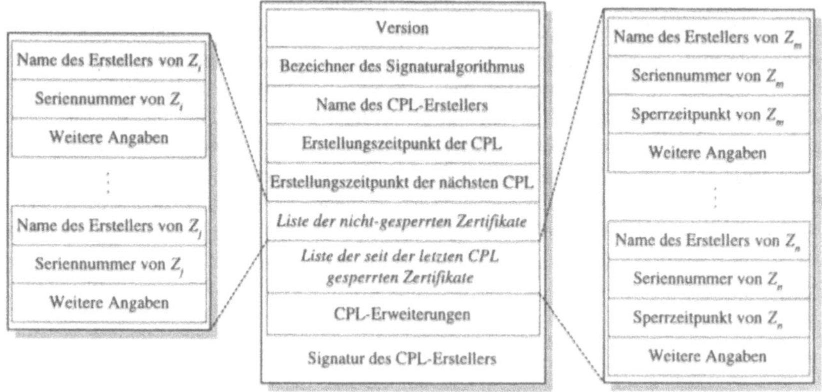

Abb. 2: Prinzipieller Aufbau einer Positivliste - Certificate Positive List

cation System" erteilt [USPa98]. Im Weiteren wird die Grundidee des CRS beschrieben [Mica95]. Ein CRS kombiniert positive Listen mit negativen Listen und gibt somit einen direkten Beweis. Die Gültigkeit jedes Zertifikats wird dabei einzeln betrachtet. Ein Nutzer, der die Gültigkeit eines bestimmten Zertifikats in Erfahrung bringen will, sendet eine entsprechende Anfrage an ein Verzeichnis. Die Antwort enthält dann eine individuelle Information über dieses Zertifikat. Je nach gewähltem Zeitraster kann das System entweder online oder offline arbeiten.

Das System wird wie folgt initialisiert: Eine CA definiert n Zeitintervalle i (betrachtet man beispielsweise ein Jahr mit $n = 365$, dann repräsentiert i einen Tag), innerhalb derer das CRS periodisch aktualisiert wird. Werden X.509-Zertifikate eingesetzt, dann wird die Anzahl der Extension-Felder um zwei weitere 10-bit-Felder erweitert, die mit Y (für "yes") und N (für "no") bezeichnet werden. Da das Zertifikat von der CA signiert ist, können auch diese Werte auf Authentizität geprüft werden. Die CA benennt eine geeignete Hashfunktion H und wählt zwei (pseudo-)zufällige 100-bit-Werte Y_0 und N_0, wobei sowohl Y_0 als auch N_0 von der CA streng geheim gehalten werden müssen. Anschließend berechnet die CA die beiden Werte (siehe Abbildung 3): $Y := Y_n = H^n(Y_0)$ und $N := H(N_0)$. Währenddem der Wert Y_0 in n Berechnungen eingeht, wird N_0 nur einmal verwendet.

Um die CRS aktuell zu halten, übermittelt die CA die folgenden Informationen an ein Verzeichnis: eine aktuelle Liste L, die alle Seriennummern der herausgegebenen und noch nicht abgelaufenen Zertifikate enthält und mit einem Zeitstempel versehen ist. Die Liste L wird von der CA signiert. Neben L werden die weiteren Informationen versendet: alle Zertifikate, die innerhalb des Intervalls i ausgegeben wurden, sowie für jedes Zertifikat einen 100-bit-Wert V. Der Wert v wurde dabei entweder durch $V := Y_{n-i} = H^{n-i}(Y_0)$ berechnet, falls das Zertifikat noch nicht abgelaufen oder gesperrt ist, oder durch $V := N_0$, falls das Zertifikat innerhalb des Intervalls i gesperrt wurde. Für gesperrte Zertifikate kann die CA auch einen signierten Datensatz bereitstellen, der zusätzliche Daten wie Zeit und Grund des Sperrens beinhaltet. Das Verzeichnis speichert die Seriennummern aller Zertifikate zusammen mit ihren zugeordneten Werten V.

Ein Nutzer, der die Gültigkeit eines Zertifikats in Erfahrung bringen will, erhält zunächst die Liste L. Er prüft, ob die von ihm gesuchte Seriennummer in der Liste enthalten ist. Ist dies der Fall, dann verifiziert er die Signatur von L. Ist sie authentisch, dann führt er weitere Tests durch, bei denen er den Wert V sowie die Werte Y und N verwendet (siehe Abbildung 3): Er berechnet $H^i(V)$ und prüft, ob $H^i(V) = Y$ gilt. Falls das zutrifft, dann ist das Zertifikat innerhalb des Zeitraums i gültig. Ansonsten berechnet er $H(V)$ und prüft, ob $H(V) = N$ gilt. In diesem Fall ist das Zertifikat ungültig. Wenn eine der beiden Prüfungen erfolgreich verläuft, dann kann der aktuelle Status des Zertifikats festgestellt werden, denn es gilt entweder $Y = H^i(H^{n-i}(Y_0)) = H^n(Y_0)$ oder $N = H(N_0)$. In allen anderen Fällen ist ein Fehler aufgetreten, der beispielsweise während der Übertragung aufgetreten sein kann.

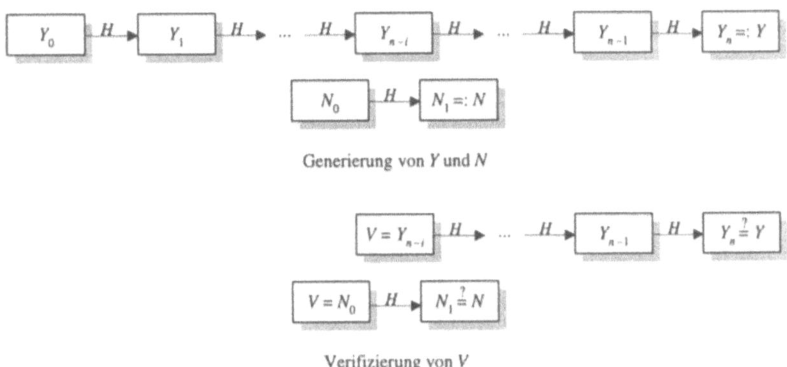

Abb. 3: Sperrsystem - Certificate Revocation System

Ein CRS besitzt die folgenden Vorteile: Die signierte Liste L wird offline bereitgestellt. Da eine Hashfunktion verwendet wird und die Werte Y und N durch einen 100-bit-String repräsentiert werden, ist der Verifizierprozess von V effizient und kann online berechnet werden. Das Verzeichnis kann weder L noch V fälschen, da Y_0 und N_0 nur der CA bekannt sind. Trotzdem hängt die Sicherheit eines CRS auch von der Sicherheit von Y_0 und N_0, insbesondere von ihrem Generierungsprozess, ab.

7 Sperrbäume

Sperrbäume (certificate revocation tree - CRT) wurden von Paul Kocher im Jahre 1998 eingeführt [Koc98a, Koc98b] und basieren auf Hashbäumen [Merk79]. Es sind negative Listen, die außerdem auch Informationen zu nicht-gesperrten Zertifikaten zur Verfügung stellen: Betrachtet man eine geordnete Menge an gesperrten Zertifikaten, dann können gültige Zertifikate speziellen Zeitintervallen zugeordnet werden. Somit kann ein direkter Beweis gegeben werden.

Das System wird wie folgt initialisiert: Seien *low* bzw. *high*, wobei $low < i < high$, die obere bzw. untere Grenze eines Bereiches, in dem alle Seriennummern i liegen. Ein Zertifikat mit einer Seriennummer i wird mit C_i bezeichnet. Zwei gesperrte Zertifikate

C_j und C_k ergeben ein Paar (j, k), wobei es kein Zertifikat C_m mit einer Seriennummer $j < m < k$ gibt, das gesperrt ist. Sei N die Anzahl der gesperrten Zertifikate. Dann werden die einzelnen Intervalle durch die Datenstrukturen $L_0, \ldots, L_N$ repräsentiert, wobei jede Datenstruktur zusätzlich weitere Informationen über den Grund und den Sperrzeitpunkt enthalten kann. Jedes $L_n(0 \leq n \leq N)$ wird als ein Blatt $N_{0,n}$ in einem Binärbaum verwendet, aus dem mittels einer Hashfunktion H ein Hashbaum konstruiert wird: H: $N_{0,n} = H(L_n)$. (Anmerkung: Um die Darstellung zu vereinfachen, wird vorausgesetzt, dass $N + 1$ eine Zweierpotenz ist, womit der Binärbaum vollständig ist und eine Höhe von $log_2(N + 1)$ besitzt. Ansonsten ist L_i ein Blatt in einer höheren Ebene des Baumes.)

Jeder Wert $N_{i,j}$ des Knotens der jeweils nächsten Ebene (Nachfolger) wird berechnet, indem das Konkatenat - gebildet aus dem Wert $N_{i-1,l}$ seines linken Vorgängers und dem Wert $N_{i-1,r}$ seines rechten Vorgängers – gehasht wird: $N_{i,j} = H(N_{i-1,l}||N_{i-1,r})$. Alle anderen Werte der Knoten werden in gleicher Weise berechnet, solange, bis der Wert $N_{r,0}$ der Wurzel mit $r := log_2(N + 1)$ erreicht ist. Der Wert der Wurzel wird nun zusammen mit anderen Daten, wie dem Ausgabedatum und dem Ablaufdatum des CRTs, von der CA digital signiert. Abschließend werden Baum und Signatur an ein Verzeichnis übermittelt und dort gespeichert, so dass Nutzer diese Informationen von dort anfordern können.

Ein Nutzer sendet seine Anfrage, die die Seriennummer des gewünschten Zertifikats enthält, an das Verzeichnis. Die Antwort des Verzeichnisses liefert die folgenden Daten: die Datenstruktur L_k, die die angeforderte Seriennummer beinhaltet, falls k gerade ist: den Wert $N_{0,k+1}$ ansonsten den Wert $N_{0,k-1}$, die kleinste Menge an Hashwerten, die zur Berechnung der Wurzel benötigt werden, sowie den Wert der signierten Wurzel. Der Nutzer verifiziert zunächst die Signatur der Wurzel. Verläuft dies positiv, dann berechnet er aus den erhaltenen Daten in geeigneter Weise alle Hashwerte bis zum Hashwert der Wurzel und prüft, ob der von ihm berechnete Hashwert der Wurzel mit dem an ihn übermittelten Hashwert übereinstimmt. Ist dies der Fall, dann ist der Verifizierung erfolgreich. Er kann nun der Datenstruktur L_i entnehmen, ob das Zertifikat gültig oder gesperrt ist: entspricht die Seriennummer einer Intervallgrenze, dann ist das Zertifikat gesperrt.

In Abbildung 4 ist ein Beispiel eines CRTs dargestellt, wobei $N = 7$ ist und die Seriennummern der gesperrten Zertifikate durch 4, 8, 15, 16, 28, 31 und 48 gegeben sind. Exemplarisch wird $N_{1,2}$ berechnet durch $N_{1,2} = H(N_{0,4}||N_{0,5})$, wobei $N_{0,4} = H(L_4)$ und $N_{0,5} = H(L_5)$. Die Gültigkeit des Zertifikats mit der Seriennummer 14 kann festgestellt werden, indem die Werte L_2, $N_{0,3}$, $N_{1,0}$ und $N_{2,1}$ sowie der Wert der signierten Wurzel verwendet werden.

CRTs sind effizient, da sie Hashfunktionen verwenden und die Datenmenge nur proportional zum Logarithmus der Anzahl der Blätter steigt. Darüber hinaus können die Werte der Knoten im Voraus berechnet werden. Das Signieren der Wurzel kann zudem offline durchgeführt werden, jedoch muss dann das Ausgabedatum des CRTs festgelegt werden.

8 Online-Status-Protokoll

Eine andere Methode ist das Online-Status-Protokoll (online certificate status protocol – OCSP) [MyAA00], das von IETF entwickelt wurde. Das Protokoll wird dazu genutzt, um den aktuellen Status eines Zertifikats online feststellen zu können. OCSP wurde für X.509-Zertifikate entworfen, es kann aber auch mit jeder anderen Art von Zertifikaten verwendet

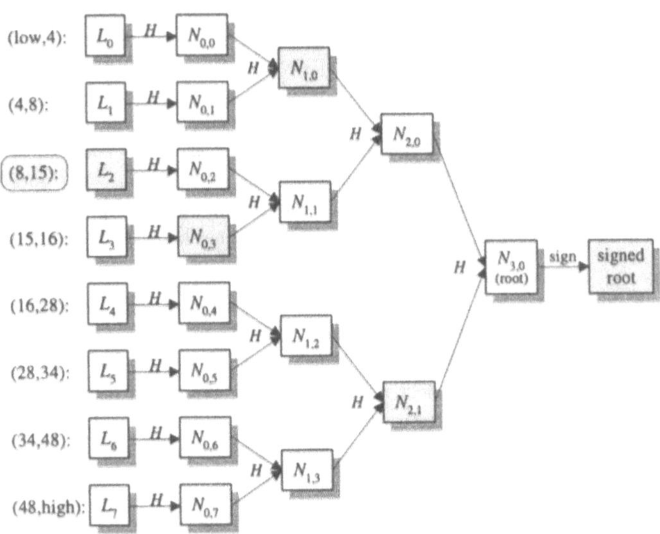

Abb. 4: Beispiel für einen Sperrbaum - Certificate Revocation Tree

werden. Es kann auch im Zusammenhang mit CRLS und/oder CRPs eingesetzt werden. In diesem Fall werden die Daten des zu prüfenden Zertifikats aus der entsprechenden Liste entnommen und an den Nutzer übermittelt. Informationen darüber, wie der Status eines Zertifikats abgefragt werden kann, kann in den Extension-Feldern von X.509-Zertifikaten eingetragen werden.

Das Protokoll wird zwischen einem Client (OCSP requester), der für den Nutzer arbeitet, und einem Server (OCSP responder), der das Verzeichnis repräsentiert, angewendet. Der Client generiert eine OCSP-Anfrage (OCSP-Request), die in erster Linie einen oder mehrere Identifier von Zertifikaten beinhaltet, beispielsweise ihre Seriennummer zusammen mit weiteren Daten. Die (optional signierte) Anfrage wird an den Server gesendet. Nach Erhalt der Anfrage erzeugt der Server eine OCSP-Antwort (OCSP-Response): Stimmen alle syntaktischen und inhaltlichen Prüfungen der Anfrage, dann enthält die Antwort hauptsächlich einen Zeitstempel, der den Zeitpunkt angibt, an dem die Antwort generiert wurde, sowie den Identifier und den Status des betreffenden Zertifikats zusammen mit einem Gültigkeitsintervall. Ein Zertifikatsstatus ist entweder gültig (good), gesperrt (revoked) oder unbekannt (unknown). Dabei besitzt der Status "gültig" drei Bedeutungen: erstens, das Zertifikat ist nicht gesperrt, aber es kann zweitens auch noch nicht ausgegeben sein, oder drittens, die Zeit, in der die Antwort erstellt wurde, liegt nicht innerhalb des Gültigkeitszeitraumes des Zertifikats. Ist der Status "gesperrt", dann ist des Zertifikat entweder vorübergehend gesperrt oder ganz gesperrt. Der Status "unbekannt" bedeutet, dass der Server keine Informationen über das Zertifikat verfügbar hat, da das Zertifikat nicht in der Liste der ausgestellten Zertifikate der CA vorhanden ist. Das Gültigkeitsintervall gibt dabei die Zeit an, innerhalb der der Status als korrekt gilt. Optional kann zusätzlich die Zeit definiert sein, zu der neuere Informationen über den Status verfügbar sein werden. Die OCSP-Antwort sollte entweder von der CA oder dem Server digital signiert sein. Tritt ein Fehler auf, dann beinhaltet die Antwort eine Fehlermeldung. Die Antwort wird an den Client des Nutzers übermittelt. Der Nutzer analysiert dann die in der Antwort enthaltenen Daten, um die Gültigkeit des Zertifikats festzustellen.

Zusätzlich können auch Erweiterungen hinzugefügt werden beispielsweise Sperrgründe. Die OCSP-Erweiterungen werden in einem separaten Internet-Draft spezifiziert [Hall99]. Das Format der Anfrage und der Antwort ist entsprechend des Transportprotokolls definiert, z. B. HTTP [FGM+99] oder LDAP [YeHK95].

Anhängig vom definierten Zeitschema liefert OCSP aktuellere Statusinformationen als irgendeine andere Methode. Signierte Antworten können im Augenblick auch optional im Voraus berechnet werden. OCSP eignet sich insbesondere für Attribut-Zertifikate [ITUT97], bei denen die Statusinformation immer aktuell sein muss.

9 Abschlussbemerkungen

Zur Feststellung der Gültigkeit von Zertifikaten wurden viele unterschiedliche Techniken entwickelt, von denen die interessantesten im vorliegenden Beitrag vorgestellt wurden. Neben diesen Verfahren gibt es weitere wie OWA-based Revocation Scheme (ORS) [FaPr00], die jedoch nicht effizienter sind als CRTs.

Ob und welche Gültigkeitsprüfung für einen bestimmten Anwendungskontext geeignet ist, muss von Fall zu Fall analysiert werden. Ein wichtiger Aspekt, der hierbei beachtet werden muss und der die Entscheidung für oder gegen eine bestimmte Sperrtechnik beeinflusst, ist die Kostenfrage. Hohe Kosten entstehen, wenn große Datenmengen übertragen werden müssen, aber auch, wenn hohe Verfügbarkeit gewährleistet werden muss. Werden Offline-Systeme verwendet, dann ist die Zeitspanne zwischen zwei Updates im Allgemeinen groß, weshalb die Gültigkeit der Zertifikate nicht hundertprozentig zugesichert werden kann. Diese Vorgehensweise reicht jedoch für die Sicherheit vieler Anwendungen aus. Online-Systeme hingegen sind für solche Zwecke geeignet, bei denen die Aktualität von Informationen eine sehr wichtige Rolle spielt. Diese Systeme sind jedoch wesentlich teurer als Offline-Systeme. Ein anderer essentieller Aspekt, der in Entscheidungen mit einbezogen werden sollte, ist, ob die Gültigkeitsprüfung für IT-Systeme wie SmartCards oder andere Sicherheitstoken eingesetzt werden kann. Insbesondere müssen neue effiziente und praktikable Methoden, die im Bereich der Gültigkeitsprüfung entwickelt werden, berücksichtigen, dass sie einfach mit den weitverbreiteten X.509-Zertifikaten und deren Sicherheitsinfrastrukturen genutzt werden können.

Literatur

[ANSI95] American National Standards Institute: Public Key Cryptography for the Financial Services Industry - Extensions to Public Key Certificate and Revocation Lists, ANSI X9.55, 1995.

[BGGS99] A. Berger, A. Giessler, P. Glöckner, W. Schneider: Spezifikation zur Entwicklung interoperabler Verfahren und Komponenten nach SigG/SigV - Interoperabilitätsspezifikation SigI – Abschnitt C4: Positivlisten, Version 1.0, 31. August 1999.

[Even89] S. Even, O. Goldreich, S. Micali: On-Line/Off-Line Digital Signing, in: G. Brassard (Hrsg.): Advances in Cryptology – CRYPTO'89, Springer, 1990, S. 263–275.

[FaPr00] E. Faldella, M. Prandini: A Novel Approach to On-Line Status Authentication of Public-Key Certificates, Proceedings of the 16th Annual Computer Security Application Conference – ACSAC'00, IEEE, 2000, S. 270–277.

[FGM+99] R. Fielding, J. Gettys, J. Mogul, H. Frystyk, L. Masinter, P. Leach, T. Berners-Lee: Hypertext Transfer Protocol – HTTP/1.1, Request For Comments, RFC 2616, Juni 1999.

[Hall99] P. Hallam-Baker: OCSP Extensions, Internet-Draft, draft-ietf-pkix-ocspx-00.txt, 3. September 1999.

[HWPS00] R. Housley, W. Ford, W. Polk, D. Solo: Internet X.509 Public Key Infrastructure – Certificate and CRL Profile, Internet-Draft, draft-ietf-pkix-new-part1-03.txt, November 2000.

[ISO00] International Organization for Standardization: Information technology – Open Systems Interconnection – The Directory: Authentication Framework, Technical Corrigendum 1, ISO/IEC 9594-8:1998/Cor.1:2000(E), 15. Dezember 2000.

[ITUT97] International Telecommunication Union: ITU-T Recommendation X.509: Information technology – Open Systems Interconnection – The Directory: Authentication Framework, 1997 (auch publiziert als ISO/IEC 9594-8).

[Koc98a] P. Kocher: A Quick Introduction to Certificate Revocation Trees, 1998. http://www.valicert.com/resources/bodyIntroRevocation.html

[Koc98b] P. Kocher: On Certificate Revocation and Validation, in: R. Hirschfeld (Hrsg.): Financial Cryptography – Second International Conference FC'98, Springer, 1998, S. 172–177.

[Merk79] R. Merkle: Secrecy, Authentication, and Public-Key Systems, PH.D. Dissertation, Department of Electrical Engineering, Stanford University, 1979.

[Mica95] S. Micali: Enhanced Certificate Revocation, Technical Memo MIT/LCS/TM-542, 1995.

[Mica96] S. Micali: Efficient Certificate Revocation, Technical Memo MIT/LCS/TM-542b, 1996.

[MyAA00] M. Myers, R. Ankney, C. Adams: Online Certificate Status Protocol, Version 2, Internet-Draft, draft-ietf-pkix-ocspv2-01.txt, November 2000.

[PKIX01] Public-Key Infrastructure (X.509) (pkix), 2001. http://www2.ietf.org/html.charters/pkix-charter.html

[USPa98] United States Patent Nr 5.793.868: Certificate Revocation System, Silvio Micali, Date of Patent: 11. August 1998.

[YeHK95] Y. Yeong, T. Howes, S. Kille: Lightweight Directory Access Protocol, Request For Comments, RFC 1777, März 1995.

Technische Grundlagen für eine harmonisierte Implementierung der EU-Richtlinie für elektronische Unterschriften

Klaus Keus[1]

Bundesamt für Sicherheit in der Informationstechnik
keus@bsi.de

Zusammenfassung

Nach der Inkraftsetzung der EU-Richtlinie für elektronische Signaturen (EU-RL: [EURL99]) durch das EU-Parlament im Januar 2000 bleiben jedem EU-Mitgliedsstaat 18 Monaten zur nationalen Umsetzung. Dies hat für Deutschland zur Folge, dass das bereits praktizierte Signaturgesetz (SigG) an die EU-Richtlinie angepaßt werden muß und die zugehörige Signaturverordnung (SigV) die Änderungen hinsichtlich der Implementierungsvorgaben des Gesetzes abdecken muß. Dieser Beitrag stellt die aktuelle Umsetzung der Vorgaben der EU-RL dar, insbesondere werden die technischen Anforderungen und diesbezügliche deutsche und europäische Bemühen dargestellt. Die Probleme hinsichtlich einer notwendigen Interoperabilität werden anhand aktueller deutscher und europäischer Standardisierungsaktivitäten aufgezeigt.

1 Technische Anforderungen gemäß EU-Richtlinie

Im Gegensatz zum SigG, das einen eher technisch geprägten Rahmen für digitale Signaturen darstellt und damit eher einem "Standardisierungsansatz" entspricht, formuliert die EU-RL einen ausgeprägten technikneutralen Ansatz. Dies wird z. B. auch ausgedrückt durch die Formulierung "elektronische Unterschrift", womit zum Ausdruck gebracht werden soll, dass neben den sogenannten "digitalen Signaturen" – die eine spezifische technische Form der elektronischen Signaturen ausmachen – auch andere Formen elektronischer Unterschriften (bis hin zur eingescannten Unterschrift) durch die Richtlinie abgedeckt sind.

Folglich sind die wesentlichen technisch-inhaltlichen Anforderungen nicht in der Richtlinie selbst, sondern in vier Anhängen definiert, wovon die ersten drei verpflichtend sind und der letzte Anhang als Empfehlung zu sehen ist (vgl. auch [Keus99a]).

1.1 Formen der elektronischen Signatur

Die Richtlinie definiert zwei Arten der elektronischen Signatur:

- elektronische Signaturen und
- fortgeschrittene elektronische Signaturen.

[1] Der vorliegende Beitrag gibt ausschließlich die persönliche Meinung des Autors wieder.

Juristisch sind letztere allerdings nur in der Kombination mit weiteren Bedingungen relevant, d.h. eine rechtliche Gleichstellung zur manuellen Unterschrift erfolgt nur in Verbindung mit "qualifizierten Zertifikaten" (Annex I), ausgestellt von einem Zertifizierungsdiensteanbieter (CSP: Certification Service Provider), der die Anforderungen aus Annex II (Festlegung von technischen, organisatorischen und prozeduralen Anforderungen an die Infrastruktur als auch an die technischen Komponenten des CSP) erfüllt. Die Signatur hat durch eine Annex III genügende "Sichere Signaturerstellungseinheit (SSCD: secure signature creation device)" zu erfolgen.

Diese Unterschriften bezeichnet man im europäischen Sprachkontext im Pendant zum "qualifizierten Zertifikat" als "qualifizierte elektronische Unterschriften" (vgl. auch [Keus99b]).

1.2 Technische Anforderungen

Wie bereits eingangs erwähnt, sind die technisch-inhaltlichen Anforderungen der EU-RL in Anhängen zur Richtlinie festgelegt, die nachfolgend erläutert werden.

1.2.1 Annex I: Anforderungen an qualifizierte Zertifikate

Annex I legt die Mindestanforderungen an sogenannte "qualifizierte Zertifikate (QZ)" fest. Als "Zertifikat" ist eine elektronische Bescheinigung definiert, mit der Signaturprüfdaten einer Person zugeordnet werden und die Identität dieser Person bestätigt wird. In Ergänzung dazu bezeichnen "qualifizierte Zertifikate" ein Zertifikat, das die Anforderungen des Anhangs I erfüllt und von einem CSP bereitgestellt wird, der die Anforderungen des Anhangs II erfüllt. Dabei legt Annex I nur die Mindestfelder der Zertifikatsstruktur fest. Diese Festlegungen sind weder abschließend noch werden explizite Strukturvorgaben im Sinne eines konkreten Zertifikatsaufbaus, z. B. gem. X.509 V 3 der ITU ([ITU]), vorgegeben.

Interessant ist u.a. die Möglichkeit, ggf. sowohl Angaben über Beschränkungen des Geltungsbereichs des Zertifikats und über Begrenzungen des Wertes der Transaktionen, für die das Zertifikat verwendet werden kann, zu machen.

Über X.509 V3 hinaus werden z. B. zwei weitere Merkmale definiert, einerseits ein Qualifier (Kennzeichen) für die Tatsache, dass es sich um ein qualifiziertes Zertifikat handelt und um eine Länderkennzeichnung, die angibt, in welchem Land sich der herausgebende CSP niedergelassen hat.

1.2.2 Annex II: Anforderungen an Zertifizierungsdiensteanbieter

In Annex II werden die organisatorischen, technischen, personellen und juristischen Mindestanforderungen an solche Zertifizierungsdiensteanbieter (CSP) festgelegt, die qualifizierte Zertifikate herausgeben und dieses nach außen kundtun. Dabei ist ein CSP eine juristische oder eine natürliche Person, die Zertifikate ausstellt oder anderweitige Dienste im Zusammenhang mit elektronischen Signaturen bereitstellt.

Grundsätzlich muß der CSP:

- die erforderliche Zuverlässigkeit seiner Zertifizierungsdienste nachweisen und
- den Betrieb eines schnellen und sicheren Verzeichnisdienstes und
- den Betrieb eines zugehörigen sicheren und unverzüglichen Widerrufsdienstes gewährleisten, inklusive einer genauen Bestimmungsmöglichkeit des Zeitpunktes.

Er muß

- ein geeignetes Registrierungsverfahren haben und
- das gesamte Personal muß die erforderliche Fachkompetenz, Erfahrungen und Qualifikationen sowie die notwendige Vertrauenswürdigkeit besitzen und geeignete Verfahren einhalten.

Der CSP muß

- vertrauenswürdige Systeme und Produkte einsetzen und
- die Vertraulichkeit aller Informationen, insbesondere der Signaturerstellungsdaten im Falle der eigenen Erzeugung, gewährleisten.

Er muß entsprechende Finanzmittel vorweisen und die Haftungsrisiken abdecken können. Anforderungen an

- die Trennung von Dienste des Schlüsselmanagements sowie
- umfangreiche Anforderungen an die Aufklärung der Antragsteller schließen den umfangreichen Katalog ab.

Somit läßt sich zusammenfassen, dass die Anforderungen im Annex II vergleichbar den Anforderungen im deutschen SigG bzw. in der zugehörigen Verordnung (SigV) sind. Allenfalls besteht der Unterschied, dass die einzusetzenden Systeme des CSPs nicht mehr im Sinne einer Evaluierung mit Bestätigung gem. SigG/SigV bestätigt werden müssen, alternative Nachweise sind möglich (z. B. Herstellererklärung). Das Sicherheitskonzept gem. SigG muß nicht mehr in der Tiefe und im Detail vorgelegt und bestätigt werden. Dennoch läßt sich sagen, dass auch die Anforderungen der EU-RL nur allgemein formuliert sind, eine Ausgestaltung der Anforderungen allerdings im Rahmen der Standardisierungsaktivitäten (vgl. Abschnitt 3.3 EESSI und auch im Artikel-9-Ausschuß (vgl. Abschnitt 3.1) adressiert werden.

1.2.3 Anforderungen an sichere Signaturerstellungseinheiten

Die Erstellung, Speicherung und Anwendung der Signaturerstellungsdaten durch die sichere Signaturerstellungseinheit (SSCD) werden im Annex III festgelegt.

Dabei sind, vergleichbar den Anforderungen im SigG, die Gewährleistung folgender Anforderungen zu erfüllen:

- die Einmaligkeit der Signaturerstellungsdaten bei der Erstellung,
- eine hinreichende Sicherheit vor einer Kompromittierung bei der Anwendung und
- der verläßliche Schutz, die Signaturerstellungsdaten vor fremder Verwendung sicherzustellen und einzuhalten.

Zusätzlich wird gefordert, dass die SSCD:

- die zu unterzeichnenden Daten nicht verändern darf und
- nicht verhindern darf, dass diese Daten dem Signierer vor dem Signaturvorgang dargestellt werden,

d.h. gefordert sind die Integritätssicherung der zu unterzeichnenden Daten und die Sicherstellung der Darstellung der Daten vor abschließender Unterzeichnung.

1.2.3 Annex IV: Empfehlungen für sichere Signaturprüfungen

In Annex IV werden Empfehlungen hinsichtlich der Signaturverifizierung festgelegt. Da bei der Verifikation der Signatur in der Regel mehrere Komponenten eingesetzt werden und hier neben den Komponenten damit auch ein Gesamtprozeß aus Sicherheitssicht zu berücksichtigen ist, andererseits aber die Verifikation der Signatur in der Verantwortung des Empfängers liegt, wurden diesbezügliche Vorgaben nur im Rahmen von "Empfehlungen" festgelegt.

Im wesentlichen handelt es sich dabei um

- die hinreichende Sicherstellung der Anzeige der signierten Daten bei der Überprüfung,
- die zuverlässige Durchführung der Prüfung und Darstellung des Prüfergebnisses,
- die Möglichkeit der Inhaltsüberprüfung bei Bedarf,
- die zuverlässige Überprüfung der Echtheit und Gültigkeit des Zertifikats bei der Überprüfung,
- die korrekte Anzeige der Überprüfung und der Identität des Unterzeichners,
- die eindeutige Angabe eines möglichweise verwendeten Pseudonyms sowie
- die Möglichkeit, dass sicherheitsrelevante Veränderungen erkannt werden können.

Im Großen und Ganzen läßt sich folgern, dass zwar einerseits die technischen Anforderungen auf ein geringeres Maß reduziert worden sind, allerdings läßt sich bei geeigneter Interpretation ein genügender und angemessener Sicherheitsgrad aus diesen Anforderungen definieren.

2 Notwendigkeit der Interoperabilitäten

Der Erfolg der Einführung einer nationalen als auch insbesondere einer europäischen und internationalen Public-Key-Infrastruktur für elektronische Unterschriften nach dem Signaturgesetz bzw. der EU-RL hängt wesentlich davon ab, dass eine genügend große Zahl von Anwendern das Rationalisierungspotential erkennen und für sich erschließen wollen. Neben der Einsatzfähigkeit elektronischer Unterschriften in bestehende oder neue Anwendungen ist dabei entscheidend, dass für den Endanwender eine komfortable Nutzung ermöglicht wird.

Eine Grundvoraussetzung dazu ist, dass die entstehenden unterschiedlichen Hierarchien untereinander operabel sind. Dies bedeutet z. B., dass Signaturchipkarten unabhängig von dem herausgebenden CSP universell an allen geschäftsmäßigen "öffentlichen" Terminals genutzt werden können und dass erhaltene Signaturen CSP-unabhängig gesetzkonform geprüft werden können.

Um diese Form der Interoperabilität näher zu erläutern, sind in der Abbildung 1 die wesentlichen beteiligten Schnittstellen beim Einsatz elektronischer Unterschriften z. B. nach SigG/ SigV aufgezeigt.

Standardisierung

Bereits in den Erwägungsgründen wird dem Gedanken der Interoperabilität Rechnung getragen. So heißt es: "Die Interoperabilität von Produkten für elektronische Signaturen sollte gefördert werden."

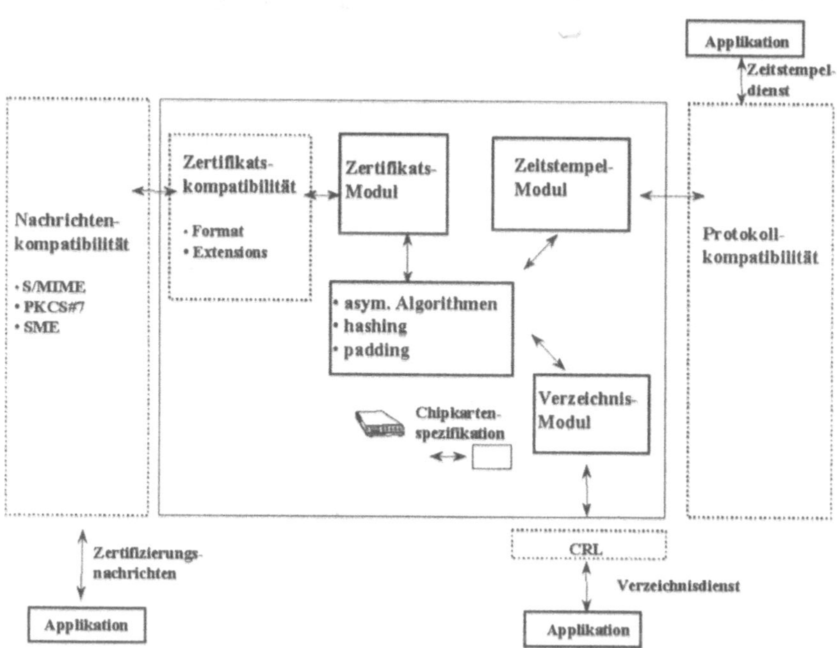

Abb. 1: Graphische Darstellung der Schnittstellen aus Sicht des CSP

Damit aber sowohl bei der nationalen, bei der europäischen als auch bei der internationalen Anwendung digitaler Signaturen (selbst auf vergleichbarem Sicherheitsniveau) die erforderliche Interoperabilität gewährleistet werden kann, sind entsprechende technische Standards erforderlich. Dabei ist vorzugsweise auf bestehende, international anerkannte Standards zurückzugreifen. Die Kommission kann nach dem Verfahren des Artikels 9 "Referenznummern für allgemein anerkannte Normen für Produkte für elektronische Signaturen festlegen und im Amtsblatt der Europäischen Gemeinschaften veröffentlichen".

Dort, wo solcherart Standards fehlen, wurden bereits diverse diesbezügliche Aktivitäten sowohl von der EU als auch von den Mitgliedsstaaten eingeleitet bzw. unterstützt, vergleichbar der Initiative der EU-Kommission DG Entreprise (ehemals DG III) im Rahmen von EESSI (European Electronic Signatures Standardisation Initiave), durchgeführt von ICTSB (Information and Communication Technologies Standards Board) [EESSI99] (vgl. Abschnitt 3.3) oder der beim BSI erstellte Interoperabilitätskriterienkatalog für digitale Signaturen [SigI98].

Insbesondere im Hinblick auf grenzüberschreitende Zertifizierungsdienste mit Drittländern und die rechtliche Anerkennung fortgeschrittener elektronischer Signaturen aus Drittländern, unterbreitet die EU-Kommission gegebenenfalls Vorschläge mit dem Ziel, die effiziente Umsetzung von Normen und internationalen Vereinbarungen über Zertifizierungsdienste zu erreichen.

3 Nationale und europäische Standardisierung

3.1 Artikel 9 Ausschuß (A-9-K)

Wie bereits oben angeführt, sind dort, wo solcherart Standards fehlen, diesbezügliche Aktivitäten sowohl von der EU als auch von den Mitgliedsstaaten eingeleitet worden und werden auch in der Zwischenzeit seitens der europäischen Wirtschaft und der Industrie unterstützt. Anstoß dazu war einerseits eine Initiative der EU-Kommission DG Entreprise (ehemals DG III) im Rahmen von EESSI (European Electronic Signatures Standardisation Initiave), durchgeführt von ICTSB (Information and Communication Technologies Standards Board) [EESSI99] oder z.B. auf deutscher Ebene der Interoperabilitätskriterienkatalog [SigI98], der wiederum als Grundlage für die Industrial Signature Interoperability Specification [ISIS99] gedient hat.

Diese Problematik haben die Autoren der EU-RL bereits vorhergesehen und in der EU-RL u.a. zu diesen Aufgaben einem Ausschuß (der sogenannte "Artikel-9-Ausschuß" oder "Artikel-9-Komitee (A-9-K)" bereits ein Mandat erteilt.

Derzeit sieht der konkrete Arbeitsplan des Artikel-9-Komitees (A-9-K) folgende Aufgabenbereiche vor:

(1) Erfüllung der Aufgaben gemäß dem Mandat in Artikel 10 der Directive 1999/93/EC mit folgenden Aufgaben:

- Bei Bedarf Erläuterung der Anforderungen der Anhänge I-IV, d.h. spezielle Punkte, die im Falle von Problemen bei der Implementierung der Richtlinie in den einzelnen Mitgliedsstaaten einer Klärung bedürfen.
- Festlegung von Kriterien für die Zulassung von Konformitätsbestätigungsstellen gemäß Artikel 3(4) (Fertigstellung bis Ende Juni 2000).
- Festlegung allgemein anerkannter Standards für Produkte für elektronische Signaturen gemäß Artikel 3(5) in Zusammenarbeit mit EESSI (Electronic Signatures Standardisation Initiative) bis Ende 2000.

(2) Darüber soll das A-9-K als europäische Diskussionsplattform und Gremium für einen Erfahrungsaustausch für einzelne Problemstellungen dienen wie:

- Festlegung und praktische Umsetzung der Anforderungen an die nationalen Überwachungsschemata und Akkreditierungssysteme
- Sicherstellung der Interoperabilität von Produkten und Diensten
- Mögliche zusätzliche Anforderungen und Bedingungen für den Einsatz in öffentlichen Bereichen
- Anforderungen an die Dokumentation und an die Unterlagen für die Anmeldung der CSPs
- Anforderungen an die Evaluierung/Bestätigung von Produkten und Komponenten
- Anforderungen an die nationalen Aufsichtschemata und -stellen
- Anforderungen an die Unterzeichnung von elektronischer Mail und Dokumenten
- Anforderungen an Mechanismen und Tools für mehrsprachige Zertifizierungspolitiken
- Anforderungen an die Nachweise der legal gültigen Unterzeichnung

- Standardspezifikationen für die Information des Zertifikatstyps
- Grenzüberschreitende Zertifizierungsdienste
- Attributzertifikate
- Kompatibilitätsprüfungen hinsichtlich bestehender Standards
- Anforderungen an Algorithmen.

Hierbei sollte die Aufgabe des A-9-K aus Sicht des Autors weniger die Abdeckung der technisch inhaltlichen Aspekte sein als vielmehr die organisatorisch-prozeduralen Rahmenbedingungen als Leitlinie an die Hand zu geben. Unklar ist aus Sicht des Autors z. Zt. noch die Verbindlichkeit dieser "Leitlinien" für die Mitgliedsstaaten.

3.2 Deutsche Standardisierungsaktivitäten

3.2.1 Arbeitsgemeinschaft interoperabler digitaler Identität

Damit die europäischen Aktivitäten zum Thema "elektronische Unterschriften" entsprechend in Deutschland unverzüglich und koordiniert umgesetzt werden können, haben sich wesentliche Vertreter der deutschen Wirtschaft, Industrie und Behörden zu einer Arbeitsgruppe zusammengesetzt und die – über das Thema der elektronischen Unterschrift hinausgehende – Arbeitsgruppe "Arbeitsgemeinschaft interoperabler digitaler Identität" (AG INDI) gegründet ([AGINDI]).

AG INDI wurde im Juni 1999 als Ergebnis eines DIN Workshops gegründet mit der Zielstellung, alle wichtigen Akteure in Deutschland zusammenzubringen, um gemeinsam bzgl. der Interoperabilität digitaler Signaturen den Handlungsbedarf für Spezifikationen bzw. Normen zu ermitteln, notwendige Aktivitäten zu koordinieren sowie Ergebnisse in die einschlägigen europäischen und internationalen Gremien einzubringen.

AG INDI versteht sich übergeordnet als nationale Plattform für technische Fragen zur digitalen Signatur.

Tätigkeitsschwerpunkte sind derzeit:

- Ausgehend von den Ergebnissen einer Fragebogenaktion unter den Mitgliedern: Identifikation von erforderlichen Spezifikationen und Anstoß von deren Entwicklung, insbesondere beim DIN;
- Begleitung und Koordinierung der deutschen Mitwirkung bei der europäischen Initiative EESSI.

Die Mitgliedschaft von AG INDI umfaßt derzeit namhafte Einrichtungen der Wirtschaft – Produkt- und Systemhersteller, Anwender, CSPs und Normungsgremien – sowie das BSI.

Arbeitsinhalte zu allen Fragen der Interoperabilität digitaler Identität sind beispielsweise:

- Informationsaustausch
- Erfassung des Status
- Identifikation der Problemfelder bzgl. Interoperabilität
- Identifikation der Anforderungen
- Identifikation der vorhandenen Lösungen
- Identifikation laufender Aktivitäten

- insbesondere Übernahme der Ergebnisse existierender Arbeitsgruppen
- Koordination mit dem Ziel, marktgerechte Interoperabilität sicherzustellen
- Identifikation von Lücken
- Vorschlag von notwendigen Maßnahmen unter Berücksichtigung existierender Lösungen
- Verfolgung von laufenden Aktivitäten mit dem Ziel der zeitgerechten Bereitstellung von Lösungen
- Förderung der Einbringung der Ergebnisse in die einschlägigen europäischen und internationalen Gremien (z. B. Normung, IETF, Konsortien)
- Information über Ergebnisse im World Wide Web.

Die AG INDI hat demzufolge primär koordinierenden Charakter. Angesichts der Vielzahl bereits existierender Gruppierungen soll die Arbeitsgruppe keine eigenen Spezifikationen entwickeln, sondern sich auf die Arbeiten existierender Gruppen abstützen bzw. in solchen Gremien die Aufnahme geeigneter Aktivitäten anregen. Demzufolge ist auch die Bildung eigener Untergruppen entbehrlich.

3.2.2 DIN NI17.4

Als Beispiel der nationalen Standardisierungsaktivitäten sei hier das Beispiel von DN NI 17.4 aufgeführt. Im Rahmen dieser Arbeitsgruppe wurden die DIN V66291-4: Chipkarten mit Digitaler Signatur-Anwendung/Funktion nach SigG und SigV, Teil 4: "Basis Sicherheitsdienste" [DIN V66291-4] und die DIN 66291-1, 1999: "Chipkarten mit Digitaler Signatur-Anwendung/Funktion nach SigG und SigV, Teil 1: Anwendungsschnittstelle" [DIN V66291-4] erstellt. Letztere befindet sich z. Zt. bereits im Stadium einer Vornorm. Wesentlich ist dabei die weitere Verwendung dieser "Norm" auf europäischer und internationaler Ebene. So haben die maßgeblichen Vertreter dieser Arbeitsgruppe das Ergebnis nicht nur in Gremien wie die europäische Vertretung der Chipkartenhersteller ("EUROSMART") in die Diskussion gebracht, sondern auch bei EESSI (vgl. Abschnitt 3.3) als wesentlichen Input eingebracht (Details vgl. etwa [Struif98]).

3.2.3 Arbeitsgemeinschaft der TrustCenter

Auf der Grundlage der Ergebnisse des BSI-Projektes "SigI: Interoperabilitätsspezifikationen für digitale Signaturen" [SigI98] haben maßgebliche Unternehmen der deutschen Wirtschaft diese – im wesentlichen auf die Spezifikationen aus IETF beruhend – eine weitergehende Spezifikation speziell im Hinblick auf die Anforderungen für CSPs erstellt und nach ca. 6-monatiger, intensiver Arbeit die „Industrial Signature Interoperability Specification“ (ISIS) [ISIS99] vorgelegt.

In dieser Arbeitsgemeinschaft Trust-Center für digitale Signaturen, kurz AGTC, haben sich die Industrieunternehmen zusammengeschlossen, die Dienstleistungen als Zertifizierungsstellen im Sinne des Signaturgesetzes (SigG) anbieten bzw. anbieten werden.

Ihre Spezifikation legt einheitliche Formate für Daten und Nachrichten fest, die bei Dienstleistungen im Sinne des SigG – allerdings ausschließlich für CSPs – verwendet werden. Aspekte aus Anwendersicht sind nicht enthalten und wohl zur Zeit auch nicht beabsichtigt bzw. sind zumindest dem Autor nicht bekannt.

In der vorliegenden ersten Fassung der Spezifikation werden Formate für Zertifikate und für Verzeichnisdienste festgelegt. Weitere Erläuterungen zu diesen Teilen finden sich am Beginn des jeweiligen Abschnitts.

Die Gruppe hat erklärt, die Arbeiten sukzessive um Festlegungen für weitere Formate, etwa für Zeitstempeldienste, zu erweitern.

Die Erstellung der Spezifikation wurde mit Unterstützung des Bundesamtes für Sicherheit in der Informationstechnik durchgeführt. Die Arbeitsgemeinschaft Trust-Center für digitale Signaturen wird gebildet aus der Bundesdruckerei, CCI Competence Center Informatik GmbH, debis Systemhaus Information Security Services GmbH, Deutsche Post AG, D-Trust GmbH, Gieseke + Devrient GmbH, TC Trust Center, TeleCash und der TeleSec Deutsche Telekom AG.

Das sehr positive Ergebnis dieser Runde ist ein Kriterienkatalog, der die beiden Aspekte "Zertifikate" und "Verzeichnisdienst einschließlich des Sperrlistenmanagement" in sehr detaillierter Form und allen Anforderungen gerecht einschließlich der notwendigen ASN.1-Definition festlegt. So wird die Frage der Detailspezifikation auf fünf Ebenen bis hin zur Frage möglicher Erweiterungen abgedeckt.

3.3 Europäische Standardisierungsaktivitäten

Industrie und europäische Standardisierungsgremien im Rahmen des ICTSB (Information, Communication and Telecommunication Standardisation Board) haben von der Europäischen Kommission (EC) das Mandat erhalten, zukünftige Anforderungen an Standards für das Feld der elektronischen Unterschrift auf der Grundlage der Anforderungen der EU-RL zu analysieren und dem Markt zur Verfügung zu stellen.

Als Ergebnis einer Bewertung verfügbarer Standards und aktueller diesbezüglicher globaler und regionaler Initiativen sowohl in Standardisierungsgremien als auch seitens der Industrie sollte festgestellt werden, welche Bereiche bereits abgedeckt und welche zusätzlichen Standards, Spezifikationen oder Leitlinien noch fertiggestellt bzw. komplett erstellt werden müßten. Auf der Grundlage dieser Analyse und Feststellung sollten anschließend diese "Lücken" aufgearbeitet und ausgefüllt werden. Dazu wurde ein umfangreiches Arbeitsprogramm aufgestellt, das von den europäischen Standardisierungsgremien gemeinsam mit allen relevanten europäischen Beteiligten wie Hersteller, Anwender und Behörden umgesetzt werden sollte mit dem Ziel, die Anforderungen des Marktes abzudecken und die Vorteile einer europäischen Initiative für elektronische Unterschriften in die Gesellschaft und im internationalen Markt zu plazieren.

Dabei waren als Rahmenbedingungen vorgegeben, dass alle für das Gebiet der elektronischen Unterschriften relevanten Bereiche und Partner eingebunden werden sollten, die Offenheit und Transparenz der benutzten Mechanismen und unternommenen Initiativen sichergestellt und möglichst global und international akzeptierte Lösungen zu erlangen und dabei auf verfügbare Ergebnisse zurückzugreifen im Sinne der Nutzung von Synergieeffekten.

Dazu hat ICTSB im Januar 1999 bereits die Initiative EESSI (European Electronic Signature Standardisation Initiative) gestartet und eine notwendige Infrastruktur mit einem Steuerungsboard mit Vertretern aus Industrie und Wirtschaft, europäischen Standardisierungsgremien, Beobachtern der EC, Vertretern aus ICTSB sowie aus Anwenderkreisen gebildet.

Nach Erstellung einer ersten Analyse der Ist-Situation im 1. Halbjahr 1999 durch europäische Experten [EESSI99] wurden in einer zweiten Phase mit Beginn Herbst 1999 europäisch besetzte Expertenarbeitsgruppen für die unterschiedlichen – in der Analyse festgestellten – Aufgabenbereiche gebildet. Dabei wurden drei globale Aufgabenfelder als sehr kritisch bewertet:

- Anforderungen an Qualitäts- und Funktionalitätsstandards für CSPs,
- Anforderungen an Qualitäts- und Funktionalitätsstandards für den Signaturerstellungs- und Verifizierprozeß sowie zugehöriger Produkte,
- Anforderungen hinsichtlich der Interoperabilität für elektronische Signaturen.

Für die Ausführung und Umsetzung der Arbeiten wurde festgelegt, dass die Federführung für die einzelnen Arbeitspakete entweder bei CEN/ISSS oder ETSI SEC liegt. Alle Arbeitsgruppen sollten offen sein für interessierte Experten, eine Öffentlichkeitsarbeit sollte erfolgen in Form von offenen Workshops und Veröffentlichungen über das WWW.

(Einzelheiten siehe Anhang A: Darstellung der EESSI-Arbeitspakete mit Kurzbeschreibung der Arbeitsinhalte.)

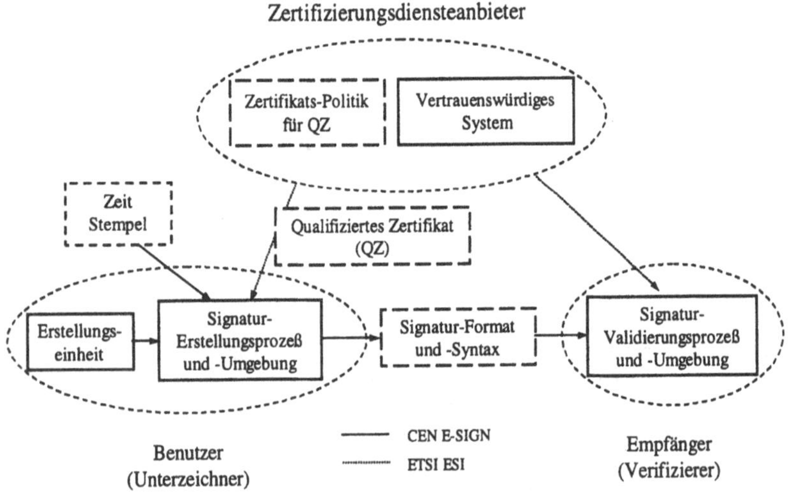

Abb. 2: Übersichtsdiagramm der Arbeitspakete von EESI mit Zuständigkeiten und Abhängigkeiten

In intensiver Arbeit der Experten der Arbeitsgruppen mit einer Vielzahl von freiwilligen Teilnehmern und Experten aus der ganzen Welt lassen sich bereits heute erste Ergebnisse ableiten. Aktuell werden zur Zeit die Arbeitsergebnisse der einzelnen Arbeitsgruppen abschließend diskutiert und Ziel ist es, Ende Herbst diesen Jahres das Ergebnis der wesentlichen Arbeiten sowohl der Öffentlichkeit als auch dem A-9-K zur Verfügung zu stellen. Man kann bereits heute sagen, dass das Ziel, sowohl technische als auch prozedurale Leitlinien und Standards im Umfeld der elektronischen Unterschrift sowie zugehöriger Qualitätsstandards in Übereinstimmung mit den Anforderungen der EU-RL festzulegen, gelungen ist.

Einige wesentliche Ergebnisse sind dabei (Einzelheiten vgl. [EESSI00]):

- Sicherheitspolitiken für CSPs mit Einzelaspekten wie:
  - funktionale, qualitäts- und Sicherheitsanforderungen, ausgedrückt in der Zertifikatspolitik und den zugehörigen Sicherheitskontrollen,
  - einheitliche Anforderungen als Basis für die Implementierung, für das Audit und die zugehörige Akkreditierung,
  - (Hinweis: die aktuelle Arbeit adressiert die Anforderungen der EU-RL, Anforderungen für andere Klassen sind noch aufzustellen, damit zukünftig alle Markterfordernisse abgedeckt werden können.)
  - Termin: verfügbar Ende 2000
- Zertifikatspolitik für qualifizierte Zertifikate:
  - Signaturformate: interoperable Syntax und Encoding Format für die Signatur, Gültigkeitsdaten und Signierpolitik (Grundlage: vorhandene Standards), veröffentlicht als ETSI Standard (ES) 201 733 in 2Q2000 und IETF vorgeschlagen als informales RFC im März 2000. Ziel: Harmonisierung der Entwicklung mit XML Signaturen.
  - Profil für qualifizierte Zertifikate: Basis sind X.509 und aktueller IETF PKIX draft. Termin: Annahme des Drafts durch ETSI SEC im 4Q2000
- Format / Protokoll für Zeitstempel:
  - Profil basiert auf dem aktuellen IETF PKIX draft
  - Benutzung z. B. für Signaturvalidierung, z. B. in ES 201 733
  - Termin: Annahme des Drafts durch ETSI SEC in 4Q2000
- Konformitätsfeststellung für sichere Signaturerstellungseinheiten; Akkreditierung von Bestätigungsstellen für technische Komponenten (gemeinsame Aktivität mit EA (European Association for Accreditation))
  - öffentliche und/oder private Stellen
- Protection Profile (Sicherheitsprofile) für sichere Signaturerstellungseinheiten gem. Annex III mit den Aspekten:
  - Schlüsselgenerierung
  - Schlüsselmanagement
  - Initialisierung / Personalisierung
  - Lebenszyklus
- Leitlinien für den Signaturerstellungsprozeß und -umgebung
- Leitlinien für den Signaturverifizierprozeß und -umgebung mit den Aspekten:
  - Validierungsprozeß
  - Vertrauenswürdige Punkte
  - Zertifizierungspfade
  - Revocation Vorgaben
  - Rollen und Attribute
  - Zeitstempel und Zeitpunkt
  - Validierungsumgebung
  - Validierung durch Mensch oder Maschine oder Dritte

- Festlegungen / Beispiel-PPs für die Systeme der CSP
- Anforderungen an die einzusetzenden Hash- und Signier-Algorithmen und mathematischen Verfahren

Zusätzlich zu den Ergebnissen in Bezug auf die Anforderungen gemäß Artikel 5.1 der EU-RL werden in einem gesonderten Arbeitspaket Empfehlungen und Hinweise zu weiteren Lösungskombinationen vorgeschlagen, die als Grundlage für den Artikel 5.2 der EU-RL dienen können oder auch über die Anforderungen für Artikel 5.1 der EU-RL hinausgehen, etwa für den Einsatz in besonderen Anwendungsfällen. Die Idee hinter diesem Ansatz ist, mittelfristig für die unterschiedlichen Einsatz- und Anforderungsszenarien entsprechende sinnvolle Profile exemplarisch an die Hand zu geben und damit Zertifikatsklassen oder -familien für unterschiedliche Anwendungsbereiche zu beschreiben.

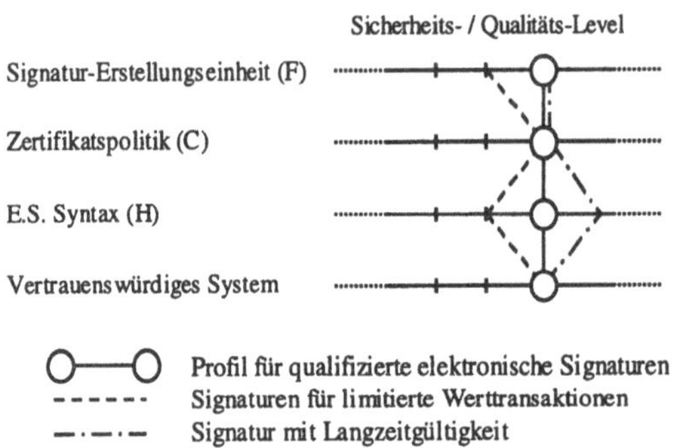

Abb. 3: Übersicht mit Beispielen unterschiedlicher Zertifikatsprofile/-klassen

4 Einbettung in internationale Umfelder

Darüber hinaus gibt es natürlich eine Vielzahl internationaler Standardisierungsaktivitäten im Umfeld der elektronischen Unterschriften. Klassische Standardisierungsgremien wie die ISO sind einerseits im Steering Board von EESSI vertreten, so dass ein allseitiger Informationsaustausch sichergestellt ist. Andererseits definiert EESSI auch keine neuen Standards, sondern setzt auf vorhandene auf bzw. Ergänzungen werden durch die europäischen Standardisierungsgremien CEN/ISSS bzw. ETSI initiiert. Standardisierungsaktivitäten in den Bereichen "Zeitstempel" oder auch "Signieralgorithmen" werden massiv von ISO SC 27 forciert. Hier gibt es z.B. sehr intensiven Austausch bis hin zu einer Zusammenarbeit.

Daneben gibt es eine weitere Vielzahl "nichtklassischer" Standardisierungsgremien wie z.B. IETF (Internet Engineering Task Force) [PKIX] oder "W3C" (WWW Consortium), die das Medium Internet sehr expandiert nutzen, um internationales Verständnis und Übereinkommen in Fragen der technischen Anforderungen, z.B. zu Fragen der elektronischen Unterschrift, zu erlangen. So sind insbesondere die IETF eine wenig strukturierte und formalisierte Gruppe von internationalen technischen Experten, die das Medium Internet als Diskussionsplattform nutzen und Entwicklungen hinsichtlich "herstellerunabhängiger Standards" vorantreiben. Dabei muß allerdings festgestellt werden, dass die große Mehrzahl der Teilnehmer aus dem US-amerikanischen Raum kommt und damit nicht unbedingt europäische Interessen vertritt.

Eher herstellerspezifische Vorgaben, im wesentlichen durch die US-amerikanische Firma RSA – einer der Marktführer, Dienstleister und Produkthersteller im Bereich der Verschlüsselung – haben eine wesentliche Ausgangsplattform gelegt (hier entstanden die grundlegenden Standards der Reihe PKCS 1-15, Einzelheiten dazu vgl. etwa [Peters99, PKCS1-15]).

Allerdings ist allen diesen Aktivitäten gemeinsam, dass sie keine Normen festschreiben; dies ist allein Aufgabe der klassischen Normungsgremien wie ISO. Dagegen kann allerdings argumentiert werden, dass das rapide Entwicklungstempo im Bereich der Informationstechnik und insbesondere in solchen neuartigen Bereichen wie der elektronischen Unterschrift auch solcherart von Diskussions- und Vorbereitungsgremien benötigt.

5 Ausblick

Im Rahmen der Umsetzung der EU-Richtlinie in die nationale Gesetzgebung bzw. bei der Anpassung des SigG an die EU-RL sind aus Sicht des Autors sicherlich technisch-organisatorische Fragen neu zu beleuchten und ggf. zu berücksichtigen. Solche neue Konstellationen gehen einher mit der aktuellen Novellierung des deutschen Signaturgesetzes.

So ist es nicht überraschend, dass in der Novellierung des SigG diesen Umständen bereits breit Rechnung getragen wird.

Die vormals verpflichtende Vorabgenehmigung der CSPs ist einer "Meldung bei Inbetriebnahme, gekoppelt mit einer Aufsicht durch die zuständige Behörde" (in Deutschland: "Regulierungsbehörde für Telekommunikation und Post (RegTP)") gewichen. Die "Akkreditierung der CSPs" (Genehmigung und Überprüfung vor Inbetriebnahme) ist als freiwillige Möglichkeit und Alleinstellungsmerkmal von CSPs umgewandelt worden und vorgesehen.

An technische Anforderungen sind z. B. die Anforderungen an die Bestätigung der technischen Komponenten – wie im Annex III der EU-RL vorgegeben – auf die SSCD reduziert worden, d.h. insbesondere die "Verifiziereinheit" muß nicht mehr bestätigt werden, auch brauchen die CSPs nur noch einen Nachweis zu erbringen, dass ihre "Systeme" vertrauenswürdig sind. Es ist nicht mehr vorgeschrieben, wie diese nachweise erbracht werden. Das Spektrum reicht somit von der Evaluierung mit Bestätigung nach CC bis hin zu einer Herstellererklärung.

In Verbindung damit ist die Vorgabe an die Prüftiefe für die SSCDs in der aktuell diskutierten Novelle zur SigV bereits auf das im Rahmen von EESSI diskutierte Niveau abgesenkt (EAL4+ respektive E3, SoF/SoM: hoch ([CC98], [ITSEC91]). Dabei adressieren die Aspekte der "Augmentation: +" über EAL4 hinausgehende Anforderungen an Mißbrauchsanalyse und Schwachstellenanalyse. Auch für die übrigen Komponenten ist eine Anpassung an das europäische Niveau zu erwarten (so sind bereits Anforderungen für "Terminals geschäftsmäßig durch Dritte zur Verfügung gestellt" (die in der EU-RL nicht vorgesehen sind), im aktuellen Entwurf zur SigV nicht mehr berücksichtigt, d.h. es wird kaum festdefinierte Anforderungen weder an die Prüfstufe an die Prüfkriterien noch an die Nachweisform geben. Nur im Fall der freiwilligen Akkreditierung werden die Anforderungen gem. der noch aktuellen SigV festgelegt. Dabei ist es allerdings fraglich, wie das Verhältnis der Anforderungen an einen CSP sinnvollerweise an solche technische Komponenten definiert werden, auf die der CSP keinen Einfluß hat.

Der Autor geht davon aus, dass – obwohl die Diskussion auf europäischer Ebene noch anhält – eine weitere Absenkung hinsichtlich der SSCDs vermeidbar und auch nicht wahrscheinlich ist. Die Begründung: "Die Reduzierung der Prüftiefe ist insbesondere deshalb notwendig, weil die Anforderungen nicht erfüllbar und zu aufwendig sind", sind aus Sicht des Autors nicht nachvollziehbar. Denn in Deutschland hat man praktisch in diversen Bestätigungen unter Beweis gestellt hat, dass eine Bestätigung mit dem hohen Sicherheitsniveau sowohl zeitlich als auch inhaltlich und damit auch wirtschaftlich vertretbar zu realisieren ist.

So geht der Autor davon aus, dass zwar die zur Zeit im Parlament diskutierte SigG-Novelle [SigG-E00] mit der Planung einer Inkraftsetzung im Frühjahr 2001 durch das Parlament nach Verabschiedung der technischen Vorgaben aus Brüssel voraussichtlich nicht nochmals angepaßt werden muß; wenn man dem deutschen Markt der elektronischen Unterschrift allerdings keine Nachteile aufbürden möchte, wird man die z. Zt. diskutierte zweite Novellierung der SigV [SigV-E00] diesbezüglich bereits vorbereiten und auf das seitens Artikel-9-Komitee festzulegende Niveau als Minimalniveau zurückziehen.

Andere technische Auswirkungen werden sicherlich im Bereich des Aufsichtsschemas zu erwarten sein, gleichwohl heute noch nicht klar ist, welchen Stellenwert und damit welche Verpflichtung die seitens der von A-9-K erstellten "Vorgaben" bzw. " Leitlinien" haben werden.

Anhang

Im folgenden werden die EESSI-Arbeitspakete mit einer Kurzbeschreibung der Arbeitsinhalte dargestellt.

First set of components, fulfilling the technical framework for qualified electronic signatures (A):

This work area comprises the specification of a first set of components, fulfilling the requirements of a framework for qualified electronic signatures [4.3]. The specification will contain references to existing technical standards and mechanisms. The work thus only involves the selection of suitable standards to use. One or more of the selected components may later be exchanged with other standards and/or mechanisms, forming new sets of components.

This work is necessary as the basis for several of the other work areas, since it will define a first set of mechanisms to be used. It thus needs to be started in advance of the other activities. It may then need to be continued as an ongoing activity.

The following initial set of components is recommended by the EESSI expert team, and can provide a starting point for this work:

- Authentication framework using X.509 certificates [ISO/IEC 9594-8]
- X.509 PKI Certificate and CRL Profile [RFC 2459]
- Digital signatures using the RSA and DSA algorithms [ISO/IEC 14888-1, -3]
- Hash functions SHA-1 and RIPEMD-160 [ISO/IEC 10118-3]
- Cryptographic Message Syntax [RFC 2315] based on RSA's publicly available specification PKCS #7
- Use of hardware tokens, such as smart cards [ISO/IEC 7816 part 4-9, DIN Vornorm 6629 and/or RSA's specification PKCS#15], PCMCIA cards and Personal Digital Assistants (PDAs) for secure storage and usage of private keys

Security requirements for signature products (D), (F):

The purpose of this work area is to provide a set of suitable security standards for two types of signature products:

- trustworthy systems and products used by CSPs issuing qualified certificates as specified in Annex II (f),
- hardware devices protecting a private signing key and being used as secure signature creation device as specified in Annex III.

The work should only refer to existing and internationally accepted security standards and/or protection profiles. New security standard should preferably not be written, since this would cause an unacceptable delay in the development and deployment of such products. The result may be a combination of Protection Profiles based on Common Criteria, ITSEC security targets, and requirements for the cryptographic modules being used (FIPS 140-1 or equivalent).

It is suggested that the work area will contain the following activities (although the final work plan needs to be decided during the setting up of the workshop):

- Adaptation/adoption of FIPS 140-1 as a European standard
- Selection of suitable FIPS 140-1 levels for signature creation devices and for cryptographic modules in trustworthy systems
- Adoption of existing Protection Profile(s) and/or ITSEC security targets as security requirements for signature creation devices
- Possible development of a new Protection Profile for CSP systems issuing qualified certificates

The workload estimate is very much dependant on the extent of the last item.

Standard for the use of X.509 public key certificates as qualified certificates (I):

The purpose of this work is to issue recommendations for the use of X.509 certificates as qualified certificates according to the Annex I of the Directive. Work has already been initiated at the IETF on the topic of " Qualified Certificates ", and is expected to reach RFC status before the end of this year, but additional recommendations might be needed. However, further work will be necessary in this area targeted at the specific requirements of the Directive that builds on the generic work of the IETF.

Security Management and Certificate Policy for CSPs Issuing Qualified Certificates (C):

This work area shall provide a common policy identifying minimum essential requirements for CSPs issuing qualified certificates. Through the use of CSPs supporting this policy, users can be assured that the legal requirements of electronic equivalents to hand-written signatures are met. The specification is to be based on the framework defined in RFC 2527, filling in specific details to meet Directive requirements.

EESSI Requirements addressed by this work area:

- Security Management requirements for CSPs issuing qualified certificates.
- Technical Profiles for operational aspects of CSPs issuing qualified certificates
- Standardized Certificate Policy for CSPs issuing qualified certificates

- Agreement on conformance assessment requirements for CSPs issuing qualified certificates.

Signature creation and verification (G):

The purpose of this work area is to provide specifications of functional and quality requirements of products for creation and verification of electronic signatures. The specifications should allow for technology neutrality but also provide guidance for specific technologies, such as smart cards and personal computers.

- EESSI Requirements addressed by this work area:
- Specification of user interface to signature creation products
- Specification of the operating environment of signature creation and its management, for different signature device technologies
- Specification of signature verification products and procedures
- Requirements for the use of time-stamping and/or archival services to enable the use of electronic signatures as long term evidence

Electronic signature syntax and encoding formats (H), and Technical aspects of signature policies (R):

The purpose of this work is to establish a standard format for electronic signatures, including support for multiple signatures and roles, to allow adjudicators or other parties to use a common tool to verify the validity of an electronic signature long after its initial use. A further potential requirement is the syntax and the encoding of the signature policy so that an electronic signature can be automatically verified against the signature policy to which it refers.

EESSI Requirements addressed by this work area:

- Syntax and encoding format of electronic signatures
- Standard for reference to signature polices, and its description

Protocol to interoperate with a Time Stamping Authority (M):

The purpose of this work is to define a profile of the Time-stamping protocol under study by the PKIX Working group, once this protocol will be published by the IETF. Also, ISO is in the early stages of producing a standard for time-stamping protocols and services (ISO/IEC WD 18014). It is first needed to support the work from the IETF, being the standard that is most likely to get market acceptance, (contents of this high priority item). The next step them will be to establish the profile if needed.

Literatur

[AGINDI] Arbeitsgemeinschaft interoperabler digitaler Identität. www.sicherheit-im-internet.de/home.phtml

[CC98] Common Criteria, Version 2.0, 22. May 1998. www.crsc.nist.gov/cc/ccv20/ccv2list.htm

[DINV66291-4] Chipkarten mit Digitaler Signatur-Anwendung/Funktion nach SigG und SigV, Teil 4: Basis Sicherheitsdienste, 2000.

[DIN 66291-1] Chipkarten mit Digitaler Signatur-Anwendung/Funktion nach SigG und SigV, Teil 1: Anwendungsschnittstelle. www.bsi.bund.de/aufgaben/projekte/pbdigsig/main/contact.htm (engl.)

[ECRL99] Gemeinsamer Standpunkt (EG) Nr. 1999/93 des Rates im Hinblick auf den Erlaß der Richtlinie 1999/ EG des europäischen Parlaments und des Rates über die gemeinschaftliche Rahmenbedingungen für elektronische Signaturen, 13.12.1999, in: Amtsblatt der Europäischen Gemeinschaften, 19.1.2000, L 13/12. www.accurata.se/QC/index.html, www.iukdg.de

[EESSI99] European Electronic Signature Standardization Initiative: Final Draft of the EESSI Expert Team Report, 18.6.1999. www.ict.etsi.org/eessi/

[EESSI00] www.etsi.org/sec/el-sign.htm
www.cenorm.be/workshop/e-sign, www.ict.etsi.org/eessi/

[ISIS99] Industrial Signature Interoperability Specification, September 1999. www.dud.de

[ITU] International Telecommunication Union: ITU-T Recommendation X.509 – Information Technology – Open Systems Interconnection.

[ITSEC91] Kriterien für die Bewertung der Sicherheit von Systemen der Informationstechnik (ITSEC), 1991, Katalognr.: CD-71-91-502-DE-C.

[Keus99a] K. Keus: EU-Richtlinie zur elektronischen Unterschrift: Ein Wegweiser in die elektronische Zukunft, in: Proceedings der ChipCard'99, Computas, 1999.

[Keus99b] K. Keus: EU-Richtlinie zur elektronischen Unterschrift und deutsches Signaturgesetz: Migration möglich?, in: P. Horster (Hrsg.): Systemsicherheit, Vieweg, 2000.

[Peters99] H. Petersen: SmartCard-basierte Public-Key-Infrastrukturen, in: Proceedings der ChipCard'99, Computas, 1999.

[PKCS1-15] RSA Laboratories. www.imc.org/ietf-pkix

[PKIX] www.imc.org/ietf-pkix

[SigG-E00] Referentenentwurf zur digitalen Signatur, 1.12.2000. www.iid.de/iukdg

[SigI98] Schnittstellenspezifikation zur Entwicklung interoperabler Verfahren und Komponenten nach SigG/SigV, Juli 1998. www.bsi.bund.de

[SigV-E00] Verordnung zur digitalen Signatur (Signaturverordnung – SigV), Entwurf, 30.11.2000. www.iid.de/iukdg

[Struif98] B. Struif: Digitale Signatur-Anwendung nach Signaturgesetz und Signaturverordnung, in: P. Horster (Hrsg.): Chipkarten, Vieweg, 1998.

[W3C] WWW-Consortium. www.w3org

Sicherheitsmanagement durch generische objektorientierte Modellierung einer Trust Center Software

Markus Ruppert · Markus Tak

Technische Universität Darmstadt
{mruppert, tak}@cdc.informatik.tu-darmstadt.de

Zusammenfassung

Sicherheitsmanagement erfordert festgeschriebene Regeln und deren konsequente Umsetzung. Festschreiben und Umsetzen sind üblicherweise voneinander getrennte Arbeitsschritte. Eine Synthese dieser Arbeitschritte brächte viele Vorteile. Ein Ziel des Projekts FlexiPKI [BuRT00] ist es, die Flexibilität und Sicherheit von Softwarekomponenten durch die Integration von Policymechanismen in diesen Softwarekomponenten zu verbessern. Dieses generische Konzept ergibt bei der Kombination solcher Softwarekomponenten eine Policybeschreibung und sorgt zugleich für die Umsetzung dieser Policy. In diesem Artikel wird ein Projekt zur generischen und objektorientierten Modellierung einer Trust Center Software beschrieben, die prototypisch bereits implementiert wird. Trust Center Software ist zentraler Bestandteil von Public Key Infrastrukturen (PKI). Die Notwendigkeit einer solchen Modellierung und dem daraus resultierenden Redesign existierender Prototypen ergab sich aus den sich permanent verändernden Anforderungen an PKI und den praktischen Erfahrungen im Testbetrieb der Zertifizierungsstelle der AG Buchmann (LiDIA-CA).

1 Sicherheit ist nicht statisch

Die gesamte Sicherheitsinfrastruktur ist in einem ständigen Wandel begriffen. Konzepte, Standards, Mechanismen und Implementierungen, letztlich auch die gesetzlichen Vorgaben zur Absicherung von Daten und Kommunikation sind davon betroffen. Die Bedürfnisse an Sicherheitsmechanismen entwickeln sich z.T. erst aus dem gerade beginnenden allgemeinen Gebrauch sicherheitsbasierter Anwendungen. So sehen die Richtlinien für sichere drahtlose Kommunikation, Wireless Transport Layer Security (WTLS) [WTLS00], bereits heute die Verwendung alternativer kryptographischer Basismechanismen auf Basis von Elliptischen Kurven vor (ECDH / ECDSA).

Im August 2000 hat das deutsche Signaturgesetz Anpassungen erfahren, und die Spezifikation neuer Standards wie Online Certificate Status Protocol (OCSP), Non-Repudiation (NR), Time Stamping-Service (TSS) und Certificate Management Protocol (CMP) lassen neue Anforderungen erkennen, die bei der grundlegenden Definition von PKI noch nicht vorhersehbar waren.

Sicherheit und damit jede Form von Sicherheitsmanagement beginnt mit der Ermittlung des Sicherheitsbedürfnisses und einer anschließenden Bedrohungsanalyse. Danach werden Regeln abgeleitet und Maßnahmen festgelegt, die genau beachtet und umgesetzt werden müssen, um die geforderte Systemsicherheit zu erhalten [Grun00, ITSEC]. Dies läßt sich sehr anschaulich am Beispiel eines Trust Centers darstellen.

2 Prinzipieller Verlauf eines Zertifizierungsvorgangs

Es wird im Folgenden exemplarisch ein Zertifizierungsvorgang betrachtet, anhand dessen die Zweckmäßigkeit und das Design einer generischen Modellierung von Trust Center Funktionalität erläutert werden kann.

Am Zertifizierungsprozess sind im wesentlichen zwei Autoritäten beteiligt. Die *Registration Authority* (RA) und die *Certification Authority* (CA). RA und CA sind nicht notwendigerweise getrennte Instanzen, allerdings empfiehlt sich diese Trennung. In der Regel sollte nach [RFC2527] jede Trust Center-Instanz die Aufteilung und die Abwicklung der für die Zertifizierung notwendigen Prozessschritte in zwei Dokumenten beschreiben, der *Certification Policy (CP)* und dem *Certification Practice Statement (CPS)* [ABA195].

Das CPS dient dem Sicherheitsmanagement des Trust Centers. Jede Vorkehrung und jeder Schritt der Zertifizierung und der anschließenden Zertifikatsverwaltung werden darin detailliert beschrieben. Die CP beschreibt eher den vorgesehenen Verwendungszweck und Form der Zertifikate, sowie Voraussetzungen, die für eine Zertifizierung erfüllt sein müssen.

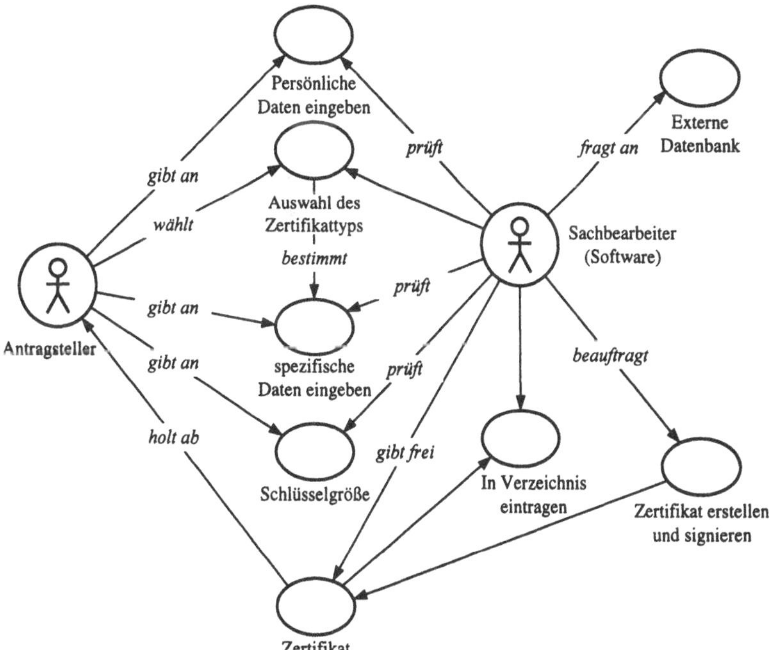

Abb. 1: Modell eines Zertifizierungsprozesses

Ausgehend von einem bereits funktionsfähigen Trust Center, beginnt die Ausstellung eines Zertifikats normalerweise mit der Antragstellung. Die Antragstellung kann auf unterschiedlichen Wegen erfolgen und erfordert je nach Zertifikatstyp und Policy-Vorgaben unterschiedliche Angaben von dem Antragsteller.

Typische Beispiele für die *Form des Antrags* sind Onlineantrag via Web Browser oder Terminal-Applikation, Email Antrag, schriftlicher Antrag bzw. schriftlicher Antrag vor Ort, z.B. wenn damit zugleich die Personalisierung einer Chipkarte verbunden ist.

Neben der Form ist auch der *Typ des beantragten Zertifikats* und das *Endprodukt der Zertifizierung* für die zu erhebenden Daten maßgebend. Bespiele für Zertifikatstypen sind: *Benutzerzertifikat* für die Verwendung mit Email Applikationen, *Attributzertifikat* für Datenverschlüsselung, *Web-Zertifikat* für den abgesicherten und authentischen Datenaustausch mit einem WebServer oder ein *Zertifikat für das Signieren von ausführbarem Programmcode*. Das Endprodukt der Zertifizierung muß nicht zwangsläufig auf das Zertifikat beschränkt sein, sondern kann auch ein Software- oder Hardware-Personal Security Environment (PSE) umfassen. Das Endprodukt bestimmt somit auch, wo und auf welche Weise Schlüsselpaare generiert werden.

Allen Zertifizierungsanträgen ist gemeinsam, daß sie eine Überprüfung der Antragsdaten erfordern. Diese *Datenprüfung* geschieht zweckmäßig in verschiedenen Prozeßschritten. Der erste Schritt wird immer die Prüfung der Vollständigkeit der Daten sein. Im zweiten Schritt wird die Syntax der vorhandenen Daten geprüft. Daran schließt sich eine semantische Prüfung an, die eine Plausibilitätsprüfung beinhaltet. Es folgt die Überprüfung der Identität des Antragstellers und der Korrektheit seiner Angaben (Staatsangehörigkeit, Zugehörigkeit zu einer Organisation, Berechtigung, etc.)

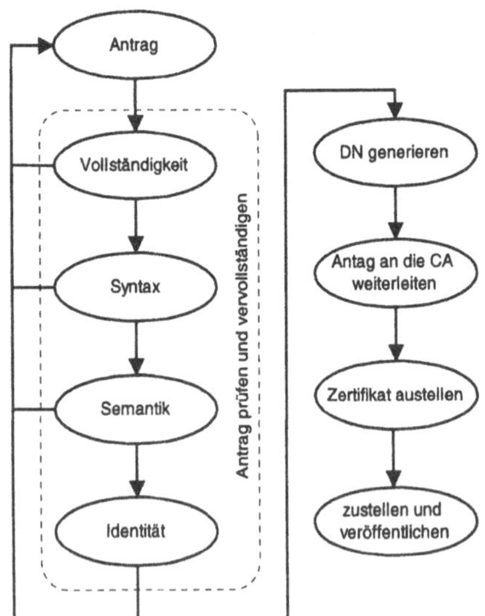

Abb. 2: Zertifizierungsprozeß

Die folgenden Zertifizierungsprozeßschritte benötigen in der Regel keine weiteren Interaktionen mit dem Antragsteller. Aus den Antragsdaten muß ein eindeutiger Name (DN) für das Zertifikat generiert werden. Danach wird der Antrag von der RA unterzeichnet und an die

CA übermittelt. In der CA wird die Korrektheit der Unterschrift geprüft und das Endprodukt der Zertifizierung erzeugt. Der letzte Prozeßschritt beinhaltet die Zustellung des Produkts an den Antragsteller und die Archivierung und u.U. auch die Veröffentlichung des Zertifikats. Auch diese Verwaltungsprozesse sind wesentlicher Bestandteil des Sicherheits-Managements einer CA. Die Verfügbarkeit und Authentizität der Zertifikate und des Zertifikatsstatus sind Voraussetzung für eine funktionierende PKI.

Diese Prozeß-Sicht einer Zertifizierung läßt allerdings einige wichtige Aspekte außer Acht. Zum einen wird der Lebenszyklus eines Zertifikats durch weitere Vorgänge im und außerhalb des Trust Centers bestimmt, zum anderen wird die Reihenfolge und Art der Umsetzung der Abläufe in keiner Weise näher festgelegt. Diese Sichtweise trennt CP bzw. CPS vom Prozessverlauf. Um beide zu vereinen und auch bei Variation des Zertifizierungsprozesses konsistent zu halten, müssen Daten, Funktionen und Richtlinien in geeigneter Weise miteinander gekoppelt werden.

Wünschenswert wären Objekte, denen die Policyelemente inhärent sind. Objekte, die sich quasi selbst gegen Mißbrauch schützen bzw. sperren. Das „mündige Zertifizierungsobjekt“ sollte Ziel einer solchen Entwicklung sein, die sich auf beliebige Anwendungen ausweiten läßt.

3 Mündige Objekte

Betrachtet man die potentiell möglichen Prozeßverläufe und Attributkombinationen einer Zertifizierung (vgl. Abbildung 3) und berücksichtigt dabei Zertifikatsinhalte, -bestimmung, verwendete Algorithmen und Schlüssel, sowie Verfahrensweisen die bei der Bearbeitung berücksichtigt werden müssen, dann wird die Zahl der Möglichkeiten schnell unübersichtlich und damit fehlerträchtig. Zum Teil bedingen Attributkombination und Prozessverlauf einander, zugleich haben beide wesentlichen Einfluss auf die Sicherheit der Zertifizierung und damit auf die Güte des Zertifikats.

Ein Beispiel soll das verdeutlichen:

> *Inhalt*: Standard, *Verwendung*: Signatur/Verschlüsselung, *Form des Antrags*: Email, *Erzeugung des Schlüsselpaars*: CA, *Signatur Algorithmus*: MD5withRSA, *Güte des Zertifikats*: interner Gebrauch, *Produkt*: Softkey (PKCS#12) & Zertifikat.

Für diese Kombination von Attributen, bei einer Abwicklung des Trust Center internen Zertifizierungsprozesses mit entsprechend hohen Sicherheitsmerkmalen, müßte die Policy des Zertifikats den Gebrauch auf die Anwendungen in einer überschaubaren geschlossenen Benutzergruppe einschränken (Güte des Zertifikats: interner Gebrauch), denn die Form des Antrags: Email bietet keine ausreichende Identifizierungsmöglichkeit des Antragstellers für haftungsbeschränkte oder darüber hinaus gehende Zertifikatsverwendung. Für jede verwendete Kombination muß eine eigene Sicherheitsanalyse vorgenommen werden. Diese Bewertung erfolgt nach den in der CPS festgelegten Metriken und den Sicherheitspolicies des Anwenders. Diese Analyse erfordert einen hohen Aufwand.

Zwar läßt sich durch bewußtes Einschränken der Möglichkeiten und ein statisches Sicherheitsmanagement des Trust Centers ein hohes Maß an Sicherheit gewährleisten, aber die Brauchbarkeit der Zertifikate und die Anpassung an veränderte Sicherheitsanforderungen durch den technischen Wandel ist nicht mehr gegeben, Trust Center dieser Kategorie sind mittelalterlichen Festungen vergleichbar, die sich veränderten (innovativen) Anforderungen nur schwer anpassen lassen. Besser ist es den gesamten Zertifizierungsvorgang einschließlich der damit verbundenen Zertifikats-, Schlüssel- und Chipkartenverwaltung in modularen Objekten zu bündeln.

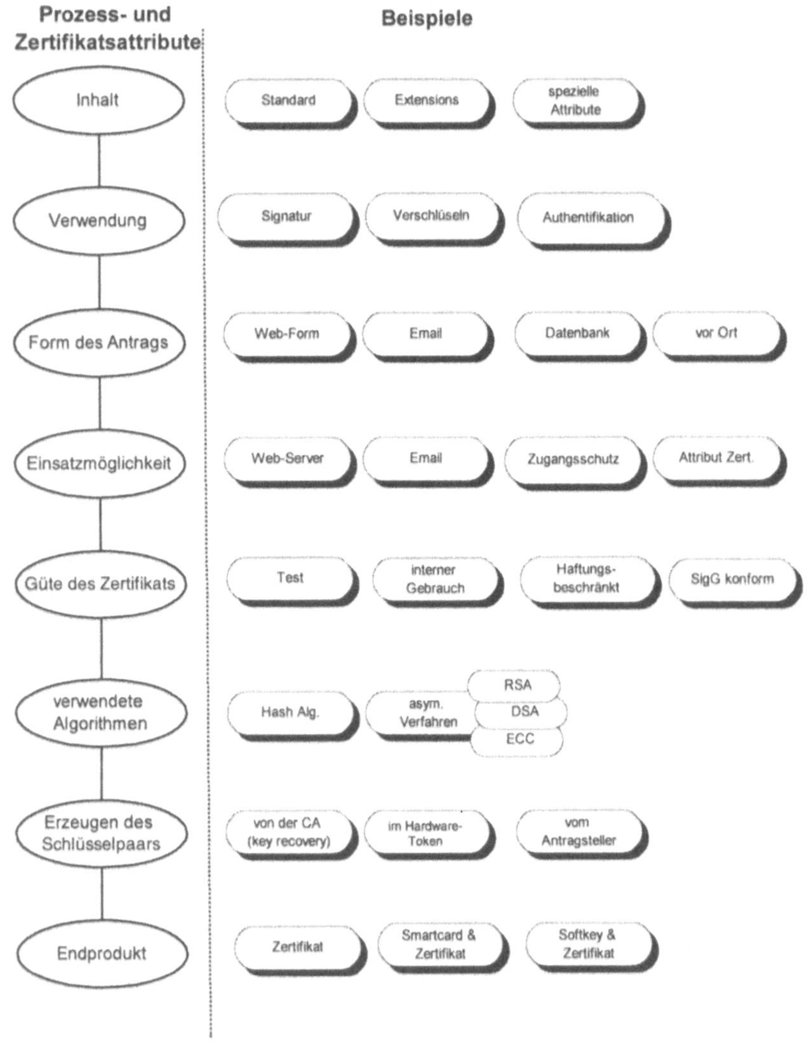

Abb. 3: Variablen der Zertifikatsgestaltung und des Zertifizierungsprozesses

Jede der Teilkomponenten, Attribute, Prozeßschritte und Policy werden durch eine Klassen- und Interface-Struktur in Objektkomponenten zusammengefaßt, die sich zu einem Zertifizierungsobjekt mit wohldefiniertem Prozessverlauf und wohldefinierter Produktgüte kombinieren lassen. Die Policy wird durch das Zertifizierungsobjekt selbst realisiert. Objekte, die kombiniert werden sollen, müssen dann sowohl funktional als auch sicherheitstechnisch zusammenpassen.

Die Policy Framework Working Group weist in dem Policy-Terminology-Draft [PFWG00] vom November 2000 mit Recht darauf hin, daß eine Transformation zwischen den unterschiedlichen Abstraktions- und Repräsentationsniveaus einer Policy in den meisten Fällen unscharf und unpräzise ist. Die in einem Policy-Repository definierten Regeln, Bedingungen und Aktionen können bei der Anwendung eine ungewollte Interpretation erfahren. Die Policy als aktives, sich selbst ausführendes Element entzieht sich einer solchen unscharfen Interpretation.

4 Ausblick

Ziel des Projekts ist es, ein Konzept systeminhärenter Policymechanismen zu entwickeln, das sich für IT Sicherheitsmanagement im objektorientierten Kontext einsetzten läßt, und eine unmittelbare Kopplung der Policymechanismen an die Prozesse und Applikationen gewährleistet.

Literatur

[ABA195] American Bar Association: Digital Signature Guidelines – Legal Infrastructure for Certification Authorities and Electronic Commerce, 1995.

[BuRT00] J. Buchmann, M. Ruppert, M. Tak: FlexiPKI – Realisierung einer flexiblen Public-Key-Infrastruktur, in: P. Horster (Hrsg.): Systemsicherheit, Vieweg, 2000.

[CC2199] NIST: Common Criteria V. 2.1 (aligned with IS 15408), September 2000.

[Grun00] Bundesamt für Sicherheit in der Informationstechnik, IT-Grundschutzhandbuch, Januar 2000.

[ITSEC] Information Technology Security Evaluation Criteria (ITSEC), 1991.

[PFWG00] IETF Policy Framework Working Group: Policy Terminology IETF-Draft-01, November 2000.

[WTLS00] WAP-199-WTLS Wireless Application Protocol Wireless Transport Layer Security Specification, Version 18-Feb-2000, Wireless Application Forum, Ltd.

Elektronische Zahlungsmechanismen im Überblick

Andreas Hitzbleck[1] · Detlef Hühnlein[2]

[1]Mühlbergstraße 1, 82319 Starnberg
andreas@hitzbleck.com

[2]secunet AG
huehnlein@secunet.de

Zusammenfassung

Diese Arbeit liefert einen aktuellen Überblick über die zur Zeit, bzw. möglicherweise in Zukunft, im deutschsprachigen Raum eingesetzten elektronischen Zahlungsmechanismen. Neben wirtschaftlichen Überlegungen werden insbesondere auch die Sicherheitsaspekte der einzelnen Verfahren beleuchtet.

1 Einleitung

Beim immer populärer werdenden elektronischen Handel von Waren und Dienstleistungen - z.B. im Internet - ist es nötig, Mechanismen für die elektronische Abwicklung der Zahlungsvorgänge zur Verfügung zu stellen. Eine besondere Herausforderung stellen hierbei Zahlungen zwischen Endkunden und Händlern dar, da hier oft keine etablierte Geschäftsbeziehung - und somit kein inhärentes Vertrauensverhältnis - existiert. Deshalb spielt, neben wirtschaftlichen und ergonomischen Aspekten, die Sicherheit dieser Zahlungsmechanismen eine besondere Rolle.

In diesem Beitrag soll ein aktueller Überblick über die zur Zeit, bzw. möglicherweise in Zukunft, eingesetzten Verfahren vermittelt werden. Während das Hauptaugenmerk den aktuellen Entwicklungen im deutschsprachigen Raum gilt, so werden auch weitere - subjektiv für interessant erachtete - Verfahren gestreift und ein Ausblick auf zukünftige Entwicklungen gewagt.

Diese Arbeit ist folgendermaßen gegliedert: In Abschnitt 2 sind aktuelle Marktanalysen und -prognosen für den elektronischen Handel und insbesondere die damit verbundenen Zahlungsgewohnheiten zusammengetragen. In den beiden folgenden Abschnitten werden die verschiedene Zahlungsmechanismen ausführlich behandelt. Für eine grobe Einteilung der Verfahren, wurde die Höhe des Zahlbetrages herangezogen. Bei den - in Abschnitt 4 diskutierten - Verfahren für *Macropayments* wird unterstellt, dass der Zahlbetrag keinesfalls weniger als 1,- DM beträgt. Da sich das World Wide Web insbesondere auch für das Anbieten von kostenpflichtigen Informationen und Dienstleistungen eignet, deren Transaktionswert diese Grenze unterschreitet, ist es wichtig neben diesen - mittlerweile etablierten – Verfahren auch Mechanismen zur Abwicklung von *Micropayments* zu entwickeln, mit denen auch Zahlungstransaktionen durchgeführt werden können, deren Wert nur wenige Pfennige, oder sogar nur Bruchteile von Pfennigen, beträgt. Hierbei ist natürlich nicht die technische Machbarkeit solcher Transaktionen, sondern vielmehr deren Wirtschaftlichkeit das entscheidende Kriterium. Solche Verfahren werden in Abschnitt 5 ausführlich erläutert. Wir beschließen diese Arbeit – in Abschnitt 6 – mit einem kurzen Fazit.

2 Der elektronische Marktplatz

Während in den letzten Monaten erste spektakuläre Firmenpleiten im Business-to-Consumer-Umfeld (B2C), wie z.B. `www.boo.com`, publik wurden, so sind sich dennoch alle Analysten einig, dass sich das grundsätzliche Wachstum im E-Commerce-Umfeld auch in den nächsten Jahren fortsetzen wird.

So beziffert beispielsweise eine KPMG-Studie [KPM00] das globale, jährliche Umsatzwachstum in den nächsten Jahren mit etwa 100%. In Europa soll demzufolge der Gesamtumsatz im E-Commerce, d.h. B2B und B2C zusammen, von knapp 300 Milliarden Euro (ca. 4%) im Jahre 1999 bis zum Jahr 2002 auf etwa 2 Billionen Euro (ca. 14%) anwachsen.

Verglichen mit der globalen Entwicklung wird dem B2C-Markt in Europa gar ein etwas stärkeres Wachstum vorausgesagt. Einer Forrester-Studie [For00b] zufolge soll der Umsatz in diesem Bereich gar um etwa 140% wachsen und die Zahl der Online-Konsumenten bis zum Jahr 2004 bei etwa 100 Millionen liegen. Nach dieser Studie betrug der B2C-Umsatz im Jahr 1999 in Europa etwa 36 Milliarden, wobei in England etwa 10 und in Deutschland etwa 7 Milliarden umgesetzt wurden.

Betrachtet man nun die aktuellen Zahlungsgewohnheiten in Deutschland, so zeigt eine Foris [For00a] - Umfrage, dass – neben den klassischen „Zahlungsmechanismen“ (Überweisung 26%, Lastschrift 22% und Nachnahme 13%) – heute praktisch[1] nur per Kreditkarte (30%) bezahlt wird. Bis zum Jahr 2004 soll sich das dahingehend ändern, dass etwa 22% mit SmartCards, was wohl in Deutschland der GeldKarte gleichkommen dürfte, 20% mit elektronischer Rechnung, 19% per Kreditkarte, 18% durch Rechnung/Überweisung, 16% Lastschrift und 5% durch andere Verfahren bezahlt werden würde.

Wenngleich nur 154 Kunden und 35 Anbieter an dieser Umfrage teilnahmen, so scheinen diese Zahlen ein gewisses Gefühl für die aktuelle Stimmung und möglicherweise die zukünftige Entwicklung zu vermitteln.

3 Münz- und Kontenbasierte Verfahren

Da es sehr viele – teilweise inzwischen wieder eingestellte[2] – Systeme und vor allem Systementwürfe für elektronische Zahlungsmechanismen gibt, wird im Folgenden lediglich eine Auswahl vorgestellt. Für eine ausführlichere Betrachtung und Bewertung verschiedener (Micropayment-) Verfahren sei auf [Hit00] verwiesen. Hier wurden die Kategorien „Münzbasierte Verfahren“ und „Kontenbasierte Verfahren“ gewählt. Da die Begriffe *münzbasiert*

[1] Alle sonstigen Zahlungsmechanismen machten weniger als 1% aus.

[2] Ein prominentes Beispiel in diesem Zusammenhang ist die Einstellung der walletbasierten, in den Abschnitten 4.2.3 und 4.3.1 näher erläuterten, Cybercash-Systeme im Dezember 2000.

und *kontenbasiert* bei näherer Betrachtung nicht eindeutig sind[3], vorab eine kurze Definition:

- **Münzbasierte Verfahren:** In einem münzbasierten Verfahren wird eine Bezahlung durch die Übertragung eines elektronischen Tokens geleistet. Ein Token ist dadurch gekennzeichnet, dass es mit einem Wert behaftet ist und demzufolge ein Verlust des Tokens den Verlust des Wertes impliziert.
- **Kontenbasiertes Verfahren:** Ein kontenbasiertes Verfahren zeichnet sich durch die (sofortige) Buchung einer Zahlung auf dem entsprechenden Konto aus. Die Zahlung wird dabei ebenfalls durch die Übertragung einer elektronischen Nachricht initiiert, ein Verlust dieser Nachricht hat jedoch keinen Geldverlust zur Folge.

4 Verfahren für Macropayments

In diesem Abschnitt wollen wir einen groben Überblick über elektronische Zahlungsmechanismen geben, die – im Gegensatz zu den in Abschnitt 5 diskutierten Verfahren – sinnvollerweise nur zur Zahlung von Gütern und Dienstleistungen mit einem Wert von (deutlich) mehr als 1,– DM eingesetzt werden.

Wie bereits angedeutet, unterscheiden wir zwischen münz- und kontenbasierten Verfahren. Bei den kontenbasierten Verfahren unterscheiden wir weiterhin zwischen kredit- und debitartigen Verfahren.

4.1 Münzbasierte Macropayment-Verfahren

4.1.1 eCash

eCash ist „der Klassiker" unter den münzbasierten Bezahlverfahren und basiert auf der richtungsweisenden Arbeit [Cha83] von David Chaum. Nach dem Konkurs der Firma Digicash im Jahr 1998, wurde die Technologie von einem neuen Unternehmen Ecash Technologies Inc. übernommen. eCash wurde in Deutschland insbesondere durch die Kooperation mit der Deutschen Bank bekannt.

Der Ablauf im System lässt sich in grober Art und Weise folgendermaßen beschreiben:

In der Initialisierungsphase erzeugt sich die eCash-Bank einen RSA-Modul $n = pq$ und für jeden Münzwert jeweils ein RSA-Schlüsselpaar (e_i, d_i), wobei $(n, e_1, e_2, \cdots)$ veröffentlicht wird. Nun erzeugt sich ein registrierter Kunde eine „rohe" eCash-Münze m sowie eine Zufallszahl r und schickt den Wert $w \equiv r^{e_i} \cdot m \pmod n$ zur eCash-Bank. Diese veranlasst die entsprechende Verbuchungen mit dem Giro-Konto des Kunden und signiert die maskierte Münze w. D.h. sie berechnet $s' \equiv w^{d_i} \equiv (r^{e_i} \cdot m)^{d_i} \equiv r \cdot m^{d_i} \pmod n$ und schickt dem Kunden diesen Wert zurück. Dieser kennt r und kann deshalb durch Berechnung von $s \equiv s' r^{-1} \pmod n$ die Signatur $s \equiv m^{d_i} \pmod n$ der eCash-Bank für die Münze m extrahieren. Beim Bezahlen schickt der Kunde die Münze (m, s) zum Händler, der sie wiederum online bei der Bank einlöst. Die Bank speichert die Seriennummer der

[3] Eine Münze ist ein ein Datenpaket, das durch ein Netz übertragen wird. Doch auch kontenbasierte Systeme setzen einer Buchung die Übertragung elektronischer Nachrichten voraus. Im Gegenzug müssen bei tokenbasierten Verfahren auch „Konten" existieren, in denen die Münzen bis zur Einlösung gesammelt werden.

Münze in einer Datenbank und veranlasst die Buchung auf das Giro-Konto des Händlers. Double-spending würde beim Eintrag der Seriennummer in der Datenbank entdeckt.

Bei diesem Verfahren ist es auch möglich Bezahlungen zwischen Privatpersonen durchzuführen, indem die so erstellte Münze z.B. als Email-Anhang verschickt wird. Vor der Benutzung muss der neue Besitzer jedoch diese Münze wieder bei der Bank gegen eigene Münzen tauschen. Steht der gewünschte Bezahlbetrag nicht passend zur Verfügung, so müssen die Münzen vorher bei der Bank gewechselt werden.

Die herausragende Eigenschaft dieses Verfahrens ist, dass selbst die Bank nicht herausfinden kann, bei welchen Händlern welcher Kunde wann, wie viel bezahlt. Der Kunde agiert also - auch für die Bank - anonym.

4.1.2 SuperCash

Bei SuperCash [NTT00] handelt es sich um ein von NTT entwickeltes Bezahlungsverfahren, das sich der Arbeit [Oka95] von Tatsuaki Okamoto bedient. Während nicht zu erwarten ist, dass SuperCash auf dem deutschen Markt Relevanz erlangen wird, so scheint dieses Verfahren nach heutigem Kenntnisstand das leistungsfähigste Bezahlverfahren zu sein.

Neben der Anonymität des Kunden - wie bei eCash - besteht hier außerdem die Möglichkeit eine Münze - ohne Zutun einer Bank - zu teilen. Deshalb ist es hier wichtig, dass die Münze selbst versteckte Informationen über die Identität des Kunden trägt, die jedoch nur ermittelt werden kann, sobald eine Münze ein zweites Mal ausgegeben wurde.

4.2 Kreditartige Verfahren

In diesem Abschnitt beschäftigen wir uns mit kreditkartenbasierten Verfahren. Durch die relativ hohen Gebühren ist es klar, dass sich mit diesen Verfahren nur recht hohe Beträge - in sinnvoller Art und Weise - abrechnen lassen.

4.2.1 MoTo / SSL

Die einfachste Art und Weise eine Bezahlung im Internet durchzuführen ist, dass der Händler die Kreditkartennummer des Kunden erfragt und - nach einer entsprechenden Autorisierungsanfrage - die Abrechnung, wie bei einer Bestellung per Brief, Fax oder Telefon (Mailorder/Telephoneorder, MoTo), abwickelt. Um zu verhindern, dass die sensiblen Kreditkartennummern ungeschützt über das Internet verschickt werden, scheint es mittlerweile (gottlob) üblich zu sein, die Kommunikationsverbindung zwischen Händler und Kunde mit SSL abzusichern.

Wie die bekanntgewordenen Betrugsfälle belegen, ist dieses Vorgehen - aus Perspektive der Sicherheit - alles andere als unbedenklich. So konnte beispielsweise der Hacker „Maxus“ im Januar 2000 etwa 300.000 Kreditkarten-Nummern vom Web-Server der Firma CD-Universe stehlen. Beim jüngsten und wohl spektakulärsten Kreditkarten-Betrugsfall [Egg00] wurden im Dezember 2000 vom Egghead.com-Server mehr als 3 Millionen Karten-Nummern gestohlen. Mit diesen Kreditkarten-Nummern wäre es nun leicht selbst beliebige Waren per MoTo zu kaufen. Deshalb ist es nicht verwunderlich, dass der Händler hierbei keine Zahlungsgarantie zugesichert bekommt.

Auf der anderen Seite könnte ein betrügerischer Händler mit den übermittelten Kreditkartendaten selbst beliebige Zahlungen anstoßen. Dass dies nicht nur ein potentielles Risiko ist, belegt der im Mai 1999 bekannt gewordene Fall: H. Taves - ein kalifornischer Internet-Erotik-Unternehmer - verbuchte im Jahr 1998 einen Umsatz von etwa 49 Millionen US$, die er durch Kreditkarten-„Zahlungen" einnahm. Problematisch war hierbei, dass von diesem Betrag lediglich knapp vier Millionen US$ legitimierte Bezahlungen waren.

Die einfachste - und vermutlich die weitaus verbreitetste - Möglichkeit an fremde Kreditkartennummern zu gelangen ist die sorgfältige Inspektion von Mülleimern - z.B. an Tankstellen. Um den Effekt dieses „Trashings" einzudämmen, wird es bei den künftigen Kreditkarten - neben der auf jedem Beleg vorhandenen Kreditkartennummer - einen zusätzlichen dreistelligen „Autorisierungscode" geben.

Dass dies wohl eher als kurzfristiger Versuch den Kreditkartenbetrug einzudämmen, denn als langfristige Lösung, zu beurteilen ist, liegt auf der Hand.

4.2.2 SET

Secure Electronic Transaction (SET) ist eine von VISA und Mastercard - zusammen mit IBM und Microsoft - entwickelte Sicherheits-Infrastruktur für die Abwicklung elektronischer Transaktionen im B2C - Bereich. Ein wichtiges - aber langfristig möglicherweise nicht das einzige - Einsatzgebiet von SET ist die sichere Kreditkartenzahlung.

Die drei beteiligten Parteien (Cardholder, Merchant und Payment-Gateway) erhalten von ihrer jeweiligen Zertifizierungsinstanz Zertifikate, die die Erstellung digitaler Signaturen und die asymmetrische Verschlüsselung erlauben. Diese Zertifizierungsinstanzen erhalten - nach einer entsprechenden Sicherheitüberprüfung durch VISA bzw. Mastercard - wiederum ein Zertifikat von der Brand-Level-CA, die direkt unter der globalen Wurzelinstanz hängt.

Der entscheidende Vorteil gegenüber der naiven MoTo/SSL-Variante ist, dass der Händler die Kreditkartennummer nicht zu Gesicht bekommt, aber trotzdem - was aufgrund der durch die Public Key Infrastruktur induzierten Sicherheit gerechtfertigt ist - eine Zahlungsgarantie erhält.

4.2.3 Cybercash - Kreditkartenzahlung

Bei diesem - bis Dezember 2000 u.a. von der Dresdner Bank, der Commerzbank und der Hypo-Vereinsbank unterstützten Verfahren [Cyb00] existierte neben der MoTo/SSL-Lösung, bei der der Kunde nicht registriert sein muss, auch die Möglichkeit, dass beim Kunden ein Cybercash-Wallet installiert wurde, welches die Kreditkarteninformation für das Cybercash Payment Gateway verschlüsselte. Deshalb war es hierbei nicht möglich, dass der Händler die übertragenen Karteninformationen missbraucht.

Aus mangelnder Kundenakzeptanz wurde dieses Verfahren, wie auch die anderen wallet-basierten Cybercash-Verfahren (EDD und Cybercoin), mittlerweile jedoch eingestellt.

4.3 Debitartige Verfahren

In diesem Abschnitt werden einige Verfahren vorgestellt, bei denen die Bezahlung durch Abbuchung von einem (vorausbezahlten) Konto erfolgt.

4.3.1 Cybercash – Electronic Direct Debit und Cybercoin

Beim Electronic Direct Debit (EDD) Verfahren der Firma Cybercash GmbH [Cyb00] handelte es sich um einen lastschriftartigen Mechanismus. Das heißt, dass bei der initialen Registrierung der als Vermittler zwischen Kunden und Händler fungierenden Cybercash GmbH die Erlaubnis erteilt wurde die im Rahmen von EDD umgesetzten Beträge vom Girokonto des Kunden abzubuchen.

Bei Cybercoin bestand die Möglichkeit Geldbeträge in das Cybercoin-Wallet zu laden, mit dem elektronische Zahlungen – vorzugsweise für niedrigpreisige, elektronische Güter – durchgeführt werden konnten. Für jedes Cybercoin-Wallet existierten bei der Cybercash GmbH entsprechende Schattenkonten, über die die Buchungen abgewickelt wurden.

Aus mangelnder Kundenakzeptanz wurden beide Systeme im Dezember 2000 eingestellt. Die Cybercash GmbH bietet nunmehr lediglich Systeme für die MoTo/SSL-Kreditkartenzahlung an.

4.3.2 Lastschrift mit elektronischer Signatur

Bei diesem – z.B. von der Deutschen Post AG / SignTrust angebotenen – Verfahren handelt es sich um eine elektronische Version des Bezahlens per Lastschrift. Hierbei wird die Abbuchungserlaubnis nicht wie üblich manuell, sondern – unter Verwendung SigG-konformer Chipkarten und Zertifikate – elektronisch signiert.

Während der Händler, durch die Verbindlichkeit der SigG-konformen elektronischen Signatur, die Durchführung der Transaktion leicht, ggf. vor Gericht, nachweisen kann, so muss beim Kunden bereits die entsprechende Infrastruktur mit Chipkarte und Leser vorhanden sein.

4.3.3 GeldKarte

Neben der Zahlung mit der GeldKarte am Point of Sale ist es seit kurzem auch möglich mit der GeldKarte im Internet zu bezahlen [Zit99]. Der wesentliche Unterschied zwischen diesen beiden Zahlungsvarianten ist, dass die Identität des Händlers bei der Bezahlung im Internet keineswegs klar ist. Deshalb wurde vom ZKA, abgesehen von (sparkasseninitiierten) Pilotprojekten, die Verwendung von sog. Klasse 3 Lesern vorgeschrieben. Dieser, z.B. von Kobil angebotene, Leser ist in der Lage den Händler durch Überprüfen einer digitalen Signatur zuverlässig zu authentifizieren und die Händleridentität sowie den Zahlbetrag auf dem Display des Lesers anzuzeigen.

Durch die weite grundsätzliche Verbreitung der GeldKarte, die wachsende Verfügbarkeit von Akzeptanzstellen an Verkaufsautomaten, die im Rahmen von HBCI 3.0 geplante Möglichkeit des Ladevorganges im Internet [Zit99] und insbesondere die moderaten Gebühren von derzeit 0,3 % des Warenwertes, bzw. mindestens 0,02 DM, erscheint die GeldKarte – abgesehen von der benötigten Kartenleserinfrastruktur – als ein sehr vielversprechendes elektronisches Zahlungsverfahren für den deutschen Markt. Inwieweit sich das GeldKarten-System – im Zuge von CEPS – auch auf europäischem Boden durchzusetzen vermag muss die Zukunft zeigen.

4.3.4 Paybox

Beim Paybox-System [Pay00a] handelt es sich um ein Bezahlverfahren, bei dem die Paybox AG das Clearing zwischen Kunden und Händlern durchführt. Hierbei zahlt der Kunde eine jährliche Grundgebühr von 5 Euro und der Händler, bzw. bei Peer-to-peer-Zahlungen der Zahlende, eine umsatzabhängige Gebühr.

Das Alleinstellungs-Merkmal von Paybox ist, dass die Zahlung durch die Eingabe einer PIN mit einem gewöhnlichen Mobiltelefon autorisiert wird. Der Kunde teilt dem Händler - z.B. einem Taxifahrer direkt oder im Internet mit SSL geschützt - zur Zahlung seine Mobiltelefon-Nummer, bzw. eine Paybox-Alias-Nummer, mit. Nachdem der Händler die Daten an die Paybox AG geschickt hat, initiiert diese einen Anruf zum registrierten Mobiltelefon des Kunden. Nachdem dem Kunden die Zahlungsdaten von einem Sprachcomputer „vorgelesen" wurden, kann er die Zahlung durch Eingabe seiner Paybox-PIN freigeben.

Während dieses Verfahren durch seine Flexibilität und Einfachheit besticht, so verlässt sich Paybox auf die in GSM implementierten Sicherheitsmechanismen. Diese lassen sich bekanntlich, durch den Einsatz von - in Österreich übrigens legal erwerbbaren - IMSI-Catchern - wie in [Fed] beschrieben - aushebeln. Somit könnte beispielsweise die im Sprachkanal übertragene Paybox-PIN eines Kunden ausgeforscht, und die Telefon-Nummer im Netz auf das Gerät eines Angreifers umgeleitet werden. Ob diese grundsätzliche Schwäche mehr als ein theoretisches Angriffspotential bildet, muss die Zukunft zeigen.

4.3.5 Prepaid-Papierkarten

Bei der Paysafecard [Pay00b] in Deutschland und internetCASH [InC00] in den USA können z.B. an Tankstellen, Kiosken, ..., Papierkarten erworben werden, mit deren Seriennummer und einer durch Rubbeln sichtbaren PIN auf ein beim Anbieter vorhandenes Konto mit dem entsprechenden Wert zugegriffen werden. Diese Verfahren arbeiten somit analog zu den in den USA üblichen Prepaid Telefon-Karten, wobei die Übertragung der Zugangsdaten (Konto-Nummer und PIN) im Internet durch SSL geschützt wird.

5 Verfahren für Micropayments

Wie bereits angedeutet, zielen Verfahren für Micropayments darauf ab, Transaktionen im Wert von unter 1,- DM abzurechnen. Die Entwicklung des Internet hin zu einem breitbandigen Medium, welches in naher Zukunft die gewohnte Form von Radio, Musik und sogar Fernsehen ablösen könnte und die gegenwärtig weite Verbreitung werbefinanzierter Seiten im Internet macht die Dimensionen des vorhandenen Marktes für Micropaymentsysteme deutlich.

Bei dem Entwurf eines Systems, das kleine und kleinste Transaktionen abrechnen soll, ist es wichtig darauf zu achten, alle eventuell anfallenden Kosten zu minimieren. Wird diese Anforderung nicht konsequent umgesetzt, so besteht die Gefahr, dass die bei der Abrechnung anfallenden Kosten den Wert der jeweiligen Transaktion übersteigen. Auch die Effizienz ist ein wichtiges Kriterium, da selbst bei kostendeckender Abrechnung von Transaktionen die Gewinnmarge so gering ist, dass eine sog. kritische Masse von Kunden benötigt wird, um durch das System einen lohnenden Betrag einzunehmen.

Analysiert man ein übliches Szenario, in dem neben Händler und Kunde immer ein Broker als Vermittler zu den finanziellen Netzwerken existiert, so stellt man fest, dass neben der zur Abwicklung einer Transaktion benötigten Rechenleistung - deren Minimierung wichtig für die Effizienz des Systems ist – die Art der Autorisierung einer Zahlung eine entscheidende Rolle für die Wirtschaftlichkeit des Systems spielt. Jede Prüfung einer digitalen Münze auf Gültigkeit und jeder Datenbankzugriff, z.B. zur Prüfung eines Kontostandes, erhöht die Kosten und senkt die Gewinnmarge des Systems. Zusätzlich zu diesen wirtschaftlichen Anforderungen sind auch technische Anforderungen wie Sicherheit und Integrationsfähigkeit sowie soziale Anforderungen wie Funktionalität und einfache Bedienbarkeit zu berücksichtigen. Für weitere Anforderungen an Micropaymentsysteme verweisen wir auf [HR+96, Hit00].

5.1 Münzbasierte Verfahren

In einem grundlegenden Szenario kauft ein Kunde zunächst Münzen von einem Broker, oder generiert diese selbst. Im zweiten Fall muss sichergestellt werden, dass er auch den entsprechenden Gegenwert in realer Währung besitzt. Diese „Kreditlinie“ kann durch einen Broker anhand eines digitalen Zertifikates zugesichert werden. Die so erhaltenen Münzen werden in der Regel in einer elektronischen Geldbörse auf dem Rechner des Kunden gespeichert. Optional eingesetzte Techniken können es ermöglichen, dieses „Geld“ bei Verlust wieder herzustellen.

Bei münzbasierten Verfahren muss zum Einen verhindert werden, dass mit einer Münze mehrfach bezahlt werden kann (double spendig), und zum Anderen überprüft werden, ob eine Münze gültig ist. Dies geht meistens mit aufwendigen Datenbankabfragen einher, welche ein Micropaymentsystem schnell unwirtschaftlich machen können.

5.1.1 MicroMint

Bei MicroMint [RS96] handelt es sich um den eher akademischen Entwurf eines Micropaymentsystems von Ronald L. Rivest und Adi Shamir. Ziel bei dem Entwurf des Systems war es, langsame Public-Key Operationen und gleichzeitig Datenbankabfragen zu vermeiden und ein schnelles, effizientes System zu entwickeln.

Diese Ziele werden erreicht, indem als Münzen sog. k-fach Kollisionen von Hashfunktionen verwendet werden. Die Erzeugung solcher Kollisionen ist mit hohem Rechenaufwand verbunden und lohnt sich erst, wenn sie in großen Mengen durchgeführt wird. Im Gegenzug ist die Überprüfung einer Münze auf Gültigkeit sehr einfach durch die Rechnung

$$h(x_1) \stackrel{?}{=} h(x_2) \stackrel{?}{=} ... \stackrel{?}{=} h(x_k) \stackrel{?}{=} y$$

möglich, wobei $x_1, \cdots, x_n$ beliebige Zeichenfolgen sind. Münzen werden von einem Broker jeweils für eine Periode generiert und zusammen mit der verwendeten Hashfunktion ausgegeben. Nach Ablauf dieser Periode verfallen die Münzen und werden durch neue ersetzt. Eine Fälschung der Münzen ist sehr schwer, da diese erst nach Veröffentlichung der Hashfunktion möglich und dann mit sehr hohem Zeit- und Rechenaufwand verbunden ist.

Da dieses System nie implementiert wurde, können keine Aussagen über die Bedienbarkeit oder Akzeptanz getroffen werden. Die Vorteile des Systems liegen jedoch in der Effizienz, der Anonymität, der einfachen Überprüfbarkeit einer Münze auf Gültigkeit und der damit verbundenen Möglichkeit von *peer-to-peer* Zahlungen. Die Nachteile liegen in dem extrem hohen Rechenaufwand bei der Generierung der Münzen, der allein durch den Broker getragen werden muss und der trotz hoher Unwahrscheinlichkeit vorhandenen Möglichkeit, Münzen zu fälschen.

5.1.2 Millicent

Das System Millicent der Firma Digital [Man97] setzt auf eine Beziehung zwischen Broker, Händler und Kunde. Der Kunde kann von einem Broker digitales Geld kaufen, sog. „Broker-Scrip". Dieses kann er dann bei einem Händler in dessen Währung eintauschen („Händler-Scrip").

Die Bezahlung erfolgt durch das Senden von Scrip an den Händler, der dessen Gültigkeit anhand einer Überprüfung eingebetteter Hashwerte sicherstellen kann. Daraufhin sendet der Händler die Ware und das „Wechselgeld" zurück. Der Kunde kann jederzeit Händler-Scrip in Broker-Scrip umtauschen und umgekehrt.

Das System bietet dem Kunden wenig Schutz. Jeder Händler wäre in der Lage, das empfangene Geld zu behalten, ohne die gewünschte Ware auszuliefern. Es werden auch keine digitalen Signaturen verwendet, anhand derer die Nicht-Abstreitbarkeit von Nachrichten erreicht werden könnten. Als Begründung für die fehlende Sicherheit wird die Größe der Beträge angeführt.

5.1.3 PayWord

Der Ansatz PayWord [RS96] wurde zusammen mit MicroMint veröffentlicht. Er basiert auf verketteten Hashwerten, die als elektronische Münzen verwendet werden.

Ein Kunde erhält durch ein – regelmäßig durch einen Broker erneuertes Zertifikat – das „Recht", selber Münzen zu generieren. Klickt eine Kunde bei einem Händler das erste Mal auf einen kostenpflichtigen Link, so wird der Vorgang der Münzerzeugung, z.B. durch eine elektronische Geldbörse auf dem Rechner des Kunden, in Gang gesetzt. Der Kunde muss sich entscheiden, wie viel „Geld" er generieren möchte, da es nur bei diesem Händler gilt. Der Ausgangspunkt ist die Erzeugung einer Zufallszahl w_0. Diese Zufallszahl wird sodann mehrmals mittels der Hashfunktion $h()$ gehasht:

$$w_1 = h(w_0), w_2 = h(w_1), \cdots, w_n = h(w_{n-1})$$

Der zuletzt generierte Hash wird digital signiert und zusammen mit dem gewünschten Wert pro Hash (z.B. 1 Pfennig) und der Länge der Hashkette an den Händler übertragen. Der davor generierte Hash ist der erste, der zur Bezahlung verwendet werden kann. Der Händler ist nun in der Lage, anhand einer einzigen Hash-Operation zu überprüfen, ob die Münze gültig ist.

Ähnlich wie bei MicroMint liegt der Vorteil dieses Verfahrens in der einfachen Überprüfung der elektronischen Münzen. Als Nachteile sind jedoch die fehlende Anonymität, die Voraussetzung korrelierte Zahlungen bei einem Händler durchführen zu müssen und der damit verbundene Aufwand der initialen Zahlung zu nennen.

Als Verfahren, die ebenfalls Hashketten zur Bezahlung verwenden, sind PhoneTicks [Ped95], MPTP [H+95] und Mykro-iKP [HSW96] zu nennen. NetCard [Net96] und MicPay [PM+00] arbeiten auch auf Basis von Hashketten, jedoch unter Verwendung von SmartCards.

5.2 Kontenbasierte Verfahren

Kontenbasierte Verfahren buchen jede Zahlung direkt auf ein Konto. Bei sehr vielen kontenbasierten Verfahren handelt es sich um Dienste zur Abrechnung von Zahlungen, die über das Internet angeboten werden.

5.2.1 CyBank, Firstgate, ...

CyBank [Cyb] und Firstgate [Fir00] bieten Händlern die Verwaltung von vorausbezahlten Kundenkonten bzw. Kundenkonten mit Einzugsermächtigung an. Sobald ein Kunde auf einen kostenpflichtigen Link klickt, wird er beispielsweise zu einem Server von Firstgate weitergeleitet und muss durch Eingabe seines Benutzernamens und seines Passwortes die Zahlung bestätigen. Daraufhin wird der Betrag von seinem Konto abgebucht und dem Konto des Händlers gutgeschrieben. Nach diesem Vorgang wird er zurück auf die Seite geleitet, die er eigentlich betrachten wollte.

Der Vorteil dieses Verfahrens liegt auf der Hand. Weder auf Händler- noch auf Kundenseite muss Software installiert werden und deshalb ist die Integration in bestehende Infrastrukturen sehr einfach. Entscheidende Nachteile sind jedoch die fehlende Anonymität und das benötigte Vertrauen in einen zentralen Dienstleister. Zusätzlich stellt der Dienstleister einen „Single-Point-Of-Failure" dar, d.h. wenn dessen Systeme einmal ausfallen sollten, können weder angeschlossenen Händler noch Kunden Zahlungen abwickeln. Bemerkenswert ist hierbei, dass die Gebühren z.B. bei Firstgate – abhängig vom Umsatz – bis zu 40% betragen können.

Dienste dieser Art gibt es sehr viele im Internet. Sie alle aufzuzählen würde an dieser Stelle zu weit führen.

5.2.2 Net900

Net900 [Net00] ist ein Inkasso-System, bei dem die DFÜ Verbindung des Kunden bei Klick auf einen kostenpflichtigen Link getrennt und zu Net900 neu aufgebaut wird. Dabei handelt es sich um eine 0190er Nummer, welche die Abrechnungsarten pay-per-use und pay-per-time ermöglicht. Nach Ablauf der gewünschten Zeit oder Abrechnung des gewünschten Artikels wird die ursprüngliche Verbindung wieder aufgebaut.

Der Vorteil bei diesem System liegt wiederum bei der einfachen Integration in bestehende Infrastrukturen. Nachteile sind das benötigte Vertrauen in eine zentrale Einrichtung, fehlende Anonymität und Probleme bei der Nutzung einer Standleitung. Zusätzlich liegt die minimal abzurechnende Einheit bei 0,27 DM - eine Grenze die für ein Micropaymentsystem sehr hoch ist und das Bezahlen von Pfennigen oder Teilen davon von vornherein ausschließt.

6 Fazit

In dieser Arbeit wurde ein grober Überblick über verschiedene elektronische Zahlungssysteme geliefert, die für den deutschen Markt eine gewisse Relevanz zu besitzen scheinen. Schenkt man den entsprechenden Studien Glauben, so dürfte das GeldKarten-System in Deutschland mittel- und langfristig, d.h. insbesondere sobald entsprechende Klasse 3 Kartenleser zur PC-Standardausstattung gehören, sowie Kreditkartenzahlungen – unter

Berücksichtigung der ständig wiederkehrenden Mißbrauchsfälle wohl auf (möglicherweise chipkartengestützter) SET-Basis – großes Potential besitzen.

Betrachtet man sich die Vielzahl der existierenden, untereinander inkompatiblen, Systeme, so ist die jüngste Cybercash-Meldung, d.h. dass keine proprietären, Wallet-basierten Verfahren mehr unterstützt werden, in der Tat wenig verwunderlich. Der Markt für Systeme zur Abwicklung von Macropayments befindet sich bereits in einer Phase der Konsolidierung, wobei eher Bedienbarkeits- als Sicherheitsaspekte im Vordergrund zu stehen scheinen.

Etwas anders stellt sich die Situation bei Micropayment-Systemen dar. Auch wenn die grundsätzlich verfügbaren Verfahren – aus wissenschaftlicher Sicht – noch recht unbefriedigend sind, so sprießen immer neue Micropayment-Dienstleister aus dem Boden. Bei Gebühren bis zu 40% des Umsatzes, wie bei Firstgate, ist dies auch kaum verwunderlich. In diesem Segment scheint die technologische und wirtschaftliche Entwicklung alles andere als abgeschlossen.

Literatur

[Cha83] D. Chaum: Blind signatures for untraceable payments, in: Proceedings of CRYPTO 82, S. 199–203, Plenum Press, 1983.

[Cyb] Cybank homepage, Internet. http://www.cybank.net

[Cyb00] Cybercash homepage, Internet, 2000. http://www.cybercash.de

[Egg00] Massive credit heist, fraud reported – hackers crack egghead.com; russian fraud rampant, Internet, Dezember 2000. http://www.msnbc.com/news/506714.asp

[Fed] H. Federrath: Sicherheit mobiler Kommunikation – Schutz in GSM-Netzen, in: Mobilitätsmanagement und mehrseitige Sicherheit, DuD Fachbeiträge, Vieweg, 1999.

[Fir00] Firstgate homepage, Internet, 2000. http://www.firstgate.de

[For00a] Foris homepage, Internet, 2000. http://www.foris.de

[For00b] Forrester homepage, Internet, 2000. http://www.forrester.com

[H+95] P. Hallam-Baker et al.: W3c micro payment transfer protocol, Working Draft WD-mptp-951122, W3C, November 1995. http://www.w3.org/TR/WD-mptp

[Hit00] A. Hitzbleck: Ermittlung und Bewertung des State of the Art im Bereich der Micropaymentsysteme, Diplomarbeit, Universität Gesamthochschule Essen, Dezember 2000.

[HR+96] A. Himmelspach, A. Runge et al.: Anforderungen an elektronische Zahlungssysteme, Technical Report BusinessMedia/51, Version 1.0, Universität St. Gallen, Schweiz, 1996. http://www.netacademy.org

[HSW96] R. Hauser, M. Steiner, M. Waidner: Micro-payments based in ikp, Technical Report RZ 2791, IBM Research Laboratiory, Zürich, 1996. http://www.zurich.ibm.com/Technology/Security/publications/1996/HSW96.ps.gz

[InC00] internetcash homepage, Internet, 2000. http://www.internetcash.com

[KPM00] Kpmg homepage, Internet, 2000. http://www.kpmg.com

[Man97] M. Manasse: The millicent microcommerce system, Technical report, Digital Systems Research Center, Palo Alto, 1997.

[Net96] Netcard homepage, Internet, 1996. http://www.cl.cam.ac.uk/ftp/users/rja14/netcard.ps.Z

[Net00] Net900 homepage, Internet, 2000. http://www.in-medias-res.com/net900.htm

[NTT00] Supercash homepage, Internet, 2000. http://supercash.ntt.com/en/

[Oka95] T. Okamoto: An efficient divisible electronic cash scheme, in: D. Coppersmith (Hrsg.): Proceedings of CRYPTO '95, Vol. 963 of LNCS, S. 438–451, Springer, 1995.

[Pay00a] Paybox homepage, Internet, 2000. http://www.paybox.de

[Pay00b] Paysafecard homepage, Internet, 2000. http://www.paysafecard.com

[Ped95] T. Pedersen: Electronic payments of small amounts, Technical Report DAIMI PB-495, Aarhus University, Institut für Informatik, Denmark, August 1995.

[PM+00] H. Petersen, M. Michels et al.: Micpay - micropayments for correlated payments, Informatik/Informatique, (No. 1), 2000.

[RS96] R.L. Rivest, A. Shamir: Payword and micromint: Two simple micropayment schemes, Technical report, MIT Laboratory, 1996.

[Zit99] R. Zitzelsberger: Die Geldkarte der deutschen Kreditwirtschaft, in: F. Thiessen (Hrsg.): Bezahlsysteme im Internet, Kap. Systemalternativen, S. 143–153, Fritz Knapp Verlag, Frankfurt am Main, 1999.

Aspekte der Cross-Zertifizierung

Volker Hammer · Holger Petersen

Secorvo Security Consulting
{hammer, petersen}@secorvo.de

Zusammenfassung

Die flächendeckende Einführung von Public-Key Infrastrukturen (PKI) im Unternehmensbereich, in den öffentlichen Behörden sowie über den Betrieb von Trustcentern für den breiten Massenmarkt schreitet zügig voran. Dabei entstehen in der Regel Insellösungen, innerhalb derer die Benutzer gesichert in ihren eigenen „Trust-Domain" kommunizieren können. Im Zuge voranschreitender E-Business Aktivitäten sowohl zwischen Firmen (B2B/G2B) als auch zwischen Firmen und Privatkunden (B2C/G2C) wird dabei der Aspekt der Cross-Zertifizierung zwischen diesen Insellösungen immer wichtiger, um die Vorteile PKI-basierter Transaktionen in Bezug auf die Aspekte Vertraulichkeit, Integrität und Authentizität der übermittelten Daten über die Unternehmens-/Behördengrenzen hinweg nutzen zu können. Dieses Papier widmet sich einigen wichtigen Aspekten der Cross-Zertifizierung, zeigt dabei wesentliche Problemfelder auf und diskutiert Lösungsansätze.

1 Einleitung

Der Beitrag gibt zunächst eine kurze Einführung in Cross-Zertifikate, ihre Verwendungsmöglichkeiten und grundlegenden technischen Konzepte. Anschließend werden eine Reihe von Fragestellungen und Diskussionspunkten formuliert und Lösungsalternativen vorgestellt.

Gegenwärtig werden Public Key Infrastrukturen in Insellösungen (einzelnen Domains) aufgebaut und in ersten produktiven Anwendungen eingesetzt. Es ist aber absehbar, daß der Aufwand zur Zertifizierung und Zertifikatverwaltung zu hoch ist, um immer alle möglichen Teilnehmer und Partner einer Domain innerhalb dieser Domain selbst zu zertifizieren. Vielmehr versprechen Verknüpfungen der "Inseln" mit Hilfe von Cross-Zertifikaten erhebliche Synergieeffekte und dementsprechend einen höheren Business-Value für die PKI Anwendungen. Auch wenn zwei Unternehmen mit jeweils eigener Zertifizierungshierarchie fusionieren, können Cross-Zertifikate eine Möglichkeit zur Verknüpfung bieten.

Vor einer Cross-Zertifizierung ist jedoch die Frage zu beantworten, ob das Vertrauen, das mit Cross-Zertifikaten ausgesprochen wird, auch domainübergreifend gerechtfertigt ist. Die "Antworten" auf diese Frage sind technisch abzubilden. Schließlich müssen Prüffunktionen Cross-Zertifikate verwenden können.

Cross-Zertifikate werden im Standard X.509 definiert und in PKIX sowie einigen Internet Drafts angesprochen [ITUT00, PKIX99a, PKIX99b].

1.1 Cross-Zertifikate und andere Zertifikat-Typen

Durch die Ausstellung von Zertifikaten entstehen mehrere Relationen zwischen den Ausstellern und Inhabern der Zertifikate. Zum Verständnis von Cross-Zertifikaten sind vor allem zwei dieser Relationen relevant:

- **Die Zertifizierungsinstanz-Relation:** "Issuer zertifiziert Subject".

  Die in der Menge der Zertifikate enthaltenen Paare (*issuer dn, subject dn*) bestimmen einen Graphen. In "klassischen" Zertifizierungshierarchien bildet dieser einen Baum. Dieser Relation liegt in der Regel die Vorstellung der rechtlich-organisatorischen Zuständigkeiten zugrunde.

- **Die Zertifizierungsrelation:** "Schlüssel X wird zum Prüfen des Zertifikats Y" benötigt.

  In der Struktur des entsprechenden Graphen können für jede Kante im Graphen der Zertifizierungsinstanz-Relation allerdings mehrere Kanten bestehen.

Cross-Zertifikate beeinflussen die Struktur beider Graphen.

Öffentliche Schlüssel können – wie der Name sagt – als öffentliche Informationen verwendet werden. Sie können daher in mehr als einem Zertifikat bestätigt werden. Ist dies der Fall, so kann allgemein von Mehrfachzertifikaten für einen öffentlichen Schlüssel gesprochen werden [Ham95a, Ham95b].

Beispiele für Mehrfachzertifikate sind:

- **Verlängerungszertifikate**:

  Es unterscheiden sich nur Gültigkeitszeitraum, Seriennummer und Signatur.

- **Austauschzertifikate**:

  issuer dn, subject dn und bestätigter öffentlicher Schlüssel sind gleich, aber alle anderen Attributwerte können sich ändern,

- **Cross-Zertifikate**:

  Ein öffentlicher Schlüssel wird bereits durch eine Zertifizierungsinstanz bestätigt (primäre Zertifizierungsrelation).[1] Zu diesem öffentlichen Schlüssel stellt eine Zertifizierungsinstanz mit anderem *issuer dn* als das der primären Zertifizierungsinstanz ein weiteres Zertifikat, ein Cross-Zertifikat, aus. Der Sonderfall, daß die primäre Zertifizierungsinstanz ihren Namen wechselt und daraufhin neu zertifiziert, wird eingeschlossen.

Während mit Verlängerungszertifikaten und Austauschzertifikaten eine bestehende Baumstruktur der Zertifizierungsinstanz-Relation erhalten bleibt, entstehen mit Cross-Zertifikaten beliebige Graphen für diese Struktur. Umgekehrt liegen Cross-Zertifikate nach dieser Definition vor, wenn mehr als ein *issuer dn* einen *subject dn* zertifiziert.

Cross-Zertifikate (auch Mehrfachzertifikate im allgemeinen) können vom Schlüsselinhaber nicht verhindert werden, da der öffentliche Schlüssel jedem zugänglich ist und deshalb von jedem ein Zertifikat ausgestellt werden kann, das diesen Schlüssel enthält.

---

[1] [ITUT00, Kap. 7] formuliert allgemeiner: "Cross certificate – This is a certificate where the issuer and the subject are different CAs." Da diese Definition alle zwischen unterschiedlichen CAs ausgestellten Zertifikate umfaßt, wird im Kontext dieses Beitrags die oben angegebenen engere Definition verwendet.

1.2 Verwendungsmöglichkeiten für Cross-Zertifikate

Für Cross-Zertifikate nach der obigen Definition können zwei vorrangige Verwendungszwecke identifiziert werden.

Verknüpfung von Zertifizierungshierarchien

Der geläufigste Zweck ist die Verknüpfung von Zertifizierungshierarchien, insbesondere auf der Ebene der Wurzel-Zertifizierungsinstanzen. Die beiden Root-CAs können sich im gegenseitig Zertifikate ausstellen. Dieser Fall wird im weiteren auch als Verknüpfung von Domänen bezeichnet.

Nach der obigen Definition liegt aber auch ein (einseitiges) Cross-Zertifikat vor, wenn nur eine Root die Wurzel-Zertifizierungsinstanz einer anderen Zertifizierungshierarchie bestätigt, wenn diese bereits über ein Selbstzertifikat verfügt.

Schließlich können sich auch nachgeordnete Zertifizierungsinstanzen unterschiedlicher Domänen cross-zertifizieren. (Effekt: siehe auch unter "Verkürzungen von Zertifikatketten".)

Verkürzungen von Zertifikatketten

Mit Cross-Zertifikaten können sowohl innerhalb einer Zertifizierungshierarchie als auch zwischen Zertifizierungshierarchien zusätzliche "Wege" erzeugt werden. Die entstehenden "Querverbindungen" können zu kürzeren Zertifikatketten für Signaturprüfungen führen [ITUT00, Kap. 18.2.1].

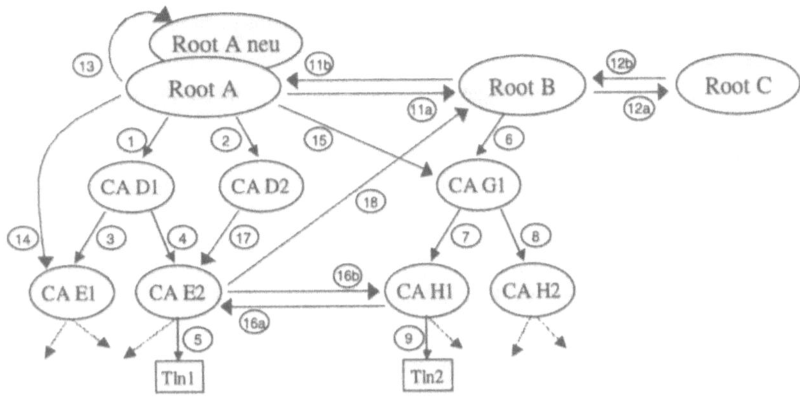

Abb. 1: Graph einer Zertifizierungsinstanz-Relation. Cross-Zertifikate haben Kantennummern ≥ 1.

2 Aufbau, Erzeugung und Bereitstellung

Cross-Zertifikate sind nach X.509 "Standard"-Zertifikate. Sie können allerdings bestimmte Extensions enthalten, um ihre Verwendung zu steuern:

- **policyMappings**: als **SEQUENCE OF (issuerDomainPolicy, subjectDomainPolicy)**. Semantik: Der Issuer des Cross-Zertifikat erklärt, daß die issuerDomainPolicy äquivalent zur subjectDomainPolicy ist.

- **policyConstraints**: steuern, ob und ab welcher Position in der zu prüfenden Zertifikatkette Policies ausgewiesen sein müssen (Attribut **requireExplicitPolicy**) und ob die Policies direkt bekannt sein müssen oder ob eine Referenz über "policyMapping" ausreichend ist (Attribut **inhibitPolicyMapping**). Mit **inhibitAnyPolicy** kann außerdem der Wert "anyPolicy" für Policy Identifier unterbunden werden.
- **nameConstraints**: kann zur Einschränkung der Namen verwendet werden, die von der zertifizierten CA verwendet werden dürfen (im Sinne von Cross-Zertifikaten: für die das Cross-Zertifikat Gültigkeit hat).

Weitere Attribute können für den Einsatz von Cross-Zertifikaten hilfreich sein, z. B. **pathLenConstraints**. Im allgemeinen Fall kann aber *nicht* davon ausgegangen werden, daß ein Cross-Zertifikat von einem "normalen Hierarchie-Zertifikat" unterschieden werden kann. Die genannten Attribute können auch in "normalen" Zertifikaten enthalten sein oder in Cross-Zertifikaten fehlen.

Da nach der hier verwendeten Terminologie Cross-Zertifikate nur für existierende Schlüsselpaare ausgestellt werden, kommen für die Erzeugung nur Lösungen in Frage, die auf einer Übertragung des öffentlichen Schlüssels an die CA beruhen. Es können z.B. Zertifikat Management Protokolle nach PKIX (CMP, CMC) oder PKCS# 10 / PKCS# 7 verwendet werden.

Cross-Zertifikate können über Directories bereitgestellt oder direkt in Nachrichten versandt werden. Im Directory ist in Einträgen von Zertifizierungsinstanzen (jetzt ObjectClass **pkiCA**, [ITUT00, Kap.11.1.2]) ein Attributtyp **crossCertificatePair** vorgesehen. Dieser kann Vorwärts- und Rückwärts-Cross-Zertifikate (von bzw.für eine cross-zertifizierte Zertifizierungsinstanz) enthalten. Im Directory können daher beide CA-Einträge jeweils beide Zertifikate enthalten.

3 Aspekte beim Einsatz von Cross-Zertifikaten

Die Informationen in Zertifikaten sind insbesondere unter dem Blickwinkel des Sicherheitsniveaus zu betrachten, unter dem die Zertifizierungshierarchie betrieben wird. Dabei können in einer Zertifizierungshierarchie durchaus unterschiedliche Sicherheitsklassen definiert sein, die durch Policy-Angaben unterschieden werden. Die Menge der Sicherheitsklassen einer Zertifizierungshierarchie und die Regeln für Ihre Verwendung wird im folgenden als Domain-Policy bezeichnet.

An dieser Stelle wird angenommen, daß für zwei Zertifizierungs(teil-)hierarchien, für die eine Cross-Zertifizierung geplant ist, jeweils eine Domain-Policy definiert ist. Außerdem wird angenommen, daß die Teilnehmer einer Zertifizierungshierarchie (Zertifikatinhaber und Zertifikat-User) über Clients verfügen, die die jeweilige Domain-Policy beherrschen.

Im folgenden werden einige Aspekte diskutiert, die beim Einsatz von Cross-Zertifikaten beachtet werden sollten.

3.1 Notwendigkeit von Cross-Zertifikaten

Alternativ zum Einsatz von Cross-Zertifikaten mit Angaben zum Policy Mapping könnten übergeordnete Roots für bestimmte Sicherheitsklassen gebildet werden (entspricht dem PEM-Modell von PCAs). Möglicherweise ist dies der pragmatischere und anwenderfreundlichere Ansatz. Als weitere Alternative kann der Anwender in seiner Prüffunktion mehrere unabhängige Wurzelzertifikate als Sicherungsanker aufnehmen.

Die Wahl zwischen diesen drei Verknüpfungsmöglichkeiten von Zertifizierungshierarchien oder ihre geschickte Kombination unterliegt vielen Einflußfaktoren. Dazu gehören Kosten- und Nutzengesichtspunkte, "politische" Fragen, z. B. Branding", Sicherheitsaspekte, Anforderungen an und technische Realisierbarkeit von Gültigkeitsmodellen, und schließlich die Beherrschbarkeit für die Teilnehmer. So können Teilnehmer beim Akzeptieren unabhängiger Root-Zertifikate die akzeptierte Zertifikatmenge nach Hierarchien kontrollieren. Der Preis dafür ist allerdings, daß sie Wurzelzertifikate "manuell" prüfen und das jeweilige CPSs selbst bewerten müssen. Im Falle von Cross-Zertifikaten übernimmt dies ihre Root für sie. Ob dadurch allerdings das Verständnis der entstehenden Zertifizierungsgraphen für die Teilnehmer und ihr Vertrauen in die PKIs erhöht wird, muß sich erst zeigen.

3.2 Interdomain-Vertrauen

Eine der technischen Umsetzung vorgelagerte Fragestellung ist, inwieweit die Teilnehmer Interdomain Cross-Zertifikaten vertrauen müssen. Schließlich könnte der Teilnehmer zum Zeitpunkt seines Eintritts in eine PKI annehmen wollen, daß er sicher mit der Anerkennung des Wurzelzertifikats "seiner" PKI auch nur in deren Domain bewegt und Zertifikat anderer Teilnehmer ausgeschlossen sind. Grundsätzlich können hier zwei Positionen bezogen werden:

- Nach der einen Position delegiert der Teilnehmer Vertrauen weitgehend: Da der Teilnehmer einer bestimmten Vertrauens-Domäne beitritt und die Policy der Wurzel-Zertifizierungsinstanz anerkennt, muß er auch akzeptieren, daß die Zertifizierungsinstanzen Interdomain Cross-Zertifikate ausstellen, wenn sie sich an die Policy halten und hinreichende Policy-Äquivalenz zwischen den Domains sicherstellen.
- Nach der zweiten Position will der Teilnehmer die Vertrauensgewährung selbst kontrollieren. In diesem Fall würde er die Crosszertifizierung nicht unbesehen akzeptieren, sondern unter den Vorbehalt einer expliziten Anerkennung der anderen Domain stellen, sich gegebenenfalls sogar eine Entscheidung für einzelne Teilnehmerzertifikate vorbehalten.

Da eine explizite Kennzeichnung von Cross-Zertifikaten nach dem Standard nicht vorgesehen ist, müßte zur Unterstützung des zweiten Falles ein spezifische Regelung innerhalb der Teilnehmer-Domain festgelegt werden. Diese wäre bei der Zertifizierung von den Zertifizierungsinstanzen zu beachten und müßte von den Clients der Teilnehmer unterstützt werden. Es könnte allerdings auf Standard-Extensions zurückgegriffen werden.[2]

3.3 Gleichheit von Certificate Policies

In einem Zertifikat können über sogenannte Policy-OIDs Informationen zum Sicherheitsniveau oder Hinweise zur Eignung ausgedrückt werden (Certificate Policies). Certificate Policies adressieren dazu eine Fülle von Parametern und informieren über Zusicherungen, Begrenzungen und Service Qualitäten für das ausgestellte Zertifikat.

Für das Erbringen der zugesicherten Eigenschaften bestehen in vielen Fällen eine Reihe von Alternativen. Die in einer PKI ausgewählten Varianten werden z. B. in einem Certification Practice Statement (CPS) beschrieben. Aus praktischen Gründen abstrahieren Certificate Policies jedoch von vielen Details eines Certification Practice Statement. Trotzdem zeigt sich, daß

---

[2] Vgl. dazu auch Kapitel 3.5: Gültigkeitsmodell.

es in jeder PKI eine Menge von Trust Level geben kann, die gegebenenfalls erst im Laufe der Zeit durch graduelle Veränderungen entstehen.

Technisch wird in X.509 spezifiziert, wie in (Cross-)Zertifikaten zu definieren ist, daß bestimmte Certificate Policies äquivalent seien (policyMapping, [ITUT00, Kap. 18.2.1.]). Für das Policy-Mapping in Cross-Zertifikaten ergeben sich zwei Problembereiche:

- Selbst bei sehr einfachen und klaren Modellen wird es vermutlich keine zwei exakt gleichen Certificate Policies in unterschiedlichen Domänen geben. Damit stellt sich die Frage, ob Policy-Mapping überhaupt verwendet werden kann oder den Anwender unter Umständen in trügerischer Sicherheit wiegt.
- Selbst wenn für Certificate Policies die gleichen Aussagen getroffen werden, stellt sich die Frage, ob sie als äquivalent anzusehen sind, wenn sich die dahinter liegenden Certification Practice Statements unterscheiden?

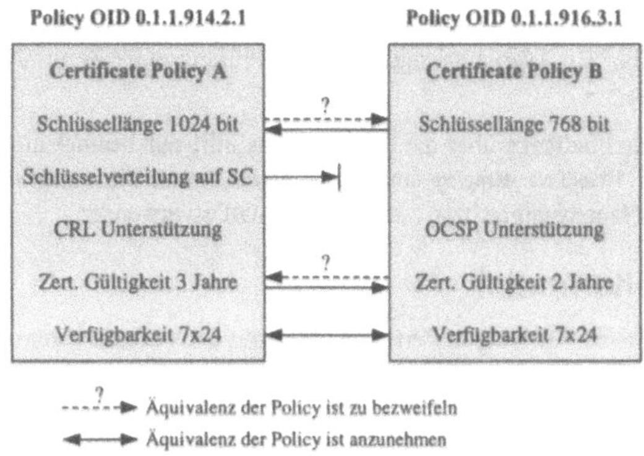

Abb. 2: Bereits Standard-Parameter von Policies weisen häufig Unterschiede auf

Für den praktische Einsatz von Policy-Mapping werden deshalb Regeln benötigt. Sie müssen bestimmen, welche Parameter in welchen Toleranzen übereinstimmen müssen, damit

- Policy Mapping überhaupt beim Zertifizieren genutzt werden kann und
- die Mapping-Aussage(n) in verschiedenen Anwendungen von Prüfenden sinnvoll verwendet werden kann.

Da Certification Practice Statements i.a. nicht statisch sind, stellt sich außerdem die Frage, welche Konsequenzen sich bei Veränderungen von Certification Practice Statements, Certificate Policies und Domain-Policies für das Cross-Zertifikat ergeben.

Mit der X.509-Konstruktion wird immer die gesamte Policy auf eine andere Policy abgebildet. Eine Alternative bestünde darin, einzelne Policy-Elemente mit einem Wert anzugeben. In der Prüffunktion könnte dann eine differenzierte Bewertung der einzelnen Elemente vorgenommen werden. Ob dies zu einer einfacheren Vergleich von Policies unterschiedlicher Zertifizierungsinstanz führt, hängt sehr von der Zahl der als relevant erachteten Parameter ab. Im Prinzip können alle Aspekte angesprochen werden, bspw. im Detaillierungsgrad von [RFC2527].

In X.509 wird eine solche "Parameter-basierte" Variante bisher nicht unterstützt. Ein Vorschlag für XML findet sich in [GPS00].

3.4 Transitive Cross-Zertifizierung

Spezielle Probleme treten auf, wenn in einer Zertifikatkette mehrere Cross-Zertifikate enthalten sind. Durch Crosszertifikate können

- mehrere Zertifizierungshierarchien miteinander verknüpft werden. Hier stellt sich die Frage, wie die entsprechenden Mapping-Regeln vom Client berücksichtigt werden sollen. Muß die cross-zertifizierende CA grundsätzlich mit **inhibitPolicyMapping** festlegen, daß nach dem von ihr ausgestellten Cross-Zertifikat keine weitere Mapping-Regeln mehr akzeptiert werden dürfen?
- Zertifizierungshierarchien "rückverknüpft" sein, wenn eine nachgeordnete CA einer cross-zertifizierten Zertifizierungshierarchie wiederum ein Cross-Zertifikat für die ersten Zertifizierungshierarchie ausstellt (z. B. Pfad 11a, 6, 7, 16a in Abb. 2). Hier fragt sich, ob solche "Rückverknüpfungen" bei der Prüfung einer Zertifikatkette verwendet werden dürfen.

Die Begrenzung der Pfadlänge über die **basicConstraints** hilft nur bedingt in einfachen Fällen. **nameConstraints** oder **inhibitPolicyMapping** nutzen nur etwas, wenn die anderen Zertifizierungshierarchien andere Namensräume bzw. andere Policy-OIDs verwenden.

3.5 Gültigkeitsmodell

Da die bisher genannten Attribute in Zertifikatketten mit Cross-Zertifikaten auftreten können, müssen sie von Prüffunktionen beherrscht werden. Im folgenden werden Aspekte angesprochen, die über "normale" Gültigkeitsprüfungen hinausgehen.[3] Dabei müssen zwei spezielle Aufgaben gelöst werden: Zum einen ist die zur Prüfung zu verwendende Zertifikatkette zu bestimmen. Dies kann aus der Sicht des Signierenden wie auch des Prüfenden erfolgen. Zum zweiten muß der "Policy-Wert" des Prüfergebnisses festgestellt werden.

Da beim Vorliegen von Cross-Zertifikaten mehrere Zertifikate den gleichen öffentlichen Schlüssel bestätigen, können unterschiedliche Zertifikatketten geprüft werden. Will Tln1 in Abb. 1 ausgehend von Root A das Zertifikat von Tln2 prüfen, kann er bspw. dem Pfad 11a, 6, 7, 9, dem Pfad 15, 7, 9, oder dem Pfad 2, 17, 16b, 9 folgen. In einem allgemeinen Zertifizierungsgraph sind mehrere Wege zwischen einer Wurzel und einem Teilnehmerzertifikat möglich. Der Austausch von Zertifikaten in einer Zertifikatkette kann allerdings zu unterschiedlichen Prüfergebnissen führen. Daher müssen Regeln definiert sein, nach denen "die richtige" Zertifikatkette ausgewählt wird. Die Entscheidung hierüber kann dem Signierenden wie auch dem Prüfenden obliegen.

3.5.1 Bestimmen der Zertifikatkette durch den Signierenden

Soll sichergestellt werden, daß alle Prüfenden zum gleichen Ergebnis kommen, wie dies beispielsweise im Kontext des SigG gefordert ist, kann in jedem digital signierten Dokument[4] ein

---

3 Zu allgemeinen Prüfbedingungen siehe [ITUT-00], [RFC2459], den Draft des Folge-RFCs und [BSI00].

4 Darunter fallen auch Zertifikate.

Verweis auf das Zertifikat angegeben werden, das zum Prüfen zu verwenden ist. Dies kann erreicht werden, indem der Signierende zum digital signierten Dokument ein Attribut wie authorityKeyIdentifier nach [ITUT00, Kap. 8.2.2.1] mit den Angaben für Subject und Serialnumber des Zertifikats der ausstellenden Zertifizierungsinstanz hinzufügt.[5] Die Prüffunktion würde dann genau die durch die Referenzen identifizierten Zertifikate für die Prüfung heranziehen.[6] Für Anwendungen, die einen hohen Beweiswert erbringen sollen, ist dieses Variante dringend zu empfehlen.

Wenn Zertifikate beim Prüfprozeß nicht ausgetauscht werden dürfen, stellt sich allerdings das Problem, welche Zertifikate der Signierende einschließen muß, um die durch Cross-Zertifikate möglichen alternativen Zertifikatketten auch für den Prüfenden zuzulassen. Nach dem Modell von [SigI98] wird in jedem digital signierten Dokument, d.h. auch in Zertifikaten, jeweils auf das zum Prüfen zu verwendende Zertifikat verwiesen. Betrachtet man den Graph in Abb. 1 hat der Tln2 nur ein Zertifikat (9). Nach den Regeln von SigI muß die Zertifizierungsinstanz im Teilnehmerzertifikat auf eines ihrer eigenen Zertifikate verweisen. Wenn nur das jeweils übergeordnete Zertifikat referenziert wird, definiert also die Zertifizierungsinstanz H1, welche der drei Zertifikatketten weiter zu verfolgen ist. Alternativ könnte der Signierende den gesamten Pfad (oder mehrere alternative) bereits im digital signierten Dokument festlegen. In diesem Fall würde die Zertifikatkette zum Prüfen erst zum Signaturzeitpunkt festgelegt und vollständig von Signierenden definiert.

3.5.2 Bestimmen der Zertifikatkette durch den Prüfenden

Für diese Variante nehmen wir an, daß dem prüfenden Teilnehmer eine Menge von Zertifikaten zur Verfügung steht. Die Zertifikate einer ausgewählten Teilmenge genießen als Wurzelzertifikate direktes Vertrauen. Der Prüfende muß nun eine oder mehrere Zertifikatketten bestimmen, die er zum Prüfen eines digital signierten Dokuments verwenden will. Dazu kann er versuchen, den allgemeinen Zertifizierungsgraphen zu reduzieren.[7] Welche Bedingungen dazu während des Traversierens des entstehenden Graphen herangezogen werden, hängt von den jeweils unterstützten Zertifikat-Attributen und dem Anwendungszweck ab.

- Zunächst werden die Zertifikate bestimmt, die in der transitiven Hülle der Wurzelzertifikate liegen. Außerdem werden alle abgelaufenen Zertifikate, alle Zertifikate mit dem Status "revoked" oder "suspended" und solche zu denen keine Statusinformation verfügbar ist aus der Menge zulässiger Zertifikate entfernt.
- Es werden nur Zertifikate akzeptiert, die folgenden Bedingungen genügen: das Zertifikat zum ausstellenden Schlüssel ist ein Zertifikat für die Zertifizierung ("keyUsage" = "keyCertSign" oder "basicConstraints.cA" = "true") und die "pathLenConstraint" aller in der Kette enthaltenen Zertifikate wird eingehalten.
- In allgemeinen Zertifizierungsgraphen können Zyklen auftreten. Taucht ein Zertifikate in einer Kette zum zweiten mal auf, kann die Traversierung für diese Kette abgebrochen werden. Alternativ kann durch Längenbegrenzungen sichergestellt werden, daß die Traversierung terminiert. Gegebenenfalls liefert auch die Bedingung, daß ein nachgeordne-

[5] Vgl. zu entsprechenden Vorschlägen [Ham95a] und [BSI99].

[6] Vgl. z. B. [BSI00] und [HAM00].

[7] Siehe dazu auch einige Hinweise in [Zie96].

tes Zertifikat nach dem "notBefore" des Zertifikats zum bestätigenden Schlüssel ausgestellt sein muß, ein Abbruchkriterium.

- Es könnten Zertifikatketten entweder nur mit lokal akzeptierten (bereits bekannten) Policies oder oberhalb einer geforderten Mindest-Policy oder ohne Policy-Mapping ausgewählt werden.
- Sofern nach Anwendung der bisherigen Kriterien noch alternative Zertifikatketten für die Prüfung eines digital signierten Dokuments geeignet sind, kann z. B. eine durch Entscheidung des Prüfenden oder automatisch eine der folgenden Kette gewählt werden: Entweder die mit der minimale Länge, der maximalen Policy, die ohne Policy Mapping oder die mit den "günstigsten" Naming-Constraints.

Die Ergebnisse einer Analyse können teilweise wiederverwendet bzw. kontinuierlich fortgeschrieben werden. Dadurch sollte sich der Aufwand für die Auswahl von Zertifikatketten in vertretbarem Rahmen halten.

3.5.3 Feststellen der Pfad-Policies

Die eigentliche Prüfung setzt auf der oder den ausgewählten Zertifikatketten auf. Im Rahmen der Prüfung einer Zertifikatkette wird eine Gesamt-Policy für die Kette bestimmt.[8] Durch alternative Zertifikatketten können sich unterschiedliche Gesamt-Policies ergeben. Für das Gültigkeitsmodell muß daher entschieden werden,

- ob alternative Gesamt-Policies zu bestimmen sind,
- welche der alternativen Gesamt-Policies für das Prüfergebnis berücksichtigt wird, also beispielsweise die minimale oder die maximale.
- ob so lange geprüft wird, bis eine Zertifikatkette gefunden wird, die eine der initial geforderten (Mindest-)Policies erreicht.

Im Gültigkeitsmodell muß außerdem geprüft werden, auf welchem Niveau Mapping-Regeln angegeben werden. Beispielsweise muß erkannt werden, wenn eine CA mit einer niedrigen Policy ein weiteres CA-Zertifikat ausstellt, in dem ein Mapping auf ein "höheres" Sicherheitsniveau festgelegt wird.

Policy-Mapping und PolicyConstraints sind insofern dynamisch, daß sie mit Sperrungen oder ausgelaufenen Zertifikaten nicht mehr als Regeln gelten. Prüffunktionen dürfen dieses Regeln daher nicht dauerhaft speichern, sondern müssen sich in Abhängigkeit von der jeweils verwendeten Zertifikatkette über ihre Anwendbarkeit vergewissern.

3.6 Implikationen für Sperrungen

In strikten Baum-Hierarchien ist es möglich, durch die Sperrung eines übergeordneten Zertifikats die gesamte Teilhierarchie implizit mitzusperren.[9] Dies ist insbesondere als Reaktion auf Schlüsselkompromittierung eines Zertifizierungsinstanz-Schlüssels sinnvoll. Mit Cross-Zertifikaten existieren jedoch mehrere Zertifikate für ein Schlüsselpaar. Daraus ergeben sich im Falle einer Sperrung Probleme:

---

8 Siehe dazu die Algorithmen in [ITUT00] und [PKIX00].

9 Hier unterscheiden sich allerdings verschiedene Gültigkeitsmodelle, vgl. z. B. [RFC2459] im Unterschied zu [BSI00]. Zur Forderung nach differenzierten Sperrstrategien siehe [Ham99, 536 ff.]

- Teilnehmer oder zur Sperrung berechtigte Stellen müssen entscheiden, ob sie das Schlüsselpaar für alle Anwendungen sperren oder ob sie lediglich ein einzelnes Zertifikat sperren lassen wollen, beispielsweise weil sie eine Bankverbindung aufgegeben haben. Im ersten Fall muß ihre Zertifikatverwaltung (oder ein Service Provider) eine Übersicht über die existierenden Zertifikate zu einem Schlüssel haben.
- Für Zertifikate von Zertifizierungsinstanzen kann es je nach Struktur des Zertifizierungsgraphen "Umwege" um gesperrte Knoten herum geben. Soll ein Teilgraph eines Zertifizierungsgraphen gesperrt werden, bspw. weil in einer Zertifizierungsinstanz schwerwiegende Unregelmäßigkeiten aufgetreten sind (sei in der ZI "D1" "compromised"), müßte der Graph bezüglich des Sperrziels analysiert werden. Dazu ist es entweder erforderlich, daß einer geeigneten Stelle die Informationen über alle Zertifizierungsrelationen zur Verfügung stehen und sie die notwendigen Sperrungen veranlaßt. Alternativ könnten alle Zertifizierungsinstanzen des Graphen geeignet informiert werden und ihrerseits die Zertifikate sperren, die sie für ZI "C" ausgestellt haben.
- Für die Sperrung von Zertifizierungsinstanz-Zertifikaten werden ferner Regeln benötigt, wie weit die Sperrung transitiv "weitergegeben" werden muß, also welche der ZI "C" im Graphen nachgeordneten Zertifikate ebenfalls zu sperren sind. Z. B. könnte es bei Schwachstellen in der Schlüsselgenerierung notwendig sein, auch alle weiteren Zertifikate für die von ZI "C" erzeugten Schüssel zu sperren, während im Fall von Schlüsseln die von einer nachgeordneten Zertifizierungsinstanz selbst erzeugt wurden, nur die von ZI "C" ausgestellten Zertifikate, nicht aber Mehrfachzertifikate anderer Zertifizierungsinstanzen zu sperren wären.

Varianten, die diese entsprechende Aufgaben im Rahmen der Gültigkeitsprüfung auf den Prüfenden verlagern, dürften die Effizienz von PKI-Anwendungen erheblich verringern und die Teilnehmer überfordern.

4 Praxisbeispiele

Aus der Perspektive der Zertifizierung und Bereitstellung sollten Cross-Zertifikaten keine Hürden mehr entgegenstehen. Für Prüffunktionen kann sich die Situation etwas anders darstellen, wenn der Zugriff auf Cross-Zertifikate über das oben genannte Attribut und die Verarbeitung der notwendigen Extensions noch nicht unterstützt wird.

Beispiele für produktiv eingesetzte Cross-Zertifikate konnten die Autoren derzeit nur wenige finden. Cross-Zertifizierung auf der Basis von PGP wurde von einigen Zertifizierungsinstanzen durchgeführt, z. B. der DFN-PCA, der c't-CA und TC Trustcenter.[10] In der Literatur wird häufig auch unter dem Stichwort "Cross-Zertifikat" die Verknüpfung von Root-Schlüsseln einer Zertifizierungshierarchie diskutiert (Abb. 1, Kante 13). Praktisch angewendet wird dieses Modell in der PKI nach SigG von der Regulierungsbehörde für Telekommunikation und Post. Dabei wechseln sogar die Namen der Wurzel-Zertifizierungsinstanzen, obwohl der Betreiber gleich bleibt.[11] Die Sphinx-PCA beabsichtigt, Cross-Zertifikate anzubieten. In-

---

[10] Vgl. www.pca.dfn.de/dfnpca/certify/pgp/infrapgp.html oder www.heise.de/ct/pgpCA/keys.shtml# xcert. Die Cross-Zertifikate beziehen sich allerdings teilweise auf nicht mehr verwendete Schlüsselpaare.

[11] Vgl. z. B. die Zertifikate für "4R-CA" und "5R-CA", abrufbar unter www.regtp.de bzw. www.nrca-ds.de.

wieweit andere Akteure Cross-Zertifikate einsetzten werden, z. B. die Initiative der Deutschen Bank mit TeleSec,[12] muß sich im Laufe der Zeit zeigen.

5 Ausblick

Dem Thema Cross-Zertifizierung wurde bisher nur unzureichend Beachtung geschenkt. Cross-Zertifikate bieten die Möglichkeit, unabhängige Zertifizierungshierarchien zu verknüpfen, Pfade in Zertifizierungshierarchien zu optimieren, Wurzelzertifikate einer Root zu verketten und gegebenenfalls in Störfällen Handlungsoptionen zu Schadensbegrenzung [Ham99, 536 ff.] zu erschließen. Bezüglich der Verknüpfung unabhängiger Zertifizierungshierarchien konkurriert der Ansatz mit übergeordneten Roots, die eine einheitliche Policy durchsetzen sowie der Ansatz der individuellen Anerkennung unabhängiger Wurzel-Zertifizierungsinstanzen.

Die bisher nur geringe Nutzung von Cross-Zertifikaten ist nicht zuletzt auch darin begründet, daß noch eine Reihe von organisatorischen, rechtlichen und technischen Problemen zu lösen sind. Cross-Zertifizierung wird jedoch in naher Zukunft an Bedeutung gewinnen, sobald PKI-Insellösungen domainweit eingeführt sind, nicht zuletzt weil dadurch auch der Business-Value der bereits etablierten Lösungen steigt. Bis dahin müssen die in diesem Beitrag angesprochenen Aspekte der Cross-Zertifizierung jedoch noch weiter untersucht und für ein gemeinsames Verständnis für die Problematik unter Policy-Verantwortlichen, Entwicklern von PKI Komponenten und Teilnehmer gesorgt werden. Dieses gemeinsame Verständnis ist Voraussetzung für begründete Cross-Zertifizierung und damit mittelbar notwendig, damit das gewünschte hohe Vertrauen in PKI-Leistungen erreicht bzw. erhalten werden kann.

Abkürzungen

B2B/G2B	Business to Business / Government to Business
B2C/G2C	Business to Customer / Government to Customer
CMC	Certificate Management over Cryptographic Message Syntax
CMP	Certificate Management Protocol
DFN	Deutsches Forschungsnetz
OID	Object Identifier
PCA	Policy Certification Authorities
PEM	Privacy Enhanced Mail
PGP	Pretty Good Privacy
PKCS	Public-Key Cryptography Standards
PKI	Public Key Infrastructure
PKIX	Public Key Infrastructure X.509
SigG	Signaturgesetz

[12] Pressemeldung, zu finden über "Suche" nach "Telesec" auf www.deutsche-bank.de.

Literatur

[BSI00] Bundesamt für Sicherheit in der Informationstechnik (Hrsg.): Spezifikation zur Entwicklung interoperabler Verfahren und Komponenten nach SigG/SigV – SigI Abschnitt A6 Gültigkeitsmodell, BSI, Bonn 2000, Version 1.1a.

[BSI99] Bundesamt für Sicherheit in der Informationstechnik: Spezifikation zur Entwicklung interoperabler Verfahren und Komponenten nach SigG/SigV – SigI Abschnitt A2 Signatur, BSI, Bonn, 1999, Version 6.1.

[GPS00] C. Greuer-Pollmann, N. Schweitzer: Vergleichbarkeit von Policies mittels XML, DuD 10/2000, 578 ff.

[Ham00] V. Hammer: Signaturprüfungen nach SigI, DuD 2/2000, 97 ff.

[Ham95a] V. Hammer: Digitale Signaturen mit integrierter Zertifikatkette – Gewinne für den Urheberschafts- und Autorisierungsnachweis, in: H.H. Brüggemann, W. Gerhardt-Häckl (Hrsg.): Verläßliche IT-Systeme – Proceedings der GI-Fachtagung VIS '95, Vieweg, Braunschweig/Wiesbaden, 1995, 265 ff.

[Ham95b] V. Hammer: Vor- und Nachteile von Mehrfachzertifikaten für öffentliche Schlüssel, in: Bundesamt für Sicherheit in der Informationstechnik (Hrsg.): Fachvorträge 4. Deutscher IT-Sicherheitskongreß 1995, Bonn, 1995.

[Ham99] V. Hammer: Die 2. Dimension der IT-Sicherheit – Verletzlichkeitsreduzierende Technikgestaltung am Beispiel von Public Key Infrastrukturen, Vieweg, Braunschweig/Wiesbaden, 1999.

[Her99] M. Herfert: Crosszertifizierung nach Wechsel des Sicherheitsankers einer Public-Key Infrastruktur, in: K. Beiersdörfer, G. Engels, W. Schäfer: Informatik überwindet Grenzen – Jahrestagung der Gesellschaft für Informatik 1999, Springer, Berlin, Heidelberg, 1999, 119 ff.

[ITUT00] International Telecommunication Union – Telecommunication sector: ITU-T X.509 – Draft Recommendation X.509 – Information Technology – Open Systems Interconnection – The Directory: Authentication Framework (= ISO/IEC 9594-8), 2000.

[PKIX00] R. Housley, W. Ford, W. Polk, D. Solo: Internet X.509 Public Key Infrastructure – Certificate and CRL Profile, November 2000, in "draft-ietf-pkix-new-part1-03.txt" z.B. unter ftp.nordu.net/internet-drafts

[RFC2459] R. Housley, W. Ford, W. Polk, D. Solo: RFC 2459 – Internet X.509 Public Key Infrastructure Certificate and CRL Profile, 1999.

[RFC2527] S. Chokhani, W. Ford: RFC 2527 – Internet X.509 Public Key Infrastructure Certificate Policy and Certification Practices Framework, 1999.

[SigI98] BSI: Schnittstellenspezifikation für die Entwicklung interoperabler Verfahren und Komponenten nach SigG/SigV, 1998-2000.

[Zie96] T. Zieschang: Security Properties of Key Certification Infrastructures, in: P. Horster (Hrsg.): Digitale Signaturen – Grundlagen, Realisierungen, Rechtliche Aspekte, Anwendungen, Vieweg, Braunschweig/Wiesbaden, 1996, 109 ff.

Zur Sicherheit mobiler persönlicher Endgeräte – eine Bestandsaufnahme

Claudia Eckert

Universität Bremen
FB3 Mathematik/Informatik
eckert@informatik.uni-bremen.de

Zusammenfassung

Mobile persönliche Endgeräte prägen in zunehmendem Maß unseren privaten wie auch beruflichen Alltag. Mit unserem Beitrag wollen wir die Sicherheitsrisiken aufzeigen, die beim heutigen Stand der Technik beim Einsatz derartiger Geräte auftreten können. Unsere Analyse der marktbeherrschenden Betriebssysteme (Windows CE, PalmOS und EPOC) zeigt die mit diesen verbundenen großen Sicherheitslücken auf. Der Beitrag skizziert abschließend einige Maßnahmen zur Steigerung der Systemsicherheit, die Bestandteil unserer noch in der Entwicklung befindlichen neuen Sicherheitsarchitektur für mobile persönliche Endgeräte sind.

1 Einführung

Mobile persönliche Endgeräte, wie PDAs (Personal Digital Assistant), Organizer oder auch Handys sind bereits heute ein wichtiger Bestandteil mobiler und verteilter Infrastrukturen. Derartige Geräte können über lokale Funknetze, über Satelliten-Netzwerke, Telefonie-Netze oder über stationäre LANs und WANs mit anderen Komponenten einer verteilten Umgebung kommunizieren; zusammen bilden sie ein mobiles System [5]. Durch die technologischen Fortschritte werden in rasantem Tempo die Fähigkeiten mobiler Geräte verbessert, so dass sie in zunehmendem Maß für mobiles und ubiquitäres Berechnen nach dem Prinzip des „any time and every where" eingesetzt werden können. Entwicklungen wie das Wireless Application Protocol (WAP) ermöglichen den Zugriff auf Internet-Dienste auch bereits für sehr kleine mobile Geräte. Dies alles hat zur Konsequenz, dass mobile persönliche Endgeräte zunehmend im Bereich des E- bzw. M-Commerce, dem Internet Homebanking oder auch dem E-Business eingesetzt werden. Das bedeutet, dass die beteiligten mobilen Endgeräte, die ursprünglich als isolierte Geräte einem Benutzer zugeordnet waren, nunmehr Bestandteil einer offenen, verteilten Umgebung sind. Der Übergang von geschlossenen zu offenen Umgebungen führt zu einer Vielzahl von Sicherheitsbedrohungen, denen mobile Endgeräte und damit deren Nutzer ausgesetzt sind. Dabei sind derartige Geräte nicht nur den bekannten Bedrohungen, wie sie für verteilte Systeme charakteristisch sind, ausgesetzt [4], sondern es kommen neue Schwächen und Risiken hinzu, die sich aus den spezifischen Eigenschaften der Geräte ergeben. Unser Beitrag beschäftigt sich im Folgenden mit den Sicherheitsproblemen beim Einsatz mobiler Geräte und nicht mit Problemen, die sich aus dem Einsatz mobiler Agenten oder von mobilem Code ergeben (vgl. [2]).

Die Abwehr von Sicherheitsbedrohungen gehört zu den wichtigen Aufgaben der Betriebssoftware eines Systems. Es stellt sich somit die Frage, inwieweit die eingesetzten Sicherheitsmaßnahmen heutiger Betriebssysteme ausreichen, um die auftretenden Bedrohungen wirksam abzuwehren. Das unserer Analyse zugrunde liegende Modell, das die wesentlichen Komponenten und Fähigkeiten des mobilen Systems beschreibt, stellen wir in Abschnitt 2 vor. In Abschnitt 3 beschreiben wir die wesentlichen Schwachpunkte mobiler Endgeräte und skizzieren dann anhand eines Beispiels die von uns verfolgte Methodik zur systematischen Erfassung von Angriffsmöglichkeiten. Abschnitt 4 fasst dann die Ergebnisse unserer Untersuchung der existierenden Betriebssysteme für mobile Geräte, nämlich PalmOS, EPOC und Windows CE (Pocket PC), zusammen. Die Analyse verdeutlicht, dass der mobile Nutzer beim Einsatz heutiger Technologie großen Sicherheitsrisiken ausgesetzt ist. Abschließend schlagen wir deshalb Maßnahmen zur Verbesserung dieser Situation vor.

2 Systemmodell

Das Systemmodell beschreibt grob die Fähigkeiten, die wir bei einem mobilen Endsystem voraussetzen und identifiziert die wesentlichen Komponenten, aus denen eine mobile, verteilte Infrastruktur besteht.

2.1 Systemarchitektur

In diesem Unterabschnitt gehen wir auf die Hardware- und Software-Fähigkeiten der interessierenden mobilen Geräte ein, die diese entweder bereits besitzen oder in naher Zukunft sicherlich besitzen werden.

2.1.1 Hardware

Ein mobiles Gerät in unserem Sinn ist klein, portabel und leichtgewichtig. Es verfügt über Speicher-, Rechen- und Kommunikationsfähigkeiten sowie einer Benutzungsschnittstelle. Diese Schnittstelle umfasst typischerweise eine stiftbasierte Eingabe, einen Touch-Screen und eine Tastatur sowie optional einen Head-Set mit Lautsprecher und Mikrophon. Die Prozessor-Architektur sollte möglichst nicht auf eine Prozessor-Familie zugeschnitten sein, sondern gängige 32-bit Prozessoren zulassen. Die Speicherfähigkeit wird durch unterschiedliche Speicherarten bereit gestellt, wie typischerweise ROM, RAM sowie Speichererweiterungen mittels Plugin CompactFlash Karten. Um unterschiedliche Kommunikationsfähigkeiten anzubieten, sollte das Gerät unterschiedliche Empfänger und Sender enthalten, wie Infrarot, Funk, GSM und GPS.

2.1.2 Betriebssystem

Um die nebenläufige Ausführung von Prozessen bzw. Anwendungen zu ermöglichen, sollte das Betriebssystem (BS) Multitasking sowie Multithreading unterstützen. Wir gehen weiter davon aus, dass jeder Prozess einen eigenen, isolierten Adressbereich besitzt (virtuelle Speicherverwaltung), so dass zumindest ein grobgranularer Schutz einzelner Anwendungen vorhanden ist. Persistente, persönliche Daten werden in einem Objekt-Speicher oder einem Datei- bzw. Datenbanksystem auf dem Gerät selber und nicht extern gehalten, so dass diese Daten jederzeit verfügbar sind.

Die Systemsoftware implementiert unterschiedliche Protokoll-Stacks, so dass die üblichen Protokolle wie TCP/IP und PPP/SLIP aber auch Infrarot-Kommunikation über IrDA

(Infrared Data Association) Protokolle unterstützt werden. Aufsetzend auf diesen Protokollen sollte das Gerät gängige Anwendungsprotokolle wie eMail, WWW-Zugang oder entfernten Dateitransfer realisieren. Wir erwarten, dass zukünftige Systeme auch einen Lokalisierungsdienst wie GPS anbieten, so dass darauf aufsetzend Orts-abhängige Anwendungen (z.B. Routenplanung) möglich sind.

Zukünftige BS für mobile Endsysteme sollten offen und dynamisch erweiterbar sein, so dass sowohl Systemdienste als auch Anwendungen dynamisch geladen, gebunden und ausgeführt werden können. Wir gehen davon aus, dass zumindest eine ggf. eingeschränkte Java Virtual Machine (JVM) implementiert ist, so dass Java Applets ausführbar sind.

2.2 Infrastruktur

Abbildung 1 zeigt wesentliche Komponenten, die einen Beitrag zur Infrastruktur eines mobilen, verteilten Systems liefern und von denen Bedrohungen bezüglich der Systemsicherheit ausgehen können. Hier sehen wir zunächst einmal den

mobilen Benutzer selber sowie das mobile Gerät, das optional eine Smartcard beinhalten kann, die für Authentifikationszwecke und sicherheitsrelevante Transaktionen (z.B. Signieren) einsetzbar ist. Der mobile Benutzer kann mit den anderen Komponenten interagieren, wie zum Beispiel mit seiner lokalen Arbeitsumgebung. Diese kann er nutzen, um über Internet-Provider einen Zugang zum Internet zu erlangen, er kann mit seinem Gerät eine Verbindung zu einem Server in seinem vertrauenswürdigen Heimatnetz oder zu einem nicht vertrauenswürdigen Fremdnetz herstellen. Alternativ kann er sich auch direkt Vorort in die verschiedenen Netze einkoppeln (Nomade) oder beispielsweise ein Mobiltelefonnetz zur Kommunikation verwenden.

3 Schwachstellen und Bedrohungen

Im Folgenden diskutieren wir zunächst einige Schwachpunkte mobiler Systeme, die sich aus deren charakteristischen Architektur- und Infrastruktur-Eigenschaften ergeben.

3.1 Schwachstellen

3.1.1 Portabilität

Aufgrund ihrer geringen Größe und ihrem geringen Gewicht sind die Geräte sehr portabel und damit Bedrohungen ausgesetzt, die sich daraus ergeben, dass ein Angreifer in den Besitz des Gerätes gelangen kann. Dies kann durch Diebstahl, unbeaufsichtigtes Stehenlassen, Verlust oder Weitergabe des Gerätes geschehen. Hat ein Angreifer physischen Zugriff auf das Gerät, kann er versuchen, die vorhandenen BS-Kontrollen zu umgehen, indem er ein unsicheres BS von Diskette bootet, um damit direkten Speicherzugriff zu erlangen. Die Portabilität des Gerätes vereinfacht darüberhinaus auch dessen Austausch gegen ein manipuliertes Gerät, das manipulierte Systemsoftware enthält, die z.B. sensitive Benutzerdaten an einen Angreifer weiter leitet, sobald der Benutzer eine Kommunikationsverbindung (z.B. TCP) aufbaut.

3.1.2 Beschränkte Ressourcen

Die beschränkte Größe des Geräts führt dazu, dass es nur eingeschränkte Managementfunktionen und nur ein eingeschränktes Dienstangebot besitzt. So wird beispielsweise zur

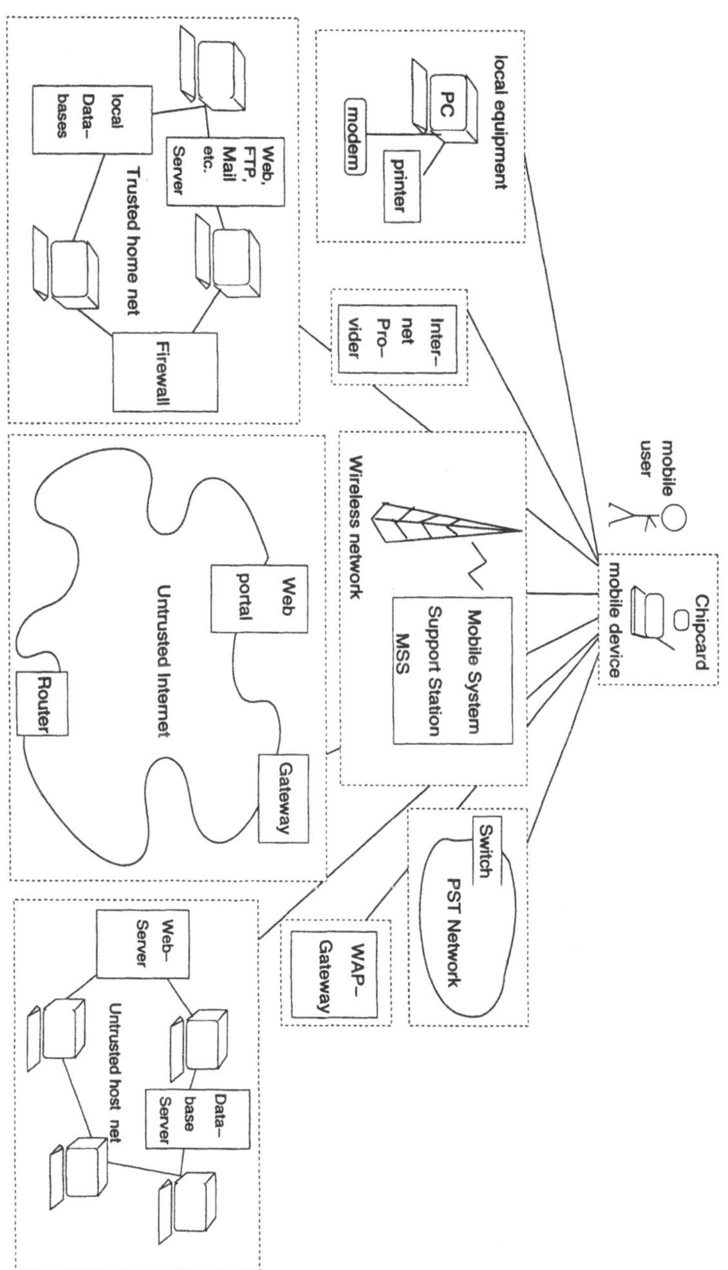

Abb. 1: Komponenten einer Infrastruktur eines mobilen Systems

Ausführung komplexer Anwendung die Rechenleistung eines externen Gerätes benötigt, was eine Kommunikation zwischen dem mobilen und dem externen Gerät erfordert. Abhängig vom aktuellen Aufenthaltsort beider Geräte und der verwendeten Transportmedien (z.B. Internet, vertrauenswürdiges Netz, Telefonnetz) kann diese Kommunikation erhebliche Sicherheitsprobleme (z.B. Vertraulichkeit der Daten, Maskierung des Kommunikationspartners, Denial-of-Service) nachsichziehen.

Eine Erweiterung des restriktiven Dienste- und Funktionsangebots kann auch durch das dynamische Nachladen von ausführbarem Code, dynamisch gebundenen Bibliotheksmodulen etc. erfolgen. Das heißt, mobile Geräte sind im hohen Maß anfällig gegen Bedrohungen, die sich aus aktiven Inhalten wie Java Applets oder ActiveX Controls ergeben [4]. Zusammen mit der Reduktion des Managementaufwandes und hier insbesondere des Aufwands, der für Sicherheitskontrollen benötigt würde, ist die dynamische Erweiterbarkeit eine erhebliche Schwachstelle.

3.1.3 Persönliches Gerät

Die Personalisierung des Gerätes kann ebenfalls eine Schwachstelle darstellen. Auf einem persönlichen Gerät werden normalerweise vielfältige Datenbanken mit personenbezogenen Daten, wie ein Terminplaner oder ein Adressbuch verwaltet. Die unautorisierte Preisgabe dieser Daten stellt eine erhebliche Gefährdung der Privatsphäre des mobilen Benutzers dar und ist eine Schwachstelle des Systems.

Weitere Probleme können auftreten, falls das Gerät beispielsweise für sicherheitsrelevante Transaktionen, wie dem Kauf von Konsumgütern, eingesetzt wird und alle erforderlichen Managementaktivitäten, wie das Bezahlen mittels Kreditkarte oder das Signieren von Kaufaufträgen, automatisch vom Gerät erledigt werden. Der Benutzer muss dem Gerät bzw. dessen Systemsoftware vertrauen, dass es die sensiblen Daten nicht unautorisiert weiterreicht oder missbraucht.

3.1.4 Nomade

Im Gegensatz zu stationären Systemen werden mobile Geräte häufig in unterschiedlichen Umgebungen eingesetzt, wobei sie auch unterwegs u.U. unterschiedliche Verwaltungsgrenzen überschreiten und Sicherheitsdomänen mit unterschiedlichen Graden an Vertrauenswürdigkeit durchqueren. Interaktionen mit nicht vertrauenswürdigen Gastnetzen stellen Schwachstellen in Bezug auf Vertraulichkeit und Integrität der Daten des mobilen Gerätes dar. Weitere mobilitätsspezifische Probleme ergeben sich daraus, dass Profile über die verschiedenen Aufenthaltsorte eines mobilen Benutzers (wann, wie lange, wo) sowie über sein Kommunikationsverhalten (mit wem, wann, wie lange und wie oft) erstellt werden können.

3.1.5 Off-line Berechnung

Mobile Geräte werden häufig über längere Phasen losgelöst von einem Netzwerk arbeiten, um sich dann wiederholt an ein Netz an- und wieder abzukoppeln. Jeder erneute Verbindungsaufbau stellt eine Schwachstelle dar, da sich ein Angreifer als maskierter Kommunikationsendpunkt ausgeben oder versuchen kann, eine bestehende Verbindung zu übernehmen (session hijacking). Aus den Phasen der Off-line-Berechnung können sich weitere Schwachstellen ergeben, da Nachrichten erst wieder nach der Herstellung der Verbindung übertragen werden können. Angreifer können diese Wiederanbindung künstlich verzögern

(Denial-of-Service), so dass Nachrichten verspätet ankommen (z.B. verspätetes Angebot bei einer öffentlichen Aktion, beim Aktionskauf etc.). Während der Off-line-Phasen ist keine Aktualisierung sensibler Informationen möglich, woraus sich eine Schwachstelle ergeben kann, falls das Gerät z.B. veraltete oder bereits kompromittierte Schlüssel verwendet.

3.2 Bedrohungen

Die beschriebenen Schwachstellen des Systems können durch Angriffe ausgenutzt werden, woraus sich Sicherheitsbedrohungen ergeben, die durch geeignete Maßnahmen abzuwehren sind. Wichtig ist, dass die relevanten Bedrohungen möglichst vollständig erfasst sind, damit keine Sicherheitslöcher unbeachtet bleiben. Zur systematischen Erfassung der Bedrohungen haben wir erweiterte Bedrohungsbäume entwickelt. Ein Ausschnitt aus einem Bedrohungsbaum ist in Abbildung 2 angegeben. Dabei bildet ein Angriffsziel die Wurzel des Baumes. Im Beispiel besteht das Angriffsziel darin, das Authentifikationsprogramm des mobilen Geräts zu überlisten, ohne den Code dieser Prozedur zu ändern oder die Prozedur vollständig zu umgehen (das sind jeweils andere Angriffsziele). Die Pfade von den Blättern zur Wurzel beschreiben unterschiedliche Wege zum Erreichen dieses Zieles, wobei auf diesen Wegen weitere Zwischenziele (als grau hinterlegte Kästen in der graphischen Darstellung) liegen können. Ein Zwischenziel für unser Szenario ist beispielsweise das Aneignen des mobilen Geräts. Alternative Wege zum Erreichen des Ziels werden als ODER Knoten (default) repräsentiert, während UND-Knoten (explizit im Graph annotiert) Bedingungen beschreiben, die zusammen erfüllt sein müssen, um das Ziel zu erreichen. In unserem Szenario erfordert beispielsweise ein lokales Einloggen am Gerät, dass der Angreifer sowohl im Besitz des Gerätes, als auch in der Lage ist, die Login-Prozedur fehlerfrei abzuwickeln.

Bei der Erstellung eines Bedrohungsbaumes ist es wichtig, dass dessen Entwicklung nachvollziehbar und vollständig ist. Wir haben deshalb spezielle Zwischenknoten als Entscheidungsknoten (gestrichelte Kästen) eingeführt, um den Verfeinerungsprozess zu systematisieren. So unterscheiden sich Angriffe in unserem Beispielbaum deutlich, abhängig davon, ob der Angreifer versucht, sich lokal unter Aneignung des Gerätes einzuloggen, oder ob er dies über das Netz mittels entferntem Zugriff versucht. Mittels der Entscheidungsknoten können wir beide Situationen getrennt abhandeln.

In unserer detailliert durchgeführten Bedrohungsanalyse [3] haben wir Bedrohungsbäume für die Bereiche der Maskierung, Integritäts- und Vertraulichkeitsverletzung sowie der Verletzung der Verbindlichkeit von Aktionen erstellt. Herkömmliche Ansätze im Bereich der methodischen Bedrohungsanalyse beschränken sich auf eine solche Einzelsichtweise. Dies greift aber zu kurz, da für eine aussagekräftige Risikoanalyse auch Abhängigkeiten zwischen einzelnen Angriffszielen betrachtet werden müssen. Dazu haben wir Abhängigkeitsgraphen eingeführt. Aus den von uns entwickelten Abhängigkeitsgraphen ist dann direkt abzulesen, welche Konsequenzen ein erfolgreich erreichtes Angriffsziel für alle untersuchten Bereiche bedeuten würde. Dieses Wissen ist notwendig, um angemessene Abwehrmaßnahmen in eine Sicherheitsarchitektur zu integrieren.

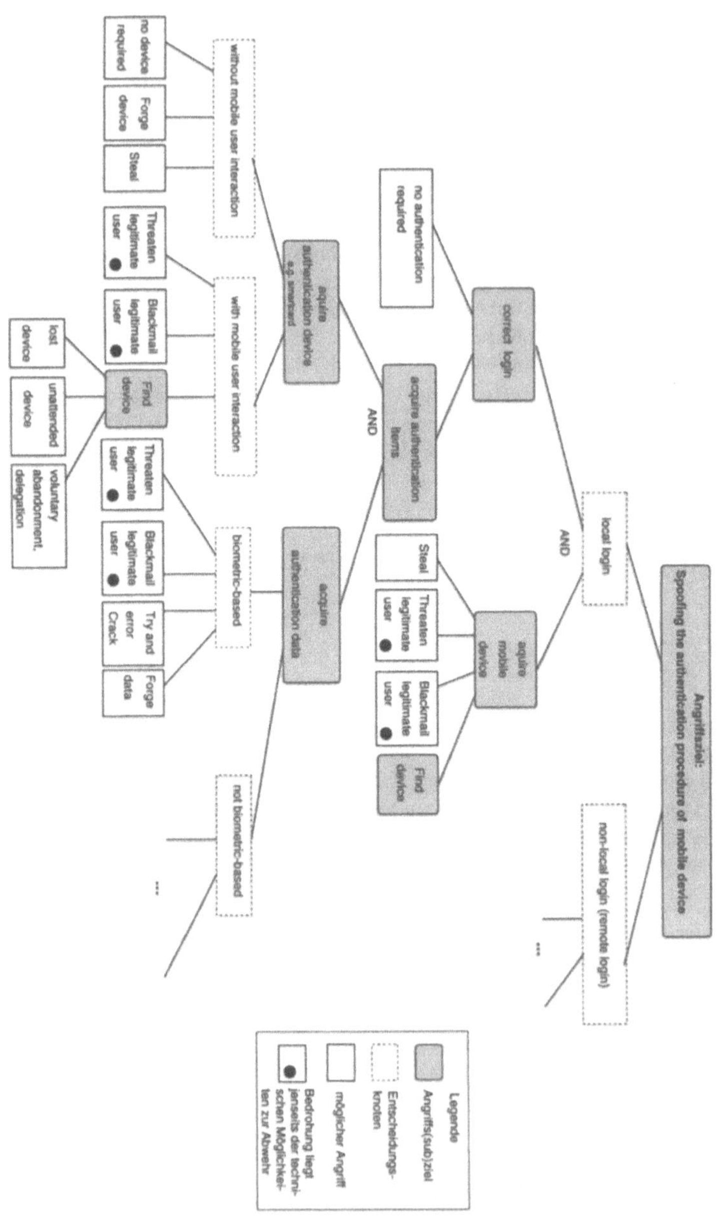

Abb. 2: Ausschnitt aus einem Bedrohungsbaum

4 Risiken

Die heutzutage marktbeherrschenden BS für mobile Endsysteme sind Microsofts Windows CE[1], das PalmOS[2] von Palm, und das EPOC R5 von Symbian[3] (einem Zusammenschluss von Ericsson, Motorola, Nokia, Panasonic and Psion). Im Folgenden fassen wir die Ergebnisse einer Analyse dieser Betriebssysteme im Hinblick auf sicherheitsrelevante Maßnahmen zusammen. Vorab sei aber schon einmal darauf hingewiesen, dass bislang keines der im Einsatz befindlichen Systeme eine Sicherheitsevaluierung gemäß einem der nationalen oder internationalen Kriterienkataloge (z.B. ITSEC [7]) durchlaufen hat, obwohl sie erheblich weniger komplex sind als PC- oder Workstation Betriebssysteme.

4.1 Betriebssysteme für mobile Endsysteme

4.1.1 PalmOS

Das PalmOS ist zugeschnitten auf den Motorola 68328 Prozessor, der nur eine geringe Speicherkapazität von maximal 8 MByte besitzt. Der Betriebssystem von PalmOS ist sehr klein (40 - 150 Kbyte), nicht dynamisch erweiterbar und bietet nur eingeschränkte Multitasking Fähigkeiten, da zu einem Zeitpunkt jeweils nur eine Anwendung geöffnet sein kann und nur jeweils eine Anwendung die graphische Benutzungsoberfläche nutzen kann. PalmOS unterstützt keine virtuelle Speicherverwaltung, so dass kein Schutz der Anwendungen via isolierter Adressräume vorhanden ist. Es fehlen auch sonstige Kontrollen, um den Zugriff auf gespeicherte Daten zu schützen. Das System bieten unterschiedliche Kommunikationsmöglichkeiten, wie serielle, IrDA- und IP-basierte Kommunikation, jedoch ohne jegliche Sicherheitsdienste.

4.1.2 Windows CE

Windows CE ist auf unterschiedlichen Plattformen [4] ausführbar. Es ist ein 32-bit BS, dessen Kern Thread-basiert ist und ein unterbrechendes, prioritätenbasiertes Multitasking (max. 32 Prozesse) unterstützt. Dies ermöglicht es, unterschiedliche Anwendungen nebenläufig auszuführen. So kann z.B. eine WWW-Seite im Hintergrund geladen werden, während der Benutzer andere Aktivitaten im Vordergrund ausführt. Diese nebenläufigen Aktivitäten sind jedoch nicht (s.u.) wirksam gegeneinander geschützt.

Windows CE unterstützt eine virtuelle Speicherverwaltung, wobei der gesamte Adressraum von 4Gbyte in einen Bereich von 2Gbyte für das BS und einen Prozess-spezifischen sowie einen gemeinsam nutzbaren Bereich aufgeteilt ist. Auf den gemeinsamen Bereich können alle Threads ohne Zugriffsbeschränkungen zugreifen, während der Zugriff auf Prozess-spezifische Speicherblöcke durch eine einfache Bitmaske geschützt wird. Da aber Threads verschiedene Prozessadressbereiche durchwandern dürfen, sind die Adressbereiche verschiedener Prozesse nicht gegeneinander geschützt. Darüberhinaus kann ein Anwendungsthread sogar nach einem Kernaufruf den privilegierten Code selber ausführen, wodurch er direkten Zugriff u.a. auf alle Hardware-Ressourcen erlangt.

[1] http://www.cewindows.net/wce/versions.htm
[2] http://www.palm.com/devzone/index.html
[3] http://www.symbian.com/
[4] http://www.microsoft.com/windowsce/Embedded/resources/processors.asp

Der RAM Speicher enthält das Dateisystem, spezielle Datenbanken und die Registry. Die Datenbanken können insbesondere personenbezogene Daten (z.B. Adressbuch) speichern. Weder für die Dateien des Dateisystems noch für die Datenbanken können Zugriffsrechte vergeben und Zugriffskontrollen durchgeführt werden. Wie PalmOS so unterstützt auch Windows CE verschiedene Kommunikationsprotokolle wie PPP, SLIP, TCP/IP und IrDA. HTTP und FTP Dienste werden über das WinINet API angeboten und entfernte Zugriffe werden durch das Windows Network API ermöglicht. In den neuesten Versionen werden auch sichere Kommunikationsprotokolle angeboten. Auf der Datalink-Schicht handelt es sich dabei um das passwortbasierte Authentifikationsprotokoll (PAP) sowie das Challenge Authentication Protocol (CHAP). Eine sichere verbindungsorientierte Kommunikation über Winsock und das WinINet API wird mittels SSL angeboten. Auf der Anwendungsebene bietet Windows CE das CryptoAPI zur Durchführung von Verschlüsselungen und zur Zertifikatsverwaltung.

4.1.3 EPOC R5 (Symbian)

Das EPOC R5 System findet man hauptsächlich in Organizern wie die der Psion Familie 3c, in Set-Top Boxen und in Handys. Obwohl EPOC auf keine spezifische Hardware-Architektur zugeschnitten ist, werden zur Zeit nur Intel x86 und ARM3 Prozessoren unterstützt. Wie Windows CE so ist auch EPOC ein 32-bit BS, das Threads unterstützt und ein unterbrechendes, prioritätenbasiertes Multitasking anbietet. Zu den auf der Anwendungsebene angebotenen Diensten gehören u.a. ein SMTP/POP3 basierter eMail-Dienst, eine Datenbank, ein Web-Browser und ein Office-Paket. EPOC basiert auf einer Mikrokern-Architektur und ist objektorientiert, so dass Systemkomponenten ausgetauscht und wiederverwendet werden können. Benutzer dürfen neue Anwendungen (z.B. neue Netzwerkprotokolle) hinzufügen. EPOC unterstützt JDK 1.1.4 und damit die Ausführung von Java Applets. Dadurch ist EPOC in hohem Maß allen bekannten Bedrohungen, die aus unsicherem mobilem Code resultieren, ausgesetzt, da es außer den isolierten Adressräumen (s.u.) keinerlei Mechanismen zur Zugriffskontrolle beinhaltet.

EPOC bietet eine virtuelle Speicherverwaltung mit einem privaten Adressraum für jeden Prozess und seine Threads. Anders als bei Windows CE können die Threads aber nur innerhalb ihres Vaterprozesses agieren, so dass eine hardwarebasierte Isolierung verschiedener Anwendungen gewährleistet wird. Anwendungsthreads haben keinen direkten Zugriff auf die Systemhardware, sondern können diese nur mittelbar über den Aufruf von privilegierten Systemdiensten nutzen. Durch die Unterscheidung zwischen nicht privilegierten und privilegierten Threads wird somit ein Basisschutz angeboten. Persistente Daten werden im F32 Dateisystem verwaltet, das neben einfachen Operationen zum Lesen und Schreiben auch einen Programmlader implementiert, der das dynamische Binden und Ausführen ausführbarer Dateien und von DLLs ermöglicht. Da jedoch keine Zugriffskontrollen durchgeführt werden, ergeben sich hieraus erhebliche Sicherheitsprobleme. Ein höheres Abstraktionsniveau bietet das Database Management System (DBMS), das eine vollständige relationale Datenbank unterstützt, u.a. mit SQL-basierten Zugriffen und Verschlüsselungsmöglichkeiten. Jedoch fehlen auch hier Möglichkeiten, um Zugriffskontrollen durchzuführen und die privaten Daten zu schützen.

EPOC unterstützt ebenfalls die bereits angesprochenen vielfältigen Kommunikationsprotokolle, sowie Nachrichtenübermittlungsprotokolle wie IMAP, POP, SMTP und SMS.

Kommunikationssicherheit wird über die Verwendung des SSL-Protokolls, über TLS und S/MIME unterstützt. Auf der Datalink-Schicht werden ebenfalls die PPP Protokolle PAP und CHAP angeboten.

4.2 Sicherheitsgrundfunktionen

Im Folgenden fassen wir die von den analysierten Betriebssystemen angebotenen Sicherheitsdienste noch einmal zusammen und erläutern die daraus resultierenden Sicherheitsrisiken.

4.2.1 Authentifikation

Alle untersuchten Systeme ermöglichen eine optionale passwortbasierte Authentifikation. Jedoch sind die verwendeten Authentifikationsmaßnahmen viel zu schwach, um Angriffe wirksam abzuwehren. Neben der inhärenten Schwäche passwortbasierter Verfahren ergeben sich Angriffspunkte aus der unzureichend geschützten Verwaltung der Passwortdaten. In Windows CE werden die Daten nur mittels eines einfachen XOR verschleiert, während sie unter PalmOS gleich ganz im Klartext im Speicher abgelegt werden. Ferner wird ein Benutzer höchstens beim Login authentifiziert. Das bedeutet, dass, wann immer ein Benutzer sein Gerät unbeaufsichtigt läßt, ein Angreifer auf die lokalen Daten zugreifen kann. Schließlich ist auch zu beachten, dass nur eine benutzerseitige Authentifikation durchgeführt wird. Das bedeutet, dass der Benutzer keine Möglichkeit erhält, die Authentizität seines mobilen Gerätes zu prüfen.

Risiken

Die Portabilität setzt ein mobiles Endsystem in hohem Maß Angriffen aus, die darauf abzielen, unautorisiert in den physischen Besitz des Gerätes zu gelangen. Angriffe, die den Besitz des Gerätes erfordern, sind somit für Angreifer, die sich in dessen räumlicher Nähe aufhalten, leicht durchzuführen. Zusammen mit den mangelhaften Authentifikationsmaßnahmen besteht ein sehr hohes Risiko, dass ein Angreifer erfolgreich die Identität des legitimen Benutzers vortäuschen kann. Damit ist er dann in der Lage, auf die lokalen, häufig sensiblen Benutzerdaten zuzugreifen, Netzverbindungen unter der Identität des mobilen Benutzers aufzubauen, um beispielsweise sicherheitskritische Transaktionen durchzuführen, oder er kann getäuschte Kommunikationspartner dazu veranlassen, vertrauliche Informationen preiszugeben.

Da auch keine geräteseitige Authentifikation angeboten wird, besteht ein großes Risiko, dass der mobile Nutzer in gutem Glauben ein manipuliertes Gerät benutzt, das ihn z.B. zur Preisgabe sensibler Daten verleiten kann. Auch entfernte Kommunikationspartner werden nur ungenügend authentifiziert. Zwar verwenden Windows CE und EPOC Basisauthentifikationsprotokolle, diese sind aber zusammen mit dem fehlenden sicheren Management der vertraulichen Authentifizierungsdaten viel zu schwach, um Maskierungsangriffe entfernter Kommunikationspartner wirksam abzuwehren. Ein solcher Angreifer könnte den mobilen Benutzer z.B. dazu bringen, ein gefälschtes Dokument zu signieren oder in der Maske eines Geschäftspartners gefälschte Informationen einzuschleusen.

Mögliche Abwehrmaßnahmen

Erweitert man mobile Endsysteme um entnehmbare Sicherheitsmodule, wie z.B. Smartcards, so erhält man damit die Möglichkeit, wirksame Authentifikationen nicht nur zwischen dem Benutzer und dem Gerät sondern auch zwischen dem Gerät und dem Benutzer durchzuführen. Erforderlich sind vertrauenswürdige Sicherheitsmodule [1], die eine biometrische Benutzer-Authentifikation sowie Challenge-Response Protokolle zur Geräteauthentifikation in dem Modul selbst durchführen. Um ein Umgehen der vordefinierten Betriebssystemdienste zu verhindern, sind Maßnahmen, wie ein BIOS-Passwort, zu integrieren, so dass erst nach einer erfolgreichen Authentifikation das installierte BS gebootet und damit nicht durch ein unsicheres ersetzt werden kann.

Um die angesprochenen weiteren Risiken zu reduzieren, ist es notwendig, dass das Gerät automatisch gesperrt wird, falls eine gewisse Zeit lang keine Benutzerinteraktionen stattgefunden haben. Das Entsperren kann nur durch eine erneute Authentifikation erfolgen. Ein wiederholtes Authentifizieren sollte auch immer dann erforderlich sein, wenn ein Benutzer/Prozess auf sensible Daten zugreifen möchte. Zur Authentifikation von entfernten Kommunikationspartnern mittels Zertifikaten ist eine vertrauenswürdige PKI notwendig sowie ein sicheres Management von Zertifikaten und Schlüsseln in einem vertrauenswürdigen Sicherheitsmodul.

4.2.2 Vertraulichkeit und Integrität

Da die existierenden Betriebssysteme stark auf Einbenutzer-Systeme zugeschnitten sind, bieten sie keinerlei Mechanismen, um Zugriffsrechte für Datenobjekte (Dateien, Datenbankeinträge etc.) zu vergeben und Zugriffe auf sensible Daten differenziert zu kontrollieren. Angesichts der wachsenden Fähigkeiten zum dynamischen Laden und Ausführen von potentiell nicht vertrauenswürdigem Code, werden dringend Mechanismen benötigt, um unterschiedliche Vertrauens- bzw. Privilegienbereiche für Anwendungsprogramme zu etablieren. Hierzu liefert EPOC wenigstens eine ersten kleinen Schritt, indem zwischen privilegierten und nicht privilegierten Threads unterschieden wird und isolierte Prozessadressräume verwaltet werden. Diese hardwarebasierten Schutzwälle sind aber viel zu grob und müssen dringend um feingranulare Zugriffskontrolle ergänzt werden. Die grobkörnigen Schutzfestlegungen auf der Basis von Prozesses führen zu den aus anderen Systemen bekannten Sicherheitsproblemen. Man denke hier nur an Browser Plug-ins oder ActiveX Controls, die von einem entfernten Rechner geladen und als Bestandteil des Browser-Prozesses ausgeführt werden und damit alle seine Rechte erhalten. Ist er, wie oft der Fall, ein Betriebssystemprozess, so sind damit unbeschränkte Zugriffe möglich.

Für den Bereich der Kommunikationsvertraulichkeit bieten sowohl Windows CE als auch EPOC Internet-Standardprotokolle wie SSL zur Etablierung einer verschlüsselten und mit Hashfunktionen abgesicherten HTTP-Verbindung. Die entsprechenden Sicherheitsdienste werden aber nicht automatisch eingesetzt und erstrecken sich auch nur auf einen Teilbereich der möglichen Kommunikationsverbindungen. Das hat zur Konsequenz, dass der größte Teil der übertragenen Daten ungeschützt ist und damit Lausch- und Modifikationsangriffen ausgesetzt ist. Im Bereich der mobilen Telefonie liefert der GSM [8] Standard hier Fortschritte, wobei aber festzuhalten ist, dass die GSM-Sicherheitsdienste nur die Luftschnittstelle zwischen dem Gerät und dem Netzbetreiber (MSS) absichern, während beim Übergang z.B. in ein öffentliches Telefonnetz (PSTN) keine Schutzvorkehrungen mehr vorhanden sind.

Risiken

Da im Bereich der Kommunikationssicherheit nur ungenügende und auch nicht überall einsetzbare Sicherheitsdienste angeboten werden, besteht ein sehr hohes Risiko, dass die Vertraulichkeit und Integrität der vom und zum mobilen Gerät übertragenen Daten verletzt wird. Auch wenn man Protokolle wie SSL verwendet, um die Nutzdaten zu verschleiern, so ist man trotzdem noch Angriffen ausgesetzt, die in Form von Verkehrsflussanalysen versuchen, Bewegungs- und Aufenthaltsprofile von Benutzern zu erstellen, da die Verkehrsdaten nicht verschlüsselt werden. Zur Abwehr dieser Bedrohungen werden, außer der temporären, anonymisierenden Identifikatoren (den TIMSIs) beim GSM, keine Maßnahmen angeboten. Bei der mobilen Telefonie ergeben sich zusätzliche Risiken beim Einsatz der WAP-Technologie. Betrachten wir zum Beispiel einen Web-Server, der SSL zur Absicherung seiner Verbindungen verwendet. Da das WAP aber keine verschlüsselte Verbindung zwischen dem mobilen Gerät und dem Server ermöglicht, erfordert die WAP-Architektur ein sogenanntes WAP-Gateway, das HTML-Formate in WAP-Formate transformiert und dabei auch alle Daten entschlüsselt bzw. beim Senden zum Server verschlüsselt. Das bedeutet, dass alle sensiblen Daten im Gateway offenliegen und das Gateway die benötigten kryptographischen Schlüssel sicher verwalten muss. Ein solches Gateway ist somit ein wertvolles Angriffsziel und kann darüberhinaus auch der Ausgangspunkt von Angriffen sein, falls es in einer nicht vertrauenswürdigen und unsicheren Verwaltungsdomäne betrieben wird.

Aufgrund der fehlenden Zugriffskontrollen besteht ein sehr hohes Risiko, dass ein Angreifer unberechtigten Zugriff auf die lokalen Daten im Gerät erhält. Die fehlenden Kontrollen erleichtern natürlich auch die Integration von Schadprogrammen, wie Viren und Trojanischen Pferden, über eine Netzwerkverbindung. Das Fehlen von isolierten Adressräumen in PalmOS bzw. die sehr geringe Abschottung von Prozessen unter Windows CE erhöht darüberhinaus das Risiko für Integritäts- und Vertraulichkeitsverletzungen. Diese können sich als Folge von absichtlichen oder unabsichtlichen Programmierfehlern ergeben, wenn eine Anwendung in den Speicherbereich einer anderen Anwendung schreibt oder deren Daten liest bzw. modifiziert.

Mögliche Abwehrmaßnahmen

Um den direkten Zugriff auf die im Gerät gespeicherten Daten zu verhindern, könnte das Dateisystem um Verschlüsselungsdienste (z.B. [6]) erweitert werden, so dass Dateien nicht im Klartext vorliegen. Zur Gewährleistung der Datenintegrität und der Informationsvertraulichkeit müssen die Betriebssysteme um Zugriffskontrollmechanismen, wie Zugriffstoken oder Zugriffskontrollisten, erweitert werden. Um den Aufwand an Kontrollen zu reduzieren, sollte es möglich sein, verschiedene Vertrauensbereiche mit gleichen Privilegien zu etablieren. Solche Vertrauensbereiche könnten in einem ersten einfachen Schritt beispielsweise im BS durch die Einführung von Sicherheitsklassifikationen und mit isolierten Adressbereichen für Programme mit der gleichen Sicherheitsklassifikation realisiert werden.

4.2.3 Verbindlichkeit und Denial-of-Service (DoS)

Die Analyse existierender BS hat gezeigt, dass keinerlei Maßnahmen ergriffen werden, um Verbindlichkeit (non-repudiation) zu gewährleisten oder DoS-Angriffe abzuwehren. Möglichkeiten zum Abstreiten durchgeführter Transaktionen ergeben sich selbst bei der Nutzung von SSL und der damit verwandten Protokolle wie TLS, da sie keine digitalen Signaturen verwenden.

Risiken

Aufgrund der fehlenden Maßnahmen besteht ein hohes Risiko, dass die Verbindlichkeit verletzt wird. Doch auch wenn digitale Signaturen in spezifischen Anwendungsprotokollen verwendet werden, so bleibt immer noch das Problem, dass durch das Einschleusen von manipulierter Systemsoftware die Signaturen des mobilen Benutzers missbraucht werden können. Der Einsatz mobiler Endgeräte mit heutiger Technologie in mCommerce- und eBusiness-Transaktionen, die deren Verbindlichkeit erfordern, wirft somit große Sicherheitsrisiken auf.

Da heutige Systeme keine Maßnahmen zur Beschränkung der Ressourcennutzung, wie beispielsweise die Vergabe von Quanten oder Reservierung von Ressourcen, vorsehen und Ressourcen darüberhinaus in den mobilen Geräten knapp sind, besteht ein erhöhtes Risiko, dass die verfügbaren Ressourcen absichtlich oder in Folge eines gezielten DoS-Angriffs ausgeschöpft werden.

Mögliche Abwehrmaßnahmen

Falls mobile Endgeräte in sicherheitskritischen Transaktionen verwendet werden sollen, so sind zumindest digitale Signaturen und Zertifikate sowie deren sichere Verwaltung notwendig. Hierzu kann man plug-in Sicherheitsmodule verwenden, deren vertrauenswürdige und sichere Speicherung digitaler Signaturen durch eine Zertifizierung nach (E4, hoch) gemäß ITSEC bestätigt wird. Damit der mobile Nutzer sicher sein kann, dass die ihm zum Signieren angezeigten Daten auch diejenigen sind, die er tatsächlich signiert, muss er vertrauenswürdige Betriebssoftware verwenden. Die Vertrauenswürdigkeit könnte durch eine Evaluation und Zertifizierung dieser Software nach einer hohen Evaluierungsstufe bestätigt werden.

5 Zusammenfassung

Mobile Geräte werden bereits in naher Zukunft ein integraler Bestandteil von mobilen Infrastrukturen sein und für vielfältige sowohl private als auch geschäftliche Transaktionen verwendet werden. Das Ziel dieses Beitrages war es, die Sicherheitsprobleme, die beim heutigen Stand der Technik mit dem Einsatz derartiger Geräte verbunden sind, systematisch zu erarbeiten. Dies ist die Voraussetzung, um qualitativ hochwertige Sicherheitslösungen zu entwickeln. Die erklärten Sicherheits-Schwachstellen ergeben sich aus den charakteristischen architekturellen und infastrukturellen Eigenschaften eines mobilen Gerätes. Deren Ausnutzung führt zu den möglichen Sicherheitsbedrohungen. Zur vollständigen und nachvollziehbaren Analyse der möglichen Bedrohungen haben wir eine Methodik entwickelt, die auf erweiterten Bedrohungsbäumen beruht. Um zu bewerten, wie hoch das Risiko ist, dass die analysierten Bedrohungen tatsächlich eintreten, muss man wissen, welche Abwehrmaßnahmen bereits angeboten werden. Der Beitrag präsentiert die Ergebnisse einer Analyse der markbeherrschenden Systeme, nämlich Windows CE, PalmOS und EPOC. Die Analyse zeigt, dass aufgrund der äußerst mangelhaften Authentifikationsverfahren mobile Benutzer in hohem Maß Maskierungsangriffen ausgesetzt sind. Zusammen mit den fehlenden Zugriffskontrollen besteht ein großes Risiko, dass auf sensible Daten unautorisiert zugegriffen wird. Wie die beschriebene mobile Infrastruktur zeigt, werden mobile Geräte zunehmend in sehr unterschiedlichen und insbesondere auch nicht vertrauenswürdigen Umgebungen eingesetzt. Zusammen mit dem Mangel an

Sicherheitskontrollen hat das zur Folge, dass entfernte Angreifer manipulierte Software in das Gerät einzuschleusen, dem Benutzer in der Maske eines vertrauenswürdigen Kommunikationspartners gefälschte Daten unterzuschieben oder ihn zur Preisgabe sensibler Informationen verleiten können.

Insgesamt sollte deutlich geworden sein, dass mobile Endsysteme beim heutigen Stand ihrer Soft- und Hardwaretechnologie eine Vielzahl von Sicherheits-Schwachstellen aufweisen. Dies sollte man sich bewusst sein, wenn man die Geräte bereits heute für sicherheitskritische Transaktionen innerhalb der mobilen Infrastruktur einsetzt. Die von uns vorgeschlagenen Maßnahmen zur Steigerung der Systemsicherheit sind Bestandteil einer neuen Sicherheitsarchitektur, die wir für mobile Endsysteme konzipieren.

Danksagung

Mein Dank gilt an erster Stelle der DFG, die die durchgeführten Arbeiten im Rahmen des Schwerpunktprogramms *Sicherheit in der Informations- und Kommunikationstechnik* fördert. Weiterhin danke ich meinen Kollegen Prof. U. Baumgarten und H. Görl für wertvolle Diskussionen und Anregungen zum vorliegenden Beitrag.

Literatur

[1] R. Anderson, M. Kuhn: Tamper Resistance - a Cautionary Note, in: Second USENIX Workshop on Electronic Commerce, S. 1–11, Oakland, California, 1996.

[2] D.M. Chess: Security Issues in Mobile Code Systems, in: G. Vigna (Hrsg.): Mobile Agent Security, Lecture Notes in Computer Science No. 1419, S. 1–14, Springer, Heidelberg, 1998.

[3] C. Eckert: On Mobile System Security - Towards a Methodical Approach, Technical Report, TU München, 2000.

[4] C. Eckert: IT-Sicherheit, Konzepte - Verfahren - Protokolle, Oldenbourg, 2000.

[5] T. Imielinski, B.R. Badrinath: Mobile Wireless Computing: Challenges in Data Management, Communications of the ACM, 37(10):18 28, Oktober 1994.

[6] C. Eckert, F. Erhard, J. Geiger: GSFS - a New Group-Aware Cryptographic File System, in: Proceedings of SEC2000 World Computer Congress 2000, Kluwer, 2000.

[7] ITSEC: Information Technology Security Evaluation Criteria - Harmonised Criteria of France, Germany, the Netherlands, the United Kingdom, Version 1, Mai 1990.

[8] M. Mouly, M.-B. Pautet: The GSM System for Mobile Communications, Cell and Sys, Palaiseau, France, 1992.

David gegen Goliath Palmtops als Bedrohung für Firewalls

Ulrich Pinsdorf

Fraunhofer Institut für Graphische Datenverarbeitung
ulrich.pinsdorf@igd.fhg.de

Zusammenfassung

Dieser Artikel beschäftigt sich mit Möglichkeiten eines Angriffs auf Rechnernetze unter Zuhilfenahme von Palmtops. Ihre extreme Mobilität, Flexibilität und Konnektivität machen Palmtops zu geeigneten Werkzeugen, um Firewalls physisch zu überwinden. Der Beitrag zeigt prinzipielle Angriffsmethoden auf, um mittels eines Palmtops in abgeschottete Netze einzubrechen. Im Rahmen dieser Betrachtungen wird auf das Risiko Trojanischer Pferde auf Palmtops eingegangen. Schließlich werden Maßnahmen zur Prävention und Abwehr derartiger Angriffe aufgezeigt. Abschließend wird das Sicherheitsrisiko von Palmtops in geschlossenen Netzen bewertet. Der Artikel stützt sich hauptsächlich auf das Betriebssystem PalmOS der Firma 3Com, ist aber auf Windows CE übertragbar.

1 Motivation und Problemstellung

Personal Digital Assistants (PDA) als Protagonisten des Mobile Computing finden mittlerweile als universales Hilfsmittel in Beruf und Freizeit immer weitere Verbreitung. Wurden sie bei Markteinführung noch als Hightech-Spielzeug belächelt, sind sie mittlerweile zu unentbehrlichen Begleitern geworden; es gibt unzählige Anwendungen für nahezu jeden Bereich des täglichen Lebens. Mit PDAs lassen sich Termine und Adressen verwalten, E-Mails senden, es gibt Routenplaner, Browser, Multimedia-Player und natürlich auch Spiele für die portablen Geräte. PDAs zeichnen sich durch eine Reihe von vorteilhaften Eigenschaften als Plattform für den täglichen mobilen Einsatz aus:

- geringe Abmessungen und Gewicht
- hohe Flexibilität
- hohe Konnektivität
- Verfügbarkeit leistungsfähiger Entwicklungsumgebungen

Der Palm V*x* von 3Com, der für diesen Artikel als Referenzgerät verwendet wurde, ist ausgestattet mit einem drucksensitiven LCD-Display, Handschrifterkennung und 8 MB persistentem Speicher. Für die Kommunikation mit der Außenwelt verfügt er über eine serielle sowie eine Infrarot-Schnittstelle. Diese Ausstattung ist eine ideale Voraussetzung, um Daten, wie etwa Termine aber auch Applikationen, unterwegs aufzunehmen und am lokalen Arbeitsplatz mit bestehenden Dateien zu synchronisieren.

Doch diese Leistungsfähigkeit und Flexibilität hat auch ihre Schattenseiten. Was geschieht, wenn sich böswillige Programme die physische Mobilität und sehr gute Konnektivität ihres Wirtssystems zunutze machen? Damit unmittelbar verbunden sind die beiden Aspekte der Daten- bzw. Netzwerksicherheit in Bezug auf Handheld Devices:

- Wie sicher sind die auf dem PDA gespeicherten Daten?
- Welchen Einfluss hat die Verwendung von PDAs auf die Sicherheit von nach außen geschützten Netzwerken?

Beide Fragestellungen stehen im Mittelpunkt des Artikels.

2 Related Work

Bisher ist das Problemfeld *Verwendung von PDA in abgeschotteten Netzen* weitgehend unerkannt. Wissenschaftliche Publikationen zu diesem Thema sind dem Autor nicht bekannt. Der Gedanke, der eigene Palm könnte von Dritten als Angriffswaffe verwendet werden, ist offenbar nicht präsent.

Trotzdem ist die Sicherheit der Palm Geräte selbst ein aktuelles Thema, in dem mehr und mehr Firmen engagieren. Betrachtet man die vielen Palm-Applikationen, die sich mit "Sicherheit" beschäftigen, stellt man fest, dass in der Entwicklergemeinde unter diesem Begriff fast ausschließlich das Schützen des Gerätes vor unbefugtem Zugriff verstanden wird. Zu diesem Zweck gibt es sehr viele Anwendungen, die das Gerät beim Ausschalten mit einem Passwort sperren oder den Inhalt des Palms verschlüsselt speichern.

Trotzdem wird die Bedrohung von Palmtops durch Viren und insbesondere Trojanischen Pferden immer realer. Das erste Trojanische Pferd *LibertyCrack* ist Ende August 2000 in Umlauf gekommen [Zot00]. Dieses Programm, das vorgibt, es könne aus der Sharewareversion der Palm-Applikation *Liberty* eine Vollversion machen, löscht alle Programme auf dem Palm und rebootet anschließend das Gerät [Inc]. Die führenden Herstelller von Antiviren-Programmen haben darauf mit der Ankündigung von Antiviren-Software für PalmOS reagiert, z.B. [Ass00, Corlla, Corllb].

3 PDAs als Angriffswaffe

Wie eingangs erwähnt, sind die großen Vorteile von PDAs ihre Mobilität, ihre starke Betonung der Kommunikation und ihre Flexibilität im Bezug auf die Programmierung. Dies sind ideale Voraussetzungen, um PDAs als mobile Angriffswaffe auf Firewalls zu verwenden. Im Folgenden werden diese Eigenschaften auf ihre Auswirkungen auf die Daten- und Netzwerksicherheit hin untersucht.

3.1 Mobilität

PDAs erlauben es, die Grenzen eines Netzwerkes nicht wie üblich auf logischem, sondern auf physischem Wege zu überschreiten. Mit einem Trojanischen Pferd versehen, lassen sie sich leicht ins Innere von Sicherheitsbereichen einschleusen und sind damit in der Lage, aufwendige nach Außen gerichtete Firewall-Architekturen zu umgehen. Sie können direkt im Innern der anzugreifenden Sicherheitsdomäne operieren. Auf diese Weise lassen sich sogar Inselnetze angreifen, die sich bisher als relativ sicher vor Angriffen wähnen konnten.

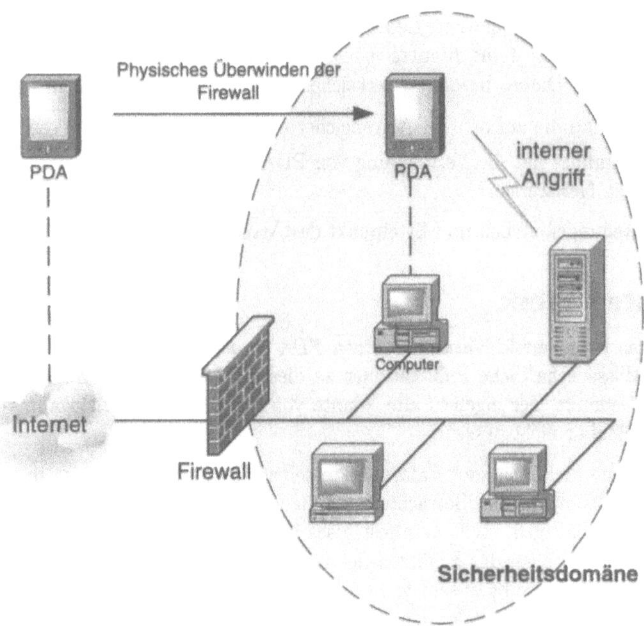

Abb. 1: Mit PDAs lassen sich Firewalls *physisch* überwinden

Das Umgehen der Firewall ist in Abbildung 1 dargestellt. Der PDA wird physisch in die anzugreifende Sicherheitsdomäne transportiert. Der Transport wird i.d.R. nicht vom Angreifer selbst vorgenommen. Vielmehr würde der Angreifer ein Trojanisches Pferd auf dem PDA einer unbeteiligten Person installieren, der der Zutritt zu der anzugreifenden Sicherheitsdomäne gestattet ist. Diese trägt den PDA dann ins Innere der Domäne, von wo aus der Angriff dann autonom geführt würde. Ein Angriff kann in diesem Fall jede Art von Beeinträchtigung sein, d.h. ein Denial-of-Service-Angriff (DoS), ein Ausspähen oder ein Verändern von Daten (siehe Abschnitt 4).

3.2 Konnektivität

Bei der Entwicklung des Palms wurde großen Wert auf die Fähigkeiten zur Kommunikation und zum Datenaustausch gelegt. Schon die Einführung des HotSync-Mechanismus, der eine Datensynchronisation zwischen Host und PDA auf Knopfdruck ermöglicht, macht dies deutlich. Die Palms verfügen in der Regel über eine serielle Schnittstelle und eine Infrarotschnittstelle [MSK99, Wil98]. Der Palm VII ist darüber hinaus noch mit einem eingebautem GSM-Funkmodem ausgestattet [Pal].

Da ein Angriff und der Transport ausgespähter Daten nur über gewisse Kommunikationspfade erfolgen kann, ist es sinnvoll, die Pfade des Palms zu visualisieren. Dabei wird auch die typische externe Kommunikationshardware, wie die Dockingstation (*Cradle*), ein Mobiltelefon, ein stationärer PC sowie ein zweiter Palm betrachtet.

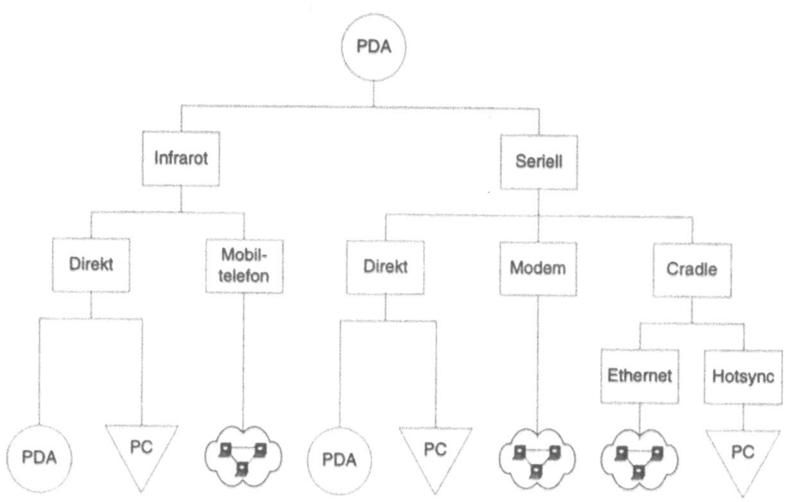

Abb. 2: Kommunikationsmöglichkeiten des Palms

Abbildung 2 stellt die Kommunikationspfade es Palms in einem Baumdiagramm dar. Ausgehend vom PDA sind die beiden Kommunikationsschnittstellen aufgeführt. Für diese Schnittstellen gibt es verschiedene Möglichkeiten der Verbindung zu anderen Geräten. Die Blätter des Baumes stellen die Kommunikationspartner und damit die potenziellen Angriffs- und Datenmigrationsziele dar: ein lokaler PC, das Inter-/Intranet oder ein anderer PDA.

In PalmOS, dem Betriebssystem der Palm-Familie[1], ist der vollständige TCP/IP-Stack implementiert. Da dieser auf dem TCP/IP-Stack von Berkley Unix aufbaut [Pal00b], verfügt ein PDA über die volle Funktionalität um als mobiler Ausgangspunkt für einen netzwerkbasierten Angriff zu dienen. Es ist vorstellbar, jedes bekannte Hilfsmittel, das für Angriffe auf TCP/IP-Basis zur Verfügung steht, auf den Palm zu portieren.

3.3 Flexibilität

Die Funktionalität moderner PDAs lässt sich durch Programme von Drittanbietern einfach erweitern. Je nach Nutzungsprofil kann der PDA individuell um die Anwendungen erweitert werden, die im Alltag benötigt werden. Unter *Flexibilität* wird in diesem Zusammenhang eben diese einfache Erweiterbarkeit um neue Funktionalität verstanden.

Auch der Entwicklung eigener Applikationen steht nichts im Wege. PalmOS ist sehr gut dokumentiert [Pal00b, Pal00c]. Es stehen viele Tutorials und der Quellcode einiger Standardapplikationen zur Verfügung, die die Einarbeitung in die Palm-Entwicklung erleichtern. Es existieren sogar eigens angepasste Entwicklungsumgebungen und Palm-

[1] PalmOS wird vom *Visor* der Firma Handspring ebenfalls verwendet.

Emulatoren. Palm-Applikation werden typischerweise in C, C++, Assemblersprache oder Java geschrieben. Somit ist Entwickeln von Anwendungen für PDAs nicht aufwendiger als für jede andere Plattform auch.

Eben diese Flexibilität, die den Palm zu einem universalen Begleiter macht, ist es aber auch, die das Entwickeln Trojanischer Pferde und Tools im Stil von *Stacheldraht* und *BackOrifice*[2] für den Palm erst ermöglicht.

4 Angriffsszenarien

Aus allgemeinen Sicherheitsbetrachtungen lassen sich drei Ziele für einen PDA-basierten Angriff identifizieren:

- **Ein Server innerhalb der Sicherheitsdomäne**
  Ein Server stellt sicher das lukrativste Ziel dar. Hier ist sowohl das Ausspähen und Manipulieren von Daten, als auch ein Denial-of-Service-Angriff (DoS) denkbar.
- **Der lokale PC**
  Der PC, mit dem sich der PDA synchronisiert, kann ebenfalls wertvolle Daten enthalten. Ein Zugriff auf diesen Rechner ermöglicht meist auch den Zugriff auf Netzlaufwerke, die auf diesem Rechner zur Verfügung stehen. Hier steht vor allem das Ausspähen und Manipulieren von Daten im Vordergrund, da ein Ausfall des Arbeitsplatzrechners durch einen DoS-Angriff meist geringe Auswirkungen auf das ganze Netz hat.
- **Der PDA selbst**
  Die auf dem Gerät gespeicherten Daten sind oft von hoher Aussagekraft; bspw. lässt der Terminplan und das Adressbuch eines PDA-Benutzers i.A. weitgehende Schlüsse über dessen geschäftliches und privates Umfeld zu. Da der Datenbestand des PDA i.d.R. mit dem lokalen PC synchronisiert wird, enthält er eine echte Untermenge der auf einem PC zugänglichen Daten. Dieser Umstand ist von sicherheitstechnischer Relevanz, da es wesentlich einfacher und weniger riskant ist, diese Daten auf einem PDA auszuspähen bzw. zu manipulieren (siehe Abschnitt 4.1) als dies auf dem lokalen PC möglich ist.

Um diese Angriffe durchzuführen, müsste vom Angreifer an geeigneter Stelle ein bösartiges Programm installiert werden. Dafür bieten sich drei Stellen in der Systemumgebung des PDAs an:

- Trojanische PDA-Anwendungen
- Böswillige Conduits
- HackMaster-Plugins

Die vier genannten Entitäten in der Systemumgebung eines PDAs werden in den folgenden Abschnitten einzeln betrachtet.

4.1 Trojanische PDA-Anwendungen

Trojanische PDA-Anwendungen geben eine nützliche Funktionalität vor, erfüllen aber zusätzlich noch versteckte Aufgaben, die sich i.d.R. schädlich auswirken. An den beschrie-

[2]Die Programme Stacheldraht und BackOrifice dienen an dieser Stelle nur als Beispiel. Sie sind nach Kenntnis des Autors bisher noch nicht für den Palm portiert worden.

benen Bedrohungen durch PDAs in einem Netzwerk ist immer ein Trojanisches Pferd in Form einer PDA-Applikation beteiligt. Sie wird zwingend benötigt, um Informationen aus dem angegriffenen Netz mit dem Angreifer auszutauschen, d.h. sie erledigen den Transfer der ausgespähten Daten zum Angreifer oder nehmen von diesem Instruktionen entgegen.

4.1.1 Multitasking

PalmOS unterstützt kein Multitasking, laufende Programme können also nicht unterbrochen werden. Dies stellt aus sicherheitstechnischer Sicht einen gewissen Vorteil dar, denn Seiteneffekte auf nebenläufige Progamme sind dadurch ausgeschlossen. Bspw. kann sich eine böswillige Anwendung keine Netzverbindung zu Nutze machen, die von einer nebenläufigen Anwendung aufgebaut wurde.[3]

4.1.2 Zeitgesteuerte Programme

Mit PalmOS ist es möglich, Programme zeitgesteuert auszuführen, selbst wenn der Palm vermeintlich abgeschaltet ist. Wird ein Gerät ausgeschaltet, begibt es sich in einen Sleepmodus. In diesem Modus reagiert der Prozessor im Wesentlichen nur noch auf Events, die von der eingebauten Real Time Clock (RTC) erzeugt werden. Aus diesem Modus kann der PDA durch ein neuerliches Einschalten oder durch einen Timerevent der RTC geweckt werden.

Würde man eine Applikation entwickeln, die den PDA periodisch aus dem Sleepmodus weckt, könnte dieses Programm testen, ob sich momentan eine Netzwerkverbindung aufbauen lässt. Wenn dem so ist, würden ausgespähte Daten vom PDA an einen Auftraggeber versendet. Würde weiterhin das aufgerufene Programm keinerlei Ausgabe produzieren, so ist der ausgeschaltete Palm vom aktivierten nur durch einen leichten Farbunterschied des Displays zu unterscheiden. Ein auf diese Weise sendendes Gerät würde sicherlich kaum auffallen.

4.1.3 Datenzugriff

Informationen werden in PalmOS grundsätzlich in Form von Datenbanken abgelegt. Leider sind keine Sicherheitsmechanismen vorgesehen, die den Zugriff auf diese Datenbanken reglementieren. Jede Applikation kann jede Datenbank öffnen, lesen und schreiben. Zwar können die Applikationen explizit ein sog. Copy-Prevention-Bit setzen. Dieses verhindert jedoch lediglich, dass eine Datenbank mit einer bestimmten Standardapplikation, dem *Beamer*, per Infrarot auf einen anderen Palm transferiert wird. Das Öffnen und Lesen — und damit potentiell auch das Übertragen — ist jeder anderen Applikation weiterhin erlaubt.

Die Offenheit von PalmOS beim Zugriff auf Datenbanken macht jedes Installieren einer neuen Anwendung zu einer Vertrauensprobe, denn potenziell ist es jeder Anwendung möglich, den gesamten Datenbestand eines PDAs zu löschen.

4.2 Böswillige Conduits

Für viele Programme des Palms gibt es eine korrespondierende Applikation auf dem Arbeitsplatzrechner. Um Daten zwischen diesen beiden Applikationen abzugleichen, werden sog. *Conduits* eingesetzt [Pal00b]. Sie kommen dort zum Einsatz, wo ein einfaches Backup

[3] In Abschnitt 4.3 wird gezeigt, dass dies de-facto doch möglich ist.

nicht ausreicht, wie bspw. beim Abgleich zweier Mail-Clients. Aus softwaretechnischer Sicht ist ein Conduit ein Plugin-Programm für den Hotsync-Mechanismus. Es wird auf dem lokalen Rechner installiert und bei einer Synchronisierung vom Hotsync-Programm aufgerufen. Für das Entwickeln von Conduits stellt die Firma Palm einen eigenes Developer Kit, das *Conduit SDK* [Pal00a], zur Verfügung.

Es werden sehr viele Palm-Programme ausgeliefert, die ihr eigenes Conduit mitbringen. Als lokal installiertes Programm hat ein Conduit die gleichen Zugriffsrechte auf Dateien und Systemressourcen des PCs wie jedes andere Programm auch. Dies könnte sich ein Angreifer zunutze machen, indem er ein Conduit als Trojanischen Pferd verwendet. Vordergründig simuliert es ein gutartiges Verhalten, im Hintergrund werden jedoch auf dem lokalen PC ausgespähte Daten auf den Palm kopiert. Das zugehörige Palm-Programm wartet daraufhin, bis sich eine Gelegenheit ergibt, die Daten an den Urheber des Angriffs zu senden[4]. Es immer dann gesendet, wenn eine Netzwerkverbindung außerhalb des angegriffenen Netzes zustande kommt.

Zusammenfassend sieht der gesamte Angriff dann wie folgt aus:

- Malory gibt Alice (ggf. über Dritte) ein Palm-Programm mit zugehörigem Conduit.
- Alice installiert das Palm-Programm auf ihrem PDA und das Conduit auf dem lokalen PC.
- Das Conduit sammelt Daten von Alices lokalem Rechner.
- Bei einem Hotsync sendet das Conduit die gesammelten Daten auf den PDA.
- Der PDA verlässt mit Alice das (sichere) lokale Netz.
- Das Programm auf dem PDA wartet darauf, dass Alice eine Netzwerkverbindung öffnet.
- Wenn der Netzzugang außerhalb des angegriffenen Netzes liegt, wird versucht, die Daten an Malory zu transferieren.

4.3 HackMaster Plugins

Eine weitere potentielle Bedrohung ist das Programm HackMaster mit den zugehörigen Plugins [Keyll]. HackMaster ist eine PDA-Anwendung, die das einfache Installieren sog. *HackMaster-Plugins* oder kurz Hacks vereinfacht. Diese Hacks ermöglicht es, Systemaufrufe abzufangen und an Stelle der Betriebssystemaufrufe, eigenen Programmcode auszuführen. HackMaster selbst bietet eine einheitliche Schnittstelle, um Hacks zu registrieren und den Aufruf verschiedener Plugins, die den gleichen Systemaufruf nutzen, zu sequentialisieren.

Mit HackMaster wäre es möglich, neben der TCP/IP-Verbindung eines beliebigen Programms unbemerkt eine zweite Verbindung aufzubauen und Daten zu transferieren. Es müsste nur der Systemaufruf zum Aufbau der regulären Verbindung abgefangen und eine entsprechende eigene Routine aufgerufen werden, die diese Funktion wahrnimmt.

Mit Hilfe dieser Hacks auch möglich, einen PDA so zu sabotieren, dass er vollkommen unbrauchbar wird und nur durch ein Zurücksetzen in den Werkszustand wieder benutzbar wird. Dies käme einem DoS-Angriff auf den PDA gleich.

[4]Typischerweise würde man die Daten nicht direkt zum Angreifer transferieren, sondern sie verschlüsselt im Usenet publizieren.

5 Maßnahmen zur Prävention und Abwehr

Es gibt eine Reihe von Verhaltensregeln, die das Risiko der skizzierten Bedrohungen reduzieren können und einen relativ sicheren Umgang mit PDAs erlauben. Diese Regeln lehnen sich an die allgemeinen Regeln zum Umgang mit Software an und wurden um Firewall- und PDA-spezifische Vorschläge ergänzt:

1. Applikationen und Conduits nur verwenden, wenn sie aus einer vertrauenswürdigen Quelle stammen
2. Das Programm HackMaster nicht installieren
3. Regelmäßiges Backup des PDAs via HotSync
4. Kontrolle der Hotsync-Protokolle
5. Vorsicht beim Verwenden des PDAs innerhalb verschiedener Rechnernetze/Sicherheitsdomänen
6. Mobile Netzwerkverbindungen immer über eine sichere Domäne aufbauen
7. Segmentieren großer Sicherheitsdomänen in Teildomänen
8. Anwendung verteilter Firewall-Architekturen
9. Protokollieren domänen-interner Kommunikation (und Kontrollieren dieser Protokolle)
10. Verwendung eines restriktiveren Betriebssystems[5] als PalmOS

Die Befolgung dieser Ratschläge kann keine Sicherheit garantieren, aber die mit PDAs verbundenen Sicherheitsrisiken minimieren. Darüber hinaus ist es wichtig, das Bewusstsein der PDA-Benutzer für Trojanische Pferde zu schärfen.

6 Zusammenfassung

In diesem Artikel wurde aufgezeigt, dass die Verwendung von PDAs in einem Netzwerk zu Sicherheitsproblemen führen kann. Da PDAs frei programmierbar sind, lassen sich Trojanische Pferde entwickeln, die dem PDA selbst, dem lokalen Synchronisations-PC, und sogar entfernten Netzwerk-Servern schaden. Eine besondere Problematik entsteht durch die Mobilität der PDAs. Sie können leicht in das Innere einer Sicherheitsdomäne transportiert werden, wodurch die herkömmlichen Firewall-Technologien gar nicht erst zur Anwendung kommen können, da der Angreifer aus dem Inneren einer Sicherheitsdomäne heraus operieren kann. Auf diese Weise lassen sich sogar Rechner in Inselnetzen angreifen. Die Verwendung von PDAs sind also eine potenzielle Sicherheitslücke. Aus Sicht des Administrators eines nach Außen abgeschotteten Systems sind diese Geräte die Fusion eines mobilen Ethernetadapters und einer Wechselplatte.

7 Ausblick

Als Voraussetzung für die dargestellten Angriffe wurden drei notwendige Eigenschaften — *Mobilität*, *Konnektivität* und *Flexibilität* — der Geräte herausgestellt. Wendet man diese

[5] Momentan gibt keine Alternative zu PalmOS. Es gibt jedoch Bestrebungen, ein Handheld mit einem Linux-basierten Betriebssystem zu realisieren [Agell, Chi00].

Kriterien nun auf eine andere, weit verbreitete Klasse von mobilen Endgeräten, nämlich die *Mobiltelefone* an, so stellt man fest, dass diese heutzutage bereits über zwei der drei Eigenschaften verfügen. Sie sind mobil und können über diverse Kommunikationskanäle (GSM-Funk, Infrarot- und serielle Schnittstelle) kommunizieren. Mobiltelefonen fehlt also nur noch die Möglichkeit, beliebige Programme zu installieren, damit sich die beschriebenen Szenarien auf sie übertragen lassen.

Wahrscheinlich wird diese Fähigkeit schon bald Realität sein.

Literatur

[Agell] Agenda Linux – Portable Power PC, 2000.
http://www.agendacomputing.com/products/agenda_linux.jsp

[Ass00] Computer Associates: Computer Associates to deliver Antivirus for Palm OS platform, 11 2000.
http://www.cai.com/press/2000/11/inoculateit_palm.htm

[Chi00] G.A. Chidi: Agenda computing unveils linux handheld, 8 2000.
http://www.cnn.com/2000/TECH/computing/08/17/agenda.handheld.idg

[Corlla] Symantec Corp.: Symantec Offers Early Look at World's First AntiVirus Technology Residing Directly on the Palm OS Platform, 9 2000.
http://enterprisesecurity.symantec.com/

[Corllb] Symantec Corp.: Viruses and Mobile Devices, 11 2000.
http://enterprisesecurity.symantec.com/

[Inc] McAfee Inc.: Virus profile of PalmOS LibertyCrack.
http://vil.mcafee.com/

[Keyll] E. Keyes: How to write a Hack, 2000
http://www.daggerware.com/hackaapi.htm.

[MSK99] P. Megowan, D. Suvak, D. Kogan: IrDA Object Exchange Protocol IrOBEX v1.2, Infrared Data Association, 3 1999.

[Pal] Palm Inc. Homepage. http://www.palm.com/

[Pal00a] Palm Inc.: Conduit Developement, 2000.

[Pal00b] Palm Inc.: Palm OS SDK Companion, 2000.

[Pal00c] Palm Inc.: Palm OS SDK Reference, 2000.

[Wil98] T. Williams: Serial Infrared Physical layer Specification v1.3, Infrared Data Association, 10 1998.

[Zot00] V. Zota: Trojanisches Pferd für Palm, c't, (19):65, 2000.

Bedeutung eines statischen Kerns für die Sicherheit mobiler Software-Agenten

Volker Roth

Fraunhofer Institut für Graphische Datenverarbeitung
vroth@igd.fhg.de

Zusammenfassung

In diesem Artikel untersuche und beschreibe ich anhand dreier Bereiche die Bedeutung eines global eindeutigen statischen Kerns für die Sicherheit eines mobilen Agenten gegen Angriffe: der Identifikation mobiler Agenten, der Integrität und Vertraulichkeit von Daten und Berechtigungen in einem mobilen Agenten, sowie der Verfolgung mobiler Agenten unter bestmöglicher Wahrung der Privatsphäre von deren Besitzern.

1 Einführung

Mobile Agenten Systeme [Whi97] eliminieren die letzte Schranke wahrhaft verteilter Systeme – die Bindung von Programm und Ausführungszustand an einen frei wählbaren aber fixierten Rechner. Sie bilden die Grundlage zukünftiger selbstorganisierender Systeme, in denen autonome Softwarebausteine dynamisch, adaptiv und zielgerichtet auf vorhandene Ressourcen aufgeteilt werden können. Mobile Agenten Systeme an sich sind kein neues Konzept – bereits Anfang der 80'er wurde mit Wurmprogrammen experimentiert [SH82], die prinzipiell die gleichen Merkmale wie mobile Agenten aufweisen – nach wie vor bildet jedoch die Frage nach wirkungsvollen Sicherheitsmechanismen die größte Hürde für den Einsatz von mobile Agenten Systemen. Dies gilt insbesondere bei Anwendungen in offenen Netzen ohne feste Vertrauensverhältnisse, wie es im Internet der Fall ist.

Mittlerweile sind eine Reihe von Verfahren zur Sicherung verschiedener Aspekte von Systemen auf Basis mobiler Agenten veröffentlicht worden. Eine Sammlung der wichtigsten Arbeiten findet sich in [Vig98b, VJ99, RH98]. Nachteilig ist jedoch zu vermerken, daß nur wenige Ansätze bisher gleichermaßen eine hohes Maß an Sicherheit bieten und auch in Bezug auf ihre Komplexität für einen praktischen Einsatz geeignet sind. So beschreibt beispielsweise Vigna [Vig98a] ein Protokoll zur Prüfung der korrekten Ausführung von Agenten, der dazu erforderliche Aufwand, die notwendigen Einschränkungen und die Anforderungen an die mobile Agenten Infrastruktur machen den beschriebenen Ansatz im allgemeinen jedoch unattraktiv. Auf der anderen Seite sind Ansätze hervorzuheben, wie sie von Karjoth et al. [KAG98] auf Basis der Vorarbeiten von Yee [Yee99] beschrieben werden. Deren Ansatz schützt die Integrität der Daten mobiler Agenten mit einem Aufwand, der durchaus praktikabel ist.

Im folgenden fasse ich eine Reihe weiterer Ansätze zusammen, die zur Anwendung gebracht werden können, um die praktische Sicherheit mobiler Agenten gegenüber dem Stand der Technik zu verbessern. Allen diesen Ansätzen ist ein eindeutiger statischer Kern im mobilen Agenten gemein, der als Anker für die erforderlichen kryptographischen Protokolle dient.

Die Bedeutung eines solchen statischen Kerns läß sich insbesondere im Vergleich mit einem reinen *code signing* Konzept verdeutlichen, wie es bei *Applets* zur Anwendung kommt. Dies ist Gegenstand von Abschnitt 2. In Abschnitt 3 beschreibe ich einen Ansatz zur Verschlüsselung von Daten innerhalb eines mobilen Agenten und motiviere, wie und warum die resultierenden Kryptogramme an den Agenten gebunden werden müssen. Auf die Berechnung von impliziten Namen auf Agenten und deren Anwendung im Bereich der Verfolgung von mobilen Agenten mittels Namensdiensten gehe ich in Abschnitt 4 ein, und schließe mit Abschnitt 5, in dem ich eine Reihe von Schlußfolgerungen ziehe.

2 Signierte mobile Agenten

Ein mobiler Agent läßt sich prinzipiell in zwei Arten von Daten unterteilen: veränderliche Daten und statische Daten. Letztere bleiben während der Lebenszeit des Agenten konstant, wohingegen die veränderlichen Daten den jeweils letzten Zustand eines Agenten repräsentieren, und damit auch die Informationen, die der Agent auf seinem Weg erwirbt. Zu den statischen Daten gehört im allgemeinen das ausführbare Agentenprogramm[1].

Die Ausführung eines Agenten erfolgt üblicherweise durch Interpretation des Agentenprogrammes durch das Wirtssystem, die Eingabe des Agentenprogrammes besteht aus den mitgeführten Daten eines Agenten und externen Daten, die durch das Wirtssystem bereitgestellt oder vermittelt werden.

Hier offenbart sich bereits ein fundamentales Problem der Sicherheit von mobilen Agenten. Die Wahl der Interpretation wird durch das Wirtssystem kontrolliert. Zwar legt beispielsweise die Versendung eines in *Java* programmierten Agenten die Wahl einer Interpretation nahe, die auf der offiziellen Spezifikation der *Java Virtual Machine* beruht. Dies ist jedoch aus Sicht des Agentennutzers eine einseitige Vereinbarung, ein Wirtssystem ist prinzipiell durch nichts als gutem Willen an diese Spezifikation gebunden. Auch über die Qualität und den Ursprung der Eingaben, auf denen das Agentenprogramm interpretiert wird, können a-priori keine Annahmen getroffen werden.

Dies führt dazu, daß die *Identitätsannahme* – die traditionell im Bereich der Zugangskontrolle Anwendung findet – ab dem zweiten Sprung eines mobilen Agenten nicht mehr greift. Diese Annahme bezieht sich darauf, daß Daten und Operationen Entitäten zugeordnet werden können, deren Identität angegeben werden kann, und daß eine Entität, der eine Operation zugeordnet werden kann, auch wirklich die Intention hatte, diese Operation durchzuführen (oder durchführen zu lassen) [Che98].

Die automatische Evaluierung des Agentenzustandes anhand eines zertifizierten Teilprogrammes, wie dies vorgeschlagen wurde [FGS96] um letztendlich die Identitätsannahme zu stützen, läßt sich nicht verallgemeinern, was am Beispiel des *Halte-Problems* leicht nachvollzogen werden kann [EL88].

[1] Sofern man keine selbstmodifizierenden Agenten zuläßt.

Gemeinhin behilft man sich damit, daß das Agentenprogramm vom Besitzer des Agenten digital signiert wird. Allerdings kann eine digitale Signatur leicht zusammen mit dem zugehörigen Programm gestohlen und mißbraucht werden, wenn Privilegien an Agenten lediglich auf Basis signierter Programme vergeben werden. Dies ist insbesondere dann kritisch, wenn multiple Signaturen und Ensembles aus Softwarekomponenten unterstützt werden, wie dies in Java der Fall ist. Die wichtige Erkenntnis ist, daß der Besitzer eines Agenten die Ausführung eines Agentenprogrammes *nur in einem festgelegten Kontext autorisiert* – der Ausführung einer ausgezeichneten Instanz seines Agenten.

Mit anderen Worten, der Besitzer eines mobilen Agenten sollte zwar sehr wohl dessen Programm signieren, aber zusammen mit statischen Angaben, die eine eindeutige Instanz seines Agenten identifizieren, beispielsweise: der eindeutige Name des Agenten, seine Gültigkeitsdauer, die maximal für den Agenten beantragten Rechte, eine Adresse, an die Rückmeldungen des Agenten geschickt werden dürfen und dergleichen mehr. Dies stellt sicher, daß das Agentenprogramm mit den Rechten, die ihm auf Basis der digitalen Unterschrift des Agentenbesitzers zugewiesen werden, nicht in einem anderen Kontext mißbraucht werden oder mehr Rechte als vorgesehen erwerben können.

Dies legt nahe, die Daten eines Agenten auf eine Weise zu strukturieren, die kryptographische Operationen auf dem Agenten getrennt nach statischen und veränderlichen Daten unterstützt. Während der Ausführung eines Agenten sollte dieser lesenden Zugriff auf alle seine Daten und schreibenden Zugriff auf seine veränderlichen Daten erhalten. Eine strukturierte Darstellung von Agentendaten ermöglicht darüberhinaus die transparente Bereitstellung von kryptographischen und anderen Diensten für mobile Agenten, wie dies noch näher in Abschnitt 3 beschrieben wird. Ansätze einer solchen Struktur habe ich bereits in [RJ98] beschrieben, eine aktuellere Darstellung findet sich in [RC00].

Für den vorliegenden Artikel ist jedoch lediglich von Bedeutung, daß ein mobiler Agent einen statischen Kern beinhaltet, durch den sein Ausführungskontext, seine Identität, sein Programm, seine beantragten Privilegien und dergleichen mehr bestimmt sind. Daten, die ein Agent erwirbt oder mit sich führt, müssen nachvollziehbar an diesen statischen Kern gebunden werden, um *cut & paste* Angriffe zu verhindern.

3 Vertrauliche Daten in mobilen Agenten

Je nach Anwendung ist es wünschenswert, daß ein mobiler Agent zumindest Teile seiner Daten vor seinem aktuellen Wirtssystem geheim hält. Wenn eine lokal determinierte Folge von Zustandsänderungen des Agenten existiert, die dazu führt, daß der Agent auf den Klartextdaten operiert, dann kann das Wirtssystem in deren Besitz gelangen, indem es diese Folge simuliert. Dies folgt einfach aus dem Umstand, daß das Wirtssystem ein Universalprogramm für die Agentenprogramme darstellt. Für die Auswertungen von Polynomen existieren allerdings bereits Ansätze auf Basis homomorpher Kryptosysteme, welche die Geheimhaltung der berechneten Funktion vor dem Wirtssystem erlauben [ST98].

Rückt man etwas von der eingangs genannten Forderung ab und verlangt statt dessen, daß gewisse Daten eines Agenten nur auf bestimmten Wirtssystemen eingesehen werden können, dann kann das im folgenden beschriebene Vorgehen gewählt werden.

Man verschlüsselt die geheim zu haltenden Daten mit einem zufällig gewählten Schlüssel k unter Verwendung einer symmetrischen Chiffre. Der Schlüssel k wird nun mit den öffentlichen Schlüsseln derjenigen (autorisierten) Wirtssysteme verschlüsselt, auf denen die Daten zugreifbar sein sollen. Diese *hybride Verschlüsselung* (die Kombination von asymmetrischen und symmetrischen Chiffren) erweist sich in der Praxis als effizienter als eine rein asymmetrische Verschlüsselung und reduziert darüberhinaus die Angriffsmöglichkeiten auf die asymmetrische Chiffre. Eine rein asymmetrische Verschlüsselung der Daten des Agenten verbietet sich abgesehen davon bereits daher, daß in diesem Fall die zu schützenden Daten mehrfach im Agenten gespeichert werden müßten (pro autorisiertem Empfänger einmal, verschlüsselt mit dessem öffentlichen Schlüssel).

Die resultierenden Kryptogramme werden dem Agenten mitgegeben. Als Datenstruktur bietet sich PKCS#7 an [RSA93a]. Auf einem autorisierten Wirtssystem sind die Daten daher einsehbar und auch veränderbar, wenn sie nicht dem statischen Teil des Agenten angehören (und somit der digitalen Signatur des Agenten unterliegen), denn ein autorisiertes Wirtssystem kann die geänderten Daten unter Verwendung von k neu verschlüsseln.

Man sollte meinen, daß damit das Problem gelöst sei. Es existiert jedoch eine einfache Möglichkeit für nicht autorisierte Wirtssysteme in den Besitz des Klartextes der verschlüsselten Daten zu gelangen. Dazu kopiert das Wirtssystem die Kryptogramme des Agenten in einen eigenen Agenten und sendet diesen zu einem autorisierten Wirtssystem *(cut & paste)*. Dort werden die Daten entschlüsselt, als ob sie zu dem betrügerischen Agenten gehörten, der anschließend den Klartext kopiert und zum nicht autorisierten Wirtssystem bringt. Dieser Angriff kann gelingen, *weil die Kryptogramme nicht an einen bestimmten Agenten gebunden sind.*

Das Problem kann auf folgende Weise gelöst werden: der Agentenbesitzer berechnet einen MAC [MvOV96, Kap. 9] *(Message Authentication Code)* auf k und dem Zertifikat des Schlüssels, mit dem er seinen Agenten signiert. Diesen MAC kopiert er in den statischen Teil seines Agenten bevor er diesen signiert. Bevor ein Wirtssystem nun das Kryptogramm eines Agenten entschlüsselt, überprüft es die Signatur auf dem statischen Teil des Agenten und unter Verwendung von k und dem Schlüsselzertifikat den in im enthaltenen MAC.

Ein Angreifer kann den MAC nicht in einen eigenen Agenten einbauen, denn dieser ist nicht in Verbindung mit seinem eigenen Zertifikat gültig. Um einen gültigen MAC mit seinem Zertifikat zu berechnen ist wiederum die Kenntnis von k erforderlich. Das Agentenprogramm ist ebenfalls durch den Besitzer des Agenten mit dem statischen Teil zusammen signiert. Außer einem Angriff auf die verwendeten kryptographischen Algorithmen bleibt dem Angreifer nur die Modifikation des veränderlichen Teiles des Agenten. Agenten müssen also sorgfältig programmiert sein, damit ein Export von Klartextdaten von einem autorisierten Wirtssystem durch eine solche Modifikation nicht möglich ist.

Mit anderen Worten: um die verschlüsselten Daten, die ein Agent mit sich führt, von einem Wirtssystem entschlüsseln zu lassen, muß der Besitzer des Agenten durch einen gültigen MAC beweisen, daß er den erforderlichen Schlüssel k kennt. Ein vergleichbares Protokoll läßt sich prinzipiell auch auf Basis digitaler Signaturen aufbauen; die Nutzung eines MAC ist jedoch i.a. effizienter, sowohl was den Speicherbedarf des MAC betrifft, als auch die Anzahl der erforderlichen Rechenoperationen zu dessen Berechnung und Prüfung. Eine detaillierte Beschreibung dieses Protokolles findet sich in [RC00].

4 Die Verfolgung von mobilen Agenten

Ein Forschungsbereich, der gegenwärtig verstärktes Interesse auf sich zieht, ist die Bereitstellung *transparenter Kommunikation* zwischen mobilen Agenten [WS99, More99, SWP99, MP99]. "Transparent" bedeutet in diesem Zusammenhang, daß kommunizierende Agenten nicht der Position ihres Gegenübers gewahr sein müssen; das *routing* und die Zustellung von Nachrichten erfolgt automatisch durch die mobile Agenten Infrastruktur. Hierbei sind eine Reihe von Problemen zu lösen, wie beispielsweise *guaranteed delivery*, denn mobile Agenten können vor Nachrichten, die an sie gesendet werden, "davonlaufen". Das *routing* von Nachrichten an mobile Agenten erfordert eine Form von *Namensdienst*, der die eindeutige Kennung eines Agenten auf dessen letzte bekannte Position abbildet.

Einen solchen Namensdienst für ein weltumspannendes Netz wie das Internet zu entwickeln stellt hohe Anforderungen an dessen Skalierbarkeit, aber auch an die Sicherheit gegen Angriffe. Ein zentralisiertes System ist zu diesem Zweck sicherlich nicht geeignet, bei einem verteilten Namensdienst muß die Wahl des *name server*, der für einen Agenten verantwortlich ist, aus dem Namen des Agenten hervorgehen. Diese Wahl muß zudem vom Besitzer des Agenten nachprüfbar bestätigt werden (z.B. durch eine digitale Signatur), denn ansonsten könnte ein Angreifer möglicherweise Namen von Agenten fälschen oder auch erraten, eigene Agenten unter diesen Namen publizieren, und dadurch ggf. auch reguläre Agenten blockieren *(Denial of Service)*, oder an sie gerichtete Nachrichten abfangen. Als weiterer positiver Nebeneffekt wird die Wahl des Namens durch die Signatur eindeutig.

Dieser Ansatz birgt jedoch auch eine Reihe von Nachteilen. Namensdienste werden omnipotent und "sehen" in aller Regel die Routen der von ihnen verwalteten Agenten. Auch ist genau ersichtlich, welche Agenten zu welchem Benutzer gehören. Es ergeben sich weitreichende Konsequenzen für die Aufweichung der Privatsphäre der Agentenbesitzer, denn ein Agent handelt um so besser für seinen Besitzer, je mehr er dessen Vorlieben und Ziele repräsentiert. Der Erstellung von Benutzerprofilen durch die Betreiber von Namensdiensten ist damit Tür und Tor geöffnet.

Eine Lösung bietet wiederum der statische Kern eines mobilen Agenten, oder etwas genauer, die Signatur des Agenten durch dessen Besitzer. Diese ist nach Annahme bereits eindeutig und nicht fälschbar. Da die Struktur eines Agenten jedoch u.U. einen regelmäßigen Aufbau besitzt, sollte dieser vor der Berechnung der Signatur ggf. ein ausreichendes Maß an zufälligen Daten hinzugefügt werden, z.B. das Datum und Uhrzeit der Erzeugung. Sofern PKCS#7 als Syntax für die Darstellung des Signatur gewählt wird, kann hierfür beispielsweise auch *Signing Time* als *authenticated attribute* herangezogen werden [RSA93a, RSA93b].

Der Name eines Agenten wird nun *implizit* durch Anwendung einer Einweg-Hashfunktion aus der kodierten Signatur gewonnen. Die verwendete Hashfunktion muß *preimage resistant* und *2nd-preimage resistant* [MvOV96, S. 323] und die Wahrscheinlichkeit einer zufälligen Kollision muß vernachlässigbar gering sein. Für die Praxis eignet sich z.B. der SHA1 Algorithmus [FIP93]. Der Name eines Agenten wird jeweils durch sein Wirtssystem berechnet, sobald ein migrierender Agent empfangen wird. Die Verwendung impliziter Namen hat eine Reihe von Vorteilen:

- Die Namen können nicht a-priori geraten oder gefälscht werden, außer es wird der private Signaturschlüssel oder das Signaturverfahren oder die Einweg-Hashfunktion gebrochen.
- Der Namensdienst kann die impliziten Namen nicht mit den Besitzern von Agenten in Verbindung bringen (wie dies der Fall wäre, würde die Signatur selbst als Name verwendet werden), es sei denn er kollaboriert mit einem der vergangenen Wirtssysteme eines jeden Agenten, dessen Zuordnung er herausfinden möchte.
- Die Zugehörigkeit von *unterschiedlichen* Agenten zu ihren Besitzern kann nicht aus den Namen korreliert werden.
- Agenten können einem Wirtssystem gegenüber keine falschen Namen angeben, denn das Wirtssystem berechnet den Namen implizit aus der Signatur. Agenten mit unterschiedlichem statischen Teil oder unterschiedlichen Besitzern haben automatisch auch unterschiedliche Namen.
- Die zur Berechnung impliziter Namen verwendeten kryptographischen Operationen sind sehr einfach und effizient. Implizite Namen sind i.a. kürzer als die Signatur aus der sie berechnet werden.

Die Wahl von impliziten Namen für mobile Agenten läßt sich mit der Berechnung von *put-ports* aus *get-ports* für Server-Prozesse im Betriebssystem *Amoeba* vergleichen [Tan92, S. 607]. Eine weitaus detailliertere Diskussion von skalierbaren und sicheren Namensdiensten für mobile Agenten, wie auch weitere Protokolle, sind in [Roth00] zu finden.

Implizite Namen bieten sich auch an, um Daten nachträglich an Agenten zu binden, beispielsweise erweiterte Rechte, die auf nachfolgenden Wirtssystemen von einem Agenten wahrgenommen werden können. Der Aussteller der Rechte signiert diese dazu zusammen mit dem impliziten Namen des Agenten, dem die Rechte zugesprochen werden sollen. Das verifizierende Wirtssystem prüft später dann die Zuordnung der Rechte zu dem Agenten, der diese in Anspruch nehmen möchte, die Signatur des Ausstellers und ob der Aussteller zur Vergabe der Rechte an diesen Agenten befugt ist (anhand der lokalen Sicherheitspolitik).

5 Schlußfolgerungen

In diesem Artikel habe ich eine Reihe von Sicherheitsmechanismen für mobile Agenten kurz beschrieben, deren Gemeinsamkeit darin besteht, daß sie sich die Existenz eines eindeutigen statischen Kerns pro mobilem Agenten zunutze machen. Dieser Kern dient gleichsam als "Anker" an dem die für seine Ausführung relevanten Daten festgemacht werden. Der Einfluß dieses statischen Kerns ist weitreichend und erstreckt sich über die Erkennung und Abwehr von *cut & paste* Angriffen auf verschlüsselte Daten und Berechtigungen eines Agenten bis hin zum Schutz der Anonymität von Agentenbesitzern gegenüber globalen Namensdiensten.

Dieser Form von Angriffen auf mobile Agenten wurde bisher nicht die notwendige Aufmerksamkeit geschenkt. So bietet beispielsweise das mobile Agenten System *Ajanta* [KT98] zwar eine hybride Verschlüsselung von Agentendaten mit den öffentlichen Schlüsseln autorisierter Wirtssysteme, jedoch ist dieser Mechanismus durch den von mir beschriebenen *cut & paste* Angriff verletzbar.

Zu den angedeuteten Schutzmechanismen sind zum Teil bereits Referenzimplementierungen entstanden (Verschlüsselung und Abwehr von *cut & paste* Angriffen) oder sind im Entstehen (sichere Namensdienste auf Basis impliziter Namen).

Literatur

[Che98] D.M. Chess: Security issues in mobile code systems, in: [Vig98b], S. 1–14.

[EL88] E. Engeler, P. Läuchli: Berechnungstheorie für Informatiker, Teubner Verlag, Stuttgart, 1988.

[FGS96] W.M. Farmer, J.D. Guttman, V. Swarup: Security for mobile agents - Authentication and state appraisal, in: Proceedings of the European Symposium on Research in Computer Security (ESORICS), Vol. 1146 of Lecture Notes in Computer Science, S. 118–130, September 1996.

[FIP93] FIPS180: Secure Hash Standard, Federal Information Processing Standards Publication 180, U.S. Department of Commerce/National Bureau of Standards, National Technical Information Service, Springfield, Virginia, Mai 1993.

[KAG98] G. Karjoth, N. Asokan, C. Gülcü: Protecting the computation results of free-roaming agents, in: [RH98], S. 195–207.

[KT98] N.M. Karnik, A.R. Tripathi: Agent server architecture for the Ajanta mobile-agent system, in: Proceedings of the 1998 International Conference on Parallel and Distributed Processing Techniques and Applications (PDPTA '98), Las Vegas, Juli 1998.

[More99] L. Moreau: Distributed directory service and message routing for mobile agents, Technical Report ECSTR M99/3, Department of Electronics and Computer Science, University of Southampton, November 1999.

[MP99] A.L. Murphy, G.P. Picco: Reliable communication for highly mobile agents, in: Proc. ASA/MA '99, 1999.

[MvOV96] A.J. Menezes, P.C. van Oorschot, S.A. Vanstone: Handbook of Applied Cryptography, Discrete Mathematics and its Applications, CRC Press, New York, 1996.

[RC00] V. Roth, V. Conan: Encrypting Java Archives and its Application to Mobile Agent Security, in: F. Dignum, C. Sierra (Hrsg.): Agent Mediated Electronic Commerce – A European Perspective, Vol. 1991 of Lecture Notes in Artifical Intelligence, S. 232–244, Springer Verlag, Berlin, 2000.

[RH98] K. Rothermel, F. Hohl (Hrsg.): Mobile Agents (MA'98), Vol. 1477 of Lecture Notes in Computer Science, Springer Verlag, Berlin Heidelberg, September 1998.

[RJ98] V. Roth, M. Jalali: Access Control and Key Management for Mobile Agents, Computers & Graphics, Special Issue on Data Security in Image Communication and Networks, 22(4):457–461, 1998.

[Roth00] V. Roth: Scalable and Secure Global Name Services for Mobile Agents, 6th ECOOP Workshop on Mobile Object Systems: Operating System Support, Security and Programming Languages, 2000.

[RSA93a] RSA Laboratories: Cryptographic message syntax standard. Public Key–Cryptography Standards 7, RSA Laboratories, Redwood City, CA, USA, 1993.
ftp://ftp.rsa.com/pub/pkcs/

[RSA93b] RSA Laboratories: Selected attribute types, Public Key–Cryptography Standards 8, RSA Laboratories, Redwood City, CA, USA, 1993.
ftp://ftp.rsa.com/pub/pkcs/

[SH82] J. Shoch, J. Hupp: The Worms Programs – Early Experience with Distributed Computing, Communications of the ACM, 25(3):172–180, März 1982.

[ST98] T. Sander, C.F. Tschudin: Protecting mobile agents against malicious hosts, in: [Vig98b], S. 44–60.

[SWP99] P. Sewell, P. Wojciechowski, B. Pierce: Location-independent communication for mobile agents: a two-level architecture, Technical Report 462, Computer Laboratory, University of Cambridge, April 1999.

[Tan92] A.S. Tanenbaum: Modern Operating Systems, Prentice Hall, Inc., 1992.

[Vig98a] G. Vigna: Cryptographic traces for mobile agents, in: [Vig98b], S. 137–153.

[Vig98b] G. Vigna (Hrsg.): Mobile Agents and Security, Vol. 1419 of Lecture Notes in Computer Science, Springer Verlag, Berlin Heidelberg, 1998.

[VJ99] J. Vitek, C. Jensen: Secure Internet Programming: Security Issues for Mobile and Distributed Objects, Vol. 1603 of Lecture Notes in Computer Science. Springer Verlag, New York, NY, USA, 1999.

[Whi97] J.E. White: Mobile Agents, Kap. 18, AAAI/MIT Press, 1997.

[WS99] P. Wojciechowski, P. Sewell: Nomadic Pict: Language and Infrastructure Design for Mobile Agents, in: Proc. ASA/MA '99 (First International Symposium on Agent Systems and Applications/Third International Symposium on Mobile Agents), Oktober 1999.

[Yee99] B.S. Yee: A sanctuary for mobile agents, in: [VJ99].

Praktischer Schutz vor Flooding-Angriffen bei Chaumschen Mixen

Oliver Berthold · Hannes Federrath · Stefan Köpsell

TU Dresden
Fakultät Informatik
{ob2, federrath, koepsell}@inf.tu-dresden.de

Zusammenfassung

Dieses Papier beschreibt Verfahren, mit denen sich Angriffe der Klasse der Flooding- bzw. „n–1"-Angriffe auf Anonymisierungsdienste erkennen lassen und deren Erfolg verhindert werden kann.

1 Einführung

In der Literatur sind mehrere grundlegende Verfahren zur unbeobachtbaren Kommunikation in Rechnernetzen beschrieben. Eines der bedeutsamsten Verfahren ist das von David Chaum beschriebene Mix-Netz [Chau81], bei dem Nachrichten über anonymisierende Zwischenstationen (Mixe) geschickt werden. Ein Mix, der im Schub-Betrieb (engl. batch) arbeitet, *sammelt* mehrere Nachrichten, bevor er sie *umkodiert* und *umsortiert* wieder ausgibt. Ein Angreifer, der sämtliche Verbindungsleitungen überwacht, kann nicht beobachten, welche Ausgabe- zu welcher Eingabenachricht gehört. Alle Sender, die Nachrichten zu ein und demselben Schub beigesteuert haben, bilden eine sogenannte Anonymitätsgruppe (engl. anonymity set). Diese ist am größten, wenn alle Nachrichten von unterschiedlichen Sendern stammen.

2 Problemstellung

Befinden sich innerhalb der Anonymitätsgruppe eine bestimmte Anzahl von Angreifern, so verkleinert sich die tatsächliche Anonymitätsgruppe um eben diese Zahl. Im schlimmsten Fall besteht die Anonymitätsgruppe der Mächtigkeit n aus n–1 Angreifern und einem weiteren Nutzer. Dieser Nutzer ist dann nicht mehr in der Lage, unbeobachtbar Nachrichten zu verschicken. Der Begriff „n–1"-Angriff bezeichnet die bewusste Herbeiführung dieses Zustandes durch einen Angreifer. Einem Angreifer gelingt dies, indem er den Mix unbemerkt mit eigenen Nachrichten flutet und die zwischenzeitlich ankommenden Nachrichten anderer Sender blockiert, zwischenpuffert und im nächsten Schub selbst an den Mix sendet.

Um einen sicheren Anonymisierungsdienst realisieren zu können, ist es wichtig, sowohl das Fluten als auch das Blockieren von Nachrichten zu verhindern bzw. zu erkennen und die Nutzer entsprechend zu informieren.

3 Existierende Ansätze

3.1 Poolbetrieb

Neben dem Schub-Betrieb kann ein Mix auch im Pool-Betrieb arbeiten [Cott95]. Hier werden im Ausgabepuffer (Pool) x Nachrichten gespeichert. Sobald eine neue Nachricht den Pool erreicht, wird aus den x Nachrichten eine zufällig ausgewählt und ausgegeben. Um eine bestimmte Nachricht durch Fluten zu beobachten, muss der Angreifer den Pool zunächst mit seinen eigenen Nachrichten füllen, dann abwarten, bis die zu beobachtende Nachricht beim Mix eintrifft, um ihn erneut solange zu fluten, bis die eine ihm unbekannte Nachricht vom Mix ausgegeben wurde. Zwischenzeitlich eintreffende Nachrichten muss der Angreifer möglichst blockieren und darf sie erst nach Angriffsende an den Mix schicken.

Der Angriff wird aufwendiger, da im Mittel deutlich mehr Nachrichten an einen Mix gesendet werden müssen – er bleibt aber trotzdem erfolgreich.

3.2 Unabhängige Verzögerung

Eine weitere Möglichkeit ist, Nachrichten zeitgesteuert auszugeben. Der Ausgabezeitpunkt wird dabei entweder vom Mix (zufällig) bestimmt oder vom Sender festgelegt [KeBS99]. Da jetzt die Ausgabe einer Nachricht unabhängig von den anderen ist, muss der Angreifer den Mix nicht mehr fluten, sondern nur noch dafür sorgen, dass zwischenzeitlich keine weiteren Nachrichten den Mix erreichen.

Da ein Angreifer auch beim Fluten andere Nachrichten blockieren muss, ist diese Ausgabestrategie unsicherer als der Batch- und Poolbetrieb. Allerdings darf die Blockade anderer Nachrichten nicht zu lange dauern, wenn der Absender eine absolute Ausgabezeit in seine Nachricht hineinkodiert hat, da der Mix die Nachricht sonst wegwerfen wird, was zumindest ein Hinweis auf einen Angriff sein könnte.

3.3 Broadcast

Diese Methode ist eine Möglichkeit, um das Blockieren von Nachrichten zu erkennen. Dabei kontrolliert jeder Nutzer, ob seine Nachricht innerhalb des (erwarteten) Schubes vorhanden ist. Ein Mix sendet dazu alle Nachrichten eines Schubes an alle Teilnehmer. Stellt ein Nutzer fest, dass seine Nachricht enthalten ist, so teilt er dies dem Mix mit. Dieser bearbeitet den Schub nur, wenn genügend viele *unterschiedliche* Nutzer bestätigt haben, dass ihre Nachricht im Schub enthalten ist. Wesentlich bei diesem Verfahren ist, dass ein Angriff zunächst nur erkannt wird. In diesem Fall muss der Mix den kompletten Schub verwerfen, da nur so der Erfolg des Angriffs verhindert werden kann.

Um zu entscheiden, ob die Nachrichten von „genügend vielen unterschiedlichen Teilnehmern" gesendet wurden, stehen folgende Möglichkeiten zur Verfügung:

- Melden sich die Teilnehmer vor Nutzung des Anonymitätsdienstes bei jedem Mix mit einem zertifizierten Pseudonym an (siehe Abschnitt 4.1), kann der Mix überprüfen, ob alle angemeldeten Teilnehmer eine Bestätigung gesendet haben.
- Melden sich die Teilnehmer nicht an, kann der Mix erwarten, dass jede Nachricht von einem anderen Teilnehmer gesendet wurde. Deshalb erwartet der Mix ebenso viele von

verschiedenen Teilnehmern signierte Bestätigungen wie Nachrichten im Schub enthalten sind.

Um Fehlertoleranz zu erreichen, kann auch ein bestimmter Prozentsatz der erwarteten Bestätigungen als ausreichend betrachtet werden. Der Angreifer kann in diesem Fall die Anonymitätsgruppe auf eben diesen Prozentsatz verkleinern.

Das Verfahren basiert auf gegenseitiger Kontrolle von Teilnehmer und Mix. Dies verhindert, dass ein Angreifer einfach ausreichend viele Bestätigungen generiert.

Methoden dieser Klasse verursachen zumindest in Vermittlungsnetzen wie dem Internet einen sehr hohen Übertragungsaufwand, da an alle Teilnehmer alle Nachrichten gesendet werden müssen. Da jeder Mix auf Bestätigungen von allen Teilnehmern warten muss, erhöht sich die Verzögerungszeit.

4 „n–1"-Angriffe auf Mix-Kaskaden

Im Falle einer Mix-Kaskade sind mehrere Mixe in einer beliebigen, aber festen Reihenfolge verbunden, wobei jeder Mix höchstens einen Vorgänger und höchstens einen Nachfolger besitzt. Betrachtet werden Mixe, die im Schub-Betrieb arbeiten.

Ein Angreifer könnte n–1 Nachrichten dieses Schubes selbst generieren und somit den oben beschriebenen Angriff durchführen. Die nachfolgend aufgeführten Lösungen beruhen darauf sicherzustellen, dass jeder Schub Nachrichten von genügend vielen unterschiedlichen Nutzern enthält. Dies erfordert, dass ein Mix die einzelnen Teilnehmer unterscheiden und überprüfen muss. Dies kann z. B. mit Hilfe von pseudonymen digitalen Zertifikaten realisiert werden. Ein Angreifer kann nicht mehr beliebig viele Nachrichten zu einem Schub beisteuern, es sei denn, er besitzt viele „digitale Identitäten".

4.1 Pseudonyme digitale Zertifikate

Eine Möglichkeit zur sicheren Identifizierung von Teilnehmern in einem offenen Netz bieten digitale Zertifikate. Die Teilnehmer authentifizieren sich damit gegenüber allen verwendeten Mixen.

Die Authentifizierung dient lediglich dazu, die Anonymitätsgruppe für einen Schub genau bestimmen zu können, *ohne* jedoch offenzulegen, wer konkret welche Nachricht beigesteuert hat. Insofern können die Zertifikate auch auf *Pseudonyme* ausgestellt sein.

Da mit der Authentikation erreicht werden soll, dass kein Teilnehmer den Dienst unter verschiedenen Identitäten nutzen kann, müssen die Zertifikate genau einer der folgenden Bedingungen genügen.

- In den Zertifikaten ist eine eindeutige Zuordnung zu einer natürlichen Person definiert, so dass ein Mix erkennt, wenn sich eine Person mehrfach mit verschiedenen Zertifikaten anmeldet.
- Ein Mix akzeptiert nur (pseudonyme) Zertifikate einer einzigen Zertifizierungsstelle, die garantiert, dass sie einer natürlichen Person nur genau ein Zertifikat ausstellt.

Die zweite Möglichkeit entschärft den Gegensatz, dass zur Nutzung eines Anonymisierungsdienstes zuerst eine Identifikation der Teilnehmer erforderlich ist, da diese Zertifikate keinen direkten Personenbezug enthalten müssen.

Ein weiteres Problem ist die zentrale Position der Zertifizierungsstelle. Eine nicht korrekt arbeitende Zertifizierungsstelle kann dem Angreifer ausreichend viele Zertifikate ausstellen und somit einen „*n*–1"-Angriff ermöglichen.

Diesem Problem kann man dadurch begegnen, dass zur Nutzung eines Mixes mehrere Zertifikate verschiedener Zertifizierungsstellen notwendig sind, wodurch das nötige Vertrauen verteilt wird. Ein anderer Ansatz ist, dass der Mix für sich selbst als Zertifizierungsstelle in Aktion tritt, was für ihn einen hohen zusätzlichen Aufwand bedeutet.

4.2 Ticketmethode

In diesem Abschnitt wird ein Verfahren vorgestellt, das jedem Mix ermöglicht, einen „*n*–1"-Angriff ohne zusätzliche Verzögerungszeit zu erkennen

Dabei werden sogenannte *anonyme Tickets* [1] verwendet, die es einem Mix ermöglichen, für jede Nachricht zu überprüfen, ob sie von einem berechtigten Teilnehmer gesendet wurde. Zudem wird sichergestellt, dass jeder Teilnehmer nur eine definierte Anzahl von Nachrichten zu einem Schub beitragen kann. Ein Mix bearbeitet einen Schub erst ab einer bestimmten Mindestanzahl von Nachrichten (bzw. Sendern). Daher kann der Angreifer einen „*n*–1"-Angriff nur durchführen, wenn er einen wesentlichen, durch die Wahl der Parameter festlegbaren, Anteil der zertifizierten Teilnehmer kontrolliert.

4.2.1 Verfahrensbeschreibung

Das Senden von Nachrichten geschieht in zwei Phasen:

Phase 1:

Der Teilnehmer verbindet sich über eine verschlüsselte Verbindung mit dem Mix. Er authentifiziert sich gegenüber dem Mix mit Hilfe eines oder mehrerer digitaler Zertifikate (siehe Abschnitt 4.1). Ebenso authentifiziert sich der Mix gegenüber dem Teilnehmer. Nach erfolgreicher Authentikation fordert der Teilnehmer für jeden Schub, in dem er eine Nachricht durch diesen Mix senden möchte, ein Ticket an. Mit diesem Ticket wird in der später zu sendenden Nachricht nachgewiesen, dass sie von einem berechtigten Teilnehmer stammt.

An ein derartiges Ticket und das Ausgabeverfahren müssen folgende Anforderungen gestellt werden, um die erwünschte Sicherheit zu erzielen:

- Es darf nur dem Mix möglich sein, gültige Tickets zu generieren.
- Ein Ticket darf nur für einen festgelegten Schub gültig sein, da ansonsten ein Teilnehmer viele Tickets, die für verschiedene Schübe gedacht waren, im selben Schub verwenden kann.

[1] Die Idee der Tickets stammt von anonymen digitalen Zahlungssystemen: Nach dem gleichen Schema werden anonyme digitale Geldmünzen erzeugt.

- Der Mix darf die einzelnen für einen Teilnehmer erstellten Tickets nicht wiedererkennen können, d.h. er darf die später in der Nachricht mitgesendeten Tickets nur auf Gültigkeit für diesen Schub testen können, nicht jedoch (z.B. anhand gleichem Aussehen) eine Verkettung zu einem bestimmten Teilnehmer herstellen können.
- Der Mix muss speichern, an welche Teilnehmer(pseudonyme) er bereits welche Tickets ausgegeben hat, so dass kein Teilnehmer durch mehrfache (parallele) Abfragen mehr Tickets erhalten kann als vorgesehen.
- Das jeweilige Ticket darf keinem Dritten bekannt werden.

Verwendet man für die Tickets blinde Signaturen [Chau83], so sind die obigen Forderungen erfüllbar. Dazu erstellt sich der Teilnehmer eine kurze Nachricht m, die er mit einer Zufallszahl r blendet. Für die Nachricht m ist es wichtig, dass sie einen zufälligen Anteil und eine durch den Mix eindeutig überprüfbare Redundanz enthält. Beispielsweise könnte sich die Nachricht aus einer Zufallszahl z und dem Wert einer öffentlichen Hashfunktion h über z zusammensetzen.

$$m = (z, h(z)). \qquad (1)$$

Wird beispielsweise RSA als Signatursystem verwendet, so erfolgt das Blenden durch:

$$m' = m \cdot r^t \bmod (p \cdot q). \qquad (2)$$

Hierbei ist t der Testschlüssel für das digital signierte Ticket des betreffenden Schubes; p und q sind die geheime Primzahlen des Mixes.

Der Teilnehmer sendet m' an den Mix. Der Mix protokolliert die Erzeugung eines Tickets für diesen Schub und Teilnehmer in seiner Datenbank, um eine wiederholte Anforderung zu erkennen. Danach signiert er m' und sendet das Ergebnis $sig(m')$ an den Teilnehmer zurück.

Der Teilnehmer kann nun aufgrund der multiplikativen Eigenschaften von RSA die Signatur entblenden, so dass sie für die entblendete Nachricht gültig ist.

$$sig(m) = sig(m') \cdot r^{-1} \bmod (p \cdot q). \qquad (3)$$

Der Mix kann m nicht zu m' verketten, da r in (2) zufällig gewählt ist, so dass m jeden möglichen Wert des Restklassenrings annehmen kann (unabhängig von m'). Der Teilnehmer kann keine (zusätzlichen) Tickets selbst erzeugen, da angenommen wird, dass er das Signatursystem nicht brechen kann. Die Entblendung ist nur mit der Kenntnis von r möglich.

Die Redundanz *h(z)* ist notwendig, da sonst gültige Tickets generiert werden können, indem man einen Wert für *sig(m)* wählt und die zugehörige Nachricht m berechnet.

$$m = (sig(m))^t \bmod (p \cdot q). \qquad (4)$$

Da es bei diesem Signatursystem nicht möglich ist, Informationen zu signieren, die der Signierende vorher überprüfen kann (wie z.B. eine Schub-ID), muss der Mix für die Tickets jedes Schubs einen anderen Signierschlüssel wählen. Dabei genügt es, einen neuen Testschlüssel t' zu wählen und den dazugehörigen Signierschlüssel s' zu berechnen, ohne jedoch ein neues Geheimnis (p, q) zu verwenden. Diese Berechnung ist effizient möglich und nur einmal pro Schub notwendig.

Phase 2:

Der Teilnehmer sendet seine Nachricht durch die Mix-Kaskade. Dabei wird in jeden Nachrichtenkopf[2] zusätzlich das erhaltene und entblendete Ticket eingefügt. Ein Mix prüft nun bei jeder erhaltenen Nachricht, ob sie ein gültiges Ticket enthält. Ist dies nicht der Fall, löscht der Mix die Nachricht. Ab einem festzulegenden Schwellwert von ungültigen Nachrichten löscht der Mix den gesamten Schub. Dieser Schwellwert ergibt sich aus einer Abwägung zwischen Fehlertoleranz und Robustheit gegen DoS-Angriffe und dem zu erreichenden Schutzniveau. Je mehr fehlerhafte Nachrichten vom Mix toleriert werden, desto stärker kann ein Angreifer die Anonymitätsgruppe verkleinern. Bearbeitet ein Mix hingegen einen Schub nur dann, wenn die Anzahl ausgegebener Tickets mit der Anzahl gültiger Nachrichten übereinstimmt, besteht die Anonymitätsgruppe immer aus allen angemeldeten Teilnehmern.

4.2.2 Aufwandsbetrachtung

Für jeden Schub ist eine zusätzliche direkte Kommunikation mit jedem Mix der Kaskade erforderlich, um die Tickets anzufordern (Phase 1). Tickets müssen jedoch erst ab dem zweiten Mix ausgetauscht werden, da die Übermittlung der zu sendenden Nachrichten zwischen Teilnehmern und erstem Mix direkt und authentisiert erfolgen kann. Des weiteren kann man annehmen, dass der Aufwand für die gegenseitige Authentikation nur einmal pro Teilnehmer und Mix notwendig ist, da entweder die Tickets für alle gewünschten Schübe blockweise abgerufen werden oder die gesicherte Verbindung über längere Zeit bestehen bleibt. Der zusätzliche Kommunikationsaufwand für den Erhalt der Tickets beträgt somit pro Teilnehmer und Schub:

$$2 \cdot l \cdot (a-1)\,[Bit].$$

Wobei a die Anzahl Mixe der Kaskade ist und l der Sicherheitsfaktor (Länge der Signaturen bzw. Signierschlüssel in Bit).

Der Aufwand setzt sich zusammen aus der Sendung der Nachricht m' zum Mix und dem Empfang der Signatur $sig(m')$. Die für jeden Schub neu gewählten Testschlüssel t brauchen nicht übertragen zu werden, da diese Wahl auch anhand einer öffentlichen Funktion erfolgen kann. Hinzu kommt noch ein linearer zusätzlicher Kommunikationsaufwand für das Mitsenden der Tickets in den Mix-Nachrichten. Um wieviel Bit sich die Nachricht verlängert, ist abhängig davon, wie gut der Inhalt des Tickets zusätzlich für andere Zwecke verwendet werden kann. So ist es möglich, einen Teil der Zufallszahl z als symmetrischen Schlüssel für die hybride Verschlüsselung der Nachricht zu verwenden.

Der Kommunikationsaufwand der Ticketmethode ist folglich $O(a)$, wie auch das Senden einer Nachricht über a Mixe. Für die auf Broadcast basierenden Verfahren (Abschnitt 3.3) ist hingegen der Aufwand quadratisch: $O(a \cdot n)$; (n ist die Anzahl der Nachrichten pro Schub).

[2] Eine Mix-Nachricht enthält für jeden Mix einen separaten asymmetrisch mit c_{Mix} verschlüsselten Nachrichtenkopf und einen symmetrisch mit k_{Mix} verschlüsselten Nachrichtenteil, der ggf. Nachrichtenköpfe für weitere Mixe enthält. Ein Nachrichtenkopf enthält u.a. den zur symmetrischen Entschlüsselung notwendigen Schlüssel k_{Mix} $c_{Mix}(k_{Mix}, ...), k_{Mix}(...)$

Verwendet man für das Senden der Nachrichten in Phase 2 die im Folgenden beschriebene Methode, so reduziert sich der Berechnungsaufwand für die Überprüfung der Tickets auf das Testen der Redundanz.

Bei Anwendung der Ticketmethode muss im Nachrichtenkopf zusätzlich das jeweilige Ticket enthalten sein. Verwendet man für die Verschlüsselung und die Ticketerzeugung RSA, kann man (ohne zusätzliches Risiko) für beide Operationen das gleiche Geheimnis wählen.

Dies bedeutet, dass nur genau ein Paar (p, q) vom Mix genutzt wird, wobei der Mix einen öffentlichen Exponenten c für die Verschlüsselung und eine Bildungsvorschrift für die Testschlüssel t der Tickets veröffentlicht.

Der Nachrichtenkopf sieht nun folgendermaßen aus:

$$c(sig(m)).$$

Der symmetrische Schlüssel k ist wie oben beschrieben Teil des Tickets:

$$m=(k, z, h(k, z)).$$

Der Mix muss diesem Nachrichtenkopf zuerst mit seinem privaten Schlüssel d entschlüsseln (potenzieren) und danach die Signatur des Tickets mit dem öffentlichen Testschlüssel t des aktuellen Schubes testen, um m zu erhalten und zu prüfen.

$$m = [(c(sig(m)))^d]^t \bmod(p \cdot q) = (c(sig(m)))^{d \cdot t} \bmod(p \cdot q)\,. \qquad (6)$$

Das Produkt $d \cdot t$ kann vorausberechnet werden. Für den Test des Tickets ist keine zusätzliche asymmetrische Operation erforderlich. Es ist lediglich noch notwendig, die Redundanz zu prüfen.

Da Nachrichten eines Teilnehmers nur akzeptiert werden, wenn sie ein gültiges Ticket enthalten, kann die Abrechnung von Mixdienstleistungen zwischen Teilnehmer und dem einzelnen Mix mit der Ausgabe der Tickets verbunden werden. Da sich die Teilnehmer dabei gegenüber dem Mix authentifizieren, können herkömmliche Zahlungsverfahren eingesetzt werden. Dies wiederum vereinfacht die Abrechnung von Anonymitätsdienstleistungen gegenüber den in [BaNe99, FrJe98] beschriebenen Ansätzen in der Praxis erheblich.

4.3 Hashwertmethode

Im Vergleich zu der in Abschnitt 4.2 beschriebenen Methode zur Verhinderung von „n–1"-Angriffen wird bei der Hashwertmethode ein anderer Ansatz verfolgt.

Ziel ist es nicht mehr, den Angreifer am Erzeugen und Senden von Nachrichten zu hindern, sondern es soll sichergestellt werden, dass alle von angemeldeten Teilnehmern gesendeten Nachrichten korrekt durch alle Mixe der gegebenen Kaskade geleitet werden. Trotz Einsatz der Hashwertmethode ist es einem Angreifer leicht möglich, zusätzliche Nachrichten von einem Mix verarbeiten zu lassen. Die Sicherheit gegen „n–1"-Angriffe basiert darauf, dass der Angreifer keine Nachrichten anderer Teilnehmer unbemerkt löschen oder verändern kann.

Grundidee der Hashwertmethode ist die Überprüfung des Eingabeschubes durch den Mix, wobei für den Schub *insgesamt* überprüft wird, ob die enthaltenen Nachrichten gültig sind. Zur Erinnerung: Bei der Ticketmethode wurde die Überprüfung der Gültigkeit *jeder einzelnen* Nachricht durch anonyme Tickets realisiert.

Ein Mix vergleicht die bitweise Überlagerung (XOR-Verknüpfung) aller Hashwerte[3] der (entschlüsselten) Nachrichten seines Eingabeschubes mit einem Referenzwert. Durch dieses Vorgehen wird nun nur noch erkannt, ob der Schub insgesamt fehlerfrei ist oder nicht. Wesentlich für die Sicherheit der Hashwertmethode ist, dass eine Trennung zwischen der einzelnen Nachricht und dem zur Überprüfung verwendeten Referenzwert erreicht wird.

Zur Verdeutlichung: In dem Referenzwert müssen die einzelnen Hashwerte der Nachrichten bitweise überlagert enthalten sein, damit der Vergleich positiv ausfallen kann. Diese Hashwerte müssen von den Teilnehmern mitgesendet werden, da außer dem Mix nur der jeweilige Sender die entschlüsselte Nachricht kennt. Einem Angreifer dürfen die einzelnen Hashwerte nicht bekannt werden, da er ansonsten eine Zuordnung zwischen Teilnehmer und Nachricht vornehmen kann.

Die Hashwertmethode erreicht dieses durch eine geschickte Verschlüsselung der vom Teilnehmer auszugebenden Hashwerte. Dabei muss diese Verschlüsselung folgende Bedingungen erfüllen:

- Eine Entschlüsselung darf außer dem Teilnehmer nur noch dem entsprechenden Mix möglich sein, damit nicht beispielsweise einer zentralen Station, welche die Überlagerung der Hashwerte aller Teilnehmer vornimmt, vertraut werden muss.
- Die Entschlüsselung muss auch noch möglich sein, nachdem verschiedene Hashwerte überlagert wurden.

Diese Anforderungen erfüllt das Pseudo-One-Time-Pad. Dabei wird eine Nachricht dadurch verschlüsselt, dass eine gleichlange Zufallszahl (Schlüssel) mit der Nachricht bitweise überlagert (XOR-verknüpft) wird. Der Schlüsselaustausch wird realisiert, indem Sender und Empfänger die Initalisierungsparameter eines Pseudozufallszahlengenerators (PZG) austauschen, welcher die eigentlichen Schlüssel erzeugt.

Die bitweise Überlagerung ist eine kommutative und assoziative Operation. Deshalb kann die Entschlüsselung auch nach erfolgter Überlagerung der Hashwerte mehrerer Teilnehmer durchgeführt werden.

Ganz grob beschrieben arbeitet das Verfahren folgendermaßen:

0. Die Teilnehmer melden sich bei jedem Mix an und tauschen die notwendigen Parameter für das Pseudo-One-Time-Pad aus.
1. Die Teilnehmer erzeugen die Nachrichten, welche sie durch die Mix-Kaskade senden wollen. Dabei verschlüsselt jeder Teilnehmer seine Nachricht sequentiell für alle Mixe und berechnet zusätzlich vor jeder Verschlüsselungsstufe den entsprechenden Hashwert.
2. Der Teilnehmer verschlüsselt diese Hashwerte mit dem Pseudo-One-Time-Pad.
3. Der Teilnehmer sendet die Nachricht sowie die verschlüsselten Hashwerte an eine Station, die die Überlagerung aller Teilnehmer-Hashwerte für diesen Schub vornimmt. Diese Aufgabe kann auch der erste Mix übernehmen.
4. Die Mixe entschlüsseln die Referenzwerte und überprüfen, ob die Überlagerung der Hashwerte der erhaltenen Nachrichten mit dem für sie bestimmten Referenzwert über-

[3] Für die Berechnung von Hashwerten werden kryptographisch starke Hashfunktionen eingesetzt.

einstimmt. Nur in diesem Fall bearbeiten sie den Schub weiter. Andernfalls wird der gesamte Schub gelöscht, da ein „n–1"-Angriff stattgefunden haben könnte.

Bei Schritt 2 ist zu beachten, dass es nicht genügt, wenn die Teilnehmer den Hashwert nur für genau den Mix M_i verschlüsseln, für den er bestimmt ist. Sollte dieser Mix mit dem Angreifer zusammenarbeiten, könnte er die Hashwerte der Nachrichten seines Schubes mit den in Schritt 3 gesendeten (da der Angreifer alle Netzverbindungen überwacht) vergleichen und so die Nachrichten den Teilnehmern zuordnen.

Um dies zu verhindern, muss sichergestellt werden, dass jeder Mix nur die Überlagerungssumme aller Hashwerte erfährt. Dies wird erreicht, indem jeder Teilnehmer den für Mix M_i bestimmten Hashwert sequentiell für alle Mixe $M_1, \ldots, M_i$ verschlüsselt. Ist einer der Mixe $M_1, \ldots, M_{i-1}$ vertrauenswürdig, fehlt dem Angreifer die Zufallszahl dieses Mixes, um den Hashwert des Teilnehmers entschlüsseln zu können. Ist keiner der Vorgänger-Mixe vertrauenswürdig, kennt der Angreifer die Zuordnung sowieso.

Die Integrität wird mit diesem Verfahren wie gewünscht geschützt: Möchte der Angreifer eine Nachricht aus dem Schub von Mix M_i entfernen, um einen Angriff durchzuführen, muss er den Hashwert dieser Nachricht aus dem Referenzwert entfernen, um eine Angriffswarnung zu vermeiden. Da der Angreifer den Hashwert nicht kennt, wird ein Versuch mit der Wahrscheinlichkeit

$$p = 1 - \frac{1}{2^l}$$

zu einer Angriffswarnung führen (wobei l die Länge des Hashwertes darstellt).

Im Folgenden wird die vollständige Hashwertmethode beschrieben und deren Sicherheit bewiesen.

4.3.1 Verfahrensbeschreibung

Wie bereits beschrieben, muss sich jeder Teilnehmer T_k vor Nutzung des Dienstes bei jedem Mix M_i der m Mixe der Kaskade anmelden. Dies geschieht über eine einmalige Anmeldeprozedur, bei der sich Teilnehmer und Mix gegenseitig mit Hilfe digitaler Zertifikate authentifizieren. Unter der Annahme, dass es einem Angreifer nicht möglich ist, unbemerkt Anmeldungen zu verhindern, braucht nicht überprüft zu werden, ob sich ein Teilnehmer (Angreifer) mehrfach anmeldet.

Sind die Partner authentisiert, werden die Parameter für das Pseudo-One-Time-Pad vertraulich ausgetauscht. Ein Aufruf des Pseudozufallszahlengenerators wird im folgenden mit $PZG(T_k)$ bzw. $PZG(M_i)$ symbolisiert. Dabei gibt M_i bzw. T_k an, mit welchem anderen Teilnehmer resp. Mix die Startwerte ausgetauscht wurden. Mit der Anmeldung vereinbaren Teilnehmer und Mix, dass der Teilnehmer ab einem bestimmten Schubindex s' in jedem Schub eine Nachricht sendet.

Die oben aufgeführte Schrittfolge wird im Folgenden detailliert beschrieben:

1. In jedem Schub $s \geq s'$ generiert jeder Teilnehmer T_k eine Nachricht N_g und berechnet die m Hashwerte h_{s,M_i,N_g}. Bei den folgenden Erläuterungen wird auf den Schubindex s verzichtet, da nur jeweils ein einzelner Schub betrachtet wird.
2. Für jeden Hashwert führt der Teilnehmer T_k folgende Verschlüsselung mit den Pseudo-One-Time-Pads aus

   (7) $$\forall_{i \leq m} u_{M_i,T_k} = h_{M_i,T_k} \oplus \left(\bigoplus_{j \leq i} PZG(M_j) \right)$$

   und sendet die Nachricht N zusammen mit den m berechneten Werten u an den ersten Mix der Kaskade:

   $$N_g, u_{M_1,T_k}, \ldots, u_{M_m,T_k}.$$

3. Der erste Mix führt eine bitweise Überlagerung der von allen Teilnehmern erhaltenen Werte u_{M_i,r_k}, die für denselben Mix M_i bestimmt sind, durch:

   $$\forall_{i \leq m} v_{M_i,0} = \bigoplus_{T_k \in T} u_{M_i,T_k}.$$

   Die Ergebnisse verwendet der erste Mix im Schritt 4 weiter. Jeder folgende Mix M_i erhält vom Mix M_{i-1} die Überlagerungssummen $v_{M_j,M_{i-1}}$ für alle $j \geq i$. Der zweite Parameter gibt dabei an, bis zu welchem Mix die Überlagerungssumme $v_{M_j,0}$ bereits entschlüsselt wurde.
4. Jeder Mix führt nun folgende Schritte aus, um den Schub zu bearbeiten:
   - Überlagerung der erhaltenen Überlagerungssummen $v_{M_j,M_{i-1}}$ mit den Zufallszahlen aller Teilnehmer T für jeweils den gleichen (Mix-)Index j. Im Ergebnis entstehen die Überlagerungssummen v_{M_j,M_i} für alle Mixe $j \geq i$, die bis Mix M_i entschlüsselt worden sind.

     $$\forall_{j \geq i} v_{M_j,M_i} = \left(\bigoplus_{k \in T} PZG(T_k) \right) \oplus v_{M_j,M_{i-1}}.$$

   - Der Mix entschlüsselt die im Schub s enthaltenen Nachrichten und berechnet die Überlagerung der Hashwerte der Nachrichten. Diese Überlagerung vergleicht der Mix mit v_{M_i,M_i}. Ist der Vergleich negativ, löscht er alle Nachrichten und alle Überlagerungssummen v.

     $$v_{M_i,M_i} = \bigoplus_{N_g \in N} h_{M_i,N_g} \; ?$$

5. Fällt der Vergleich positiv aus, sendet der Mix i den Schub entsprechend der normalen Mixfunktionalität zum Mix M_{i+1}. Zusätzlich sendet der Mix M_i mit dem Schub alle v_{M_j,M_i} mit $j > i$ zum Mix M_{i+1}. Ist $i = m$, so werden die bearbeiteten Nachrichten zu den Empfängern gesendet.

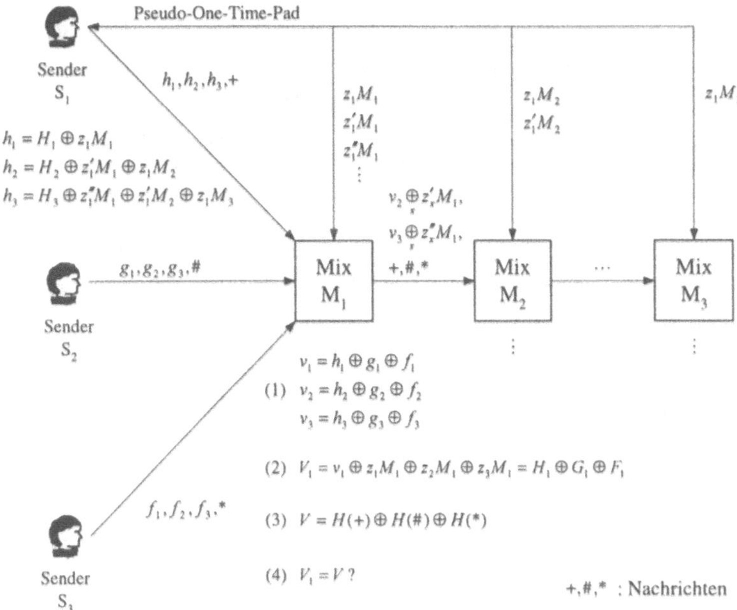

Abb. 1: Hashwertmethode

Abbildung 1 zeigt eine schematische Darstellung der Hashwertmethode. Die Zufallszahl $z_x M_y$ wird für die Pseudo-One-Time-Pad Verschlüsselung zwischen Sender S_x und Mix M_y verwendet. H_y ist der von Sender S_1 für Mix M_y bestimmte Hashwert (G_y und F_y entsprechend für Sender S_2 bzw. S_3). H bezeichnet die verwendete Hashfunktion.

Hat jeder Mix der Kaskade alle Bearbeitungsschritte ausgeführt, wurden alle Nachrichten des Schubes anonym an die adressierten Empfänger gesendet. Im folgenden Abschnitt wird bewiesen, dass den vertrauenswürdigen Mix entweder alle Nachrichten und Überlagerungssummen v unmanipuliert (abgesehen von protokollgemäßen Entschlüsselungen) verlassen oder der Schub überhaupt nicht ausgegeben wird. Zusätzlich wird bewiesen, dass durch die Hashwertmethode keine zusätzlichen Möglichkeiten zur Deanonymisierung entstehen.

4.3.2 Sicherheitsbeweis

Zu Beginn des Abschnittes 4.3 wurde erwähnt, dass der Erfolg eines „n–1“-Angriffs auf eine Mixkaskade verhindert werden soll, indem jeder Mix erkennen kann, wenn eine Nachricht des Schubs verändert oder entfernt wurde.

Entfernen/Manipulieren einer Nachricht

Da jeder Mix im Schritt 3 (Abschnitt 4.3.1) die Überlagerung der Hashwerte der Schub-Nachrichten mit der Überlagerungssumme v_{M_i,M_i} vergleicht, kann der Angreifer eine Nachricht nur dann unerkannt aus dem Schub *entfernen*, wenn er aus v_{M_i,M_i} bzw. $v_{M_i,M_{i-1}}$ den Hashwert der Nachricht entfernt oder eine andere Nachricht mit gleichem Hashwert einspielt.

Da kryptographisch starke Hashfunktionen verwendet werden, ist es nicht effizient möglich, zwei unterschiedliche Nachrichten mit dem selben Hashwert zu finden.

Aus dem gleichen Grund ist es nicht möglich, eine Nachricht zu *manipulieren*, ohne dass sich deren Hashwert ändert. Will der Angreifer eine Nachricht unbemerkt manipulieren, muss er den Hashwert der alten Nachricht aus der Überlagerungssumme entfernen und den der geänderten Nachricht einfügen. Dies zu erreichen ist mindestens genauso schwer wie das Entfernen einer Nachricht, da der Hashwert der alten Nachricht in jedem Fall ermittelt werden muss. Es genügt deshalb zu beweisen, dass das Entfernen einer Nachricht dem Angreifer nicht möglich ist.

Um den Hashwert aus der Überlagerungssumme zu entfernen, muss der Angreifer diesen kennen. Im Folgenden wird bewiesen, dass der Angreifer den Hashwert nicht kennen kann. Für den Beweis wird ein stärkerer Angreifer vorausgesetzt als in anderen Abschnitten des Papiers.

Voraussetzung:

1. Der Angreifer sendet n–1 Nachrichten selbst; ihm ist nur die zu überwachende Nachricht x nicht bekannt.
2. Der Angreifer kontrolliert alle Datenleitungen.
3. Nur der Mix M_i ist vertrauenswürdig.
4. Die kryptographischen Funktionen können nicht gebrochen werden.

Behauptung:

Der Angreifer kann den Hashwert h_{M_i,N_g} nicht ermitteln und deshalb nicht aus der Überlagerungssumme v_{M_i,M_i} entfernen.

Beweis:

Es gibt nur zwei Möglichkeiten, den Hashwert h_{M_i,N_g} einer dem Angreifer unbekannten Nachricht N_g zu ermitteln:

1. Der Angreifer könnte versuchen den Hashwert aus der Nachricht zu ermitteln: Da der Hashwert jedoch erst über die vom Mix M_i entschlüsselte Nachricht gebildet wird, müsste der Angreifer zuerst diese Entschlüsselung der Nachricht durchführen und dann den Hashwert bilden. Die Entschlüsselung der für Mix M_i bestimmten Nachricht N_g ist jedoch nach Voraussetzung (Punkt 4) dem Angreifer nicht möglich.
2. Der Angreifer könnte versuchen, den Hashwert h_{M_i,T_k} aus den bekannten, vom Teilnehmer ausgegebenen Daten zu berechnen:

   Da der Angreifer den Teilnehmer T_k nicht kontrolliert, kennt er nur dessen Ausgabewert u_{M_i,T_k}, in welchem h_{M_i,T_k} überlagert enthalten ist:

$$u_{M_i,T_k} = h_{M_i,T_k} \oplus PZG(M_i) \oplus (\bigoplus_{j<i} PZG(M_j)).$$

Von diesem Wert kennt der Angreifer nur die mit den (Angreifer-)Mixen M_j mit $j \neq i$ ausgetauschten Zufallszahlen (den letzten Term der Formel). Da in die Berechnung von u_{M_i,r_k} ein dem Angreifer unbekanntes Element $PZG(M_i)$ einfließt, kann u_{M_i,r_k} jede beliebige Bitfolge ergeben, unabhängig vom Wert von h_{M_i,r_k}. Der Angreifer kann durch die Auswertung von u_{M_i,r_k} somit keine Informationen über h_{M_i,r_k} erhalten.

Somit folgt, dass der Angreifer weder den Hashwert $h_{M_i,Ng}$ anhand der Nachricht N_g noch h_{M_i,r_k} aus den zusätzlichen Ausgaben des Teilnehmers T_k berechnen kann. Damit ist es dem Angreifer unmöglich, die Nachricht unbemerkt aus N_g dem Schub zu entfernen.

Zuordnung Nachricht – Teilnehmer nach dem Mix M_i

Im letzten Abschnitt wurde gezeigt, dass die Hashwertmethode aktive Angriffe verhindert. In diesem Abschnitt soll nun bewiesen werden, dass durch die Hashwertmethode keine neuen passiven Angriffe durch die Auswertung der mitgesendeten Daten möglich sind.

Es soll weiterhin von der Annahme ausgegangen werden, dass Mix M_i der einzige vertrauenswürdige Mix der Kaskade ist. Bewiesen wird, dass die Zuordnung zwischen Nachricht und Teilnehmer für die Mixe M_j mit $j > i$ und auf allen Datenleitungen *nach* Mix M_i verborgen ist.

Jeder Mix M_j kennt h_{M_i,N_g} und u_{M_j,r_k} und alle Elemente von $PZG(M_b)$ (bezüglich aller Mixe $M_b \neq M_i$) und aller Teilnehmer T_k. Dem Angreifer sind zusätzlich die Elemente von $PZG(M_i)$ bei von ihm kontrollierten Teilnehmern bekannt.

Das Ziel ist es, herauszufinden, in welchem $u_{M_j,r_k} = h_{M_j,N_g} \oplus \left(\bigoplus_{b<j} PZG(M_b \right)$ das gesuchte h_{M_j,N_g} enthalten ist.

In jedem u_{M_j,r_k} eines vertrauenswürdigen Teilnehmers wird aber ein $PZG(M_i)$ überlagert, welches der Angreifer nicht kennt. Man kann nun für *jeden* vertrauenswürdigen Teilnehmer T_k ein $PZG(M_i)$ berechnen, mit welchem der gesuchte Hashwert h_{M_j,N_g} in die obige Formel zur Berechnung des bekannten u_{M_j,r_k} eingehen würde:

$$PZG(M_i) = u_{M_j,T_k} \oplus h_{M_j,N_g} \oplus (\bigoplus_{b \leq j \wedge b \neq i} PZG(M_b)). \qquad (*)$$

Es ist folglich nicht möglich, allein mit den oben genannten Informationen die Zuordnung zu ermitteln.

Die unbekannten $PZG(M_i)$ der vertrauenswürdigen Teilnehmer werden aber vom Mix M_i aus der Überlagerungssumme $v_{M_j,M_{i-1}}$ entfernt, so dass im Ausgabewert v_{M_j,M_i} des Mixes M_i keine unbekannten Zufallszahlen mehr enthalten sind. Da jedoch die Hashwerte aller Nachrichten überlagert ausgegeben werden, ist die Zuordnung zwischen h_{M_j,N_g} und Teilnehmer T_k nicht mehr möglich.

Dabei ist es unerheblich, ob dem Mix M_i die korrekte Überlagerungssumme $v_{M_j,M_{i-1}}$ vorgelegt wird oder nicht. Der vertrauenswürdige Mix M_i wird immer nur die Überlagerung der $PZG(M_i)$ aller Teilnehmer T mit dem erhaltenen Wert überlagern, weshalb für einen Angreifer die Zufallszahlen $PZG(M_i)$ nicht einzeln ermittelbar sind. Anders ausgedrückt ist es für jede Kombination zwischen Nachrichten und Teilnehmern möglich, entsprechende Zufallszahlen für die Teilnehmer zu ermitteln (nach ähnlicher Formel wie (*)), deren Überlagerung den gleichen Wert ergibt, den auch der Mix auf $v_{M_j,M_{i-1}}$ überlagert hat.

Damit folgt, dass die zusätzlich von den Teilnehmern gesendeten Daten für die Ermittlung der Zuordnung zwischen Nachricht und Teilnehmer durch einen Angreifer wertlos sind. Vor dem vertrauenswürdigen Mix M_i werden die Daten durch bitweise Überlagerung mit Zufallszahlen verschlüsselt und nach diesem Mix durch die Tatsache, dass die Entschlüsselung nur für den Schub insgesamt durchgeführt wird.

4.3.3 Aufwandsbetrachtung

Sowohl der Kommunikations- als auch der Berechnungsaufwand für einen Teilnehmer steigt linear mit Anzahl der Mixe. Allerdings muss festgestellt werden, dass dieser Aufwand sehr gering ist, wenn ein effizienter Zufallszahlengenerator und ein effizientes Hashverfahren verwendet wird. Da für die Hashwerte Größen von $50\,\mathrm{Bit}$ durchaus genügen, ist der Kommunikationsaufwand mit $m \cdot 50\,\mathrm{Bit}$ sehr gering.

Für die Mixe ist der Berechnungsaufwand linear abhängig von der Anzahl der Teilnehmer (und von der Anzahl der Mixe). Der Übertragungsaufwand ist dagegen unabhängig von der Anzahl der Teilnehmer.

5 Zusammenfassung und Vergleich

Die bekannten auf Broadcast basierenden Verfahren zur Verhinderung von „n-1"-Angriffen sind sehr aufwendig und verursachen wesentliche zusätzliche Verzögerungszeiten. Aus diesem Grund wurden in diesem Paper weitere Verfahren vorgestellt und bewertet, die weniger Nachteile haben und als Nebeneffekt eine Abrechnung der Mixdienstleistung ermöglichen.

Die Ticketmethode ist zwar noch sehr aufwendig, benötigt jedoch deutlich weniger Ressourcen als die auf Broadcast basierenden Systeme. Die Verarbeitung der Nachrichten wird praktisch nicht zusätzlich verzögert.

Gegen „n–1"-Angriffe bietet die Hashwertmethode u.U. einen höheren Schutz als die Ticket-Methode, da der Angreifer keine einzige Nachricht blockieren kann und so selbst sog. Schnittmengenangriffe [Bert99], die schon beim Blockieren einiger Nachrichten erfolgreich sind, verhindert werden. Bei der Ticketmethode ist dies im Prinzip auch erreichbar, wenn jeder Mix einen Schub nur unter der Voraussetzung akzeptiert, dass er genau so viele Nachrichten enthält, wie er vorher Tickets ausgegeben hat.

Literatur

[BaNe99] M. Baumgart, H. Neumann: Bezahlen von Mix-Netz-Diensten, Verlässliche IT-Systeme, GI-Fachtagung VIS '99, DuD Fachbeiträge, Vieweg, Braunschweig, S. 19-33, 1999.

[Bert99] O. Berthold: Effiziente Realisierung von Dummy Traffic zur Gewährleistung von Unbeobachtbarkeit im Internet, TU Dresden, Institut für Theoretische Informatik, Dezember 1999.

[Chau81] D. Chaum: Untraceable Electronic Mail, Return Addresses, and Digital Pseudonyms, Communication of the ACM 24/2, S. 84-88, 1981.

[Chau83] D. Chaum: Blind Signature System, Crypto '83, Plenum Press, New York, S. 153, 1984.

[Cott95] L. Cottrel: Mixmaster & Remailer Attacks. http://www.obscura.com/~loki/remailer-essay.html.

[FrJe98] E. Franz, A. Jerichow: A Mix-Mediated Anonymity Service and Its Payment. ESORICS '98 (5th European Symposium on Research in Computer Security), LNCS 1485, Springer-Verlag, Berlin, S. 313-327, 1998.

[KeBS99] D. Kesdogan, R. Büschkes, O. Spaniol: Stop-And-Go-MIXes Providing Probabilistic Anonymity in an Open System, in: G. Müller, K. Rannenberg (Hrsg.): Multilateral Security in Communications, Vol. 3: Technology, Infrastructure, Economy; Addison-Wesley, München, S. 365-380, 1999.

Einsatz von digitalen Wasserzeichen im E-Commerce Möglichkeiten und Lösungsansätze

Jana Dittmann · Martin Steinebach · Ulrich Zielhofer

GMD Forschungszentrum Informationstechnik GmbH
Institute für integrierte Publikations- und Informationssysteme
{jana.dittmann, martin.steinebach, ziel}@gmd.de

Zusammenfassung

Auf dem Wege des elektronischen Handels (E-Commerce) werden heutzutage immer mehr Produkte vertrieben. Das geschieht oft mit Hilfe von E-Commerce-Systemen bzw. -Frameworks, die den gesamten Handelsablauf vorbereiten und leiten. Neben physischen Gütern können dem Kunden auch digitale Güter und Daten, wie z.B. Bilder, Videos oder Musikstücke, verkauft werden. Digitale Daten lassen sich jedoch ohne Qualitätsverlust vervielfältigen. Dadurch läßt sich nicht nur schwer oder gar nicht nachweisen: wer die Daten erstellt/verkauft hat (Senderauthentizität), an wen die Daten verkauft wurden (Empfängerauthentizität) und ob die Daten nachträglich vom Käufer verfälscht wurden (Integrität). Digitale Wasserzeichen können als mögliche Schutztechnik innerhalb des Handelsablaufs bzw. -protokolls verwendet werden, um die Daten derart zu markieren, daß obige Probleme geklärt werden können. Dazu müssen die Verfahren so entworfen werden, daß sie bestimmte Eigenschaften besitzen. In Kapitel 2 dieses Beitrages werden wir die Einsatzmöglichkeiten und wichtigsten Eigenschaften digitaler Wasserzeichen zusammenfassen. Will man Wasserzeichen als Schutztechnik für den Handel verwenden und zugleich ein E-Commerce-System einsetzen, das den Handelsablauf steuert, müssen die Wasserzeichen-Verfahren in das E-Commerce-System integriert werden. Dazu muß untersucht werden, wie und wo sich Applikationen in das verwendete System einfügen lassen, damit die gehandelten Daten durch eine Wasserzeichen-Applikation aus dem System heraus markiert werden können. In Kapitel 3 werden dazu zuerst verschiedene Ansätze eines geeigneten Handelsprotokolls, das den Handelsablauf steuert, vorgestellt. In Kapitel 4 wird beispielhaft die Integration von Wasserzeichenverfahren am Beispiel des E-Commerce-System Intershop 4 vorgestellt. Ziel ist zu zeigen, wie Wasserzeichentechniken eingesetzt werden können.

1 Grundlagen digitaler Wasserzeichen

Seit Anfang der 90-er Jahre beschäftigt man sich in Industrie und Wissenschaft mit digitalen Wasserzeichen zur Prüfung von Authentizität und Integrität für Mediendaten. Eine Vielzahl von Publikationen und Lösungen sind bereits entstanden. Die existierenden Verfahren sind anwendungsspezifisch, haben uneinheitliche Verfahrensparameter und teilweise geringe Sicherheitsniveaus.

Generell verstehen wir unter einem digitalen Wasserzeichen ein transparentes, nicht wahrnehmbares Muster, welches in das Datenmaterial (Bild, Video, Audio, 3D-Modelle) mit einem Einbettungsalgorithmus unter Verwendung eines geheimen Schlüssels eingebracht wird.

Jeder Wasserzeichenalgorithmus nutzt steganographische Grundprinzipien und besteht in Analogie zur Steganographie aus:

- Einem Einbettungsprozeß E: Watermark Embedding
- Einem Abfrageprozeß/Ausleseprozeß R: Watermark Retrieval

Das eingebrachte Muster repräsentiert die eingebrachte Information. Typischerweise kann das Muster folgende Informationen darstellen:

- Identifizierung des Urhebers/Autors/Senders von einem Schlüssel abhängigen Muster, d.h. der Nachweis der Herkunft wird über das Vorhandensein und die Existenz des Wasserzeichenmusters angezeigt und somit der Urheber Autor/Sender identifiziert
- Codierung von Informationen, meist binär codiert, im allgemeinen von:
- Urheberdaten, zur Kennzeichnung der Urheberrechte,
- Kundendaten, zur Kennzeichnung legaler und zur Verfolgung illegaler Kopien, oder
- jeder Art von beschreibenden Daten (Metadaten).

Bei existierenden Wasserzeichenverfahren können wir folgende Anwendungsgebiete identifizieren [Ditt00]:

- **Verfahren zur Urheberidentifizierung (Authentifizierung):** *Robust Authentication Watermark*
  Autoren, Urheber, Produzenten etc. fügen in das Datenmaterial eine eindeutige Markierung ein, um die Urheberschaft oder das Copyright zu sichern. Der Urheber verwahrt das Original und verbreitet das markierte Datenmaterial mit dem Urheber- oder Copyrightvermerk.
- **Verfahren zur Kundenidentifizierung (Authentifizierung):** *Fingerprint Watermark*
  Wird das Datenmaterial an unterschiedliche Personen ausgeliefert, will man häufig ein kundenspezifisches Merkmal in das Datenmaterial integrieren, um einerseits legale Kunden zu identifizieren und andererseits illegale Kopien zum Verursacher zurückverfolgen zu können (traitor tracing). Es werden sogenannten Fingerabdrücke, eindeutige Kundenidentifizierungen, in das Datenmaterial eingefügt.
- **Verfahren zur Annotation des Datenmaterials:** *Caption Watermark, Annotation Watermark*
  Mit dieser Markierung können Beschreibungen zum Datenmaterial, wie Szenen- und Verwendungsbeschreibungen, aber auch Lizenzhinweise usw. in das Datenmaterial selbst eingebracht werden.
- **Verfahren zur Durchsetzung des Kopierschutzes oder Übertragungskontrolle:** *Copy Control Watermark, Broadcast Watermark*
  Diese Markierung dient dazu, daß eine Applikation entscheiden kann, ob das Datenmaterial angeschaut und/oder kopiert werden darf.
- **Verfahren zum Nachweis der Unversehrtheit (Integritätsnachweis):** *Integrity Watermark oder Verification Watermark*
  Als Wasserzeichen können Informationen in das Bild eingebracht werden, die erlauben festzustellen, ob das Datenmaterial manipuliert worden ist oder ob bestimmte Zusatzinformationen zum Datenmaterial korrekt sind. Wichtig ist, daß die Wasserzeicheninformation die Semantik des Datenmaterials widerspiegelt. Diese Art von Wasserzeichen werden auch als unsichtbar-zerbrechliche Wasserzeichen bezeichnet. Bei einem Verifi-

cation Watermark können auch Umstände oder weitere Eigenschaften des Datenmaterials als Wasserzeichen integriert werden, die später verifiziert werden sollen.

Jede Wasserzeichentechnik hat bestimmte Eigenschaften. Die wichtigste Eigenschaften eines Wasserzeichenverfahrens sind Robustheit, Nicht-Wahrnehmbarkeit, Security, Komplexität, Kapazität, Verifikation, Invertierbarkeit:

- **Robustheit:**

  Die eingebrachte Wasserzeicheninformation *W* (Watermark Message) ist robust, wenn die Information zuverlässig aus dem Datenmaterial ausgelesen werden kann, auch wenn das Datenmaterial modifiziert (aber nicht vollständig zerstört) wurde. Robustheit bezeichnet somit die Widerstandsfähigkeit der in ein Datenmaterial eingebrachten Wasserzeicheninformation gegenüber zufälligen Veränderungen des Datenmaterials oder Medienverarbeitungen. Robustheit beinhaltet keine Angriffe, die auf der Kenntnis des Einbettungs- und Abfrageprozesses basieren (siehe Parameter Security), sondern steht für die Resistenz gegen blinde, d.h. nicht gezielte Modifikationen, allgemeine Operationen auf dem Datenmaterial (Bild-, Tonverarbeitung oder 3D-Modellierungen) oder gegenüber Fehlern bei der Datenübertragung.

- **Nicht-Wahrnehmbarkeit:**

  Diese Eigenschaft bezieht sich auf die Eigenschaften des menschlichen Wahrnehmungssystems, erzeugt das eingebrachte Muster akustisch oder optisch wahrnehmbare Veränderungen? Die eingebrachte Information *W* ist nicht wahrnehmbar und somit transparent, wenn ein durchschnittliches Seh- bzw. Hörvermögen nicht zwischen markiertem Datenmaterial und Original unterscheiden kann.

- **Security:**

  Der Wasserzeichenalgorithmus wird als sicher (secure) eingestuft, wenn die eingebrachte Information nicht zerstört, aufgespürt oder gefälscht werden kann, wobei der Angreifer volle Kenntnis des Wasserzeichenverfahrens hat, ihm mindestens ein markiertes Datenmaterial vorliegt, ihm jedoch der geheime Schlüssel unbekannt ist. Die Eigenschaft Security beschreibt im Gegensatz zur Robustheit die Sicherheit gegen gezielte (nichtblinde) Angriffe auf das Wasserzeichen selbst.

- **Komplexität:**

  Beschreibt den Aufwand, der erbracht werden muß, die Wasserzeicheninformation einzubringen und wieder auszulesen. Bedeutend ist dieser Parameter bei Echtzeitansprüchen. Der Parameter beschreibt außerdem, ob zum Auslesen der Markierung im Abfrageprozeß das Originalbild verwendet werden muß oder nicht.

- **Kapazität:**

  Dieser Parameter mißt, wieviel Informationen in das Original eingebracht werden können und wie viele Wasserzeichen parallel im Datenmaterial zugelassen bzw. möglich sind.

- **Geheime/öffentliche Verifikation:**

  Dieser Parameter sagt aus, ob nur der Urheber oder eine dedizierte Personengruppe das Wasserzeichen aufdecken können (geheim) oder ob die Verifikation öffentlich erfolgen kann bzw. soll. Da digitale Wasserzeichen auf steganographischen Verfahren beruhen und diese symmetrisch arbeiten, ist es sehr schwer, ein sicheres öffentliches Wasserzeichen zu konstruieren. Der verwendete Schlüssel muß bei der Abfrage als Eingabeparameter verwendet werden. Wird er öffentlich bekannt, kann das Wasserzeichen gelöscht werden.

- **Invertierbarkeit:**
  Beschreibt die Möglichkeit das Wasserzeichen im Abfrageprozess aus dem Datenmaterial zu entfernen und das Original wieder zu rekonstruieren. Beispielsweise spielt diese Anforderung bei medizinischen Bildern eine wesentliche Rolle, da hier der Wunsch besteht, das Original reproduzieren zu können.

Die genannten Wasserzeichenverfahren sollten folgende Eigenschaften besitzen:

(1) Verfahren zur Urheberidentifizierung

- Wahrnehmbarkeit: an die Wahrnehmung des Menschen angepaßtes Wasserzeichen
- Robustheit: hohe Robustheit gegen Kompression und geometrische Transformationen sowie erweiterter Medienverarbeitungen
- Kapazität: an die Robustheit angepaßt
- Komplexität: je nach Anforderung
- Security: hohe Fälschungssicherheit, Fehlerkennungen müssen gering sein

(2) Verfahren zur Kundenidentifizierung

- Wie (1)
- Security: zusätzlich Sicherheit gegen Koalitionsangriffe

(3) Verfahren zur Annotation des Datenmaterials

- Wahrnehmbarkeit: an die Wahrnehmung des Menschen angepaßtes Wasserzeichen,
- Robustheit: gegen Kompression und leichte geometrische Transformationen
- Kapazität: hohe Kapazität gefordert
- Komplexität: geringe Komplexität nötig
- Security: Security kann geringer sein

(4) Verfahren zur Durchsetzung des Kopierschutzes

- Wie (1)
- Security: zusätzlich Blackbox-Sicherheit, öffentlich über Blackboxlösung verifizierbar
- Komplexität: geringe Komplexität nötig

(5) Verfahren zum Nachweis der Unversehrtheit

- Wahrnehmbarkeit: an die Wahrnehmung des Menschen angepaßtes Wasserzeichen
- Robustheit: Robustheit solange semantische Integrität nicht verletzt wird
- Kapazität: meist hohe Kapazität gewünscht
- Komplexität: je nach Anforderung
- Security: hohe Security zur Manipulationserkennung bei Mehrfachmarkierung

Im folgenden werden wir zuerst Handelsprotokolle diskutieren, um Wasserzeichen in die Daten integriert zu können. Anschließend betrachten wir beispielhaft für den Intershop 4 wie Verfahren zur Händlerauthentifizierung (siehe Wasserzeichenart 1) in ein E-Commerce-System integriert werden können.

2 Handelsprotokolle

Zur Evaluierung der Anwendung von Wasserzeichen im Business-to-Customer (b2c)-Bereich wird beispielhaft ein Protokoll entwickelt, das Händler-(Sender)authentizität gewährleistet. Im folgenden werden Voraussetzungen beschrieben, die ein geeignetes Handelsprotokoll in hiesigem Zusammenhang grundsätzlich erfüllen muß. Danach werden die zwei in der Literatur zu findenden Protokolle vorgestellt, bevor ein für den Intershop entwickeltes Protokoll in Alternative 3 erklärt wird.

2.1 Grundlegende Voraussetzungen

Zu dem hier betrachteten Handel mit Bildern zur Gewährleistung von Authentizität gehören drei Parteien:

- Der Kunde, der ein Bild erwerben will;
- der Händler, der Bilder anbietet und verkauft und
- eine unabhängige neutrale Stelle, die für die Wahrung der Authentizität im Verkaufsprozess herangezogen werden kann.

Die neutrale Stelle wird benötigt, damit im Urheberrechts-Streitfall unparteiisch zwischen Händlern geschlichtet werden kann. Diese händlerunabhängige Instanz kann kontaktiert werden, um Authentizitätsinformation über ein Bild zu erhalten.

Bestellt ein Kunde ein Bild beim Händler, muß er es bezahlen. Wann genau die Bezahlung im Protokoll erfolgt, hängt aber von der gewählten Bezahlungsart ab. Um die Protokollschritte nicht unnötig zu verkomplizieren, wird die Bezahlung nicht explizit erwähnt.

Die Kommunikation zwischen den Parteien findet über das WWW – ein öffentliches Netzwerk – statt und kann prinzipiell von Dritten abgehört werden. Dadurch sind Geheimhaltung und Authentizität angreifbar. Die Geheimhaltung betrifft dabei Nachrichten, die bei der Übertragung nicht mitgelesen bzw. verändert werden dürfen. Authentizität bedeutet in diesem Zusammenhang, daß man sich der Identität des Kommunikationspartners sicher sein kann, d.h. Nachrichten können nicht gefälscht werden.

Um das Problem der Geheimhaltung und der Authentizität zu lösen, werden Verfahren der Kryptographie angewandt. Die im folgenden diskutierten Protokolle benutzen darüber hinaus digitale Zertifikate. Diese werden dazu benutzt, daß die Person A einem Kommunikationspartner B bestimmte Referenzen vorlegen kann. Ein digitales Zertifikat wird von einer Zertifizierungsstelle ausgestellt und signiert.

2.2 Alternative 1

Bei dem in [HeVo98] beschriebenen Protokoll markiert der Händler das zu verkaufende Bild mit einem Wasserzeichen. Information, die vom markierten Bild abgeleitet wurde, wird dazu benutzt, bei der neutralen Stelle ein Urheberrechts-Zertifikat zu erstellen. Mit diesem Zertifikat kann ein Kunde prüfen, ob der Händler der rechtmäßige Besitzer des verkauften Bildes ist.

Mit dem Zertifikat kann ein Kunde prüfen, ob der Händler der rechtmäßige Besitzer des verkauften Bildes ist. Das Protokoll läuft folgendermaßen ab:

1. Über eine PKI werden für Händler H, die neutrale Stelle N und den Kunden K asymmetrische Schlüsselpaare (p_H, s_H), (p_N, s_N) und (p_K, s_K) erzeugt. p_i ist dabei der öffentliche Schlüssel von i, s_i der geheime. Die öffentlichen Schlüssel werden an alle Parteien verteilt.
2. Der Händler H hasht die Seriennummer SN des zu verkaufenden Bildes O und seine Händler-ID ID_H mit der Hash-Funktion h. Als Ergebnis erhält er die Bild-ID von O mit $ID_O= h(ID_H, SN_O)$.
3. H bettet ID_O als Wasserzeichen-Nachricht in das Originalbild O mit seinem geheimen Schlüssel s_H ein. Daraus resultiert das markierte Bild $M=Embed(s_H, ID_O,O)$.
4. H generiert Urheberrechts-Anfrage-Daten $UAD=(h(M,SN),ID_H)$ und schickt die signierte Urheberrechts-Anfrage $UA=(UAD,SigGen(s_H,UAD))$ zur neutralen Stelle N.
5. N überprüft mit den öffentlichen Schlüssel p_H von H die obige Signatur. Stimmt sie nicht, wird die Kommunikation abgebrochen.
6. N generiert aus den Anfragedaten UAD das Urheberrechts-Zertifikat $UZ=(UAD,SigGen(s_N,UAD))$ mit dem geheimen Schlüssel s_N und speichert es.
7. N schickt die Urheberrechts-Bestätigung $UB=(UZ,SigGen(s_N,UZ))$ an H.
8. H überprüft mit dem öffentlichen Schlüssel p_N sowohl die Signatur von UB als auch von UZ. Stimmt eine der Signaturen nicht, wird die Kommunikation abgebrochen.
9. Der Kunde K generiert die Kauf-Auftrags-Daten $KAD=(ID_O,ID_K)$ und schickt den signierten Kauf-Auftrag $KA=(KAD,SigGen(s_K,KAD))$ an H.
10. H verifiziert mit p_K die Signatur von KA. Stimmt sie nicht, wird die Kommunikation abgebrochen.
11. H schickt das signierte Bild $(M,SigGen(s_H,M))$ an K.
12. K verifiziert wiederum obige Signatur mit p_H.

Der Händler hat keine Möglichkeit, das Urheberrechts-Zertifikat abzuändern, weil es durch die Signatur der neutralen Stelle geschützt ist. Zusammen mit dem Zertifikat, das die Händler-ID und vom markierten Bild abgeleitete Information enthält, kann der Händler durch Auslesen des Wasserzeichens aus dem markierten Bild beweisen, daß das Bild von ihm stammt. Das Wasserzeichen enthält – genauso wie das Zertifikat – Information über den Händler und das Bild. Ein zweiter, korrupter Händler, dem ein gekauftes, markiertes Bild vorliegt, kann dies zunächst bei der neutralen Stelle als sein Eigentum registrieren lassen. Ein Vergleich der Zertifikatsinformation mit der Information, die mit dem (dann falschen) Wasserzeichen ausgelesen wird, entlarvt ihn als Betrüger.

2.3 Alternative 2

Das Protokoll aus [AdPS00] verwendet Wasserzeichen, um eine Ähnlichkeitsrelation zwischen Bildern herzustellen: Zwei Bilder sind ähnlich, wenn durch denselben Schlüssel daßelbe Wasserzeichen ausgelesen werden kann. Alle ähnlichen Bilder gehören demselben Händler. Die Überprüfung der Ähnlichkeitsrelation bzw. die Registrierung eines Bildes erfolgt bei der neutralen Stelle N. N hält dazu Bildinformations-Einträge $rec_{Bi}=(ID_{Bi}, s_{Bi}, n_{Bi})$. ID_{Bi} ist dabei die ID des Händlers für den das Bild B_i registriert wurde, s_{Bi} ist der geheime Schlüssel und n_{Bi} die geheime Nachricht, die die Stelle N per Wasserzeichen in B_i eingebettet hatte $(Embed(s_{Bi}, n_{Bi}, B_i))$.

Wie im Protokoll, das im vorherigen Abschnitt beschrieben wurde, basiert die Kommunikation auch hier auf asymmetrischer Kryptographie. Allerdings werden die einzelnen Signier- und Verifizierschritte nicht explizit erwähnt. Es wird davon ausgegangen, daß über eine PKI jede Partei ihren geheimen Schlüssel und die öffentlichen Schlüssel der jeweils anderen Parteien erhalten hat. Das Protokoll im einzelnen:

1. Der Händler H schickt seine IDH und das anzubietende Bild O zur neutralen Stelle N.
2. N iteriert über alle rec_{Bi} und prüft per Wasserzeichen-Rückgewinnung, ob O ähnlich zu einem schon registrierten Bild B_i ist. Das ist dann der Fall, wenn aus O mit dem Schlüssel s_{Bi} die Nachricht n_{Bi} ausgelesen werden kann. Stimmen die beiden Ids: ID_H und ID_{Bi} nicht überein, so wurde von einem anderen Händler bereits ein ähnliches Bild registriert. Die Kommunikation wird abgebrochen.
3. N bettet in O ein Wasserzeichen mit geheimem Schlüssel s_O und Nachricht n_O ein. Daraus resultiert das markierte Bild $M=Embed(s_O,n_O,O)$.
4. N speichert den neuen Bildinformations-Eintrag $recO=(ID_H,s_O,n_O)$.
5. N generiert das Urheberrechts-Zertifikat $UZ=SigGen_N(ID_H,h(M))$, wobei h eine Hash-Funktion ist. (M,UZ) wird zu H geschickt.
6. Ein Kunde K kontaktiert H, um das Bild M zu erwerben.
7. H sendet M an K.
8. Der Händler hat keine Möglichkeit, das Urheberrechts-Zertifikat abzuändern, weil es durch die Signatur der neutralen Stelle geschützt ist.

Der Händler kann das Besitzrecht an einem Bild beweisen, indem er es zusammen mit seiner ID und seinem Zertifikat an die neutrale Stelle schickt. Diese überprüft mittels Wasserzeichen-Rückgewinnung die Ähnlichkeit zu allen registrierten Bildern. Wurde ein ähnliches Bild gefunden, das mit derselben Händler-ID gespeichert wurde, gilt der Händler als rechtmäßiger Besitzer. Ein zweiter, korrupter Händler, dem ein gekauftes, markiertes Bild vorliegt, kann dies nicht bei der neutralen Stelle als sein Eigentum registrieren lassen: Bei der Iteration über die registrierten Bilder, wird ein ähnliches Bild gefunden, das zusammen mit einer anderen Händler-ID gespeichert wurde.

2.4 Alternative 3

Der Bildhandel mit Gewährleistung der Senderauthentizität, so wie er in den beiden letzten Abschnitten vorgestellt wurde, funktioniert nur mit einer globalen Instanz als neutrale Stelle, die etwa über WWW kontaktiert werden kann. Dieser zentrale Ansatz ist aber heute noch nicht realisierbar, weil es keine globale Instanz gibt, die Urheberrechts-Zertifikate für digitale Bilder vergibt. In der Praxis muss also zunächst eine lokale Lösung gefunden werden mit einer neutralen Stelle, die nur einen relativ geringen Einflussbereich besitzt. Dieser lokale Ansatz kann später zu einem globalen dezentralen Ansatz ausgebaut werden, in dem die einzelnen lokalen neutralen Stellen miteinander kommunizieren und Zertifikat-Information untereinander abgleichen. Deswegen wird in dem hier entworfenen Protokoll absichtlich eine lokale Lösung verwendet.

Weil in den Protokollen der letzten beiden Abschnitte von einer globalen neutralen Instanz ausgegangen wird, verläuft der eigentliche Bildversand von Händler zu Kunde auch unabhängig von der Markierung bzw. Registrierung der Bilder: Der Händler registriert erst das zu verkaufende Bild bei der neutralen Stelle. Dann verkauft er es – davon entkoppelt – an den Kunden. Will der Kunde die Authentizität des Senders überprüfen, muss er den Händler dazu auffordern, die neutrale Stelle zu kontaktieren. Diese sendet das Testergebnis zurück an den Kunden. Wird, wie hier, eine lokale Lösung verwandt, kann man das verwendete E-Commerce-System (hier: Intershop) direkt in das Protokoll einplanen. Mit der lokalen Lösung kann man jedoch nicht verhindern, daß unrechtmäßig verkaufte Bilder in Umlauf geraten. Das E-Commerce-System lässt den Verkauf eines Bildes von einem unrechtmäßigen Besitzer zu einem Kunden zwar nicht zu, durch die lokale Lösung ist man jedoch nicht gezwungen immer über einen Intershop mit Wasserzeichenservice die Bilder anzubieten. Hier könnte nur eine globale Lösung helfen.

Die beiden Parteien Kunde und Händler lassen sich im Intershop-Szenario direkt den Schnittstellen „Kunde" und „Händler" bzw. „Administrator" zuordnen. Als neutrale Stelle wird der „Intershop-Server" gewählt, auf den weder Kunde noch Händler direkten Einfluss haben. Selbst der Site-Administrator, der den Server nur konfigurieren kann, kann in Prozesse im laufenden Betrieb nicht eingreifen. Mit dem Intershop-Server als neutrale Stelle erstreckt sich die Authentizitätsgewährleistung auf alle von ihm verwalteten Online-Shops. Die Kommunikationsschnittstelle ist im Intershop-Szenario der Webbrowser. Um bei der Kommunikation Authentizität und Geheimhaltung zu erreichen, wird Secure Socket Layer (SSL) verwendet. Folgender Handelsprozeß soll betrachtet werden:

1. Der Kunde K kontaktiert die neutrale Stelle N – den Intershop-Server – und erhält eine Textbeschreibung und eine Miniversion des angewählten Originalbildes O zur Ansicht.
2. Interessiert sich der Kunde K für das Bild O, fügt er es seinem Warenkorb hinzu. Er schickt eine Bestellung an den Händler H.
3. H nimmt die Bestellung entgegen und veranlaßt den Versand von O.
4. Von N aus wird automatisch geprüft, ob O bereits eine Wasserzeichenmarkierung eines ihr bekannten Händlers H_i enthält. Ist das so, wird O aus der Bestellung des Kunden entfernt. O darf von H nicht verkauft werden, weil es einem anderen Händler gehört.
5. O wird automatisch von N durch einen festgelegten Algorithmus mit einem Wasserzeichen versehen. Der Schlüssel s_H für den Einbettungsprozeß wird ebenfalls automatisch händler-spezifisch gewählt. Das resultierende Bild ist M=Embed(s_H,O) und wird zu H geschickt.
6. H sendet das M an K.

Der Händler hat die Möglichkeit, über seine Schnittstelle zu Intershop nachzuprüfen, ob er der rechtmäßige Besitzer eines ihm vorliegenden Bildes ist. Dazu schickt er das Bild an den Intershop-Server, der ihm daraufhin antwortet. Das in diesem Abschnitt beschriebene Protokoll bietet eine Gewährleistung der Senderauthentizität nur innerhalb des Umfelds eines Intershop-Servers. Um diese lokale Lösung, wie oben beschrieben, zu einer flächendeckenderen Lösung zu skalieren, müssen sich mehrere E-Commerce-Server synchronisieren. Davon wird in diesem ersten Protokollansatz aber abgesehen.

3 Einbindung von Wasserzeichen bei Intershop

Folgendes Praxis-Szenario kann entwickelt werden, das in Abbildung 1 illustriert wird.

Es gibt einen Intershop-Online-Shop 1, in dem Bilder als Produkte angeboten werden. Der Kunde sieht neben den von Intershop standardmäßig vorgesehenen Bildbeschreibungen zusätzlich a priori erzeugte Miniversionen 2 der Originalbilder, um einen Eindruck von den Originalen zu erhalten. Das im Kunden-Browser angezeigte Minibild kann ungehindert kopiert werden; es wird aber davon ausgegangen, das es nur einen geringen Nutzwert hat. Minibilder und Originalbilder werden in getrennten Datenbanken aufbewahrt (Minibilddatenbank 3 und Originalbilddatenbank 4). Während die Originalbilddatenbank aus Sicherheitsgründen auf dem Händlerrechner residieren soll, wird die Minibilddatenbank auf dem Intershop-Serverrechner 5 abgelegt. Das hat den Vorteil, daß die Minibilder für den Kunden immer verfügbar sind, weil der Intershop-Server immer online ist.

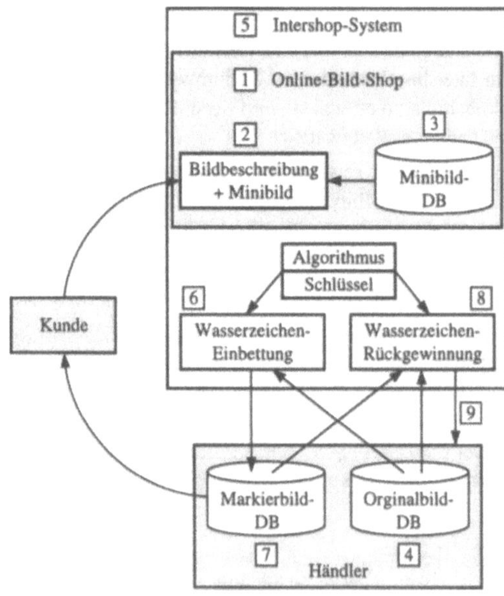

Abb. 1: Szenario Intershop

Soll das bestellte Bild zum Kunden geschickt werden, holt das Intershop-System 5 automatisch das Originalbild aus der entsprechenden Datenbank 4 und bettet mit einem festgelegten Algorithmus und einem händler-spezifischen Schlüssel das Wasserzeichen ein 6. Die markierten Bilder werden in einer dritten Datenbank gespeichert. Auf diese Markiertbilddatenbank 7, die auf dem Händlerrechner angesiedelt ist, greift der Händler zu, um die Bilder letztendlich zum Kunden zu senden. Der Händler erhält die Möglichkeit zu prüfen, ob ein Bild, auf das er gestoßen ist, von ihm stammt, d.h. von ihm verkauft wurde. Dazu übergibt der Händler dem Intershop-System das gefundene Bild – und evtl. noch einen Verweis auf das entsprechende

Originalbild (nicht blindes Wasserzeichen-Verfahren) - und startet die Rückgewinnung 8. Algorithmus und Schlüssel werden wieder von Intershop-Seite her bestimmt. Das Ergebnis des Auslesens wird dem Händler mitgeteilt 9.

Zusammenfassend lässt sich sagen, daß sowohl die Originalbilder als auch die (unsichtbar) markierten Bilder - die für den Händler aus kommerzieller Sicht wertvoll sind - immer auf Händlerseite gespeichert werden. Nur zum Einbetten bzw. Rückgewinnen werden sie auf den Intershop-Serverrechner geholt, danach aber sofort wieder gelöscht. Der Wasserzeichen-Algorithmus und die Schlüsselverwaltung residieren dagegen auf Intershop-Seite, damit der Händler keine Möglichkeit hat, in den Markierungs-/Ausleseprozess einzugreifen. Dadurch kann ein korrupter Händler zwar versuchen, mit falschen Schlüsseln oder Algorithmen einem Kunden ein Urheberrecht über ein Bild vorzutäuschen, die Markierung durch das Shopsystem wird aber auf jeden Fall aufgebracht.

3.1 Umsetzung

Beispielhaft wird nun gezeigt, wie die Wasserzeichenverfahren in den Intershop systemtechnisch integriert werden können. Dies wird anhand einer Hauptkategorie, die alle Produkte (= 10 Bilder) enthält, erläutert. Weil jedes Produkt im Storefront neben der üblichen Textbeschreibung durch ein zusätzliches Minibild dargestellt werden soll, wird ein Produktattribut „Mini“ vom Typ Multimedia eingeführt. Dadurch werden die Minibilder, wie gewünscht, auf den Serverrechner hochgeladen, von dem aus sie immer abrufbereit sind.

Mit dem „Mini“-Attribut wird automatisch eine TLE(Template Language Extension)-Variable gleichen Namens erzeugt, die den Pfad zu diesem Bild enthält. Sie wird in einem vordefinierten Standard-Produkt-Template an geeigneter Stelle plaziert. Dieses Template wird allen zehn Produkten zugewiesen. Wählt der Kunde ein Produkt an, wird dadurch das entsprechende Produkt-Template zusammen mit dem Minibild vom Server geholt und im Browser des Kunden dargestellt. Um das Szenario aus Abbildung 1 vollständig verwirklichen zu können, muß ein Intershop-PlugIn verwendet werden. In Intershop besteht die Möglichkeit PlugIns, Cartridges genannt, einzusetzen. Sie erweitern die Standardfunktionalität von Intershop, indem sie eine Verbindung zu fremder Software herstellen. Dadurch können Kunden und Händler neuartige Technologien ausnutzen. Mit Hilfe eines Cartridges kann in die Auftrags-Pipeline eingegriffen werden; vom Eintritt des Kunden in den Storefront bis zum Versand der bestellten Ware. Für das zu realisierende Szenario wird ein Wasserzeichen-Cartridge benötigt, das an einer bestimmten Stelle der Auftrags-Pipeline aufsetzt und automatisch die vom Kunden bestellten Bilder mit Wasserzeichen versieht.

3.2 Wasserzeichen-Cartridge

In Abbildung 2 ist der für das Cartridge entscheidende Teil des Szenarios dargestellt.

Aus technischer Sicht stellt sich die Frage, wie die Bilder zwischen Händlerrechner und Intershop-Serverrechner ausgetauscht werden. Hierfür wird das File Transfer Protocol (FTP) eingesetzt werden: Die FTP-Daten müssen vom Händler unbedingt geheim gehalten werden, damit kein unbefugter Dritter auf die Originalbilder des Händlerrechners zugreifen kann. Im folgenden werden Punkte 1 bis 4 aus Abbildung Szenarioteil genauer besprochen.

Zu 1: Die Originalbilder müssen zur Markierung vom Händlerrechner zum Intershop-Serverrechner geholt werden, erst nachdem der Kunde seine Rechnung bezahlt hat. Es wird davon ausgegangen, daß der Händler mehrere Rechner besitzt, auf denen – nach einem bestimmten Kriterium verteilt – die Bilder liegen. Das bedeutet, daß es u.U. mehrere FTP-Hosts gibt, die jeweils eine bestimmte Anzahl von Bildern beherbergen. Die einzelnen Bilder auf einem Host können wiederum nach Kriterium sortiert in verschiedenen Verzeichnissen liegen. Die Idee dabei ist, daß Bilder, die aufgrund eines bestimmten logischen Kriteriums auf einem Host liegen, auch im Produktkatalog-Baum unter einem logischen Zweig erscheinen. Die Wasserzeichen-Einbringung erfolgt auf dem Intershop-Serverrechner nach einem dort vorliegenden, festgelegten Algorithmus. Die verwendeten Schlüssel sollen händler-spezifisch sein. Dazu wird in der System-Datenbank eine neue Tabelle angelegt, die zu jeder shop-übergreifend eindeutigen Händler-ID einen ebenfalls eindeutigen Schlüssel hält.

Zu 2: Nachdem die Bilder markiert wurden, müssen sie zurück zum Händler geschickt werden. Weil die Bilder – als Bestandteil der Bestellung – zusammengehören, werden sie auch zusammen in einem Verzeichnis eines Händler-Hosts abgelegt. Nachdem die Bilder zum Händler geschickt wurden, werden Original- und Markiertbilder vom Intershop-Serverrechner gelöscht.

Zu 3: Will der Händler prüfen, ob ein ihm vorliegendes Bild von ihm stammt, muss er es Intershop zugänglich machen. Weil das verwendete Wasserzeichen-Verfahren auch nicht blind sein kann, existiert ein Eingabefeld für den Pfad des Originalbildes. Die Schlüssel für die Rückgewinnung werden, einer eigens dafür angelegten System-Datenbank-Tabelle entnommen.

Zu 4: Das Ergebnis der Überprüfung ist entweder Wasserzeichen gefunden oder Wasserzeichen nicht gefunden und muss dem Händler präsentiert werden. Dazu wird eine zusätzliche Abfragemöglichkeit zur Verfügung gestellt.

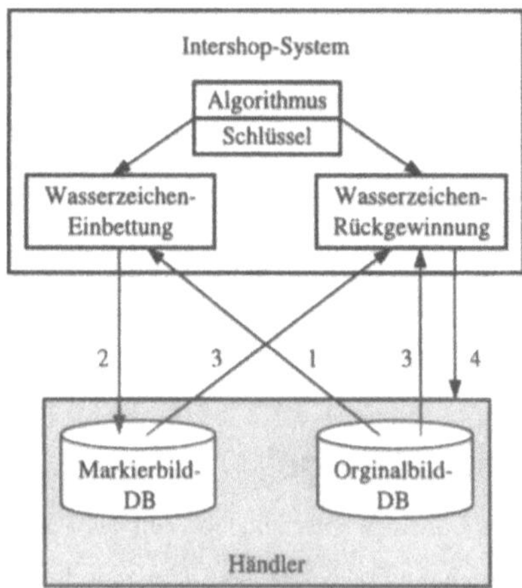

Abb. 2: Szenarioteil

Nach der Wasserzeichen-Rückgewinnung werden die verwendeten Bilddateien vom Serverrechner entfernt. Damit Intershop Wasserzeichen einbetten bzw. rückgewinnen kann,

Die Cartridge-Funktionalität ist in Perl implementiert.

4 Zusammenfassung

In unserem Beitrag beschreiben wir, wie digitale Wasserzeichen als mögliche Schutztechnik innerhalb des Handelsablaufs bzw. -protokolls verwendet werden können. Es werden die Einsatzmöglichkeiten und wichtigsten Eigenschaften digitaler Wasserzeichen zusammengefaßt. Will man Wasserzeichen als Schutztechnik für den Handel verwenden und zugleich ein E-Commerce-System einsetzen, das den Handelsablauf steuert, müssen die Wasserzeichen-Verfahren in das E-Commerce-System integriert werden. Dazu wird untersucht, wie und wo sich Applikationen in das verwendete System einfügen lassen, damit die gehandelten Daten durch eine Wasserzeichen-Applikation aus dem System heraus markiert werden können. Der Beitrag stellt verschiedene Ansätze eines geeigneten Handelsprotokolls, das den Handelsablauf steuert, vor. Beispielhaft wird die Integration von Wasserzeichenverfahren am Beispiel des E-Commerce-System Intershop für Bilddaten diskutiert.

Literatur

[AdPS00] A. Adelsbach, B. Pfitzmann, A.-R. Sadeghi: Proving Ownership of Digital Content, Universität des Saarlandes, Fachbereich Informatik, 2000.

[Ditt00] J. Dittmann: Digitale Wasserzeichen, Springer Verlag, 2000.

[HeVo98] A. Herrigel, S. Voloshynovskiy: Copyright and Content Protection for Digital Images based on Asymmetric Cryptographic Techniques, Proc. of ACM Multimedia '98, ACM, S. 99-108, Bristol, 1998.

[Inte4] http:\\www.intershop.com

Unsichtbare Markierungen in elektronischem Geld

Dennis Kügler · Holger Vogt

Technische Universität Darmstadt
{kuegler, hvogt}@cdc.informatik.tu-darmstadt.de

Zusammenfassung

Bei Zahlungen im Internet stellt der Schutz der Privatsphäre des Zahlenden eine große Herausforderung dar. Anonyme elektronische Zahlungssysteme bieten diesen Schutz, aber sie schaffen auch neue Probleme: Im Schutz der Anonymität kann elektronisches Geld in großen Mengen unbeobachtbar transferiert werden, wodurch es sich besonders gut für kriminelle Aktivitäten wie Erpressung oder Geldwäsche eignet. In diesem Artikel stellen wir eine neue Lösung für diese Probleme vor, ohne auf Anonymität zu verzichten. Unser Zahlungssystem besitzt einen effizienten Mechanismus zum gezielten Verfolgen und Invalidieren von digitalen Münzen. Die verwendete Idee beruht auf dem Markieren von Münzen, analog zu dem Markieren von Geldscheinen mit unsichtbarer Farbe.

1 Einleitung

Das Internet ermöglicht heute eine nahezu umfassende Beobachtung der Personen, die es benutzen, und ein automatisiertes Bilden und Auswerten von Benutzerprofilen. Die Nutzung dieser gesammelten Daten entzieht sich jedoch der Kontrolle der betroffenen Personen, so daß weder eine mißbräuchliche Nutzung ausgeschlossen ist, noch ein Fall von Mißbrauch entdeckt werden kann. Als Konsequenz daraus ergibt sich die Notwendigkeit, so wenig personenbezogene Daten wie möglich preiszugeben.

Daher fordert auch das Teledienstedatenschutzgesetz [TDD] in §4 explizit die anonyme oder pseudonyme Nutzung und Bezahlung von elektronisch erbrachten Dienstleistungen und digitalen Waren. Durch den Einsatz von anonymen oder pseudonymen Zahlungssystemen kann nämlich in diesen Fällen vollständig auf personenbezogenen Daten verzichtet werden, wobei eine anonyme Zahlung aus Sicht des Kunden vorzuziehen ist, da nur hierbei eine nachträgliche Deanonymisierung unmöglich ist.

Als technische Lösung für anonymes Bezahlen bieten sich münzbasierte Zahlungen auf Basis von blinden Signaturen [Cha83] an. Diese Systeme bilden die Funktionalität von Bargeld in elektronischer Form nach. Eine Bank erzeugt digitale Münzen durch blindes Signieren einer zufällig und kollisionsfrei vom Kunden erzeugten Zahl, welche als Seriennummer der Münze bezeichnet wird. Der Kunde kann nun die Münze zum Bezahlen bei einem Händler im Internet verwenden, ohne daß der Händler oder die Bank die Identität des Zahlenden ermitteln können. Denn durch die blinde Signatur ist sichergestellt, daß die Bank die Seriennummer bei einer Zahlung keinem Abhebevorgang zuordnen kann.

Es gibt jedoch auch einige Unterschiede im Vergleich zu Bargeld:

- Digitale Münzen können einfach und beliebig oft kopiert werden. Um die Gültigkeit einer Münze zu prüfen, muß man also die Münze bei der Bank einreichen, da nur diese weiß, ob die Münze bereits ausgegeben wurde.
- Münzen einer Generation werden nur während eines bestimmten Zeitraums erzeugt, an den sich die Erzeugungphase der nächsten Generation anschließt. Daher haben digitale Münzen einen begrenzten Gültigkeitszeitraum.
- Der Transfer von digitalen Münzen ist leicht und unbeobachtbar in großen Mengen möglich. Daher eignen sich anonyme digitale Münzen für kriminelle Aktivitäten wie zum Beispiel Erpressung [vSN92] und Geldwäsche, weil die am Transfer beteiligten Personen nicht ermittelt werden können.

Um kriminelle Aktivitäten zu verhindern, werden in der Literatur Escrowmechanismen [CMS96, DFTY97, JY96] vorgeschlagen, mit denen die Anonymität von Zahlungen gezielt aufgehoben werden kann. Ein Mißbrauch der für die Deanonymisierung gesammelten Daten ist jedoch bei solchen Verfahren nicht ausgeschlossen, da Mißbrauch prinzipiell nicht erkannt werden kann.

Wir unterscheiden zwischen legaler, illegaler und fairer Deanonymisierung:

- **Legale Deanonymisierung:**
  Die Deanonymisierung wurde von dem Kunden selbst oder von einer Strafverfolgungsbehörde angeordnet.
- **Illegale Deanonymisierung:**
  Der Deanonymisierungsmechanismus wird mißbraucht, d.h. er wird ohne Erlaubnis eingesetzt.
- **Faire Deanonymisierung:**
  Legale Deanonymisierung ist immer möglich, aber illegale Deanonymisierung wird verhindert.

Wir stellen in diesem Artikel ein neues anonymes Zahlungssystem vor, welches je nach Implementierung entweder nur freiwillige Deanonymisierung im Fall einer Erpressung zuläßt oder einen optimistischen Ansatz zur fairen Deanonymisierung bietet. Dieser Ansatz versetzt den Benutzer in die Lage, die mißbräuchliche Verwendung seiner personenbezogenen Daten später aufzudecken. Eine ausführliche technische Betrachtung dieser Zahlungssysteme ist in [KV01b, KV01a] zu finden.

Unser Artikel hat den folgenden Aufbau: Zuerst stellen wir das Konzept der unsichtbaren Markierungen vor und zeigen in den Abschnitten 3 und 4, wie dieser Mechanismus allgemein eingesetzt werden kann, um Erpressung und Geldwäsche zu bekämpfen. Die Implementierung unseres Zahlungssystems beschreiben wir schließlich in Abschnitt 5.

2 Markierungen

Physikalisches Geld, insbesondere Banknoten, haben zwei wichtige Eigenschaften, die bei vollständig anonymen digitalen Münzen nicht vorhanden sind:

- Die Seriennummern von Banknoten können notiert werden.
- Die Banknoten können markiert werden, z.B. mit einer unsichtbaren Farbe.

Diese beiden Ansätze können bei der Strafverfolgung verwendet werden, um ausgegebene Banknoten wiederzuerkennen und einer Person zuzuordnen. Folglich kann theoretisch mit diesem Mechanismus der gesamte Geldfluß beobachtet werden. Allerdings ist der Mechanismus sehr unpräzise, da physikalisches Geld unbeobachtbar und beliebig oft weitergebbar ist. Dadurch sind nur der Start- und Endpunkt einer Zahlungskette bekannt, d.h. jeweils die abhebende und die einzahlende Person.

2.1 Markierung von digitalen Münzen

Wenn man die Mechanismen zum Wiedererkennen von Bargeld direkt auf digitale Münzen überträgt, ist keine Anonymität mehr gegeben, da die Bank bei jeder Transaktion beteiligt ist und die Verknüpfung zwischen dem Zahlenden und dem Empfänger der Zahlung herstellen kann. Daher muß das Verwenden der Wiedererkennungsmechanismen eingeschränkt werden.

Benutzt man die Idee, die Seriennummern von Münzen aufzuschreiben, kann man den Wiedererkennungsmechanismus dadurch einschränken, daß eine vertrauenswürdige dritte Partei die Seriennummern notiert und damit die Münzen in Zusammenarbeit mit der Bank deanonymisieren kann. Damit handelt es sich bei dieser Lösung im Prinzip um die bekannten Escrowmechanismen.

Wir verwenden in unserem Zahlungssystem die Idee, Münzen unsichtbar zu markieren. Unser Zahlungssystem ist das erste, das auf diesem Mechanismus basiert. Dabei kann die Bank das Markieren von Münzen selbst durchführen, wobei wir unterschiedliche Mechanismen vorschlagen, mit denen das illegale Markieren von Münzen kontrolliert werden kann.

2.2 Eigenschaften von markierten Münzen

Unser Ziel ist es ein Zahlungssystem zu implementieren, das einen verläßlichen Mechanismus zum gezielten Markieren von digitalen Münzen bietet und folgende Anforderungen erfüllt:

- Die Bank kann Münzen mit verschiedenen Markierungen erstellen.
- Nur die Bank kann feststellen, ob eine Münze markiert ist oder nicht. Für jede andere Person sind markierte und unmarkierte Münzen nicht unterscheidbar.
- Mißbräuchliche Nutzung des Markierungsmechanismus kann vom Kunden entdeckt werden.

Diese Eigenschaften können benutzt werden, um Maßnahmen gegen Erpressung und Geldwäsche zu ergreifen. Zum einen kann die Bank markierte Münzen wiedererkennen und zum anderen können markierte Münzen invalidiert werden, da die Bank markierte Münzen als ungültig zurückweisen kann, aber nicht muß.

3 Freiwillige Deanonymisierung

In diesem Abschnitt zeigen wir, wie der Markierungsmechanismus in einem vollständig anonymen Zahlungssystem benutzt werden kann, um Ermittlungen im Fall von Erpressung zu ermöglichen.

3.1 Funktionsweise des Zahlungssystems

Die Bank erzeugt im Normalfall beim Abheben unmarkierte Münzen, mit denen der Kunde vollständig anonym bezahlen kann. Auf Wunsch des Kunden, insbesondere bei einer Erpressung, kann sie jedoch auch markierte Münzen erstellen, welche die Bank beim Einreichen wiedererkennen kann. Auf diese Weise erfährt die Bank immer, wo der Erpresser die markierten Münzen ausgibt.

Beim Bezahlen kann die Bank gemäß der Anweisung des Kunden die markieren Münzen entweder akzeptieren oder ablehnen. Dadurch ist es einem erpreßten Kunden jederzeit möglich, alle nicht ausgegebenen markierten Münzen ungültig zu machen. Insbesondere wenn der Kunde nicht mehr vom Erpresser bedroht wird, kann der Kunde die Bank auffordern, seine markierten Münzen in Zukunft abzulehnen. Da die Bank die Summe der bereits eingereichten markierten Münzen kennt, kann sie dem Kunden den nicht ausgegebenen Betrag unmittelbar gutschreiben. Insgesamt verliert der Kunde nur den Betrag, den der Erpresser bis zu diesem Zeitpunkt ausgegeben hat. Für die bereits ausgegebenen Münzen teilt die Bank den Strafverfolgungsbehörden mit, wo der Erpresser das Geld ausgegeben hat, so daß weitere Ermittlungen durchgeführt werden können.

Damit die Bank nicht unaufgefordert Münzen markiert, muß sie dem Kunden beweisen, daß die abgehoben Münzen unmarkiert sind. Dadurch kann der Kunde sicher sein, daß die Bank nur nach Aufforderung durch den Kunden Münzen markieren wird.

3.2 Unsichtbarkeit der Markierung

Da ein Erpresser daran interessiert ist unmarkierte Münzen zu erhalten, wird er den Kunden zwingen, einen Beweis dafür von der Bank einzuholen. Die Bank kann jedoch einen solchen Beweis nicht für markierte Münzen erbringen, weshalb ein Beweis notwendig ist, der nur für den Kunden aussagekräftig ist. Diese Eigenschaft besitzen Beweise für vorherbestimmte Empfänger (designated verifier proofs) [JSI96], welche die folgende Aussage liefern: Die zu beweisende Aussage ist gültig **oder** der Beweisende kennt das Geheimnis des von ihm festgelegten Empfängers.

In unserem Zahlungssystem beweist die Bank die Aussage *"Die Münzen sind unmarkiert"* für den Besitzer des Kontos, von dem die Münzen abgehoben werden. In Fall einer Erpressung kann der Kunde stattdessen auch die für ihn triviale Aussage *"Ich kenne mein Geheimnis"* beweisen. Der Erpresser kann dann nicht entscheiden, ob die Bank bewiesen hat, daß die Münzen unmarkiert sind, oder ob der Kunde bewiesen hat, daß er sein Geheimnis kennt. Deshalb muß ein Erpresser die erpreßten Münzen immer akzeptieren, weil er nicht weiß, ob die Münzen markiert wurden.

4 Faire Deanonymisierung

Das gezielte Verfolgen von Zahlungsflüssen kann für die Strafverfolgung wünschenswert sein, um z.B. Geldwäsche zu untersuchen. Die bisher vorgestellte Lösung für den Fall einer Erpressung ist für dieses Problem nicht ausreichend, da es sich um eine freiwillige Deanonymisierung handelt und das Anbringen der Markierung auf Wunsch des Kunden erfolgt. Wenn jedoch Strafverfolgungsbehörden gegen einen Kunden ermitteln, darf die-

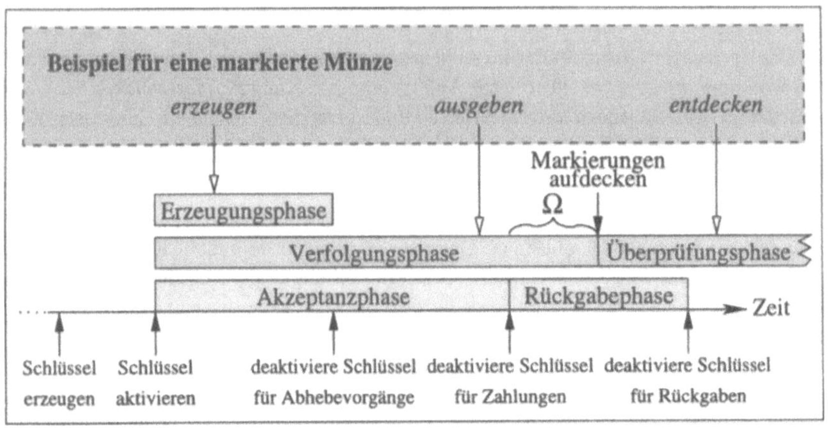

Abb. 1: Die verschiedenen Phasen einer Münzgeneration bei fairer Deanonymisierung

ser weder Einfluß auf das Anbringen von Markierungen nehmen, noch die Existenz von Markierungen entdecken.

Daher darf die Bank grundsätzlich keinen Beweis dafür liefern, daß die Münzen unmarkiert sind. Andererseits ermöglicht dies der Bank beliebige Markierungen an Münzen anzubringen, ohne daß eine Kontrolle möglich ist. Im folgenden zeigen wir, wie wir faire Deanonymisierung durch einen optimistischen Ansatz erreichen.

4.1 Schutz vor illegaler Deanonymisierung

Der grundlegende Kontrollmechanismus, ob eine Münze markiert ist oder nicht, wird vom Abhebezeitpunkt auf einen späteren Zeitpunkt verschoben. Dadurch entsteht ein Zeitfenster, in dem der Kunde nicht weiß, ob seine Münzen markiert sind. Somit können Strafverfolgungsbehörden die Zahlungen eines Kunden über einen gewissen Zeitraum unbemerkt verfolgen (siehe Abbildung 1). Nach Ablauf dieses Zeitraums hat der Kunde selbst die Möglichkeit, eine eventuelle Deanonymisierung zu entdecken.

Ermöglicht wird dieses Vorgehen dadurch, daß bei digitalen Münzen jede Generation von Münzen nur eine begrenzte Gültigkeitsdauer hat. Man unterscheidet dabei im wesentlichen zwischen den folgenden Phasen: In der Erzeugungsphase werden Münzen einer Generation erstellt, welche in der Akzeptanzphase für Zahlungen benutzt werden können. Nach dem Ende der Akzeptanzphase ist nur noch eine Rückgabe der Münzen möglich, bei der der Kunde seine Münzen deanonymisiert auf sein eigenes Konto zurückzahlt.

Die Verfolgungsphase ist der Zeitraum, den die Ermittler nutzen können, um mit markierten Münzen die Zahlungen eines Kunden zu überwachen. An die Verfolgungsphase schließt sich die Überprüfungsphase an, zu deren Beginn die Markierungsparameter offengelegt werden, so daß jeder Kunde seine abgehobenen Münzen dieser Generation auf Markierungen prüfen kann. Um einen ausreichenden Zeitraum für Ermittlungen sicherzustellen, muß die Verfolgungsphase um eine gewisse Zeitspanne Ω länger sein als die

Akzeptanzphase. Vermutlich ist eine Zeitspanne von 2 Monaten für Ω ausreichend. Angenommen, die Akzeptanzphase beträgt 6 Monate, dann kann der Kunde spätestens 8 Monate nach dem Abheben überprüfen, ob die Münzen unmarkiert sind.

4.2 Vergleich mit Escrow-Systemen

Escrow-Systeme verwenden im Gegensatz zu unserem System immer vertrauenswürdige dritte Parteien, die in der Lage sind, Verknüpfungen zwischen anonymen Münzen und der abhebenden Person herzustellen. Diese Lösung hat die folgenden Nachteile:

- Bei illegaler Deanonymisierung wird der Kunde nicht erfahren, daß seine Identität ermittelt wurde.
- Selbst bei legaler Deanonymisierung besteht die Gefahr, daß der Kunde nie von den Ermittlungen gegen ihn erfährt.
- Auch wenn die dritte Partei sich nicht an illegaler Deanonymisierung beteiligt, kann die Bank möglicherweise ohne weitere Hilfe eine Deanonymisierung durchführen:
  - Die Bank könnte unerlaubt Zugriff auf die Daten der dritten Partei erhalten, die der Bank die Deanonymisierung ihrer Kunden ermöglichen.
  - Bei passiven dritten Parteien [CMS96, DFTY97] wird die Deanonymisierungsinformation durch asymmetrische Verschlüsselung in die Münze eingebettet. Dabei besteht die Möglichkeit, daß das verwendete kryptographische Verfahren in Zukunft unsicher wird und die Bank die Entschlüsselung der Deanonymisierungsinformation selbst vornehmen kann.
- Der Einsatz einer dritten Partei erzeugt zusätzliche Kosten, wobei unklar ist, wer diese Kosten trägt.

Unser Zahlungssystem verwendet einen optimistisch fairen Ansatz für Deanonymisierung: Prinzipiell kann die Bank bei jedem Abhebevorgang illegal Markierungen anbringen und somit diese Zahlungen deanonymisieren. Da jedoch sichergestellt ist, daß der Kunde später jede Markierung (legale und illegale) entdecken wird, ist anzunehmen, daß die Bank nur legale Markierungen anbringen wird. Andernfalls kann die Bank für illegale Markierungen zur Rechenschaft gezogen werden.

5 Implementierung

Unser Markierungsmechanismus basiert auf einer Variante der Okamoto-Schnorr blinden Signatur [Oka92, PS96] kombiniert mit einer Chaum-van Antwerpen nichtabstreitbaren Signatur (undeniable signature) [CvA89, Cha90].

5.1 Implementierung des Markierungsmechanismus

Die Markierung wird über die nichtabstreitbare Signatur implementiert. Diese hat die Eigenschaft, daß ihre Gültigkeit nur in Zusammenarbeit mit dem Signierenden überprüft werden kann. Dazu kann der Signierende das Bestätigungsprotokoll (confirmation protocol) und das Nichtanerkennungsprotokoll (disavowal protocol) verwenden:

Systemparameter:
p und q sind Primzahlen mit $q|(p-1)$
g_1, g_2, g_3 sind Elemente aus $(\mathbb{Z}/p\mathbb{Z})^*$ mit Ordnung q

Privater Schlüssel:

$s_1, s_2 \in_R \mathbb{Z}/q\mathbb{Z}$	$v = g_1^{s_1} g_2^{s_2} \bmod p$
$x \in_R \mathbb{Z}/q\mathbb{Z}$	$y = g_3^{x} \bmod p$

Bank		**Kunde**
		Blendfaktoren:
$r \in_R (\mathbb{Z}/q\mathbb{Z})^*$		$\delta \in_R (\mathbb{Z}/q\mathbb{Z})^*$
$\alpha = g_2^r \bmod p$		$\beta_1, \beta_2, \gamma \in_R \mathbb{Z}/q\mathbb{Z}$
$k_1, k_2 \in_R \mathbb{Z}/q\mathbb{Z}$	$\xrightarrow{\alpha, a}$	$\alpha' = \alpha^\delta \bmod p$
$a = g_1^{k_1} \alpha^{k_2} \bmod p$		$a' = a \cdot g_1^{\beta_1} \alpha'^{\beta_2} v^\gamma \bmod p$
$w = \alpha^x \bmod p$		$c' = H(m, \alpha', a')$
	$\xleftarrow{c}$	$c = c' - \gamma \bmod q$
$S_1 = k_1 - cs_1 \bmod q$		
$S_2 = k_2 - cs_2 r^{-1} \bmod q$		$S_1' = S_1 + \beta_1 \bmod q$
	$\xrightarrow{(S_1, S_2), w}$	$S_2' = \delta^{-1} S_2 + \beta_2 \bmod q$
		$w' = w^\delta = \alpha'^x \bmod p$
		verifizieren:
		$a' \stackrel{?}{=} g_1^{S_1'} \alpha'^{S_2'} v^{c'} \bmod p$
		Signatur: $(c', S_1', S_2', \alpha', w')$

Abb. 2: Die markierbare blinde Signatur

- **Bestätigungsprotokoll:**
  Mit diesem Protokoll kann der Signierende gegenüber einer anderen Partei beweisen, daß die nichtabstreitbare Signatur *gültig* ist.
- **Nichtanerkennungsprotokoll:**
  Mit diesem Protokoll kann der Signierende gegenüber einer anderen Partei beweisen, daß die nichtabstreitbare Signatur *ungültig* ist.

Die konkrete Realisierung der Kombination der blinden und der nichtabstreitbaren Signatur ist in Abbildung 2 dargestellt. In unserem Zahlungssystem wird ein zufällig gewählter Parameter α der blinden Signatur mit einer nichtabstreitbaren Signatur w zertifiziert. Dabei wird für unmarkierte Münzen immer der gleiche private Schlüssel x verwendet, zu dem der zugehörige öffentliche Schlüssel y bekannt ist.

Soll eine Münze markiert werden, verwendet die Bank einen neuen Markierungsschlüssel x_M für die nichtabstreitbare Signatur. Beim Einreichen einer markierten Münze stellt die Bank fest, daß diese nicht mit x signiert wurde und sucht daher nach dem passenden x_M, mit dem die Markierung erstellt wurde. Entsprechend der Anweisung für dieses x_M wird die Bank die Münze entweder akzeptieren oder ablehnen. Im Falle einer Ablehnung kann sie mit dem Nichtanerkennungsprotokoll die Ungültigkeit dieser Münze beweisen. Wenn die Bank die Münze akzeptiert, muß sie keinen Beweis für die Gültigkeit der Münze liefern.

Bank		**Kunde**
		möchte Beweis für $w = \alpha^x \bmod p$
		wähle $a, b \in_R \mathbb{Z}/p\mathbb{Z}$
		$e = E_{PK_K}(a, b)$
$t = f^{x^{-1}} \bmod p$	$\xleftarrow{e, f}$	$f = w^a y^b \bmod p$
$u = \text{commit}(t)$	$\xrightarrow{u}$	
überprüfe:	$\xleftarrow{a, b}$	
$e \stackrel{?}{=} E_{PK_K}(a, b)$		
$f \stackrel{?}{=} w^a y^b \bmod p$	$\xrightarrow{t}$	überprüfe:
		$u \stackrel{?}{=} \text{commit}(t)$
		$t \stackrel{?}{=} \alpha^a g_3^b \bmod p$

Abb. 3: Bestätigungsprotokoll: Kunde ist nur von unmarkierten Münzen überzeugbar

Um die Anonymität des Kunden zu gewährleisten, müssen zusätzlich zur blinden Signatur der zufällig gewählte Parameter α und dessen nichtabstreitbare Signatur w geblendet werden, wozu der Kunde den zusätzlichen Blendfaktor δ verwendet. Dadurch, daß der Kunde für jede Münze einen neuen Blendfaktor δ wählt, braucht auf Seite der Bank nur einmal pro Abhebevorgang ein Paar (α, w) berechnet zu werden, da entweder alle abgehobenen Münzen markiert werden oder keine der Münzen.

5.2 Implementierung von freiwilliger Deanonymisierung

Im Fall einer Erpressung muß sichergestellt werden, daß der Erpresser nicht in der Lage ist, durch das Bestätigungsprotokoll markierte und unmarkierte Münzen zu unterscheiden. Dazu modifizieren wir das Bestätigungsprotokoll der nichtabstreitbaren Signatur, so daß es nur den Kunden überzeugt.

Das Bestätigungsprotokoll für einen vorherbestimmten Empfänger ist in Abbildung 3 dargestellt. Der Beweis wird immer für eine Herausforderung f gegeben, deren Parameter a und b zuerst geheimgehalten werden. Die richtige Antwort auf diese Herausforderung kann nur gegeben werden, wenn man die Parameter a und b kennt oder wenn die Münze tatsächlich unmarkiert ist. Dadurch, daß die Parameter a und b mit dem Public-Key des Kunden verschlüsselt zusammen mit der Herausforderung an die Bank übertragen werden, kann der Kunde eine solche Anfrage des Erpressers durch Entschlüsselung der Parameter richtig beantworten. Liefert ein Erpresser jedoch falsche Parameter, so wird die Bank bzw. der Kunde dies feststellen und das Bestätigungsprotokoll ergebnislos abbrechen.

5.3 Implementierung von fairer Deanonymisierung

Wenn zur Strafverfolgung die Deanonymisierung von Kunden möglich sein soll, muß generell auf das Bestätigungsprotokoll beim Abhebevorgang verzichtet werden. Anstelle dessen werden nach dem Ende der Verfolgungsphase der Schlüssel x sowie alle Markierungsschlüssel x_M von der Bank veröffentlicht. Für jeden Markierungsschlüssel x_M muß die Bank zusätzlich ein Zertifikat einer Strafverfolgungsbehörde vorweisen, die die Deanonymisierung angeordnet hat.

Nach dieser Offenlegung kann jeder Kunde selbst überprüfen, ob seine Münzen unmarkiert sind, indem er $w \stackrel{?}{=} \alpha^x \bmod p$ testet. Wenn dieser Test fehlschlägt, führt er diesen Test für alle veröffentlichten x_M durch und kann feststellen, ob es sich um eine genehmigte Deanonymisierung handelt. Hat die Bank einen Markierungsschlüssel x_M nicht veröffentlicht, so kann ein Kunde, dessen Münzen damit markiert wurden, die illegale Markierung trotzdem feststellen und beweisen, da eine seine Münze nicht mit x signiert wurde.

6 Fazit

Wir haben einen Überblick über eine neue Klasse von sicheren anonymen Zahlungssystemen gegeben, die auf dem Konzept von unsichtbaren Markierungen beruhen. Unser Zahlungssystem kann in zwei Varianten eingesetzt werden: Zum einen vollständig anonym mit freiwilliger Deanonymisierung im Fall von Erpressung und zum anderen mit fairer Deanonymisierung durch die Strafverfolgungsbehörden.

Unser Zahlungssystem ist effizient, da es nur einen äußerst geringen Mehraufwand gegenüber vollständig anonymen Zahlungssystemen darstellt. Im Vergleich zu Zahlungssystemen mit effizienten Escrowmechanismen ist der Aufwand ungefähr gleich hoch. Allerdings hat unser Zahlungssystem eine deutlich einfachere und kostengünstigere Infrastruktur, da keine vertrauenswürdigen dritten Parteien benötigt werden.

Insbesondere bei der Anwendung der fairen Deanonymisierung bietet unser Zahlungssystem einen besseren Schutz von personenbezogenen Daten als alle anderen bekannten Zahlungssysteme mit vergleichbaren Eigenschaften.

Literatur

[Cha83] D. Chaum: Blind signatures for untraceable payments, in: Advances in Cryptology - CRYPTO '82, S. 199–203, Plenum, 1983.

[Cha90] D. Chaum: Zero-knowledge undeniable signatures, in: Advances in Cryptology - EUROCRYPT '90, Band 473 von *Lecture Notes in Computer Science*, S. 458–464, Springer Verlag, 1990.

[CMS96] J. Camenisch, U. Maurer, M. Stadler: Digital payment systems with passive anonymity-revoking trustees, in: Computer Security - ESORICS '96, Band 1146 von Lecture Notes in Computer Science, S. 31–43, Springer Verlag, 1996.

[CvA89] D. Chaum, H. van Antwerpen: Undeniable signatures, in: Advances in Cryptology - CRYPTO '89, Band 435 von Lecture Notes in Computer Science, S. 212–216, Springer Verlag, 1989.

[DFTY97] G. Davida, Y. Frankel, Y. Tsiounis, M. Young: Anonymity control in e-cash systems, in: Financial Cryptography '97, Band 1318 von Lecture Notes in Computer Science, S. 1–16, Springer Verlag, 1997.

[JSI96] M. Jakobsson, K. Sako, R. Impagliazzo: Designated verifier proofs and their applications, in: Advances in Cryptology - EUROCRYPT '96, Band 1070 von Lecture Notes in Computer Science, S. 143–154, Springer Verlag, 1996.

[JY96] M. Jakobsson, M. Yung: Revokable and versatile electronic money, in: 3rd ACM Conference on Computer Communication Security (CCCS '96), S. 76–87, ACM Press, 1996.

[KV01a] D. Kügler, H. Vogt: Fair tracing without trustees, in: Financial Cryptography, FC 2001, Lecture Notes in Computer Science, Springer Verlag, 2001.

[KV01b] D. Kügler, H. Vogt: Marking: A privacy protecting approach against blackmailing, in: Public Key Cryptography, PKC 2001, Lecture Notes in Computer Science, Springer Verlag, 2001.

[Oka92] T. Okamoto: Provably secure and practical identification schemes and corresponding signature schemes, in: Advances in Cryptology - CRYPTO '92, Band 740 von Lecture Notes in Computer Science, S. 31–53, Springer-Verlag, 1992.

[PS96] D. Pointcheval, J. Stern: Provably secure blind signature schemes, in: Advances in Cryptology - ASIACRYPT '96, Band 1163 von Lecture Notes in Computer Science, S. 252–265, Springer-Verlag, 1996.

[TDD] Teledienstedatenschutzgesetz, Artikel 2 des Informations- und Kommunikationsdienste-Gesetz.

[vSN92] B. von Solms, D. Naccache: On blind signatures and perfect crimes. Computers and Security, 11(6):581–583, 1992.

Sicherheitsarchitekturen für e-Business-Umgebungen

Manfred Hübner

WestLB
Westdeutsche Landesbank Girozentrale
manfred_huebner@westlb.de

Zusammenfassung

Durch die zunehmende Einbeziehung des Internet in die Informationsverarbeitung der Unternehmen und die daraus resultierenden Verflechtungen zwischen Geschäftspartnern („e-business") ergeben sich neue Herausforderungen für die Realisierung von Zielsetzungen der Informationssicherheit. Im Gegensatz zu der traditionellen Abschottung von IT-Systemen (entweder physikalisch oder durch Verzicht auf externe Erreichbarkeit), die zunehmend weniger den Geschäftszielen von Unternehmen entspricht, erfordert die Vernetzung mit Geschäftspartnern eine immer stärkere inhaltliche Absicherung in den IT-Systemen. Weiterhin ist es nicht mehr ausreichend, nur das eigene IT-System unter Sicherheitsaspekten zu betrachten, da Risiken auch von den Netzen der Partner ausgehen können. Die hieraus resultierenden neuen Anforderungen beziehen sich bei weitem nicht nur auf technische Maßnahmen zur Absicherung neuer Technologien und die Beherrschung der zunehmenden Komplexität der resultierenden IT-Systeme, sondern erstrecken sich auf die gesamte Sicherheitsarchitektur der am e-business teilnehmenden Unternehmen. In diesem Artikel wird ein Ansatz vorgestellt, der es erlaubt, auch in dieser erweiterten Umgebung systematische und an der Risikoeinschätzung des Unternehmens orientierte Sicherheitsmaßnahmen zu planen und ihre Wirksamkeit zu überwachen.

1 Einleitung

Im Anschluss an eine Definition von Informationssicherheit und ihrer Zielsetzung in Kapitel 2 werden in Kapitel 3 zunächst allgemeine Methoden diskutiert, deren Anwendung die Zielsetzung der Informationssicherheit in Geschäftsprozessen unterstützt. Im nächsten Schritt werden generische IT-Sicherheitsdienste beschrieben, welche die genannten allgemeinen Methoden in IT-Umgebungen umsetzen. Der verbleibende Teil des Artikels befasst sich mit beispielhaften Umsetzungen der generischen IT-Sicherheitsdienste auf konkreten Systemplattformen und möglichen Maßen für die Effektivität der getroffenen Maßnahmen.

Der vorgestellte Ansatz basiert auf einer systematischen Architektur für Informationssicherheit, die sowohl über die Ziel-Architektur („Soll") als auch über den aktuellen Stand der Umsetzung („Ist") Auskunft gibt. Als grundlegende Struktur dienen generische IT-Sicherheitsdienste, aus denen plattformspezifische Realisierungen abgeleitet werden. Aus Gründen der Vereinfachung werden bei den Realisierungen keine unterschiedlichen Risikobewertungen oder Einsatzszenarien (vgl. [BSI92, BSI99]) einbezogen.

Abschließend werden exemplarisch einige dynamische Messgrößen definiert, die praxisrelevante Aussagen über die Effektivität der getroffenen Maßnahmen mit Blick auf das Schutzziel erlauben.

2 Definition und Ziel der Informationssicherheit

Für Informationssicherheit existieren eine Reihe von Definitionen und Zielsetzungen in der Literatur vgl. etwa [BS7799-1, ISO/IEC1]. Im folgenden wird als Ziel der Informationssicherheit der Schutz der Informationsressourcen des Unternehmens vor missbräuchlicher Nutzung, positiv formuliert also die Sicherstellung einer die rechtlichen Rahmenbedingungen beachtenden und den Geschäftszweck unterstützenden Verwendung der Informationsressourcen, verstanden.

Informationssicherheit ist demnach also Bestandteil eines Maßnahmenbündels zur Sicherstellung und Unterstützung der Geschäftstätigkeit des Unternehmens. Methodische Ansätze, um Informationssicherheit zu gewährleisten, bestehen grundsätzlich in

- der Definition von organisatorischen Vorgaben,
- der Schaffung von Prozessen, die Aspekte der Informationssicherheit berücksichtigen
- und dem Einsatz von unterstützenden Hilfsmitteln und Werkzeugen.

Dabei stellt die Definition von organisatorischen Vorgaben meist den äußeren Rahmen dar, sie beschreibt beispielsweise die Organisation des Unternehmens und daraus abgeleitet Eigentumsverhältnisse und Verantwortlichkeiten für Informationen bzw. Daten.

Prozesse, die Aspekte der Informationssicherheit berücksichtigen, definieren Abläufe, die als Teile von Geschäftsprozessen den sicheren Umgang mit Informationen bzw. Daten inhärent berücksichtigen.

Schließlich müssen sowohl organisatorische Vorgaben als auch Prozesse für Informationssicherheit durch geeignete Hilfsmittel und Werkzeuge unterstützt werden.

3 Informationssicherheit und Geschäftsprozesse

Informationssicherheit als querschnittliche Zielsetzung und Aufgabe muss integraler Bestandteil aller Geschäftsprozesse (GPe) sein, in denen die Bearbeitung oder Nutzung von Informationen eine Rolle spielt. Diese Festlegung gilt unabhängig davon, in welcher Form bzw. auf welchem Medium die Informationen vorliegen (Sprache, Papier, digitale Daten).

Die unterschiedlichen Erscheinungsformen der Information spielen jedoch eine große Rolle, wenn es um die aus den Informationssicherheits-Zielen abgeleiteten konkreten Realisierungen von organisatorischen Vorgaben, Prozessen, Hilfsmitteln und Werkzeugen geht.

Welche konkreten Methoden zur Gewährleistung von Informationssicherheit sind notwendig, damit in Geschäftsprozessen Informationsressourcen sicher behandelt werden können? Für die weiteren Betrachtungen werden folgende Methoden zugrundegelegt:

- allgemeine Regeln zum sicheren Umgang mit Informationen in Geschäftsprozessen,
- Kontrollen von Geschäftsprozessen bezüglich der Regeleinhaltung,
- Feststellung der Identität der am Geschäftsprozess Beteiligten,

- Abgrenzung von Aufgaben, Funktionen und Tätigkeiten der Geschäftsprozess-Teilnehmer,
- geschützte Ablage von Informationen,
- geschützter Transport von Informationen,
- Ausfallsicherheit der Informationsversorgung.

Ein stetig wachsender Anteil der Geschäftsprozesse bezieht die Informationstechnik (IT) ein. Durch die Realisierung der soeben genannten Methoden als generische Dienste in der IT bzw. für die IT ergibt sich die Möglichkeit, Informationssicherheit grundsätzlich in allen IT-basierten Geschäftsprozessen zu gewährleisten.

4 Generische IT-Sicherheitsdienste

Aus den beschriebenen Methoden zur Gewährleistung von Informationssicherheit lassen sich generische Dienste ableiten, die entweder von den einzelnen IT-Systemen („Plattformen") selbst oder (z. B. bei Anwendungen) durch die Betriebsumgebung für sie in unterschiedlicher Weise bereitgestellt werden können. Für die nachfolgenden Betrachtungen werden folgende generische Dienste zugrundegelegt (für andere mögliche Unterscheidungen vgl. [BS7799-1, ISO/IEC4]):

- **Administration:**
  Funktionen zur Verwaltung sicherheitstechnischer Einstellungen für die verwendete Hardware und Software.
- **Authentifikation:**
  Funktionen zur Überprüfung der Echtheit bzw. Korrektheit von Identifikations-Informationen.
- **Autorisierung:**
  Funktionen zur Prüfung von Zugriffsberechtigungen.
- **Datenträgerschutz**:
  Funktionen, die den Zugang zu Informationen auf der physikalischen Datenträger-Ebene kontrollieren.
- **Dokumentation**:
  Gesamtheit aller in Schriftform niedergelegten Regeln und Richtlinien zur Sicherheit von IT-Systemen und Daten.
- **Identifikation**:
  Funktionen, die verschiedenen Systemelementen (Benutzern, Ressourcen, Rechnern) eindeutige Merkmale zuordnen.
- **Notfallplanung**:
  Vorgehensweisen und technische Einrichtungen, um die Auswirkungen von IT-Problemsituationen zu beherrschen.
- **Protokollierung**:
  Funktionen zur (passiven) Aufzeichnung von Aktivitäten der Systemelemente.

- **Überwachung:**
  Funktionen, mit denen Systemeinstellungen und Aktivitäten von Systemelementen aktiv kontrolliert und getestet werden können.
- **Untersuchung**:
  Vorgehensweisen, die bei festgestellten Sicherheitsvorkommnissen zum Einsatz kommen.
- **Verschlüsselung**:
  Funktionen, die sowohl ruhende als auch bewegte Daten mit kryptographischen Methoden absichern.
- **Zugangsschutz**:
  Vorgehensweisen und technische Einrichtungen, um die physische Erreichbarkeit von Systemen zu steuern.

Die Realisierung der generischen IT-Sicherheitsdienste in konkreten Umgebungen ist in starkem Maße dadurch kontextabhängig, dass die IT-Systeme selbst mit ihren technischen Möglichkeiten die Umsetzbarkeit und Ausgestaltung von Maßnahmen bestimmen. Gerade aus diesem Grund ist eine durchgängige Betrachtung von der abstrakten Methoden-Ebene (organisatorische Vorgaben, Prozesse, Hilfsmittel und Werkzeuge) über die generischen IT-Sicherheitsdienste bis hin zur konkreten Realisierungsebene notwendig, da andernfalls leicht der Blick auf die eigentliche Problemstellung verstellt wird.

Die Gesamtheit der generischen IT-Sicherheitsdienste wird im folgenden als Soll-Architektur für Informationssicherheit verstanden. Im Gegensatz dazu stellen die Realisierungen dieser Dienste auf den einzelnen Plattformen die aktuell vorhandene Ist-Architektur dar. Das nachfolgende Beispiel in Tabelle 1 verdeutlicht dieses Vorgehen exemplarisch für Unix-Systeme, Fernzugangssysteme und Intranet-Server (vgl. hierzu auch [Rawo99]).

Die erste Spalte der Tabelle umfasst die generischen IT-Sicherheitsdienste. Die Tabellenzeile, die mit dem Dienst beginnt, beschreibt in der zweiten Spalte plattformunabhängig realisierte Komponenten des generischen IT-Sicherheitsdienstes (Spalte „alle Plattformen"), in den folgenden Spalten sind jeweils abweichende oder zusätzliche plattform-spezifische Umsetzungen von Komponenten beschrieben.

Dieser Zusammenhang soll für den generischen IT-Sicherheitsdienst „Administration" erläutert werden. In der zugrunde gelegten Umgebung ist ein Antragsworkflow plattformunabhängig realisiert. In der Unix-Umgebung wird dieser Antragsworkflow genutzt und darüber hinaus spezifische Werkzeuge für einzelne Unix-Derivate. Die Fernzugangs-Plattform unterstützt den Antragsworkflow nicht, hier wird der generische IT-Sicherheitsdienst „Administration" ausschließlich von der Komponente RADIUS (Remote Authentication Dial In User Service) unterstützt. Auf der Intranet-Server-Plattform wird der generische IT-Sicherheitsdienst „Administration" unterstützt durch den Antragsworkflow und zusätzlich durch den X.500 Verzeichnisdienst.

Anhand einer solchen Darstellung gelingt es leichter, „freie Felder" zu identifizieren und festzustellen, welche generischen IT-Sicherheitsdienste ggf. nicht oder nur eingeschränkt realisiert sind. Im Beispiel in Tabelle 1 wird deutlich, dass auf der Unix- und der Intranet-Server-Plattform keine Protokollierung durchgeführt wird und dass bei keiner Plattform eine systematische Untersuchung von Sicherheitsanomalien (z. B. manuell oder mit einem matische Untersuchung von Sicherheitsanomalien (z. B. manuell oder mit einem Intrusion-Detection-System) durchgeführt wird.

Aus Gründen der Vereinfachung und besseren Übersichtlichkeit sind bei den Realisierungen keine unterschiedlichen Risikobewertungen oder Einsatzszenarien einbezogen. Diese wären in einer konkreten praktischen Umsetzung jedoch zusätzlich notwendig und würden dazu führen, dass jeder Tabelleneintrag eventuell mehrere Ausprägungen in Abhängigkeit von Risikobewertung und Einsatzszenario annehmen kann.

Tab. 1: Soll-Architektur für Informationssicherheit und Umsetzung der generischen IT-Sicherheitsdienste auf einzelnen Plattformen

Generischer IT-Sicherheits-dienst	Standard-Umsetzung für alle Plattformen	Unix abweichend zusätzlich	Fernzugang abweichend zusätzlich	Intranet-Server abweichend zusätzlich
Administration	Antragsworkflow	derivat-spezifische Werkzeuge	kein Antragsworkflow RADIUS	X.500 Verzeichnis
Authentifi-kation	Passwort		Einmal-Passwort Chipkarte	X.509 Zertifikat Chipkarte
Autorisierung	Benutzergruppen Zugriffsrechte auf Objekten		Rollenbasierte Berechtigungen	
Datenträger-schutz		Festplattenver-schlüsselung	nicht erforderlich	Festplattenver-schlüsselung
Dokumentation	Sicherheitsmanual	Checkliste Unix-Sicherheit	Richtlinien für Remote-Dienste	Richtlinien für Intranet-Server
Identifikation	Benutzerkennung		X.509 Zertifikat	X.509 Zertifikat
Notfallplanung	Notfall-Übungen	Hot-Standby-Systeme	Cluster-Systeme	Cluster-Systeme
Protokollierung			RADIUS-Logging	
Überwachung	Virenschutz	Kein Virenschutz Security Scanner		
Untersuchung				
Verschlüsselung		Pretty Good Privacy (PGP)	Data Encryption Standard (DES)	SSL
Zugangsschutz		Rechenzentrum	Rechenzentrum	Rechenzentrum

5 Überwachung von Sicherheitsmaßnahmen

Für die Gesamtheit der in der Sicherheitsarchitektur verzeichneten Ist-Maßnahmen stellt sich die Frage, inwieweit der durch sie geleistete Risikomanagement-Beitrag die Anforderungen des Unternehmens erfüllt (vgl. [Kova98]) und damit zu einer aus Unternehmenssicht akzeptablen Risikosituation führt. Das vorgestellte Modell kann bei der weiteren Strukturierung auch dieser Fragestellung hilfreich sein.

Entscheidend ist dabei die Frage, wie der Risikomanagement-Beitrag der einzelnen Maßnahmen gemessen werden kann. Insbesondere muss differenziert werden zwischen der erfolgreichen Realisierung einer Sicherheitsmaßnahme und dem Grad ihres tatsächlichen Einsatzes im praktischen Betrieb. So kann beispielsweise ein Verschlüsselungssystem für Informationen auf einer Plattform zwar vollständig verfügbar sein, aber dennoch nur in sehr geringem Umfang genutzt werden.

Das Verhältnis von tatsächlich verschlüsselten Informationen zu verschlüsselungsbedürftigen Informationen ließe eine wesentlich genauere Aussage darüber zu, wie effektiv das Verschlüsselungssystem im praktischen Einsatz wirklich ist. Es muss jedoch angemerkt werden, dass diese Kennzahl allenfalls in sehr kleinen Umgebungen (und auch dort nur mit erheblichem Aufwand) ermittelt werden kann.

Nachfolgend werden für ausgewählte generische IT-Sicherheitsdienste qualitative und quantitative Erfolgskriterien vorgeschlagen, die Aussagen über die tatsächliche Effektivität im praktischen Einsatz erlauben.

- **Administration:**

  Wichtige quantitative Parameter sind die durchschnittliche Bearbeitungszeit von Anträgen sowie die durchschnittliche Reaktionszeit bei kurzfristigen Vorgängen wie z. B. Passwort-Rücksetzungen. Sind diese Werte aus der Sicht der Anwender unakzeptabel hoch, muss damit gerechnet werden, dass der Dienst die mit ihm angestrebten Ziele zur Gewährleistung von Informationssicherheit nicht optimal unterstützt. Im praktischen Einsatz kann dies beispielsweise zu Weitergaben von Benutzerkennungen und Passwörtern unter den Anwendern führen.

- **Authentifikation:**

  Die Erfolgsquote von Angriffen mit Passwort-Cracking-Programmen lässt direkte Rückschlüsse auf die Zuverlässigkeit zu, mit der die Identität der am Geschäftsprozess Beteiligten festgestellt werden kann. Abhängig von den Anforderungen des Geschäftsprozesses müssen dann eventuell zusätzliche Authentifikationsmechanismen eingesetzt werden.

- **Dokumentation:**

  Aktualität und Verfügbarkeit sind hier qualitative Schlüsselparameter, die einen direkten Einfluss auf Anwendbarkeit und Bekanntheit von Regeln zum sicheren Umgang mit Informationen haben.

- **Notfallplanung:**

  Zentrale Kenngrößen sind hier durchschnittliche Wiederanlaufzeiten für Systeme und Anwendungen in definierten Ausnahmesituationen.

- **Überwachung:**
  Anzahl und Verteilung bekannter Sicherheitslücken (beispielsweise durch Programmierfehler hervorgerufene und durch Software-Updates behebbare Probleme) zeigen auf, inwieweit Sicherheitsaspekte Eingang in die tägliche Systempflege gefunden haben. Hierzu können insbesondere Security Scanner eingesetzt werden. Aussagen über die Qualität des Virenschutzes können aufgrund des zeitlichen Abstandes zwischen eingesetzter Version der Virenschutzsoftware und der Virenerkennungsmuster sowie den aktuellsten Herstellerversionen getroffen werden.
- **Verschlüsselung:**
  Parameter mit zentraler Bedeutung sind hier die verwendeten kryptographischen Algorithmen, die jeweiligen Schlüssellängen und die Wechselintervalle für Schlüssel.

Bei der Bewertung muss berücksichtigt werden, dass die Realisierung von generischen IT-Sicherheitsdiensten durch die Mechanismen einzelner Plattformen oft auf verschiedene Arten erfolgen kann. Daher handelt es sich stets um eine Bewertung der Effektivität der konkreten Realisierung des Dienstes, nicht um eine Bewertung der Realisierbarkeit des Dienstes auf der betrachteten Plattform. Es sei noch abschließend darauf hingewiesen, dass durch Kenngrößen insbesondere auch eine Vergleichbarkeit der getroffenen Maßnahmen zwischen verschiedenen Unternehmen gefördert werden kann.

6 Ausblick

In diesem Artikel wurde ein Ansatz vorgestellt, mit dem die zusätzlichen Anforderungen des e-Business für die Informationssicherheit im Unternehmen systematisch bewältigt werden können. Es wurde gezeigt, wie auch in dieser komplexeren Umgebung am Unternehmensbedarf orientierte Sicherheitsmaßnahmen geplant und in ihrer Wirksamkeit überwacht werden können. Dabei kann gerade in e-Business-Umgebungen immer weniger von abgeschotteten IT-Systemen ausgegangen werden. Vielmehr erfordern diese Geschäftsprozesse eine zunehmende Verflechtung zwischen Unternehmen und Geschäftspartnern, eine Absicherung muss damit zwangsläufig auf der inhaltlichen Ebene erfolgen.

Gerade wegen der hierdurch ansteigenden Komplexität sind Soll- und Ist-Architekturen für Informationssicherheit erforderlich. Der Messung der Effektivität der getroffenen Maßnahmen kommt ebenfalls eine zentrale Bedeutung zu: Nur hiermit können verlässliche Aussagen darüber getroffen werden, ob die Maßnahmen unter Risikoaspekten ausreichend sind.

Eine Einbeziehung von unterschiedlichen Risikobewertungen und Einsatzszenarien in diesen Ansatz erscheint notwendig, um die gezeigte grundsätzliche Vorgehensweise in realen Umgebungen umfassend anwenden zu können. Hierdurch würde sich ein breiteres Spektrum von Sicherheitsmaßnahmen pro Kombination aus generischem IT-Sicherheitsdienst und Einsatzplattform ergeben.

Literatur

[BS7799-1] British Standard BS7799-1: Information security management – Part 1: Code of practice for information security management, 1999.

[BSI92] Bundesamt für Sicherheit in der Informationstechnik (BSI): IT-Sicherheitshandbuch, Handbuch für die sichere Anwendung der Informationstechnik, Version 1.0, 1992.

[BSI99] Bundesamt für Sicherheit in der Informationstechnik (BSI): IT-Grundschutzhandbuch, Maßnahmenempfehlungen für den mittleren Schutzbedarf, 1998.

[ISO/IEC1] ISO/IEC TR 13335-1: Information technology – Guidelines for the management of IT security (GMITS), Part 1: Concepts and models for IT security, 1996.

[ISO/IEC2] ISO/IEC TR 13335-2: Information technology – Guidelines for the management of IT security (GMITS), Part 2: Planning and managing IT security, 1997.

[ISO/IEC3] ISO/IEC TR 13335-3: Information technology – Guidelines for the management of IT security (GMITS), Part 3: Techniques for the management of IT security, 1998.

[ISO/IEC4] ISO/IEC TR 13335-4: Information technology – Guidelines for the management of IT security (GMITS), Part 4: Selection of safeguards, 2000.

[Kova98] G.L. Kovacich: The Information System Security Officer's Guide, Butterworth-Heinemann, 1998.

[Rawo99] J. Rawolle et al.: Wege zur Absicherung eines Intranets. In: Informatik Spektrum 22, S. 181 – 191, 1999.

Sichere Vertragsabwicklung über das Internet mit iContract

Susanne Eckinger

CCI GmbH
eckingers@cci.de

Zusammenfassung

Inzwischen setzt sich das Internet als schnelles, weit verbreitetes Medium für die Abwicklung des Geschäftsverkehrs zwischen Businesspartnern in immer stärkerem Maße durch. Neben dem anwachsenden Geschäftsverkehr im Bereich B2C (Business to Consumer) erwarten Experten gerade in den Bereichen B2G (Business to Government) sowie B2B (Business to Business) in den nächsten Jahren Wachstumsraten von mehr als 200 Prozent. Elektronisch geschlossene Verträge werden einen Großteil dieses Wachstums ausmachen, da sich die entsprechende Gesetzesgebung zur Gleichsetzung der elektronischen Form mit der Schriftform sowie die sich daran anlehnende technische Infrastruktur gerade in Umsetzung befinden. Ziel dieses Dokumentes ist es, den aktuellen Stand der Gesetzeslage aufzuzeigen und die technische Entwicklung auf dem Gebiet der digitalen Vertragsabwicklung über das Medium Internet anhand der Softwarelösung iContract® zu vermitteln.

1 Einleitung

Ausschlaggebend für die Nutzung des Internets als Medium für die Abwicklung von Geschäften ist die Wirksamkeit sowie die Beweissicherheit der eingegangenen Verpflichtungen. Bei gerichtlichen Auseinandersetzungen sowie bei außergerichtlichen Verhandlungen wird die Verhandlungsposition durch einen hohen Beweiswert gestärkt. Urkunden besitzen diesen hohen Beweiswert durch die Gewährleistung der Authentizität (der Aussteller ist gleich dem Unterzeichner) und der Integrität (der Inhalt des Dokumentes ist unverfälscht).

Elektronische Dokumente galten aufgrund der Tatsache, dass sie die Authentizität und die Integrität nicht gewährleisten konnten, bisher lediglich als Augenscheinsobjekte (§§ 371 ff. ZPO), wodurch ihnen ein geringer Beweiswert zukam.

Durch die Entwicklung des informationstechnischen Konzepts der digitalen Signatur und Verschlüsselung besteht erstmals die Möglichkeit die Authentizität und Integrität beim Einsatz elektronischer Dokumente zu gewährleisten und damit eine Gleichsetzung mit der Papierform im rechtlichen Sinne zu bewirken.

Zur Zeit ist Deutschland, sowie auch andere EU Länder, im Begriff, die elektronische Signatur, von der eine mögliche Form die digitale Signatur ist, als rechtskräftige, der handschriftlichen Unterschrift gleichwertige Form einzuführen. Bis auf wenige Ausnahmen wird, so zeigt die Entwicklung, die elektronische Signatur für Verträge, die dem Schriftformerfordernis bedürfen, rechtsverbindlich zugelassen werden.

Glaubt man dem Leiter des Referats Digitale Signatur der Regulierungsbehörde für Telekommunikation und Post, wird in fünf bis sechs Jahren jeder ein persönliches Siegel in Form einer Chipkarte haben. Dann sollen durch digitales Signieren und Verschlüsseln nicht nur sichere und rechtsverbindliche Geschäfte inklusive Bezahlvorgang abgeschlossen werden können, sondern auch die Abgabe von Steuererklärungen, Bauanträgen und anderen amtlichen Dokumenten via Computer möglich sein.

Analog werden B2B und B2G Geschäftsabläufe wie öffentliche Ausschreibungs- und Vergabeverfahren, Käufe, Verkäufe und Abrechnungen bald elektronisch über das Internet möglich sein.

Technisch stellen diese Entwicklungen kein Problem dar. Seit 1977 existiert das RSA-Verfahren, eines der meist eingesetzten asymmetrischen Verschlüsselungsverfahren, benannt nach seinen Entwicklern Rivest, Shamir und Adleman. Die kryptographische Stärke dieses Verfahrens beruht auf der Schwierigkeit der Faktorisierung großer ganzer Zahlen und beinhaltet eine mathematische, hohe Sicherheit, die mit zunehmender Rechnerleistung eine Verlängerung des Schlüssels beansprucht.

Wie gesetzlichen Anforderungen in Anwendungen technisch umgesetzt werden, wird nachfolgend am Beispiel der Softwarelösung iContract® erörtert.

2 Rechtlicher Hintergrund

Die Gesetzeslage in Bezug auf den elektronischen Geschäftsverkehr ist komplex. Das erste nationale Gesetz, das eine Reihe von technischen und organisatorischen Anforderungen an digitale Signaturverfahren spezifiziert, ist das deutsche Signaturgesetz als Artikel 3 des Informations- und Kommunikationsdienste-Gesetzes (IuKDG, 1.8.1997). Konkretisierungen wurden durch den Erlass der Signaturverordnung (in Kraft seit 1.11.1997) vorgenommen. Seitdem gibt es eine europaweite Entwicklung in Form einer EU-Richtlinie, die bis zum 19. Juli 2001 in nationales Recht umgesetzt werden muss.

2.1 Aktuelle Gesetzeslage

Bis zu dem Zeitpunkt der Verabschiedung des Gesetzes über Rahmenbedingungen für elektronische Signaturen (SigG) gelten die bisher erlassenen Gesetze. Das Signaturgesetz sowie die Signaturverordnung haben zwar Rahmenbedingungen für digitale Signaturen geschaffen, lassen jedoch die rechtliche Einordnung offen. Die digitale Signatur obliegt also weiterhin der freien Beweiswürdigung des Gerichtes.

Signaturgesetz und Signaturverordnung

Das Signaturgesetz (SigG, 1. August 1997), die Signaturverordnung (SigV, 1. November 1997) und der Maßnahmenkatalog regeln die technischen Anforderungen an die digitale Signatur. Das Signaturgesetz ist ein Regelwerk für die Sicherstellung von technischen und organisatorischen Voraussetzungen, die notwendig sind, damit mittels digitaler Signaturen der Nachweis der Integrität und Authentizität geführt werden kann. Der Gesetzgeber wollte jedoch mit Einführung des Signaturgesetzes keine beweisrechtlichen Regelungen treffen. Das SigG ist vielmehr als ein „Experimentiermodell“ zu sehen. Gesetzliche Konsequenzen werden hieran nicht geknüpft. Damit entspricht der digital signierte Vertrag nicht der gesetzlichen

Schriftform und erfüllt nicht die Anforderungen des Urkundenbegriffs. Auch das digital signierte Dokument unterliegt im Zivilprozess der freien Beweiswürdigung des Gerichts.

Durch die Signaturverordnung des Bundesinnenministeriums und den Maßnahmenkatalog des Bundesamtes für Sicherheit in der Informationstechnik sind die Anforderungen an die Verlässlichkeit der Informationstechnologie für die digitale Signatur detailliert definiert. Damit dienen sie Sachverständigen als eine Art Checkliste, um die Authentizität und Integrität der zugrundeliegenden Dokumente zu beweisen.

2.2 Internationale Gesetzeslage

Die digitale Signatur hat auch international für den Rechts- und Geschäftsverkehr an Bedeutung gewonnen. Federführend sind wieder einmal die USA. Präsident Clinton unterschrieb am 8. Juni 2000 den US Electronic Signature Act, der am 1. Oktober 2000 rechtskräftig wird. Dieses Gesetz vereinheitlicht alle bis dato existierenden bundesstaatlichen US-Gesetze, um elektronisch unterzeichneten Dokumenten über die Grenzen der Bundesstaaten hinaus Gültigkeit zu gewähren.

Auch Europa hat erkannt, dass eine Vereinheitlichung der unterschiedlichen nationalen Rechtslagen in Bezug auf die digitale Signatur erfolgen muss, um den internationalen Geschäftsverkehr nicht zu behindern. Das Ergebnis ist die EU Richtlinie über gemeinschaftliche Rahmenbedingungen für elektronische Signaturen.

Die Entwicklung in den USA sowie in Europa zielt in die gleiche Richtung. Unterstützt wird diese Entwicklung durch die von der International Chamber of Commerce (ICC) aufgestellten Verhaltensregeln für elektronische Transaktionen in offenen Netzen, i.e. General Usage for International Digitally Ensured Commerce (GUIDEC). Durch die GUIDEC-Richtlinien sollen als Bestandteil des internationalen Handelsrechts rechtliche Prinzipien begründet werden, um verlässliche Strukturen für die digitale Signatur in elektronischen Geschäftsprozessen herzustellen. Im Rahmen von ICCs „Electronic Commerce Project", dem auch GUIDEC zugeordnet ist, werden zur Zeit in Zusammenarbeit mit den ICC-Mitgliedern in mehr als 130 Ländern Richtlinien für den elektronischen Handel in Form eines „Global Action Plan for Electronic Commerce" erstellt. Von deutscher Seite aus wird die Initiative von dem Bundesverband der deutschen Industrie (BDI), dem Deutschen Industrie- und Handelstag (DIHT), dem Zentralverband der Elektrotechnik- und Elektroindustrie (ZVEI) sowie dem Fachverband Informationstechnik im VDMA (Verband Deutscher Maschinen- und Anlagebau) und ZVEI (FVIT) unterstützt.

Auch die UN (Vereinigte Nationen) erkennen in Art. 7 ihres UNICITRAL Modellgesetzbuchs zum elektronischen Handel die Verwendung der digitalen Signatur zur Erfüllung von Schriftformerfordernissen an.

2.2.1 US Electronic Signature Act

Der US Electronic Signature Act (8. Juni 2000) fordert zwar Mindeststandards für elektronische Signaturen, legt sich aber nicht auf bestimmte Technologien fest. Durch dieses Gesetz soll eine rechtliche Grundlage geschaffen werden, die den zwischen- und außerstaatlichen elektronischen Rechts- und Geschäftsverkehr regelt, jedoch die technischen Standards und Entwicklungen den Marktkräften überlässt. Ausgenommen von der elektronisch rechtskräftigen Abwicklung sind beispielsweise das Verfassen und Öffnen von Testamenten sowie der

Rechtsverkehr in Bezug auf Adoptionen, Scheidungen, Gerichtsbescheide, Bankrottbenachrichtigungen usw. Die USA beschränken das erlassene Gesetz nicht auf digitale Signaturen, sondern erweitern es auf die elektronische Unterschrift, die eine übergeordnete Klasse der digitalen Signatur darstellt und die Möglichkeit für weitere, zukünftige technische Entwicklungen elektronischer Signaturen einräumt.

2.2.2 EU-Richtlinie für elektronische Signaturen

Ähnlich dem Szenario in den USA, hatten in Europa bereits mehrere Mitgliedstaaten detaillierte Gesetzgebungsmaßnahmen im Bereich der digitalen Signaturen eingeleitet, die zum Teil in ihren technischen und rechtlichen Regelungen stark voneinander abwichen. Um eine Gefährdung des Binnenmarktes aufgrund dieser unterschiedlichen Rechtslagen auszuschließen, forderte das Europäische Parlament die Kommission bereits im September 1996 auf, Regeln für die Sicherheit und Vertraulichkeit der elektronischen Kommunikation zu entwickeln. Unter Berücksichtigung der Vorschläge der Mitgliedstaaten, Vertretern des Privatsektors und des Europäischen Parlaments und nach kontroversen Diskussionen entstand die Richtlinie über gemeinschaftliche Rahmenbedingungen für elektronische Signaturen, die am 13. Dezember 1999 verabschiedet wurde.

Vorrangiges Ziel der Richtlinie ist die Sicherstellung der grenzüberschreitenden rechtlichen Anerkennung elektronischer Signaturen in offenen Systemen wie dem Internet. Hierzu wurden die Voraussetzungen festgelegt unter denen die Mitgliedstaaten elektronische Signaturen mit manuellen gleichstellen sollen. Die Richtlinie bestimmt, dass „fortgeschrittene elektronische Signaturen“ einer handschriftlichen Unterschrift gleichgestellt sind, wenn ihnen ein „qualifiziertes Zertifikat“ zugrunde liegt und sie mit einer „sicheren Signaturerstellungseinheit“ erstellt werden. Die Umsetzung der Richtlinie umfasst auch die Anpassung des Zivil- und Prozessrechts sowie des öffentlichen Rechts.

Wichtige Regelungskomponenten zur Gewährleistung der tatsächlichen Sicherheit sind neben der Haftung für *Zertifizierungsdiensteanbieter* die Anforderungen an die technische Sicherheit der eingesetzten Komponenten, die Anforderungen an die personelle Sicherheit der Zertifikatsinhaber und *Zertifizierungsdiensteanbieter* sowie die Überwachung der an die *Zertifizierungsdiensteanbieter* gestellten Anforderungen.

2.3 Zu erwartende Gesetzeslage

Die o. g. EU-Richtlinie über gemeinschaftliche Rahmenbedingungen für elektronische Signaturen muss vor dem 19. Juli 2001 in nationales Recht umgesetzt werden. In Deutschland existieren bereits einige Entwürfe für eine neue gesetzliche Verankerung der elektronischen Signatur. Deutschland ist darüber hinaus als eines der führenden Länder an der Erstellung globaler Richtlinien für den elektronischen Handel beteiligt, so dass die nachfolgend genannten Gesetzesentwürfe sich auch am internationalen Geschehen orientieren.

2.3.1 Gesetz über Rahmenbedingungen

Die Umsetzung der EU-Richtlinie erfolgt in Form einer Änderung des deutschen Signaturgesetzes, i.e. Gesetz über Rahmenbedingungen für elektronische Signaturen (SigÄndG). Als letzte Version liegt der Kabinettsbeschluss vom 16. August 2000 vor. Der deutsche Gesetzgeber hatte nicht alle Formulierungen der EU-Richtlinie in den anfänglichen Diskussionsentwurf übernommen, sondern eigene Formulierungen verwendet. Hierfür ist er von der Industrie in

Form der TeleTrusT Deutschland e.V. stark kritisiert worden. Am 12./13.09 wurde die Vorlage in den Bundesrat eingebracht. Sie liegt z. Zt. dem Bundestag zur Entscheidung vor. Das vom Bundesministerium für Wirtschaft und Technologie entworfene Eckpunkte-Papier für einen Gesetzesentwurf ist jedoch weitreichender als der bisherige Diskussionsentwurf zu diesem Thema, da es eine Festlegung einheitlich rechtlicher Rahmenbedingungen ausschließlich für „qualifizierte elektronische Signaturen" vorschlägt. Aus den Anhörungen und Stellungnahmen wurden viele Anregungen in die überarbeitete Vorlage aufgenommen. Einiges deutet darauf hin, dass sowohl die „akkreditierte elektronische Signatur" im Behörden- und Verwaltungsumfeld als auch die „qualifizierte elektronische Signatur" im bürgernahen Bereich Anwendung finden.

Die Bundesregierung hat am 31. Mai 2000 die Änderung der Signaturverordnung beschlossen. SigVÄndV, in der Version vom 1. Juli 2000, beinhaltet die Erweiterung der europäischen „Kriterien für die Bewertung der Sicherheit von Systemen der Informationstechnik" auf die übergreifenden internationalen Kriterien „Gemeinsame Kriterien für die Prüfung und die Bewertung der Sicherheit von Informationstechnik (Common Criteria for Information Technology Security Evaluation)" in Hinblick auf die Prüfung technischer Komponenten. Diese Kriterien sollen zukünftig auch bei der Prüfung technischer Komponenten, die für Zwecke der gesetzlichen digitalen Signatur eingesetzt werden, angewandt werden können, was bisher nicht möglich war. Die notwendige Voraussetzung für einen breiten Einsatz digitaler bzw. elektronischer Signaturen im internationalen Rechts- und Geschäftsverkehr wird durch diese Änderungen erbracht.

2.3.2 Gesetz zur Anpassung der Formvorschriften des Privatrechts

Das Gesetz zur Anpassung der Formvorschriften des Privatrechts und anderer Vorschriften an den modernen Rechtsgeschäftsverkehr (Referentenentwurf, 5. Juni 2000) sieht die Anpassung des Zivil- und des Prozessrechts sowie des öffentlichen Rechts in Bezug auf die Gleichsetzung der elektronischen Signatur mit der Schriftform vor. Der Gleichsetzung stehen auf den ersten Blick jedoch ca. 440 Zivilgesetze und über 3.800 Verordnungen entgegen. Zusätzlich zu dem „Gesetz zur Anpassung der Formvorschriften des Privatrechts..." müssen die einzelnen Verordnungen geändert werden. Im Vergabewesen ist dies bereits durch die Änderung der VOB/A und VOL/A geschehen. Das Verwaltungsverfahrengesetz befindet sich z. Zt. in Bearbeitung. Im Februar 2001 wird ein erster Entwurf erwartet.

Es existieren drei verschiedene Formvorschriften, i.e. die Schriftform, die notarielle Beurkundung und die öffentliche Beglaubigung, wobei die Schriftform die verbreitetste Form darstellt. Der Gesetzentwurf führt als Option zur Schriftform eine speziell auf die elektronischen Medien ausgerichtete Form in das Bürgerliche Gesetzbuch ein. Daneben sieht der Gesetzentwurf eine gegenüber der Schriftform erleichterte Form, i.e. die Textform, die in geeigneten Fällen die eigenhändige Unterschrift ersetzen kann, vor.

Darüber hinaus enthält der Referentenentwurf die Anpassung prozessrechtlicher Bestimmungen sowie einige Änderungen im Recht der Willenserklärungen in Bezug auf die Anerkennung der elektronischen Form als Option zur Schriftform. Die hier erwähnte elektronische Form erfordert eine elektronische Signierung des Dokuments unter Anwendung eines Verfahrens, das die Voraussetzungen des Gesetzes über die elektronische Signatur erfüllt.

3 Technische Umsetzung gesetzlicher Anforderung

Die technische Umsetzung sollte die von der EU-Richtlinie über gemeinschaftliche Rahmenbedingungen für elektronische Signaturen spezifizierten Anforderungen berücksichtigen. Wie unter Punkt 2 erläutert ist davon auszugehen, dass sowohl „akkreditierte elektronische Signaturen" als auch „qualifizierte elektronische Signatur", abhängig von dem jeweiligen Anwendungsbereich der elektronischen Signatur, die Anforderungen zur Gleichstellung an eine handschriftliche Unterschrift erfüllen.

Eine entscheidende Voraussetzung für die technische Umsetzung stellt die Kompatibilität der zugrundeliegenden Zertifikatsprofile dar. Aus diesem Grund wurde das Zertifikatsprofil „ISIS", welches die Dateiformate, Eigenschaften, Wertebereiche, usw. regelt, und ab 2001 Einsatz finden wird durch die AG Trust Center entwickelt.

3.1 Technische Infrastruktur

Um Verträge mit Inkrafttreten der Gesetzesnovellierung rechtskräftig und sicher über das Medium Internet abwickeln zu können, müssen zwei Sachverhalte gewährleistet werden, i.e. die Integrität und die Authentizität. Die Integrität, also der Nachweis der Unverfälschtheit des unterschriebenen Inhaltes des Vertrages, und die Authentizität, i.e. die eindeutige Identifizierung des Vertragspartners, können mit Hilfe des digitalen Signaturverfahrens gewährleistet werden, wenn sowohl die verwendeten Schlüssel als auch die verwendete Hashfunktion mathematisch sicher sind und die Systemarchitektur den Austausch von vertraulichen Daten durch eine anerkannte Verschlüsselungstechnik unterstützt. Die Softwarelösung iContract, entwickelt von der CCI GmbH, gewährleistet sowohl die Integrität und die Authentizität sowie auch die Vertraulichkeit der übertragenen Daten und die Verfügbarkeit des Gesamtsystems.

3.2 iContract Systemarchitektur

Mit iContract ist eine Softwarelösung geschaffen worden, die es ermöglicht, Dialoge, Formulare und Dateianlagen in Form einer Java-Anwendung über das Internet rechtskräftig zu unterschreiben und auf sicherem Weg zwischen Anbieter und Nutzer auszutauschen. Über eine Anbieterspezifische Website wird mit Hilfe des Standard-Webbrowsers die Anwendung aufgerufen, so dass die Systemanforderungen auf Seiten des Nutzers lediglich bei einem Webbrowser, wie z.B. Microsoft Explorer, einem Chipkartenlesegerät sowie einer Chipkarte liegen.

Die Systemarchitektur von iContract setzt sich aus folgenden Komponenten zusammen:

- Client auf der Seite des Nutzers in Form eines Standard-Webbrowsers
- IContract Firewall
- IContract Router (Gateway 1)
- IContract Applikations Server
- IContract Serververteiler/Security Gateway (Gateway 2)
- Status Monitor (SM)

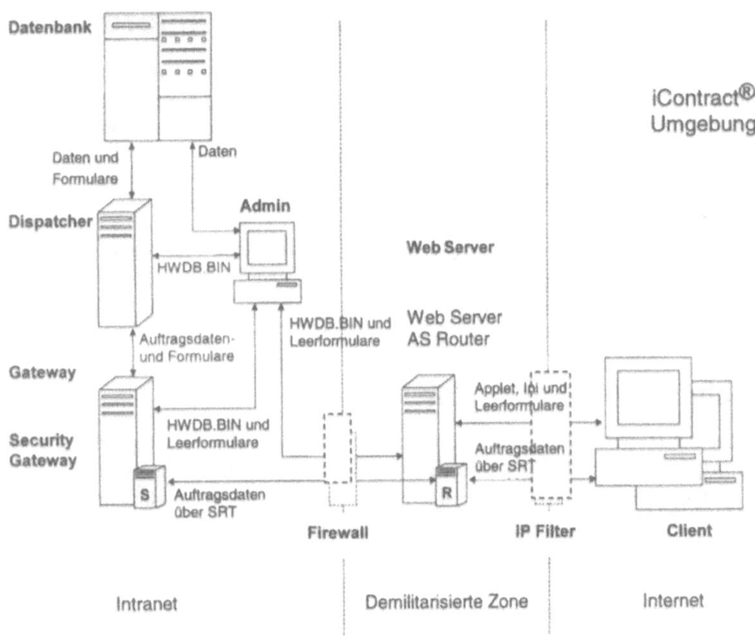

Abb. 1: iContract Systemarchitektur

Maßgeblich für die technische Umsetzung gesetzlicher Anforderungen sind die Integrität und die Authentizität. Für die eingesetzte Technik wird durchweg ein sehr hoher Sicherheitsstandard verlangt. Nach dem Maßnahmenkatalog der Regulierungsbehörde und des BSI wird beim Erzeugen, Laden, Speichern und Anwenden des Signaturschlüssels eine Sicherheitsstufe von E4 (hoch) nach ITSEC verlangt.

Nach § 16 Abs. 2 SigV muss die zur Erzeugung oder Prüfung digitaler Signaturen erforderliche technische Komponente durch Besitz und Wissen gesichert sein. Eine normale Authentifizierung durch die Abfrage einer PIN reicht also nicht aus. Das BSI hat in diesem Zusammenhang im Maßnahmenkatalog für technische Komponenten für den RSA eine Schlüssellänge von 1024 bit empfohlen. Dieser Schlüssel muss, gesichert durch eine PIN, auf einer Chipkarte gespeichert sein, um die Anforderungen des § 16 SigV zu erfüllen.

iContract erfüllt diese Anforderungen durch den Einsatz der beiden folgenden Komponenten: sicherer Kanal und digitale Signaturen.

3.2.1 Verwendung eines sicheren Kanals

Die Einrichtung eines sicheren Kanals zwischen den Vertragspartnern (Anbieter und Nutzer) erfolgt in iContract® durch Verwendung des sicheren SRT-Protokolls, basierend auf Brokat Software Komponenten. Im Bereich der Verschlüsselung werden die international anerkannten Verschlüsselungsalgorithmen IDEA 128 bit, 3DES 168 bit und RSA 1024 bit, sowie die

MAC (Message Authentication Code) Algorithmen MD5 und SHA-1 (Secure Hash Algorithm) eingesetzt.

Eine sichere Verschlüsselung ist jedoch nicht nur vom Verfahren, sondern auch von der Güte der eingesetzten Schlüssel abhängig. In iContract hat das SRT-Protokoll Einsatz gefunden, da es Browser-unabhängig einen Schlüssel verwendet, auf den von außen keinerlei Einfluss genommen werden kann. iContract setzt zu diesem Zweck einen symmetrischen Schlüssel (session key) ein, der auf der Basis von Zufallswerten erzeugt wird und alle 30 Minuten sowie bei jeder Anmeldung neu generiert wird. Das SSL-Verfahren bietet ähnliche Verschlüsselungsmethoden, hat aber den Nachteil, dass nur die neueren Browser-Versionen diese Verschlüsselungsverfahren unterstützen und dadurch Nutzer, die niedrigere Browser-Versionen benutzen die Anwendung nicht aufrufen können bzw. zuerst Browser-Upgrades durchführen müssen. Den Wünschen des Anbieters entsprechend kann das SRT-Protokoll in iContract ohne großen Aufwand durch das SSL-Verfahren ausgetauscht werden.

3.2.2 Einsatz digitaler Signaturen

Das SigGÄndG definiert das System des privaten und öffentlichen Schlüssels, der durch eine Zertifizierungsstelle verwaltet wird, als gesetzliche digitale Signatur. Der Schlüssel, mit dem der Absender das digitale Dokument signiert („private key“), ist geheim zuhalten und auf einer Chipkarte so zu speichern, dass er nicht gelesen werden kann. Um die Geheimhaltung des privaten Schlüssels zu gewährleisten, darf er nicht aus dem öffentlichen Schlüssel oder aus der Signatur errechenbar sein.

Der Absender signiert eine Nachricht, indem er zunächst mit Hilfe eines Programms den Hashwert des Dokumentes berechnet. Dazu werden die Bitfolgen, aus denen eine Nachricht besteht, nach einem bestimmten Algorithmus neu geordnet und so zusammengefasst, dass eine beliebig lange Nachricht auf eine feste kurze Länge von Bitfolgen reduziert werden kann. Dieses Programm wird als Hashfunktion und das Ergebnis dieser Berechnung als Prüfsumme oder Kryptogramm bezeichnet. Anschließend verschlüsselt der Absender die Prüfsumme mit seinem privaten Schlüssel und erhält so die digitale Signatur, die als Zusatz an den normalen Text angehängt wird.

Zur Prüfung der digitalen Signatur benötigt der Empfänger den öffentlichen Schlüssel („public key“), der ihm entweder zusammen mit der Nachricht zugesandt oder in einem öffentlichen Verzeichnis hinterlegt werden kann. Mit dem öffentlichen Schlüssel wird zunächst die digitale Signatur entschlüsselt um zu prüfen, ob die beiden Schlüssel zusammengehören. Der Empfänger berechnet in einem weiteren Schritt mit Hilfe eines Programms, das den gleichen Hashalgorithmus verwendet wie der des Absenders, die Prüfsumme erneut. Stimmen die von Absender und Empfänger berechneten Prüfsummen überein, ist gewährleistet, dass der Inhalt des Dokumentes nicht verändert wurde. Selbst bei der geringsten Veränderung der Nachricht ergeben sich zwei voneinander abweichende Prüfsummen, so dass eine nachträgliche Veränderung leicht festzustellen ist.

iContract verwendet das o. g. digitale Signaturverfahren und sichert somit die Verbindlichkeit der nachrichtenorientierten Kommunikation. Selbst wenn die Verschlüsselung des sicheren Kanals (SRT-Protokoll) gebrochen würde, bliebe die Verbindlichkeit der Nachrichten weiterhin erhalten.

Um rechtsgültige Unterschriften leisten zu können, müssen sich die Vertragspartner von einer Zertifizierungsstelle, bzw. von einer „akkreditierten“ Zertifizierungsstelle, durch ein „qualifiziertes“ Zertifikat die Zugehörigkeit ihres Schlüsselpaares, das mit einer „sicheren Signaturerstellungseinheit“ generiert wurde, bestätigen lassen. Dieses Zertifikat wird von der Zertifizierungsstelle mit ihrem privaten Schlüssel signiert. Die Signatur der Zertifizierungsstelle kann der Empfänger dann anhand der Bescheinigung der Zuordnung des öffentlichen Schlüssels zu der Zertifizierungsstelle, die durch eine übergeordnete vertrauenswürdige Zertifizierungsstelle bestätigt wird, verifizieren.

Ein Schlüssel ist immer in Bezug auf einen zugehörigen Algorithmus zu verstehen. Bei zertifizierten Schlüsseln wird der Signaturalgorithmus, für den sie eingesetzt werden können, und ggf. weitere Parameter im Zertifikat mit angegeben (siehe z.B. die Zertifikatsdefinition in [X.509]). Um die zertifizierten Schlüssel der Vertragspartner einzusetzen, sind in iContract Signaturalgorithmen und -tests implementiert, die kompatibel zu den Vorgaben der Zertifikate sind. Des weiteren wird bei jedem Signaturtest zusätzlich die Gültigkeit des Signaturschlüssels zu dem entsprechendem Zeitpunkt geprüft. Abhängig von den vorgegebenen Sicherheitsrichtlinien und der Infrastruktur kann diese Überprüfung Online-Zugriffe auf Verzeichnisse der Zertifizierungsstelle erfordern oder aber auch direkt in einer Browser-Umgebung einfach möglich sein. Als Signatur kann sowohl die „akkreditierte“ als auch die „qualifizierte“ elektronische Signatur in iContract verwendet werden. Hierbei werden Karten unterstützt, die auf dem ISIS Zertifikatsprofil basieren und von einem KOBIL CT-B1® Pro Chipkarten-Lesegerät gelesen werden können. Beispiele hierfür sind die Chipkarten der TeleSec zur Erstellung „akkreditierter“ Signaturen und die Chipkarten des CCI-eigenen Trust-Centers zur Erstellung „qualifizierter“ Signaturen. Die Signaturerstellung findet auf der Karte statt, da dadurch der private Schlüssel nicht ausgelesen werden muss.

Die elektronische Signatur wird in die HTML-Datei der Java-Anwendung eingebettet. Hierzu werden die Signaturdaten mit genormten Kommentaren umgeben, die ein maschinelles Herausfiltern der Signaturbestandteile erlauben. Die Signatur ist damit einerseits maschinell prüfbar, andererseits auch für den Nutzer bei Betrachtung des Unterschriebenen auf den ersten Blick zu erkennen. Die Prüfung der Signatur kann jedoch nur maschinell erfolgen.

Bei der Verwendung des digitalen Signaturverfahrens für die elektronische Abwicklung von Verträgen treten die in Abbildung 2 dargestellten Beziehungsprobleme auf.

Die dargelegten Probleme können durch technische und organisatorische Maßnahmen von iContract zum großen Teil beseitigt werden.

Die Beziehungen zwischen öffentlichen und geheimen Schlüsseln sind durch die Verwendung des RSA-Verfahrens mit 1024 Bit Schlüssellänge hinreichend sichergestellt. Nach heutigem Wissensstand ist die Schlüssellänge von 1024 Bit mindestens für die nächsten 3 Jahre ausreichend.

Die Bindung des öffentlichen RSA-Signaturschlüssels an den Anwender erfolgt über die zuverlässige Zuordnung des Schlüsselpaares zu diesem Anwender, dem „qualifizierten“ Zertifikat. Es muss sichergestellt sein, dass der Inhaber des Schlüsselpaares zuverlässig identifiziert und ihm ein einmaliger Name zugeordnet wird. Weiterhin ist eine sichere Schlüsselgenerierung mit einer „sicheren Signaturerstellungseinheit“ und ebenfalls eine sichere Übergabe der Schlüssel zu gewährleisten. Die öffentlichen Schlüssel müssen in die öffentliche Datenbank aufgenommen, gepflegt und dann gesperrt oder zurückgenommen werden, wenn der private Schlüssel kompromittiert wurde.

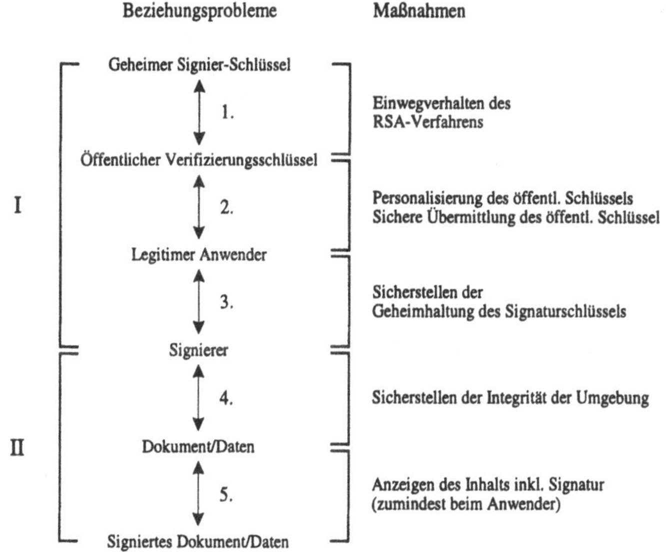

Abb. 2: Beziehungsprobleme bei der digitalen Signatur

Falls der Anwender befürchtet, dass sein geheimer RSA-Signaturschlüssel kompromittiert wurde, sollte er umgehend die ausstellende Stelle (Trust Center) benachrichtigen und einen Schlüsselwechsel einleiten.

Für die Geheimhaltung des geheimen RSA-Signaturschlüssels (private key) ist der Anwender grundsätzlich selbst verantwortlich. Durch die verschlüsselte Speicherung des privaten Schlüssels auf einer Chipkarte sind Schutzmaßnahmen gegeben, die dem Anwender eine Reduzierung des Restrisikos auf ein geringes Maß erlauben.

Zur Sicherstellung der Integrität der Umgebung werden in iContract signierte Java-Applets (signed applets) verwendet, um mit Hilfe eines Server-Zertifikates den vertrauenswürdigen Ursprung der Anwendung auszuweisen. Der Entwickler signiert die kompilierte Java-Anwendung mit seinem Entwickler- Signierschlüssel separat für Microsoft Explorer und Netscape Navigator. Die Beziehung wird dann beim Client durch das lokale Applet hergestellt. Die Gültigkeit des Server-Zertifikates wird durch den Browser geprüft und durch eine entsprechende Meldung dem Nutzer die Vertrauenswürdigkeit des Ursprungs mitgeteilt.

Die Integrität der übertragenen Daten und die Authentizität des Nutzers werden durch die Verwendung der Hashfunktionen SHA-1 (160 Bit) und MD5 sowie dem RSA-Verfahren zur Signaturberechnung hinreichend gesichert. Auch hier werden Komponenten, die eine entsprechende Zertifizierung aufweisen, wie z.B. das Brokat X*PRESSO Security Package, eingesetzt.

Um zu gewährleisten, dass der Anwender sich des Inhaltes des zu unterschreibenden Vertrages bewusst ist, werden in iContract technische und organisatorische Mittel eingesetzt, um den Inhalt visuell noch einmal überprüfen zu können. Zusätzlich wird dem Anwender der unterschriebene Vertrag , bestehend aus allen Vertragsbestandteilen mit anschließender digitaler Signatur, vor dem Versenden noch einmal vorgelegt.

Nach geleisteter Unterschrift darf der Vertrag sowie alle darin enthaltenen Vertragsbestandteile nicht mehr veränderbar sein Dies wird in iContract durch die Verwendung der signierten Hashfunktion gewährleistet. In manchen Fällen, wie z. B. bei der Abgabe von Angeboten, muss allerdings die Möglichkeit eingeräumt werden, den Vertrag innerhalb eines festgelegten Zeitraumes zu widerrufen oder durch einen anderen Vertrag zu substituieren. Dies wird durch ein serverbasiertes Dokumentenmanagement erreicht.

4 Elektronische Vertragsabbildung

Die Benutzeroberfläche von iContract ist wie eine Anwendung geschaffen, so dass der Nutzer das Gefühl hat keine Internetseite, sondern eine Standard-Anwendung aufzurufen.

Die zu übertragenden Daten werden in zwei Formate unterteilt, Formulare und Anlagen.

4.1 Formulare

Für die Verwendung mit Standard-Webbrowsern bieten sich genormte Datenformate, wie z.B. XML, HTML, ASCII oder Pixelformate (GIF oder PNG) an, die von iContract unterstützt werden. Diese Formate sichern darüber hinaus die Unabhängigkeit des Dokumentes von der Anwendung, da sie separat gespeichert und archiviert werden können.

Als Programmiersprache wurde Java gewählt, da sich Java ideal zur Programmierung von Anwendungsmodulen auf der Basis von HTML-Seiten eignet. Formulare können auf diese Weise in HTLM-Format umgewandelt werden. Der Programmiercode kann mit Hilfe von browser-spezifischen Verfahren, wie z. B. Authenticode für Microsoft Explorer und Object-Signing für NetScape Navigator, signiert werden. Diese signierten Java-Applets bieten dem Anwender eine anwenderfreundliche Authentizitätssicherung der Anwendung, reduzieren also das Risiko gefälschter Anwendungen und Transaktionen auf ein Minimum.

Die Gestaltungsmöglichkeiten von Java-Applets sind vielseitig. Java ist eine objekt-orientierte Programmiersprache, die inzwischen die gleichen Entwicklungsmöglichkeiten bietet wie herkömmliche objektorientierte Programmiersprachen. So können inzwischen nicht nur Formulare in HTML-Format abgebildet werden, sondern es können komplette Anwendungen über das Internet aufgerufen werden. Dies ist ohne die Notwendigkeit einer zusätzlichen Softwareinstallation, nur durch Verwendung eines Standard-Webbrowsers möglich. iContract kann somit auch im Offline-Modus bearbeitet werden.

4.2 Anlagen

Anlagen zu Verträgen bestehen zumeist aus Textdokumenten, Tabellen und Zeichnungen. Textdokumente können problemlos in HTML-Format umgewandelt werden, bei Tabellen und

Zeichnungen ist dies nicht ohne weiteres möglich. Aus diesem Grund können in iContract Textdokumente, Tabellen und Zeichnungen in ihrem ursprünglichen Format erhalten bleiben und als Anhänge, analog zu e-Mail-Anhängen, mit in das HTML-Formular aufgenommen werden. Die Anlagen werden also als Bestandteil des Vertrages im Hashwert verankert und mitsigniert, so dass eine nachträgliche Änderung der Anhänge ausgeschlossen ist.

4.3 Anwendungsbeispiel

Ein Anwendungsbeispiel bietet die elektronische Veröffentlichung von Ausschreibungen und die anschließende Vergabe von Aufträgen. In iContract sieht die Realisierung dieses Verfahrens folgendermaßen aus:

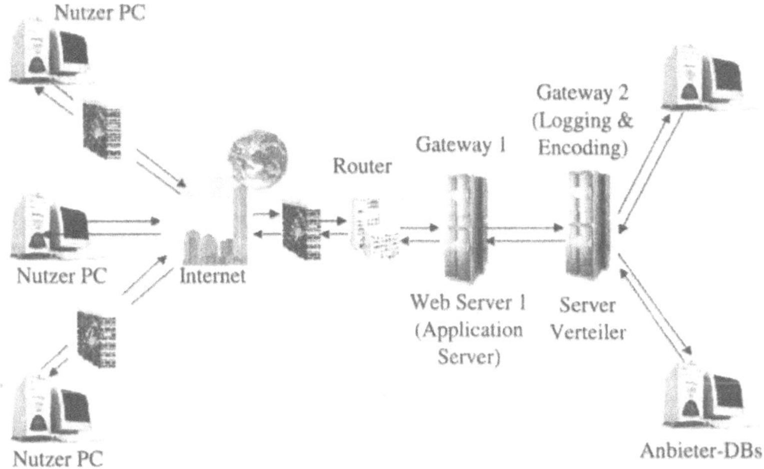

Abb. 3: Anwendungsbeispiel

Zunächst erstellt die Vergabestelle bzw. deren beauftragter Planer das digitale Leistungsverzeichnis, den Bekanntmachungstext sowie Pläne etc. mittels seiner eigenen Software-Tools. Über eine Administrations-Schnittstelle können diese in die iContract-Anwendung übernommen werden und zur Veröffentlichung freigegeben werden. Dies geschieht durch eine Veröffentlichung auf der entsprechenden Website der Vergabestelle bzw. über direkte E-Mail-Benachrichtigung der schon bekannten Nutzer (Bieter), dass auf der Website der Vergabestelle neue Ausschreibungen abrufbar sind.

Der Bieter kann dann über die Website die Anwendung mit der neuen Ausschreibung direkt aufrufen, indem er sich über einen Anmeldevorgang anhand seiner Benutzerkennung und seiner Chipkarte identifiziert. Er kann dann die Ausschreibungsunterlagen online bearbeiten oder diese bei umfangreicheren Ausschreibungsunterlagen runterladen.

Sind die nunmehr Angebotsunterlagen erstellt, ruft der Bieter wieder die Anwendung über die Website auf, fügt seine Angebotsunterlagen ein und legt ihm diese zur Unterschrift vor, wobei durch die Technik des Browsers im Browser ausgeschlossen wird, dass der Nutzer etwas anderes signiert als er auf dem Bildschirm sieht. Der Nutzer signiert die Angebotsunterlagen indem die Signatur durch die Eingabe seines Passwortes auf dem Chipkarten-Lesegerät erstellt und in das HTML-Vertragsformular, welches sämtliche Angebotsunterlagen und Details beinhaltet, einbettet wird. Durch die „Senden"-Funktion wird das Angebot komplett verschlüsselt, wobei die Signatur nicht mit verschlüsselt wird, da diese vor Entschlüsselung der Angebotsunterlagen geprüft werden muss.

Der Bieter erhält eine Kopie des signierten Angebotes, versehen mit einem Zeitstempel, in HTML-Format. Dieses Dokument ist jederzeit prüfbar.

Sobald das Angebot auf dem Web-Server der Vergabestelle eingetroffen ist, wird die Signatur des Bieters auf ihre Gültigkeit hin überprüft und die Angebotsunterlagen mit den Original-Unterlagen auf dem Security-Server abgeglichen, um eine Textveränderung auszuschließen. Erst dann wird das Angebot auf den Server-Verteiler übernommen, wo es verschlüsselt bis zur Angebotsöffnung gespeichert wird. Der Server initialisiert dann eine Quittierung der Annahme des Angebotes, welches das erhaltene Angebot mit dem privaten Schlüssel des Vergabestellen-Servers signiert und an den Bieter sendet. Dieser erhält dann eine unmittelbare Bestätigung des Eingangs seines Angebotes, des eingegangenen Inhaltes und der Zeit des Eingangs. Diese Bestätigung wird ihm wiederum als HTML-Dokument zur Speicherung zur Verfügung gestellt.

Nach Submissionsende können die eingegangenen Angebote durch Öffnung unter dem Vier-Augen-Prinzip, i.e. durch das Einloggen von zwei vorher festgelegten Personen innerhalb kurzer Zeit, geöffnet und in eine Backend-Datenbank geladen werden. Hier können sie in den Workflow der Vergabestelle aufgenommen werden, so dass z.B. Auswertungen gefahren werden können.

Sobald die Vergabestelle sich entschieden hat, an welchen Bieter sie den Auftrag vergibt, kann über E-Mail eine Benachrichtigung an den Auftragnehmer bzw. an alle Teilnehmer versandt werden, dass eine Statusänderung der Ausschreibung erfolgt ist. Über Aufrufen der Anwendung kann der Auftragnehmer dann den Status seines Angebotes abfragen und somit erfahren, ob er beauftragt worden ist sowie ggf. Zusätze zu dieser Beauftragung erhalten.

Der gesamte Vergabeprozess erfolgt mit Hilfe von iContract elektronisch und kann mit existierenden Standard-Software-Tools, wie z.B. MS Office, integriert werden.

5 Zusammenfassung

Die CCI GmbH hat mit der Softwarelösung iContract ein marktführendes Produkt für die sichere, elektronische Abwicklung von Verträgen über das Internet entwickelt.

Durch den Einsatz von iContract können Dokumente, die einer rechtskräftigen Unterschrift bedürfen bzw. nicht der Allgemeinheit zugänglich gemacht werden sollen, mit internen und externen Geschäftspartnern elektronisch abwickelt werden.

Die Integration der o. g. Sicherheitsmechanismen stellt sicher, daß der geschlossene Vertrag geheim, fälschungssicher und der Vertragspartner eindeutig identifizierbar ist. Der gesamte Vertragsinhalt sowie der genaue Zeitpunkt der Vertragsschließung werden dokumentiert. Eine nachträgliche Änderung ist ausgeschlossen.

iContract® wurde unter Berücksichtigung der deutschen und europäischen Gesetzeslage in Bezug auf die Rechtsgültigkeit von elektronisch geschlossenen Verträgen entwickelt. Durch die skalierbare Sicherheitsarchitektur der Anwendung können die Anforderungen von Unternehmen bis hin zu gesetzeskonformen Vertragsabschlüssen abgebildet werden.

Literatur

[Baum99] M. Baum: Gültigkeit gesetzeskonformer digitaler Signaturen und Zertifikate, in: Bundesamt für Sicherheit in der Informationstechnik (Hrsg.), IT-Sicherheit ohne Grenzen?, Ingelheim 1999, S. 429ff..

[BSI97] Bundesamt für Sicherheit in der Informationstechnik (BSI), BSI Projekt „Angaben zum Maßnahmenkatalog zur digitalen Signatur gem. SigV § 12 und § 16", 1997. http://www.bsi.bund.de/aufgaben/projekte/digsig/

[BM98] Bundesministerium für Bildung, Wissenschaft, Forschung und Technologie, Bekanntmachung zu Media@Komm-Städtewettbewerb Multimedia, 1998. http://www.iid.de/informationen/mediakomm/staedte.html

[CC99] Common Criteria, Gemeinsame Kriterien für die Prüfung und Bewertung der Sicherheit in der Informationstechnik, 1999. http://www.bsi.bund.de/cc/index.htm

[FePf99] H. Federrath, A. Pfitzmann: Stand der Sicherheitstechnik, in: H. Kubicek, Braczyk, D. Klumpp, G. Müller, W. Neu, E. Raubold, A. Roßnagel (Hrsg.): Jahrbuch Telekommunikation und Gesellschaft 1999 Multimedia@Verwaltung, Heidelberg 1999, S. 124ff.

[Keus99] K. Keus: Digitale Signaturen im Spannungsfeld zwischen juristischer Wirkung und Technischer Anforderung, in: Bundesamt für Sicherheit in der Informationstechnik (Hrsg.), IT-Sicherheit ohne Grenzen, Ingelheim 1999, S. 163ff..

[Mied00] A. Miedbrodt: Der Elektronische Rechtsverkehr, Signaturregulierung im Rechtsvergleich. Namos Verlagsgesellschaft Baden-Baden, 2000.

[SigEG99] EU Kommission: Richtlinie 1999/93/EG DES EUROPÄISCHEN PARLAMENTS UND DES RATES vom 13. Dezember 1999 über gemeinschaftliche Rahmenbedingungen für elektronische Signaturen.

[SigG97] Gesetz zur digitalen Signatur vom 13. Juni 1997. http://www.e-commercerecht.com/siggesetz/hauptteil_siggesetz.html

[SigV97] Verordnung zur digitalen Signatur vom 8. Oktober 1997. http://www.e-commercerecht.com/sigvo/hauptteil_sigvo.html

[EckG00] Eckpunkte für einen Gesetzesentwurf, Gesetz über Rahmenbedingungen für elektronische Signaturen, April 2000. http://www.dud.de/dud/history.htm

Vertrauensbildung im elektronischen B2B-Commerce

Patrick Horster[1] · Stephan Teiwes[2]

[1]Universität Klagenfurt
Institute für Informatik – Systemsicherheit
patrick.horster@uni-klu.ac.at

[2]Ernst & Young AG
eRisk Solutions
stephan.teiwes@{eycom.ch, computer.org}

Zusammenfassung

Wirtschaftsanalysten prognostizieren ein aggressives Wachstum im Business-to-Business-Commerce und damit fundamentale Veränderungen in der Art und Weise, wie Unternehmen in Zukunft Geschäfte mittels elektronischer Geschäftsprozesse abwickeln werden. Nach aktuellen Schätzungen der Gartner-Group soll der weltweite Business-to-Business-Markt im Zeitraum von 1999 – 2004 von 145 Mrd. auf 7.290 Mrd. US-Dollar anwachsen. Katalysator dieser Entwicklung sind Unternehmen, die den Auf- und den Ausbau des Internet-basierten elektronischen Marktes vorantreiben. Ohne spezielle Infrastrukturen für bestimmte Industriezweige, geographische Regionen oder Zielgruppen können die relevanten Anforderungen jedoch nicht erfüllt werden. Die Technologie zur Realisierung von vertrauenswürdigen Geschäftsprozessen sind Public-Key-Infrastrukturen, sogenannte PKIs. Damit eine Public-Key-Infrastruktur im Business-to-Business-Commerce effektiv werden kann, müssen Geschäftsbeziehungen durch diese Technologie adäquat unterstützt werden. Basieren Geschäftsmodelle im elektronischen Markt auf den Einsatz der PKI-Technologie, so müssen zudem die resultierenden Risiken berücksichtigt werden. In diesem Beitrag behandeln wir die Kopplung ökonomischer Aspekte des Business-to-Business-Commerce mit der PKI-Technologie und diskutieren aktuelle Entwicklungen. Wir betrachten dazu die Bedeutung des Vertrauensbegriffs unter geschäftlichen und PKI-technischen Gesichtspunkten und behandeln Risiken, die sich für Business-to-Business-Prozesse ergeben können.

1 Einleitung

Business-to-Business-Commerce, kurz B2B-Commerce, bezeichnet sowohl Handelsaktivitäten zwischen Unternehmen als auch den Austausch geschäftsrelevanter Informationen über Kommunikationsnetze, vor allem über das Internet. Für jede Art der Handelsbeziehung ist es notwendig, dass sich die Handelspartner verstehen und vertrauen können. Zur Realisierung des elektronischen Marktes müssen daher insbesondere die folgenden Aspekte berücksichtigt werden:

- Interoperabilität der Systeme durch Einsatz standardisierter Datenformate, Protokolle, Abläufe und Regeln

- Kohärenz der Daten, durch die eine einheitliche Semantik und Interpretation erreicht werden kann
- Workflow-Management zur Regelung von Prozessabläufen
- Verträge und deren juristische Absicherung
- Datenschutz zum Schutz der Daten von Geschäftsteilnehmern
- Vertrauen in Prozesse und Teilnehmer durch Sicherheitsmechanismen

Eine erste technologische Umsetzung für den B2B-Commerce geschah bereits in den 70er Jahren mit der Einführung von EDI-Systemen (EDI – Electronic Data Interchange). Doch trotz des Bedürfnisses nach einer Standardisierung entstanden in diesem Umfeld Transaktionssysteme für Unternehmen, die im Eifer der Sache zu individuell gestaltet wurden, teuer sind und häufig wenig Möglichkeiten der Interoperabilität zulassen. Im Gegensatz zu EDI hat das Zusammentreffen von Internet, WWW, Standardisierung von Protokollen und preiswerter Software und Hardware zu einer globalen Kommunikationsinfrastruktur geführt, die im Prinzip für jedermann erreichbar und finanzierbar ist sowie außerdem Interoperabilität gewährleistet. Angesichts dieser Entwicklung ist abzusehen, dass EDI an Bedeutung verlieren, dafür aber das Internet zunehmend schnell an Bedeutung gewinnen wird.

Ein Hauptargument, das gegen das Internet spricht, betrifft die standardmäßig nicht vorhandenen Vorkehrungen, um elektronische Transaktionen vertrauenswürdig und sicher zu machen. So kommt der Einführung zusätzlicher technischer Sicherheitsmassnahmen, insbesondere jedoch der Herstellung des Vertrauens in elektronische Prozesse, eine besondere Bedeutung zu. Durch eine definierte Vertrauensbasis sollen Handelspartner vor potentiellen Schäden, etwa vor Betrug, Raub, Sabotage oder Spionage, geschützt werden. Von einem wirtschaftlichen Standpunkt aus betrachtet darf ein Geschäftsteilnehmer in einen elektronischen Dienst vertrauen, wenn damit ein potentieller Schadensfall entweder technisch nachweisbar ausgeschlossen ist oder im Fall eines entstandenen Schadens eine bekannte Instanz für den Schaden aufkommt.

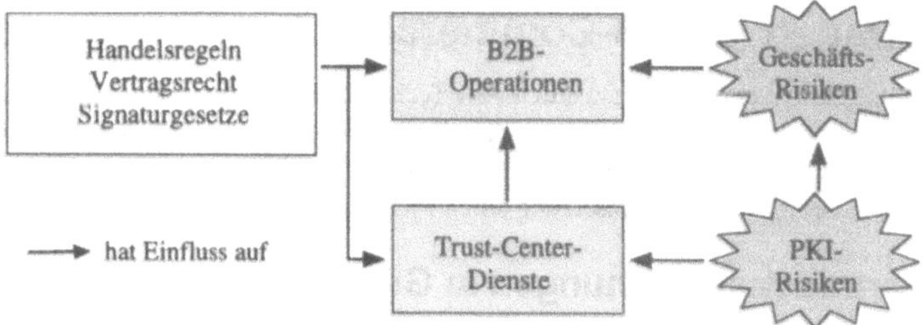

Abb. 1: Einflussfaktoren für einen vertrauenswürdigen B2B-Commerce

Um einen Rahmen für vertrauenswürdigen B2B-Commerce im Internet zu schaffen, sind verschiedene einflussnehmende Faktoren zu berücksichtigen sowie beachtliche technologische, organisatorische und administrative Maßnahmen zu treffen. Wie in Abbildung 1 angedeutet, basieren B2B-Operationen auf PKI-Diensten (Trust-Center-Dienste), die durch Trust-Center geleistet werden. Trust-Center bieten Dienstleistungen zur Herstellung des Vertrauens in B2B-Operationen als Ware an. Sowohl B2B-Operationen als auch Trust-Center-Dienste müssen dabei definierten Vertragsregeln oder Gesetzen folgen. Wie alle Geschäftsbeziehungen unterliegen dabei auch B2B-Operationen gewissen Geschäftsrisiken. Neu sind etwa die hohen Anforderungen an die Verfügbarkeit von Diensten, die für B2B-Operationen erforderlich sind. Genau hier kommen der PKI-Technologie und den Trust-Centern wiederum eine zentrale Bedeutung zu. Es ergeben sich wichtige Aspekte für das Risiko-Management von Trust-Centern und B2B-Dienstleistern.

Die Situation kann leicht sehr komplex und undurchsichtig werden, wenn man B2B-Prozesse auf einer internationalen Ebene betrachtet. Gesetzliche Rahmenbedingungen für den Handel im Internet, das Betreiben von Trust-Centern oder die Gültigkeit digitaler Unterschriften beziehen sich in der Regel auf eingeschränkte Geltungsbereiche. Durch eine Harmonisierung der Technologien und Verfahren wird versucht, einheitliche Rahmenbedingungen für möglichst große Geltungsbereiche (Deutschland, Europa, . . .) zu schaffen. Wichtige Beispiele für solche Harmonisierungsmaßnahmen sind das deutsche Signaturgesetz und die EU-Richtlinie zur Verwendung digitaler Signaturen [Keus00]. Geltungsbereiche für elektronische Verträge bzw. digitale Signaturen können auch durch Unternehmenszusammenschlüsse für den B2B-Commerce gebildet werden. Der Vorteil ist, dass Handelsregeln dadurch „freier" gestaltet werden können und Signaturgesetze nicht unbedingt erforderlich sind.

In den nachfolgenden Abschnitten, beleuchten wir zunächst die Bedeutung des Begriffs „Vertrauen" unter geschäftlichen Gesichtspunkten. Anschließend befassen wir uns mit Möglichkeiten der PKI-Technologie, um Vertrauensbeziehungen für B2B-Commerce in der nötigen Weise zu realisieren. Dabei werden wir aufzeigen, dass eine gesicherte Feststellung der Identität eines Geschäftspartners nicht unbedingt ausreichend ist, um eine geschäftliche Vertrauensbeziehung herzustellen. Im Anschluss diskutieren wir potentielle Risiken im B2B-Commerce, welche durch die PKI-Technologie bzw. Trust-Center-Dienste entstehen und wie diese Risiken eingedämmt werden können. Die Notwendigkeit, die Aspekte „Trust" und „Risk" in B2B-Commerce richtig einzubinden, zeigen auch aktuelle Arbeiten zur Standardisierung qualifizierter PKI-Dienste in Europa. Der Stand dieser Arbeiten wird im Überblick präsentiert.

2 Vertrauen in B2B-Commerce

Um elektronische Geschäftsprozesse durch PKI-Technologie effektiv unterstützen zu können, muss die Bedeutung von Vertrauen in solchen Prozessen gut verstanden sein [Sher00]. Wir diskutieren zunächst das Verständnis von Vertrauen in Geschäftsprozessen und anschließend Möglichkeiten der technischen Umsetzung durch PKI.

2.1 Vertrauensbeziehungen in Geschäftsprozessen

Geschäfte basieren auf Vertrauensbeziehungen. Wenn ein Geschäftspartner A einem Partner B vertraut, dann erwartet A, dass sich B gemäss definierter Geschäftsregeln verhält. Das ist noch zu allgemein. Genau betrachtet, vertraut der Partner A dem Partner B oft nur bezüglich eines bestimmten Geschäftsbereichs, Transaktionstyps oder einer anderen wohldefinierten Eigenschaft.

Ein Vertrauensverhältnis ist zunächst eine einseitige Beziehung. Sie gilt im geschäftlichen Umfeld nicht allgemein, sondern ist auf spezifische Aspekte beschränkt. Ein Vertrauensverhältnis ist zunächst eine einseitige Beziehung zwischen zwei Instanzen. D.h. wenn eine Partei A einer anderen Partei B vertraut, so muss dies nicht umgekehrt gelten. Außerdem ist ein Vertrauensverhältnis im Allgemeinen auf definierte Eigenschaften, z.B. spezielle geschäftliche Aspekte, beschränkt. Dies ist leicht nachzuvollziehen, wenn man sich vorstellt, dass die Partei A die Rolle des Käufers und B die Rolle des Anbieters annimmt. Der Käufer A "benötigt" Vertrauen in den Anbieter B beispielsweise darüber, dass dessen Produkte von guter Qualität sind, die Produktbeschreibungen korrekt sind, die Produkte geliefert werden können, Preise adäquat und korrekt sind. Umgekehrt benötigt der Anbieter B Vertrauen in den Käufer A, dass der seine Bestellungen nicht verleugnet, gelieferte Produkte bezahlt, keine falschen Reklamationen vornimmt, etc.

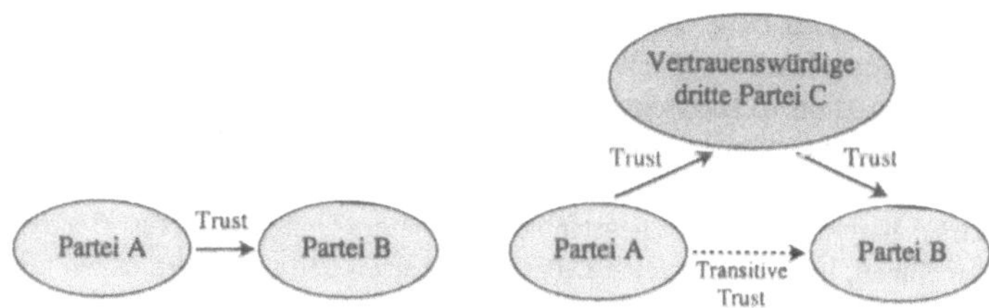

Abb. 2: Direkte und transitive Vertrauensbeziehung zwischen Handelsparteien

Im Fall elektronischer Geschäftsprozesse kennen sich potentielle Geschäftspartner in der Regel nicht. Um dennoch Vertrauensbeziehungen für Geschäftsprozesse herzustellen, kann eine vertrauenswürdige dritte Partei C die Rolle eines „Trust-Brokers" übernehmen und Vertrauen wie eine Ware anbieten. Der Trust-Broker, in der Praxis ein Trust-Center, zertifiziert die Identität und ggf. zusätzliche geschäftliche relevante Eigenschaften von Parteien, die Geschäfte per Internet durchführen wollen. Neben den Zertifizierungsdiensten muss entweder der Trust-Broker selbst oder ein angekoppeltes Finanzunternehmen definierte Prozesse zur Behandlung von Schadensfällen haben.

So kann jede Partei, die dem Trust-Broker vertraut, eine geschäftliche Vertrauensbeziehung zu solchen Parteien aufbauen, welche durch den Trust-Broker zertifiziert wurden, selbst wenn es keine direkte Vertrauensbeziehung zwischen den Handelsparteien gibt. Abbildung 2 zeigt schematisch neben der einfachen direkten Vertrauensbeziehung eine sogenannte transitive Vertrauensbeziehung. Die Partei B wird von dem Trust-Broker C (vertrauenswürdige dritte Partei) zertifiziert, und Partei A vertraut in das Urteilsvermögen und die Prozesse des Trust-Brokers. So kann A auch in die Eigenschaften von B vertrauen, soweit es durch das Zertifikat von C bestätigt wird.

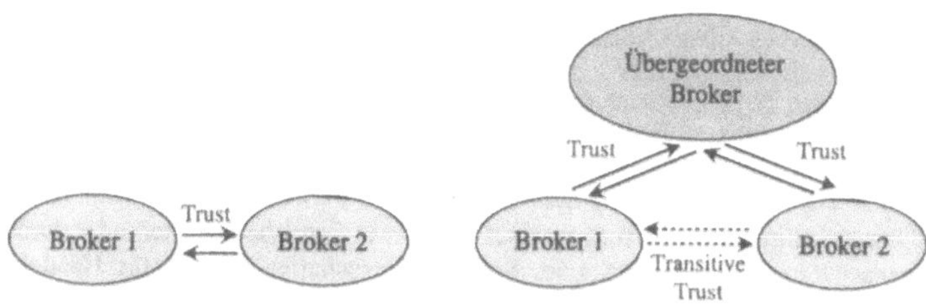

Abb. 3: Direkte und transitive Vertrauensbeziehung der Trust-Broker

Durch diese Vorgehensweise lassen sich schnell große Handelsgemeinschaften global aufbauen. Allerdings wird jede Handelsgemeinschaft ein Inselsystem um einen Trust-Broker sein, sofern man nicht weitere Maßnahmen trifft, um Vertrauensverhältnisse zwischen Trust-Brokern zu definieren, so dass auch ein Handel zwischen Parteien unterschiedlicher Handelsgemeinschaften funktioniert. Prinzipiell kann man das Konzept transitiver Vertrauensbeziehungen fortsetzen, um „übergeordnete" Trust-Broker zu definieren, die ein- oder wechselseitige Vertrauensbeziehungen zwischen Trust-Brokern definieren dürfen. Abbildung 3 veranschaulicht diese Vorgehensweise.

Das Vertrauen in elektronische Geschäftsprozesse betrifft nicht nur die geschäftliche Beziehung in die jeweiligen Handelsparteien, sondern auch Vertrauen in die korrekte Durchführung der Geschäftstransaktionen. Letzterer Aspekt hängt eng mit dem Vertrauen in die Dienstleistungen einer vertrauenswürdigen dritten Partei zusammen. Insbesondere B2B-Commerce erfordert ein besonders hohes Maß an Verfügbarkeit der Services zur Durchführung und Sicherung von Geschäftsprozessen. Ein Dienstanbieter in diesem Umfeld, ob Trust-Center oder ein Finanzunternehmen, ist gefordert seine Dienste in Realzeit und mit einem hohen und kalkulierbaren Maß an Zuverlässigkeit und Sicherheit anzubieten. Ein Vertrauensverlust, der durch Ausfälle, Verzögerungen oder Fehler entstehen kann, stellt ein besonderes Geschäftsrisiko für nahezu alle Dienstanbieter im B2B-Commerce dar.

2.2 PKI zur Herstellung von Vertrauensbeziehungen

Die PKI-Technologie bietet eine Fülle von Verfahren zur technischen Realisierung von Vertrauensbeziehungen. Das Basiskonzept hierfür ist das digitale Zertifikat. Dabei handelt es sich im wesentlichen um eine Datenstruktur, mit welcher der (eindeutige) Name einer Instanz und entweder ein Public-Key-Schlüsselpaar oder spezielle, definierbare Attribute kryptographisch sicher gekoppelt werden können. Digitale Zertifikate müssen durch vertrauenswürdige Instanzen ausgestellt werden.

Gemäss des Standards X.509 [ITUT97, HFPS99] unterscheidet man Public-Key- und Attribut-Zertifikate. Public-Key-Zertifikate werden durch Certification Authorities (CAs) ausgestellt und binden die Identität des Schlüsselbesitzers mit seinem Public-Key-Schlüsselpaar. Sie werden insbesondere zum Nachweis der Identität einer Instanz (etwa einer Person oder Handelspartei) verwendet.

Attribut-Zertifikate werden durch „Attribute Authorities" ausgestellt und binden spezifische Eigenschaften an die Identität eines Schlüsselbesitzers. Sie dienen vornehmlich dazu, Privilegien für Instanzen festzulegen. Die Inhalte eines digitalen Public-Key- und eines Attribut-Zertifikates nach dem X.509v3-Standard sind in Abbildung 4 dargestellt. Die Formate beider Zertifikattypen sind sehr ähnlich und enthalten insbesondere Einträge zu Aussteller, Subjekt (Zertifikatbesitzer) und Gültigkeitsdauer. Hauptunterschied sind die Einträge „Subject Public-Key" bzw. „Attribute".

In Abschnitt 2.1 wurde motiviert, dass geschäftliche Vertrauensbeziehungen in der Regel nicht allgemein gültig sind, sondern sich auf bestimmte Bereiche beziehen oder durch besondere Eigenschaften eingeschränkt sind. Solche Eigenschaften können für Handelsparteien durch eine vertrauenswürdige Instanz in Attribut-Zertifikaten definiert werden. Beispielsweise lassen sich obere Grenzen für Ausgaben oder die Bereiche, in denen Ausgaben getätigt werden dürfen, in Attribut-Zertifikaten festlegen. Attribut-Zertifikate sind also von hoher Bedeutung für elektronische Geschäftsprozesse, doch dieses Gebiet ist noch nicht genügend erforscht und entwickelt.

Um vertrauenswürdige geschäftliche Beziehungen im B2B-Commerce durchzuführen, werden Dienste durch vertrauenswürdige dritte Parteien gefordert. Im Jargon werden diese als Trust-Center, Certification Service Provider, Certification Authorities, Trust-Broker oder „Trusted Third Parties" bezeichnet.

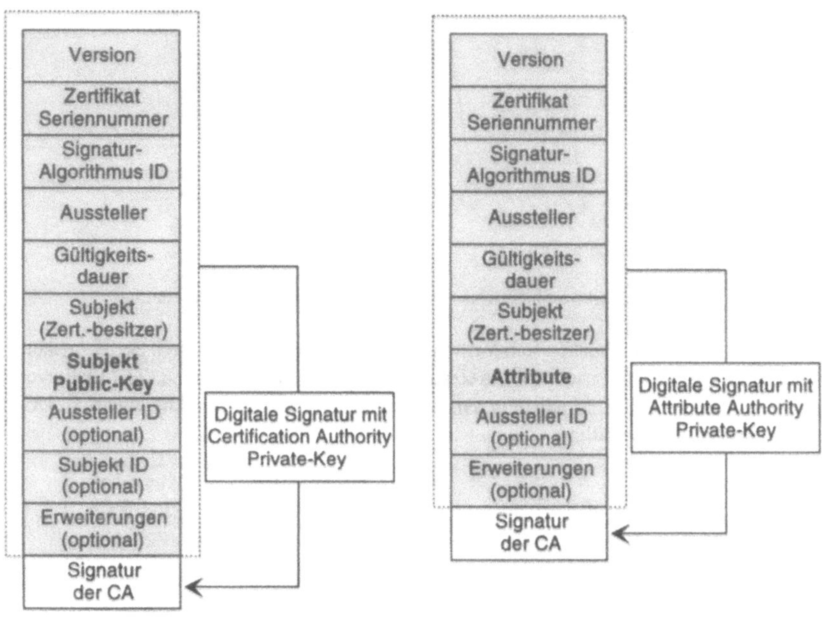

Abb. 4: Aufbau digitaler Public-Key- und Attribut-Zertifikate

In Abschnitt 2.1 wurden Vertrauensbeziehungen von Geschäftsparteien zu Trust-Brokern sowie unter Trust-Brokern erläutert. Demnach verlangt B2B-Commerce eine hierarchische Vertrauensbeziehung der Geschäftsparteien zu Trust-Brokern, während Vertrauensbeziehungen zwischen Trust-Brokern sowohl hierarchisch als auch wechselseitig sein können. Vergleichen wir diesen Sachverhalt mit formalen PKI-Vertrauensmodellen [AdLl99], so erkennen wir die folgenden zwei Varianten wieder:

- Dies sind einerseits die strikte Hierarchie von CAs und andererseits,
- die verteilten hierarchischen CA-Architekturen, welche durch wechselseitige Zertifizierung (Cross-Zertifizierung) der sogenannten Wurzel-CAs auch miteinander gekoppelt werden können.

Abbildung 5 verdeutlicht das Prinzip einer verteilten Vertrauensinfrastruktur mit drei hierarchischen CA-Systemen, deren Wurzel-CAs miteinander wechselseitig zertifiziert sind. Eine direkte Vertrauensbeziehung zwischen Handelspartnern, wie sie z.B. in PGP [Zimm95] verwendet wird, ist für B2B-Commerce aus Gründen mangelnder Kontrollierbarkeit nicht sinnvoll. Ebenso sind eine starke unstrukturierte Vernetzung unterschiedlicher CA-Systeme oder tiefe CA-Hierarchien nicht erstrebenswert, da sonst die Zeiten zur Prüfung der Gültigkeit von Vertrauensbeziehungen zu lang werden kann.

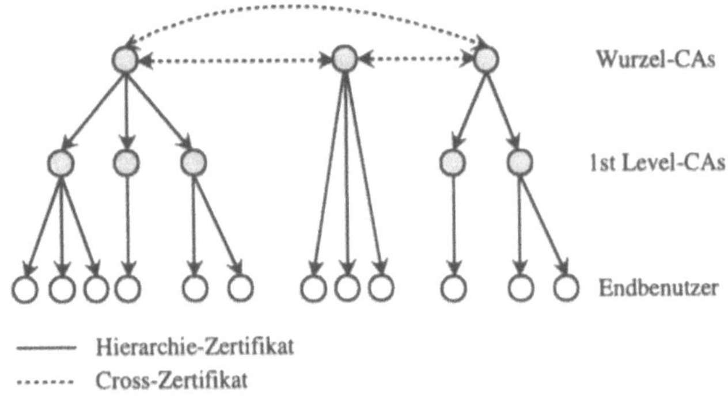

Abb. 5: Architektur hierarchischer CA-Systeme mit Cross-Zertifizierung

In einer CA-Hierarchie drücken sich Vertrauensbeziehungen technisch durch Zertifikatsketten aus. Das sind geordnete Listen von CA-Zertifikaten und einem Endbenutzer-Zertifikat, wobei die CA-Zertifikate eine Kaskadierung darstellen, in der jeweils eine CA die Integrität der ihr untergeordneten CA bestätigt.

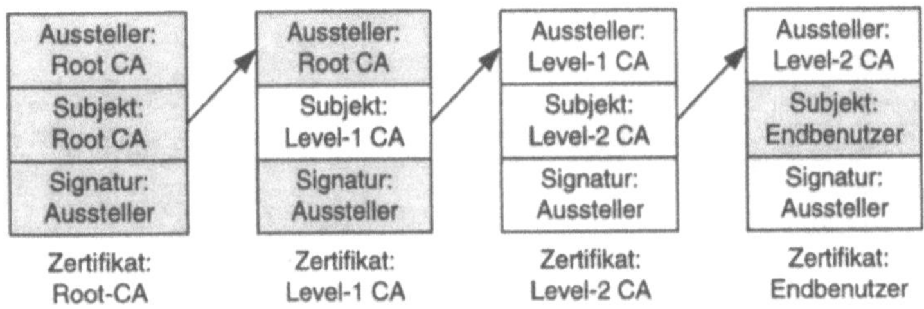

Abb. 6: Zertifikatskette in einer hierarchischen PKI mit zwei Ebenen

Abbildung 6 verdeutlicht das Prinzip der Zertifikatsketten, welche zur technischen Überprüfung des Vertrauens in eine Instanz dienen. Eine B2B-Applikation muss eine Zertifikatskette vom Endbenutzerzertifikat beginnend und in der Vertrauenskaskade aufsteigend überprüfen, bis sie auf das Zertifikat einer CA stößt, der sie aufgrund ihrer Trust-Policy vertraut. Für jedes Zertifikat in der Kette gilt es, die Korrektheit der Signatur durch die Aussteller-CA, die Korrektheit des Zertifikates der Aussteller-CA, die Gültigkeit der Zertifikates sowie die des Zertifikates der Aussteller-CA zu prüfen.

2.3 Vertrauen und Verfügbarkeit

Der Aufbau von Vertrauensinfrastrukturen, in denen Vertrauensbeziehungen eindeutig und korrekt überprüft werden können, ist eine notwendige jedoch nicht hinreichende Rahmenbedingung zur Herstellung vertrauenswürdiger B2B-Prozesse. Das Vertrauen in diese Prozesse umfasst neben Korrektheit und Sicherheit auch die Verfügbarkeit der Dienste. Nicht nur Ausfälle, sondern bereits Verzögerungen können zu nicht akzeptablen Bedingungen für viele Geschäftsprozesse führen. Die Anforderung der Realzeitfähigkeit hat Auswirkungen auf die Konstruktion von Vertrauensinfrastrukturen. Besonders zeitkritisch sind PKI-Operationen wie

- die Prüfung von Zertifikaten bzw. Zertifikatsketten,
- die Publikation von Zertifikaten,
- die Publikation von Zertifikatsrevokationslisten (CRLs) und
- die Revokation von Zertifikaten.

Um die Online-Prüfung von Zertifikatsketten zu optimieren, sind flache CA-Hierarchien anzustreben. Ebenso sollte man Crosszertifizierungen nur einführen, wenn es nicht anders geht. Beispielsweise ist die Identrus „Banken-PKI" eine strikt hierarchische Vertrauensinfrastruktur mit zwei Ebenen unter der Wurzel-CA.

3 Qualifizierte Zertifizierungs-Policies und Praktiken

Das Vertrauen in ein Trust-Center beruht auf dessen Organisation und Betriebspraktiken. Zur Organisation gehören beispielsweise Sicherheitsinfrastrukturen, geschultes Personal, transparente Prozesse und Kontinuitätssicherungen. Die Betriebspraktiken definieren dagegen die Art und Weise, wie Prozesse und Dienstleistungen durch ein Trust-Center erbracht werden. Im Hintergrund steht im Allgemeinen auch ein Finanzunternehmen, welches für potentielle Schäden aufkommt oder diese auf eine Versicherung abwälzt.

Ein Trust-Center macht Angaben zur Zertifizierung in seiner Certificate-Policy sowie in den Certification Practices Statement (CPS) [ChFo99, HoTe00]. Die Certificate-Policy ist ein Regelwerk, welches die Art der Anwendung von digitalen Zertifikaten für Endbenutzer oder Endbenutzergruppen definiert. Im CPS wird dagegen beschrieben, nach welchen Methoden Zertifikate ausgestellt werden. Angaben zum verwendeten CPS sollten in der Erweiterung ausgestellter Zertifikate vorhanden sein, um auch hier Möglichkeiten der automatisierten CPS-Prüfung zu bieten.

Auch wenn ein Trust-Center Policy-Dokumente und CPS-Dokumente vorweisen kann, so ist damit nicht automatisch „Vertrauen" gewährleistet. Für Geschäftsgemeinden oder Geschäftsbereiche im B2B-Commerce müssen bestimmte Rahmenbedingungen erfüllt werden, die von Trust-Centern in hinreichender Weise unterstützt werden müssen. So ist eine Harmonisierung der Policies und CPSs anzustreben, die Trust-Centern vorschreibt, welche Rahmenbedingungen sie mindestens erfüllen müssen, um ihre Dienste für B2B-Commerce anbieten zu können.

Ein europäischer Vorschlag zur Standardisierung von Policy-Anforderungen an Trust-Center zur Ausstellung sogenannter „qualifizierter Zertifikate" wird aktuell von der ETSI ESI Gruppe (European Telecommunications Standards Institute, European Signature Initiative) erarbeitet [ETSI00]. Dieser Vorschlag definiert Rahmenbedingungen für Trust-Center, um gemäss einer „Qualified Certificate Policy (QCP)" eben genannte qualifizierte Zertifikate auszustellen. Dabei wird auch angegeben, wie ein Endbenutzer mit einem solchen qualifizierten Zertifikat umgehen muss, um damit eine „qualifizierte elektronische Unterschrift" leisten zu können. Dabei wird gemäss des Standards X.509 [ITUT97] der Einsatz von Public-Key- und Attribut-

Zertifikaten berücksichtigt. Die Standardisierungsmaßnahmen zielen darauf ab, das Vertauen in Trust-Center-Dienste und digitale Unterschriften auf ein hohes Niveau zu setzen.

Bisher wurden zwei QCP-Varianten definiert, wobei im Sinne der Harmonisierung auf eine hohes Maß an Übereinstimmung mit dem IETF RFC 2527 [ChFo99] wert gelegt wurde. Sie unterscheiden sich dadurch, dass im einem Fall die Policy voraussetzt, dass immer ein Gerät (Secure Signature Creation Device) zur sicheren Signaturerzeugung verwendet werden muss. Man möchte mit dieser Policy Rahmenbedingungen dafür schaffen, dass diese Art der digitalen Signatur für elektronische Dokumente etwa den gleichen Stellenwert erlangt, wie die eigenhändige Unterschrift bei Papierdokumenten.

Die Qualified Certificate Policy betrifft Aspekte wie

- Kryptographische Hardware,
- Kryptographische Algorithmen,
- Schlüsselerzeugung, digitale Signaturen (Hardware),
- Erzeugung, Sicherung und Rückgewinnung der CA-Schlüssel,
- Erzeugung und Verteilung von Schlüsseln/Zertifikaten für Endbenutzer,
- Schlüssel- und Zertifikat-Management.

Die Betriebspraktiken eines Trust-Centers (TC) betreffen etwa die Registrierung von Endbenutzern, Erzeugung und Verteilung von Schlüsseln und Zertifikaten, Mechanismen zu Publikation und Revokation von Zertifikaten. Gemäss [ETSI00] hat ein Trust-Center gegenüber Kunden folgende Verpflichtungen:

- Das TC muss eine Risiko-Analyse vornehmen, um Geschäftsrisiken festzustellen, und Maßnahmen zur Risikokontrolle einführen.
- Im CPS müssen alle Praktiken bzw. Prozesse beschrieben sein, welche gemäss QCP erforderlich sind, um qualifizierte Zertifikate zu erzeugen.
- Im CPS müssen alle Verpflichtungen externer Organisationen enthalten sein, welche zu den TC-Diensten beitragen bzw. welche Praktiken dazu angewandt werden.
- Es sind die Teile des CPS zu veröffentlichen, welche dem Endbenutzer erklären, dass und auf welcher Weise die Anforderungen für qualifizierte Zertifikate erfüllt werden.
- Es müssen Aspekte und Bedingungen zur Nutzung der Zertifikate veröffentlicht werden.
- Ein High-Level-Management des TC muss die Verantwortung für die Korrektheit der CPS übernehmen.
- Ein Management muss die Verantwortung für die korrekte Umsetzung der CPS übernehmen.
- Das TC muss einen Review-Process für das CPS definieren, der insbesondere auch Verantwortlichkeiten zur Wartung der CPS beinhaltet.
- Geplante Änderungen des CPS müssen rechtzeitig ankündigt, dokumentiert und ggf. publiziert werden.

Als Anbieter sicherheitsrelevanter Dienste hat ein Trust-Center gegenüber dem Endbenutzer (Kunden) beachtliche Verpflichtungen zu erfüllen, insbesondere im Fall qualifizierter Zertifikate. Diese Verpflichtungen betreffen die korrekte Ausführung der Prozesse bei der Ausstellung von digitalen Zertifikaten. So muss ein Trust-Center, das qualifizierte Zertifikate ausstellt, mindestens folgendes gewährleisten:

- Die Exaktheit (und Korrektheit) der Information in ausgestellten Zertifikaten zum Zeitpunkt der Ausstellung.
- Die Vollständigkeit der Information, welche für qualifizierte Zertifikate erforderlich ist, zum Zeitpunkt der Ausstellung.
- Der Endbenutzer muss genau die Daten zur Signaturerzeugung besitzen, welche zu den Daten zur Signaturverifikation im Zertifikat gehören.
- Für den Fall, dass das TC beide Daten, zur Signaturerzeugung und Signaturprüfung, erzeugt, müssen diese korrekt miteinander funktionieren.
- Jede Revokation von Zertifikaten muss geeignet (revisionsfähig) registriert werden.

Falls ein Trust-Center seiner Verpflichtung nicht nachkommt und durch fehlerhafte Dienste einem Endbenutzer Schäden entstehen, so muss das Trust-Center für diese Schäden aufkommen. Um hier einen einheitlichen rechtlichen Rahmen zu schaffen, der länderübergreifend Gültigkeit besitzt, sind sicherlich noch einige Hürden zu nehmen, insbesondere ist die Haftungsfähigkeit durch geeignete Versicherungen zu gewährleisten.

4 Risiko-Management für Trust-Center

Im B2B-Commerce ist PKI eine entscheidende Technologie zu Realisierung von Vertrauensverhältnissen für elektronische Geschäftsoperationen. Damit aber auch eines klar: Risiken, die sich durch PKI-Technologie sowie Organisation, Management und Betriebspraktiken in Trust-Centern ergeben, können einen beachtlichen Einfluss auf den Erfolg bzw. das Scheitern einzelner Geschäftstransaktion, aber auch ganzer Geschäftsbereiche haben. Wie in der Einleitung bereits angedeutet wurde, sind PKI-bezogene Risiken nicht nur von hoher Bedeutung für die Business-Cases der Trust-Center, sondern insbesondere auch für Geschäftsparteien. Ein Unternehmen, dessen Geschäftsfeld auf eine maximale Verfügbarkeit der Dienstleistungen im B2B-Commerce angewiesen ist und PKI-Dienste dabei anwenden möchte, muss an die Verfügbarkeit der PKI-Dienste mindestens ebenso hohe Anforderungen stellen, wie an die übrigen für das Geschäft erforderlichen Online-Dienste.

4.1 Grundüberlegungen zur Risikoanalyse

Eine Risikoanalyse dient zur Beurteilung und effektiven Steuerung von geschäftlichen Aktivitäten wie Investitionen. Ein Unternehmen, das in neue Geschäftsbereiche investieren möchte, informiert sich anhand einer Risikoanalyse, welchen Aspekten besondere Aufmerksamkeit gewidmet werden müssen, um die Geschäftsziele mit einem kalkulierbaren Risiko zu erreichen. In einer Risikoanalyse werden geschäftliche relevante Faktoren identifiziert, Bedrohungen erkannt, der Grad der Auswirkungen dieser Bedrohungen auf die Geschäftsziele geschätzt und Schwächen im System aufgezeigt, welche dazu führen können, dass Bedrohungen tatsächlich eintreten und die Kontinuität der Geschäftsprozesse gefährdet wird [Toig00].

Anhand einer Risikoanalyse lassen sich Methoden zur Risikokontrolle ableiten. Diese dienen dazu, um neben operationellen Diensten auch Methoden zur Wiederherstellung dieser Dienste in angemessener Zeit für den Fall zu gewährleisten, dass eine Unterbrechung auftritt. Risikoanalyse und Risikokontrolle machen gemeinsam das Risiko-Management aus.

Zur Gewährleistung der Geschäftskontinuität im B2B-Commerce, inkl. Trust-Center-Dienste, werden beispielsweise Backup-Prozeduren, Antiviren- bzw. Intrusion-Detection-Systeme und Archivierungssysteme benötigt, aber insbesondere auch geschultes Personal, das die Systeme bedienen und im Notfall Daten zurückgewinnen sowie das gesamte System in einen definierten Zustand (zum Wiederanlauf) zurückversetzen kann.

Ein wesentlicher Bestandteil einer Risikoanalyse betrifft sogenannte operationelle Risiken. Diese beziehen sich auf Risiken, die auf nicht oder ungenügend funktionierende Prozesse in Geschäftsabläufen zurückzuführen sind. So muss man sich im B2B-Commerce etwa auch darüber bewusst sein, welche Folgen Verzögerungen in Prozessen oder gar Ausfälle von Dienstleistungen haben. Die Auswirkungen könnten der Verlust von Reputation eines Unternehmens, ein Verlust finanzieller Werte, lange und kostspielige Dispute, schlechte Publicity oder gar Strafverfolgung sein.

4.2 Risiken durch PKI-Technologie und -Dienste

Motiviert durch die oben angestellten Überlegungen zur Bedeutung der Risikoanalyse im B2B-Commerce und die ausdrückliche Forderungen nach einer solchen Analyse für Trust-Center im Rahmen der ETSI-Standardisierungen wollen wir nun wesentliche Risikofaktoren im PKI-Umfeld [HoTe00] identifizieren. Es ist hier nicht das Ziel eine vollständige Liste der Faktoren auszustellen, geschweige denn, eine Bewertung des Einflusses dieser Faktoren auf elektronische Geschäftsprozesse vorzunehmen. Das würde mindestens einen weiteren ausführlichen Beitrag erfordern. Zudem können sich die Anforderungen bzw. die damit verbundenen Risiken für unterschiedliche B2B-Applikationen deutlich unterscheiden.

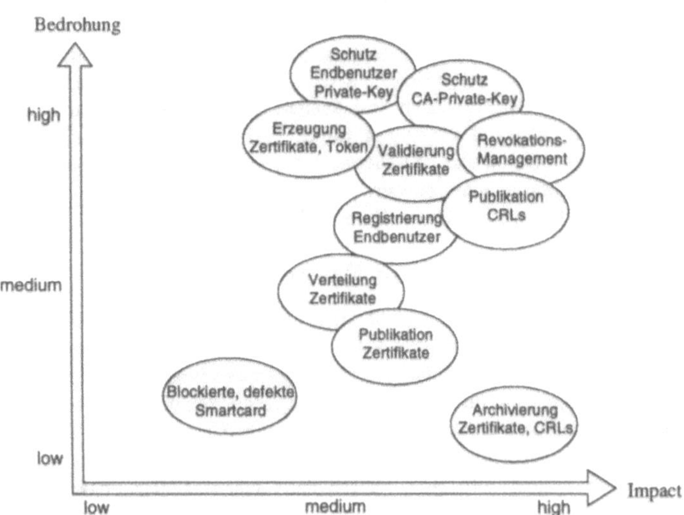

Abb. 7: Risikokategorisierung mit Bezug auf korrekte und sichere Ausführung von PKI-Diensten

Prinzipiell ergeben sich durch alle Aspekte, die in Zertifizierungs-Policies und CPS aufgeführt sind, potentielle Bedrohungen. Es wird deutlich, dass PKI eine Infrastruktur darstellt, an deren

Prozesse im Fall des B2B-Commerce hohe Anforderungen an Sicherheit, Interoperabilität, Zuverlässigkeit und Geschwindigkeit gestellt sind.

In Abbildung 7 wird ein Beispiel für eine Kategorisierung von Risiken von PKI und ihre potentielle Auswirkung auf B2B-Prozesse gegeben. Die Kategorisierung wurde insbesondere unter dem Aspekt der korrekten und sicheren Durchführung von PKI-Diensten vorgenommen. Die Liste aufgeführter Risiken ist weder vollständig noch allgemein gültig. Doch es wird damit deutlich, dass Aspekte wie die Endbenutzer-Registrierung, der Schutz der Private-Keys von CAs und Endbenutzern, die Erzeugung von Tokens und Zertifikaten, deren Verteilung sowie Revokations- und Validierungs-Management Faktoren mit hohem Bedrohungspotential und Einfluss für B2B-Prozesse darstellen.

Im Vergleich zu Abbildung 7 wurde in Abbildung 8 eine Kategorisierung der Bedrohungen unter dem Aspekt der hohen Verfügbarkeit von PKI-Diensten vorgenommen. Hierbei fallen alle Bedrohungen, die nicht zeitkritisch sind, aus der Betrachtung heraus. Es wird verdeutlicht, dass Revokations- und Validierungs-Management, damit verbunden die Publikation von CRLs, großes Bedrohungspotential mit entsprechend hohem Einfluss auf B2B-Prozesse darstellen. Auch Dienste zur schnellen Behebung von Fehlern mit defekten oder blockierten Smartcards können hier relevant sein.

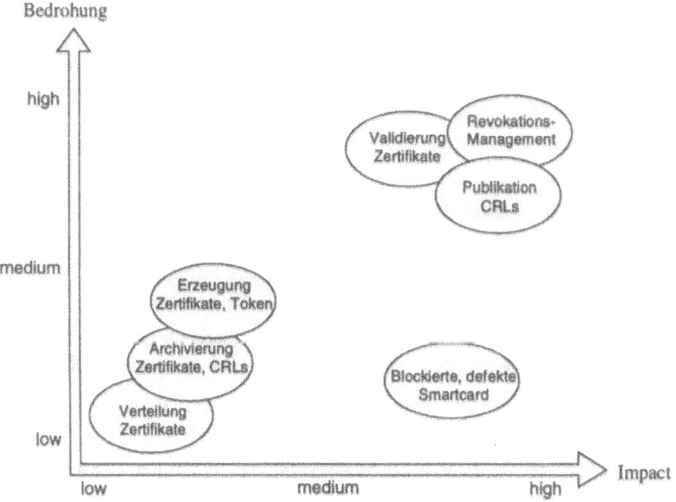

Abb. 8: Risikokategorisierung mit Bezug auf eine hohe Verfügbarkeit von PKI-Diensten

Grundsätzlich können in Abhängigkeit von konkreten B2B-Anwendungen leicht (möglicherweise sogar massive) Änderungen bzgl. der Risikoanalyse von PKI-Diensten eintreten.

5 Schlussfolgerungen

Um B2B-Commerce erfolgreich betreiben zu können, müssen Geschäftsprozesse und der Einsatz von PKI-Diensten und Risikomanagement in engem Zusammenhang betrachtet werden.

Eine einfache praktische Betrachtung von Geschäftsprozessen verdeutlicht bereits, wie vielfältig Geschäftsbeziehungen sein können. Wenn man diese Erfahrung auf PKIs abbildet, so wird klar, dass der Nachweis der Identität einer Handelspartei zur Vertrauensbildung für Geschäftsprozesse eigentlich nicht ausreichend ist, sondern auch Privilegien für die Durchführung von Geschäftsprozessen in der Regel zwingend erforderlich sind. Neben den Public-Key-Zertifikaten, die dem Nachweis der Identität von Geschäftsparteien gelten, werden deshalb in der Praxis Attribut-Zertifikate im B2B-Commerce an Bedeutung gewinnen. Jedoch muss dieser Zusammenhang und die relevanten Folgen noch weiter untersucht werden.

B2B-Commerce stellt besondere Anforderungen an die Sicherheit und Verfügbarkeit von PKI-Diensten. Beide Aspekte sind essentiell für die Herstellung des Vertrauens in elektronische Geschäftsprozesse. Die Standardisierungsarbeiten der ETSI ESI-Gruppe zur Realisierung qualifizierter Trust-Center-Dienste und digitaler Signaturen zeigen einen gangbaren Weg auf, um die Sicherheit von PKI-Diensten für B2B-Commerce zu gewährleisten und sinnvoll in Leistungskategorien einzuteilen. Diese Arbeiten sind allerdings noch nicht abgeschlossen.

Wer PKIs in B2B-Applikationen einsetzen möchte, sollte diese Technologie unbedingt in Strategiebetrachtungen mit einbeziehen. Geschäftsbereiche im B2B-Commerce werden in Zukunft zunehmend härtere Anforderungen an die Verfügbarkeit der zugrundeliegenden PKI-Dienste stellen. Verzögerungen oder Ausfälle von Diensten können sich als ernsthafte Bedrohung für Unternehmen im B2B-Commerce herausstellen. So müssen Risiko-Analysen zu Geschäftsplanungen im B2B-Commerce die Rahmenbedingungen durch PKI-Technologie und PKI-Dienste entsprechend berücksichtigen. Dies gilt auch für den Betrieb von Trust-Centern, die im B2B-Commerce tätig werden wollen.

Literatur

[AdLl99] C. Adams, S. Lloyed: Understanding Public-Key Infrastructure, Concepts, Standards, and Deployment Considerations, MacMillian (1999).

[ChFo99] S. Chokani, W. Ford: Internet X.509 Public Key Infrastructure, Certificate Policy and Certification Practices Framework, RFC 2527 (1999).

[ETSI00] ETSI TS 101 456: Policy requirements for certification authorities issuing qualified certificates; ETSI TS 101 860: Qualified certificate profile (2000).

[HoTe00] P. Horster, S. Teiwes: Strategien zu Aufbau und Betrieb von Public-Key-Infrastrukturen, Systemsicherheit, Vieweg (2000) 315-330.

[HFPS99] R. Housley, W. Ford, W. Polk, D. Solo: Internet X.509 Public Key Infrastructure: Certificate and CRL Profile, RFC 2459 (1999).

[ITUT97] ITU-T Recommendation X.509, ISO/IEC 9594-8: Information technology – Open Systems Interconnection – The Directory: authentication framework (1997).

[Keus00] K. Keus: EU-Richtlinie zur elektronischen Unterschrift und deutsches Signaturgesetz – Migration möglich?, Systemsicherheit, Vieweg (2000) 167-177.

[Sher00] J. Sherwood: Making PKI Work for Business, Information Security Bulletin, Vol. 5, Issue 7 (2000) 15-23.

[Toig00] J.W. Toigo: Disaster Recovery Planning, Prentice Hall PRT (2000).

[Zimm95] P. Zimmermann: The Official PGP User´s Guide, MIT Press (1995).

Integration von Public-Key-Infrastrukturen in CORBA-Systeme

Zoltán Nochta · Günther Augustin · Mike Becker
Dirk Feuerhelm · Michael Friedmann

Universität Karlsruhe – Institut für Telematik
Forschungsgruppe Cooperation and Management
zoltan.nochta@cooperation-management.de

Zusammenfassung

Dieser Beitrag behandelt die Erweiterung der objektorientierten Middleware-Plattform CORBA um Sicherheitsfunktionen, die auf Public-Key-Infrastrukturen (PKI) basieren. Es werden die durch PKIs erfüllbaren Sicherheitsanforderungen und in CORBA vorgesehenen Sicherheitsmechanismen vorgestellt. Anschließend werden Ansätze vorgeschlagen, die die Integration von PKIs in CORBA ermöglichen. Es werden die Vorteile, Defizite sowie Probleme der Lösungskonzepte diskutiert und jeweils Realisierungsmöglichkeiten aufgezeigt. Abschließend wird eine prototypische Implementierung vorgestellt, die die praktische Umsetzung der Integration einer kommerziellen PKI in einen Open-Source ORB demonstriert.

1 Einführung

Die zunehmende Durchdringung der modernen Informationsgesellschaft durch das Medium Internet ist nicht aufzuhalten. Laufend werden kritische Transaktionen auf diese Plattform verlagert. Mit der fortschreitenden Integration von existierenden Systemen über das unsichere Medium Internet spielt die Gewährleistung von Sicherheit eine immer wichtigere Rolle.

Die Erfindung der Public-Key-Kryptographie löste eine Revolution bei der Absicherung von Kommunikation aus. Die auf diese Verschlüsselungsverfahren aufbauenden Sicherheitssysteme erfüllen eine Reihe von Anforderungen: sie unterstützen die Authentisierung von Benutzern, schützen die Integrität und Vertraulichkeit übertragener Daten, erlauben die Erzeugung und Prüfung von digitalen Signaturen und ermöglichen die Unabstreitbarkeit von ausgeführten Transaktionen in einem verteilten Rechnersystem. Außerdem lösen die asymmetrischen Kryptoverfahren zwei Hauptprobleme der früher bekannten symmetrischen Verfahren. Zum einen wird kein initialer Austausch eines gemeinsamen Geheimnisses (Schlüssels) benötigt, zum anderen wächst die Anzahl der nötigen Schlüssel nicht mehr quadratisch mit der Anzahl der Kommunikationspartner. Der Nachteil dieser Verfahren ist die geringere Ver- bzw. Entschlüsselungsgeschwindigkeit. Deswegen werden in der Praxis meistens hybride Verfahren eingesetzt, bei denen Public-Key-Algorithmen zum Austausch eines symmetrischen Sitzungsschlüssels verwendet werden.

Einer Person muss ihr öffentlicher Schlüssel sicher zugeordnet werden. Es muss verhindert werden, dass ein unbefugter Dritter durch den Austausch eines öffentlichen Schlüssels eine falsche Identität vorspielen kann. Die eindeutige Zuordnung von Schlüssel und Person kann zentralisiert werden. Kommunikationspartner, die sich nicht kennen, können einer dritten, beiden bekannten Instanz vertrauen. Diese Instanz (Certification Authority, CA) kann digital signierte Dokumente (Zertifikate) erstellen, in denen der eindeutige Name einer Person und deren öffentlicher Schlüssel enthalten ist. Die Kommunikationspartner benötigen nun das eigene Zertifikat, einen privaten Schlüssel und den öffentlichen Schlüssel der CA, den sie über einen sicheren Kommunikationskanal erhalten müssen. Mit diesem Schlüssel können sie die ihnen von der Gegenseite vorgelegten Zertifikate überprüfen.

Eine Public-Key-Infrastruktur (PKI) ist ein umfassendes System, das das gesamte Management von Zertifikaten und Schlüsseln übernimmt [AdLl99]. Die Benutzung einer PKI setzt das Vertrauen in den verantwortungsvollen Betrieb dieser PKI voraus, und zwar in technischer, organisatorischer und technologischer Hinsicht [ElSc00]. Um einen sicheren Betrieb und ein effizientes zentrales Management zu ermöglichen und die Sicherheitsmechanismen für die Benutzer transparent zu gestalten, bietet eine PKI folgende Dienste an: Erzeugung von Schlüsselpaaren und Schlüsselwiederherstellung, sichere Speicherung von privaten Schlüsseln, Schlüssel-Update und Management einer Schlüssel-Historie, Ausstellung von Zertifikaten, Widerruf von Zertifikaten, Veröffentlichung von Zertifikaten und Zertifikatswiderruflisten und Erstellung von Zeitstempeln. Außerdem muss eine PKI Schnittstellen zur Verfügung stellen, über die Anwendungen die oben genannten Dienste effizient in Anspruch nehmen können. Zertifikate gemäss des ITU-Standards X.509 besitzen zur Zeit die weiteste Verbreitung [ITU99]. Die Internet Working Group Public-Key Infrastructure (X.509) hat darauf basierend eine Reihe von Datenformaten und Protokollen definiert, die mittlerweile als Standard gelten [PKIX].

Zu den wichtigsten objektorientierten Plattformen zählt die durch die Object Management Group standardisierte Common Object Request Broker Architecture (CORBA) [OMG99]. CORBA gilt mittlerweile als Internet-Standard für verteilte objektorientierte Anwendungen und bildet damit eine technische Basis für zahlreiche Internet-Anwendungen.

Die Integration von PKIs in CORBA-Systeme ermöglicht die systemweite Nutzung der Public-Key-Kryptographie in dieser Plattform. Im Zusammenspiel mit CORBA ist es die Aufgabe der PKI, die Zertifikate der Subjekte (Benutzer und Objekte) zu managen und auf technischer Ebene zur Verfügung zu stellen. Dies bedeutet, dass jedem Beteiligten mindestens ein Schlüsselpaar und mindestens ein individuelles Zertifikat zugeordnet werden muss. Implizit übernimmt die PKI die Aufgabe einer zentralen Benutzerverwaltung. Die Subjekte identifizieren sich mittels digitaler Signaturen. Die PKI überprüft jeweils im Auftrag des zugegriffenen Objekts die Echtheit und Gültigkeit des präsentierten Zertifikats. Die privaten Signaturschlüssel sind in einem sogenannten Personal Security Environment (PSE) geschützt zu speichern. Diese Schlüssel dürfen die PSE nie verlassen und nur die PSEs dürfen in der Lage sein, mit dem Signaturschlüssel kryptographische Funktionen auszuführen. Dadurch wird der tatsächliche Besitz des privaten Schlüssels nachgewiesen, was seinerseits auf die Identität des Kommunikationspartners schließen lässt.

Dieser Beitrag behandelt die technischen Probleme der Integration von PKIs in CORBA-Systeme. Kapitel 2 gibt einen Überblick über die in CORBA vorgesehenen Sicherheitstechniken und zeigt einige Defizite und Probleme der Integration auf. Kapitel 3 beschreibt verschiedene Ansätze zur Anbindung einer PKI an CORBA-Systeme. Im Kapitel 4 wird eine Beispiel-

Implementierung vorgestellt, die eine kommerzielle PKI in einen Open-Source ORB integriert.

2 Zur Sicherheit in CORBA-Systemen

Eine zentrale Komponente von CORBA ist der Object Request Broker (ORB). Er ist zuständig für die Kommunikation zwischen Objekten (Client und Target). Das wesentlichste Merkmal dieser Kommunikation innerhalb einer verteilten CORBA-Applikation ist die Transparenz der Methodenaufrufe aus Sicht der betroffenen Objekte. Diese Transparenz kann durch zusätzliche Dienste unterstützt werden (z.B. durch den Naming Service). Um die Interoperabilität zwischen verschiedenen ORB-Implementierungen sicherzustellen, wurde das General Inter-ORB Protocol (GIOP) spezifiziert. Das Internet Inter-ORB Protocol (IIOP) definiert die Übertragung von GIOP-Nachrichten über TCP/IP [OMG99].

CORBA Security Services

Die CORBA-Sicherheitsdienste (CORBA Security Services, CSS) wurden zuerst im Jahr 1996 standardisiert, die aktuelle Version wurde im Jahr 2000 verabschiedet [OMG00]. Die CSS können in zwei verschiedenen Stufen standardkonform implementiert werden. Level 1 bietet Unterstützung für Anwendungen, die nichts von Sicherheit wissen. Die Sicherheitsfunktionalität wird vom ORB transparent für die Anwendung erbracht und zwar nach zuvor festgelegten Policies. Dies ist insbesondere für Anwendungen gedacht, die zunächst ohne Sicherheitsmechanismen entwickelt wurden und ohne Änderungen abgesichert werden sollen. Es steht allerdings nicht die volle Funktionalität des Dienstes zur Verfügung. Die Schnittstelle zu den CSS besteht in diesem Fall nur aus einer einzigen Methode. Level 2 hingegen stellt den vollen Funktionsumfang der CSS denjenigen Anwendungen zur Verfügung, die eigene Sicherheitsanforderungen stellen. Eine anschauliche Beschreibung des CORBA-Sicherheitsmodells ist in [Blak99] zu finden. Eine andere Klassifizierung der Sicherheitsmechanismen ist ihre Einteilung in drei standardisierte Common Secure Interoperability Stufen (CSI Level 0, 1 und 2). CSI definiert im Wesentlichen verschiedene Delegationsstufen von Benutzerinformation.

Die CSS-Spezifikation definiert zwei Möglichkeiten, die Inter-ORB-Kommunikation abzusichern. Das Secure Inter-ORB Protocol (SECIOP) wird unterhalb der GIOP Schicht eingefügt und sorgt für eine sichere Übertragung der GIOP-Nachrichten. Vor der Datenübertragung wird zur Gegenseite eine sichere Verbindung aufgebaut. Für diesen Verbindungsaufbau werden sogenannte Tokens verwendet. Die Inhalte dieser Tokens sind abhängig vom verwendeten Sicherheitsmechanismus und sind deshalb in [OMG00] nicht fest vorgeschrieben. Die SECIOP-Nachrichten können auch über IIOP übertragen werden. SECIOP ist unabhängig von GIOP spezifiziert, so dass eventuelle Änderungen an GIOP keine Anpassung von SECIOP erfordern. SECIOP kann durch die Verwendung verschiedener Sicherheitssysteme implementiert werden. Die Funktionen dieser Systeme (z.B. Implementierung von Verschlüsselungsalgorithmen) werden über die Generic Security Services API (GSS-API) benutzt [Linn96a]. Diese Schnittstelle ist unabhängig von einem speziellen Sicherheitsmechanismus und hat den Zweck, die Entwicklung von Anwendungs- und Kryptosoftware zu entkoppeln.

[Linn96b] spezifiziert eine GSS-API für Kerberos Systeme. Eine Kernkomponente von Kerberos ist der Kerberos Authentication Server (KAS) [KoNe93]. Dieser speichert die symmetrischen Schlüssel aller Benutzer und Komponenten (Server) in einer Datenbank. Die alleinige Kenntnis dieses Schlüssels gilt dann als Identitätsnachweis. Die bekanntesten Probleme dieses Konzepts sind: Da der KAS alle Schlüssel kennt, ist er in der Lage, eine beliebige Identität vorzuspielen, bzw. die Kommunikation zwischen zwei beliebigen Teilnehmern abzuhören und zu ändern. Außerdem verhindert der Ausfall des KAS jegliche Kommunikation im gesamten System [Schn96]. Mit Hilfe der Kerberos-Sicherheitsmechanismen können Sicherheitsattribute unkontrolliert delegiert werden (CSI Level 1).

Der Simple Public Key GSS-API Mechanism (SPKM) wurde in [Adam96] vorgeschlagen. Zur Zuordnung von Schlüsseln zu einer Identität können X.509-Zertifikate verwendet werden. Benutzer identifizieren sich mit Hilfe von digitalen Signaturen. Einige existierende PKI-Implementierungen bieten bereits die hier benötigten Schnittstellen an, was ihre Integration in die CSS erleichtert. Die SPKM Verfahren unterstützen identitätsbasierte Zugriffskontrollmechanismen ohne Delegation (CSI Level 0).

Im Standard [ECMA96] wurde u.a. eine Erweiterung der SPKM Verfahren definiert. Das CSI-ECMA Protokoll spezifiziert drei verschiedene Verfahren zur Schlüsselverteilung: ein symmetrisches Verfahren unter Verwendung eines Key Distribution Centers, ein auf Public-Key-Technologie basierendes Verfahren und ein hybrides Verfahren, das ein symmetrisches Verfahren innerhalb einer administrativen Domäne und Public-Key-Verfahren zwischen verschiedenen Domänen verwendet. Durch den Einsatz dieses Protokolls, das in CSI Level 2 einzustufen ist, kann die vollständige Funktionalität der CSS realisiert werden.

2.1.1 SSLIOP

Eine weitere standardkonforme Möglichkeit der Absicherung ist die Übertragung von IIOP-Nachrichten über eine SSL-Verbindung (SSLIOP). Im Gegensatz zu SECIOP, das zwischen GIOP und IIOP liegt, wird SSL unterhalb dieser Protokolle angesiedelt, was den Vorteil hat, dass die komplette IIOP-Kommunikation verschlüsselt werden kann. Zur Initialisierung eines SSL-Kanals wird mit Hilfe eines auf Public-Key-Verfahren basierenden Handshake-Protokolls ein gemeinsamer geheimer Sitzungsschlüssel erzeugt und ausgetauscht. Hierbei können u.a. X.509-Zertifikate und digitale Signaturen zum Einsatz kommen [FrKK96]. In SSL wird vorausgesetzt, dass die Verbindungspartner als Einzige den jeweiligen privaten Schlüssel besitzen und, dass die Zertifikate, die die Echtheit des öffentlichen Schlüssels bestätigen, gültig sind. SSL beinhaltet keine Mechanismen, um Zertifikate oder Zertifikatswiderruflisten (Certificate Revocation Lists, CRLs) vor dem Verbindungsaufbau zu prüfen.

Existierende SSLIOP-Implementierungen ergänzen den ORB um ein eigenes Zertifikatmanager-Objekt [Inpr98]. Dieses Objekt verwaltet die im Dateisystem abgelegten Zertifikate und benötigt die privaten Schlüssel der beteiligten Instanzen in Klartextform, um eine SSL-Verbindung aufbauen zu können. Falls ein privater Schlüssel kompromittiert wurde, besteht keine Möglichkeit, die potenziellen Kommunikationspartner darüber zu benachrichtigen. Ein Angreifer kann sich mit dem kompromittierten privaten Schlüssel ausweisen und SSL-Verbindungen aufbauen. Eine geeignet gemanagte PKI bietet die hier benötigten Dienste an, um solche und andere Angriffsszenarien zu verhindern. Da in SSL keine Delegationsmechanismen vorgesehen sind, kann lediglich CSI-Level 0 erreicht werden, allerdings nur wenn die optionale clientseitige Authentifizierung aktiviert ist. Einen Ansatz zur Erweiterung der Funktionalität von SSLIOP mit Hilfe von optionalen Zertifikatfeldern findet man in [ScLa00].

2.2 Probleme

Für eine standardkonforme Implementierung der CSS ist die Verwendung der Kerberos GSS-API vorgeschrieben, obwohl auf diese Weise CSI Level 2 nicht erreicht werden kann. Alle anderen oben beschriebenen Mechanismen sind optional. Es gibt Vorschläge, die Dienste einer PKI in die bestehenden Sicherheitsarchitekturen (z.B. Kerberos) statt in CORBA selbst zu integrieren. Somit sind PKIs ohne Änderungen an den ORB und SECIOP integrierbar. Die CSS spezifizieren zwar eine Schnittstelle für Public-Key-Verfahren aber SECIOP wurde standardisiert als die PKIX-Standards noch keine weite Verbreitung gefunden hatten. Deswegen fehlen standardisierte Schnittstellen, die u.a. die Besonderheiten der Schlüsselverwaltung in einer PKI und die Integration ihrer Dienste in die CSS berücksichtigen. Besonders wichtig wäre eine Schnittstelle über die das standardisierte Online Certificate Status Protocol (OCSP) benutzt werden könnte. OCSP macht die aufwendige Verteilung von CRLs überflüssig [MAM+99]. Ein weiteres technisches Problem beim Einsatz von kommerziellen PKI-Implementierungen ist die Tatsache, dass die für den Verbindungsaufbau benötigten privaten Schlüssel nicht in Klartext ausgehändigt werden. Sie werden von der PKI in einer abgesicherten Umgebung, dem sogenannten Personal Security Environment (PSE) verschlüsselt gespeichert. Existierende CSS-Implementierungen brauchen aber diesen Schlüssel, um z.B. einen SSL-Kanal initialisieren zu können.

3 Lösungsansätze

Für die Erfüllung der unterschiedlichen Sicherheitsanforderungen an CORBA-Systeme gibt es mehrere Ansatzpunkte. Die einzelnen Anforderungen können jeweils in unterschiedlichen technischen Ebenen optimal erfüllt werden. Im Folgenden werden die Integrationsmöglichkeiten einer PKI auf zwei technischen Ebenen vorgestellt. Zum einen in den CSS selbst, zum anderen in einer logischen Zwischenschicht zwischen der Anwendung und dem ORB. Die Konzepte können sich gegenseitig ergänzend angewandt werden, um damit umfassende und effiziente Sicherheitslösungen zu realisieren.

3.1 Integration einer PKI in die CORBA Security Services

Wir stellen an dieser Stelle Vorschläge zur Integration einer PKI in die CSS vor. Auf dieser Ebene unterstützt die PKI im Wesentlichen die Authentisierung der Benutzer und den Aufbau von sicheren Verbindungen. Die Vorschläge können sowohl von ORB-Herstellern umgesetzt werden als auch von Anwendungsentwicklern, die im Besitz des Quellcodes des eingesetzten ORBs sind. Jeder Vorschlag hat Vor- und Nachteile, auf die im Folgenden jeweils eingegangen wird.

3.1.1 Nutzung der Kerberos-Erweiterungen

Die folgenden zwei Konzepte basieren auf [TNH+00]. In diesem Internet-Draft wird eine Erweiterung des Kerberos-Protokolls vorgeschlagen (PK-INIT), bei der die Authentifizierung beim Kerberos Authentication Server (KAS) auch mit Public-Key-Kryptographie möglich wird. Im ersten Schritt schickt der Client eine digital signierte Authentifizierungsnachricht und sein Zertifikat an den KAS. Der KAS überprüft die Signatur des Clients und bildet den im Zertifikat eingetragenen X.500-Namen auf einen Kerberos-Benutzernamen ab. Beim Überprüfen des Zertifikats können die Dienste einer PKI über standardisierte PKIX-Protokolle genutzt werden. Der Client erhält schließlich ein mit seinem öffentlichen Schlüssel verschlüsseltes Kerberos-Ticket. Nach dieser geänderten Initialisierung wird mit den gewöhnlichen Kerberos-Protokollen fortgefahren. Diese Erweiterung hat den Vorteil, dass der KAS keine geheimen Schlüssel der Benutzer speichern muss. Stattdessen müssen die Benutzer ihre privaten Schlüssel sicher speichern.

Abbildung 1 zeigt ein Szenario, bei dem eine CSS-Implementierung auf der Client- und Serverseite vorhanden ist. Um eine authentisierte Verbindung zum Zielobjekt aufzubauen, muss der Benutzer auf der Clientseite zuerst die initiale Kerberosnachricht digital signieren.

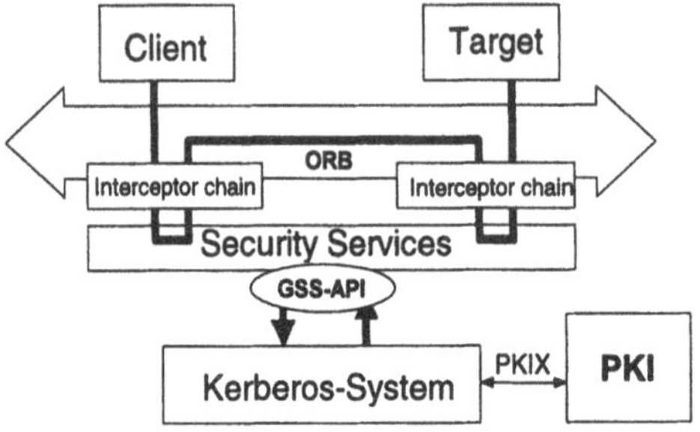

Abb. 1: PKI-Integration in Kerberos

Dazu kann die Methode `authenticate` des Interface `PrinicipalAuthenticator` geeignet erweitert werden [OMG00]. Als Eingabe sollte diese Methode die Zugangskennung (Passwort oder PIN) der jeweiligen PSE bekommen, in der der private Schlüssel des Benutzers gespeichert ist. Das Signieren selbst wird immer von der PSE durchgeführt. Die CSS-Implementierung auf der Clientseite kann sich nun beim KAS identifizieren. Aufgrund des erhaltenen Tickets bekommt der CORBA-Client sein aktuelles `Credentials` Objekt. Der wichtigste Vorteil dieser Lösung ist, dass der ORB nicht geändert werden muss. Nachteil dieses Ansatzes ist, dass die Clientrechner mit einem Kerberos-Client auszurüsten sind, was im Falle einer Internet-Anwendung zu aufwändig ist.

Dieses Problem kann durch den Einsatz eines Protokollumsetzers gelöst werden. Abbildung 2 veranschaulicht ein Konzept bei dem Clients sich bei einem SSL-Proxy authentifizieren.

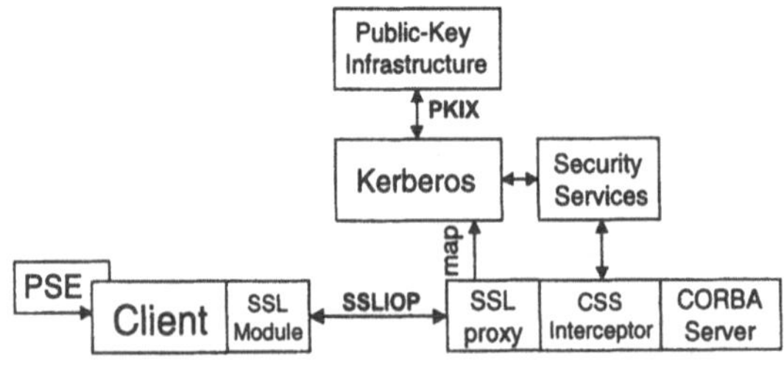

Abb. 2: Der Einsatz eines SSL-Proxys

Dieser Proxy bildet den im präsentierten Client-Zertifikat enthaltenen Namen auf einen Kerberos-Benutzernamen ab und agiert im Namen des Clients weiter. Mit diesem Benutzernamen wird dann die eigentliche Methode des Zielobjekts auf dem Server aufgerufen. Dieses kann in herkömmlicher Weise seine Zugriffskontrolle ausführen, da der Aufruf für das Objekt wie ein Zugriff über SECIOP aussieht. Ein Nachteil dieser Lösung ist der zusätzlich entstehende Aufwand bei der Anmeldung im System.

3.1.2 SPKM

Abbildung 3 zeigt die Architektur eines Absicherungskonzepts auf SPKM Basis. Die Anbindung an die PKI erfolgt durch die Implementierung der SPKM-Schnittstelle. Die CSS greifen über SPKM auf den speziellen Sicherheitsmechanismen der PKI zu. Zahlreiche PKI-Hersteller bieten bereits SPKM-Implementierungen an, die zur Verwaltung von Schlüsseln und Zertifikaten ihre eigene PKI einsetzen. Diese Implementierungen setzen meistens proprietäre Protokolle zur Kommunikation mit der PKI ein. In Zukunft dürften Implementierungen der SPKM erhältlich sein, die komplett auf Internet-Standards wie den PKIX beruhen. Ein weiteres Problem mit den SPKM-Implementierungen ist, dass sie Funktionen zur Initialisierung der API benötigen, die im SPKM-Standard nicht definiert sind.

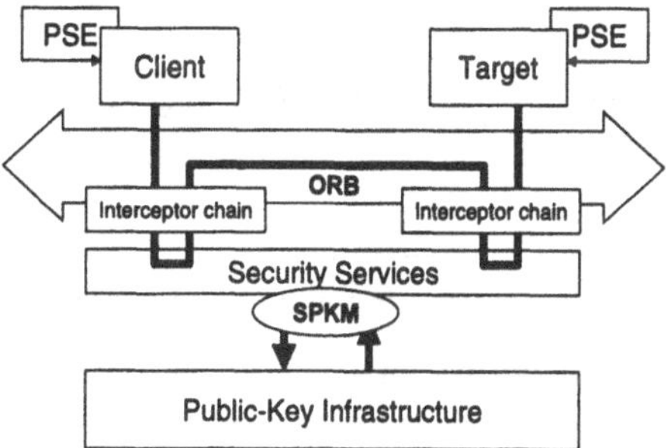

Abb. 3: SPKM Architekturschema

Alternativ kann eine auf der Kerberos GSS-API aufbauende CSS-Implementierung auf SPKM umgestellt werden. Das ist mit absehbarem Aufwand möglich, sofern die CSS und die darunterliegenden Sicherheitsmechanismen streng getrennt sind.

3.2 Absicherung von Altanwendungen

Es gibt häufig Szenarien, bei denen es nicht möglich ist, in den ORB oder in die Anwendung einzugreifen. Typische Beispiele hierfür sind strategisch wichtige CORBA-Anwendungen, die auf einem unabgesicherten, kommerziellen ORB aufsetzen. Ein wichtiges Kriterium bei der Absicherung derartiger Systeme ist die Beibehaltung der ursprünglichen Struktur und Programmlogik.

In solchen Fällen können sogenannte CORBA-Interceptoren zum Einsatz kommen. Die Interceptoren sind Erweiterungen des ORB. Logisch betrachtet verhalten sie sich als eine Schicht zwischen dem ORB und den Anwendungsobjekten. Interceptoren erlauben die Überwachung von Bindevorgängen und Methodenaufrufen, sowohl auf der Client- als auch der Serverseite, bei ankommenden und ausgehenden Aufrufen [OMG99]. Sie operieren auf den IIOP-Nachrichten und ermöglichen die Überwachung und Änderung gesendeter und empfangener Methodenaufrufe. IIOP-Nachrichten mit sicherheitskritischen Daten können abgefangen und über einen externen sicheren Kommunikationskanal verschlüsselt übertragen werden. Die Methodenaufrufe auf der Empfängerseite werden nach der Entschlüsselung an das eigentliche Zielobjekt weitergeleitet. Es besteht die Möglichkeit mehrere Interceptoren in eine Kette (Interceptor Chain) zu schalten, die dann nacheinander unterschiedliche Operationen an den Daten durchführen können.

Abbildung 4 stellt eine mögliche Realisierung dieses Konzepts dar. Der sichere Kommunikationskanal (z.B. SSL) wird bei der Instanziierung der Objekte aufgebaut. Zum Aufbau dieses Kanals werden auf beiden Seiten herstellerabhängige „PKI-Adapter" verwendet. Diese Adapter koppeln die PKI an die Implementierung des Kanals. Die Gültigkeit der Zertifikate wird dabei von der PKI beim Verbindungsaufbau automatisch überprüft (vgl. Kapitel 4).

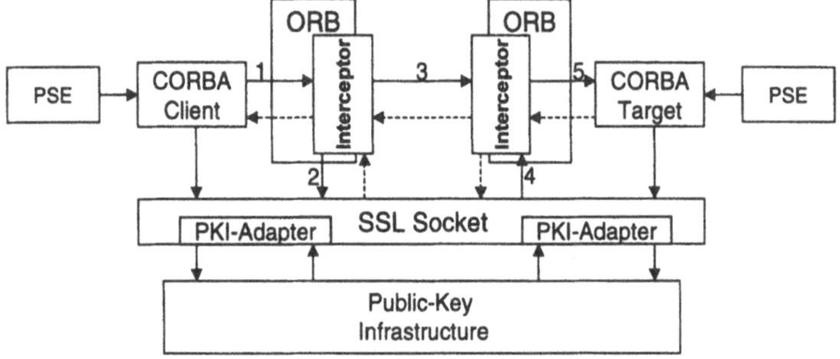

Abb. 4: Interceptor-Technik für Altanwendungen

Wenn im Auftrag des Objekts „CORBA-Client" eine Methode des Objekts „CORBA-Target" ausgeführt werden soll, ruft der ORB die Methode `send_request` des Client-Interceptors auf (1). Dieser Methode wird u.a. eine Referenz auf das Zielobjekt und eine Zeichenkette übergeben, die die zu schützenden Nutzdaten des Aufrufs (z.B. ein Passwort) enthält. Der Interceptor leitet diese Daten über den bei der Initialisierung aufgebauten sicheren Kanal (2). Dem ORB werden die anderen Parameter des Aufrufes (z.B. IIOP-Header) und eine aus Füllzeichen bestehende Zeichenkette übergeben (3) (letztere ist der Platzhalter für die eigentlichen Nutzdaten). Der ORB ruft dann auf der Serverseite beim Interceptor die Methode `receive_request` auf. Als Eingabeparameter wird der Platzhalter der Nutzdaten übergeben, den der Interceptor durch die aus dem sicheren Kanal inzwischen Nutzdaten ersetzt (4). Zum Schluss wird der Aufruf mit den korrekten Daten an das Zielobjekt weitergereicht (5).

Der größte Vorteil dieser Lösung ist der überschaubare Implementierungsaufwand. Die meisten ORB-Hersteller bieten Interceptor-Gerüste in Form von Object Factories an [Inpr98]. Im Wesentlichen gibt es zwei Probleme dieses Ansatzes. Der eine Schwachpunkt ist die Beschränkung der Verschlüsselung auf Daten, die der ORB zum Weiterleiten der Methodenaufrufe nicht braucht. Potentielle Angreifer können Informationen über Zielobjekte abhören und ggf. Funktionsaufrufe ändern. Ein Problem der Leistungsfähigkeit und der Skalierung stellt die Tatsache dar, dass für jede Kommunikationsbeziehung zwei Verbindungen unterhalten werden müssen. Zum einen die Verbindung, die der ORB herstellt, und zum anderen die separate, sichere Verbindung für die Nutzdaten. Dieser Lösungsansatz ist realisierbar und hat in Einzelfällen seine Existenzberechtigung, es ist aber nicht sinnvoll, auf diesem Wege in großem Maßstab Anwendungen abzusichern.

4 PKI-Integration in JacORB

JacORB ist eine auf Java basierende Open-Source ORB-Implementierung, die an der Freien Universität Berlin entwickelt wird [Bros00]. Es gibt für JacORB bereits einige verfügbare CSS-Implementierungen. Für unsere Experimente wurde die in JacORB enthaltene SSLIOP-Implementierung verwendet, die die komplette IIOP-Kommunikation absichert. Diese Implementierung basiert auf dem vom Institut für Angewandte Informationsverarbeitung und Kommunikationstechnologie an der TU Graz (IAIK) entwickelten Produkt iSaSiLk [LFB+00]. iSaSiLk ist eine erfolgreiche, in Java geschriebene Implementierung des SSLv3-Protokolls [FrKK96].

Im JacORB werden die Schlüssel und Zertifikate der beteiligten Objekte in einem sogenannten Keystore abgelegt (`java.security.Keystore`). Dieser Keystore wird von einer Zertifikatmanager-Klasse verwaltet (`jacorb.security.CertificateManager`). Die Objekte können über diese Klasse ihre Credentials im KeyStore hinterlegen. Damit übernehmen der Keystore und der Zertifikatmanager die Funktion einer lokalen CA. Das hat den Nachteil, dass die konsequente und sichere Verwaltung von Schlüsseln und Zertifikaten nicht gewährleistet werden kann. Die eventuelle Kompromittierung eines privaten Schlüssels oder der Widerruf eines ursprünglich nicht von dieser lokalen CA ausgestellten Zertifikats kann diesem System unter Umständen für längere Zeit verborgen bleiben.

Zur Initialisierung eines SSL-Sockets (`iaik.security.ssl.SSLSocket`) benötigt iSaSiLk sowohl auf der Client- als auch auf der Serverseite sogenannte SSL-Kontext-Objekte (`iaik.security.ssl.SSLContext`). Die `jacorb.security.ssl.SSLSetup` Klasse erzeugt diese Objekte aufgrund der im Keystore gefundenen Credentials. Die vorgezeigten Zertifikatsketten werden während des Austausches des gemeinsamen Sitzungsschlüssels mit Hilfe der Klasse `iaik.security.ssl.ChainVerifier` geprüft.

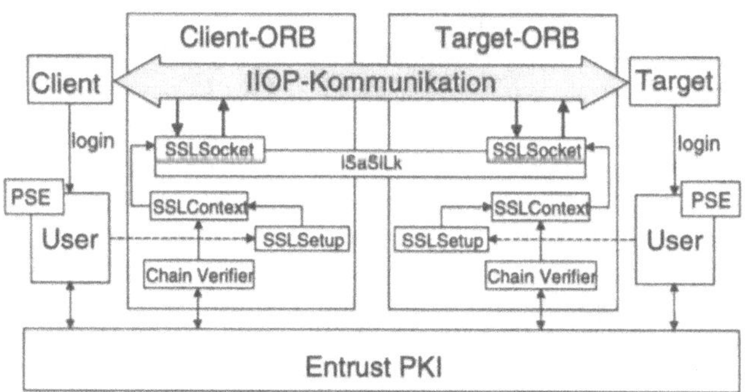

Abb. 5: JacORB-Entrust Beispielimplementierung

Das in Abbildung 5 vorgestellte Implementierungsbeispiel integriert eine PKI der Firma Entrust (Entrust/PKI 4.0 Developer Edition) in JacORB. Der Prototyp baut auf das Java-Toolkit von Entrust, welches über das standardisierte Certificate Management Protocol mit der PKI kommuniziert, und mit den Java 2 Security-Klassen kompatibel ist [Entr00]. Dieses Toolkit beinhaltet u.a. auch die SSL-Implementierung der IAIK, was den Vorteil hat, dass der Programmierungsaufwand der PKI-Integration in JacORB – oder in andere Systeme die iSa-

SiLk nutzen – recht gering ist. Die Credentials der Benutzer werden in diesem Prototypen in einer Datei verschlüsselt gespeichert (Entrust Profile File). Alternativ kann diese Datei durch eine andere PSE abgelöst werden, beispielsweise durch eine Smart-Card, die dem Schlüsselmaterial der Benutzer mehr physikalische Sicherheit bietet.

Die Initialisierung der beim SSL-Verbindungsaufbau benötigten Credentials eines Benutzers (der Zertifikatskette und der Referenz auf den privaten Schlüssel) erfolgt über die Funktion `SSLSetup::userInit()`. Diese Methode, die auch die Benutzeranmeldung bei der PKI implementiert, erhält als Eingabeparameter den Zugriffspfad zur PSE und das zugehörige Passwort. Zur Anmeldung eines Benutzers muss im ersten Schritt ein Objekt der Klasse `com.entrust.toolkit.User` instanziiert werden. Die `login()` Methode dieses Objekts erhält u.a. auch das Passwort zur PSE. Mit Hilfe der Methode `User::setConnections` kann der Verzeichnisdienst der PKI referenziert werden. Beim Einloggen findet die erste Überprüfung der in der PSE gefundenen Credentials statt. In einem nächsten Schritt wird ein Objekt der Klasse `com.entrust.toolkit.ssl.EntrustChainVerifier` instanziiert. Dem Konstruktor dieser Klasse wird das User-Objekt übergeben, damit beim Einsatz des Verifiers die notwendigen Credentials (Zertifikatsketten und CRLs) zur Verfügung stehen. Die Klasse `EntrustChainVerifier` ist abgeleitet von der Klasse `iaik.security.ssl.ChainVerifier`, was den Vorteil hat, dass sie überall einsetzbar ist, wo die IAIK-Klasse als Eingabeparameter erwartet wird. Dieser Chain Verifier wird dann während der Aufbau- und Betriebsphase der SSL-Verbindungen eingesetzt. Eine weitere wichtige Klasse ist die abstrakte Klasse `iaik.security.ssl.SSLContext`, deren Implementierungen `iaik.security.ssl.SSLClientContext` und `iaik.security.ssl.SSLServerContext` die notwendigen Informationen über den jeweiligen Kommunikationsteilnehmer beinhalten. Diese Informationen sind die unterstützten kryptographischen Algorithmen (Cipher Suite), die Zertifizierungskette (Certificate Chain), der private Schlüssel und der zu benutzende Chain Verifier. Die benötigten `SSLContext`-Objekte werden auch von der Klasse `SSLSetup` erzeugt (`setupSSLClientContext` und `setupSSLServerContext`). Anschließend werden ihnen die benutzerspezifischen Daten aus dem User-Objekt und das aktuelle Chain-Verifier-Objekt übergeben. Abschließend wird die Clientseitige Authentifizierung aktiviert.

Somit benötigt die Klasse `SSLSetup` keinen eigenen KeyStore mehr, sie erzeugt mit dem User-Objekt und dem `EntrustChainVerifier` die `SSLContext`-Objekte. Die eigentliche Kommunikation läuft über ein `iaik.security.ssl.SSLSocket`, das die Klasse `java.net.Socket` erweitert und damit überall dort eingesetzt werden kann, wo ein `java.net.Socket` Objekt erwartet bzw. benutzt wird (z.B. bei der JacORB-Kommunikation). Diesem Socket wird der `SSLContext` des jeweiligen Objekts übergeben. Ist ein `EntrustChainVerifier` angegeben, nimmt dieser über LDAP Kontakt zum Certification Repository der PKI auf und prüft die Gültigkeit der Credentials beider Seiten. Eine weitere Änderung war in der Klasse `jacorb.util.Environment` notwenig, die alle JacORB-Properties aus einer zugehörigen Konfigurationsdatei ausliest. Diese wurde um die Angaben zum Default User gekürzt und um Informationen zur PKI erweitert (z.B. IP Adresse). Durch die Streichung des Default User, musste der Naming Service um die Anmeldung der Credentials beim ORB erweitert werden.

5 Ausblick

Neben dem Schutz der vertraulichen Kommunikation und sicheren Authentifizierung sieht die CSS-Spezifikation auch Dienste für Protokollierung (auditing) und für Unabstreitbarkeit (non-repudiation) von ausgeführten Transaktionen vor [OMG00]. Diese Dienste können auch unter der Verwendung von digitalen Signaturen realisiert und von einer PKI unterstützt werden. Die Protokollierung von CORBA-Methodenaufrufen und anderen Ereignissen kann auf Server- aber auch an der Clientseite erfolgen. Sicherheitsrelevante Aktionen können u.a. in Protokolldateien gespeichert werden. Bestimmte Einträge können zusätzlich digital signiert werden, um die Echtheit des Eintrages zu bestätigen. Alle Einträge digital zu signieren wäre ein erheblicher Zeitaufwand, hauptsächlich wegen der Geschwindigkeitsprobleme der asymmetrischen Verfahren. Ein großes Problem mit diesem Vorgehen ist, dass digitale Signaturen nur durch die Verwendung eines in einer PSE sicher gespeicherten privaten Signierschlüssels zu erstellen sind. Die Verwendung dieses Schlüssels ist normalerweise mit einer direkten Interaktion des Benutzers verbunden, wie z.B. der Eingabe eines PINs. Das bedeutet, dass das automatisierte Signieren mit Schlüsseln, die auf diese Weise geschützt sind, nicht möglich ist. In solchen Fällen können Schlüsselpaare zum Einsatz kommen, die nur für diesen Zweck erstellt werden und eine kürzere Gültigkeitsdauer haben als persönliche Schlüssel. Der Zugang zum privaten Schlüssel muss durch einen einmaligen Login (z.B. durch einen Administrator) ermöglicht werden.

Ein wichtiges Ziel des Signierens von elektronischen Dokumenten ist die Unterstützung der Unabstreitbarkeit. Dazu müssen Aufträge für kritische Transaktionen von den Benutzern selbst digital signiert werden. Diese Transaktionen werden in Policies festgelegt. Die CSS muss vor der Ausführung dieser ausgewählten Transaktionen die Benutzer benachrichtigen und die benötigten Schnittstellen zur Verfügung stellen. Durch die Erstellung der Signatur wird dann die gewünschte Transaktion bestätigt. Signierte Transaktionsdaten müssen auf der Serverseite in sicheren Logdaten gespeichert werden.

Der X.509-Standard beinhaltet außer Authentisierung der Benutzer auch Autorisierungsmechanismen. Hierbei werden die Autorisierungsinformationen (z.B. Benutzerrechte und Benutzerrollen) in digital signierten Dokumenten, sogenannten Attributzertifikaten gespeichert. Diese Zertifikate können durch eine Privilege Management Infrastructure (PMI) verwaltet werden. Unmittelbar anstehende Arbeiten werden die Dienste einer PMI in den vorgestellten CORBA-Prototypen integrieren.

Literatur

[Adam96] C. Adams: The Simple Public-Key GSS-API Mechanism (SPKM), IETF RFC 2025, Oktober 1996.

[AdLl99] C. Adams, S. Lloyd: Understanding Public-Key Infrastructure: Concepts, Standards, and Deployment Considerations, Macmillan Technical Publishing, 1999.

[Blak99] B. Blakley: Corba Security – An Introduction to Safe Computing with Objects, Addison Wesley, 1999.

[Bros00] G. Brose: JacORB 1.0 Programming Guide, Revision 1.17, April 2000.

[ECMA96] European Computer Manufacturers: The ECMA GSS-API Mechanism, Standard ECMA-235, March 1996.

[Entr00] Entrust Technologies: Entrust/Toolkit for Java Programmers' Guide, June 2000.

[ElSc00] C. Ellison, B. Schneier: Ten Risks of PKI: What You're not Being Told about Public Key Infrastructure, Computer Security Journal, Volume XVI, Number 1, 2000.

[FrKK96] A. O. Freier, P. Karlton, P. C. Kocher; Transport Layer Security Working Group: The SSL Protocol Version 3.0, 1996.

[Inpr98] Inprise Corporation: Visibroker 3.3 SSL Pack Programmer´s Guide, 1998.

[ITU99] ITU-T Recommendation X.509 Information Technology – Open Systems Interconnection – The directory: Public-Key and Attribute Certificate Frameworks, September 1999.

[KoNe93] J. Kohl, C. Neuman: The Kerberos Network Authentication Service (V5), IETF RFC 1510, September 1993.

[Linn96a] J. Linn: Generic Security Service Application Program Interface, Version 2, IETF RFC 2078, Januar 1997.

[Linn96b] J. Linn: The Kerberos Version 5 GSS-API Mechanism, IETF RFC 1964, Juni 1996.

[LFB+00] P. Lipp, D. Bratko, J. Farmer, W. Platzer, A. Sterbenz: Sicherheit und Kryptographie in Java, Addison Wesley, 2000.

[MAM+99] M. Myers, R. Ankney, A. Malpani, S. Galperin, C. Adams: X.509 Internet Public Key Infrastructure Online Certificate Status Protocol – OCSP, IETF RFC 2560, Juni 1999.

[OMG99] Object Management Group: The Common Object Request Broker: Architecture and Specification, Revision 2.3.1, Oktober 1999.

[OMG00] Object Management Group: Security Services Specification v1.5, Mai 2000.

[PKIX] The PKIX Working Group Charter.
www.ietf.org/html.charters/pkix-charter.html

[Schn96] B. Schneier: Applied Cryptography – protocols, algorithms and source code in C, Second Edition, John Wiley and Sons, 1996.

[ScLa00] R. Schreiner, U. Lang: MICOSec User's Guide, Version 0.2, November, 2000.

[TNH+00] B. Tung, C. Neuman, M. Hur, A. Medvinsky, S. Medvinsky, J. Wray, J. Trostle: Public Key Cryptography for Initial Authentication in Kerberos, IETF Internet-Draft, 2000.

Netzwerksicherheit für Mobile IP Analyse von Verfügbarkeitsaspekten

Andreas Lang

GMD Darmstadt
alang@darmstadt.gmd.de

Zusammenfassung

Mobile IP ist ein seit 1996 als RFC 2002 [1] veröffentlichtes Internetprotokoll und wurde mit dem Ziel entwickelt Mobilität für das Internet auf der Basis des IP Protokolls in der Version 4 (IPv4) bereitzustellen. Neben technischen Fragestellungen zum Beispiel hinsichtlich Operabilität müssen Sicherheitsaspekte untersucht werden, bevor Mobile IP in der Breite eingesetzt werden sollte. In diesem Beitrag beschäftigen wir uns mit Verfügbarkeitsaspekten. Unter Verfügbarkeit verstehen wir, dass ein Dienst oder eine Resource so lange zur benutzt werden kann, wie wir es wünschen. Im Normalfall sollte sie jederzeit zur Verfügung stehen. Verfügbarkeit stellt neben Authentizität, Integrität, Vertraulichkeit und Nachweisbarkeit einen wesentlichen Sicherheitsaspekt dar und spielt für die Erreichbarkeit des mobilen Rechners eine wesentliche Rolle. In Kapitel 2 erläutern wir Mobile IP und die von Mobile IP berücksichtigten Sicherheitsmechanismen. Das darauf folgende Kapitel 3 diskutiert wesentliche von uns entwickelte Angriffsversuche gegen eine Mobile IP Kommunikationsstrecke und zeigt zugleich die Ergebnisse. Ziel ist es, die Sicherheit hinsichtlich Verfügbarkeit zu evaluieren und dem Anwender Transparenz hinsichtlich des Verfügbarkeitsrisikos zu geben.

1 Mobile IP und Sicherheit

Mobile IP stellt die Mobilität für das Internet bereit. Es bietet die Möglichkeit, dass sich ein mobiler Rechner im Internet von einem Subnetz in ein anderes bewegt ohne dabei seine IP Adresse zu ändern. Mobile IP orientiert sich an folgenden Designkriterien. Weitere Details zu Mobile IP können in [2] nachgelesen werden.

- Änderung des Ortes, immer mit derselben festen IP Adresse, um die Kommunikation mit anderen Rechnern aufrecht zu erhalten
- Kommunikation mit Rechnern, die nicht in der Lage sind das Mobile IP Protokoll zu unterstützen
- Informationen über den Aufenthaltsort des Benutzers muss geschützt und authentifiziert sein
- Möglichst wenig administrative Nachrichten über das Netzwerk verschicken und wenn, dann nur kurze. Grund: oft geringe Bandbreite und Batteriebetrieb (wenig Overload)

Bei der Grundidee von Mobilität und Internet wurde von vornherein gleich an Sicherheit gedacht. Mobile IP hat dahingehend einige Mechanismen eingebaut. Zu diesen Mechanis-

Tab. 1: Die wichtigsten Sicherheitsanforderungen

Sicherheitsanforderung	Beschreibung
Zugriffsschutz	Kontrolle des Systemzuganges und Zugriffsbeschränkungen auf Systemfunktionen und Datenbestände.
Authentizität	Nachweis der Identität des Urhebers/Autors und der Echtheit des Datenmaterials.
Vertraulichkeit	Verhindert, dass unberechtigte Dritte auf Daten zugreifen können.
Integrität	Erbringt den Nachweis, dass die Daten unverändert vorliegen.
Nachweisbarkeit/Verbindlichkeit	Prüfung der Authentizität und Integrität der Daten auch von berechtigten Dritten, so dass die Verbindlichkeit der Kommunikation gewährleistet wird.
Verfügbarkeit	Stellt sicher, dass auf Dienste oder Daten jederzeit zugegriffen werden kann.

men zählen Replay Protection, die Verwendung von Hashfunktionen und die Verwendung von geheimen Schlüsseln. Um einen Schutz von Replay Attacken zu erlangen, werden Zeitmarken und/oder Nonces eingesetzt.

Desweiteren wird eine Hashfunktion (MD5) zum Schutz von Angreifern bei der Registrierung eines Mobilen Rechners verwendet. Dabei wird über den Inhalt des IP Paketes und einen geheimen Schlüssel ein Hashwert gebildet und dieser als Extension mit übertragen. Einem Angreifer kann es nicht gelingen einen gültigen Registrierungsversuch zu starten, wenn er den geheimen Schlüssel (Shared Secret) nicht kennt.

Eine Referenzinstallation, die auch für die in diesem Beitrag durchgeführten Angriffe verwendet wurde, befindet sich in der GMD in Darmstadt. In dem dort vorhandenem Projekt "Mobile IP Reference Installation and Working Environment for the Mobile Scientist" (MIRIAM) ist ein Anwendungszenario zwischen den Instituten IPSI und KOM aufgebaut. In dem dort vorhandenem Projekt werden durch die Benutzung von Mobile IP Erfahrungen für die Mitglieder des DFN Vereins gesammelt.

Sicherheit wird unterteilt zum einen in *Safety* und zum anderen in *Security*. Safety ist die Sicherheit der Mitarbeiter vor Beeinträchtigung durch die Arbeitsumgebung. Hierfür gibt es den Arbeitsschutz und den Gesundheitsschutz. Security ist die Sicherheit von Investitionsgütern und Mitarbeitern (indirekt) vor Beeinträchtigung von außen. Dazu zählt Unternehmenssicherheit sowie die Abwesenheit von böswilligen oder fahrlässig durch Menschen erzeugten Gefahren für Werte (Sach-, Geld- und Rufwerte). Wenn im Folgenden von Sicherheit die Rede ist, beziehen wir uns immer darauf, dass Computer bzw. Computerdaten und Ressourcen geschützt werden sollen und jeder Benutzer kann als potentieller Angreifer angesehen werden. Weiterhin lässt sich die Sicherheit in verschiedene Bereiche der Sicherheitsanforderung einteilen. In der Tabelle 1 sind diese Bereiche im Überblick dargestellt. Im Rahmen dieses Beitrages werden wir vorwiegend auf die Verfügbarkeit eingehen.

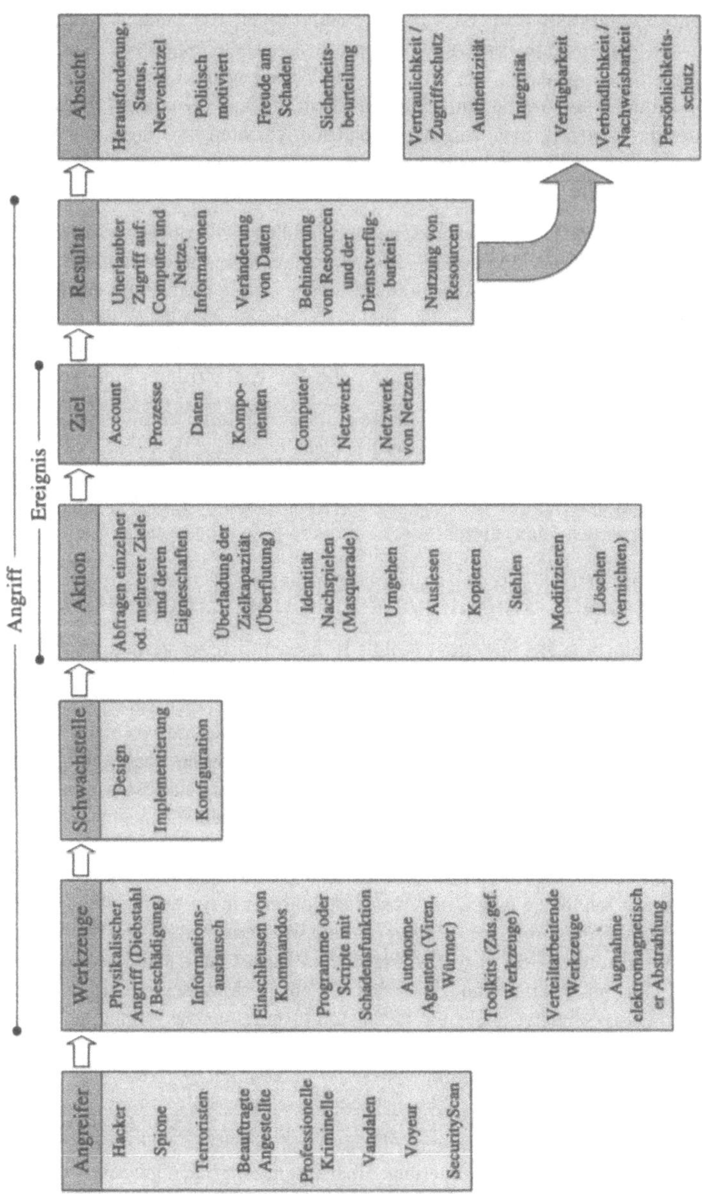

Abb. 1: Vorschlag für eine Taxonomie

Um Sicherheitsvorfälle zu klassifizieren wird in [8] ein Taxonomievorschlag diskutiert, der im Folgenden vorgestellt wird. Es wird eine Unterteilung von Computerangriffen vorgenommen und der gesamte Prozess eines Sicherheitsvorfalls dargestellt. Dabei wird von einem Angreifer ausgegangen, der mit Hilfe von Werkzeugen an einer Schwachstelle eine Aktion ausführt. Diese Aktion führt dann zu einem Ziel und dem darauf folgenden Resultat. Weiterhin werden in dem Vorschlag mögliche Absichten des Angreifers beschrieben. Der gesamte Sicherheitsvorfall wird wie folgt, in einen *Vorfall*, einen *Angriff* und ein *Ergebnis* klassifiziert.

Abbildung 1 zeigt den Taxonomievorschlag im Überblick. Um jedoch eine abstrakte Klassifizierung der Resultate/Wirkungen zu erhalten, schlagen wir vor, die eingangs beschrieben Sicherheitsaspekte als Wirkung/Resultat zu nutzen. Somit wird es uns möglich Angriffe auf die Verfügbarkeit zu klassifizieren. Ein Verfügbarkeitsangriff könnte somit z.B. von einem Hacker ausgehen, der der ein Toolkit benutzt, welches Designschwächen ausnutzt, somit eine Überflutung auf Prozesse initiiert mit dem Hintergrund - Freude am Schaden.

In diesem Beitrag werden nur einige Punkte eines Computerangriffes betrachtet. Die Rubrik des *Angreifers* und der *Absicht* werden nicht berücksichtigt. Des weiteren wird in diesem Beitrag nicht direkt auf die Verwendung einer Firewall im Zusammenhang mit Mobile IP [3],[4] eingegangen. Es wird auch erwähnt werden, dass Mobile IP mit IPSec [5] kombiniert werden kann, dies ist nicht Bestandteil des vorliegenden Beitrages.

2 Testumfeld, Angriffsversuche und Ergebnisse

Die Frage ist nun, wie viel Sicherheit Mobile IP hinsichtlich der Verfügbarkeit bietet. Ziel ist es, verschiedene Angriffe auf das Mobile IP Szenario zu entwickeln und zu untersuchen, in wie weit die Verfügbarkeit eingeschränkt wird. Im Folgenden erklären wir das Testumfeld sowie die Angriffsversuche gegen Mobile IP. Wir betrachten vor allem Überflutungs Angriffe (flooding). Da Mobile IP einen Replay Schutz integriert hat, werden wir diesen als erstes überprüfen. Danach werden wir einen Agenten mit gefälschten Agent Advertisement und gefälschten Solicitation Paketen überfluten. Haben wir diesen Test untersucht, betrachten wir das Agent Advertisement Paket durch einen IP Tunnel. Daraufhin analysieren wir IP Pakete, die durch den IP Tunnel IP Pakete an andere Rechner im Heimat- oder Fremdnetz senden können. Zum Abschluss führen wir ein getunneltes Ping Flooding durch und analysieren, wie sich Mobile IP verhält, wenn es mit gefälschten ARP und RARP Paketen konfrontiert wird. Das Testumfeld basiert auf der Referenzinstallation im Projekt Miriam [6]. Speziell handelt es sich um ein Rechnerrack mit drei konfigurierten Subnetzen. Diese Subnetze sind über einen Router miteinander verbunden. Die Mobilen Knoten besitzen Linux als Betriebssystem mit einem 2.2.14 Kernel und als Mobile IP Implementierung wird die der Helsinky University of Technology (HUT) [7] in der Version 0.6 eingesetzt.

Ziel dieses Beitrages ist es nicht, das Protokoll auf Schwachstellen hin zu untersuchen, sondern die eigentliche Implementierung. Überflutungsangriffe eignen sich besonders gut um einen Angriff auf die Verfügbarkeit durchzuführen. Das bedeutet, dass von einem Drittrechner ständig IP Pakete entweder zum Home Agent (HA), Foreign Agent (FA) oder Mobile Node (MN) geschickt werden. Dabei kann es passieren, dass der Zielrechner überlastet wird. Dies lässt sich vergleichen mit einem Hochlasttest.

Tab. 2: Durchgeführte Angriffe

Name	Angriffsziel
Replay Test	Überprüft die Replay Protection von Mobile IP
Agent Adv.	Überflutung mit ICMP Agent Advertisement
Solicitation	Überflutung mit ICMP Solicitation
Reg. Request	Senden gefälschter Registration Request Anfragen in dem Heimatnetz
Reg. Request	Senden gefälschter Registration Request Anfragen in dem Fremdnetz
IP in IP	Überflutung mit getunnelten Agent Advertisements
IP in IP	Überflutung mit getunnelten Ping Echo Request Anfragen
IP Tunnelmissbrauch	Senden von Daten
ARP Test	Verwirrung durch ARP erzeugen
Hijacking	Übernehmen einer Telnetverbindung

In der Tabelle 2 ist aufgeführt, welche Angriffe wir in diesem Beitrag durchgeführt haben.

Dabei ist anzumerken, dass es noch weitere Möglichkeiten gibt Mobile IP anzugreifen. Der Grund, warum an dieser Stelle genau diese Angriffe ausgewählt worden sind, ist Folgender. Diese Angriffsmethoden und Angriffsziele sind die offensichtlichsten Angriffsziele bei Mobile IP. Es wird auf die Kommunikation der einzelnen Computer ein Angriff ausgeführt bzw. eine Kommunikation vorgetäuscht. Weiterhin werden die Angriffe ausgeübt, die relativ einfach zu handhaben sind und die sehr oft eingesetzt werden. In der Tabelle 2 sind die durchgeführten Angriffe aufgelistet, die in den nachfolgenden Kapiteln erläutert werden.

2.1 Wiederholtes Einspielen von Netzwerkpaketen

Bei diesem Test wurden einige Replayattacken (wiederholtes Einspielen) durchgeführt. Es soll dabei überprüft werden, wie sich Mobile IP bei einer Replay Attacke verhält. Dabei wird gleichzeitig die von Mobile IP eingebaute Replay Protection auf ihre Funktion untersucht.

Für diesen Test kann das Programm *tcpreplay* mit der Version 1.0.1 [9] verwendet werden.

Folgende Situation: Der MN hat sich über einen FA an seinem HA authentifiziert und kann den vollen Funktionsumfang von Mobile IP benutzen. Jetzt wird auf der Verbindungsstrecke zwischen HA und FA der gesamte Netzwerkverkehr aufgezeichnet. Dazu wird das Programm *tcpdump*, welches zum Systemumfang gehört, verwendet. Durch den Aufruf `tcpdump -i eth1 -w dump.tcp -n` als Benutzer `root` wird der gesamte Netzwerkverkehr an der Netzwerkkarte mit dem device *eth1* in der Datei *dump.tcp* gespeichert. Die Option *-n* besagt, dass die IP Adressen nicht in ihre Namen konvertiert werden sollen.

Jetzt öffnet der MN zum Beispiel eine Telnet Session auf den HA oder einen anderen Rechner. Das funktioniert alles problemlos. Benutzt der Angreifer das Programm `tcpreplay` und die zuvor erstellte Datei `dump.tcp`, wird der zuvor aufgezeichnete Netzwerkverkehr neu in das Netz eingespielt (siehe Abbildung 2). Der Programmaufruf wird ebenfalls mit dem Benutzer `root` durchgeführt und sieht wie folgt aus:

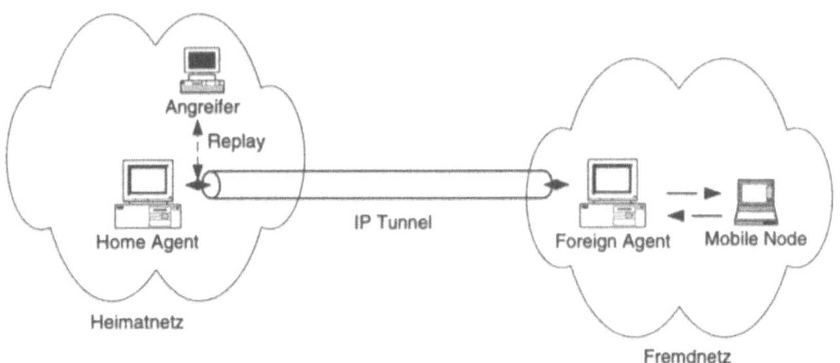

Abb. 2: Schemazeichnung für einen Angriffspunkt einer Replayattacke

'`tcpreplay -i eth1 -l 100 -r 0.01 dump.tcp`'. Es werden alle in der Datei `dump.tcp` gespeicherten Pakete an die Netzwerkkarte `eth1` gesendet. Dabei wird eine Verzögerung von `0.01` verwendet. Falls alle Pakete gesendet sind, wird wieder von vorne begonnen und zwar maximal 100 mal.

Versucht der MN jetzt eine Telnet Session auf einen Rechner, funktioniert das nicht. Er reagiert bei dem Versuch sich anzumelden nicht mehr und Fehlermeldungen gibt es keine. Wenn der Angreifer seinen Angriff stoppt, benötigt der MN einen Zeitraum von bis zu zwei Minuten, um die Kommunikation wieder aufzunehmen.

Normalerweise sollte Mobile IP das erkennen und herausfiltern. In diesem Test hat sich jedoch gezeigt, dass es nicht resistent gegen derartige Angriffe ist und deshalb noch weitere Schutzmechanismen benötigt.

2.2 Überflutung mit gefälschten Agent Advertisement Paketen

An dieser Stelle wird untersucht, wie sich Mobile IP verhält, wenn ein Angreifer gefälschte Agent Advertisement Pakete, welche zur Bekanntmachung des FA dienen, an den MN sendet. Dazu sendet der Angreifer (wie in Abbildung 3 zu sehen) gefälschte IP Pakte mit dem ICMP Anhang Agent Advertisement an den MN. Da der MN nicht in seinem Heimatnetz ist, werden diese vom HA an den FA getunnelt. Dort entkapselt, werden sie an den MN weitergeleitet und von diesem empfangen. Diese Pakete teilen dem MN mit, an welcher IP Adresse er einen MA findet. Die Pakete des Angreifers beinhalten als Nachricht für den MN eine falsche IP Adresse des Mobilen Agenten und eine gefälschte Absenderadresse. Diese Pakete werden fortlaufend an den MN gesendet.

Für diesen Test wird ein Programm verwendet, welches von uns entwickelt wurde. Dieses Programm generiert eine Struktur, die am Anfang einen IP Header, gefolgt von einem ICMP Header, besitzt. Die Variablen des IP Headers legen die Ziel IP Adresse, den Absender und weitere Werte fest. In dem ICMP Header ist definiert, dass es sich hierbei um ein Agent Advertisement handelt. Deshalb werden die Variablen der Struktur auf die entsprechenden Werte gesetzt. Mit Hilfe einer Schleife wird diese Struktur, die gleichzeitig dem IP Paket entspricht, fortlaufend in das Netzwerk gesendet.

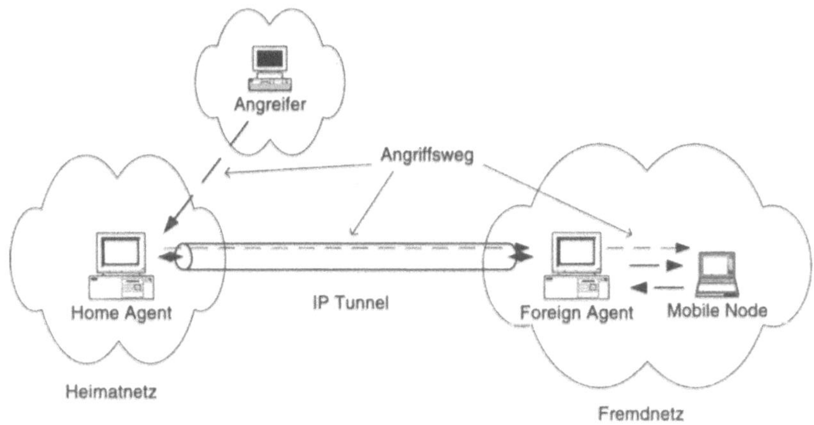

Abb. 3: Angriff durch gefälschte Agent Advertisement Pakete

Der MN, der diese IP Pakete empfängt, verhält sich wie folgt. Mit Hilfe des Werkzeuges *top* kann man sehen, wie die CPU dadurch belastet wird. Dabei ist die CPU Last auf 98,6% angestiegen.

Wenn der MN gleichzeitig ein *ping* zu seinem HA ausübt, verhalten sich die Antwortzeiten wie folgt. Die ersten Ping Pakete werden mit akzeptablen Antwortzeiten empfangen Wird der Angriff gestartet, gehen fast alle Ping Pakete verloren und die, welche bei dem Sender beantwortet ankommen, haben sehr schlechte Antwortzeiten (200-fache).

2.3 Überflutung mit gefälschten Solicitation Paketen

Dieser Test funktioniert ähnlich wie der Test im Kapitel 2.2. Jedoch werden hierbei ICMP Pakte mit einer Solicitation Nachricht an den einen FA und MN gesendet. Diese Nachricht fordert den FA auf, mit einem Agent Advertisement zu antworten. Das hierfür verwendete Programm ist dem Programm ähnlich, welches ICMP Pakete mit Agent Advertisement (siehe Kapitel 2.2) sendet. Der Unterschied besteht lediglich in den Variablen des ICMP Headers und den Variablen der ICMP Struktur.

Bei diesem Angriff befindet sich der Angreifer im Fremdnetz. In der Abbildung 4 wird der Ort des Angreifers verdeutlicht.

Im Normalfall sendet der MN Solicitation Nachrichten aus, damit er einen MA auffordern kann, sich zu melden. Wird das Netzwerk mit diesen Nachrichten überflutet, müsste ein MA daraufhin viele Antworten aussenden. Dabei hat sich jedoch herausgestellt, dass der MA (in unserem Fall ein FA) keine Reaktion zeigt. Es steigt weder die CPU-Last, noch werden Einträge in Log Dateien vorgenommen. Anders verhält sich jedoch der MN. Bei ihm steigt die CPU-Last auf 96,3% an.

Wird während der Zeit des Angriffs ein *ping* zu einem Rechner gestartet, werden die IP Pakete entsprechend verzögert. Einige Pakete gehen auch verloren.

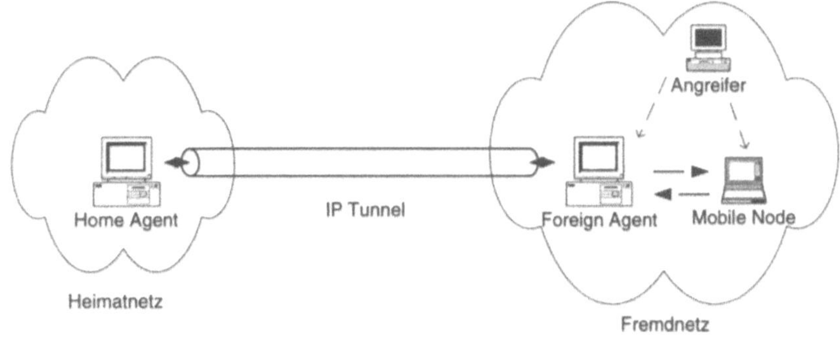

Abb. 4: Angriff durch Solicitation Pakete mit Überflutung

2.4 Überflutung mit Registration Requests im Heimatnetz

Dieser Angriff: Überflutung mit gefälschten Registration Request Anfragen im Heimatnetz soll zeigen, wie sich der HA verhält, wenn innerhalb kurzer Zeit sehr viele MN eine Registrierung anfordern. Dafür ist es notwendig, die Konfiguration des HA zu ändern. Zusätzlich benötigt der HA eine weitere Netzwerkkarte. Dadurch wird ein weiteres Subnetz der Klasse A erzeugt. Mit einem Klasse A Netz ist es möglich $\approx$ 16,7 Millionen Hosts zu konfigurieren, ohne dass ein Router benötigt wird. Weiterhin muss in der Datei */etc/dynhad.conf* folgendes geändert werden:

- Der HA bekommt eine IP Adresse aus dem neuen Klasse A Netz:
  ```
  HAIPAddress 10.0.0.1
  ```
- In der SPI wird festgelegt, dass jeder Host aus dem Netz MN ist:
  ```
  AUTHORIZEDLIST_BEGIN
  #SPI          IP
  1000          10.0.0.0/255.0.0.0
  AUTHORIZEDLIST_END
  ```
- Die Lifetime der MN's wird auf unendlich gesetzt:
  ```
  SECURITY_BEGIN
  # SPI   alg.   meth.   tolerance   lifetime   secret
  1000    1      1       120         65535      "test"
  SECURITY_END
  ```

Das für diesen Test entwickelte Programm erzeugt ein IP Paket, an welches ein UDP Header gehängt wird. Der UDP Header enthält sämtliche Informationen für ein Registration Request an einen HA. Dieses Programm ist das einzigste Programm, welches den geheimen Schlüssel kennen muss. Wenn ein Angreifer diesen Angriff nachvollziehen möchte, muss dieser ebenfalls den Schlüssel kennen. In der Realität sollte es aber nicht möglich sein, den Schlüssel zu erlangen.

In der Abbildung 5 ist zu sehen, an welcher Stelle im Netzwerk der Angreifer sich befinden kann. Er kann entweder direkt im Heimatnetz oder in einem anderen Subnetz sein. Er

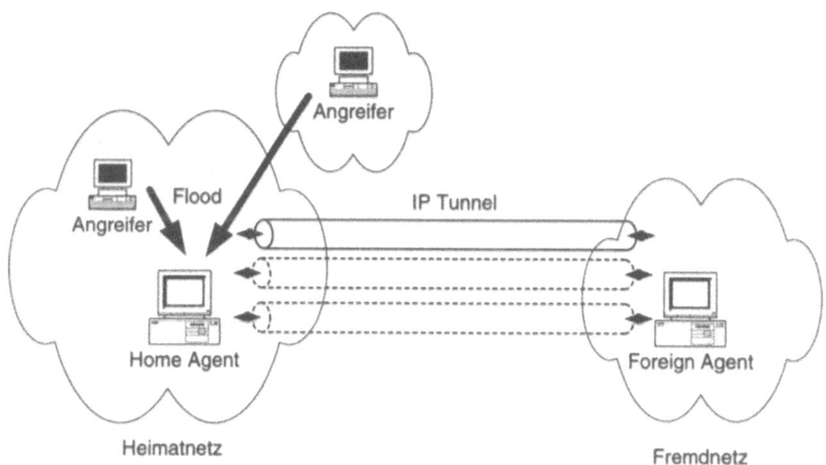

Abb. 5: Registration Request Überflutung

```
[root@pc-miriam02 14]# /usr/sbin/dynha_tool stat
version 0.6
tunnels 923099
[root@pc-miriam02 14]#
```

Abb. 6: Maximal erreichte Anzahl registrierter MN

sendet fortlaufend IP Pakete an den HA, in welchen er einen Mobilen Knoten registrieren möchte. Dabei wird die IP Adresse des gefälschten Mobilen Knotens ständig geändert. In unserem Fall wird die IP Adresse immer um eins erhöht. Da die Registrierung durch den Aufbau der Struktur und die richtige Extension vom HA akzeptiert wird, werden alle angemeldeten Mobilen Rechner akzeptiert. Der HA baut zu jedem MN einen eigenen IP Tunnel auf und ändert die Routingtabelle.

Das Tool *dynha_tool* mit dem Parameter *stat* zeigt an, wie viele IP Tunnel für Mobile IP vorhanden sind. Ist zudem die Lebensdauer des Registration Request auf den Maximalwert (65535) gesetzt, schafft der Angreifer es, mehr als 900000 Mobile Knoten (siehe Abbildung 6) zu registrieren.

Das Programm *top*, welches auch den Speicherplatzbedarf der Prozesse anzeigt, gibt an, dass der Dämon 120 MB an Hauptspeicher in Anspruch nimmt. Dementsprechend wird die Auslagerung (`Swap`) stark in Anspruch genommen.

Weiterhin ist zu bedenken, dass in kurzer Zeit viele Einträge in die Datei vorgenommen werden und die Datei dadurch sehr schnell in ihrer Größe anwächst. Durch diesen Test ist die Datei */var/log/messages* auf über 100 MB angewachsen.

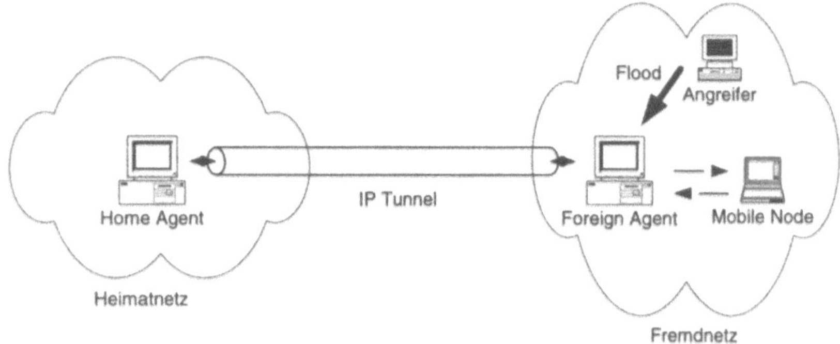

Abb. 7: Registration Request Überflutung

2.5 Überflutung mit Registration Requests im Fremdnetz

Der Test: Überflutung mit gefälschten Registration Request Anfragen im Fremdnetz analysiert, wie sich Mobile IP verhält, wenn es mit gefälschten Registrierungspaketen (Registration Request) konfrontiert wird. Dazu werden gefälschte Pakete in schneller Folge an den FA gesendet. Wahlweise kann festgelegt werden, ob die Adresse des dort enthaltenen MN, die Adresse des HA oder die Nummer der SPI festgelegt ist oder per Zufall geändert werden soll. Durch das Flooden des FA ist dieser nur dann zu beeinträchtigen, wenn der angreifende Rechner wesentlich schneller die Pakete senden kann, als sie der FA verarbeiten kann. Bei den Testfolgen hat sich herausgestellt, dass durch die Konstellation, ein Pentium Prozessors mit 666 MHz als Angreifer und ein Pentium Prozessors mit 550 MHz als FA, die CPU Last des FA auf über 95% steigt. Wird das Senden der Pakete durch eine Pause von 1 ms unterbrochen, dann ist keine Änderung der CPU Last zu verzeichnen. In der Abbildung 7 ist der Netzaufbau ersichtlich.

2.6 IP in IP Tests

Die IP in IP Tests stellen Angriffe dar, die den IP Tunnel simulieren und darin IP Pakete zum MN in das Fremdnetz oder zum HA in das Heimatnetz bringen. Dazu sind Programme entwickelt und verwendet worden, die IP Pakete generieren und an die Ziel IP Adresse schicken. In der Abbildung 8 ist zu sehen, dass der Angreifer nicht im Fremdnetz platziert sein muss, um durch den IP Tunnel IP Datagramme zu schicken. Der Angreifer sendet IP Pakete, die so aussehen, als wären sie vom HA zum FA getunnelt worden. Dadurch kann er Pakete in die Fremdnetze senden.

2.6.1 Getunneltes Agent Advertisement mit Überflutung

Dieser Angriff funktioniert ähnlich wie der des getunnelten Ping Flooding (Kapitel 2.6.2). Hierbei werden keine ICMP Echo Requests versendet, sondern ICMP Agent Advertisements. Diese werden so nachgebildet, dass sie von einem FA entstammen und an den MN gesendet werden. Auch hier wird fortlaufend immer nur über den FA an den MN gesendet, so dass dieser wieder mit der Reaktion auf diese Pakete beschäftigt ist. Es hat sich gezeigt, dass die CPU Last des MN auf 93,4% ansteigt.

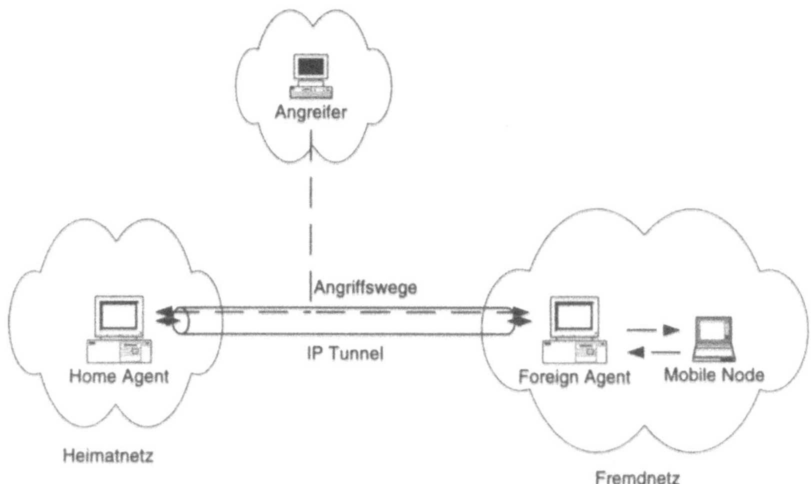

Abb. 8: Mögliche Angriffswege für IP getunnelte Pakete

IP Header	IP Header	ICMP Header
An: FA Von: xxx	An: 192.168.11.4 Von: 192.168.11.4	ICMP Echo Request

Abb. 9: Aufbau eines getunnelten Ping IP Paket

2.6.2 Getunneltes Ping mit Überflutung

Das verwendete Programm zum getunnelten Ping Flooding (Überflutung) generiert ein IP Paket, welches eine Struktur besitzt, die in der Abbildung 9 dargestellt ist. In dem äußeren IP Header steht als Empfänger die IP Adresse des FA und die Absender IP Adresse ist die eines HA. Der FA akzeptiert aber nur getunnelte IP Pakete, wenn ihm der HA bekannt ist. Der innere IP Header beinhaltet als Empfänger- und Sende IP Adresse die des MN. Die dort angehängte ICMP Struktur besitzt den Type 8 (Echo Request). Da als Sende- und Empfangs IP Adresse der MN eingetragen ist, antwortet er an sich selbst. Dadurch wird der MN mehr belastet, da er nicht nur die Antwort senden sondern auch noch empfangen muss. Dabei steigt die CPU Last auf 59,8% an.

2.7 IP Tunnelmissbrauch

Der Test des IP Tunnelmissbrauchs gegen Rechner im Heimatnetz ist dem Vorhergehenden sehr ähnlich. Der Unterschied besteht aber darin, dass der Angreifer im Fremdnetz ist und durch den Tunnel Pakete an andere Rechner im Heimatnetz schickt. In der Abbildung 10 ist zu sehen, an welcher Stelle der Rechner platziert ist.

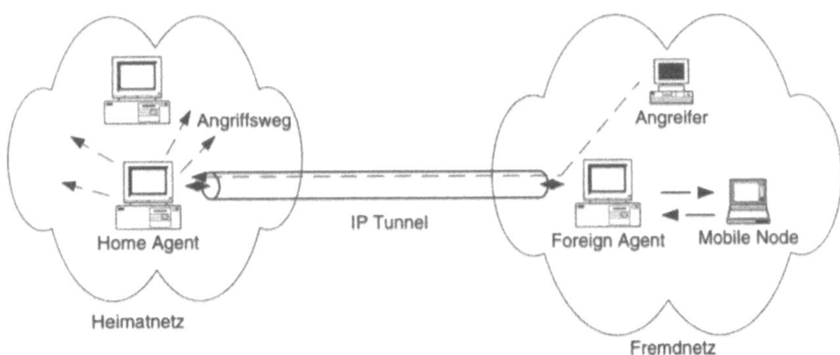

Abb. 10: IP Tunnel als Angriffsweg im Heimatnetz

Vom Aufbau des IP in IP Pakets her ist es mit einem Paket, welches der MN sendet, identisch. Das führt auch dazu, dass es vom FA akzeptiert und an den HA weitergeleitet wird. Dieser sendet das ursprüngliche Paket des Angreifers weiter.

Dieser Test zeigt eine nicht zu verachtende Schwachstelle. Wird zum Beispiel das Heimatnetz durch eine Firewall geschützt, welche nur IP Pakete durchlässt, die von dem FA stammen und an den HA gerichtet sind, kann ein Angreifer dadurch IP Pakete in das Heimatnetz zu anderen Rechnern bringen. Es fehlt eine Überprüfung, ob die entsprechenden IP Pakete auch wirklich vom MN und FA stammen oder nicht. Ein IP Tunnel stellt immer eine potentielle Gefahr für Rechnernetze dar.

Weiterhin wurde getestet, ob es auch möglich ist, in den IP Tunnel einzudringen um dort mit IP Spoofing gefälschte IP Pakete versenden zu können. In der Abbildung 11 ist dargestellt, dass der Angreifer in diesem Fall nicht im Heimat- oder Fremdnetz sein muss um einen Angriff durchzuführen. Diese Problematik kann mit den gleichen Programmen getestet werden, die im vorhergehenden Test benutzt wurden.

Das Ergebnis dieses Versuches ist, dass die IP Pakete aus einem anderen Subnetz in den IP Tunnel gebracht und an den HA oder FA geschickt werden können. Dieser Agent behandelt das Paket so, als käme es von der Gegenseite des IP Tunnels und sendet es entsprechend der IP Adressen weiter. Ein Angreifer hat demzufolge die Möglichkeit, IP Pakete an einen beliebigen Rechner im Heimatnetz des MN oder einen beliebigen Rechner im Fremdnetz des MN zu senden.

2.8 ARP Test

Das *ARP* Protokoll wird benutzt um herauszubekommen, welcher IP Adresse welche MAC Adresse zugeordnet ist. Dazu werden ARP Anfragen (ARP Request) und ARP Antworten (ARP Reply) verwendet, wie es in der Abbildung 12 dargestellt ist. Eine Anfrage an den `Broadcast` bedeutet, dass das Paket an jeden Rechner in diesem Segment gesendet wird (`ff:ff:ff:ff:ff:ff`).

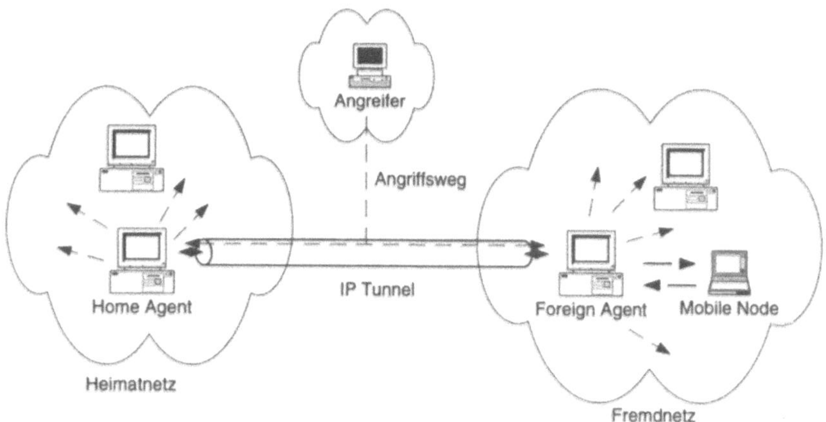

Abb. 11: Einbringen eines IP Pakets in einen IP Tunnel

```
15:05:55.952545 arp who-has 192.168.11.5 (Broadcast) tell 192.168.11.14
15:05:55.952755 arp reply 192.168.11.5 is-at 0:60:8:23:5f:ca
```

Abb. 12: ARP Request mit darauffolgendem ARP Reply

Mobile IP benötigt die ARP Auflösung genauso wie Rechner ohne Mobile IP. Ist der MN nun in einem Fremdnetz und ein anderer Rechner möchte eine Verbindung zum MN aufbauen, werden die Pakete in das Heimatnetz geschickt. Dort fragt ein Rechner oder Router nach, welche MAC Adresse der MN hat. Der HA weiß, dass der MN in einem Fremdnetz ist und antwortet daraufhin mit seiner eigenen MAC Adresse auf die Anfrage des Routers. Der HA wird deshalb auch ARP Proxy genannt, weil er die MAC Adressen aller abwesenden mobilen Rechner kennt und sich an deren Stelle zu erkennen gibt.

Der Angriff wurde wie folgt durchgeführt. Ein korrespondierender Rechner will mit dem MN kommunizieren. Der MN befindet sich in einem Fremdnetz. Ein anderer Rechner führt währenddessen einen Angriff im Heimatnetz aus. Dabei sendete der angreifende Rechner fortlaufend gefälschte (spoofing) ARP Pakete mit dem Inhalt, dass der MN immer eine andere MAC Adresse hat. In der Abbildung 13 ist ein Auszug aus dem Netzwerk zu sehen.

```
15:58:09.360650 arp reply 192.168.11.4 is-at a3:97:a2:55:53:be
15:58:09.360709 arp reply 192.168.11.4 is-at f1:fc:f9:79:6b:52
15:58:09.360772 arp reply 192.168.11.4 is-at 14:13:e9:e2:2d:51
15:58:09.360848 arp reply 192.168.11.4 is-at 8e:1f:56:8:57:27
15:58:09.360908 arp reply 192.168.11.4 is-at a7:5:d4:d0:52:82
15:58:09.360978 arp reply 192.168.11.4 is-at 77:75:1b:99:4a:ed
15:58:09.361046 arp reply 192.168.11.4 is-at 58:3d:6a:52:36:d5
15:58:09.361115 arp reply 192.168.11.4 is-at 24:4a:68:8e:ad:95
15:58:09.361183 arp reply 192.168.11.4 is-at 5f:3c:35:b5:c4:8c
```

Abb. 13: Gefälschte ARP Reply Pakete

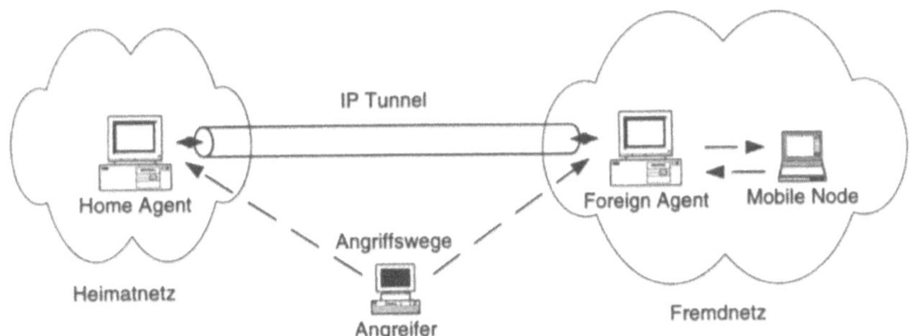

Abb. 14: Man in the Middle Angriff mit *hunt*

Man sieht, dass der Rechner mit der IP Adresse `192.168.11.4` immer "sagt", dass er die darauf folgende MAC Adresse besitzt. Diese ändert sich per Zufall in jedem gesendeten Paket.

Ständig und in einer hohen Anzahl schickt der Angreifer IP Pakete in das Netzwerk. Der korrespondierende Rechner möchte eine Verbindung zum MN aufbauen. Der Router benötigt dafür die MAC Adresse des MN. Wenn der Router nach der MAC Adresse des MN fragt (ARP Request), erhält er ständig eine falsche MAC Adresse vom angreifenden Rechner. Dadurch kann der Router die Pakete des korrespondierenden Rechner nicht weiterleiten, die Verbindung zwischen dem korrespondierenden Rechner und dem MN kann nicht zu Stande kommen.

Diese Art von Angriff funktioniert nicht nur bei Mobile IP, sondern auch in anderen Netzwerken. Dieses Problem des ARP Spoofing trifft generell auf IP Paket basierende Übertragungen zu, weil jede IP Datenübertragung über die MAC Adresse funktioniert. Ist diese gestört, kann keine Übertragung stattfinden.

2.9 Entführen einer Telnet Verbindung

Das Entführen einer bestimmten Sache wird in der Computerfachsprache auch Hijacking genannt. Es gibt ein Werkzeug des Autors Pavel Kraus mit dem Namen *hunt* [10], welches zur Zeit in der Version 1.5 vorliegt. Mit Hilfe dieses Werkzeuges ist es möglich, eine bestehende Telnet Verbindung als Man in the Middle Angriff mitzulauschen, zu reseten oder gar zu entführen. Dabei wird der gesamte TCP Verkehr mitgehört. Bei Bedarf werden TCP Pakete in das Netzwerk eingespielt, so dass die bestehende Telnet Verbindung gestört wird. Der Angreifer kann sogar Zeichenfolgen oder Befehle an den Telnetserver schicken, um dort unter dem Names des Telnet Benutzers etwas auszuführen. Die Abbildung 14 zeigt, wo ein Angreifer sitzen könnte, um eine Mobile IP Telnetverbindung mitzulauschen. Der Angreifer kann ohne Probleme die Kommunikation eines MN beobachten und hijacken, wenn der MN eine Telnetverbindung aufbaut oder schon führt.

Das Problem des Hijacking besteht nicht nur bei Mobile IP, sondern auch bei einer Telnet Verbindung. Hier werden Daten des Benutzers sowie sein Passwort im Klartext übertragen und sind daher von jedem mitzulesen. Abhilfe gegen derartige Probleme wäre zum Beispiel der Einsatz von SSH oder IPSec. Hierbei wird der gesamte Datenstrom wird verschlüsselt.

Tab. 3: Klassifikation der Testergebnisse

Test	Gefährlichkeit	Aufwand
Wiederholtes Einspielen von Netzwerkpaketen	+	++
Überflutung mit gefälschten Agent Advertisement Paketen	++	+
Überflutung mit gefälschten Solicitation Paketen	++	+
Überflutung mit gefälschten Registration Request Anfragen im Heimatnetz	+++	+++
Überflutung mit gefälschten Registration Request Anfragen Fremdnetz	+	+++
Getunneltes Agent Advertisement mit Überflutung	++	++
Getunneltes Ping mit Überflutung	+	++
IP Tunnelmissbrauch	+	++
ARP Test	++	+
Entführen einer Telnet Verbindung	+	++

3 Auswertung der Testergebnisse

Die verschiedenen Angriffe stellen unterschiedlich große Risiken für Mobile IP dar. So benötigt ein Angreifer für den Angriff Registration Request im Heimatnetz (Kapitel 2.4) genaue Kenntnisse über die Konfiguration und die geheimen Schlüssel von Mobile IP. Weiterhin sind einige Versuche praktiziert worden, die auch in Netzwerken funktionieren, die kein Mobile IP im Einsatz haben. So sind die Tests ARP (Kapitel 2.8), Hijacking (Kapitel 2.9) und der Replay (Kapitel 2.1) typische Angriffe, wie sie auch in Netzen ohne Mobile IP funktionieren. Der Grund liegt darin, dass z.B. der ARP Test in der Schicht unter der Mobile IP angesiedelt ist. Da Mobile IP das ARP Protokoll benötigt um die Adresskonvertierung durchzuführen, wird es dadurch auch außer Gefecht gesetzt.

Ein großes Risiko, welches durch den Einsatz von Mobile IP entsteht, ist mit dem Test IP Tunnelmissbrauch (Kapitel 2.7) aufgedeckt worden. Mit der gleichen Methode, wie in diesem Test, kann ein Angreifer IP Pakete senden, die nichts mit Mobile IP zu tun haben und die in einem anderen Subnetz sein können als der Angreifer. Wird das Heimatnetz durch eine Firewall geschützt und diese akzeptiert nur den IP Tunnel von Mobile IP, ist es dem Angreifer möglich die Firewall zu umgehen und in das Heimatnetz zu gelangen.

In der Tabelle 3 wird die Klassifikation der Schadenswirkung der einzelnen Tests sowie der mit dem Angriff verbundene Aufwand bzw. der dazu benötigten Informationen gezeigt. Dabei ist zu berücksichtigen, dass festgelegt werden muss, welche Wirkungen als gefährlich eingestuft werden können. Da sich dieser Beitrag mit dem Verfügbarkeitsaspekt beschäftigt, werden die Angriffe, die gegen die Verfügbarkeit gehen, am gefährlichsten angesehen. Die Anzahl der Pluszeichen (+) gibt Auskunft darüber, wie schwer der Angriff einzustufen ist und wie groß der entsprechende Aufwand ist.

Der Test Überflutung mit gefälschten Registration Request Anfragen im Heimatnetz (Abschnitt 2.4) wird als gefährlichster Angriff angesehen. Dieser Angriff schafft es, den Home Agent so anzugreifen, dass sich kein mobiler Rechner mehr anmelden kann. Weiterhin wird der Home Agent so stark belastet, dass die CPU Leistung und der noch freie Systemspeicher zunehmend immer mehr vom Mobile IP Damon benötigt werden. Laufen auf dem Rechner noch andere Dienste, werden diese durch den Angriff ebenfalls betroffen.

Der Angriff IP Tunnelmissbrauch (Kapitel 2.7) stellt für die Verfügbarkeit von Mobile IP keine sehr große Gefahr dar. Er ist deshalb als sehr gefährlich anzusehen, weil durch Rechner angegriffen werden können, die sich entweder im Heimatnetz oder im Fremdnetz befinden und die mit Mobile IP nichts zu tun haben. Bei diesem Test wird Mobile IP dazu benutzt, um an die Rechner IP Pakete zu senden. Mobile IP dient dabei als Überträger.

4 Ausblick

Da die Mobile IP Implementierung sehr anfällig gegen Verfügbarkeitsangriffe ist, ist davon abzuraten, es in dieser Version und mit IPv4 zu benutzen. In späteren Versionen können möglicherweise Änderungen derart eingebracht sein, dass ein besser Schutz gegen Angriffe integriert ist. Ebenso können die integrierten Sicherheitsmechanismen durch den Einsatz von IPv6 verbessert werden. All dies ist jedoch im Einzelfall nochmals zu überprüfen. Weiterhin sind Untersuchungen von Nöten, welche die Ursachenforschung der Angriffsmöglichkeiten betreffen. Dabei sollte der Frage nachgegangen werden, warum Mobile IP durch diese sehr einfach handhabbaren Verfügbarkeitsangriffe außer Gefecht gesetzt werden kann. Es ist ebenfalls wichtig, Lösungen im Design zu erbringen, um Angriffe abwehren zu können, die in diesem Beitrag beschrieben wurden.

Danksagung

Diese Arbeit entstand im Rahmen einer Diplomarbeit der Hochschule Anhalt beim GMD-IPSI unter der Betreuung von Prof. Ulrich Breitschuh und Dr. Jana Dittmann. An dieser Stelle bedanken wir uns für die äußerst freundliche und stimulierende Diskussion bei Nicole Berier und Matthias Hollick. Herr Hollick und Frau Berier betreuten die Diplomarbeit mit äußerst positiver Unterstützung. Weiter Helfer waren: Nils Hahnenkamp, der bei der Programmierung mithalf und Tino Keitel, der bei allgemeinen Linux Problemen immer einen guten Rat hatte.

Literatur

[1] C. Perkins: IP Mobility Support, RFC 2002, Oktober 1996.

[2] C.E. Perkins: Mobile IP, Addison-Wesley, 1998.

[3] Firewall Supporting for Mobile IP, draft-montenegro-firewall-sup-03.txt, Januar 1998.

[4] Sun´s SKIP Firewall Traversal for Mobile IP, RFC 2356, Juni 1998.

[5] Use of IPSec in Mobile IP, draft-ietf-mobileip-ipsec-use-00.txt, 1997.

[6] http://www.darmstadt.gmd.de/projects/miriam

[7] Mobile IP Implementierung der Helsinki University of Technology. http://www.cs.hutfi/Research/Dynamics/

[8] J.D. Howard, T.A. Longstaff: A Common Language for Computer Security Incidets, Sandia Report, Oktober 1998.

[9] Matt Undy. http://www.anzen.com/research/nidsbench/

[10] Pavel Kraus. http://lin.fsid.cvut.cz/~kra/index.html

Verbindliche Kommunikation mit elektronischen Signaturen nach Signaturgesetz

Michael Litterer

iT_SEC iT_Security AG, Zürich
Michael.Litterer@it-sec.com

Zusammenfassung

Ausgehend von typischen Geschäftsprozessen zwischen Organisationen wird hier eine Realisierungsmöglichkeit für eine verbindliche Kommunikation vorgestellt. Der flächendeckende Aufbau einer Sicherungsinfrastruktur in Unternehmen und Organisationen - konform zum "Gesetz über Rahmenbedingungen für elektronische Signatur (Signaturgesetz - SigG)" - wird aufgrund der hohen Vorabinvestitionen mittelfristig wohl kaum großflächig realisiert. Firmen (z.B. T-TeleSec), die signaturgesetzkonforme Zertifikate ausstellen, stehen bereit, nur bei den Unternehmen fehlt oftmals noch der initiale Impuls, um eine komplexe Sicherheitsinfrastruktur aufzubauen. Deshalb sind nachstehend insbesondere mögliche Migrationsstufen aufgezeigt, die es ermöglichen, eine verbindliche Kommunikation zwischen Organisationen schrittweise und kostengünstig einzuführen. Die Forderungen des deutschen Signaturgesetzes sind technisch wie auch organisatorisch zum Teil aufwendig bzw. schwierig zu realisieren. Beispielsweise ist die vom Signaturgesetz geforderte Verwendung von Pseudonymen für die beteiligten Vertragspartner risikobehaftet und die theoretische Aufbewahrungspflicht von elektronischen Dokumenten ist praktisch nur schwierig durchzuführen. BGB, HGB und ZPO sollten zum 01.01.2001 im Hinblick auf die elektronische Signatur geändert werden. Zum Zeitpunkt dieses Berichts ist jedoch bereits abzusehen, dass sich die Einführung mindestens um ein halbes Jahr verschieben wird. Dennoch liegen die Entwürfe mittlerweile vor, und die Marschroute ist aufgezeigt. Durch die geplanten Änderungen werden aktuelle Gesetze zu Gunsten der elektronischen Signatur und Textform geändert, parallel werden einige neue Gesetze hinzukommen. Die Ergänzungen wurden auf Grund der geplanten Neufassung des Signaturgesetzes bzw. der notwendigen Harmonisierung mit EG-Richtlinien (1999/93/EG etc.) notwendig. Die Investitionskosten für Eigenentwicklungen (Plugins) im Bereich der Sicherungsinfrastrukturen liegen mindestens im unteren siebenstelligen Eurobereich und erfordern Entwicklungszeiten von etwa zwei Jahren. Sicherungslösungen können alternativ zu Eigenentwicklungen modular zugekauft oder outgesourcte werden. Gerade für kleinere oder finanzschwache Unternehmen empfiehlt sich aus wirtschaftlicher Betrachtung die Verwendung von Zertifikaten öffentlicher Zertifizierungsinstanzen (CA). Dies führt allerdings zu organisatorischen Einschränkungen.

1 Rahmenbedingungen für offene Kommunikation

1.1 Modellierung möglicher Realisierungsstufen

Der Aufbau einer Sicherheitsinfrastruktur (PKI) ist auf Grund der komplexen Thematik strukturiert umzusetzen. Die erste Meilensteinentscheidung zu einer intern nutzbaren Sicherheitsinfrastruktur ist der Aufbau einer vollständig internen Realisierung oder die Einbindung externer PKI-Dienstleister oder Produktanbieter. Auch wenn im ersten Schritt nur eine interne Sicherheitsinfrastruktur aufzubauen ist, besteht fast immer das langfristige Ziel, mit externen Partnern oder Kunden zu kommunizieren. Entscheidend ist, ob die übergeordnete Kommunikationsbeziehung auf bi- oder multilateralen Verträgen beruht oder ohne Vertragsbeziehungen wirklich offen ist (vgl. [Hamm95]). Erste Lösungsansätze sollten deshalb schon im Anfangsstadium Erweiterungen und Schnittstellen für zukünftige Kommunikationsbeziehungen beinhalten.

Mit der externen Anbindung einer bereits bestehenden internen Sicherheitsinfrastruktur ist hier explizit nicht die Verkopplung über Querzulassungen und multilaterale Vertragsbeziehungen gemeint. Hier geht es primär um eine Anbindung multipler Sicherheitsinfrastrukturen ohne vorherige bi- oder multilaterale Vereinbarungen. Es handelt sich hier um eine wirklich offene Kommunikation.

Nach erfolgreicher PKI-Einführung ergibt sich die Frage, ob zusätzlich eine Smart Card-Infrastruktur (SCI) [ITSE99], ein Werkzeug zur Verwaltung von Smart Cards über ihren gesamten Lebenszyklus, realisiert werden soll. SCIs benötigen spezielle Anforderungen an die Infrastruktur und spezifizierte Schnittstellen zur CA.

1.2 Interne Sicherungsinfrastruktur

Zu Beginn ist in der Konzeptphase vorrangig zu entscheiden, ob eine vollständig eigenentwickelte Lösung realisiert werden soll oder am Markt verfügbare Dienstleistungen und Client-Applikationen (E-Mail, SAP-Client, Browser etc.) zugekauft werden. Zusätzlich ist eine Entscheidung dahingehend zu treffen, ob eine interne CA betrieben, Zertifikate von öffentlichen CAs zugekauft oder die eigene CA extern betrieben (outsourcing) werden soll. Zertifikate öffentlicher CAs sind mittlerweile relativ schnell und einfach zu bekommen. Je nach Anforderungen besitzen öffentliche und extern betrieben CAs folgende nicht-monetäre Schwächen für Organisationen:

- Keine eigene interne Policy, d. h. Abhängigkeit von Policies öffentlicher CAs
- Policies öffentlicher CAs sind oftmals nicht konsistent mit eigenen Sicherheitsrichtlinien
- Limitierung bei multiplen Schlüsseln für Signatur, Verschlüsselung und Authentisierung
- In der Regel keine individuellen Attribute möglich
- Kein Wissens- und Erfahrungsaufbau
- Eingeschränkte Kontrolle
- Eingeschränkte Kopplungsfähigkeit von PKI und SCI

Wird eine PKI mit einer SCI kombiniert, liegen die sensitiven Daten zentral bei der SCI. Soll die SCI noch eine Single Sign-On-Funktion unterstützen, werden neben Zertifikat-Schlüsseln auch Passwörter hinterlegt. Diese sensitiven Daten sollten zwingend intern gehalten werden, d. h. von einer PKI/SCI kann nur die eigentliche Zertifizierungsinstanz extern betrieben werden. Allerdings bringt dies, nach bisherigen Erfahrungen bei einer realistischen Kostenverteilung von 20 Prozent CA-Kosten und 80 Prozent SCI-Kosten, keinen wirklichen finanziellen Vorteil. Der finanzielle Vorteil verschiebt sich immer mehr zu Gunsten der internen CA, je mehr Zertifikate zertifiziert werden (vgl. Kapitel 4). Als entscheidender Nachteil (KO-Kriterium) bei einer PKI/SCI-Kombination erweist sich, dass öffentliche CAs auf Grund fehlender Schnittstellen in der Regel nicht mit SCIs kombinierbar sind. Alle diese Faktoren fliessen in die Entscheidungsfindung ein (vgl. Abbildung 1).

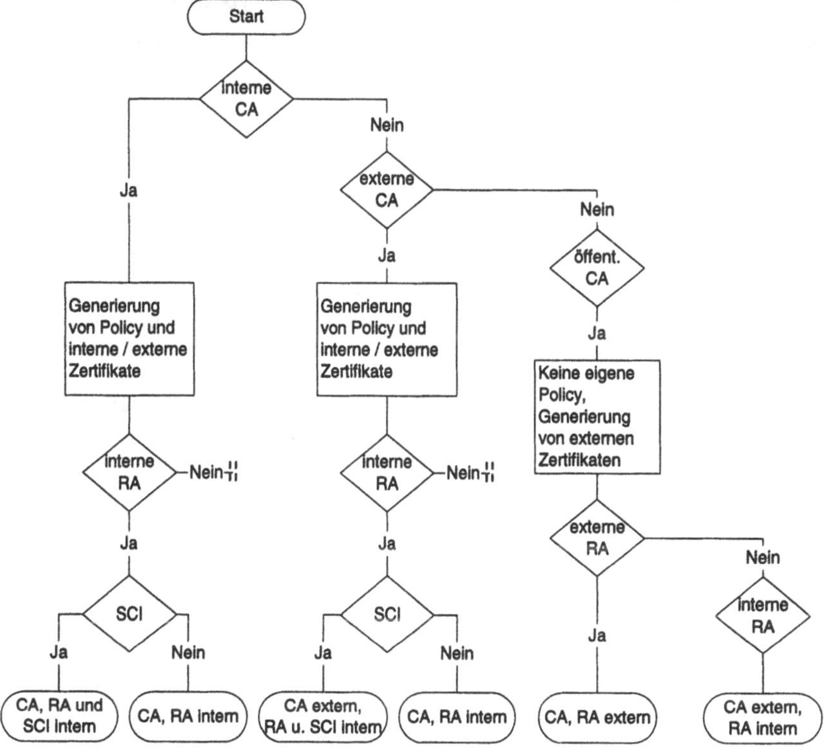

Abb. 1: CA Entscheidungsbaum inklusive RA und SCI

Wird Key-Recovery aus firmenpolitischen Überlegungen betrieben, müssen die wiederherzustellenden Schlüssel an einem sicheren Ort (intern) hinterlegt sein. Hierfür können die entsprechenden privaten Schlüssel nicht auf einer Smart Cryptocard erzeugt werden, weil die privaten Schlüssel nicht aus der Smart Cryptocard zur Archivierung herausgelangen. Zusätzlich ist der Aspekt multipler Schlüssel zu berücksichtigen, d. h. die Unterscheidung zwischen Signatur-, Verschlüsselungs- und Authentisierungsschlüsseln. Das Handling von zwei oder mehr Schlüsselpaaren pro Benutzer wird derzeit noch nicht auf breiter Front unterstützt.

Auf Grund sehr hoher Investitionen für eine PKI/SCI sollten Interoperabilitätsüberlegungen vorab getätigt werden. Nachträgliche Komponentenänderungen können nur mit sehr hohen finanziellen Aufwendungen korrigiert werden.

In die Überlegungen muss für die CA ferner einfliessen, ob eine von der Regulierungsbehörde zertifizierte bzw. akkreditierte interne CA realisiert oder mit zertifizierten bzw. akkreditierten öffentlichen CAs zusammengearbeitet wird. Weiterhin ist zu entscheiden, ob die CA on-line oder off-line arbeitet. SCIs und CAs, welche über Internet oder Intranet direkt Zertifikate ausstellen bzw. zertifizieren, benötigen eine on-line arbeitende CA und SCI. On-line arbeitende PKI/SCI-Komponenten stellen sehr hohe Sicherheitsanforderungen an die Infrastruktur.

1.3 Anbindung externer an interne Infrastrukturen

Die Voraussetzung für die Anbindung an externe Sicherungsinfrastrukturen ist eine funktionierende interne Sicherungsinfrastruktur.

Flexible interne Sicherheitsinfrastrukturen bieten Schnittstellen zur Anbindung externer PKI-Module sowie dahingehend aussagekräftige Funktions- und Fehlerbeschreibungen. Verfügt die interne Sicherheitsinfrastruktur über keine technischen Schnittstellen für die Anbindung externer PKI-Module, sind diese vor dem eigentlichen Zusammenschluss beidseitig zu implementieren. Neben den technischen Schnittstellen müssen auch organisatorische Schnittstellen (Policies etc.) zueinander passen.

Für Zertifikats- und Sperrlistenabfragen (Negativ- und Positivlisten, vgl. [AdLl99]) über einen Verzeichnisdienst muss dieser on-line (bis zu 7 Tage * 24 Std.) zur Verfügung stehen. Zur Realisierung der on-line Anbindung an einen Verzeichnisdienst stehen diverse Möglichkeiten zur Verfügung. Steht der interne Verzeichnisdienst in einer Firewall-geschützten Zone, benötigen externe Benutzer (Partnerfirmen, mobile Benutzer, Aussenstellen, Kunden etc.) eine Zugriffsmöglichkeit. Alternativ können die Benutzer ihre Anfragen über eine direkte Telefonverbindung an den Verzeichnisdienst stellen. Ist diese Lösung nicht möglich, so kann die Verzeichnisdienst-Servertopologie erweitert werden. Hierzu kann ein separater Verzeichnisdienst-Server beim Kunden oder an beliebiger Stelle im Internet platziert werden. Der Datenbestand kann eins zu eins repliziert werden oder nur die für den speziellen Personenkreis notwendigen Informationen enthalten. Wollen beide Partner miteinander gesichert elektronisch kommunizieren, müssen beide Seiten auf die notwendigen Verzeichnisdaten Zugriff haben. Soll kein separater Verzeichnisdienst-Server aufgebaut und der primäre Verzeichnisdienst-Server ebenfalls nicht genutzt werden, bestehen zwei weitere Alternativen. Die benötigten Zertifikate können auf einem bereits im Internet platzierten öffentlichen Verzeichnisdienst aufgespielt oder einem Validierungsdienst (OCSP, SCVP) zur Verfügung gestellt werden. Öffentliche Validierungsdienste befinden sich derzeit in der Aufbau- und Anlaufphase. Applikationen müssen diesbezügliche Schnittstellen enthalten.

Daneben muss die Anbindung von PKI-fähigen Applikationen an vorhandene PKI/SCIs gewährleistet sein, d. h. die Unterstützung von standardisierten Protokollen (SSL, GSS etc.) und Schnittstellen für Soft- bzw. Hard-Token über PC/SC, PKCS#11 oder OpenCard Framework.

Die anfangs geforderte, wirklich offene elektronische Kommunikation ist mit den derzeitigen technischen Möglichkeiten nicht zu erzielen. Das Problem manifestiert sich u. a. in der flexiblen Anbindung zu multiplen Verzeichnisdiensten.

2 Rechtliche Anforderungen

Das Hauptaugenmerk liegt bei elektronischen Dokumenten auf der Unterscheidung, ob das Dokument wie eine Urkunde behandelt wird oder der freien Beweiswürdigung des Richters durch den Augenschein unterliegt [Lehm99]. Elektronische Dokumente haben momentan nur den Status des Augenscheinsbeweises. Dies ändert sich auch nicht durch die geplanten Gesetzesänderungen.

2.1 Schriftformerfordernisse

Die Abgabe von Willenserklärungen und der Abschluss von Verträgen ist bis auf einige explizit im Gesetz aufgeführte Ausnahmen nach §125 Abs.1 BGB grundsätzlich formfrei [Parl94, S.93ff]. Der explizit geforderte Formzwang hat Warn- und Beweisfunktion.

Die geplante Anpassung zugunsten der elektronischen Form und der Textform basiert primär auf der Änderung des §126 BGB, §127 BGB und §371 ZPO, sowie der Einführung von §126a BGB, §126b BGB und §292 ZPO. In §126 BGB steht jetzt die elektronische neben der schriftlichen Form. §126a BGB spezifiziert diese Aussage auf eine qualifizierte elektronische Signatur nach deutschem SigG. §126b BGB ergänzt die verkehrsfähigen Formen um die Textform. Eine Gleichstellung zwischen der Schrift- und Textform besteht jedoch nicht. Die Textform muss in lesbaren Schriftzeichen so angegeben werden, dass die Person des Erklärenden und der Abschluss der Erklärung in geeigneter Weise erkennbar sind. Zur Textform ist einschränkend anzumerken, dass sie nur in den Bereichen eingesetzt werden darf, die keine besonderen Anforderungen an die Warn- und Beweisfunktion stellen. Zusätzlich entschärft Absatz 2 die Problematik von multipart signierten elektronischen Dokumenten. In der Neufassung ist es dann möglich, dass die beteiligten Vertragsparteien jeweils ein gleichlautendes Dokument signieren. §292a ZPO weist auf Bedingungen hin, welche den Anschein der Echtheit einer in elektronischer Form vorliegenden Willenserklärung erschüttern. Die freie richterliche Beweiswürdigung durch den Anschein wird für elektronische Dokumente durch §371 ZPO manifestiert.

2.2 Dokumentenaufbewahrungspflichten

Die Verjährung ist nach §222 BGB die durch den Schuldner endgültig verweigerte Leistung, welche auf der Entkräftung eines Anspruches in Folge von Zeitablauf resultiert [Brox92, S. 280]. Ansprüche können aus Rechtsgeschäften, also aus Vereinbarungen oder Verträgen entstehen. Nach §195 BGB beträgt die Verjährungsfrist regelmäßig dreissig Jahre. Neben dieser generellen Regelung kennt das Bürgerliche Gesetzbuch auch kürzere Verjährungsfristen [Parl94, S.185ff]. Um die Ansprüche geltend zu machen, ist es zu Beweiszwecken empfehlenswert, Urkunden in jedem Fall bis zum Beginn der Verjährung aufzubewahren. Was die Thematik der Verjährung bei Urkunden betrifft, gilt bei elektronischen Dokumenten im übertragenen Sinn. Daraus ergibt sich die Forderung, elektronische Dokumente analog zu Urkunden bis mindestens zum Beginn der Verjährung aufzubewahren. Bei Urkunden ist die Verjährungsfrist durch das schriftlich fixierte Datum eindeutig möglich. Bei elektronischen Dokumente erfordert dies einen rechtlich gesicherten Nachweis, den Zeitstempel. Zeitstempel sind nach SigG auf Verlangen zu erstellen und verfügbar zu halten.

Bei Sicherheitsinfrastrukturen mit vielen aktiven Teilnehmern und hohem Transaktionsvolumen ist absehbar, dass der Speicherbedarf zukünftig überproportional anwachsen wird. Auf Benutzer- und Serverseite besitzen Computer und Applikationen derzeit noch nicht die technische (langfristige Datenhaltung auf bestimmten technischen Medien) und organisatorische (Logistikarchitektur etc.) Kapazität, elektronische Dokumente jahrelang bzw. jahrzehntelang aufzubewahren. Damit ergibt sich auch in Zeiten mit preiswerten Speichermedien technisch zwangsläufig, dass Zeitstempel wie auch die elektronischen Dokumente irgendwann gelöscht oder in ein "off-line Archivierungssystem" zu überstellen sind. Technische Schwierigkeiten bzgl. Datenverlust werden hier erst gar nicht andiskutiert.

Das Problem mit der Aufbewahrung von elektronischen Dokumenten und Zeitstempeldokumenten ist, dass abgesehen von dem Verfasser und den beteiligten Parteien, niemand den Inhalt des elektronischen Dokuments kennt. Die Zeitstempelstelle hat keinen und soll aus Gründen des Datenschutzes auch keinen Zugriff auf die enthaltenen Dokumenteninhalte erlangen. Damit ergibt sich für rechtlich abgesicherte, elektronische Dokumente eine Aufbewahrungsfrist für Dokumente, Zeitstempel, Zertifikate, Sperrliste, öffentliche und private Schlüssel von dreissig Jahren. Ein Ausweg wäre, dass der einzelne Benutzer selbständig auswählt, wie lange für einen Vorgang das entsprechende elektronische Dokument und der Zeitstempel aufzubewahren sind. Allerdings ist ausser von juristisch gebildeten Personen von keinem anderen Personenkreis die juristisch exakte Kenntnis des Tatbestands der Verjährung zu erwarten. Darüber hinaus kommen durch die globale Kommunikation verschiedenste Rechtsysteme miteinander in Berührung. Dadurch entstehen Rechtsunsicherheiten [Seid97], was auch auf die unterschiedlichen Verjährungsfristen zutrifft.

3 Individuen des deutschen Signaturgesetzes

Das Signaturgesetz sieht die Zertifikatsausgabe an natürliche Personen und die Verwendung von Pseudonymen vor. Die Zertifikatsausgabe an juristische Personen ist nicht vorgesehen.

3.1 Juristische versus natürliche Personen

Eine Forderung im deutschen Signaturgesetz ist die ausschliesslich an natürliche Personen mögliche Zertifikatsausgabe. Juristische Personen erhalten demnach kein Zertifikat. Der deutsche Gesetzgeber geht davon aus, dass jeder juristischen Person auch eine natürliche Person zugeordnet ist. In der Praxis ist der sich daraus ergebende Aufwand wirtschaftlich und technisch nicht tragbar. Der Vorteil dieser gesetzlichen Entscheidung ist aber nachvollziehbar. Digitale Unterschriften von juristischen Personen sind nicht eindeutig einer Person zuzuordnen. Dadurch können sich Probleme bei der freien richterlichen Beweiswürdigung ergeben, weil nicht eindeutig klärbar ist, wer die damalige elektronische Signatur für die juristische Person geleistet hat. Eine Lösung ist, dass in einem definierten Zeitraum immer nur eine bestimmte natürliche Person für die juristische Person zeichnet und ein Zeitstempel ins Dokument zusätzlich integriert wird. Durch die Zeitstempel ist später nachvollziehbar, wer die ursprüngliche elektronische Signatur für die juristische Person geleistet hat.

3.2 Pseudonyme

Die Integration von Pseudonymen wird auf Verlangen eines Antragstellers durch das SigG gefördert. Aus Datenschutzgründen ist die Anonymisierung des Internet-Verkehrs prinzipiell zu begrüssen. Die Identität wird nicht nur zur Verfolgung von Straftaten und zur Abwehr von Gefahren für die öffentliche Sicherheit oder Ordnung, sondern auch zur Erfüllung von geheimdienstlichen Aufgaben gelüftet. Für private Zwecke ist die Pseudonym-Aufdeckung generell nicht gesetzlich vorgesehen. Verhält sich ein Pseudonym-Besitzer nicht vertrags- oder gesetzeskonform, besteht für die geschädigten Personen und Unternehmen keine Möglichkeit, an dessen wahre Identität zu gelangen. Die Akzeptanz von Pseudonymen dürfte daher bei geschäftlichen und vertraglichen Dokumenten spärlich ausfallen.

4 Wirtschaftliche Betrachtung

Produkte und Dienstleistungen im Bereich von Sicherheitsinfrastrukturen können extern zugekauft, eigenverantwortlich entwickelt und betreut, oder betrieben werden. Zukauf und Outsourcing sind die bequemeren Lösungen, weil Unternehmen, welche Sicherheitsinfrastrukturen aufbauen wollen, selten über Wissen, Erfahrung, qualifizierte Entwickler und Berater in diesem speziellen Segment verfügen.

Ein Projekt, das im Rahmen einer Diplomarbeit begleitet wurde, hat gezeigt, dass ein Team aus fünf Spezialisten etwa zwei Jahre für die Entwicklung eines marktreifen E-Mail-Plugins benötigt. Die Entwicklungskosten hierfür lagen etwa im siebenstelligen Euro-Bereich [Litt00]. Die verhältnismässig hohen Entwicklungskosten zeigen, dass sich spezielle Eigenentwicklungen für allgemeine Anforderungen (E-Mail etc.) nicht lohnen.

Die derzeitigen Preise für Benutzerzertifikate liegen – abhängig von der Anzahl – zwischen drei und 150,- Euro. Wird eine interne CA betrieben, errechnen sich die CA-Kosten über Lizenzen. CA-Lizenzmodelle variieren stark und basieren auf Benutzer-, Zertifikats- oder Applikationslizenzen. Bei internen CAs addieren sich dazu einmalige (Implementierungs-, Beratungskosten etc.), laufende technische Investitionskosten (Wartung etc.), Personalkosten (Trennung von Administration und Sicherheit) und organisatorische Aufwendungen (Policy-Generierung, Änderung von internen Abläufen etc.). Öffentliche und „branded" (extern betriebe) CAs verlangen für kommerzielle Kunden In der Regel nicht unerhebliche, einmalige und jährliche Grundkosten.

Das Modell, welches nachfolgend betrachtet wird, beruht auf einem dreijährigen Betriebsmodell mit 500, 1.000, 10.000 und 20.000 Benutzern. Das Modell basiert auf zwei Schlüsselpaaren (Signatur- und Verschlüsselungsschlüssel) pro Benutzer. Konzept- und Einführungskosten fallen in Abhängigkeit der CA-Lösung an. Für die Einbindung öffentlicher CAs fallen weniger Konzept- und Einführungskosten an als bei eigenen CAs (Policy-Kosten, Evaluierungskosten etc). Die Kosten für extern betriebene CAs entsprechen, bis auf die Produktevaluierungskosten, den Aufwendungen für interne CAs (Policy wird ebenfalls benötigt etc.). Grundlage für die Personalkostenberechnung sind angenommene jährliche, interne Personalkosten pro Mitarbeiter von 60.000,- Euro. Die Wartungskosten sind 15 Prozent der Zertifikatskosten. Die veröffentlichten Beträge sind Durchschnittswerte und variieren je nach Marktsituation.

Tab. 1: Dreijährige CA-Kosten für 500 Benutzer (in Euro)

	Interne CA[1]	Öffentl. CA[2]	Outgs. CA[3]
Konzept- u. Einführungskosten	150.000,-	50.000,-	120.000,-
Zertifikatskosten	28.500,-	38.100,-	Inkl.
Grundkosten	-	20.500,-	165.000,-
Personal (0,25 MJ)	45.000,-	-	-
Wartung	12.825,-	-	-
Summe	236.325,-	108.600,-	285.000,-

[1] Lizenz pro Benutzer, [2] Lizenz mit zwei Schlüsselpaaren, [3] Zwei Schlüsselpaare

Tab. 2: Dreijährige CA-Kosten für 1.000 Benutzer (in Euro)

	Interne CA	Öffentl. CA	Outgs. CA
Konzept- u. Einführungskosten	150.000.-	50.000,-	120.000,-
Zertifikatskosten	33.000,-	69.900,-	Inkl.
Grundkosten	-	20.500,-	165.000,-
Personal (0,25 MJ)	45.000,-	-	-
Wartung	14.850,-	-	-
Summe	242.850,-	140.400,-	285.000,-

Tab. 3: Dreijährige CA-Kosten für 10.000 Benutzer (in Euro)

	Interne CA	Öffentl. CA	Outgs. CA
Konzept- u. Einführungskosten	150.000.-	50.000,-	120.000,-
Zertifikatskosten	97.500,-	525.000,-	309.000,-
Grundkosten	-	20.500,-	-
Personal (1 MJ)	180.000,-	-	-
Wartung	43.875,-	-	-
Summe	471.375,-	595.500,-	429.600,-

Tab. 4: Dreijährige CA-Kosten für 20.000 Benutzer

	Interne CA	Öffentl. CA	Outgs. CA
Konzept- u. Einführungskosten	150.000.-	50.000,-	120.000,-
Zertifikatskosten	157.600,-	1050.000,-	579.600,-
Grundkosten	-	20.500,-	-
Personal (1,5 MJ)	270.000,-	-	-
Wartung	70.920,-	-	-
Summe	648.520,-	1120.500,-	699.600,-

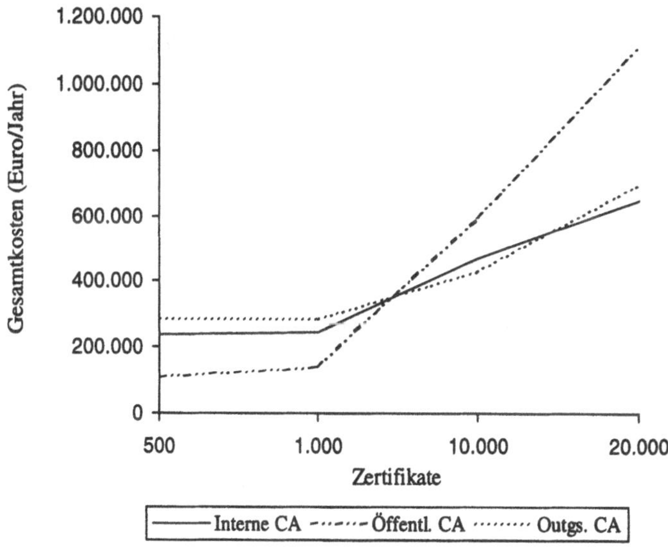

Abb. 2: Kosten in Abhängigkeit der Anzahl der Zertikate (in Euro)

Abbildung 2 zeigt anschaulich, dass öffentliche CAs – ohne ihre Nachteile finanziell zu gewichten – für kleine bis mittlere Benutzerzahlen (bis ca. 7.000 Benutzer) zu bevorzugen sind. Der Aufwand für eigene CAs bzw. extern betriebene CAs lohnt sich – ohne ihre Vorteile finanziell zu gewichten – erst ab ca. 7.000 Benutzer. Intern betriebene CAs haben gegenüber extern betriebenen Varianten nur bei kleinen Benutzerzahlen marginale, finanzielle Vorteile. Der finanzielle Vorteil hängt an den Personal- und Wartungskosten. Die hier betrachtete interne CA basiert auf einem benutzerorientierten Lizenzmodell. Bei zertifikatsorientierten Lizenzmodellen und multiplen Schlüsseln (Signatur, Verschlüsselung, Authentisierung) liegen die Zertifikatskosten tendenziell doppelt bis dreimal so hoch (Lizenzrabatte berücksichtigen). Sicherlich ist eine allgemeine Kostenrechnung nicht im Rahmen der hier vorhandenen Möglichkeiten zu realisieren. Tendenziell zeigt die hier durchgeführte Kostenrechnung aber die groben Richtwerte auf.

Zu den CA-Kosten addieren sich die Kosten für die Registrierungsstellen (RAs) sowie optionale Kosten für SCI, Zeitstempel- oder Validierungsdienste. Gängige Preismodelle für Validierungs- und Zeitstempeldienste berechnen sich auf der Basis des Transaktionsvolumens.

Zu den PKI-Kosten gehören auch Applikations-Kosten, um diese PKI-fähig zu machen. Dieser Kostenteil ist nicht zu unterschätzen. Komplette Applikations-Eigenentwicklungen (E-Mail- oder Browser-Plugin etc.) rentieren sich erst ab siebenstelligen Benutzerzahlen. Bei nicht so hohen Benutzerzahlen ist der Zukauf von Produkten die preiswertere Alternative. Ein allgemein gehaltenes Beispiel für eine E-Mail-Anwendung bzw. Plugin, wird anhand von marktüblichen Durchschnittswerten in Tabelle 5 veranschaulicht. In der Tabelle sind Smart-Card-Reader für Hard-Token zusätzlich aufgeführt. Diese entfallen für Soft-Token.

Tab. 5: Allgemeine Kosten einer sicheren E-Mail-Anwendung (in Euro)

	500 Benutzer	1.000 Benutzer	10.000 Benutzer	20.000 Benutzer
E-Mail-Plugin bzw. Anwendung	50.000.-	80.000,-	500.000,-	800.000,-
Smart-Card-Reader	26.000,-	44.000,-	290.000,-	520.000,-
Summe	76.000,-	124.000,-	790.000,-	1.320.000,-

Die Anpassungskosten, um Applikationen PKI-fähig zu machen, werden für Standardprodukte zukünftig wegfallen. Es ist davon auszugehen, dass alle grossen Anbieter diesbezügliche Funktionalitäten innerhalb der nächsten drei Jahren in ihre Produkte integriert haben.

Im Bereich der Applikationen ist im Zusammenhang mit PKI einzukalkulieren, dass historisch gewachsene Abläufe restrukturiert werden müssen.

Der Investitionsbedarf für Verzeichnisdienste wird hier explizit nicht betrachtet, weil davon ausgegangen wird, dass ein entsprechender Verzeichnisdienst im Unternehmen bereits zur Verfügung steht und von der PKI mitbenutzt werden kann.

Letztendlich benötigen die Benutzer noch eine adäquate Schulung zur PKI insgesamt sowie zu vorhandenen Applikationen und Benutzerdiensten (Hotline etc.).

5 Zusammenfassung und Ausblick

Steht bei der Einführung einer Sicherheitsinfrastruktur das zukünftige Ziel der offenen Kommunikation im Blickfeld, so ist bereits bei der Auswahl der internen Realisierung diese Problematik zu berücksichtigen. Spätere Infrastrukturänderungen sind nur mit sehr hohem technischen und organisatorischen Aufwand möglich.

Durch das derzeitige und geplante Signaturgesetz sowie die geplanten Gesetzesänderungen im BGB, HGB und ZPO sind digital signierte elektronische Dokumente der Urkunde nicht gleichgestellt. Die elektronischen Dokumente nähern sich aber an Urkunden an. Die derzeitige geltende, freie Beweiswürdigung durch den Anschein besteht auch nach der Einführung der geplanten Gesetzesänderungen weiter. Durch die geplanten Änderungen wird auch der Harmonisierung mit bestehenden EU-Richtlinien Rechnung getragen.

Im Bereich der Pseudonyme und der juristischen Personen bestehen für die Kommunikationspartner weiterhin rechtliche Risiken. Die Verjährungsproblematik stellt hohe Anforderungen an Technik und Organisation.

Selbst eine kurzgefasste, wirtschaftliche Analyse zeigt bereits, dass der Vergleich verschiedener Betriebsmodelle sehr stark von den jeweiligen Lizenzmodellen abhängt. Eigenentwicklungen für Standardanwendungen ohne besondere individuelle Ansprüche (E-Mail etc.) lohnen sich auch bei hohen Benutzerzahlen nicht. Für kleine Benutzerzahlen empfehlen sich öffentliche CAs, ihre Nachteile sind aber sorgfältig zu eruieren. Für individuelle Ansprüche und große Benutzerzahlen empfehlen sich eigene CAs. Dabei macht es finanziell fast keinen Unterschied, ob die eigene CA intern oder extern betrieben wird.

Literatur

[AdLl99] C. Adams, S. Lloyd: Understanding Public-Key Infrastructure: Concepts, Standards and Deployment Considerations, Macmillan (1999) 109ff.

[Brox92] H. Brox: Allgemeiner Teil des Bürgerlichen Gesetzbuches, Heymanns (1992).

[Hamm95] V. Hammer (Hrsg.): Sicherungsinfrastrukturen – Gestaltungsvorschläge für Technik, Organisation und Recht. Springer (1995) 37.

[Hors99] P. Horster (Hrsg.): Sicherheitsinfrastrukturen – Grundlagen, Realisierung, Rechtliche Aspekte und Anwendungen, Vieweg (1999) 95.

[ITSE99] iT_Security AG, Smart Card-Infrastruktur. White Paper, iT_SEC_sci (1999).

[Lehm92] M. Lehmann: Rechtsgeschäfte im Netz – Electronic Commerce, Schäffer-Pöschel (1999).

[Litt00] M. Litterer: Verbindliche Kommunikation zwischen Organisationen mit digitalen Signaturen nach dem deutschen Signaturgesetz, Universität Paderborn (2000). http://www.m-litterer.de/dipl_arb.html

[Parl94] O. Parlandt: Bürgerliches Gesetzbuch, 53. Auflage, C. H. Beck (1994).

[Seid97] U. Seidel: Elektronischer Geschäftsverkehr – Beweislage, Rechtsverbindlichkeit, Trust Center, Vieweg (1997) 32.

Modular Multiplication Using Special Prime Moduli

Mario Taschwer

University of Klagenfurt
Computer Science – System Security
Mario.Taschwer@uni-klu.ac.at

Abstract

Elliptic curve cryptosystems allow the use of prime fields with special moduli that speed up the finite field arithmetic considerably. Two algorithms for reduction with respect to special moduli have been implemented in software on both a 32-bit and a 64-bit platform and compared to well-known generic modular reduction methods. Timing results for multiplications in prime fields of size between 2^{191} and 2^{512} are presented and discussed.

1. Introduction

The growing use of public-key cryptosystems like RSA [17] or DSA [15] does not only provide a useful application of large finite fields, but also raises the need for efficient algorithms and implementations of finite field arithmetic. In particular, multi-precision modular reduction and modular exponentiation algorithms and implementation options have been investigated in the literature [6, 8]. As these contributions aim at supporting the arithmetic used in the RSA or DSA cryptosystems, they focus on the modular exponentiation operation for operand sizes of more than 1000 bits and on the asymptotic time complexity of the investigated algorithms.

Today, public-key cryptosystems based on elliptic curves [12, 5] have been integrated into current standards [10, 1] to provide an alternative to the classical systems mentioned above. The recommended elliptic curve cryptosystems operate on smaller finite fields of size close to 2^{200}, at the cost of a more complex arithmetic and a greater number of system parameters. The additional degree of freedom introduced by the curve parameters, however, allows the use of special finite fields yielding a very efficient arithmetic.

In this contribution, prime finite fields $\mathbb{F}_p$ of p elements are considered, where p is of some special form that allows an efficient modular reduction modulo p. One such special primes are *Pseudo-Mersenne* (PM) primes, the other ones are *Generalized Mersenne* (GM) primes, which are both generalizations of the well-known Mersenne numbers $2^k - 1$. We focus on modular multiplication modulo p, which represents the multiplicative operation in $\mathbb{F}_p$. Field exponentiations are not needed for arithmetic operations on elliptic curves, and field inversions can be avoided by using projective coordinates. According to the field sizes used in elliptic curve cryptosystems, we restrict our investigation to the range $2^{191} < p < 2^{512}$.

We present the results of a comparative software implementation of four modular reduction algorithms used for modular multiplication on both a 32-bit and a 64-bit platform. Two of these algorithms are well-known generic reduction methods, namely the classical one using divisions [11, Algorithm 4.3.1.D] and Montgomery's method [14], whereas the other ones are only applicable to PM or GM moduli, respectively.

We focus on prime finite fields, but for elliptic curve cryptography also fields of characteristic 2 and so-called Optimal Extension Fields (OEFs) [2] are used. The latter ones are small field extensions with characteristic close to the machine word base, which allow very efficient field operations, including field inversion. A recent work of Smart [18] indicates that OEFs have a clear performance advantage over both fields of characteristic 2 and prime fields for elliptic curve cryptosystems. However, the comparison was performed only for fields of size $\approx 2^{190}$ and only Montgomery and GM reduction were considered for prime field operations. De Win et al. [21] compare fields of characteristic 2 with prime fields, but only use Barrett reduction [3, 4] for the latter. The investigations in [6, 8] show that Barrett reduction is roughly as efficient as Montgomery reduction.

The paper is organized as follows. Section 2 introduces useful representations of prime finite fields and gives an overview over the modular multiplication operation. The following four sections describe each modular reduction algorithm in detail, and sections 7 and 8 present the implementation results and conclusion. The timing results are given in both graphical and tabular representation in the appendix.

2. Prime Finite Field Arithmetic

Besides the well-known standard representation of prime finite fields, a field representation utilizing Montgomery's reduction algorithm (see section 4) can be used, which has not yet been clearly stated in the literature. Field multiplications can be performed using the same methods of modular multiplication in both representations, as explained in section 2.3. Modular reduction with respect to special moduli, however, is only useful in standard representation.

2.1. Standard Representation

Let $p > 2^{160}$ be a prime. We can represent the elements of the finite field $\mathbb{F}_p$ by integers x in the range $0 \leq x < p$. We will call this the *standard representation* of prime field elements. In a computer with word base b, x is usually represented as a *multi-precision integer* $x = (x_{n-1}, \ldots, x_0)_b$ of non-negative *digits* $x_i < b$ such that $b^{n-1} \leq p < b^n$ and

$$x = \sum_{i=0}^{n-1} x_i b^i. \tag{2.1}$$

In the sequel we will always assume that x is stored in memory as an integer array $X[0 \ldots n-1]$ such that $X[i] = x_i$.

For an arbitrary integer value $b > 1$ we define $|x|_b$ to be the minimum number of digits x_i needed to represent x in the form of (2.1). That is, $|x|_b = n$ if and only if $b^{n-1} \leq x < b^n$. In particular, $|x|_2$ denotes the number of bits occurring in the binary representation of x.

2.2. Montgomery Representation

The set of elements of $\mathbb{F}_p$ can be represented by a certain permutation of the set $P = \{0, 1, \ldots, p-1\}$ such that an efficient use of the Montgomery reduction method (see section 4) is possible. Let $R > p$ be an integer coprime to p such that computations modulo R are easy to perform: $R = b^n$. Given an element $x \in \mathbb{F}_p$ in standard representation, we define the integer

$$\bar{x} = x \cdot R \operatorname{MOD} p \tag{2.2}$$

to be the *Montgomery representation*[1] of x. The mapping $\mu : P \to P$, $x \mapsto \bar{x}$ is bijective, since $\gcd(R, p) = 1$. Because $x = y$ if and only if $\mu(x) = \mu(y)$, testing equality of two field elements is equally easy for both standard and Montgomery representation. The inverse mapping is given by $\mu^{-1}(\bar{x}) = \bar{x} \cdot R^{-1} \operatorname{MOD} p$, and its extension to $\mathbb{Z}$ is called *Montgomery reduction.*

If we want to perform field operations in Montgomery representation, we will have to define addition $\oplus$ and multiplication $\odot$ for elements in Montgomery representation such that μ becomes a field homomorphism. That is, we must ensure that

$$\begin{aligned} \bar{x} \oplus \bar{y} &= \overline{x+y} \quad \text{and} \\ \bar{x} \odot \bar{y} &= \overline{x \cdot y} \end{aligned}$$

for all $x, y \in \mathbb{F}_p$ given in standard representation. For addition, we can just define $\bar{x} \oplus \bar{y} = \bar{x} + \bar{y} \operatorname{MOD} p$, since the map μ is linear. This means that field addition in Montgomery and standard representation can be performed using the same procedure. In particular, the additive inverse of $\bar{x}$ is given by $p - \bar{x}$. For multiplication, we define

$$\begin{aligned} \bar{x} \odot \bar{y} &:= \mu^{-1}(\bar{x} \cdot \bar{y}) = \bar{x} \cdot \bar{y} \cdot R^{-1} \operatorname{MOD} p \\ &= (x \cdot R \cdot y \cdot R) \cdot R^{-1} \operatorname{MOD} p \\ &= x \cdot y \cdot R \operatorname{MOD} p = \overline{x \cdot y}. \end{aligned} \tag{2.3}$$

Thus, a field multiplication in Montgomery representation is carried out by a multiplication of integers followed by a Montgomery reduction. Field additions and multiplications in Montgomery representation can hence be performed without any conversions to or from standard representation.

2.3. Modular Multiplication

As a field multiplication in both standard and Montgomery representation amounts to multiplying the operands and reducing them, modular multiplication is a basic building block of prime finite field arithmetic.

There are two possibilities to perform a modular multiplication of elements $x, y \in \mathbb{F}_p$. The straight-forward one is to multiply the n-digit integers x and y first, and then to reduce the $2n$-digit result $z = x \cdot y$ modulo p. This requires at least $2n$ digits of temporary storage

[1] This is called *p-residue* in the original paper [14].

space and the corresponding instructions for memory access. These costs can be reduced by *interleaving* multiplications and reductions according to the equation:

$$\begin{aligned} x \cdot y \,\mathrm{MOD}\, p &= \sum_{i=0}^{n-1} x_i \cdot y \cdot b^i \,\mathrm{MOD}\, p \\ &= (((\ldots(((x_{n-1} \cdot y \,\mathrm{MOD}\, p) \cdot b + x_{n-2} \cdot y) \,\mathrm{MOD}\, p) \cdot b + \ldots \\ &\quad + x_1 \cdot y) \,\mathrm{MOD}\, p) \cdot b + x_0 \cdot y) \,\mathrm{MOD}\, p \end{aligned} \tag{2.4}$$

However, the number of arithmetic operations needed to reduce a $2n$-digit integer may be smaller than the total number of arithmetic operations executed during n modular reductions of $(n+1)$-digit operands. This is even more likely to be true, if n is small, which is the case in current implementations of elliptic curve cryptosystems. In the sequel, we therefore focus on the non-interleaving method for modular multiplication.

The costs of a modular multiplication can be roughly estimated by counting only the number of single-precision multiplications, as these are the major and most expensive basic machine operations needed for a modular multiplication. Clearly, the non-interleaving method requires n^2 single-precision multiplications plus the costs for one modular reduction.

2.4. Modular Reduction

There are quite different algorithms available to perform the modular reduction $z \,\mathrm{MOD}\, p$. The classical one described by Knuth [11, Algorithm 4.3.1.D] first estimates the quotient $q = \lfloor z/p \rfloor$ and then computes $z \,\mathrm{MOD}\, p = z - q \cdot p$, with a subsequent possible correction of the error introduced by the quotient estimation.

As the computation of q involves single-precision divisions, which are rather expensive compared to single-precision multiplications, one may pre-compute a scaled value of $1/p$ to avoid divisions during reduction. This is what Barrett's algorithm [3, 4] does. As already mentioned, the description of this algorithm is not yet included in this paper.

An alternative approach to modular reduction is given in the original work of Montgomery [14], where an efficient method of computing the Montgomery reduction $z \cdot R^{-1} \,\mathrm{MOD}\, p$ without divisions is given (see sections 2.2 and 4).

Modular reductions can be performed without any integer division at all, if primes of a special form can be used. For instance, if p can be chosen as a *Mersenne prime*, that is as $p = 2^k - 1$, then an integer $z < p^2$ can be reduced modulo p by writing $z = u \cdot 2^k + v$, where u and v are k-bit integers. Now it follows from $2^k \equiv 1 \pmod{p}$ that

$$z \equiv u + v \pmod{p}.$$

Hence the modular reduction $z \,\mathrm{MOD}\, p$ can be performed by one modular addition of k-bit integers.

However, Mersenne primes are rare; there is none between the Mersenne primes $2^{127} - 1$ and $2^{521} - 1$. We might therefore look for primes of a more general form which allow us to apply the same idea explained above. Moreover, we want k to be a multiple of the word size w to avoid real bit shifts. Two such generalizations have been proposed so far. The first one is due to Crandall [7], who proposed the use of *Pseudo-Mersenne* (PM) primes $p = 2^n - c$ for some "small" positive integer c. The second generalization, due to Solinas [19], are primes generated by some polynomial expression of low coefficient norm, which are called *Generalized Mersenne* (GM) primes. We are going to describe each of these reduction methods in detail in the following sections.

3. Classical Reduction

The most obvious way of performing a modular reduction is that of adapting the ordinary pencil-and-paper method of division which has been formalized by Knuth [11, Algorithm 4.3.1.D]. The pseudocode of this algorithm is given in algorithm 1. Division of an $(n+m)$-digit number by an n-digit divisor is achieved by m divisions of $(n+1)$-digit numbers by the divisor. A quotient of the latter type, say $q = \lfloor x/p \rfloor$, is estimated by the expression

$$\hat{q} = \min(b-1, (x_n \cdot b + x_{n-1}) \,\mathrm{DIV}\, p_{n-1}).$$

It can be shown that $\hat{q}$ is never too small and, if $p_{n-1} \geq b/2$, at most two in error, i.e. $\hat{q} - 2 \leq q \leq \hat{q}$. To obtain the correct value of q, the multiplication $\hat{q} \cdot p$ can be reduced to $\hat{q} \cdot (p_{n-1} \cdot b + p_{n-2})$, at the cost of correcting a possible negative residue. However, negative residues occur only with probability $2/b$. Note that $x - q \cdot p < p$, which ensures that each time the **for** loop is entered in algorithm 1, the condition $z < p \cdot b^{i-n+1}$ is true. This implies that $z_i \leq p_{n-1}$.

The condition $p_{n-1} \geq b/2$ can always be satisfied by means of *normalization*, that is, by multiplying both z and p by an appropriate power of 2. This procedure might enlarge z by one more digit, but it does not if $z < p^2$.

The costs are dominated by the division in line 8, the (1×2)-multiplication in line 10, and the $(1 \times n)$-multiplication in line 15. As the **for** loop is executed m times, the algorithm performs m divisions and $m(n+2)$ single-precision multiplications. If $z < p^2$, we can set $m = n$.

4. Montgomery Reduction

As explained in section 2.2, performing a field multiplication in Montgomery representation makes use of an operation $x \mapsto x \cdot R^{-1} \,\mathrm{MOD}\, p$ $(x \in \mathbb{Z})$, which is called Montgomery reduction. The method uses a precomputed inverse of p modulo R and is based on the following theorem:

Theorem 4.1 ([14]). *Let $p, R > 1$ be coprime integers, and $p' = -p^{-1} \,\mathrm{MOD}\, R$. Then for any integer x, the number*

$$\hat{x} = (x + tp)/R, \quad \textit{where } t = xp' \,\mathrm{MOD}\, R,$$

is an integer satisfying $\hat{x} \equiv xR^{-1} \pmod{p}$. Moreover, if $0 \leq x < pR$, then $0 \leq \hat{x} < 2p$.

Proof. Observe that $tp \equiv xpp' \equiv -x \pmod{R}$, so $\hat{x}$ is an integer. Since $\hat{x}R \equiv x \pmod{p}$, we have $\hat{x} \equiv xR^{-1} \pmod{p}$. If $0 \leq x < pR$, then $0 \leq x + tp < pR + Rp$, so $0 \leq \hat{x} < 2p$. □

Algorithm 1 Classical modular reduction.

Input: $(n+m)$-digit integer z, n-digit modulus p, $p_{n-1} \geq b/2$, $m \geq 1$, $n \geq 2$.
Output: $z \,\text{MOD}\, p$.

```
if z ≥ p · b^m then
   z = z − p · b^m
end if
for i = n + m − 1 downto n do
   if z_i = p_{n−1} then
      q = b − 1
   else   // z_i < p_{n−1}
      q = (z_i · b + z_{i−1}) DIV p_{n−1}
   end if
   y = q · (p_{n−1} · b + p_{n−2})
   while y > z_i · b^2 + z_{i−1} · b + z_{i−2} do
      q = q − 1
      y = y − (p_{n−1} · b + p_{n−2})
   end while
   z = z − q · p · b^{i−n}
   if z < 0 then
      z = z + p · b^{i−n}
   end if
end for
return z
```

Montgomery also proposed an algorithm to compute $\hat{x}$ efficiently for multi-precision operands [14]. Namely, $\hat{x}R$ is obtained by successively adding $p(x_i p' \,\text{MOD}\, R)b^i$ to x for $i = 0, 1, \ldots, n-1$. However, this method can still be speeded up by observing [9] that the basic idea of this algorithm is to add multiples of p to x until the result becomes a multiple of R. This effect can also be achieved by computing $x_i p'_0 \,\text{MOD}\, b$ instead of $x_i p' \,\text{MOD}\, R$, where $p'_0 := -p_0^{-1} \,\text{MOD}\, b$. This leads to algorithm 2 [6].

To show the correctness of this algorithm, let us denote the original value of x by $\bar{x}$ for now. Since $pp'_0 \equiv -1 \pmod{b}$, each time line 3 is executed the equation $pt = px_i p'_0 \equiv -x_i \pmod{b}$ holds. It follows by induction that the value assigned to x is a multiple of b^{i+1}. Moreover, $x \equiv \bar{x} \pmod{p}$ is a loop invariant. Hence, when execution has passed line 5, the equation $x \equiv \bar{x}(b^n)^{-1} \pmod{p}$ is true. Furthermore, when the **for** loop has been completed, the value of x satisfies

$$x = \bar{x} + p\Big(\sum_{i=0}^{n-1} t_{(i)}\, b^i\Big) < 2pb^n, \tag{4.1}$$

since each value $t_{(i)}$ of the variable t does not exceed $b-1$ and $\sum_{i=0}^{n-1}(b-1)\,b^i < b^n$. Thus, the final value of x computed by algorithm 2 is bounded by $0 \leq x < p$.

The number of single-precision multiplications performed by algorithm 2 is given by n^2+n, which is comparable to the costs of a multi-precision multiplication.

Using the GNU MP library, we could make use of the fast implementation of a multiply-accumulate routine for multi-precision integers by storing the carry word generated in

Algorithm 2 Montgomery reduction.

Input: $0 \leq x < pb^n$, $p < b^n$, $p'_0 = -p_0^{-1} \operatorname{MOD} b$.
Output: $x(b^n)^{-1} \operatorname{MOD} p$.

1: **for** $i = 0$ to $n-1$ **do**
2: $\quad t = (x_i \cdot p'_0) \operatorname{MOD} b$
3: $\quad x = x + (p \cdot t)b^i$
4: **end for**
5: $x = x \operatorname{DIV} b^n$
6: **if** $x \geq p$ **then**
7: $\quad x = x - p$
8: **end if**
9: **return** x

Tab. 1: Values of n and c such that $p = 2^n - c$ is prime (with high probability)

n	$n/16$	$n/32$	$n/64$	c
160	10	5	-	47, 57, 75, 189, 285, 383, 465, 543, 659, 843
192	12	6	3	237, 333, 399, 489, 527, 663, 915, 945
224	14	7	-	63, 363, 573, 719, 773, 857
256	16	8	4	189, 357, 435, 587, 617, 923
320	20	10	5	197, 743, 825, 843, 873, 1007, 1017
384	24	12	6	317
448	28	14	7	203, 207, 825
512	32	16	8	569, 629, 875, 975

line 3 in the current digit x_i, which is not needed afterwards by the algorithm. This allows only n digits to be processed in line 3 and to add the carry words when the loop has been completed by computing

$$(x_{n-1}, \ldots, x_0) = (x_{2n-1}, \ldots, x_n) + (x_{n-1}, \ldots, x_0).$$

Note that if the latter addition generates a carry bit or if $x \operatorname{MOD} b^n \geq p$, it suffices to compute $x = x - p \operatorname{MOD} b^n$ to get the correct result for x.

5. Pseudo-Mersenne Primes

These are primes of the form $p = b^n - c$ where c is a "small" integer. Table 1 lists some primes of the desired form in the range of interest for elliptic curve cryptography. For each given choice of n, all values of c satisfying $0 < c < 1024$ such that $2^n - c$ is prime are listed.

Given an integer $z = z'' b^n + z'$, we can write

$$z = z'' b^n + z' \equiv z'' c + z' \pmod{p}, \quad \text{since} \quad b^n \equiv c \pmod{p}. \tag{5.1}$$

By applying this method recursively on z'', $z \operatorname{MOD} p$ can be obtained using only additions and multiplications by c. The resulting algorithm 3 due to Crandall [7] and a proof of

Algorithm 3 Reduction by a Pseudo-Mersenne modulus $p = b^n - c$.

Input: a base b integer z, $p = b^n - c$ where $0 < c < b^n$.
Output: $z \,\mathrm{MOD}\, p$.

1: $q^{(0)} = z \,\mathrm{DIV}\, b^n$, $r = z \,\mathrm{MOD}\, b^n$, $i = 0$
2: **while** $q^{(i)} > 0$ **do**
3: $\quad r = r + (cq^{(i)} \,\mathrm{MOD}\, b^n)$
4: $\quad q^{(i+1)} = cq^{(i)} \,\mathrm{DIV}\, b^n$
5: $\quad i = i + 1$
6: **end while**
7: **while** $r \geq p$ **do**
8: $\quad r = r - p$
9: **end while**
10: **return** r

correctness for arbitrary values of c and z appear in [13, Ch. 14]. Note that each $q^{(i)}$ denotes a multi-precision integer here.

For use in finite field arithmetic, this algorithm can be optimized due to the fact that z is never greater than the product of two residues modulo p, i.e. $z \leq (p-1)^2 < b^{2n}$. Moreover, as $b \geq 2^{16}$, we are free to choose c less than b, which will accelerate the multiplications by c considerably. The latter assumption implies that, since $cq^{(i)} \leq b^n q^{(i+1)}$,

$$q^{(i+1)} \leq \frac{cq^{(i)}}{b^n} < \frac{q^{(i)}}{b^{n-1}}, \tag{5.2}$$

after each execution of line 4 of algorithm 3. Assuming that $z < b^{2n}$, we therefore obtain the following bounds for the values of the $q^{(i)}$'s:

$$q^{(0)} < b^n, \quad q^{(1)} < b, \quad q^{(2)} = 0 \text{ for } n \geq 2. \tag{5.3}$$

Hence the **while** loop is executed at most 2 times. The resulting optimized algorithm is shown as algorithm 4. Rq denotes a register variable and C and $C1$ are carry words. The number of single-precision multiplications is linear in n, namely $n+1$, such that the running time for a modular multiplication will be dominated by the multiplication step.

6. Generalized Mersenne Primes

A *Generalized Mersenne (GM) prime* is a prime p of the form

$$p = b^n + c_{n-1} b^{n-1} + \ldots + c_0, \tag{6.1}$$

where b is a power of 2 (the machine's word base), $c_i \in \mathbb{Z}$, and the norm $\sum_{i=0}^{n-1} |c_i|$ of the coefficient vector is "small". Of course, the condition that such an expression for p should be prime imposes a number of restrictions on the coefficients c_i. One immediate necessary condition is that c_0 is odd. However, the investigation of such necessary conditions is beyond the scope of this paper (see [19]). In what follows we assume that a prime of this form is already known, and we describe two classes of algorithms for performing modular reductions modulo p:

Algorithm 4 Reduction of $z < b^{2n}$ by a modulus $p = b^n - c$, optimized version.

Input: $z < b^{2n}$, $p = b^n - c$ where $0 < c < b$ and $n \geq 2$.
Output: $z \,\mathrm{MOD}\, p$.

$q = z \,\mathrm{DIV}\, b^n$, $r = z \,\mathrm{MOD}\, b^n$
$(Rq, q) = q \cdot c$
$(C, r) = r + q$
if $Rq > 0$ **then**
  $(C1, r) = r + Rq \cdot c$
  $C = C + C1$
end if
while $C > 0$ or $r \geq p$ **do**
  $r = (r - p) \,\mathrm{MOD}\, b^n$
  $C = C - 1$
end while
return r

- A generic reduction algorithm based on Solinas' work [19] which works for every GM modulus p, but benefits from the special modulus structure.
- A number of hard-coded reduction algorithms, each of which belonging to only one special modulus p. These algorithms are just optimized versions of the generic method mentioned above.

6.1. Generic Generalized Mersenne Reduction

The idea of GM reduction is based on the fact that every modular reduction $z \,\mathrm{MOD}\, p$, where $z < p^2 < b^{2n}$, can be expressed as a sum of at most n multi-precision integers modulo p. In general, the computation of each digit of these integers requires n multiplications, yielding a total of n^3 single-precision multiplications. However, if the condition on the c_i's stated above holds, the products can be computed using only additions, and often the number of multi-precision additions can be kept small.

For the following description, we restrict the range of the coefficients to $|c_i| \leq 1$. This conforms to the generalized Mersenne primes recommended for the use in elliptic curve cryptosystems (e.g. by NIST [16]). Moreover, we want p to be smaller than b^n, i.e. for the largest $i < n$ satisfying $c_i \neq 0$ we require that $c_i < 0$.

To get to an efficient method for reduction modulo p, we first consider the polynomial

$$f(t) = t^n + \sum_{i=0}^{n-1} c_i t^i \tag{6.2}$$

(hence $f(b) = p$) and compute the polynomial residues of $t^n, t^{n+1}, \ldots, t^{2n-1}$ modulo $f(t)$. We arrange the coefficient vectors of these polynomials as the rows of an $(n \times n)$-matrix X. Explicitly, the matrix X, which we call the *reduction matrix of f*, is defined inductively by the equations

$$X[0,j] = -c_j \qquad \text{for } 0 \le j < n, \tag{6.3}$$

$$X[i,j] = \begin{cases} -c_0\, X[i-1,n-1] & \text{for } j=0,\ i=1,\dots,n, \\ X[i-1,j-1] - c_j\, X[i-1,n-1] & \text{for } j>0,\ i=1,\dots,n. \end{cases} \tag{6.4}$$

Note that $|X[i,j]| \le n$ for all $0 \le i,j < n$, because $|c_i| \le 1$. It is easy to show by induction that this definition implies that for all i in the range $0 \le i < n$,

$$t^{n+i} \equiv \sum_{j=0}^{n-1} X[i,j]\, t^j \pmod{f(t)}. \tag{6.5}$$

This equation allows us to perform reduction modulo $p = f(b)$ by evaluating a linear expression involving the matrix X. Given an integer

$$z = \sum_{i=0}^{2n-1} z_i\, b^i < p^2,$$

which is to be reduced modulo p, we can replace all powers $b^i \ge b^n$ by the expressions resulting from equation (6.5). This yields

$$z \operatorname{MOD} p = \sum_{j=0}^{n-1} y_j\, b^j \quad \text{where} \quad y_j = \Big(z_j + \sum_{i=0}^{n-1} z_{n+i}\, X[i,j]\Big) \operatorname{MOD} p. \tag{6.6a}$$

Using matrix notation, these equations can be denoted more compactly as

$$z \operatorname{MOD} p = (y_0 \ \dots\ y_{n-1}) = \big((z_0 \ \dots\ z_{n-1}) + (z_n \ \dots\ z_{2n-1}) \cdot X\big) \operatorname{MOD} p. \tag{6.6b}$$

We want to evaluate this linear expression efficiently by taking advantage of two facts: first, the matrix product can be decomposed into a sum of row vectors which are regarded as n-digit integers. Second, as the entries of X are absolutely bounded by n, which is a small integer, we may replace the single-precision multiplications involved in the matrix product by successive additions and subtractions. These considerations lead to the basic algorithm 5 for a modular reduction.

The number of executions of the first **while** loop of algorithm 5 is equal to the maximal sum of positive entries along each column of the reduction matrix X. We therefore call this number the *modular addition weight* $w_a(f)$ of f. Similarly, the number of multi-precision modular subtractions only depends on the negative entries of X and is called the *modular subtraction weight* $w_s(f)$ of f. The total running time of the basic algorithm is determined by the value $w(f) = w_a(f) + w_s(f)$, which is called the *modular reduction weight* of f.

To indicate that the reduction matrix also depends on f, we write $X = X_f$ in the following. For the purpose of a simpler treatment of additions and subtractions, let us decompose X_f into a positive and a negative part:

$$X_f^+[i,j] = \begin{cases} X_f[i,j] & \text{if } X_f[i,j] > 0, \\ 0 & \text{otherwise.} \end{cases} \tag{6.7}$$

$$X_f^-[i,j] = \begin{cases} |X_f[i,j]| & \text{if } X_f[i,j] < 0, \\ 0 & \text{otherwise.} \end{cases} \tag{6.8}$$

Algorithm 5 Basic algorithm for reduction modulo a Generalized Mersenne prime.

Input: $z < p^2$, $p = f(b)$ a Generalized Mersenne prime, and the reduction matrix X of f.
Output: $z \,\mathrm{MOD}\, p$.

```
x = z MOD p
while X contains a positive entry do    // perform modular additions
  for all columns j of X do
    search for the least i ≥ 0 such that X[i, j] > 0
    if found then
      u_j = z_{n+i}; decrement X[i, j]
    else
      u_j = 0
    end if
  end for
  x = (x + u) MOD p    // multi-precision modular addition
end while
while X contains a negative entry do    // perform modular subtractions
  for all columns j of X do
    search for the least i ≥ 0 such that X[i, j] < 0
    if found then
      u_j = z_{n+i}; increment X[i, j]
    else
      u_j = 0
    end if
  end for
  x = (x − u) MOD p    // multi-precision modular subtraction
end while
return x
```

Algorithm 6 Precomputation of the modular addition matrix of a generalized Mersenne prime $p = f(b)$.

Input: the positive part X_f^+ of the reduction matrix of f, and the modular addition weight $w_a(f)$.
Output: the modular addition matrix A_f.

```
for k = 0 to w_a(p) − 1 do
  for j = 0 to n − 1 do
    i = 0
    while i < n and X_f^+[i, j] = 0 do
      increment i
    end while
    if i < n then    // positive entry found
      A_f[k, j] = n + i; decrement X_f^+[i, j]
    else
      A_f[k, j] = 2n
    end if
  end for
end for
return A_f
```

Clearly, we have $X_f = X_f^+ - X_f^-$, and the modular addition and subtraction weights are given by

$$w_a(f) = \max_{0 \le j < n} \left\{ \sum_i X_f^+[i,j] \right\}, \quad w_s(f) = \max_{0 \le j < n} \left\{ \sum_i X_f^-[i,j] \right\}. \tag{6.9}$$

We are now ready to speed up algorithm 5. Observe that the search for positive and negative entries in lines 4 and 15, respectively, only depends on the reduction matrix X_f. We can therefore precompute the positions (i, j) found by the basic algorithm and construct a matrix A_f of dimension $w_a(f) \times n$ such that $A_f[k, j]$ contains the index $n + i$ used in line 4 after the **while** loop has been executed k times $\left(0 \le k < w_a(f)\right)$. This means that row number k of A_f contains all indices of the digits of z which are to be processed in the $(k + 1)$-th modular addition of the basic algorithm. We call A_f the *modular addition matrix* of f. The construction of A_f is shown in algorithm 6.

Another matrix S_f, which is called the *modular subtraction matrix* of f, is obtained using the same algorithm with input X_f^- and $w_s(f)$. Its dimension is $w_s(f) \times n$.

The basic algorithm 5 can now be improved using the matrices A_f and S_f, as shown in algorithm 7 in the appendix. Additionally, we could get rid of the temporary n-digit variable u by incorporating the use of A_f and S_f into the modular addition and subtraction operations, respectively. This optimization option, however, requires an extension of the low-level multi-precision integer library and has not been implemented.

To illustrate these algorithms, let us consider the prime

$$p = 2^{192} - 2^{64} - 1 = f(b) \quad \text{where} \quad f(t) = t^3 - t - 1, \; b = 2^{64}.$$

The reduced matrix is computed as

$$X_f = \begin{pmatrix} 1 & 1 & 0 \\ 0 & 1 & 1 \\ 1 & 1 & 1 \end{pmatrix} \qquad \text{meaning} \qquad \begin{aligned} t^3 &\equiv 1 + t & &\pmod{f(t)}, \\ t^4 &\equiv t + t^2 & &\pmod{f(t)}, \\ t^5 &\equiv 1 + t + t^2 & &\pmod{f(t)}. \end{aligned}$$

The modular addition weight is $w_a(f) = 3$, which is the maximum of the column sums in X_f. As X_f does not contain any negative values, the modular subtraction weight is $w_s(f) = 0$. A reduction modulo p can thus be performed using only 3 modular additions of 3-digit integers. The modular subtraction matrix is not defined, as its column dimension is 0. Applying algorithm 6 on $X_f^+ = X_f$ gives the modular addition matrix:

$$A_f = \begin{pmatrix} 3 & 3 & 4 \\ 5 & 4 & 5 \\ -1 & 5 & -1 \end{pmatrix}.$$

Given an integer $z = \begin{pmatrix} z_0 & z_1 & z_2 & z_3 & z_4 & z_5 \end{pmatrix} < p^2$, algorithm 7 effectively computes

$$z \,\mathrm{MOD}\, p = \left(u^{(0)} + u^{(1)} + u^{(2)} + u^{(3)}\right) \mathrm{MOD}\, p, \text{ where}$$

$$\begin{aligned} u^{(0)} &= (\; z_0 \; z_1 \; z_2 \;), \\ u^{(1)} &= (\; z_3 \; z_3 \; z_4 \;), \\ u^{(2)} &= (\; z_5 \; z_4 \; z_5 \;), \\ u^{(3)} &= (\; 0 \; z_5 \; 0 \;). \end{aligned}$$

Tab. 2: Some Generalized Mersenne primes for use in elliptic curve cryptography

$f(t)$	b	$p = f(b)$	$w_a(f)$	$w_s(f)$
$t^3 - t - 1$	2^{64}	$2^{192} - 2^{64} - 1$	3	0
$t^7 - t^3 + 1$	2^{32}	$2^{224} - 2^{96} + 1$	2	2
$t^8 - t^7 + t^6 + t^3 - 1$	2^{32}	$2^{256} - 2^{224} + 2^{192} + 2^{96} - 1$	6	4
$t^{12} - t^4 - t^3 + t - 1$	2^{32}	$2^{384} - 2^{128} - 2^{96} + 2^{32} - 1$	7	3
$t^{14} - t^7 - 1$	2^{32}	$2^{448} - 2^{224} - 1$	3	0
$t^{16} - t - 1$	2^{32}	$2^{512} - 2^{32} - 1$	3	0

This result also occurs in [16, Appendix 1], where the entries along each column appear in a different order, but this does not alter the value of $z \,\mathrm{MOD}\, p$.

Finally, some Generalized Mersenne primes p in the range $2^{159} < p < 2^{512}$ for bases $b = 2^{32}$ and $b = 2^{64}$ are listed in table 2. Most of them are taken from [16]. The base b need not be the actual machine word base. The algorithm can also be applied to the modulus $p = 2^{192} - 2^{64} - 1$ on a 32-bit machine by using the polynomial $t^6 - t^2 - 1$. Conversely, the algorithm can be implemented for the other polynomials on a 64-bit architecture using half-word arithmetic. This may even be necessary, since suitable GM primes of low weight seem to be rare. Note that table 2 lists all GM primes in the given range which are generated by polynomials of the following forms (for $b = 2^{32}$ and $b = 2^{64}$):

$$\begin{aligned} f(t) &= t - 1, \\ f(t) &= t - 3, \\ f(t) &= t^n - t^c - 1 && \text{where } 0 < 2c \leq n, \\ f(t) &= \frac{t^{n+1} + (-1)^n}{t+1} \\ &= t^n - t^{n-1} + t^{n-2} - \cdots \pm 1 && \text{for } n > 1. \end{aligned}$$

These are the polynomials of modular reduction weight 1 and 3 listed in [19].

6.2. Hard-Coded Generalized Mersenne Reduction

Implementors of the elliptic curve cryptosystems specified in the standards [10, 1] may choose to use only the recommended GM primes listed in table 2 for the underlying finite field arithmetic. In this case, the generic GM reduction algorithm can be optimized for different individual primes by hard-coding the multi-precision additions modulo p.

In the sequel we present the addition and subtraction matrices of the polynomials of weight ≤ 4 given in table 2. Sometimes, the implementation is facilitated by re-arranging the matrix elements within each column, which does not alter the result due to the commutativity of addition. The aim is to preserve the original order of the digits of the input value z as far as possible to minimize copy operations. We just present the transformed matrices.

$f(t) = t^3 - t - 1$ $(p = 2^{192} - 2^{64} - 1)$

$$A_f = \begin{pmatrix} 3 & 4 & 5 \\ 5 & 3 & 4 \\ -1 & 5 & -1 \end{pmatrix}$$

$f(t) = t^7 - t^3 + 1$ $(p = 2^{224} - 2^{96} + 1)$

$$A_f = \begin{pmatrix} -1 & -1 & -1 & 7 & 8 & 9 & 10 \\ -1 & -1 & -1 & 11 & 12 & 13 & -1 \end{pmatrix}$$

$$S_f = \begin{pmatrix} 7 & 8 & 9 & 10 & 11 & 12 & 13 \\ 11 & 12 & 13 & -1 & -1 & -1 & -1 \end{pmatrix}$$

$f(t) = t^{14} - t^7 - 1$ $(p = 2^{448} - 2^{224} - 1)$

$$A_f = \begin{pmatrix} 14 & 15 & 16 & 17 & 18 & 19 & 20 & 21 & 22 & 23 & 24 & 25 & 27 \\ 21 & 22 & 23 & 24 & 25 & 27 & 14 & 15 & 16 & 17 & 18 & 19 & 20 \end{pmatrix}$$

$f(t) = t^{16} - t - 1$ $(p = 2^{512} - 2^{32} - 1)$

$$A_f = \begin{pmatrix} 16 & 17 & 18 & 19 & 20 & 21 & 22 & 23 & 24 & 25 & 27 & 28 & 29 & 30 & 31 & \\ 31 & 16 & 17 & 18 & 19 & 20 & 21 & 22 & 23 & 24 & 25 & 27 & 28 & 29 & 30 & \\ -1 & 31 & -1 & -1 & -1 & -1 & -1 & -1 & -1 & -1 & -1 & -1 & -1 & -1 & -1 & -1 \end{pmatrix}$$

7. Implementation Results

The modular reduction algorithms described above were implemented as an extension of the LiDIA Computational Number Theory library [20], using the GNU MP library as the underlying multi-precision arithmetic. The timing tests were run on both an Intel 32-bit platform, and an Alpha 64-bit architecture, both running Linux kernel version 2.2.

The 32-bit processor is a Pentium 200 Mhz with a 64-Bit data bus rated at 66 Mhz. The CPU possesses an 8 KB L1 instruction cache and an 8 KB write-back L1 data cache. The motherboard is equipped with a 512 KB pipelined burst SRAM L2 cache.

The 64-bit CPU is an Alpha 21164 600 Mhz on an AlphaPC 164UX Motherboard with a board-level 2 MB L3 synchronous SRAM cache and a 128-bit data path. The CPU possesses an 8 KB L1 instruction cache, an 8 KB write-through L1 data cache, and a 96 KB write-back L2 unified instruction and data cache.

The time measurements were done by reading the processor clock cycle counter before and after the relevant code section. To obtain reliable results, each modular multiplication was repeated 50 times with the same operands, and only the mean value and its expected error, denoted by $t \pm \Delta t$, were taken into account for further processing. The expected error has been computed from the individual timings τ_i as

$$\Delta t = \sqrt{\sum_{i=1}^{N} \frac{(\tau_i - t)^2}{N(N-1)}} \qquad (N = 50). \tag{7.1}$$

The overhead introduced by the time measuring procedure was eliminated by subtracting the mean timing of an "empty" code section from the measured timings. This overhead was ≈ 35 clock cycles on the Pentium and ≈ 15 clock cycles on the Alpha machine.

For each algorithm A and prime p, 100 integer pairs z_1, z_2 in the range $0 \leq z_1, z_2 < p$ were chosen randomly as input values for the modular multiplication timing procedure. Up to 4 different PM primes and one GM prime of the same bit length were tested and all individual timings $t_i \pm \Delta t_i$ were collected. Only the GM primes listed in table 2 on page 358 with modular reduction weight at most 4 were used. The classical and Montgomery methods were applied to both types of primes.

Tables 3 and 4 in the appendix list the statistical results for each algorithm and modulus length. The standard deviation σ is computed only from the t_i's. It describes the distribution of the timings as the modular multiplication operands vary. The error θ of the mean value is computed from the individual errors Δt_i as

$$\theta = \frac{\sqrt{\sum_{i=1}^{N} (\Delta t_i)^2}}{N}. \tag{7.2}$$

The total error $\Delta \bar{t}$ is just the sum of σ and θ. The values $\bar{t} \pm \Delta \bar{t}$ are shown graphically in figures 1 and 2. Because there is only one data point for the generic GM method on the Alpha platform, it is not displayed.

For comparison, the timings for the modular reduction operation are also included (see figures 3 and 4, and tables 5 and 6 in the appendix).

The peak in the curve for classical reduction on the Alpha at 224 bits is due to the normalization of the operands, which is only necessary if the modulus size is not a multiple of the word size. The timing for Montgomery reduction on the Alpha at the same bit length shows the effect of the precomputation on the modulus. Thus, the curve is really a step function, meaning that the running time is a function of $\lceil \log_b p \rceil$.

The results indicate that modular reductions by hard-coded GM primes are more efficient than the ones by Pseudo-Mersenne primes, provided that the GM prime is a polynomial function of the actual word base. If hard-coded GM reduction is implemented on a half-word base (see the 224-, 448-, and 512-bit GM primes on the Alpha), Pseudo-Mersenne reduction might be faster. Moreover, the efficiency of GM reductions strongly depends on the modular reduction weight of the generating polynomial. It is expected from the results in figure 3 that Pseudo-Mersenne reduction is faster than hard-coded GM reduction whenever the modular reduction weight exceeds 4. But also the structure of the modular addition and subtraction matrices determine the efficiency of a GM reduction implementation, as can be seen from the fact that the hard-coded GM reductions were faster for the 512-bit prime than for the 448-bit prime, on both platforms.

8. Conclusion

The implementation results show that the execution times of field multiplications can be remarkably improved with respect to Montgomery multiplication by using the modular reduction algorithms for special moduli. For field sizes near 2^{192}, the gain is about 35%

on the 32-bit platform, and 27% on the 64-bit architecture. The gap increases with the field size up to 51% and 41%, respectively, at sizes near 2^{512}.

The generic method based on Generalized Mersenne is up to 10% slower than Pseudo-Mersenne reduction on the 32-bit platform, and appears to be even slower than Montgomery multiplication on the 64-bit platform. However, when GM reduction is hard-coded for each individual modulus, it may have an advantage over Pseudo-Mersenne reduction of up to 9%.

From an implementor's point of view, the disadvantage of Generalized Mersenne reduction is its bad scalability with respect to the bit length of the modulus. This means that GM reduction must be implemented separately for each special modulus, and the performance strongly depends on the modular reduction weight of the generating polynomial, on the machine word base, and on the structure of the modular addition and subtraction matrices, as explained in the previous section. Moreover, GM primes of low modular reduction weight are rather rare compared to Pseudo-Mersenne primes.

An additional implication of the timing results given in this paper is that the efficiency of general prime finite field arithmetic can be increased considerably by using the Montgomery representation of field elements. The official LiDIA library does not yet support Montgomery representation, but uses classical reduction for all prime field computations. However, the measured improvements for field multiplications are 18-31% on the 32-bit platform and 26-42% on the 64-bit platform, in the investigated range of moduli.

References

[1] American National Standards Institute: Public key cryptography for the financial services industry – The elliptic curve digital signature algorithm, January 1999, ANSI X9.62-1998.

[2] D.V. Bailey, C. Paar: Optimal extension fields for fast arithmetic in public-key algorithms, Advances in Cryptology – CRYPTO'98, LNCS 1462, 1998, pp. 472–485.

[3] P. Barrett: Communications authentication and security using public key encryption – a design for implementation, Master's thesis, Oxford University, September 1984.

[4] P. Barrett: Implementing the rivest shamir and adleman public key encryption algorithm on a standard digital signal processor, Advances in Cryptology – CRYPTO'86, LNCS, vol. 263, Springer, 1987, pp. 311–323.

[5] I. Blake, G. Seroussi, N. Smart: Elliptic curves in cryptography, Cambridge University Press, 1999.

[6] A. Bosselaers, R. Govaerts, J. Vandewalle: Comparison of three modular reduction functions, Advances in Cryptology – CRYPTO'93, LNCS, no. 773, Springer, 1994, pp. 175–186.

[7] R. Crandall: Method and apparatus for public key exchange in a cryptographic system, U.S. Patent Number 5159632, 1992.

[8] J.-F. Dhem: Design of an efficient public-key cryptographic library for RISC-based smart cards, Ph.D. thesis, Laboratoire de microélectronique de l'Université catholique de Louvain, Belgium, May 1998.
http://www.dice.ucl.ac.be/crypto/dhem/these/

[9] S.R. Dussé, B.S. Kaliski, Jr.:A cryptographic library for the motorola dsp56000, Advances in Cryptology - EUROCRYPT'90, LNCS, no. 473, Springer, 1991, pp. 230–244.

[10] IEEE P1363 Working Group: Standard specifications for public key cryptography, Draft Version 13, November 1999. http://grouper.ieee.org/groups/1363/

[11] D.E. Knuth: The art of computer programming, third ed., vol. 2 - Seminumerical Algorithms, Addison-Wesley, 1998.

[12] N. Koblitz: Elliptic curve cryptosystems, Mathematics of Computation 48(1987), 203–209.

[13] A.J. Menezes, P.C. van Oorschot, S.A. Vanstone: Handbook of applied cryptography, CRC Press, 1997.

[14] P.L. Montgomery: Modular multiplication without trial division, Mathematics of Computation 44(1985), 519–521.

[15] National Institute of Standard and Technology: Digital signature standard, May 1994, NIST FIPS PUB 186.

[16] National Institute of Standard and Technology: Recommended elliptic curves for federal government use, July 1999. http://csrc.nist.gov/encryption

[17] R.L. Rivest, A. Shamir, L.M. Adleman: A method for obtaining digital signatures and public-key cryptosystems, Communications of the ACM 2(1978), no. 21, 120–126.

[18] N.P. Smart: A comparison of different finite fields for use in elliptic curve cryptosystems, Tech. Report CSTR-00-007, University of Bristol, June 2000, to appear in Computers and Mathematics with Applications.

[19] J.A. Solinas: Generalized mersenne numbers: Tech. Report CORR 99-39, Centre for Applied Cryptographic Research, Waterloo, Canada, 1999. http://www.cacr.math.uwaterloo.ca/

[20] TU Darmstadt: LiDIA Computational Number Theory Library. http://www.informatik.tu-darmstadt.de/TI/LiDIA/

[21] E. De Win, S. Mister, B. Preneel, M. Wiener: On the performance of signature schemes based on elliptic curves, in: J. P. Buhler (ed.): Algorithmic Number Theory - ANTS-III, LNCS, no. 1423, Springer, 1998, pp. 252–266.

A. Generic Generalized Mersenne Reduction

Algorithm 7 Efficient reduction modulo a Generalized Mersenne prime $p = f(b)$.

Input: $z < p^2$, the modular addition matrix A_f, the modular subtraction matrix S_f, and the corresponding column dimensions $w_a(f)$ and $w_s(f)$.

Output: $z \bmod p$.

```
i = 2n
while b^i > z do
    z_i = 0
    i = i - 1
end while
x = z MOD p, C = 0
if w_a(f) > 0 then
    for k = 0 to w_a(p) - 1 do        // perform modular additions
        for j = 0 to n - 1 do
            u_j = z_{A_f}[k, j]
        end for
        (C1, x) = x + u
        C = C + C1
    end for
    while C > 0 or x >= p do
        x = (x - p) MOD b^n
        C = C - 1
    end while
end if
if w_s(f) > 0 then
    C = 0
    for k = 0 to w_s(p) - 1 do        // perform modular subtractions
        for j = 0 to n - 1 do
            u_j = z_{S_f}[k, j]
        end for
        (C1, x) = x - u
        C = C + C1
    end for
    while C > 0 do
        x = (x + p) MOD b^n
        C = C - 1
    end while
end if
return x
```

B. Timing Diagrams

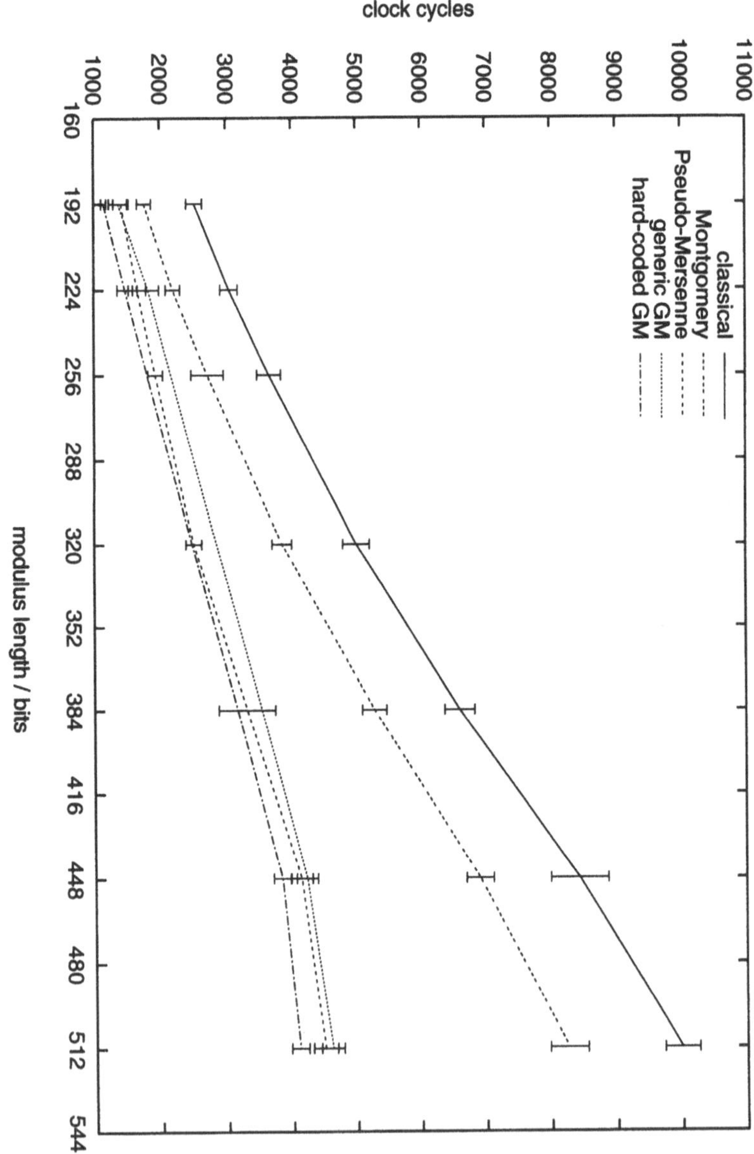

Fig. 1: Modular multiplication timings for special prime moduli on a Pentium-II based PC.

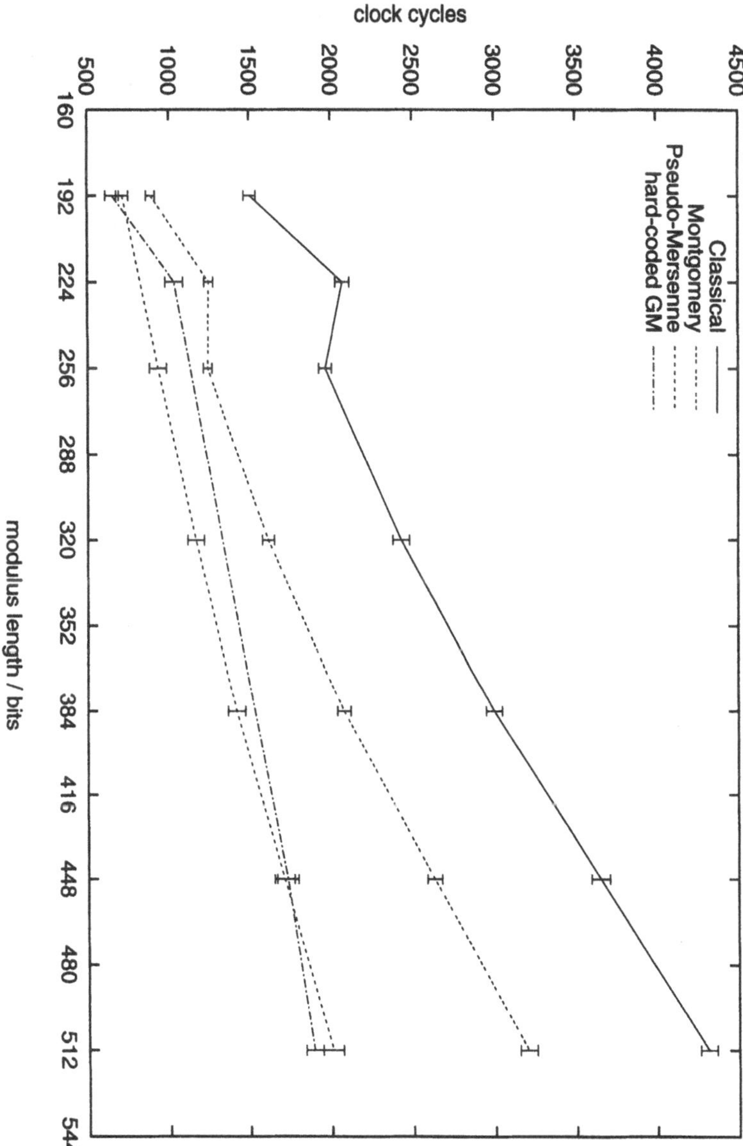

Fig. 2: Modular multiplication timings for special prime moduli on an Alpha 21164.

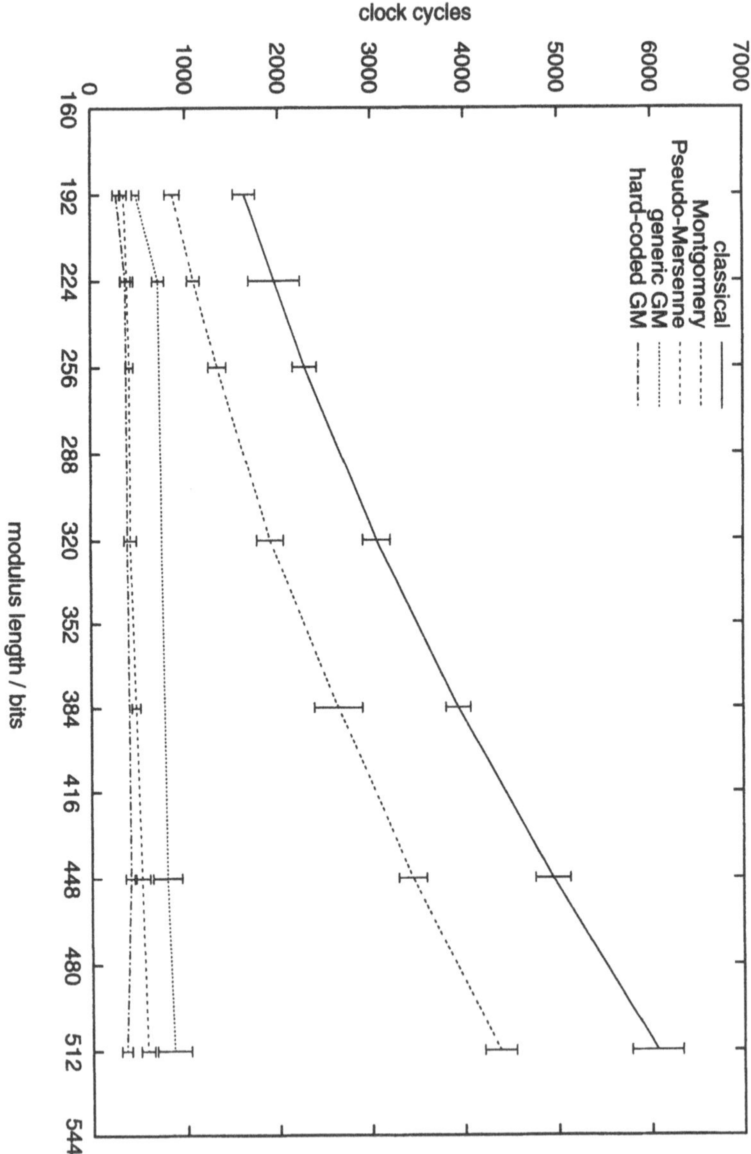

Fig. 3: Modular reduction timings for special prime moduli on a Pentium-II based PC.

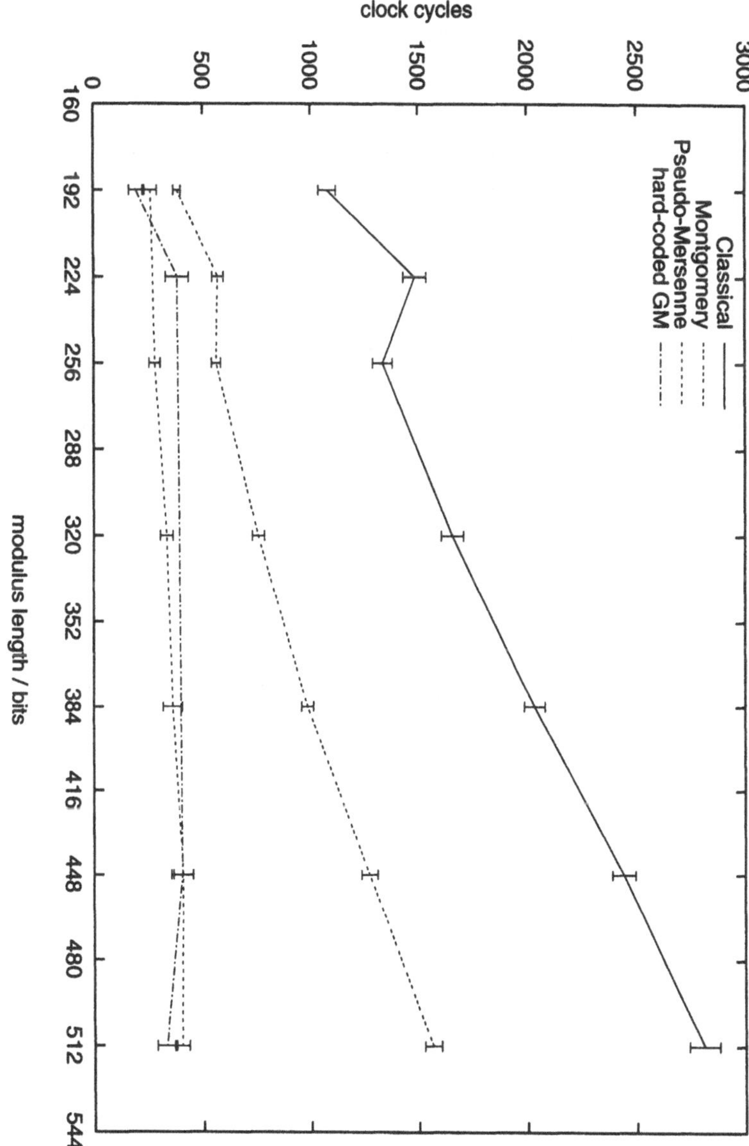

Fig. 4: Modular reduction timings for special prime moduli on an Alpha 21164.

C. Timing Data

Tab. 3: Timing statistics for modular multiplication algorithms on a Pentium-II based PC. Timing values are in clock cycles.

modulus length/bits $\|p\|_2$	mean timing $\bar{t}$	total error $\sigma + \theta$	deviation σ	error of mean θ	count N
classical reduction					
192	2524.0	122.0	116.9	5.1	500
224	3048.6	131.9	126.4	5.5	500
256	3660.9	185.2	176.5	8.6	400
320	5007.9	208.4	198.6	9.8	400
384	6606.2	230.0	209.8	20.2	100
448	8436.9	436.0	415.1	20.9	400
512	9998.4	268.2	257.1	11.1	500
Pseudo-Mersenne reduction					
192	1403.1	113.7	108.6	5.0	400
224	1651.1	134.6	128.4	6.1	400
256	1930.4	114.0	109.0	5.0	400
320	2511.7	120.0	114.5	5.5	400
384	3314.1	436.2	397.1	39.1	100
448	4145.2	169.2	160.3	8.9	300
512	4503.0	185.0	176.2	8.8	400
generic GM reduction					
192	1360.8	135.4	123.7	11.7	100
224	1820.5	166.9	151.8	15.1	100
448	4233.8	166.3	151.9	14.4	100
512	4615.6	174.8	160.1	14.7	100
hard-coded GM reduction					
192	1146.1	36.9	35.5	1.4	100
224	1463.4	116.3	106.4	9.8	100
448	3848.4	135.8	125.3	10.6	100
512	4109.7	134.6	124.0	10.6	100
Montgomery reduction					
192	1757.6	110.6	105.9	4.8	500
224	2197.2	109.8	105.1	4.7	500
256	2718.8	243.8	232.2	11.6	400
320	3858.5	151.6	144.3	7.3	400
384	5285.0	189.3	172.0	17.4	100
448	6916.6	208.9	198.8	10.1	400
512	8265.5	287.8	275.4	12.4	500

Tab. 4: Timing statistics for modular multiplication algorithms on an Alpha 21164 based workstation. Timing values are in clock cycles.

modulus length/bits $\lvert p\rvert_2$	mean timing $\bar{t}$	total error $\sigma+\theta$	deviation σ	error of mean θ	count N
classical reduction					
192	1505.1	37.5	35.8	1.7	500
224	2073.3	43.9	41.8	2.1	500
256	1967.1	39.1	37.0	2.1	400
320	2431.5	50.8	48.4	2.5	400
384	2997.8	49.5	44.9	4.6	100
448	3652.6	58.2	55.3	2.9	400
512	4317.0	51.3	49.0	2.3	500
Pseudo-Mersenne reduction					
192	717.8	36.8	35.9	0.9	400
256	932.1	53.0	51.0	2.0	400
320	1166.1	51.4	49.9	1.6	400
384	1418.9	54.3	51.5	2.8	100
448	1713.1	61.7	59.9	1.8	300
512	2009.1	62.1	59.9	2.2	400
generic GM reduction					
192	911.1	43.7	41.3	2.4	100
hard-coded GM reduction					
192	654.7	41.8	39.3	2.5	100
224	1032.2	55.0	52.2	2.8	100
448	1732.7	66.0	62.9	3.1	100
512	1894.6	52.5	50.3	2.3	100
Montgomery reduction					
192	887.8	27.3	26.1	1.2	500
224	1246.1	28.1	26.8	1.2	500
256	1241.2	26.5	25.5	1.1	400
320	1616.4	36.9	35.1	1.8	400
384	2079.6	41.1	37.4	3.7	100
448	2631.1	45.2	43.2	2.0	400
512	3205.6	52.9	50.6	2.2	500

Tab. 5: Timing statistics for modular reduction algorithms on a Pentium-II based PC. Timing values are in clock cycles.

modulus length/bits $\|p\|_2$	mean timing $\bar{t}$	total error $\sigma + \theta$	deviation σ	error of mean θ	count N
classical reduction					
192	1640.4	118.1	113.1	4.9	500
224	1963.3	280.0	268.1	11.9	500
256	2293.5	132.3	126.5	5.8	400
320	3066.7	147.1	140.5	6.6	400
384	3940.5	131.9	121.4	10.5	100
448	4948.0	185.5	177.1	8.4	400
512	6064.9	276.2	265.1	11.2	500
Pseudo-Mersenne reduction					
192	352.3	34.2	33.7	0.5	400
224	385.0	65.7	63.2	2.5	400
256	408.6	40.9	40.4	0.5	400
320	417.2	67.3	64.4	2.9	400
384	471.4	45.8	45.0	0.8	100
448	530.0	81.3	77.5	3.8	300
512	580.8	70.7	68.2	2.5	400
generic GM reduction					
192	480.5	39.5	37.7	1.8	100
224	715.0	63.3	61.7	1.7	100
448	797.5	153.6	139.9	13.7	100
512	862.5	180.7	165.3	15.4	100
hard-coded GM reduction					
192	274.9	34.2	33.7	0.5	100
224	368.9	54.5	53.5	1.1	100
448	408.4	55.4	54.2	1.2	100
512	355.9	55.4	53.9	1.6	100
Montgomery reduction					
192	867.0	79.3	76.0	3.4	500
224	1091.9	68.7	65.9	2.8	500
256	1348.4	97.5	92.9	4.6	400
320	1914.6	143.9	137.1	6.8	400
384	2650.5	258.0	238.2	19.8	100
448	3451.1	151.7	144.5	7.2	400
512	4382.5	168.7	161.5	7.2	500

Tab. 6: Timing statistics for modular reduction algorithms on an Alpha 21164 based workstation. Timing values are in clock cycles.

modulus length/bits $\lvert p\rvert_2$	mean timing $\bar{t}$	total error $\sigma+\theta$	deviation σ	error of mean θ	count N
classical reduction					
192	1078.7	40.6	38.7	2.0	500
224	1485.3	53.5	51.2	2.3	500
256	1335.8	45.4	43.2	2.2	400
320	1657.7	51.1	48.7	2.5	400
384	2034.8	47.3	42.6	4.7	100
448	2441.3	53.5	50.8	2.7	400
512	2811.4	69.3	66.3	3.0	500
Pseudo-Mersenne reduction					
192	261.3	28.6	27.9	0.7	400
256	278.7	25.5	25.0	0.5	400
320	332.3	28.9	28.2	0.7	400
384	359.5	44.2	42.0	2.2	100
448	406.5	44.3	43.0	1.2	300
512	399.7	33.8	33.1	0.8	400
generic GM reduction					
192	379.5	33.7	31.3	2.4	100
hard-coded GM reduction					
192	194.1	31.1	30.1	1.0	100
224	381.7	53.4	51.1	2.2	100
448	402.9	50.4	48.4	2.0	100
512	329.8	44.2	42.2	2.0	100
Montgomery reduction					
192	382.3	17.1	16.4	0.7	500
224	569.2	26.4	25.3	1.2	500
256	561.5	21.8	20.8	1.1	400
320	756.5	28.4	27.1	1.3	400
384	984.3	27.8	25.3	2.4	100
448	1272.2	37.6	35.9	1.6	400
512	1565.3	39.1	37.4	1.7	500

Zur Sicherheit des Keystreamgenerators E_0 zur Stromverschlüsselung in Bluetooth

Bernhard Löhlein

Fernuniversität Hagen
Bernhard.Loehlein@fernuni-hagen.de

Zusammenfassung

Im Juni 1999 ist durch die Bluetooth SIG (SIG = *Special Interest Group*) eine erste Spezifikation (Version 1.0A, aktuell ist Version 1.0B) zur Beschreibung der Bluetooth-Übertragungstechnologie verabschiedet und im Internet (http://www.bluetooth.com) veröffentlicht worden. Für die Verschlüsselung der Paketdaten auf der Luftschnittstelle wird in „*Part B: Baseband Specification*“ der Bluetooth-Spezifikation ein symmetrisches Stromverschlüsselungssystem vorgestellt. Diese Verschlüsselung basiert auf dem E_0-Keystreamgenerator, der zur Klasse der Combiner-Generatoren mit Speicher gehört. In diesem Artikel wird die kryptographische Sicherheit des E_0-Generators durch die Bestimmung von bedingten und unbedingten Korrelationskoeffizienten und deren Anwendung auf Korrelationsattacken hin untersucht. Darüber hinaus wird der Aufwand für die erfolgreiche Durchführung einer Inversionsattacke und einer time-memory-tradeoff Attacke angegeben.

1 Einführung

In diesem Artikel wird die kryptographische Sicherheit des Keystreamgenerators E_0, der zur Stromverschlüsselung der Paketdaten auf der Luftschnittstelle in der Bluetooth-Übertragungstechnologie eingesetzt wird, untersucht. Die Bluetooth-Technologie kann zum Beispiel zur Übertragung von Paketen aus der Internet-Protokollfamilie oder von synchronen Sprachdiensten in einem drahtlosen lokalen Netz verwendet werden.

Zunächst wird im Abschnitt 2 die Arbeitsweise des Keystreamgenerators E_0 beschrieben. Den E_0 kann man als nicht-autonomer Automat mit Speicher und Ausgabe modellieren. In der Kryptographie bezeichnet man solche Automaten, falls die Eingabefolgen durch LFSRs (*Linear Feedback Shift Registers*) erzeugt werden, als Combiner-Generatoren mit Speicher. Zu dieser Klasse zählt zum Beispiel auch der gut analysierte Summationsgenerator von Massey und Rueppel [Rue86]. Im Abschnitt 3 werden mögliche Angriffsformen gegen den E_0 aufgeführt und im Abschnitt 4 präsentieren wir Ergebnisse zu bedingten und unbedingten Korrelationskoeffizienten zur Durchführung von schnellen Korrelationsattacken.

2 Die Beschreibung des E_0-Generators

Bei der Beschreibung der Arbeitsweise des Keystreamgenerators E_0 konzentrieren wir uns dabei ausschließlich auf den generellen Aufbau. Dabei berücksichtigen wir nicht die spezielle Initialisierung und das Schlüsselmanagement in der Bluetooth-Übertragungstechnologie. Nach der Initialisierung des E_0 mit einem geheimen Schlüssel $\underline{K} \in \mathrm{GF}(2)^{132}$ erzeugt dieser eine Keystreamfolge $\tilde{z} = z_0, z_1, \ldots \in \mathrm{GF}(2)$, die zur additiven Stromverschlüsselung herangezogen werden kann (siehe dazu die Abbildung 1). Der E_0-Generator besteht aus $n = 4$ linear zurückgekoppelten Schieberegistern der Längen $l_1 = 25$, $l_2 = 31$, $l_3 = 33$ und $l_4 = 39$. Die primitiven Rückkopplungspolynome $c_j \in \mathrm{GF}(2)[x]$ der vier Schieberegister haben jeweils das Gewicht 5 und lauten:

$$c_1(x) = x^{25} + x^{17} + x^{13} + x^5 + 1, c_2(x) = x^{31} + x^{19} + x^{15} + x^7 + 1,$$
$$c_3(x) = x^{33} + x^{29} + x^9 + x^5 + 1 \text{ und } c_4(x) = x^{39} + x^{35} + x^{11} + x^3 + 1.$$

Bezeichnet man die Schieberegisterfolgen mit $\tilde{s}_j = s_{j,0}, s_{j,1}, \ldots \in \mathrm{GF}(2)$, $1 \leq j \leq 4$, so ist der Inhalt des j-ten Schieberegisters zum Zeitpunkt $t \geq 0$ gegeben als

$$s_{j,t}, s_{j,t+1}, \ldots, s_{j,t+l_j-1}.$$

Neben den vier Schieberegistern existiert eine zweite speicherbehaftete Einheit (Combiner-Einheit) mit zwei Speicherzellen (insgesamt $M = 4$ bit):

$$\underline{c}_t = (c_{t,0}, c_{t,1}) \in \mathrm{GF}(2)^2 \text{ und } \underline{c}_{t-1} = (c_{t-1,0}, c_{t-1,1}) \in \mathrm{GF}(2)^2.$$

Die Ausgabe $z_t \in \mathrm{GF}(2)$ des Systems zum Zeitpunkt t wird mit $z_t = x_{1,t} + x_{2,t} + x_{3,t} + x_{4,t} + c_{t,0}$ bestimmt, wobei die obige Addition im GF(2) durchgeführt wird und

$$x_{1,t} = s_{1,t+1}, x_{2,t} = s_{2,t+7}, x_{3,t} = s_{3,t+1} \text{ und } x_{4,t} = s_{4,t+7}$$

ist. Die obige Berechnung von z_t wird als Ausgabefunktion g bezeichnet. Die Bildung von $\underline{c}_{t+1}$ läuft nun über mehrere Zwischenschritte ab: Es sei $y_t = \sum_{j=1}^{4} x_{j,t}$, wobei die Summe über den ganzen Zahlen gebildet wird und somit $y_t \in \{0, 1, \ldots, 4\}$ gilt. Die Komponenten $d_{t+1,0}$ und $d_{t+1,1}$ einer weiteren Hilfsvariablen

$$\underline{d}_{t+1} = (d_{t+1,0}, d_{t+1,1}) \in \mathrm{GF}(2)^2$$

berechnen sich als

$$d_{t+1,0} + 2d_{t+1,1} = \left\lfloor \frac{y_t + c_{t,0} + 2c_{t,1}}{2} \right\rfloor \in \{0, 1, 2, 3\},$$

wobei alle Berechnungen der letzten Gleichung in den ganzen Zahlen vorgenommen werden. Der neue Wert von $\underline{c}_{t+1}$ ergibt sich schließlich zu

$$\underline{c}_{t+1} = (c_{t+1,0}, c_{t+1,1}) = \underline{d}_{t+1} + T_1(\underline{c}_t) + T_2(\underline{c}_{t-1}).$$

Die Berechnung der letzten Gleichung wird im $\mathrm{GF}(2)^2$ durchgeführt und die Abbildungen T_1 und T_2 sind die folgenden linearen Bijektionen:

$$T_1 : \mathrm{GF}(2)^2 \to \mathrm{GF}(2)^2, (x_0, x_1) \to (x_0, x_1) \text{ und}$$

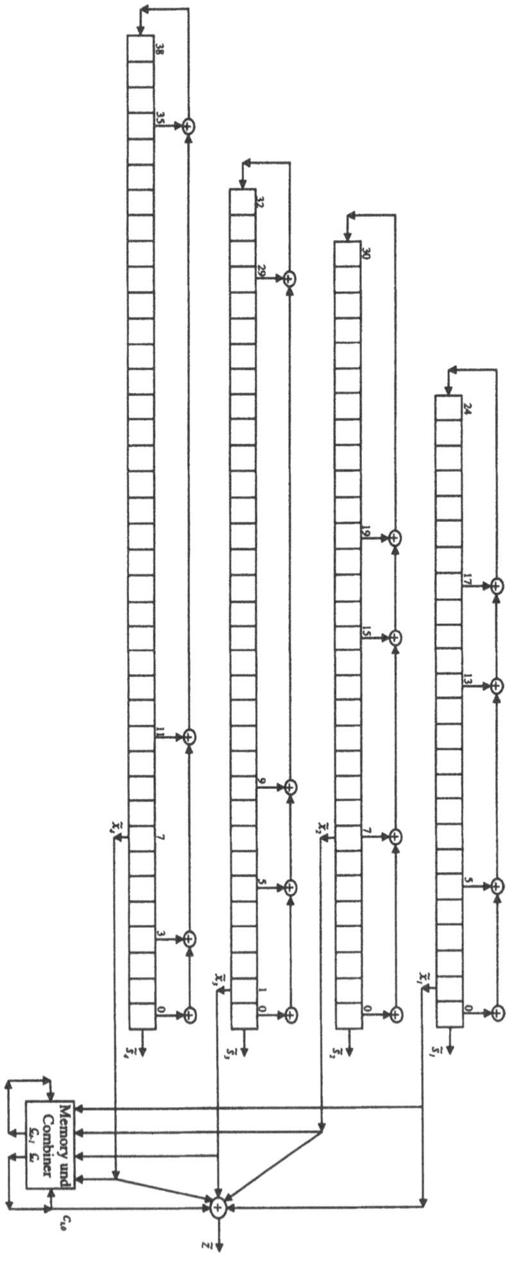

Abb. 1: Die Realisierung des E_0-Generators als Schieberegisterschaltung

$$T_2 : \mathrm{GF}(2)^2 \to \mathrm{GF}(2)^2, (x_0, x_1) \to (x_0 + x_1, x_0).$$

Zum Betrieb des Generators werden die $l_1 + l_2 + l_3 + l_4 = 128$ Speicherzellen der vier Schieberegister und die vier Speicherzellenbit $\underline{c}_{-1}$, $\underline{c}_0$ zum Zeitpunkt $t = 0$ mit einem geheimen Schlüssel $\underline{K} = (k_0, \ldots, k_{131})$ initialisiert. Der Zustand der Combiner-Einheit zum Zeitpunkt $t \geq 0$ wird zusammengefasst zum Vektor

$$\underline{v}_t = (v_{t,1}, \ldots, v_{t,4})^T = (c_{t-1,0}, c_{t-1,1}, c_{t,0}, c_{t,1})^T.$$

3 Angriffsformen gegen den E_0-Generator

Der E_0 ist ein Combiner-Generator mit Speicher. Gegen diese Klasse von Keystreamgeneratoren sind eine Reihe von Angriffsverfahren in der Literatur veröffentlicht worden. Im Angreifermodell wird davon ausgegangen, dass dem Angreifer der gesamte Aufbau und die Arbeitsweise des Generators bekannt sind und N Keystreamfolgensymbole $z_0, z_1, \ldots, z_{N-1}$ beobachtet wurden. Die Aufgabe des Angreifers ist es, den geheimen Schlüssel $\underline{K}$ zu bestimmen. Der Schlüssel $\underline{K}$ dient zur Initialisierung der Zellen der n Schieberegister und der M bit der Speicherzellen der Combiner-Einheit. Grundsätzlich sind die folgenden Angriffsformen gegen Combiner-Generatoren mit Speicher und insbesondere dem E_0 anwendbar.

1. **Vollsuche:**
   Eine Vollsuche benötigt für den E_0-Generator im Mittel $O(2^{131})$ Operationen.
2. **Spezielle Inversionsattacke:**
   Diese Form des Angriffs wird in [DC94] gegen den Summationsgenerator mit n Eingabefolgen beschrieben und dort als *Divide-and-Conquer* Attacke bezeichnet. Eine Verallgemeinerung auf beliebige Combiner-Generatoren mit Speicher und insbesondere eine Anwendung auf den E_0 ist problemlos möglich. Aus der Kenntnis von drei aktuellen Eingaben zur Combiner-Einheit, dem aktuellen Zustand $\underline{v}_t$ und der Ausgabe z_t, kann eindeutig die vierte Eingabe beim E_0 bestimmt werden. Der Aufwand für die spezielle Inversionsattacke beträgt $O(2^{93})$ Operationen.
3. **Allgemeine Inversionsattacke:**
   Bei der allgemeinen Inversionsattacke werden nicht nur eine, sondern mehrere Eingabefolgen als unbekannt vorausgesetzt. In jedem Schritt ergeben sich dabei keine, eine oder mehrere Werte der nicht bestimmten Eingabefolgen. Aufgrund der Eigenschaften des E_0 bezüglich seiner Invertierbarkeit ergibt die Anwendung der allgemeinen Inversionsattacke keine weiteren Vorteile gegenüber der speziellen Inversionsattacke.
4. **Basiskorrelationsattacke** angewandt auf einen Combiner-Generator mit Speicher:
   Die Basiskorrelationsattacke wurde zunächst für den Combiner-Generator ohne Speicher entwickelt und in [Gol96] auf Combiner-Generatoren mit Speicher in einer modifizierten Form weiterentwickelt. Sei ohne Einschränkung c_1 das Rückkopplungspolynom mit dem kleinsten Grad und $f = \prod_{j=2}^{n} c_j$. Für das Polynom f wird ein Polynomvielfaches h mit möglichst kleinem Gewicht w ermittelt. Der beobachtete Keystream z_t wird mit h linear in z'_t transformiert. Die Folge z'_t ist mit der Ausgabe des LFSR R_1 mit Rückkopplungspolynom c_1 ungefähr mit dem Wert c_{max}^w korreliert, wobei c_{max} die maximale Korrelation des Generators mit dem Keystream z_t ist (siehe Abschnitt 4.1). Das LFSR R_1 wird zufällig initialisiert (max. 2^{l_1} Versuche) und die Korrelation

mit der Folge z'_t ermittelt. Der korrekte Initialzustand von R_1 weist dann die maximale Korrelation auf und kann somit ermittelt werden. Analog geht man mit den verbleibenden LFSRs vor oder wendet jetzt zum Beispiel mit dem Zusatzwissen eine Inversionsattacke an.

5. **(Unbedingte) Schnelle Korrelationsattacke** [SGDS97]:
   Bei dieser Angriffsform muss zunächst mindestens eine lineare Korrelationsgleichung (L_I, L_O) zwischen einer Linearkombination benachbarter Ausgabebit zu einer Linearkombination benachbarter Eingabebit gefunden werden, die mit einer genügend hohen Korrelation auftritt (siehe Abschnitt 4.1). Für die beste Korrelationsgleichung wird das kleinste gemeinsame Vielfache c der Rückkopplungspolynome aller involvierten Eingabefolgen gebildet. Im Falle des E_0 ist $c = \prod_{j=1}^{4} c_j$. Im nächsten Schritt müssen *low-weight Parity-Checks* zu dem Polynom c berechnet werden. Daraufhin transformiert man die beobachteten Keystreambit z_t gemäß der besten Korrelationsgleichung L_O linear in die Folge z'_t. Auf die Folge z'_t wird ein iteratives Fehlerkorrekturverfahren für zyklische Codes angewandt [GSC+95]. Die Ausgabe ist eine Folge z''_t, die eine lineare Transformation T der Folge, die durch ein Schieberegister mit Rückkopplungspolynom c erzeugt wird, darstellt. Die unbekannte lineare Transformation T ermittelt man durch Test der besten affinen Transformation der Ausgabefunktion g. Die Initialzustände der involvierten Schieberegister erhält man schließlich durch Auflösen eines linearen Gleichungssystems.
6. **Ultimative Divide-and-Conquer Attacke:**
   In [HN99] wird die ultimative *Divide-and-Conquer* Attacke gegen Combiner-Generatoren mit Speicher vorgestellt und auf den E_0 angewandt. Voraussetzung für die Anwendung des Verfahrens ist die Existenz einer Korrelation $|c(L_I, L_O)| > 0$ und $N > p_j$, wobei p_j die Periode einer der involvierten Folgen $\tilde{x}_j$, $1 \leq j \leq n$, ist. Wegen der Bedingung $N > p_j$ finden sich anwendbare Angriffsszenarien nur recht selten, da $p_j = 2^{l_j} - 1$ für primitive Rückkopplungspolynome c_j gilt.
7. **Bedingte Korrelationsattacke:**
   Diese Attacke für Combiner-Generatoren wurde zuerst in [MS92] auf den Summationsgenerator angewandt. Für den E_0-Generator wurde eine Zustandsanalyse durchgeführt. Hierbei konnten wir allerdings keine statistischen Auffälligkeiten entdecken, die auf bedingte Korrelationsgleichungen führen würden. Im Abschnitt 4.2 werden deshalb bedingte Korrelationen durch Vollsuche für den E_0 aufgelistet.
8. **Time-memory-tradeoff Attacke:**
   Mit Hilfe der Arbeiten [Hel80] und [BSW00] haben wir eine *time-memory-tradeoff* Attacke für beliebige Keystreamgeneratoren, die als autonome Automaten mit Ausgabe modelliert werden können, entwickelt. Für die Durchführung der Attacke erhält man einen Speicheraufwand ME für die vorberechneten Tabellen und einen Zeitaufwand TI für die eigentliche Attacke. Für den E_0-Generator gilt: ME = TI = $O(2^{88-2/3k})$ für $0 \leq k \leq 39$ und $N \geq 2^k$.

4 Ergebnisse zu den Korrelationskoeffizienten

In diesem Abschnitt werden berechnete Werte von bedingten und unbedingten Korrelationskoeffizienten, die zur Durchführung der entsprechenden Korrelationsattacken aus Abschnitt 3 notwendig sind, aufgeführt.

4.1 Unbedingte Korrelationskoeffizienten

Für die (unbedingte) schnelle Korrelationsattacke werden zur Durchführung (unbedingte) Korrelationskoeffizienten benötigt. Diese können durch Vollsuche, mathematische Analyse oder durch eine LSCA-Analyse (*Linear Sequential Circuit Approximation*, [Gol96]) ermittelt werden. Da die Ausgabefunktion des E_0 maximal korrelationsimmun ist, werden Korrelationen zwischen m aufeinander folgenden Eingaben $y_{t-m+1}, y_{t-m+2}, \ldots, y_t$ und den dazugehörigen aufeinander folgenden Ausgaben $z_{t-m+1}, z_{t-m+2}, \ldots, z_t$ gesucht. Die linearen Funktionen L_I und L_O lauten

$$L_I(y_{t-m+1}, \ldots, y_t) = \sum_{j=0}^{m-1} i_j y_{t-j} \text{ und } L_O(z_{t-m+1}, \ldots, z_t) = \sum_{j=0}^{m-1} o_j z_{t-j},$$

wobei alle Berechnungen im GF(2) durchgeführt werden und die Koeffizienten der Funktionen L_I und L_O zu den Vektoren

$$\underline{i}^{(m)} = (i_{m-1}, i_{m-2}, \ldots, i_0)^T \text{ und } \underline{o}^{(m)} = (o_{m-1}, o_{m-2}, \ldots, o_0)^T$$

zusammengefasst werden. Ein (unbedingter) Korrelationskoeffizient ist definiert als

$$c(L_I, L_O) = 2 \cdot P(L_I(y_{t-m+1}, \ldots, y_t) = L_O(z_{t-m+1}, \ldots, z_t)) - 1,$$

wobei bei der Bildung der Wahrscheinlichkeit davon ausgegangen wird, dass die Eingaben und die Anfangszustände gleich und statistisch unabhängig verteilt sind. Der Wert von $c(L_I, L_O)$ liegt im Bereich zwischen -1 und 1. Für den Angreifer sind dabei Koeffizienten von Interesse, die sich *wesentlich* von Null unterscheiden. Die Ergebnisse sind in der Tabelle 1 zusammengefasst, wobei lediglich die besten Korrelationen aufgeführt sind. Für $m = 1, 2$ und 3 nehmen alle Korrelationskoeffizienten $c(L_I, L_O)$ den Wert Null an. Ab $m = 4$ treten die ersten Korrelationen auf. Die Werte für die Korrelationen sind sehr gering und somit sind für die erfolgreiche Durchführung einer schellen Korrelationsattacke unter anderem eine große Anzahl N von beobachteten Keystreamsymbolen und *low-weight Parity-Checks* notwendig. Eine LSCA-Analyse angewandt auf den E_0 erbrachte keine verwertbaren Ergebnisse.

4.2 Bedingte Korrelationskoeffizienten

Zur Durchführung der bedingten Korrelationsattacke werden bedingte Korrelationen benötigt. Diese können durch Vollsuche, mathematische Analysen oder Zustandsanalysen ermittelt werden. Im Gegensatz zu den (unbedingten) Korrelationen (siehe Abschnitt 4.1) wird bei den bedingten Korrelationen ein festes Muster von m aufeinander folgenden Ausgabezeichen

$$\underline{z}_t^{(m)} = (z_{t-m+1}, z_{t-m+2}, \ldots, z_t)^T$$

betrachtet und eine hohe Korrelation der dazugehörigen Eingaben gesucht. Es ist zu beachten, dass die zu erwartende Anzahl von Vorkommnissen eines Ausgabemusters $\underline{z}_t^{(m)}$ im Keystream mit $N2^{-m}$ angegeben werden kann. Wir betrachten zwei Möglichkeiten von Korrelationen für die Eingaben.

Tab. 1: Die Werte der besten (unbedingten) Korrelationskoeffizienten beim E_0

m	$(\underline{i}^{(m)})^T$	$(\underline{o}^{(m)})^T$	$c(L_I, L_O)$	Bemerkung
4	$(1,0,0,1)$	$(1,0,1,1)$	-0.0625	durch Vollsuche
	$(1,0,1,1)$	$(1,0,1,1)$	-0.0625	[HN99] durch math. Analyse
	$(1,1,0,1)$	$(1,0,1,1)$	$+0.0625$	durch Vollsuche
	$(1,1,1,1)$	$(1,0,1,1)$	$+0.0625$	durch Vollsuche
5	$(1,1,1,0,1)$	$(1,1,1,1,1)$	-0.097656	durch Vollsuche (auch [Flu00])
	$(1,1,1,1,1)$	$(1,1,1,1,1)$	-0.097656	durch Vollsuche (auch [Flu00])
6	$(1,0,0,0,0,1)$	$(1,0,0,0,0,1)$	$+0.097656$	durch Vollsuche (auch [Flu00])
	$(1,0,0,0,1,1)$	$(1,0,0,0,0,1)$	$+0.097656$	durch Vollsuche (auch [Flu00])
7				keine neuen Koeffizienten
8				keine neuen Koeffizienten

Tab. 2: Die besten Werte für $p(\underline{z}_t^{(m)}, \underline{i}^{(m)})$ beim E_0, die durch Vollsuche ermittelt wurden

m	4	5	6	7	8
$p_{max}(m)$	0.515625	0.567871	0.567871	0.567871	0.567871

1. Linearkombination der Eingaben: Da die Ausgabefunktion des E_0 maximal korrelationsimmun ist, werden Korrelationen zwischen den m aufeinander folgenden Eingaben $y_{t-m+1}, y_{t-m+2}, \ldots, y_t$ betrachtet:

$$L_I(y_{t-m+1}, \ldots, y_t) = \sum_{j=0}^{m-1} i_j y_{t-j},$$

wobei alle Berechnungen im GF(2) durchgeführt werden und die Koeffizienten der Funktion L_I zu dem Vektor $\underline{i}^{(m)} = (i_{m-1}, i_{m-2}, \ldots, i_0)^T$ zusammengefasst werden. Die zugehörige Korrelation wird mit der Wahrscheinlichkeit

$$p(\underline{z}_t^{(m)}, \underline{i}^{(m)}) = p(\underline{z}_t^{(m)}, L_I) = P(L_I(y_{t-m+1}, \ldots, y_t) = 0 | B_1)$$

bewertet, wobei die Bedingung B_1 fordert, dass ein Zustand $\underline{v}_{t-m+1}$ existiert bei dem eine Eingabe von $y_{t-m+1}, \ldots, y_t$ eine Ausgabe von $\underline{z}_t^{(m)}$ liefert. Für einen Angreifer sind Werte von $p(\underline{z}_t^{(m)}, \underline{i}^{(m)})$ nützlich, die möglichst nahe an 0 bzw. 1 liegen. Für $m = 1, 2$ und 3 ergeben alle Werte von $p(\underline{z}_t^{(m)}, \underline{i}^{(m)})$ den Wert Null. In der Tabelle 2 sind die besten Werte von $p(\underline{z}_t^{(m)}, \underline{i}^{(m)})$ für $4 \le m \le 8$ aufgeführt. Die Höhe dieser Werte sind für die erfolgreiche Durchführung einer bedingten Korrelationsattacke zu gering.

2. Es sei $\underline{x}_t = (x_{1,t}, \ldots, x_{4,t})^T$, $\underline{x}_t^{(m)} = (\underline{x}_{t-m+1}, \ldots, \underline{x}_t)^T$, $\underline{c}_j = (c_1, c_2, c_3, c_4)^T \in (\mathrm{GF}(2) \cup \{*\})^4$, $1 \le j \le m-1$, und $\underline{c}^{(m)} = (\underline{c}_0, \ldots, \underline{c}_{m-1})^T$. Die Eingaben $\underline{x}_t^{(m)}$ vergleicht man nun mit dem Vektor $\underline{c}^{(m)}$, wobei das Sonderzeichen $*$ einen beliebigen Wert aus dem GF(2) darstellt. Die bedingten Korrelationswahrscheinlichkeit werden als

$$p(\underline{z}_t^{(m)}, \underline{c}^{(m)}) = P(\underline{x}_t^{(m)} = \underline{c}^{(m)} | B_2)$$

bewertet, wobei die Bedingung B_2 fordert, dass ein Zustand $\underline{v}_{t-m+1}$ existiert bei dem eine Eingabe von $\underline{x}_t^{(m)}$ eine Ausgabe von $\underline{z}_t^{(m)}$ ergibt. Bei den bedingten Korrelationswahrscheinlichkeiten der obigen Form sind nur Wert nahe an Eins für die

Tab. 3: Die Werte der besten bedingten Korrelationswahrscheinlichkeiten $p(\underline{z}^{(m)}, \underline{c}^{(m)})$ beim E_0, die durch Vollsuche ermittelt wurden

m	1	2	3	4	5	6
$p_{max}(m)$	0.375	0.375	0.375	0.375	0.375	0.375

Durchführung einer bedingten Korrelationsattacke geeignet. In der Tabelle 3 sind die Werte der besten Korrelationswahrscheinlichkeiten $p(\underline{z}^{(m)}, \underline{c}^{(m)})$ für $1 \leq m \leq 6$ aufgeführt. Die Höhe dieser Werte sind für die erfolgreiche Durchführung einer bedingten Korrelationsattacke zu gering.

5 Zusammenfassung

Das kryptographische Sicherheitsniveau des E_0-Generators kann nach der Beurteilung mit den im Abschnitt 3 aufgeführten Angriffen als sehr hoch eingestuft werden. Insbesondere die Anwendung von Korrelationsattacken wird aufgrund der niedrigen Korrelationswerte nicht zu einem erfolgreichen Angriff führen. Außerdem ist zu beachten, dass beim Einsatz des E_0-Generators in der Bluetooth-Übertragungstechnologie eine spezielle Initialisierung und maximal $N \leq 2745$ Keystreambits für einen Angriff herangezogen werden können. Im Falle der *time-memory-tradeoff* Attacke, angewandt auf den E_0 in der Bluetooth-Technologie, kann nicht nur der Keystream zur Verschlüsselung eines Pakets, sondern der Keystream während einer ganzen Verbindung benutzt werden.

Der E_0-Generator lässt sich effektiv in Hardware implementieren, so dass hohe Durchsatzraten für die Verschlüsselung möglich sind. Der Einsatz des E_0-Generators in anderen Anwendungen mit weitaus größeren Paketlängen, wie zum Beispiel der Verschlüsselung von Videosequenzen ist deshalb zu empfehlen. Die Bestimmung der Periode und der globalen linearen Komplexität der Keystreamfolge des E_0 sind noch offene Forschungsfragen.

Ich bedanke mich bei Prof. Dr.-Ing. Firoz Kaderali für die wissenschaftliche Betreuung dieser Arbeit. Diese Forschungsergebnisse entstanden innerhalb das Projekts „NRW Forschungsverbund Datensicherheit“, das durch das Ministerium für Schule, Wissenschaft und Forschung des Landes Nordrhein-Westfalen (Deutschland) unter der Nummer 107 002 1999 gefördert wird.

Literatur

[BSW00] A. Biryukov, A. Shamir, D. Wagner: Real-Time Cryptanalysis of A5/1 on a PC, in: [Sch00], Preliminary Draft, 19.4.2000.

[DC94] E. Dawson, A. Clark: Divide and Conquer Attacks on Certain Classes of Stream Ciphers, Cryptologia, 18(1):25–40, Januar 1994.

[DG95] E. Dawson, J.Dj. Golić (Hrsg.): Cryptography – Policy and Algorithms, Lecture Notes in Computer Science 1029, Springer-Verlag, 1995.

[Flu00] S. Fluhrer: Analysis of E0, Technical report, MidSpring Enterprises, Februar 2000, posting to newsgroup sci.crypt.research on 25.2.2000.

[Gol96] J.Dj. Golić: Correlation Properties of a General Combiner with Memory in Stream Ciphers, Journal of Cryptology, 9(2):111–126, 1996.

[GSC+95] J.Dj. Golić, M. Salmasizadeh, A. Clark, A. Khodkar, E. Dawson. Discrete Optimisation and Fast Correlation Attacks, in: [DG95], S. 186–200.

[Hel80] M.E. Hellman: A Cryptanalytic Time – Memory Trade-Off, IEEE Transactions on Information Theory, 26(4):401–406, Juli 1980.

[HN99] M. Hermelin, K. Nyberg: Correlation Properties of the Bluetooth Combiner, in: [Son99].

[JA97] M. Just, C. Adams (Hrsg.): Fourth Workshop on Selected Areas in Cryptography (SAC'97), School of Computer Science, Carleton University, Ottawa, Ontario in Canada, 1997.

[MS92] W. Meier, O.J. Staffelbach: Correlation Properties of Combiners with Memory in Stream Ciphers, Journal of Cryptology, 5(1):67–86, 1992.

[Rue86] R.A. Rueppel: Analysis and Design of Stream Ciphers, Springer-Verlag, 1986.

[Sch00] B. Schneier (Hrsg.): Fast Software Encryption, Proceedings, Springer-Verlag, 2000.

[SGDS97] M. Salmasizadeh, J.Dj. Golić, E. Dawson, L. Simpson: A Systematic Procedure for applying Fast Correlation Attacks to Combiners with Memory, in: [JA97], S. 102–114.

[Son99] J.S. Song (Hrsg.): Proceedings of the International Conference on Information Security and Cryptography – ICISC'99, Lecture Notes in Computer Science 1787, Springer-Verlag, 1999.

Kalkulierbares Sicherheitsrisiko bei Internet Anbindungen von Unternehmensnetzen

Frank Beuting · Markus Bartsch

TÜV Informationstechnik GmbH
{F.Beuting, M.Bartsch}@tuvit.de}

Zusammenfassung

Das Gefährdungspotenzial für Unternehmensnetze mit Internet Anbindung ist immens. Grundlegende technische und organisatorische Sicherheitsmaßnahmen wie Firewalls, Intrusion Detection und Response sowie VPNs in Verbindung mit regelmäßigen Sicherheitsüberprüfungen machen das Risiko kalkulierbar.

1 Einleitung

Die IT-Sicherheit ist ein Wirtschaftsfaktor der heutigen Informationsgesellschaft, wie öffentlichkeitswirksame Schadensereignisse der letzten Zeit deutlich aufgezeigt haben.

Angesprochen sind sowohl Anbieter und deren Kunden, die im Rahmen von E-Commerce beziehungsweise New Business ihre Transaktionen ausführen, als auch Unternehmen, die auf traditionellem Weg ihre Geschäfte abwickeln, jedoch dazu auf eine meist komplexe IT-Infrastruktur angewiesen sind. Viele moderne Unternehmen sind von einer hoch verfügbaren und vertrauenswürdigen Inter-/Intranet Anbindung wirtschaftlich abhängig.

Zuletzt sorgten beispielsweise folgende Angriffe für Schlagzeilen:.

Im Januar 2000 kam der US Hacker Kevin Mitnick nach fünfjähriger Haft wieder auf freien Fuß. Mitnick war im Jahr 1995 in diverse Militär- und Telekommunikationsrechner eingebrochen, konnte jedoch in einer dramatischen Verfolgungsjagd durch das FBI gefasst werden. Ihm gelang die Fälschung von Telefonaccounts sowie der Diebstahl von Telekommunikationssoftware und Tausenden von Kreditkartendaten.

Im Februar 2000 wurde die Internetadresse des Sicherheitsproduktcherstellers RSA Security Inc. von Hackern umgeleitet, so dass Internet Nutzer auf einer gefälschten und entstellten Webseite des Unternehmens landeten. Imageverlust war die Folge.

Im März 2000 legte das US-amerikanische Computer Security Institute eine Umfrage vor, wonach 90% der Teilnehmer in den letzten 12 Monaten Sicherheitsverletzungen beobachtet haben, wovon etwa 70% erfolgreich waren und ein geschätzter Schaden von 250 Millionen US-Dollar entstanden ist [Comp00].

Im April 2000 wurden automatisiert und gezielt hochfrequente Anfragen an E-Commerce Anbieter (DDOS bzw. Yahoo-Attacke) generiert, was zu einem Zusammenbruch der überlasteten Systeme führte.

Anfang Mai 2000 führte ein sich explosionsartig verbreitender E-Mail Wurm mit dem Namen „I LOVE YOU" zu der Infizierung einiger Millionen Server und Arbeitsplatzrechner weltweit. Dieser Wurm ist ein Sammelsurium unterschiedlichster Eigenschaften von sogenannter „maligner Software". Er besitzt neben der Wurmeigenschaft, sich selbstständig im Netzwerk zu verbreiten, ebenso die Eigenschaften eines Computervirus, sich in das befallene Betriebssystem einzunisten und weitere Dateien zu infizieren. Zusätzlich enthält er Backdoor-Mechanismen, sogenannte „Trojanische Pferde", mit Hilfe derer ein Angreifer sich aktiv in das befallene System über das Internet einloggen kann. Die Folge war die tagelange Einstellung jeglichen Mailverkehrs und Säuberung der betroffenen Rechner.

Die Bedeutung derartiger Vorfälle wird auch auf politischer Ebene wahrgenommen. Das Bundesinnenministerium will drastischer als bislang gegen Computerkriminalität vorgehen, unterstützt Betreiber von DV-Systemen mit einschlägigen Maßnahmenkatalogen [Bund00a] und fordert Experten auf, die deutsche Wirtschaft beim Kampf gegen Hacker zu unterstützen.

Unabhängige Organisationen mit ihren IT-Sicherheitsspezialisten stellen sich beispielsweise in Form eines *Informatik-TÜV* dieser Herausforderung. Sicherheitssensible Produkte und Systeme werden anhand von internationalen Kriterien auf ihre Vertrauenswürdigkeit geprüft und zertifiziert. Inter-/Intranet Anbindungen von Unternehmen werden im Hinblick auf ihren korrekten Betrieb und ihre Schwachstellen analysiert. Unter anderem werden dazu die gleichen Instrumente eingesetzt, wie sie externe oder interne Angreifer ebenfalls benutzen würde.

Um zu einer Sicherheitsaussage über netzwerkbasierende DV-Systeme zu kommen, wird nachfolgend das Verfahren der Sicherheitstechnischen Qualifizierung von IT-Installationen (SQ) vorgeschlagen und beschrieben, welches das Sicherheitsniveau eines Systems bestimmt, dieses Niveau in einem zeitlichen und technischen Regelkreislauf optimiert und den jeweiligen Status bescheinigt beziehungsweise zertifiziert.

2 Sicherheitsmaßnahmen gegen Angriffe

Wie die oben angegebenen Beispiele belegen, ist davon auszugehen, dass Angriffe auf DV-Systeme über das Internet stattfinden. Ziel muss es daher sein, das Angriffspotenzial gering zu halten und das Restrisiko eines erfolgreichen Angriffs zu minimieren. Hierbei helfen grundlegende technische und organisatorische Sicherheitsmaßnahmen [Fuhr97].

Der Einsatz von Kryptografie verhindert das Mitlesen von sensiblen Daten, wie z.B. vertrauliche Dokumente, Passwörter oder Kreditkartendaten bei der Kommunikation über das Internet. Standardkomponenten sorgen für die Verschlüsselung von E-Mails (Pretty Good Privacy – PGP) und Browserverbindungen (Secure Socket Layer – SSL). Unternehmen, die über das Internet mit internen und externen Partnern kommunizieren möchten, sollten ein Virtual Private Network (VPN) nutzen, welches die Kopplung zweier lokaler Netzwerke mittels eines verschlüsselten Tunnels durch das Internet gewährleistet.

Um sicherzustellen, dass über das Internet angebotene Dienste nur von hierzu autorisierten Personen genutzt werden, ist eine starke Identifizierung und Authentisierung (Nachweis der Identität) durch diese Dienste erforderlich. Hierzu können durch sogenannte Token automatisch generierte Einmalpassworte bzw. „Challenge and Response" Prozesse, die auf dem Besitz eines gemeinsamen Geheimnisses, d.h. eines symmetrischen Schlüssels, basieren, verwendet werden. Auch Verfahren, die mit digitalen Zertifikaten, asymmetrischen Schlüsseln und elektronischer Signatur arbeiten, sind hierfür sehr gut geeignet. Hierbei sollte als zusätzliches Sicherheitsmedium eine intelligente Chipkarte eingesetzt werden, die den persönlichen und geheimen Schlüssel in unauslesbarer Form enthält. Eine entsprechende Form dieser Authentisierung wird z.B. durch den neuen Home Banking Computer Interface Standard (HBCI) forciert.

Die Verwendung von vertrauenswürdiger und korrekt installierter sowie konfigurierter Software minimiert das Risiko, Opfer von bewusst eingebauten Schwachstellen (Trapdoors beziehungsweise Backdoors) oder Softwaremängeln (ein prominenter Fall ist hier die UNIX Routine sendmail) zu werden. Im Idealfall sollte nach anerkannten Kriterien (ITSEC, CC siehe unten) evaluierte Software eingesetzt werden. Es sollte mindestens die Quelle der Software bekannt sein und sie sollte in ausreichender Qualität programmiert sein. Der Einsatz von Produkten, deren Source Code öffentlich ist (Open Source Produkte) hat zwei Facetten: Einerseits ist es potenziellen Angreifern einfach möglich, eventuelle Schwachstellen solcher Produkte ausfindig zu machen, andererseits werden Schwachstellen i.a. schneller bekannt und behoben. Nach Sicherheitskriterien untersuchte Software ist jedoch immer zu bevorzugen.

Um einer Kompromittierung des DV-Systems durch Schadensprogramme (Viren, Trojaner, Denial-of-Service-Programme) vorzubeugen, sollten die Systemdateien täglich, aber auch eingehende Dokumente sofort mit aktuellen Dateiscannern auf auffällige Anhänge oder Inhalte analysiert und im Verdachtsfall isoliert werden. Diese Prüfungen sollten sowohl lokal auf jedem Rechner als auch an den zentralen Netzwerkübergängen beziehungsweise Firewalls (siehe unten) zum Internet automatisiert erfolgen. Darüber hinaus sollten die Systeme regelmäßig auf verdächtige oder überflüssige Benutzeraccounts und deren Rechte kontrolliert werden, um Systemmanipulationen auf diesem Weg auszuschließen.

Unabdingbar ist die Schulung von Systemadministratoren im Hinblick auf einen sicheren Betrieb der DV-Systeme, ebenso wie die ständige Informationsbeschaffung über neue Angriffsmöglichkeiten und neu entdeckte Schwachstellen. Es können dann kurzfristig geeignete Maßnahmen ergriffen werden, um Sicherheitsvorfälle ganz zu vermeiden beziehungsweise deren Auswirkungen zu mindern. Hierzu gibt es Schulungsangebote und Veranstaltungen zum Informationsaustausch, aber auch einschlägige Newsgroups und Webseiten.

Die zuvor genannten Maßnahmen sind in Zusammenhang mit technischen Einrichtungen wirksam, die eine Entkopplung des schutzbedürftigen internen Netzes vom offenen Internet vornehmen. Diese sogenannten Firewalls kontrollieren jeglichen Kommunikationsverkehr zwischen dem zu schützenden Netz und dem offenen Netz und lassen bei korrekter Konfiguration ausschließlich autorisierte und sichere Netzwerkdienste zu.

Eine besonders sichere Firewall-Architektur zeichnet sich durch die Implementierung mehrstufiger „Sicherheitshürden" aus. Sie sollte aus mindestens zwei Filterkomponenten bestehen, also aus zwei Rechnern, auf denen Firewallprodukte unterschiedlicher Hersteller installiert sind. Diese Filterkomponenten umfassen ein oder mehrere sogenannte „Perimeter Networks" oder „waffenfreie Zonen". Die externe Filterkomponente regelt ausschließlich den Verkehr zwischen dem Internet und den Perimeter Networks, während die interne ausschließlich den Verkehr zwischen einem oder mehreren lokalen Netzen (LAN) und den Perimeter Networks regelt. In den waffenfreien Zonen sind einzelne Rechner positioniert, die als Gateway oder Server für Applikationen fungieren, deren Netzwerkdienste durch die Filterkomponenten transportiert werden dürfen. Sie enthalten Sicherheitsmechanismen auf Applikationsebene, wie zum Beispiel Virenscanner für eingehende Mails oder Authentisierungsverfahren für vertrauliche Webseiten. Die Proxy-Funktionalitäten der Gateways im Perimeter Network bewirken, dass keine Kommunikation direkt zwischen Rechnern im Internet und Rechnern im LAN stattfindet, sondern immer nur mit einer Komponente in der waffenfreien Zone.

Gelingt es einem Angreifer aus dem Internet, die externe Filterkomponente anzugreifen oder im Rahmen eines erlaubten Netzwerkdienstes diese zu passieren, befindet er sich noch nicht im lokalen Netzwerk, sondern muss zusätzlich die interne Filterkomponente überwinden.

Eingesetzte Monitoring- und Logging-Werkzeuge auf den Rechnern innerhalb der Firewall-Architektur helfen, Angreifer aus dem Internet frühzeitig zu entdecken.

Die nachfolgende Abbildung zeigt eine solche Firewall-Architektur mit zwei Perimeter Networks. Perimeter Network 1 wird hierbei durch einen Rechner zusätzlich in zwei Segmente unterteilt. Diese Trennung ist typisch für Rechner, auf denen Frontends für hochsichere Spezialapplikationen, wie etwa Internet Banking Applikationen, implementiert sind.

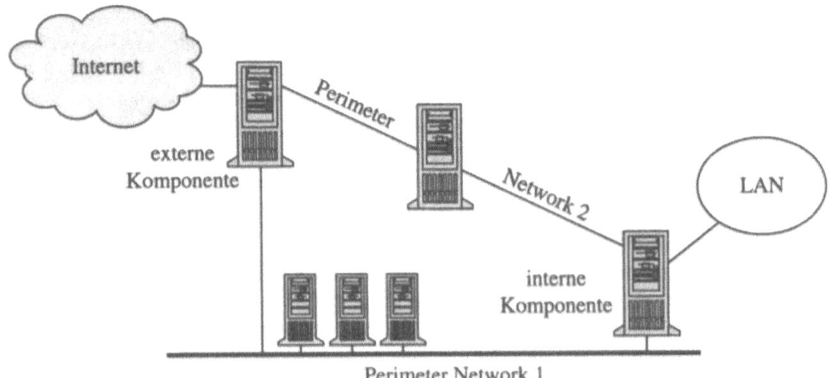

Abb. 1: Firewall-Architektur mit zwei Perimeter Networks

Natürlich müssen weitere Rahmenbedingungen erfüllt sein, damit Firewalls ihre Schutzfunktion zuverlässig erbringen können [Bund96, Bund00b]. Hierzu gehören u.a.

- Der komplette Datentransfer zwischen dem Internet und dem LAN muss die Firewall passieren. Es darf keine separaten Verbindungsmöglichkeiten aus dem LAN geben (wie z.B. Modems).
- Eine eingestellte Sicherheitspolitik in Form eines Regelwerkes definiert, welcher Datentransfer erlaubt ist. Nur dieser darf ausgeführt werden. Alles, was nicht ausdrücklich erlaubt ist, wird von den Filterkomponenten abgewiesen.
- Auf den Rechnern der Firewall-Architektur ist ausschließlich Software installiert, die zur Gewährleistung der Schutzfunktion erforderlich ist. Dass die benutzte Software von hoher Qualität und im Wesentlichen fehlerfrei sein muss, versteht sich von selbst.

- Ein Login in die Rechner wird ausschließlich den Administratoren gewährt. Die Administration darf nur über einen vertrauenswürdigen Pfad möglich sein. Die Administratoraktionen müssen protokolliert werden.

Unterstützt werden kann die Filterfunktion der Firewall durch den Einsatz von Angriffserkennungssystemen (Intrusion Detection Systeme, IDS) und proaktiv durch Intrusion Response Systeme (IRS). Während ein IDS die Kommunikationsverbindungen auf Auffälligkeiten und typische Angriffsmuster untersucht, versucht ein IRS geeignet auf einen Angriff zu reagieren, beispielsweise durch Abschalten betroffener Systemteile, und gegebenenfalls durch Rückverfolgung der Kommunikationsverbindung [WoHS99].

Die zum Schutz eines DV-Systems ergriffenen technischen und organisatorischen Maßnahme sollten in Form eines IT-Sicherheitskonzeptes zusammengefasst werden und in die globale Sicherheitspolitik sowie das Sicherheitsmanagement eines Unternehmens integriert sein.

3 Sicherheitstechnische Qualifizierung

Seit Jahren bewährt auf dem Gebiet der Sicherheitsprüfungen sind Evaluationen nach anerkannten nationalen und internationalen Sicherheitskriterien. In den USA wurden dazu das sogenannte Orange Book und in Europa die Information Technology Security Evaluation Criteria (ITSEC) [Krit91, Hand93] angewendet. Zukünftig werden die Common Criteria (CC) als internationaler Standard diese Rolle übernehmen [Comm99].

Sicherheitsevaluationen nach den vorgenannten Kriterien sind relativ gut auf Komponenten und überschaubare Systeme anzuwenden, führen aber bei komplexen Systemen, beispielsweise Unternehmensnetzen, zu enormen Aufwänden und Overheads. Daher haben die Autoren zur Beurteilung der Sicherheit von größeren Systemen das Verfahren der Sicherheitstechnischen Qualifizierung (SQ) [BaSu99] entwickelt, welches einen pragmatischeren Ansatz als die formalen Evaluationen darstellt, da es sich zielgerichteter auf mögliche Systemschwachstellen konzentriert und auch die technische Fortentwicklung eines IT-Systems berücksichtigt. Dabei werden bereits durchgeführte Evaluationen von Systemkomponenten in die Bewertung integriert.

Die hier vorgestellten Kriterien beziehen sich auf den technischen Anteil eines IT-Systems, welcher idealerweise in eine übergeordnete Managementstruktur eingebunden ist. Zur Abgrenzung wird für diesen technischen Anteil der Begriff *IT-Installation* verwendet. Bei der IT-Installation kann es sich um die Internet Anbindung eines Unternehmensnetzes handeln, die Kriterien lassen sich jedoch auf jedes DV-System mit Sicherheitsanforderungen anwenden.

Das Ergebnis dieses Verfahrens, das nach einer Definitionsphase der Sicherheitsanforderungen eine Kombination aus Dokumentenreviews und technischen Überprüfungen und Tests darstellt, ist ein Systemzertifikat über den derzeitigen Sicherheitsstatus. Periodische oder durch Systemänderungen bedingte Folgequalifizierungen sollten sich anschließen.

Ziel ist es, dass im Lebenszyklus der IT-Installation ein stabiler Zustand bezüglich der Sicherheit des Systems dauerhaft gewährleistet wird, wie Abbildung 2 veranschaulicht.

Im Einzelnen setzt sich das Verfahren aus folgenden Bewertungsaspekten zusammen.

- Technische Sicherheitsanforderungen und Vorgaben
- Dokumentation der IT-Installation

- Sicherheit der verwendeten Komponenten
- Benutzer-, Administrations- und sonstige Betriebsdokumente
- Mittel des Systemmanagements
- Verfahren und technische Mittel des Änderungsmanagements
- Tests und Inspektionen
- Operationelle Anforderungen
- Sicherheitsanalysen

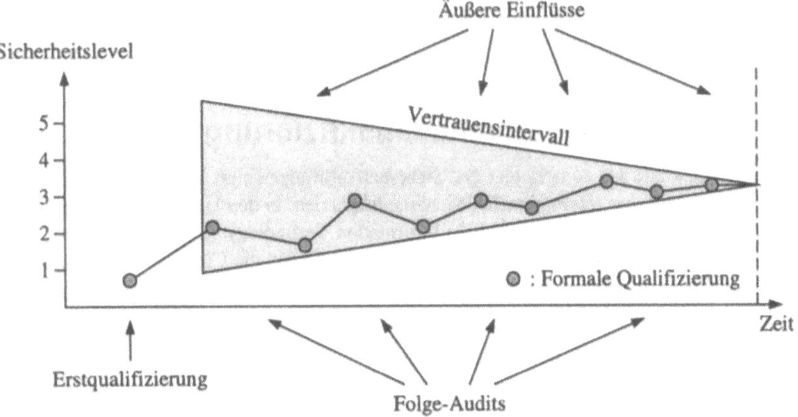

Abb. 2: Sicherheitstechnische Qualifizierung im zeitlichen Verlauf

Wenn die zu den vorgenannten Bewertungsaspekten untersuchten Dokumentationen, die eingesetzten Mittel und Maßnahmen und schließlich die praktischen System- und Penetrationstests sowohl dem Prüfer als auch dem Betreiber ein ausreichendes Maß an Vertrauen in die IT-Installation vermitteln, dann kann von einer Basissicherheit des DV-Systems ausgegangen werden.

4 Ausblick

Auch wenn die Gefahren, die aus einer Anbindung an das Internet resultieren können, vielfältig erscheinen, ist dieses Risiko kalkulierbar. Dazu ist es jedoch notwendig, wirksame Sicherheitsmaßnahmen in die relevanten DV-Systeme zu integrieren. Diese Maßnahmen sollten in ein unternehmensweites Sicherheitsmanagement, vergleichbar dem Qualitätsmanagement, eingebunden sein. Periodisch beziehungsweise bei Bedarf, hervorgerufen durch neue Angriffsmethoden oder technische Veränderungen, sollte der Systemzustand einer Sicherheitsuntersuchung unterzogen werden, um die Wahrscheinlichkeit eines realen Schadensfalls zu minimieren.

TÜViT als unabhängige Expertenorganisation kann Unternehmen bei der Absicherung ihrer Internet Anbindung wirkungsvoll unterstützen. Im Vergleich zu dem wirtschaftlichen Schaden, der durch einen erfolgreichen Angriff auf das Unternehmensnetz verursacht werden kann, sind die Kosten für adäquate Sicherheitsmaßnahmen und -prüfungen nahezu vernachlässigbar.

Sofern die zuvor definierten sicherheitsspezifischen Grundregeln eingehalten werden, kann ohne Angst auf das Zukunftsmedium Internet gesetzt werden.

Literatur

[BaSu99] M. Bartsch, C. Sutter: Sicherheitstechnische Qualifizierung und Zertifizierung von vertrauenswürdigen IT-Installationen, Version 8.2, TÜViT/S³Lab, 4.8.1999.

[Bund00a] Bundesamt für Sicherheit in der Informationstechnik: Empfehlungen zum Schutz vor verteilten Denial of Service-Angriffen im Internet, V1.1, 20.6.2000. www.bsi.de

[Bund00b] Bundesamt für Sicherheit in der Informationstechnik: Sicherheitsanforderungen an einzelne Firewall-Komponenten (Arbeitsblatt), BSI, Bonn, 07/2000.

[Bund96] Bundesamt für Sicherheit in der Informationstechnik: Sicherheitsanforderungen an Internet–Firewalls, BSI, Bonn, 03/1996.

[ChBe95] W.R. Cheswick, S. M. Bellovin: Firewalls and Internet Security, Repelling the Willy Hacker, Addison-Wesley, 04/1995.

[ChZw95] D.B. Chapman, E.D. Zwicky: Building Internet Firewalls, O'Reilly & Associates, 11/1995.

[Comm99] Common Criteria for Information Technology Security Evaluation (CC), Part 1-3, Version 2.1, August 1999, CCIMB-99-031, CCIMB-99-032, CCIMB-99-033.

[Comp00] Computer Security Institute: Issues and Trends: 2000 CSI/FBI Computer Crime and Security Survey, 22.3.2000. www.gocsi.com

[Fuhr97] K. Fuhrberg: Sicherheit im Internet, Bundesamt für Sicherheit in der Informationstechnik, 1997.

[GaSp96] S. Garfinkel, G. Spafford: Practical Unix and Internet Security, O'Reilly & Associates, Inc., 05/1996.

[Hand93] Handbuch für die Bewertung der Sicherheit von Systemen der Informationstechnik (ITSEM), Vorläufige Form der harmonisierten Methodik, V1.0, Sept. 1993.

[Klut99] R. Klute: Sicherer Betrieb eines World Wide Web Servers, NADS GmbH, 1999.

[Krit91] Kriterien für die Bewertung der Sicherheit von Systemen der Informationstechnik (ITSEC), Vorläufige Form der harmonisierten Kriterien, V1.2, Juni 1991.

[Mack97] M. Mackenbrock: Zur Diskussion gestellt: ITSEC Funktionalitätsklasse für Internet–Firewalls (F–IFW–1), BSI Forum, 05/1997.

[Newm96] A. Newman et al.: Using JAVA, Special Edition, Que Corporation, 1996.

[WoHS99] S. Wolf, D. Häger, H. Schorn: Erkennung und Behandlung von Angriffen aus dem Internet, BSI, 1999.

Sicheres Telefonsystem für das Internet Entwurf und Implementierung

Patrick Horster · Martin Schaffer · Peter Schartner · Dieter Sommer

Universität Klagenfurt
Institute für Informatik – Systemsicherheit
{patrick.horster, peter.schartner}@uni-klu.ac.at
{mschaffe, dsommer}@edu.uni-klu.ac.at

Zusammenfassung

Die Idee zu diesem Telefonsystem entstand im Rahmen eines Netzwerkspiels, das eine Halbduplex-Sprachverbindung unterstützt, die den Spielern eines Teams erlaubt, untereinander zu kommunizieren. Das Problem hierbei ist, dass erstens keine Vollduplex-Verbindung besteht und zweitens die Teamkommunikation unverschlüsselt übertragen wird und daher von den (fiktiven) Gegnern abgehört werden kann. Zudem ist die Sprachverzögerung unseres Erachtens zu hoch. Das System wurde nach dem Client-Server Modell mit Chipkarten als Sicherheitstoken implementiert und gewährleistet die Authentizität der Gesprächsteilnehmer und die Authentizität, Vertraulichkeit und Integrität von Protokoll- und Gesprächsdaten bei geringer Sprachverzögerung und minimalem Bandbreitenbedarf.

1 Einleitung

Im Laufe des Studiums der „Angewandten Informatik" an der Universität Klagenfurt ist es notwendig, ein sogenanntes 4h-Praktikum zu absolvieren, in dem im Team ein Projekt bearbeitet wird. Hier bot es sich an, die Idee eines sicheren Internettelefons zu verwirklichen. Bei ersten Gesprächen wurde der Vorschlag unterbreitet, Chipkarten als Sicherheitswerkzeug zu verwenden. Zudem sollte im Rahmen des Praktikums lediglich eine Machbarkeitsstudie und ein Systemkonzept erstellt werden. Am 25.05.2000 präsentierten Martin Schaffer und Dieter Sommer ihre bisherigen Ergebnisse im Privatissimum der Forschungsgruppe Systemsicherheit. Einerseits aus Interesse an einem funktionsfähigen System und andererseits motiviert durch die einhellige Meinung des Auditoriums, dass ein solches Vorhaben im Rahmen eines 4h-Praktikums ohnehin nicht realisierbar wäre, haben wir uns entschlossen, nicht nur ein Systemdesign, sondern auch die Implementierung eines Prototypen durchzuführen.

In der Designphase des Systems wurde von der Verwendungsmöglichkeit im Hintergrund von Spielen Abstand genommen und das System als „gewöhnliches" sicheres Internettelefonsystem konzipiert. Es sollten folgende Systemziele realisiert werden:

- Authentizität der Gesprächsteilnehmer
- Vertraulichkeit und Integrität von Protokoll- und Gesprächsdaten
- Bandbreitennutzung von etwa 8KByte/Sekunde
- Geringe Sprachverzögerung
- Verwendung von Chipkarten als Sicherheitswerkzeug

2 Systemarchitektur

2.1 Zertifizierungsstelle

Für die Realisierung des Systemzieles Authentizität und Vertraulichkeit wählten wir den Weg einer Public-Key-Infrastruktur basierend auf von uns selbst definierten Zertifikaten. Zertifikate werden bei der Registrierung für jeden Benutzer bzw. für den Server erstellt, wobei pro Benutzer je ein Public-Key-Zertifikat für den Verschlüsselungsschlüssel und den Signaturverifizierungsschlüssel angelegt wird. Außerdem erhält jeder Benutzer den Signaturverifizierungsschlüssel der Zertifizierungsstelle, welcher zusammen mit einer zertifikatgleichen Struktur mit dem Signaturerstellungsschlüssel des jeweiligen Benutzers signiert wird. Somit hat der Benutzer jederzeit die Möglichkeit, die Authentizität des Signaturverifizierungsschlüssels der Zertifizierungsstelle durch Verifizierung mit dem eigenen Signaturverifizierungsschlüssel zu überprüfen. Die kryptographischen Operationen der Zertifizierungsstelle laufen ausschließlich in Software ab, da eine Mikroprozessorchipkarte zu wenig performant wäre und uns keine Spezial-Hardware zur Verfügung stand.

Der Benutzer erhält die beiden Zertifikate für die öffentlichen Schlüssel des Servers und den Signaturverifizierungsschlüssel der Zertifizierungsstelle. Außerdem werden dem Benutzer die öffentlichen und geheimen Schlüssel für Ver- bzw. Entschlüsselung und Signaturerstellung bzw. -verifizierung übergeben, wobei dies in Form einer Datei erfolgt oder durch Verwendung einer geeigneten Chipkarte.

Der Server erhält die gleichen Daten wie jeder Benutzer und zusätzlich noch die Public-Key-Zertifikate der registrierten Systembenutzer. Diese benötigt der Server, um als Public-Key-Server fungieren zu können.

2.2 Server

Um das System allgemein verwendbar zu gestalten, ist es zweckmäßig einen Server zu verwenden, welcher die Netzwerkadressen, die authentischen öffentlichen Schlüssel und andere Daten der jeweiligen angemeldeten Benutzer speichert. Die relevanten Einzelheiten werden noch detailliert betrachtet. Die Daten der Benutzer, die jeweils „online" sind, werden in einem Telefonbuch im Hautspeicher des Servers abgelegt.

2.3 Client

Der Client, also das eigentliche Internettelephonieprogramm, baut nun auf den von der Zertifizierungsstelle und dem Server zur Verfügung gestellten Diensten auf. Sobald ein Clientprozess auf einem Clientrechner gestartet wird, findet eine gegenseitige Authentifikation zwischen dem Client und dem Server statt, um eine sichere und integre Protokollverbindung zwischen diesen Entitäten aufzubauen. Diese Verbindung wird im weiteren zur Anforderung von Netzwerkadressen und authentischen öffentlichen Schlüsseln im Rahmen eines Anrufaufbaues verwendet. Im Rahmen der oben erwähnten Authentifikation erhält der Server die Netzwerkadresse des Clients. Weiters werden ein Sitzungsschlüssel für die Protokollverbindung und ein Initialisierungsvektor für den Verschlüsselungsalgorithmus vereinbart.

Im Falle eines Anrufes muss der Anrufer die Telefonnummer (Benutzerseriennummer) des gewünschten Teilnehmers eingeben. Im Protokollablauf werden zunächst über die sichere

Verbindung zum Server die Netzwerkadresse und die authentischen öffentlichen Schlüssel des gewünschten Teilnehmers ermittelt, falls dieser online ist. Die Authentizität dieser Daten wird durch die verschlüsselte Protokollverbindung gewährleistet. Ist der Angerufene nicht verfügbar (nicht online), so wird dies dem Anrufer mitgeteilt und das Protokoll endet.

Ist der Teilnehmer online, so wird im Weiteren eine Authentifikation durchgeführt, wobei nach dem ersten Protokollschritt der Angerufene das Gespräch entweder abweist oder annimmt. Nur im Falle der Annahme wird die Authentifikation zu Ende geführt. Hierbei werden, wie im Falle der Client-Server-Authentifikation, ein Sitzungsschlüssel, ein Initialisierungsvektor und diverse Daten für die Verschlüsselung der nachfolgenden Sprachverbindung vereinbart.

Nach einer erfolgreichen Authentifikation beginnt eine vertrauliche Sprachübertragung. Dazu werden die Audiodaten digitalisiert, komprimiert und verschlüsselt.

Weiters ist anzumerken, dass in den bei der Audioübertragung gesendeten Datenpaketen noch Platz für weitere Protokolldaten zur Verfügung steht.

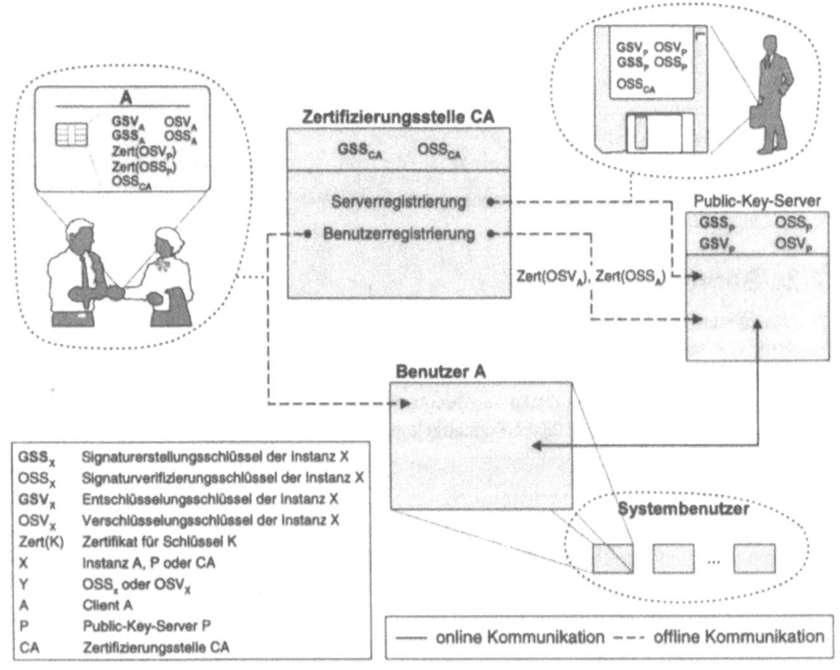

Abb. 1: Systeminfrastruktur

3 Detailbeschreibung

3.1 Krypto-Library

Die im Projekt verwendeten kryptographischen Primitive wurden einer kommerziell erhältlichen kryptographischen Bibliothek [ASE98] entnommen. Diese Krypto-Library arbeitet auf Basis von Key-Containern, die alle Schlüssel des jeweiligen Benutzers enthalten. Die Speicherung eines Key-Containers erfolgt in einer Datei, in der Registry des Computers, oder auf einer Chipkarte, wobei vom Sicherheitsstandpunkt aus betrachtet die Chipkarte das zu bevorzugende Medium ist, da es kaum möglich ist, geheime Schlüssel auszulesen. Typisch für eine solche Bibliothek ist weiter, dass das Schlüsselmaterial nur über sogenannte Handles zugreifbar ist, und man nicht direkt auf die entsprechenden Binärdaten zugreifen kann. Der Vorteil dieses Konzeptes ist die einfache Handhabung, der Nachteil liegt darin, dass beispielsweise symmetrische Schlüssel nie im Klartext, sondern nur in verschlüsselter Form exportiert werden können, sodass man nie direkt Zugriff auf symmetrische Schlüssel in der Library hat. Öffentliche Schlüssel lassen sich über den Umweg der Generierung eines sogenannten Public-Key-Blobs extrahieren. Hierzu muss der Schlüssel exportiert werden. Anschließend ist das Schlüsselmaterial in einem Public-Key-Blob enthalten, welcher direkt zugreifbar ist. Um nun Public-Keys übertragen zu können, muss immer der gesamte entsprechende Public-Key-Blob verwendet werden, in dem neben dem binären Schlüsselmaterial auch eine Prüfsumme und einige andere Datenelemente enthalten sind. Beim Vorgang des Importierens kann der Public-Key aus dem Public-Key-Blob wiedergewonnen werden. Genau dieser Mechanismus (Import/Export) wird auch beim Erstellen von Zertifikaten verwendet. Bei der Implementierung macht es nahezu keinen Unterschied, ob Chipkarten oder die Anwendungssoftware die kryptographischen Berechnungen durchführt, da im wesentlichen nur der Key-Container entsprechend umzuschalten ist.

Es wurden Library-Funktionen für folgende Sicherheitsprimitive verwendet:

- Erstellen eines Key-Containers
- Erstellen von Schlüsselpaaren
- Hashen von Daten (RIPEMD-160 [DoBP96])
- Signieren von Hashwerten (1024 bit RSA [RiSA78])
- Signaturverifizieren von Signaturen über Hashwerten (1024 bit RSA)
- Public-Key-Verschlüsselung (1024 bit RSA)
- Public-Key-Entschlüsselung (1024 bit RSA)
- Exportieren der Binärdaten eines Schlüssels
- Importieren der Binärdaten eines Schlüssels

3.2 Offline-System

3.2.1 Zertifizierungsstelle

Da uns keine kommerziellen Zertifikate zur Verfügung standen, entschlossen wir uns, selbst eine einfache Public-Key-Infrastruktur (PKI) aufzubauen. Diese PKI besteht im wesentlichen aus einer Zertifizierungsstelle, die unmittelbar die Zertifikate für einzelne Benutzer ausstellt, wobei eine Vertrauenshierarchie der Tiefe 1 vorliegt.

Die Zertifizierungsstelle läuft auf einem nicht an einem Netzwerk angeschlossenen Rechner unter dem Betriebssystem Windows NT, da dies eine Hochsicherheitsumgebung darstellt und keine Notwendigkeit für einen Netzwerkanschluss der Zertifizierungsstelle vorliegt. Die kryptographischen Algorithmen werden über die für das gesamte System verwendete kryptographische Library realisiert, weshalb auch für die Signaturerstellung im Rahmen der Zertifikate 1024 bit RSA zum Einsatz kommt. Der Zugang zu den Schlüsseln wird über ein Passwort abgesichert, wobei zuvor ein Zugangschema festgelegt werden muss. 1024 bit RSA wird heute noch als sicher angesehen, wobei angemerkt werden muss, dass in der Praxis schon häufig 2048 bit Schlüssel verwendet werden. Moduli unter 768 bit sind heute nicht mehr als sicher zu betrachten, da Bedrohungen von Seiten immer effizienter werdender Faktorisierungsalgorithmen wie beispielsweise dem Zahlenkörpersieb stärker werden.

3.2.2 Zertifikatsaufbau

Die Struktur der Zertifikate wurde von uns bewusst einfach gehalten, da die Verwendung von vornherein ohnehin auf unser Telephoniesystem beschränkt war. Abbildung 2 stellt den Aufbau eines von der Zertifizierungsstelle erstellten Zertifikats dar.

	Feld	Länge	Offset
Hash	Versionsnummer	4	0
	Reserviert	8	4
	Zertifikatsseriennummer	4	12
	Algorithmus-ID	4	16
	Schlüsseltyp	4	20
	Aussteller	40	24
	Ausstellungsdatum	4	64
	gültig_von	4	68
	gültig_bis	4	72
	Name	40	76
	Seriennummer	4	116
	Länge des öffentlichen Schlüssels	4	120
	Redundanz	4	124
	Öffentlicher Schlüssel (blob)	282	128
	Länge der Signatur	4	410
	Signatur über Hash	128	414

Abb. 2: Aufbau eines Zertifikates

Das Versionsfeld enthält die Version des Zertifikats und ist notwendig um später eventuelle Änderung durchführen zu können und verschiedene Versionen von Zertifikaten gleichzeitig verwenden und unterscheiden zu können. Das Feld Reserviert wird für spätere Zwecke freigehalten und muss in der derzeitigen Version 0 sein.

Im Feld Zertifikatsseriennummer wird eine für jedes Zertifikat eindeutige Nummer gespeichert, wobei die Zählung bei 100000001 beginnt und je Zertifikat um 1 inkrementiert wird.

Die Algorithmus-ID gibt Auskunft über den für die Signaturerstellung verwendeten Hash- und Signaturalgorithmus. Für dieses Feld wurden bis jetzt nur 2 Werte definiert:

1: 1024 bit RSA mit SHA-1

2: 1024 bit RSA mit RIPEMD-160

Das Feld Schlüsseltyp gibt die Art des im Zertifikat enthaltenen Schlüssels an:

1: Öffentlicher Schlüssel für asymmetrische Verschlüsselung

2: Öffentlicher Schlüssel für Signaturverifizierung

Im Feld Aussteller wird der Name der ausstellenden Zertifizierungsstelle vermerkt. Die Länge für diesen Bezeichner darf 40 Byte (inkl. Nullterminierungszeichen) nicht überschreiten, wobei die Zeichen aus dem Alphabet {A..Z, a..z, 0..9, _, -} stammen müssen.

Das Ausstellungsdatum enthält den Zeitpunkt unmittelbar vor der Signaturgenerierung in einer Granularität von 1 Sekunde in einem 32 bit Wert im von UNIX und Windows verwendeten Datumsformat. Bei der Überprüfung eines Zertifikats muss das Datum als vorzeichenlose Ganzzahl interpretiert kleiner als der Überprüfungszeitpunkt sein.

Das Feld gültig_von beinhaltet den Zeitpunkt zu dem das Zertifikat gültig wird. Es wird im selben Format wie das Ausstellungsdatum gespeichert und muss ebenfalls bei der Überprüfung eines Zertifikats berücksichtig werden.

Das Feld gültig_bis beinhaltet den Zeitpunkt des Endens der Gültigkeit des Zertifikats und wird ebenfalls im selben Format wie das Ausstellungsdatum gespeichert und muss bei der Überprüfung größer als das Datum des Überprüfungszeitpunktes sein.

Das Feld Name beinhaltet den Namen des Zertifikatbesitzers dessen Schlüssel über das Zertifikat zertifiziert wird. Dieses Feld ist von besonderer Relevanz, da ein Benutzer die Authentizität eines Zertifikates u.a. durch den Benutzernamen prüfen kann. Der Name muss nicht notwendigerweise eindeutig sein.

Die Seriennummer spiegelt die Telefonnummer des Benutzers wider. Mit der Erstellung eines neuen Zertifikats für einen Benutzer ändert sich damit auch seine Telefonnummer.

Die Länge des öffentlichen Schlüssels ist bei Verwendung unserer kryptographischen Library immer dieselbe, sie wird jedoch aus Gründen der Generizität abgespeichert, um das Zertifikat eventuell auch für andere Verfahren verwendbar zu machen.

Das Feld Redundanz enthält 32 auf 1 gesetzte Bits und ist Teil des Redundanzschemas des Zertifikats.

Der öffentliche Schlüssel ist im Grunde ein sogenannter Public-Key-Blob der zugrundeliegenden kryptographischen Library. Hier ist anzumerken, dass der Key-Blob Versionsnummern und andere Daten sowie einen 128 bit Hashwert über den Schlüssel enthält. Der Hash dient der Library wahrscheinlich (nähere Informationen sind in [ASE98] leider nicht zu finden) der Feststellung, ob ein im Key-Blob gespeicherter Key Fehler aufweist. Der Hashwert kann als Teil des im Zertifikat definierten Redundanzschemas betrachtet werden, welches im Kontext von digitalen Signaturen notwendig ist. Der öffentliche Schlüssel setzt sich aus einem 1024 bit langen öffentlichen Modulus und dem für alle Systemteilnehmer verwendeten öffentlichen Exponenten $2^{16}+1$ zusammen. Für die Länge der Signatur gilt Ähnliches wie für die Länge des Schlüssels.

Die Signatur ist das letzte Feld des Zertifikats und dient der eigentlichen authentischen Bindung der Identität des Inhabers des öffentlichen Schlüssels an dessen öffentlichen Schlüssel.

Die im Zertifikat enthaltene Signatur ist nicht eine Signatur der Daten selbst, sondern eines Hashwertes der Daten. Die Gründe hierfür liegen darin, dass erstens existenzielles Fälschen unterbunden wird und zweitens die Krypto-Library nur das Signieren von Hashwerten, die in Form von Hashobjekten vorliegen unterstützt. Der von uns verwendete Hashalgorithmus ist RIPEMD-160. Die Gründe für die Wahl des Algorithmus liegen darin, dass ein 160 bit Hashwert erzeugt wird und er zur Zeit als sicher anzusehen ist. Der andere zur Verfügung stehende Hashalgorithmus wäre SHA gewesen, der jedoch Schwächen aufweist, die erst mit SHA-1 beseitigt wurden (dieser stand in der Library leider nicht zur Verfügung). Durch den Zwischenschritt des Hashens der zu signierenden Nachricht (bei digitalen Signaturen) wird somit die Sicherheit erhöht obwohl der Hashwert in der Regel viel kleiner ist, als die Nachricht selbst. Ein weiterer Grund dieses Mechanismus liegt in den immer konstanten Größen der Signaturen, die unabhängig von der Größe der Nachricht sind.

3.2.3 Registrierung eines Benutzers

Bei der Registrierung des Benutzers wird zuerst eine Face-To-Face-Authentifikation durchgeführt, welche die Vertrauensbasis für das gesamte System darstellt. Der Name des Benutzers und das Gültigkeitsintervall des Zertifikats sind die einzigen Felder, welche explizit angegeben werden müssen. Automatisch generiert werden die Seriennummer der Zertifikate, die Seriennummer des Benutzers, welche zugleich als Telefonnummer fungiert, und das Ausstellungsdatum. Alle weiteren Felder der Zertifikate sind fix. Weiters wird ein Key-Container mit einem Signatur- und einem Verschlüsselungsschlüsselpaar erstellt, wobei die Schlüssel entweder in einer Datei oder einer Mikroprozessorchipkarte abgelegt werden. Hierzu ist die Festlegung eines Passworts notwendig, wobei der erstellte Key-Container mit einem auf Basis des Passworts generierten Schlüssel verschlüsselt wird. Diese Key-Container-Verschlüsselung ist für den Verwender der kryptographischen Library transparent. Die im Key-Container abgelegten öffentlichen Schlüssel werden anschließend exportiert und die resultierenden Key-Blobs in den entsprechenden Zertifikaten abgelegt.

Es werden zwei Zertifikate erstellt: Das Public-Key-Zertifikat für den Verschlüsselungsschlüssel und das Public-Key-Zertifikat für den Signaturverifizierungsschlüssel.

Das System konkateniert jeweils alle erwähnten Daten in einen zusammenhängenden Speicherbereich, welcher dann den Input für die RIPEMD-160-Hashfunktion darstellt. Die resultierenden Hashwerte werden signiert. Die entstandenen Signaturdaten bilden den Abschluss der Zertifizierungsprozesses.

Nach der beschriebenen Erstellung der Zertifikate werden die in den Zertifikaten abgelegten öffentlichen Schlüssen anhand einer Signaturerstellung mit anschließender Überprüfung verifiziert, um sicherzustellen, dass in den Zertifikaten keine Bitfehler enthalten sind.

Abschließend wird der öffentliche Signaturschlüssel der Zertifizierungsstelle in eine zertifikatsgleiche Datenstruktur eingebunden und der Hashwert dieser Daten mit dem geheimen Signaturschlüssel des zu registrierenden Benutzers signiert.

Hiermit erhält der Benutzer auch den öffentlichen Signaturschlüssel der Zertifizierungsstelle in einer integritätsgeschützten Darstellung. Der in dieser Struktur enthaltene öffentliche

Schlüssel kann von Unbefugten nicht verändert werden, ohne dass dies vom Benutzer bei der Verifizierung der Struktur bemerkt würde.

An dieser Stelle ist der Prozess der Schlüssel- und Zertifikatserstellung abgeschlossen und der Benutzer registriert. Nun werden dem Benutzer seine Schlüssel in Form des Key-Containers und der integritätsgeschützte öffentliche Schlüssel der Zertifizierungsstelle in geeigneter Form ausgehändigt. Weiters erhält der Benutzer die Daten der für die Installation des Key-Containers auf seinen Rechner notwendigen Einträge für die Windows Registry und die für die Installation wichtigen, benutzerbezogenen Daten (Name, Seriennummer). Zuletzt erhält der Benutzer noch die Public-Key-Zertifikate des Public-Key-Servers. Je nach gewählter Implementierungsform (Chipkarte oder Software) werden die erwähnten Daten entweder auf eine Smartcard oder auf eine Diskette gespeichert und dem Benutzer zusammen mit einem Passwort für den Key-Container übergeben. Nach erfolgter Übergabe wird der Key-Container, sofern eine Softwareimplementierung verwendet wurde, von der Festplatte gelöscht. Die verwendete Löschfunktion sollte ein mehrfaches vollständiges Überschreiben der Datei mit verschiedenen Zeichen durchführen, um eine Wiederherstellung zu verhindern. Ein Problem besteht hier allerdings weiterhin, nämlich durch das Swappen des Betriebssystems Windows, wodurch möglicherweise die im Hauptspeicher befindlichen, vielleicht unverschlüsselt vorliegenden geheimen Schlüssel auf die Festplatte übertragen werden. Aus diesem Grund muss die Festplatte der Zertifizierungsstelle im Falle eines Austausches vernichtet werden.

Die im Registrierungsprozess eines Benutzers erstellten Zertifikate sind noch an den Public-Key-Server zu transferieren, wobei dies über einen sicheren Botendienst durchgeführt werden könnte.

3.2.4 Registrierung des Public-Key-Servers

Die Registrierung des Servers erfolgt analog zur Registrierung eines Benutzers, mit dem Unterschied, dass der Key-Container des PK-Servers nicht auf einer Chipkarte, sondern auf der Festplatte des Servers gespeichert wird. Die kryptographischen Berechnungen des Servers werden von der Serversoftware durchgeführt, da die Performance einer Chipkarten in Bezug auf die an den Server gestellten Anforderungen bei weitem zu gering ist.

3.3 Online-Systeme

Die online SIP-Infrastruktur besteht aus einem Public-Key-Server und einer beliebigen Anzahl von Clients. Im Rahmen seiner Registrierung bei der Zertifizierungsstelle Z hat der Public-Key-Server P folgendes Datenmaterial erhalten:

- öffentlicher Schlüssel der Zertifizierungsstelle in integritätsgesicherter Form (OSSZ)
- öffentlicher- und geheimer Signaturschlüssel (OSSP, GSSP)
- öffentlicher- und geheimer Verschlüsselungsschlüssel (OSVP, GSVP)
- ein im System bekannter Bezeichner (BezP)
- eine Seriennummer (SerP)

Zudem erhält der Server während des Betriebs der Infrastruktur regelmäßig die Public-Key-Zertifikate der neu registrierten Benutzer.

Jeder Client X hat durch die Registrierung folgende Daten erhalten:

1. öffentlicher Schlüssel der Zertifizierungsstelle in integritätsgesicherter Form (OSS_Z)

2. öffentlicher- und geheimer Signaturschlüssel (OSS_X, GSS_X)
3. öffentlicher- und geheimer Verschlüsselungsschlüssel (OSV_X, GSV_X)
4. Public-Key-Zertifikate für den öffentlichen Signatur- und Verschlüsselungsschlüssel des PK-Servers (Zert(OSS_P), Zert(OSV_P))
5. ein Bezeichner (Bez_X)
6. eine Seriennummer (Ser_X)

3.3.1 Hochfahren des Servers

Der Server ist grundsätzlich unter Windows98, NT und 2000 lauffähig, wobei die Unterschiede in der Programmierung eigentlich nur im Bereich der verschiedentlich ausgestalteten Registry-Einträge liegen. Aus Stabilitätsgründen wird das Betriebssystem Windows NT empfohlen. Nach dem Starten des Servers wird der Server-Operator dazu aufgefordert, das Serverpasswort einzugeben, womit der Key-Container des Servers und die darin befindlichen Schlüssel zugänglich werden. Vor Eingabe des Passwortes liegt der Key-Container wie üblich in verschlüsselter Form vor.

Für die Kommunikation zwischen Client und Server ist ein Transport-Protocol-Service-Access-Point (TPSAP) notwendig, der beim Start des Servers in Form einer TCP-Netzwerkadresse eingerichtet wird. Diese Netzwerkadresse besteht beim IP-Protokoll aus einer IP-Adresse (32 bit) und einem Port (16 bit). Der Server erstellt hierzu einen Socket mit der eigenen IP und dem festen Port 31000. Diese Netzwerkadresse (Net_P) muss dem Client bekannt sein und daher diesem leicht zugänglich gemacht werden, z.B. über eine Homepage. Diese Netzwerkadresse ist für den Aufbau jeglicher Kommunikationsbeziehungen zwischen Client und Server notwendig. Der Grund weshalb wir TCP als Netzwerkprotokoll verwenden ist einerseits dadurch gegeben, dass es ein im Internet weit verbreitetes und andererseits im Gegensatz zu UDP, ein in Bezug auf die Verfügbarkeit sicheres, verbindungsorientiertes Protokoll ist.

Weiters lädt der Server den integritätsgeschützten öffentlichen Signaturschlüssel von der Festplatte und verifiziert die Signatur über der Datenstruktur mit dem eigenen Signaturverifizierungsschlüssel. Dieser ist durch die Verschlüsselung des Key-Containers ohnehin integer.

An dieser Stelle ist der Server initialisiert und kann nun für den Protokollverkehr aktiviert werden. Bei dieser Aktivierung wird ein Thread angestoßen, der die Kommunikationsaufgaben mit den Clients übernimmt. Der Main-Thread steht weiterhin für die Benutzerführung zur Verfügung. Der soeben gestartete Thread kann jederzeit gestoppt werden, was einer Deaktivierung des Servers gleichkommt.

Zum Benutzerinterface wäre anzumerken, dass alle Benutzer, die zur Zeit online sind, in einem Fenster angezeigt werden. Im Log-Fenster werden die Protokollaktivität angeführt, wobei der Detaillierungsgrad eher grob (zu Kontrollzwecken) ausgelegt ist.

3.3.2 Starten des Clients

Zu Beginn wird der Benutzer aufgefordert, ein Passwort einzugeben, mit welchem der Zugriff auf seinen Key-Container ermöglicht wird. Des weiteren wird ein Socket mit dem ersten freien Port ab Port 32000 und der lokalen IP-Adresse erstellt. Dieser stellt den Phone-Service-Access-Point (PSAP) dar, der für die Authentifikation mit anderen Clients (Anrufaufbau) notwendig ist und daher im PK-Server abgelegt und anderen zugänglich gemacht werden muss. Dies hebt die Notwendigkeit des Servers hervor. Verwendet der Benutzer einen Key-Container auf einer Chipkarte, so muss diese beim Programmstart eingelegt werden.

Im nächsten Schritt wird der integritätsgeschützte Signaturverifizierungsschlüssel der Zertifizierungsstelle von der Chipkarte bzw. der Festplatte geladen und durch Verifizierung mit dem eigenen öffentlichen Signaturschlüssel überprüft. Der eigene öffentliche Signaturschlüssel ist integer, da er sich im Key-Container befindet.

Des weiteren werden die beiden Public-Key-Zertifikate für die öffentlichen Schlüssel des PK-Servers der Chipkarte bzw. Festplatte entnommen und mit dem nun authentischen Signaturverifizierungsschlüssel der Zertifizierungsstelle auf Richtigkeit überprüft.

Der Client ist nun für die Authentifikation mit dem PK-Server bereit. Die Authentifikation mit dem Server erfolgt über einen vom System gewählten freien Port und wird weiter unten genauer beschrieben.

Nach erfolgter Authentifikation schickt der Client seine Netzwerkadresse über diese sichere, authentische und integre Netzverbindung. Diese Adresse wird vom Server in der entsprechenden Benutzerdatenstruktur gespeichert und steht somit für andere Clients zu Verfügung.

3.4 Authentifikation

3.4.1 Authentifikation zwischen zwei Instanzen

In diesem Kapitel wollen wir den allgemeinen Ablauf des Authentifikationsverfahrens beschreiben. In der späteren Beschreibung des Authentifikation zwischen Client und Server bzw. Client und Client wird auf die jeweiligen Spezifika eingegangen.

Für die Authentifikation wird ein modifiziertes X.509-Authentifikationsprotokoll eingesetzt. Der Protokollablauf ist in Abbildung 3 graphisch dargestellt. Ein „?" bedeutet eine Überprüfung des nachfolgenden Ausdrucks. Zur Ausführung des Protokolls ist das authentische Vorliegen der Signaturverifizierungs- und Verschlüsselungsschlüssel der jeweiligen Gegenstelle notwendig. Es wäre auch möglich, anstatt des 3-Wege-Authentifikationsprotokoll ein entsprechendes 2-Wege-Verfahren einzusetzen, wovon wir allerdings Abstand genommen haben, da hierfür sicher synchronisierte Uhren notwendig gewesen wären, um Replay-Attacken im Protokoll zu verhindern. Beim verwendeten 3-Wege-Verfahren wird diese Funktion durch die Verwendung zweier Nonces realisiert. Aus diesem Grund kann auf Timestamps gänzlich verzichtet werden.

Das Ziel des Protokolls ist einerseits eine gegenseitige Authentifikation der beiden Instanzen und andererseits der Austausch von Sitzungsparametern, zu welchen die beiden Sitzungsteilschlüssel (k_A, k_B), der Initialisierungsvektor des verwendeten Chiffrierverfahrens, ein Zähler, ein MAC-Sitzungschlüssel und ein MAC-Initialisierungsvektor zählen. Im Folgenden wird der Protokollablauf beschrieben.

Instanz A baut Nachricht 1 ($D_A \| S(D_A, GSS_A)$) wie folgt auf: D_A besteht aus einem Timestamp t_A, der beim verwendeten 3-Wege-Verfahren auf 0 gesetzt wird, einer Nonce r_A, mit Hilfe derer sich Instanz B in weiterer Folge gegenüber A authentifiziert, den Bezeichnern von A und B, einem unverschlüsselten Datenbereich $data1_A$ und einem mit dem authentischen Verschlüsselungsschlüssel OSV_B verschlüsselten Datenbereich $data2_A$. Die gesamte Nachricht wird in weiterer Folge mit dem Signaturerstellungsschlüssel GSS_A signiert. In $data1_A$ können Daten durch die Signatur authentisch und integer, aber nicht vertraulich übermittelt werden, da keine Verschlüsselung vorliegt. Dieses Feld ist meist ungenutzt, es wird nur im Falle der Client-Client-Authentifikation für die Übertragung der Netzwerkadresse der Audioübertragung verwendet. In $data2_A$ wird der Teilsitzungsschlüssel k_A für die spätere symmetrisch verschlüsselte Kommunikation, der Initialisierungsvektor IV für die Mars-Blockchiffre und ein pseudozufälliger Startwert Cnt für den Zähler verschlüsselt übertragen. Die Nachricht 1 wird über eine TCP-Verbindung, die sowohl für die Client-Server-Authentifikation, als auch die Client-Client-Authentifikation verwendet wird, übertragen.

Instanz B empfängt Nachricht 1 und verarbeitet sie in folgender Weise. Bevor die Nutzdaten extrahiert werden, muss die Signatur $S(D_A, GSS_A)$ der Nachricht D_A auf Gültigkeit geprüft werden. Hierzu benötigen wir den als authentisch vorliegend vorausgesetzten Signaturverifizierungsschlüssel. Wurde die Nachricht erfolgreich verifiziert, so werden die Daten $data2_A$ mit GSS_B entschlüsselt. Im weiteren erstellt die Instanz B ihren Teilschlüssel k_B für den Sitzungsschlüssel $k_{A,B}$, welcher an dieser Stelle mit Hilfe des empfangenen und entschlüsselten Teilschlüssels k_A durch $k_A \oplus k_B$ berechnet wird. Weiters werden der Initialisierungsvektor der Mars-Blockchiffre und der Startwert für den Zähler in einer entsprechenden Datenstruktur abgelegt.

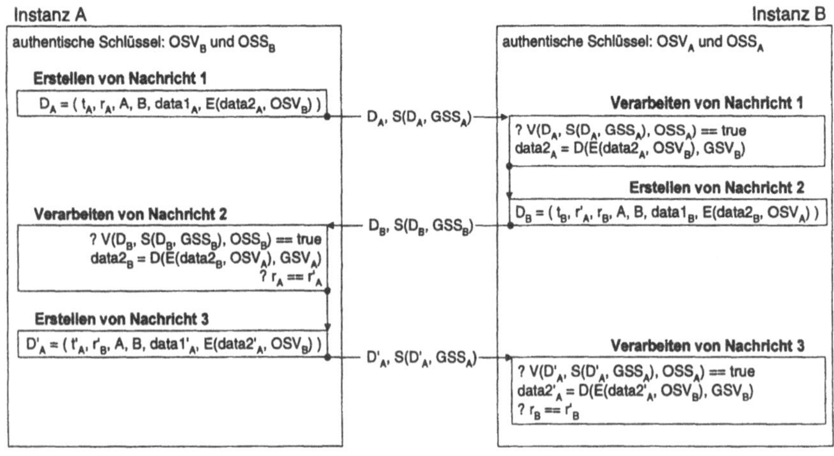

Abb. 3: Modifiziertes X.509-Authentifikationsverfahren

Im Folgenden erstellt B die Nachricht 2 ($D_B || S(D_B, GSS_B)$). D_B ist hierbei ähnlich wie D_A aufgebaut,. Der Timestamp t_B wird wieder auf 0 gesetzt. Zudem enthält D_B die Nonce r_A aus Nachricht 1 als r'_A, eine neue Nonce r_B, die Bezeichner A und B, $data1_B$ und das mit OSV_A verschlüsselte Feld $data2_B$, welches den Teilschlüssel k_B enthält. Nach der Signatur von D_B mit GSS_B wird Nachricht 2 über die bestehende TCP-Verbindung zur Instanz A geschickt.

Instanz A erhält Nachricht 2 und muss analog zum Vorgehen von B die Signatur mit OSS_B verifizieren. Wurde dies positiv durchgeführt, so wird $data2_B$ mit GSV_A entschlüsselt. Weiters muss überprüft werden, ob $r'_A = r_A$ ist. Stimmen die beiden Werte überein, hat sich B gegenüber A authentifiziert, da nur B den Wert D_B mit dem entsprechenden geheimen Signaturgenerierungsschlüssel signieren kann. Damit A sich auch gegenüber B authentifizieren kann, muss nun A r_B als $r`_B$ signiert zurücksenden, was im Rahmen der Nachricht 3 erfolgt. Des weiteren wird in dieser Nachricht der MAC-Sitzungsschlüssel und der MAC-Initialisierungsverktor verschlüsselt im Feld data2´$_A$ übermittelt. Wesentlich für die Authentifikation ist wiederum die Signatur S(D´$_A$, GSS$_A$).

Nach Erhalt von Nachricht 3 muss B wie oben beschrieben die Signatur der Nachricht verifizieren und danach die von ihm zuvor versendete Nonce r_B mit r'_B auf Gleichheit überprüfen. Liegt Gleichheit vor, so hat sich A gegenüber B authentifiziert. Im letzten Schritt legt B den MAC-Sitzungsschlüssel und MAC-Initialierungsvektor in einer entsprechenden Datenstruktur ab. Die beiden Instanzen haben sich somit gegenseitig authentifiziert.

3.4.2 Aufbau einer modifizierten X.509-Nachricht

Die Nachricht besteht zunächst aus einem Protokollheader, der administrative Funktion erfüllt, und für die richtige Zustellung und Verarbeitung der Nachrichten zuständig ist. Der Eintrag der Nachrichtengröße ist notwendig, um entscheiden zu können, ob die gesamte Nachricht bereits von der Transportschicht übernommen worden ist, oder ob noch der Rest der Daten von der Transportschicht angefordert werden muss. Die Protokollversion dient der Entscheidung zwischen Nachrichten mehrerer Versionen, wobei zur Zeit nur eine Version des Protokolls existiert.

Die Protokollnummer ist notwendig damit der Server entscheiden kann ob es sich um eine Authentifikationsnachricht, oder eine Nachricht auf der sicheren Verbindung zwischen einem Client und dem Server handelt. Dieses Vorgehen ist notwendig, da sowohl die Authentifikationsnachrichten als auch Nachrichten über die sichere Verbindung auf den selben Port geschickt werden. Clients erhalten auf ihre öffentliche Netzwerkadresse lediglich Authentifikationsnachrichten, wobei die Seriennummer des Senders zur Identifikation des Kommunikationspartners notwendig ist.

Alle nun im Folgenden beschriebenen Felder der Nachricht sind signiert, um einerseits Integrität und andererseits Authentizität der Daten zu gewährleisten. Der Nachrichtenheader enthält einen Zeitstempel t_A, welcher nur aus Gründen der Kompatibilität zum 2-Wege-Authentifikationsverfahren beibehalten wurde und im Falle der 3-Wege-Authentifikation auf 0 gesetzt wird. Das nächste Feld des Nachrichtenheaders besteht aus einer 256 bit großen pseudozufälligen Nonce, welche A in weiterer Folge zur Authentifikation der Gegenstelle B benutzt. Die beiden nächsten Felder beinhalten die identifizierenden Daten von B, nämlich die Seriennummer von B und dessen Namen. Diese werden vom Empfänger B auf Übereinstimmung mit dessen authentischer Seriennummer und Namen überprüft. Nur im Falle einer Übereinstimmung wird das Protokoll fortgesetzt.

Dem Nachrichtenheader folgt in der Struktur das Feld Daten1, worin 48 byte Nutzdaten authentisch und integer, aber nicht verschlüsselt transportiert werden. Bei der Authentifikation zwischen zwei Clients wird in Nachricht 1 in diesem Feld die Netzwerkadresse von A übertragen. Im Gegensatz dazu wird bei Nachricht 2 der Client-Client-Authentifikation zusätzlich zur Netzwerkadresse von B die Nonce r'_A übertragen, welche zuvor durch A in Nachricht 1 im Feld r_A übermittelt wurde. Bei der Client-Server-Authentifikation wird das Feld Daten1 analog zur Client-Client-Authentifikation genutzt, mit dem Unterschied, dass keine Netzwerkadressen ausgetauscht werden.

	Feld		Länge		Offset
	Protokollheader	Nachrichtengröße	16	4	0
		Protokollversion		4	4
		Protokollnummer		4	8
		Seriennummer A		4	12
Hash	Nachrichtenheader	Zeitstempel A	80	4	16
		Nonce A		32	20
		Seriennummer B		4	52
		Name B		40	56
	Daten 1		48		96
	Verschlüsselt – Daten 2	Zähler	128	4	144
		Teilsitzungsschlüssel A		32	
		Hash		20	
		Seriennummer A		4	
		Name A		40	
		Nutzdaten		16	
		Reserviert		12	
	Signatur		128		272

Abb. 4: Modifizierte X.509-Nachricht

Da im Rahmen des Protokolls ein geheimer Sitzungsschlüssel für die Blockchiffre und den MAC vereinbart werden muss, besteht die Notwendigkeit eines verschlüsselten Datenbereiches Daten2 in der X.509-Nachricht. Dieser verschlüsselte Teil der Nachricht setzt sich aus folgenden Feldern zusammen: Der 32 bit Zähler enthält einen pseudozufälligen Startwert für einen Zähler, der sowohl für die sichere Verbindung zwischen Client und Server als auch für die Übertragung der Audiopakete notwendig ist. Weiters befindet sich im verschlüsselten Datenbereich ein 256 bit großer Teilsitzungsschlüssel, der, falls er in Nachricht 1 oder 2 übertragen wird, für die spätere symmetrische Verschlüsselung verwendet wird. In Nachricht 3 wird dieses Feld für die Übertragung eines MAC-Schlüssels verwendet. Des weiteren folgt auf dieses Feld ein 160 bit RIPEMD-160 Hash über dieses Feld, der innerhalb des verschlüsselten Bereiches ein Redundanzschema realisiert und somit dem Erkennen von Fehlern beim Entschlüsseln dient. Diesem Hashwert folgen die identifizierenden Charakteristika von A (Seriennummer und Name). Die Einbindung der identifizierenden Daten von A sind im X.509-Standard nicht vorgesehen, werden aber im [MeOV] vorgeschlagen. Das Feld Nutzdaten wird zur Übertragung von Initialisierungsvektoren verwendet, wobei bei Nachricht 1 jener der Mars-Blockchiffre und bei Nachricht 3 jener der MAC-Blockchiffre übermittelt wird. Dies ist bei Client-Client- und Client-Server-Authentifikation identisch gehandhabt. Das Reserviert-Feld bildet den Abschluss der verschlüsselten Datenstruktur und darf nicht verwendet werden, da hier das ASE-Krypto-System administrative Information abspeichert. Wir vermuten, dass es sich hierbei um ein Redundanzschema handelt, über das vom System festgestellt werden kann, ob richtig entschlüsselt wurde. Den Abschluss der gesamten X.509-Nachricht bildet eine digitale Signatur über einen Hashwert, dessen Inputdaten der Nachrichtenheader, das Feld

Daten1 und der verschlüsselte Bereich bilden. Diese Signatur ist wesentlichster Bestandteil für die Authentifikation, da dadurch der signierte Teil als authentisch beweisbar ist. Zu erwähnen wäre noch, dass als digitales Signaturverfahren RSA mit 1024 bit Modulgröße eingesetzt wird.

3.4.3 Authentifikation zwischen Client und Server

Der Zweck der Authentifikation zwischen Client und Server liegt darin, eine gegenseitige Authentifikation der beiden Instanzen durchzuführen, und eine Reihe von Dateneinheiten auszutauschen. Zunächst sollen nur die im Protokoll übermittelten Nutzdaten (nicht protokollrelevante Daten) aufgezeigt werden.

Nachricht 1 (Client → Server): $k'_{C,S}$ $IV_{C,S}$ $Cnt_{C,S}$

Nachricht 2 (Client ← Server): $k''_{C,S}$

Nachricht 3 (Client → Server): $k_{MAC/C,S}$ $IV_{MAC/C,S}$

$k'_{C,S}$ Vom Client gewählter 256 bit Teilschlüssel des Sessionkeys $k_{C,S}$.

$IV_{C,S}$ 128 bit Initialisierungsvektor für den Cipher-Block-Chaining-Modus (CBC-Modus) der Blockchiffre, mit welcher die Protokollkommunikation zwischen Client und Server verschlüsselt wird.

$Cnt_{C,S}$ Ein zufällig gewählter 32 bit Startwert des Zählers, welcher bei einer späteren Protokollkommunikation pro gesendeter Nachricht erhöht wird und der Erkennung verlorengegangener Nachrichten dient.

$k''_{C,S}$ Vom Server gewählter 256 bit Teilschlüssel des Sessionkeys $k_{C,S}$.

$k_{MAC/C,S}$ Symmetrischer 256 bit Schlüssel für die Erstellung der 128 bit MAC-Prüfsummen der Protokollnachrichten, wodurch ihre Integrität gewährleistet wird.

$IV_{MAC/C,S}$ 128 bit Initialisierungsvektor für die MAC-Prüfsummen auf Basis einer symmetrischen Blockchiffre im CBC-Modus.

Nach Ablauf der Protokollschritte berechnen sowohl Client als auch Server den eigentlichen 256 bit Sessionkey für die spätere Kommunikation: $k_{C,S} = k'_{C,S} \oplus k''_{C,S}$. Diese Vorgehensweise hat den Vorteil, dass nicht der Client oder der Server den Schlüssel auswählt, sondern, dass beide Entitäten einen Teilschlüssel beitragen. Für sich gesehen sind die beiden Teilschlüssel nur Zufallszahlen ohne Bedeutung.

Bei Erhalt der Nachricht 1 wird im Hauptspeicher des Servers eine Datenstruktur für den zu authentifizierenden Client angelegt, wobei die Datenstruktur für diesen Client später über seine Seriennummer selektiert werden – die Seriennummer dient also als Index in der Menge der Datenstrukturen der Clients, welche zur Zeit online sind. Der Server muss im nächsten Schritt die Public-Key-Zertifikate der beiden öffentlichen Schlüssel des Clients von der Festplatte laden, wobei die Auffindung der Zertifikate wiederum über die Seriennummer des Benutzers erfolgt. Anschließend werden die Zertifikate mit dem authentisch vorliegenden Signaturverifizierungsschlüssel der Zertifizierungsstelle geprüft.

Diese beiden Schlüssel sind für die weitere Durchführung der Authentifikation notwendig, und werden daher in die Datenstruktur des Clients abgespeichert, um schnell zugreifbar zur Verfügung zu stehen. Weiters werden $IV_{C,S}$ und $Cnt_{C,S}$ im Speicher abgelegt.

Bevor der Server Nachricht 2 erstellt, generiert er den Teilschlüssel $k''_{C,S}$ und fügt ihn in verschlüsselter Form der Nachricht 2 hinzu. Danach kann $k_{C,S} = k'_{C,S} \oplus k''_{C,S}$ berechnet werden.

Bei Erhalt der Nachricht 2 führt der Client die für das Authentifikationsprotokoll notwendigen Schritte bzgl. dieser Nachricht aus und extrahiert den verschlüsselten Teilschlüssel $k''_{C,S}$. Danach kann der Client ebenfalls $k_{C,S} = k'_{C,S} \oplus k''_{C,S}$ berechnen. Der Schlüssel $k_{C,S}$ wird später bei jeder Kommunikation zwischen Client und Public-Key-Server zur Verschlüsselung der Internetverbindung verwendet. $IV_{C,S}$ ist der für den Betrieb der Blockchiffre im CBC-Modus notwendige Initialisierungsvektor.

Nun erstellt der Client $k_{MAC/C,S}$ und $IV_{MAC/C,S}$ und fügt diese in verschlüsselter Form der Nachricht 3 hinzu.

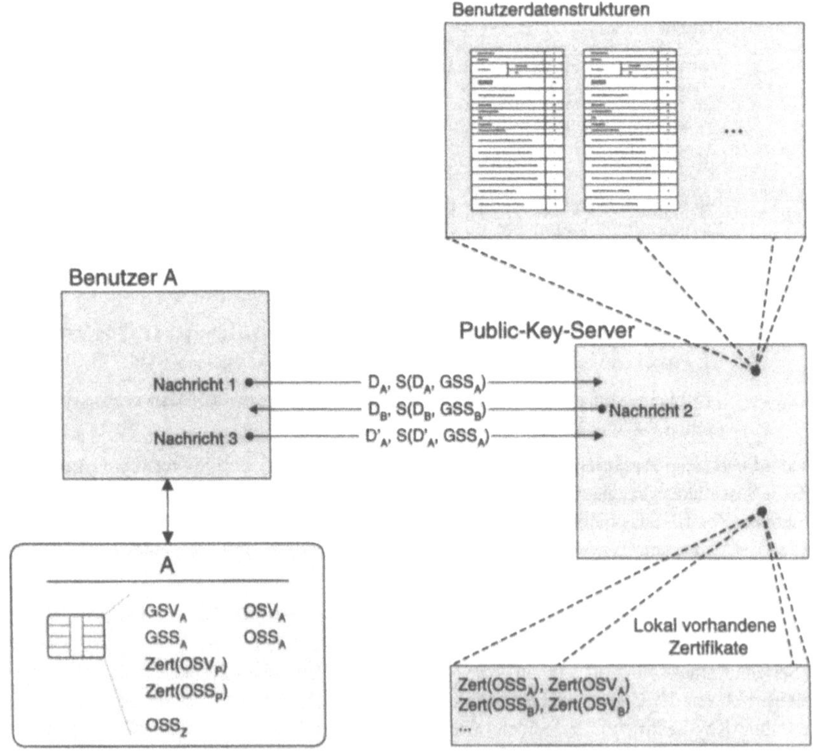

Abb. 5 Client-Server-Authentifikation

Bei Erhalt der Nachricht 3 führt der Server die für das Authentifikationsprotokoll notwendigen Schritte bzgl. dieser Nachricht aus, extrahiert die verschlüsselten Dateneinheiten $k_{MAC/C,S}$ und $IV_{MAC/C,S}$ und legt sie im Speicher ab.

Sobald bei Client und Server die Werte von $k_{C,S}$, $IV_{C,S}$, $k_{MAC/C,S}$ und $IV_{MAC/C,S}$ vorliegen, werden die symmetrische Blockchiffre im CBC-Modus und die MAC-Objekte initialisiert.

3.4.4 Authentifikation zwischen Client und Client

Die Authentifikation zwischen zwei Clients erfolgt im Rahmen eines Anrufes wobei vorauszusetzen ist, dass sich beide Clients bereits beim Server authentifiziert haben, und somit eine sichere Verbindung zwischen ihnen und dem Server besteht.

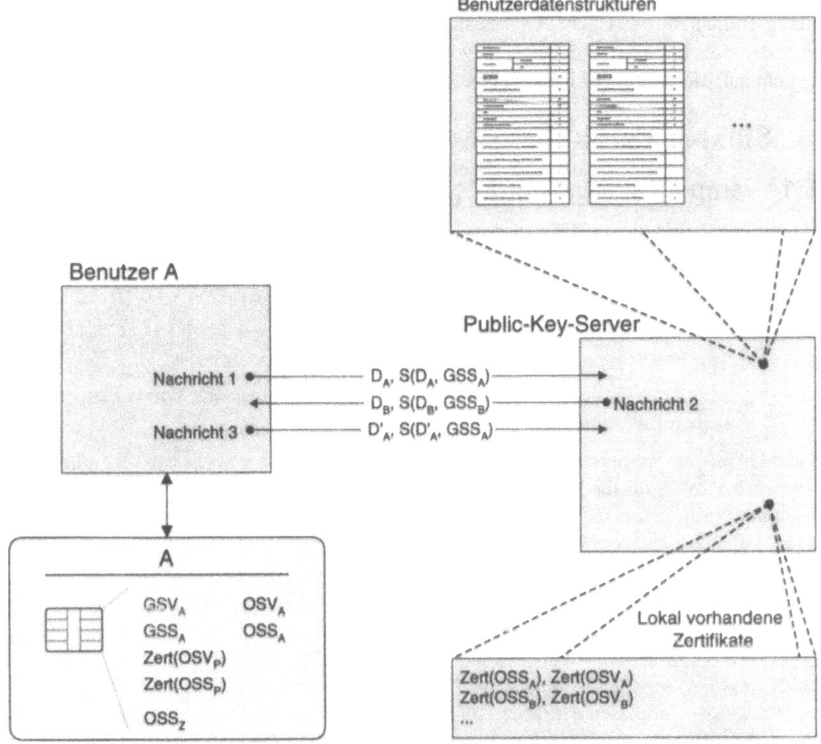

Abb. 6: Client-Client-Authentifikation

Der Anruf erfolgt durch Eingabe der Benutzerseriennummer (Telefonnummer) der Gegenstelle. Damit der Anrufer A mit dem Angerufenen B eine Authentifikation durchführen kann, muss A über die sichere Serververbindung die öffentlichen Schlüssel OSV_B und OSS_B und dessen Netzwerkadresse anfordern. Mit Hilfe der von A übermittelten Zieltelefonnummer von B ist es dem Public-Key-Server möglich, über die vorhandenen Datenstrukturen die geforderten öffentlich Schlüssel zu finden, da die Benutzerseriennummer als Index für diese fungiert. Im Weiteren werden die Schlüssel und die Netzwerkadresse von B und A über die sichere Verbindung übermittelt womit dann A diese Schlüssel authentisch vorliegen hat. Somit kann A die Nachricht 1 entsprechend der 3-Wege-Authentifikation erstellen und verschicken. Da B die öffentlichen Schlüssel von A noch nicht besitzt, kann er die Signatur der Nachricht 1 von

A nicht überprüfen. Daher muss B nach Erhalt der Nachricht 1, die öffentlichen Schlüssel OSS_A und OSV_A vom Server über die bereits bestehende sichere Verbindung anfordern. Da nun beide Clients die erforderlichen Schlüssel authentisch besitzen, wird nun das zuvor beschriebene Authentifikationsverfahren abgearbeitet. Anzumerken wäre noch, dass die beiden Clients ihre Netzwerkadresse für die spätere Übertragung der Audiodaten über das unverschlüsselte, aber mitsignierte Feld $data1_A$ bzw. $data1_B$ übermitteln. Sind alle Schritte der 3-Wege-Authentifikation erfolgreich abgeschlossen, so haben sich die beiden Clients gegenseitig authentifiziert und können über die vereinbarten Netzwerkadressen eine sichere Audioverbindung einrichten. Bei Client A muss sich zum Durchführen des Anrufs die Chipkarte im Chipkartenleser befinden – Benutzer B wird beim Ankommen der ersten Authentifikationsnachricht aufgefordert die Chipkarte einzulegen, oder den Anruf abzuweisen.

3.5 Sichere Verbindung zwischen Client und Server

3.5.1 Temporäre Benutzerdaten

In Abbildung 7 sind die im Rahmen der Client-Server-Authentifikation im Server eingetragenen benutzerbezogenen Daten dargestellt.

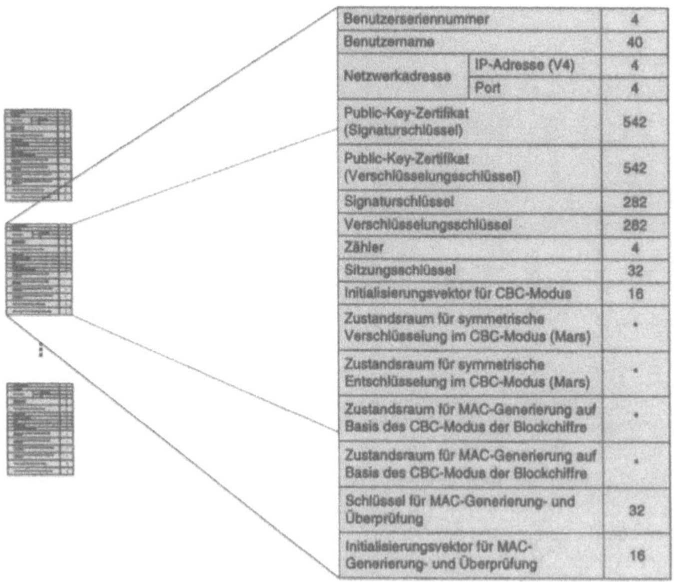

Abb. 7: Benutzerdatenstruktur

Da diese Daten nur während der Dauer der Sitzung des Client verwendet werden, können sie beim Abmelden des Clients aus dem Hauptspeicher gelöscht werden. Betrachten wir nun die Datenstruktur etwas genauer:

Die Benutzerseriennummer dient der Indizierung in die Menge der Datenstrukturen aller Benutzer, deren Clients online sind. Der Benutzername muss bei der Authentifikation in eine

Nachricht eingetragen werden. Die Netzwerkadresse wird im Protokoll nach der Authentifikation übermittelt und dient dem Anrufaufbau, genauer der Client-Client-Authentifikation. Zudem enthält die Datenstruktur zwei Felder für die Public-Key-Zertifikate der öffentlichen Schlüssel des Benutzers, die für die Authentifikation zwischen zwei Instanzen notwendig sind. Der Zähler enthält den aktuellen Zählerstand für die sichere Verbindung zwischen Client und Server. Weiters befindet sich der symmetrische Sitzungsschlüssel und Initialisierungsvektor für die Mars-Blockchiffre auf der sicheren Verbindung. Die notwendigen Daten für die Mars-Chiffre für Ver- und Entschlüsselung befinden sich in den entsprechenden Mars-Objekten. Analog gilt dies für die MAC-Objekte.

3.5.2 Sitzungsverbindung zwischen Client und Server

Im Rahmen des Authentifikationsprotokolls zwischen Client und Server wurden die notwendigen Daten für eine sichere Sitzungsverbindung festgelegt.

Eigenschaften:

1. Nachdem Sitzungsschlüssel und Initialisierungsvektor für diese Verbindung durch das kryptographische Authentifikationsprotokoll vereinbart wurden, sind über diese Verbindung übertragene Daten authentisch, da niemand außer Client und Server über diesen Sitzungsschlüssel verfügt.
2. Da die Daten mit dem Sitzungsschlüssel verschlüsselt werden, hat die Sitzungsverbindung die Eigenschaften der Vertraulichkeit.
3. Die Integrität jeder über die Verbindung übertragenen Nachricht, wird durch Anfügen eines 128 bit MAC-Blocks sichergestellt, welcher durch Anwendung einer Blockchiffre im CBC-Modus realisiert wird.
4. Der Verlust einer über diese Verbindung gesendeten Nachricht wird durch Verwendung eines verschlüsselten Zählerwertes erkannt, falls danach mindestens eine weitere Nachricht übertragen wurde.

Diese sichere Verbindung ermöglicht dem Client Anfragen an den Server in sicherer und unverfälschter Form durchführen zu können, ohne weitere asymmetrische Verfahren einsetzen zu müssen.

Folgende Protokolle, die diese Verbindung nutzen, sind zur Zeit implementiert:

1. Registrieren der eigenen Netzwerkadresse,
2. Anforderung der Netzwerkadresse und der öffentlichen Schlüssel eines anzurufenden Clients und
3. Abmelden des Clients.

Bevor wir Punkt 1-3 näher beschreiben, ist es wichtig, den Aufbau einer Protokollnachricht zu erläutern, damit keine Missverständnisse auftreten können.

3.5.3 Aufbau einer Protokollnachricht

Die Nachricht besteht einerseits aus einem unverschlüsselten Protokollheader und andererseits aus einem verschlüsselten Teil, in welchem unter anderem die Nutzdaten enthalten sind. Ein MAC-Block bildet den Trailer zur Nachricht.

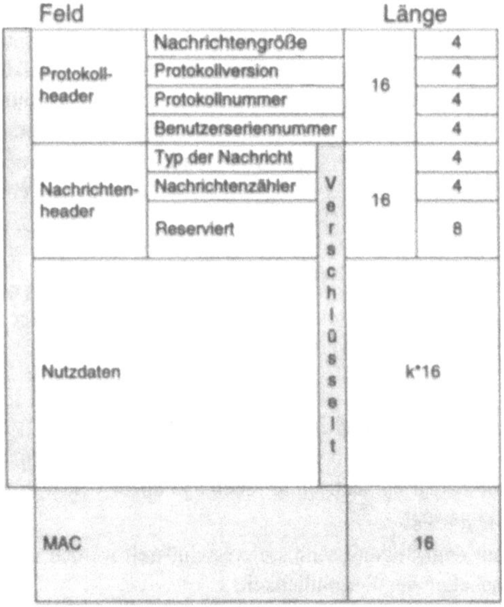

Feld			Länge	
Protokoll-header	Nachrichtengröße		16	4
	Protokollversion			4
	Protokollnummer			4
	Benutzerseriennummer			4
Nachrichten-header	Typ der Nachricht	verschlüsselt	16	4
	Nachrichtenzähler			4
	Reserviert			8
Nutzdaten			k*16	
MAC			16	

Abb. 8: Aufbau einer Nachricht der sicheren Verbindung

Der Protokollheader enthält primär Daten, welche die richtige Behandlung der Nachricht beim Empfänger erlaubt. Die Nachrichtengröße dient der Überprüfung, ob die Nachricht vollständig von der Transportschicht (TCP) übernommen wurde. Die Protokollversion dient der Überprüfung der Kompatibilität der Nachricht, wobei zur Zeit nur eine Version existiert. Die Protokollnummer (200) spezifiziert, dass es sich um eine Nachricht des beschriebenen Typs handelt. Dies ist notwendig, da auch Authentifikationsnachrichten denselben Service-Access-Point verwenden. Die Benutzerseriennummer identifiziert den Benutzer und dient dem Server als Index zur Auffindung des symmetrischen Sitzungsschlüssels in der im Hauptspeicher abgelegten Benutzerdatenstruktur.

Die verschlüsselten Daten bestehen einerseits aus einem Nachrichtenheader und andererseits aus den Nutzdaten. Der Nachrichtenheader besteht aus 4 Feldern: Der Typ der Nachricht gibt an, wie die Nutzdaten zu interpretieren sind. Da auch dieses Feld verschlüsselt ist, können Außenstehende aus der Nachricht selbst nicht erkennen, welchen Zweck die Kommunikation zwischen Client und Server verfolgt. Aus dem Kontext, in welchem die Nachricht gesendet wird, können bei den drei zur Zeit verfügbaren Nachrichtentypen Rückschlüsse auf den Typ getroffen werden, was jedoch einem potentiellen Angreifer keinerlei für einen Angriff nützlichen Information gibt. Der Nachrichtenzähler wird bei jeder zwischen Client und Server gesendeten Nachricht erhöht, was ein Erkennen einer zur Gänze verlorenen Nachricht ermöglicht.

Die Nutzdaten weisen eine Länge von k*16 byte auf, was aufgrund der Verwendung einer 128 bit Blockchiffre notwendig ist. Gegebenenfalls muss geeignet gepaddet werden.

Die Verschlüsselung wird durch den nunmehr ausgeschiedenen AES-Finalisten „Mars" – eine 128 bit Blockchiffre – im CBC-Modus mit 256 bit Schlüssellänge, realisiert. Die sehr hohe Schlüssellänge schmälert die Performance des Mars-Algorithmus nicht, da nur das Expandieren des Schlüssels, welches jedoch nur einmal – bei der Initialisierung des Algorithmus – durchgeführt werden muss, mehr Zeit in Anspruch nimmt. Der eigentliche Chiffrealgorithmus arbeitet nur auf dem expandierten Schlüssel, weshalb seine Performance unabhängig von der Schlüssellänge ist.

Der MAC-Block am Ende der Nachricht sichert die Integrität der gesamten Nachricht. Der MAC baut auf einer 128 bit Blockchiffre (wiederum Mars) mit 256 bit Schlüssellänge auf, wobei die zu sichernden Daten im Cipher-Block-Chaining-Modus verschlüsselt werden und der letzte Block dieser Verschlüsselung als MAC-Block verwendet wird. Der MAC wird also über den Protokollheader und die unverschlüsselten Daten gebildet, was die Notwendigkeit unterstreicht, dass sowohl der Protokoll- als auch der Nachrichtenheader 16 byte und die Daten ein Vielfaches von 16 an Länge aufweisen. Die Generierung des MAC erfolgt über den unverschlüsselten Daten, wodurch auch der extrem unwahrscheinlich Fall eines Bitfehlers beim Entschlüsseln erkannt werden kann. Bitfehler bei der Übertragung werden trivialerweise auch erkannt – diese manifestieren sich durch den Lawineneffekt bei der Entschlüsselung im Klartext. Abschließend sei erwähnt, dass der MAC mit hoher Wahrscheinlichkeit jeden Bitfehler in der gesamten Nachricht erkennt.

An dieser Stelle soll noch erwähnt werden, dass die Blockchiffre sowohl für die Verschlüsselung als auch für die MAC-Prüfsumme aufgrund der objektorientierten Realisierung einfach ausgetauscht werden kann, und somit auch der nun feststehende AES-Gewinner „Rijndael" eingesetzt werden kann.

Nach dem Nachrichtenaufbau wird im Folgenden das sichere Protokoll zwischen Client und Server beschrieben.

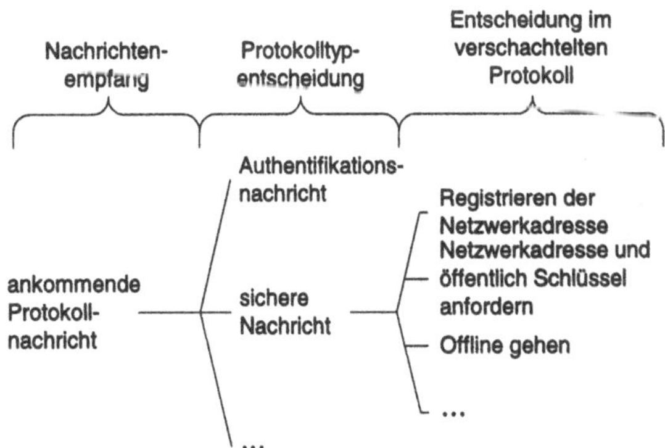

Abb. 9: Verschachtelte Protokolle

Zunächst wollen wir begründen, warum das beschriebene Protokoll als „sicheres" Protokoll bezeichnet werden kann. Der Protokollheader ist im Prinzip gleich aufgebaut, wie bei der X.509-Nachricht, damit auf Serverseite über die Protokollnummer zwischen Authentifikationsnachrichten und sicheren Protokollnachrichten unterschieden werden kann. Liegt eine

Nachricht des Protokolls vor, so kann der Server über die Benutzerseriennummer den zugehörigen symmetrischen Sitzungsschlüssel aus seinen Benutzerdatenstrukturen ermitteln und die Entschlüsselung der für die weiteren Abläufe notwendigen Daten durchführen. Diese Daten bestehen einerseits aus dem Header des über die sichere Verbindung transportierten Protokolls und andererseits aus Protokollnutzdaten. Mit Hilfe des Nachrichtenheaders wird also ein Protokoll im sicheren Übertragungsprotokoll realisiert. Zum besseren Verständnis verweisen wir hier auf Abbildung 9.

Der Nachrichtenzähler im Nachrichtenheader wird zum Zählen der zwischen Server und Client ausgetauschten Nachrichten benutzt. Damit wird der Verlust oder ein aktives Ausschleusen von Nachrichten bemerkt, sofern nach dieser Nachricht eine weitere versendet und auch empfangen.

Wir wollen nun die schon oben angesprochenen zur Zeit implementierten Protokolle näher erläutern.

1. **Registrieren der eigenen Netzwerkadresse (Protokoll-Nr = 1000):**

   Nach durchgeführter Authentifikation übermittelt der Client jene Netzwerkadresse der sicheren Verbindung, über die er später angerufen werden kann. Zu diesem Zweck wird die Adresse im Nutzdatenfeld gespeichert und die Nachricht versendet. Der Server erhält die Nachricht und entscheidet über die Protokollnummer (200), dass es sich um eine Nachricht des sicheren Protokolls handelt. Danach verzweigt er in die Verarbeitungsmethode für sichere Protokolle. Aufgrund des Typs der Nachricht, der im verschlüsselten Nachrichtenheader enthalten ist, weiß der Server welches Protokoll gefahren wird.

2. **Anforderung der Netzwerkadresse und des öffentlichen Schlüssels eines anzurufenden Clients (Protokoll -Nr = 1010):**

   Dieses Protokolls wird von einem Client im Rahmen des Anrufaufbaues angestoßen, da es für die Authentifikation zwischen zwei Clients notwendig ist, die authentischen öffentlichen Schlüssel und die Netzwerkadresse der Gegenstelle zu kennen (siehe Abschnitt 4.4.4). Analog zu Punkt 1 werden jegliche Anfrage- und Antwortdaten im Nutzdatenfeld der jeweiligen Nachricht gespeichert.

3. **Herunterfahren (Protokoll -Nr = 1020):**

   Damit der Server bei entsprechenden Anfragen entscheiden kann, ob ein Client noch online ist oder nicht, muss ein Client im Rahmen des Herunterfahrens den Server davon in Kenntnis setzen. Bei Erhalt einer solchen Nachricht löscht der Server den Eintrag für den betreffenden Benutzer.

3.6 Audioverarbeitung

Im Rahmen der Authentifikation zwischen den Clients A und B wurden Sitzungsschlüssel und Initialisierungsvektoren für die Verschlüsselung und Integritätssicherung, ein Startwert für den Nachrichtenzähler und die Netzwerkadressen über welche nun telefoniert wird, ausgetauscht.

Das in Abbildung 10 dargestellte Diagramm zeigt den Ablauf eines Telefonats von der Authentifikation über das Bestehen der Audioverbindung bis hin zu deren Abbau. Der Bereich des Abbaus der Audioverbindung ist nur für A als Initiator dargestellt, da A das Gespräch beendet und gilt analog für den Fall, dass B auflegt. Im Weiteren werden die in Abbildung 11 dargestellten Audio-Phasen näher beschrieben.

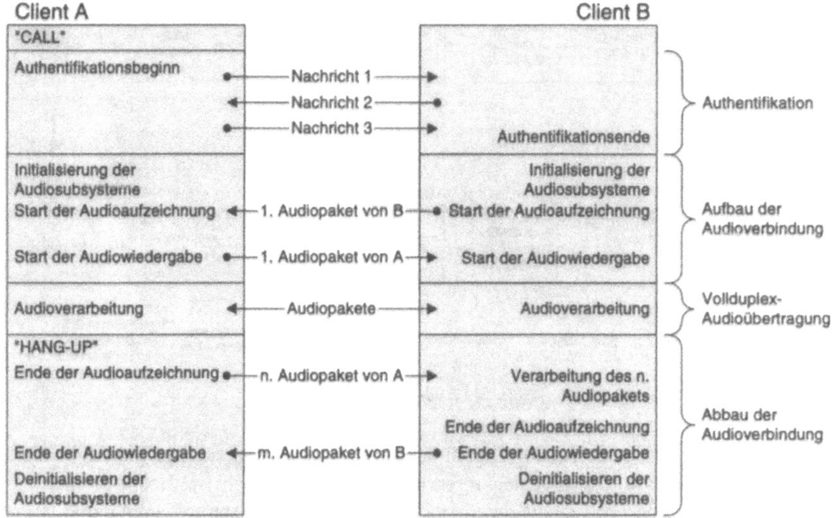

Abb. 10: Ablauf eines Telefonats

3.6.1 Aufbau der Audioverbindung

Der angerufene Client B stellt, sobald die Authentifikation abgeschlossen wurde (Nachricht 3 erhalten und positiv geprüft), über die in der Authentifikation festgelegten Netzwerkadressen eine Audioverbindung zum anrufenden Client A her. Der erste Schritt hierzu besteht in einem Initialisieren des Audioaufzeichnungs- und Audiowiedergabesubsystems. Nach Starten der Audioaufzeichnung ist nach ca. 14,5ms der erste Audiopuffer verfügbar, wird entsprechend komprimiert, in das zu sendende Paket eingepackt und verschlüsselt. Sofort nach Verarbeitung des Paketes wird es an die Transportschicht des Netzwerkes übergeben.

Nachdem A die Nachricht 3 der Authentifikation abgesendet hat führt er ebenfalls eine Initialisierung seiner beiden Audiosubsysteme durch. Bei Erhalt des ersten Audiopakets von B startet A die Audioaufzeichnung und -wiedergabe. Es sei noch erwähnt, dass das empfangene Audiopaket natürlich vor der Wiedergabe verarbeitet werden muss, was im folgenden Abschnitt genauer beschrieben wird. Sobald der erste von A aufgezeichnete Audioblock verfügbar ist wird dieser entsprechend verarbeitet und zu B geschickt, welcher seinerseits die Audiowiedergabe startet.

3.6.2 Vollduplex-Audioübertragung

Bei der Aufzeichnung der Audiodaten wird mit 11025 Hz und 16-bit Auflösung gesampelt, wobei die Audioblöcke in einer Granularität von 160 Samples, also 320 Bytes, verarbeitet werden. Auf beiden Clients fallen somit pro Sekunde rund 69 Audiopakete an, wobei jedes, die in Abbildung 11 oben dargestellte Verarbeitungsschritte durchläuft.

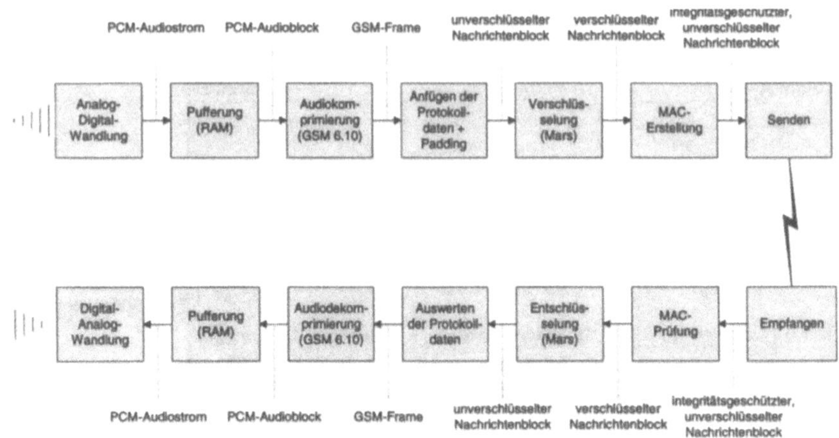

Abb. 11: Audioverarbeitung

Die Audiokarte, welche die Analog-Digital-Wandlung übernimmt, schreibt die Audiodaten über Direct-Memory-Access in einen reservierten Speicherbereich im Hauptspeicher des Rechners. Ob ein Block vollständig geschrieben ist, erfährt das Clientprogramm durch Überprüfen eines Flags in einer Datenstruktur im Audioaufzeichnungssubsystem. Hierbei sei angemerkt, dass die Audioaufzeichnung mit den Standard-Lowlevel-Audioaufzeichnungsroutinen von Windows realisiert wurde. Um keine Audiodaten zu verlieren verwenden wir ein Mehrfachpufferungsschema mit einer einstellbaren Anzahl von Puffern. Der fertige Audioblock wird nun der Audiokomprimierung zugeführt, wobei wir den GSM-6.10 Algorithmus verwenden. Wir verwendeten eine Implementierung des Algorithmus von Jutta Degener und Carsten Bormann (TU-Berlin [GSM]). Der Input zu GSM-6.10 ist gemäß der Algorithmusspezifikation ein Block bestehend aus 160 Samples mit 16-bit Auflösung wobei von jedem Sample jedoch nur die 13 höchstwertigen Bits betrachtet werden. Der Output ist ein 260 bit Frame. Weiters erfordert der Algorithmus gemäß der Spezifikation Audiosignale, die mit 8kHz gesampelt wurden. Wir betreiben den Algorithmus bzgl. der Samplingrate des Signals außerhalb der Spezifikation, erzielten hierbei aber qualitativ sehr gute Resultate. Unsere Abtastrate beträgt 11025Hz. Der Grund für das Überschreiten der Spezifikation liegt in einer Verkürzung der Blockdauer und damit einer Verkürzung der gesamten Sprachverzögerung. Die Blocklänge beträgt nun 14,5 statt 20ms. Im weiteren betrachten wir durch die Komprimierung resultierenden GSM-Frames als 33-Byte Frame. Da wir eine Blockchiffre mit 128-bit Blocklänge verwenden benötigen wir drei 128-bit Blöcke um den GSM-Frame vollständig verschlüsseln zu können. Im dritten 128-bit Block verbleiben jedoch 15 Byte vorerst ungenutzt. Diese 15 Byte sind prädestiniert Protokolldaten aufzunehmen. Wir verwenden 32 bit davon für einen Paketzähler, dessen Initialwert bei der Authentifikation vereinbart wurde und geheim ist. Somit weiß ein Angreifer immer nur, dass der Klartext an dieser Stelle als Zahl interpretiert um 1 vom Zähler im vorhergehenden Paket unterscheidet. Dadurch geben wir weniger Information preis, als wenn wir einen festen Startwert verwenden würden. Die nächsten 32-bit kodieren Protokolldaten und werden von uns beispielsweise verwendet, um der Gegenstelle den Abbau der Verbindung mitzuteilen. Die restlichen Bits (abgesehen vom Letzten) können noch als Protokolldaten genutzt werden und müssen geeignet gepaddet werden (Pseudozufallszahlen). Das letzte Bit zeigt an, ob es sich um ein Audiopaket mit Protokolldaten, oder um ein reines Protokollpaket handelt. Diese Option wird jedoch derzeit nicht verwendet. Somit liegen nun Daten in der Größe von 3x128-bit vor (Audio + Protokolldaten + Padding). Diese drei 128-bit-Blöcke werden mit Mars im CBC-Modus verschlüsselt. Über die verschlüsselten 3x128-bit wird eine MAC-Prüfsumme mit dem Mars im CBC-Modus erstellt. Die daraus resultierenden 128 bit werden zu den verschlüsselten Daten konkateniert und das daraus resultierende Paket abgeschickt.

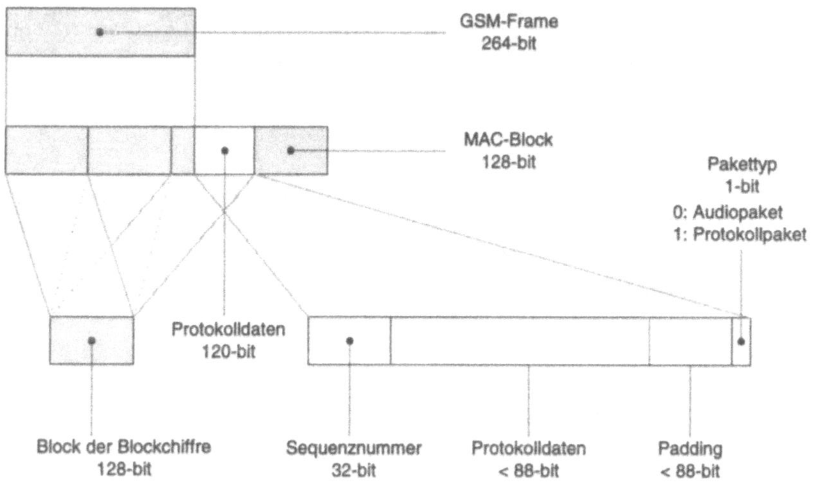

Abb. 12: Aufbau eines Audiopaketes

Übernimmt ein Client ein Paket von der Transportschicht, so wird dieses mittels der MAC-Verifikation auf Integrität überprüft. Liegt Integrität vor so wird das Packet mit dem Mars-Algorithmus im CBC-Modus entschlüsselt. Danach werden eventuell vorhandene Protokolldaten ausgewertet (zur Zeit nur Verbindungsabbau) und die entsprechenden Methoden aufgerufen. Weiters wird die Sequenznummer des Paketes ausgelesen. Ist die Sequenznummer gleich der Sequenznummer des vorhergehenden Paketes + 1, so werden die dekomprimierten Audiodaten einfach in den Audiowiedergabepuffer eingereiht. Erkennen wir aus der Sequenznummer, dass das Paket zu stark verzögert wurde, so wird es verworfen, da es ohnehin schon abgespielt hätte werden müssen. Bei der Audiowiedergabe wird im Gegensatz zur Aufnahme die Funktionalität von DirectX7 für Windows verwendet, da so unserer Meinung nach die Sprachverzögerung geringer gehalten wird, als mit den Standard-Lowlevel-Funktionen.

3.6.3 Abbau der Audioverbindung

Wie schon erwähnt wird die Aufforderung für B, die Audioverbindung abzubauen, o.B.d.A. von Client A in die 32 Protokollbits integriert. Client A stellt somit die Audioaufzeichnung ein und schickt dieses letzte Audiopaket an Client B. Dieser interpretiert die Protokollinformation und stellt hierauf die Audioaufzeichnung ein. Da dies das letzte Paket von A ist, wird auch nach Abspielen dieses Blocks die Audiowiedergabe eingestellt. Client A beendet mit

Abspielen des letzten Pakets von B, in welchem analog zum letzten Paket von A entsprechende Protokollinformation befindlich ist, ebenfalls seine Audiowiedergabe. Letztendlich werden die Ressourcen für die Audiosubsysteme freigegeben. Das Gespräch ist somit abgeschlossen.

4 Zusammenfassung

Das Secure Internet Phone stellt den Benutzern ein sicheres Telephoniesystem mit geringem Bandbreitenbedarf zur Verfügung, das die Authentizität der Teilnehmer und die Authentizität, Integrität und Vertraulichkeit von Gesprächen gewährleistet. Bei der Implementierung des Prototyps wurde versucht, nach Möglichkeit auf verfügbare Einzelkomponenten, wie die ASE Crypto-Library, GSM-6.10 Audiokomprimierung oder Verschlüsselung (AES-Finalist Mars) zurückzugreifen.

Literatur

[ASE98] FAST Software Security GmbH & Co. KG: ASECrypto Cryptographic Library for 32-bit Windows, Application Programmers Guide and API-Reference, Version 1.3, März 1998, Germering, 1998.

[DoBP96] H. Dobbertin, A. Bosselaers, B. Preneel: RIPEMD-160 – A strengthened version of RIPEMD, st Software Encryption – Cambridge Workshop, Md. 1039, Springer-Verlag, Berlin, S.71-82, 1996.

[GSM] Audiokomprimierung GSM-6.10 Sourcecode. (http://kbs.cs.tu-berlin.de/~jutta/toast.html)

[MeOV99] A. Menezes, P. van Oorschot, S. Vanstone: Handbook of Applied Cryptography, CRC Press, 1999.

[MRSC] MARS Sourcecode (Link nicht mehr funktionsfähig).

[MRSP] http://www.research.ibm.com/security/mars.pdf

[RiSA78] R.L. Rivest, A. Shamir, L.A. Adleman: A method for obtaining digital signatures and public-key cryptosystems, Communications of the ACM, Vol.21, Nr.2, S.120-126, 1978.

[SDK00] Microsoft Corporation: Microsoft Platform SDK, Juli 2000 Edition, Redmond, 2000.

Zeitfracht Medien GmbH
Ferdinand-Jühlke-Straße 7
99095 Erfurt, Deutschland
produktsicherheit@kolibri360.de